Nymphius · Schmidt · Vollmer

Fachprüfung für Kraftfahrzeugmechaniker und Kraftfahrzeugschlosser

Nymphius · Schmidt · Vollmer

Fachprüfung

für Kraftfahrzeugmechaniker und Kraftfahrzeugschlosser

5., erweiterte und überarbeitete Auflage

Verlag W. Girardet · Essen

Nachfolgend aufgeführte Firmen stellten in dankenswerter Weise für das vorliegende Buch Galvanos, Fotos, Druckschriften etc. zur Verfügung:

Aluminiumwerke Nürnberg GmbH., Nürnberg
Aral AG, Bochum
Auto-Union GmbH., Ingolstadt, Düsseldorf
Robert Bosch GmbH., Stuttgart
Bayerische Motorenwerke, München
DAF, Eindhoven (Holland)
Daimler-Benz, Stuttgart-Untertürkheim
Deutsche Vergaser Gesellschaft mbH., Neuss
Gelenkwellenbau GmbH., Essen
Graubremse GmbH., Heidelberg
Georg Fischer, Singen/Hohentwiel
Henschel & Sohn GmbH., Kassel
Fritz Hintermayr, Metallwarenfabrik, Nürnberg
Ing. Fritz Kreis, Würzburg
Kronprinz AG, Solingen-Ohligs
Krupp, Motoren- und Kraftwagenfabriken, Essen
Heinrich Lanz AG, Mannheim
Mahle KG, Stuttgart-Bad Cannstatt
MAN AG, Nürnberg
Filterwerk Mann u. Hummel GmbH., Ludwigsburg
Matra-Werke GmbH., Frankfurt a. M.
NSU, Neckarsulm
Adam Opel AG, Rüsselsheim
Pierburg GmbH. & Co. KG, Neuss
Deutsche Shell AG, Hamburg
SWF-Spezialfabrik Gust. Rau, Bietigheim/Württ.
Alfred Teves GmbH., Frankfurt a. M.
Willi Vogel, Zentralschmierung, Berlin
Volkswagenwerk AG, Wolfsburg
Wabco Fahrzeugbremsen GmbH., Hannover
Zahnradfabrik Friedrichshafen, Friedrichshafen

CIP-Kurztitelaufnahme der Deutschen Bibliothek

Nymphius, Hermann:
Fachprüfung für Kraftfahrzeugmechaniker und Kraftfahrzeugschlosser / Nymphius — Schmidt — Vollmer. — 5., erweiterte und überarbeitete Auflage.— Essen: Girardet 1979.
Auf d. Haupttitels. auch: Nymphius — Schmidt — Vollmer. — 4. Auflage, u. d. T.: Nymphius, Hermann: Fachkunde für Kraftfahrzeugmechaniker und Kraftfahrzeugschlosser.
ISBN 3-7736-2394-1.
NE: Schmidt, Karl:; Vollmer, Hans:; Nymphius — Schmidt — Vollmer, . . .

ISBN 3-7736-2394-1 · Bestellnummer 2394

Druck W. Girardet, Essen · Printed in Germany · 1979

Aus dem Vorwort zur ersten bis vierten Auflage

Das Buch soll nicht nur auf die eine oder andere Prüfung vorbereiten, sondern vor allem dem werdenden Fachmann in Schule und Betrieb ein Begleiter und Ratgeber sein. Wer ein Kraftfahrzeug instandsetzen und instandhalten will, muß

um die inneren Zusammenhänge wissen,

Zweck und Aufgabe des Fahrzeugs kennen,

aus der Beschaffenheit und der Beanspruchung der Einzelteile Schlußfolgerungen auf eine zweckmäßige Behandlung ziehen,

die Ursache von Schäden erkennen und

die Möglichkeiten ihrer Behebung finden können.

Es dürfte den Prüflingen willkommen sein, daß sie über die Anforderungen bei Gesellen-, Facharbeiter- und Meisterprüfungen informiert werden.

Vorwort zur fünften Auflage

Die schnelle Entwicklung auf dem Gebiet der Kraftfahrzeugtechnik, insbesondere auf den Gebieten Aggregatebau und Prüftechniken, machte es erforderlich, das Buch gründlich zu überarbeiten. Der Rechenteil wurde auf die SI-Einheiten umgestellt.

Besonderen Dank gebührt zahlreichen Firmen für die Überlassung von Bildern und sonstigen Unterlagen sowie den Dortmunder Kollegen, die bei der Überarbeitung des Buches mitgeholfen haben.

Dortmund, im August 1979 *Karl Schmidt*

Inhalt

5. Die elektrische Ausrüstung 348

6. Fachrechnen 411

1. Werkstoffkunde

1.1. Grundbegriffe

Rohstoffe

Die *Natur* liefert uns die Rohstoffe, z. B. Eisenerze, Bauxit, Kupferglanz, Erdöl, Erdgas, Kohle usw.

Werkstoffe

Die *Industrie* hat die Aufgabe, Rohstoffe in Werkstoffe umzuwandeln, z. B. Eisenerze in Stahl, Guß, Temperguß, Erdöl, Erdgas, Kohle in Kunststoffe. Damit bildet der Werkstoff den Übergang vom Rohstoff zum fertigen Erzeugnis.

Grundstoffe

Rohstoffe und *Werkstoffe* setzen sich aus Grundstoffen (Elementen) zusammen. Bekannt sind ca. 105 Elemente, von denen 92 in der Natur vorkommen. 13 Elemente werden künstlich hergestellt. Allerdings sind nur 88 Elemente beständig.

Atome

Die kleinsten Bausteine der Elemente sind die Atome.

Moleküle

Verbinden sich die Atome verschiedener oder gleicher Elemente, so bilden sie Moleküle als kleinste einheitliche Teile einer chemischen Verbindung.

Beispiele

H_2 = Das Wasserstoff-Molekül besteht aus 2 Wasserstoffatomen.

O_2 = Das Sauerstoff-Molekül besteht aus 2 Sauerstoffatomen.

H_2O = Das Wasser-Molekül besteht aus 2 Wasserstoffatomen und 1 Sauerstoffatom.

H_2SO_4 = Das Schwefelsäure-Molekül besteht aus 2 Wasserstoffatomen, 1 Schwefelatom und 4 Sauerstoffatomen.

Fe_3C = Das Eisenkarbid-Molekül besteht aus 3 Eisenatomen und 1 Kohlenstoffatom.

1.2. Physikalische und chemische Vorgänge

Bei *physikalischen* Vorgängen wird die Zusammensetzung der Stoffe nicht geändert. Form und Eigenschaften der Stoffe können jedoch verändert werden.

Zu den physikalischen Vorgängen gehören z. B. das Mischen und Verdampfen von Flüssigkeiten, das Lösen fester Stoffe in Flüssigkeiten usw.

Gemenge Durch das Mischen von Stoffen entsteht ein Gemenge, das mit physikalischen Mitteln wieder in seine Ausgangsstoffe zerlegt werden kann.

Legierungen Legierungen sind feste Lösungen von zwei oder mehreren Metallen.

Beispiel: Kupfer und Zink ergeben Messing.

Bei *chemischen* Vorgängen wird die Zusammensetzung der Stoffe geändert. Es entstehen neue Stoffe mit neuen Eigenschaften.

Beispiel Wasserstoffmoleküle + 1 Sauerstoffmolekül → 2 Moleküle Wasser

$$2\,H_2 + O_2 \rightarrow 2\,H_2O$$

1.3. Wichtige Grundstoffe (Elemente)

1.3.1. Metalle

Zeichen	Grundstoff	Dichte kg/dm³	Schmelzpunkt °C	relative Atommasse[1]) u
Al	Aluminium	2,7	660	26,97
Sb	Antimon (Stibium)	6,69	630	121,76
Pb	Blei (Plumbum) †	11,34	327	207,21
Ca	Calzium	1,55	851	40,08
Cr	Chrom	7,14	1903	52,01
Fe	Eisen (Ferrum)	7,86	1536	55,85
Au	Gold (Aurum)	19,3	1063	197,2
K	Kalium	0,86	64	39,1
Co	Kobalt	8,83	1495	58,94
Cu	Kupfer (Cuprum)	8,92	1083	63,57
Mg	Magnesium	1,74	651	24,32
Mn	Mangan	7,2	1244	54,93
Mo	Molybdän	10,2	2610	95,95
Na	Natrium	0,97	98	22
Ni	Nickel	8,9	1452	58,69
Pt	Platin	21,4	1769	195,23
Hg	Quecksilber (Hydrargyrum) †	13,6	−39 (357 = Sdp.)	200,61
Ra	Radium	5	700	226,05
Ag	Silber (Argentum)	10,5	960	107,88
Ti	Titan	4,5	1812	47,9
U	Uran	19,0	1131	238,5
V	Vanadium	5,96	1890	50,95
W	Wolfram	19,3	3410	183,92
Zn	Zink	7,14	419	65,38
Sn	Zinn (Stannum)	7,31	231	118,7

[1]) Die relativen Atommassen sind Verhältniszahlen, die angeben, wievielmal schwerer ein Atom des jeweiligen Stoffes als ein Wasserstoffatom ist. Heute beziehen wir alle Atomgewichte auf $^1/_{12}$ der Masse des Kohlenstoffatoms.

Eisen hat die relative Atommasse 56 u, d. h., 1 Eisenatom ist 56mal so schwer wie 1 Wasserstoffatom. Die relative Atommasse von Kohlenstoff ist 12 u. Uran hat mit 238,07 u die größte relative Atommasse aller natürlichen Elemente.

1.3.2. Nichtmetalle

Zeichen	Grundstoff	Dichte kg/dm³	Schmelzpunkt °C	relative Atommasse[1]) u
Cl	Chlor†	3,2*	–34 = Sdp.	35,457
C	Kohlenstoff (Carboneum)	2,3 (3,5)	3550 (4200)	12,01
P	Phosphor††	1,83	44	30,97
O	Sauerstoff (Oxygenium)	1,43*	–183 = Sdp.	16
S	Schwefel	2,07	113	32,06
Si	Silizium	2,35	1410	28,06
N	Stickstoff (Nitrogenium)	1,25*	–196 = Sdp.	14,008
H	Wasserstoff (Hydrogenium)	0,09*	–252 = Sdp.	1,008

Bemerkungen: † = giftig; * bei Gasen = kg/m³ (0 °C und 1,01325 bar).

1.4. Eisen und Stahl

Eisenerze: Eisenerze sind eisenhaltige Gesteine mit ca. 25 % bis 70 % Eisengehalt.

Eisenerzarten

Bezeichnung	Eisengehalt in %	Vorkommen
Magneteisenstein oder Magnetit Fe_3O_4	60...70	Schweden (Kirunavaara, Luossovara), Norwegen, Deutschland gering (Harz, Thüringer Wald)
Roteisenstein oder Hämatit, wasserfrei Fe_2O_3	30...50	England (Cumberland, Lancashire), Ukraine (Kriwoj Rog), Spanien (Bilbao), USA (Oberer See), Marokko (Riferz), Neufundland (Vabanaerz), Deutschland (Sieg, Lahn, Dill)
Brauneisenstein oder Limonit (häufigstes Erz), wasserhaltig $2\ Fe_2O_3 + 3\ H_2O$	20...50	Spanien, Mittelmeergebiet, Deutschland (Lahn) Als Bohnerz (bohnen- oder nierenartige Form) in Lothringen (Minette), arme Erze in Bayern, Württemberg, Südbaden, am Harz (Salzgitter)
Spateisenstein oder Siderit, stark manganhaltig $FeCO_3$	30...45	Deutschland (Sieg, Westerwald, Harz, Thüringen), Österreich (der Erzberg bei Eisenerz in der Steiermark, 700 m über der Talsohle, rund 200 Millionen t)

Beimengen der Erze: Kalk, Kieselsäure, Ton, Mangan, Phosphor, Schwefel, Arsen, Magnesia (MgO = Magnesiumoxid).

Erzaufbereitung:

Die meisten Erze müssen für den Hochofenprozeß aufbereitet werden.

---

[1]) Siehe Fußnote auf Seite 2.

Verfahren	Zweck	Vorgang
Rösten	Ballast (Feuchtigkeit, Kohlensäure) oder schädliche Stoffe (Schwefel, Arsen) werden beseitigt	Erze werden in Röstöfen auf Glühhitze gebracht. Ballast und schädliche Stoffe werden ausgetrieben
Magnetscheiden	Das magnetische Eisen wird von unmagnetischen Stoffen getrennt	Die zermahlenen Erze werden über die sich drehenden Magnetscheider (Trommeln) geleitet. Die Eisenteile werden festgehalten, die anderen Stoffe fallen ab
Brikettieren	Feinkörnige oder pulverförmige Erze werden in Stückform getrennt	Erze werden mit Bindemitteln gemischt, in Brikettform gepreßt und getrocknet
Agglomerieren		Erze werden in Drehrohröfen zusammengebacken (gesintert)

1.4.1. Der Hochofenprozeß

Der Hochofen erzeugt die erforderliche Schmelzwärme, trennt das Erz vom Sauerstoff und den Beimengungen und reichert das Eisen mit Kohlenstoff an.

Aus den Eisenerzen wird durch Reduktion Roheisen gewonnen.

Durch den Koks wird die notwendige Schmelztemperatur erreicht.

In der Kohlungszone reichert sich metallisches Eisen mit Kohlenstoff an.

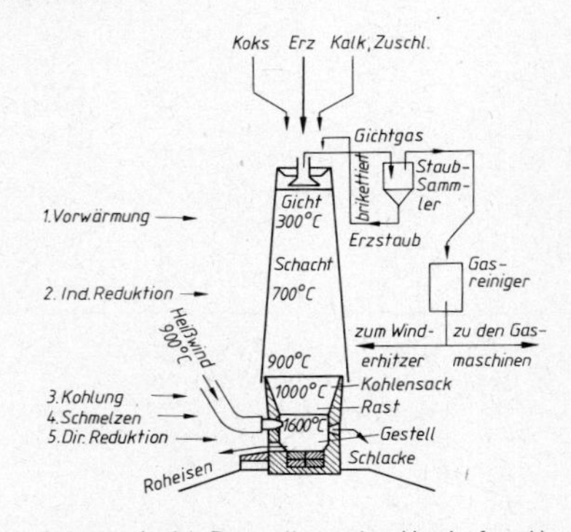

Schematische Darstellung des Hochofens[1])

[1]) Moderne Hochöfen weisen häufig eine gemeinsame Abstichöffnung für Roheisen und Schlacke auf.

Erzeugnisse des Hochofens

1. *Graues Roheisen.* Es enthält Silizium, unter dessen Einfluß bei langsamer Abkühlung Kohlenstoff als Graphit ausgeschieden wird. Das Roheisen erhält ein graues Aussehen (Rohstoff für Gußeisen).
2. *Weißes Roheisen.* Durch einen höheren Mangangehalt und schnelle Abkühlung gehen Eisen und Kohlenstoff eine Fe_3C-(Eisenkarbid-Verbindung) ein. Sie gibt dem Eisen ein weißes Bruchaussehen (Rohstoff für Stahl, Temperguß und Hartguß).
3. *Schlacke.* Verwendung zu Hochofenzement, Schotter, Schlackensand, Schlackenwolle usw.
4. *Gichtgas.* Es enthält soviel CO, daß es brennbar ist und zum Erhitzen von Winderhitzern und Antrieb von Gasmaschinen dient.

Eigenschaften des Roheisens

Durch den zu hohen Kohlenstoffgehalt (2,5 . . . 6%) und andere Beimengungen (Phosphor, Schwefel, Mangan, Silizium, Schlackeneinschlüsse) ist das Roheisen zu hart und zu spröde, somit technisch nicht zu verwenden.

Roheisen-Sorten

Nach dem Bruchaussehen unterscheidet man

	Weißes Roheisen	Graues Roheisen
Schmelztemperatur	1080 . . . 1100 °C	1200 . . . 1250 °C
Abkühlung	rasch	langsam
Dichte	7,4 . . . 7,7 kg/dm³	7 . . . 7,3 kg/dm³
C-Gehalt	3 . . . 5%	3 . . . 4,5%
Mn-Gehalt	2,5 . . . 6%	0,5 . . . 2%
Si-Gehalt	0,3 . . . 0,5%	1,5 . . . 3%

Nach der Verwendung wird unterschieden zwischen

Martin-Roheisen	bis 0,3% Phosphorgehalt
Bessemer-Roheisen	bis 0,1% P
Thomas-Roheisen	bis 2,0% P
Gießerei-Roheisen	bis 1,9% P

1.4.2. Die Stahlerzeugung

Bei der Stahlerzeugung werden dem Roheisen die unerwünschten Beimengungen entzogen. Als Stahl bezeichnet man eine Eisen-Kohlenstoff-Legierung mit weniger als 2,06 % Kohlenstoff. Stahl wird nach verschiedenen Verfahren gewonnen; man unterscheidet: *Windfrischen* (Bessemer- und Thomasverfahren), *Herdfrischen* (Siemens-Martin-Ofen), *Sauerstoffblasverfahren* (LD-, LDAC-Verfahren) und *Elektrostahlverfahren* (Lichtbogen-, Induktions-Verfahren).

Beim Windfrischen wird ein Luftstrom durch das Roheisen geblasen. Dies geschieht

Bessemer-Verfahren

a) nach dem Bessemer-Verfahren, wobei aber nur phosphorarmes Roheisen verarbeitet werden kann. Das Futter der Bessemer-Birne besteht aus kieselsäurehaltigen, also quarzhaltigen Stoffen (saure Ausmauerung).

Thomas-Verfahren

b) nach dem Thomas-Verfahren, wobei das Roheisen mehr Phosphor enthalten kann. Das Futter der Thomas-Birne besteht aus basischen Stoffen, wie Dolomit-Kalk (basische Ausmauerung).

Beide Verfahren haben heute kaum Bedeutung, da der hohe Stickstoffanteil der Luft den Stahl kaltbrüchig macht.

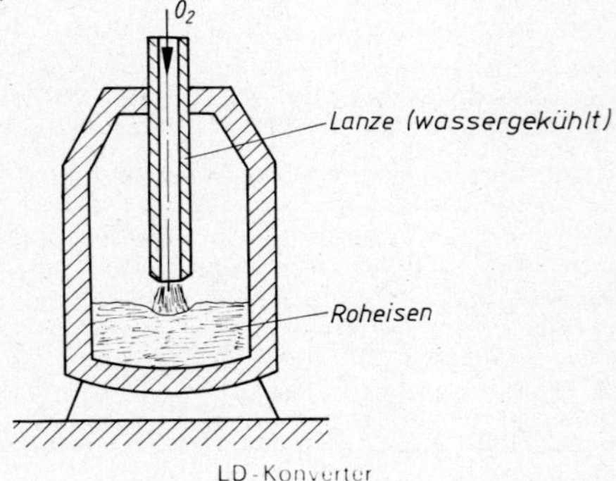

LD-Konverter

Siemens-Martin-Verfahren

c) nach dem Siemens-Martin-Verfahren. Von den Brüdern Siemens wurde die Regenerativ-Steuerung entwickelt. Gase und Luft werden in Wärmespeichern erhitzt. Heißes Gas (Koks- oder Erdgas) und heiße Luft erzeugen bei ihrer Verbrennung eine Temperatur bis 1800 °C. Dabei wird der Einsatz (festes oder flüssiges Roheisen und Schrott, oder Eisenerz und flüssiges Roheisen) zum Schmelzen gebracht.

Die über den Einsatz streichende Flamme verbrennt durch Sauerstoffüberschuß den Kohlenstoff und die unerwünschten Eisenbegleiter.

Die Hochofenleistung wird durch die Zufuhr von reinem Sauerstoff erhöht.

Linz-Donawitz-Verfahren

d) durch das Sauerstoffaufblasverfahren. Besonders bekannt ist das Linz-Donawitz-Verfahren (LD-Verfahren). Dabei wird Sauerstoff von mindestens 96% Reinheit mit einem Überdruck von 5...12 bar durch eine Lanze auf die Badoberfläche geblasen. Die hohe Temperatur (bis 3000 °C) soll bei gleichzeitiger Badbewegung ein Verbrennen der Beimengungen bewirken. Einsatz: Flüssiges Roheisen, Schrott und Erz. Für phosphorreiches Roheisen wird das LDAC-Verfahren angewendet.

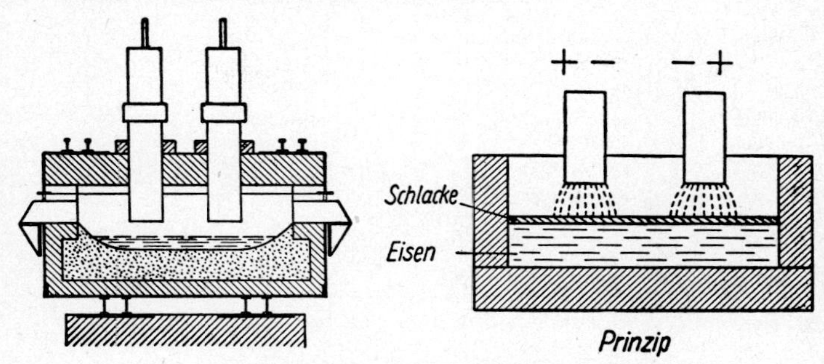

Schematische Darstellung eines Lichtbogenofens

Elektro-Verfahren

e) durch das Elektro-Verfahren. Beim Elektro-Verfahren unterscheidet man den Lichtbogenofen und den Hochfrequenzofen (bis 4000 °C). Man erzielt bei diesem Verfahren eine große Reinheit des Stahls. Es ist besonders zur Veredlung des Konverter- und SM-Stahls geeignet, dem die erwünschten Legierungselemente zugesetzt werden.

f) durch die Vakuum-Stahlentgasung. Die Löslichkeit von Gasen ist bei den meisten Metallen im flüssigen Zustand sehr hoch. Folgen der Gasblasen sind bei Erstarrung z. B. Sprödigkeit sowie schlechtes Verhalten beim Schweißen oder Kaltverformen. Sauerstoff-Aufblasstahl wird durch die Vakuumbehandlung weitgehend entgast und dient der Herstellung hochwertiger Maschinenteile (Kurbelwellen, Achsen u. a.).

1.4.3. Stahllegierungen

Die Eigenschaften des Stahles sind abhängig von der Art und Menge der Legierungsbestandteile.

Besonders erwünschte Eigenschaften sind:

Verschleißfestigkeit, Rostsicherheit, Hitzebeständigkeit, Säurebeständigkeit u. a.

Diese Eigenschaften werden durch Legieren mit geeigneten Grundstoffen erzielt.

Legierungszusätze des Stahles

Ständige Begleiter des Eisens	ungewollte, schädliche Stoffe	Phosphor, Schwefel
	Stoffe, deren regulierte Gehalte gute Wirkung haben	Kohlenstoff, Silizium, Mangan
Hauptzusätze	nach dem Zweck in kleiner oder großer Menge, allein oder mit ein oder zwei Elementen dieser Gruppe beigegeben	Chrom, Nickel, Molybdän, Wolfram, Kobalt
	in kleiner Menge	Vanadium
Sonderzusätze	selten und meistens allein beigemengt	Aluminium, Kupfer, Titan

Wirkungen der Legierungsstoffe des Stahles

Grundstoff	erhöht	vermindert
Aluminium	Zunderbeständigkeit, Grobkornbildung, Desoxidation	Blaubrüchigkeit
Chrom	Festigkeit, Durchhärtung, Korrosionsfestigkeit, Warmfestigkeit, Rostsicherheit	Dehnung, Schmiedbarkeit, Grobkornbildung
Kobalt	Festigkeit, Schneidfähigkeit, magnetische Eigenschaften, Verschleißfestigkeit	Anlaßsprödigkeit
Kohlenstoff	Festigkeit, Warmfestigkeit bis 400 °C, elektrischer Widerstand, Grobkornbildung	Dehnung, Zähigkeit, Tiefziehfähigkeit, Verformbarkeit
Kupfer	Festigkeit, Säurebeständigkeit	Rostungsgeschwindigkeit
Mangan	Festigkeit, Durchhärtung, elektrischer Widerstand, Zunderbeständigkeit, Grobkornbildung, Desoxidation	Dehnung (wenig)
Molybdän (meist mit Nickel und Chrom)	Festigkeit, Warmfestigkeit, Anlaßbeständigkeit, Durchhärtung, Dauerstandfestigkeit, Widerstandsfähigkeit gegen Salzsäure und Schwefelsäure, magnetische Eigenschaften	Dehnung
Nickel	Festigkeit, Zähigkeit, elektrischer Widerstand, Rostsicherheit	Dehnung (wenig), Grobkornbildung, magnetische Eigenschaften
Phosphor	Festigkeit, Warmfestigkeit, Dünnflüssigkeit, Kaltbrüchigkeit, Seigerung, Anlaßsprödigkeit	
Schwefel	zerspanende Bearbeitbarkeit, Rotbrüchigkeit, Seigerung	
Silizium	Festigkeit, Durchhärtung, elektrischer Widerstand, Zunderbeständigkeit, Grobkornbildung, Desoxidation	Dehnung (wenig)
Vanadium	Festigkeit, Warmfestigkeit, Dauerstandfestigkeit, Desoxidation	Anlaßsprödigkeit
Wolfram	Festigkeit, Härte, Schneidhaltigkeit, Warmbehandlungstemperatur, magnetische Eigenschaften, Korrosionsbeständigkeit	Dehnung, Grobkornbildung

1.4.4. Stahlguß

Stahlguß ist ein graphitfreier Eisen-Kohlenstoff-Gußwerkstoff, der im SM-Ofen, LD-Konverter oder im Elektroofen erzeugt und direkt in Formen gegossen wird. Nach dem Gießen müssen die Teile noch warmbehandelt werden.

Markenbezeichnungen

Markenbezeichnung nach DIN 17006	Zugfestigkeit N/mm² mindest.	Streckgrenze N/mm² mindest.	Bruchdehnung % mindest.	Kerbschlagarbeit J VGB	DVM	Faltversuch (Biegeprobe) Biegewinkel 180° *a* = Probedicke *D* = Dorndurchm.
Normalgüte			DIN 1681			
GS–45	450	230	16	–	–	–
GS–60	600	300	8	–	–	–
Sondergüte			DIN 1681			
GS–38.3	380	180	25	55	34	$D = 2a$
GS–45.1	450	220	22	–	–	–
GS–45.2	450	220	22	–	–	$D = 3a$
GS–52.5	520	250	18	31	21	$D = 4a$

Verwendung

Zahnräder, Kettenräder, Platten, Gehäuse, Kurbelwellen usw.

1.4.5. Gußeisen

Gußeisen ist ein Eisen-Kohlenstoff-Gußwerkstoff, der bei der Erstarrung Graphit in lamellarer Form absondert. Der C-Gehalt beträgt über 2 %. Die Lamellen haben eine hohe Kerbwirkung und vermindern die Festigkeitseigenschaften erheblich.

Gewinnung

Im *Kupolofen* wird graues Roheisen, Gußbruch und Stahlschrott geschmolzen und anschließend in Formen gegossen. Durch Legieren können besondere Eigenschaften erzielt werden. Wichtig ist der Siliziumgehalt (0,3...3%). Silizium bewirkt den Zerfall des Eisenkarbids (Fe_3C).

Eigenschaften

Grauguß ist sehr hart, spröde, sehr gut gießbar; er ist korrosionsbeständig, hat günstige Laufeigenschaften und ist sehr verschleißfest.

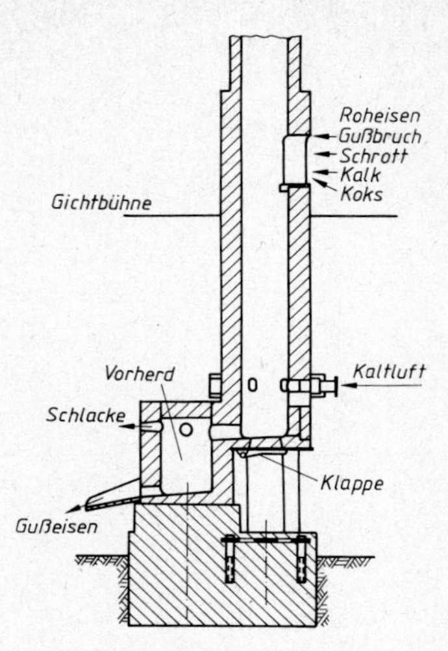

Kupolofen mit Vorherd

Die wichtigsten Güteklassen

Güteklassen	Markenbezeichnung nach DIN 17006	Mindestzugfestigkeit nach Wanddicke in N/mm²
Normaler Grauguß	GG–12 GG–14 GG–18	120 180...110 220...150
Hochwertiger Grauguß	GG–22 GG–26	260...190 280...230
Sondergrauguß	GG–30	300
Grauguß mit magnetischen Eigenschaften	GG–12.9	120

Gußeisen mit Kugelgraphit Der gesetzlich geschützte Handelsname ist *Sphäroguß.* Durch besondere Zusätze (Magnesium und Cer) erreicht man eine kugelige Ausbildung des Graphits. Dies führt zu einer Steigerung der Verformbarkeit und der Zugfestigkeit.

Sonderguß *Hartguß und Schalenhartguß.* Durch Legieren mit Kobalt, Aluminium, Chrom, Wolfram u. a. gewinnt man bei schnellem Abkühlen Eisen-Kohlenstoff-Gußwerkstoffe, die eine besondere Härte und Verschleißfestigkeit aufweisen.

1.4.6. Temperguß

Temperguß wird aus einem Gußwerkstoff hergestellt, der nach dem Gießen in die Form weiß erstarrt. Kohlenstoffgehalt 2,5 . . . 3%.

Nach einer langen Glühbehandlung zerfällt das Eisenkarbid, und der freiwerdende Kohlenstoff wird entweder teilweise entzogen oder als Temperkohle im Werkstück abgeschieden.

Eigenschaften

Temperguß ist zäh, hämmerbar und bedingt schmied- und schweißbar.

a) Weißer Temperguß: Gußstücke werden 60 . . . 120 Stunden bei Temperaturen von 950 . . . 1200 °C in sauerstoffabgebenden Mitteln (Roteisenstein oder Hammerschlag) geglüht. Der Sauerstoff des Tempererzes entzieht den Gußstücken Kohlenstoff, jedoch nur oberflächlich, Tiefe je nach Glühdauer.

b) Schwarzer Temperguß: Der Guß wird, in Sand oder Schlacke verpackt, geglüht. Der Zementit zerfällt, und der Kohlenstoff ballt sich zur Temperkohle zusammen.

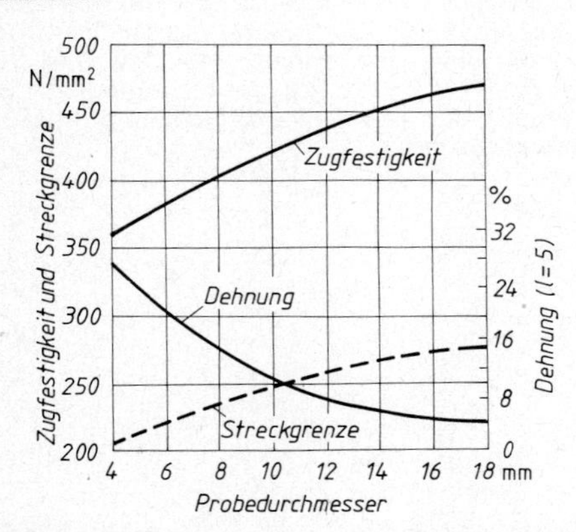

Festigkeitseigenschaften von weißem Temperguß in Abhängigkeit vom Probedurchmesser

1.5. Wärmebehandlung von Stahl

Zweck der Wärmebehandlung

Durch Wärmebehandlung sollen dem Verwendungszweck des Werkstückes entsprechend bestimmte Eigenschaften wie Härte, Festigkeit und Zähigkeit vermittelt bzw. verbessert werden.

Arten der Wärmebehandlung Wir unterscheiden bei der Wärmebehandlung das Härten, das Glühen und das Vergüten.

1.5.1. Härten

Erwärmen Der Vorgang des Härtens besteht aus dem Erhitzen des Stahles auf die erforderliche Härtetemperatur, z. B. 850 °C, und dem anschließenden sehr schnellen Abkühlen (Abschrecken). Die Härtetemperatur richtet sich vor allem nach dem C-Gehalt des Stahles, siehe Bild unten. Für das Härten und die Festigkeitseigenschaften des Stahles allgemein ist Kohlenstoff das wichtigste Legierungselement. Mit steigendem C-Gehalt erhöht sich die Festigkeit und erniedrigt sich die Dehnbarkeit des Stahles. Beim Erwärmen ändern sich der Gefügebau des Eisens und die Verteilung des Kohlenstoffs. Während einer *langsamen* Abkühlung stellt sich in umgekehrter Reihenfolge der ursprüngliche Zustand wieder ein (Gleichgewichtszustand), durch das Abschrecken jedoch nicht (Zwangszustand), so daß der Stahl hart erscheint.

Abschrecken Für das Erreichen einer bestimmten Härte ist das Abschreckmittel nach der Stahlzusammensetzung zu wählen. Für unlegierte Kohlenstoffstähle wird Wasser (größte Abschreckwirkung), für niedriglegierte Stähle Öl verwendet. Bei hochlegierten Stählen genügt schon Luft als Abkühlmittel.

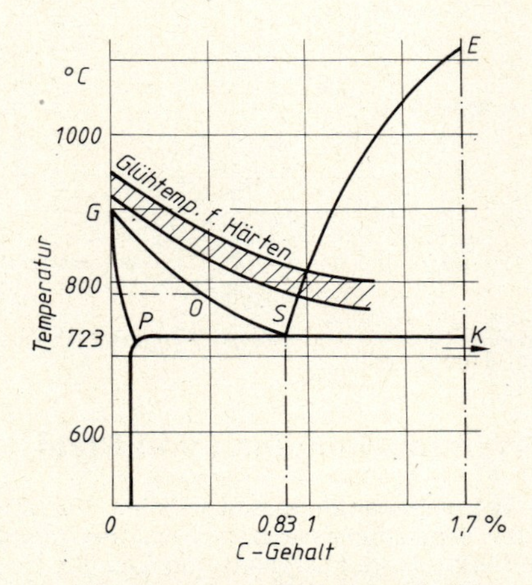

Härtetemperaturen für Kohlenstoffstähle

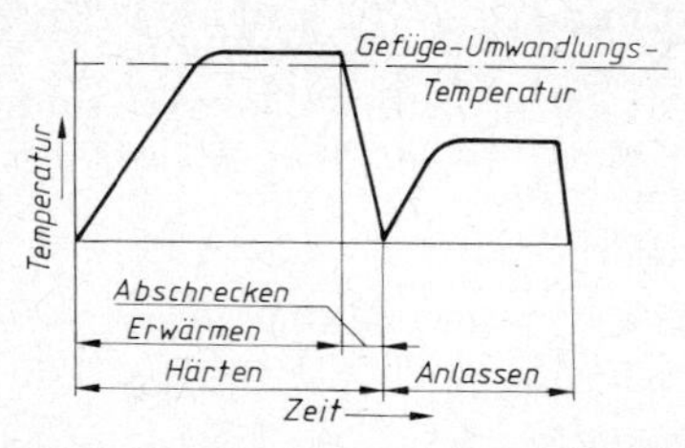

Die Arbeitsvorgänge bei der Abschreck- oder Umwandlungshärte

Anlassen

Der abgeschreckte Stahl wird wieder bis zu einer bestimmten Temperatur erwärmt (Anlassen) und nochmals abgekühlt. Durch dieses nochmalige Erwärmen verliert der Stahl die Sprödigkeit, aber auch etwas von seiner Härte. Die Zähigkeit des Stahls wird dadurch erhöht.

Überblick über das Härten der Stähle

Art des Stahles	Härtetemperatur in °C	Abschreck- bzw. Abkühlungsmittel	Anlaßtemperatur in °C
Kohlenstoffstahl	750... 850	Wasser	200...300
niedrig legierter Stahl	750... 850	Wasser oder Öl	200...300
mittellegierter Stahl	750... 950	Öl oder bewegte Luft	200...300
hochlegierter Stahl	1150...1350	bewegte oder ruhige Luft	550...600

Härtefehler, Ursache und Verhütung

Die Folgen von Härtefehlern, ihre Ursachen und Verhütungsmittel

Fehler	Ursachen	Mittel zur Verhütung
Härterisse an der Oberfläche, bei größeren Stücken als Kernrisse	Überhitzung, Oberflächenfehler (Schalen, Risse, Schmiedefalten)	Richtige Abschrecktemperatur, Warmbadhärtung, Abdrehen, Schleifen
Härteverzug durch verschieden schnelle Abkühlung	Ungleicher Querschnitt, Seigerungen, langes Lagern nach dem Härten	Abkühlen dünnwandiger Stücke zwischen Metallbacken, Härten mit Brenner Nitrieren
Grobes Korn, Sprödigkeit	Zu hohe Temperatur, zu langes Erhitzen	Richtige Temperatur, keine Überzeiten
Überhärtung, weiche Stellen	Hoher Gehalt an C und anderen Elementen	Erwärmen, Abschrecktemperatur erniedrigen
Ungleichmäßige Härtung	Haftende Dampfblasen, Zunderschichten, ungünstige Form, unzweckmäßige Härtezangen	Bewegen des Abschreckmittels (Brausen), Zusatz von Salz zum Wasser, Entzundern, Zangen mit feinen Schneiden
Anlaßsprödigkeit	Langes Verweilen bei 450...600 °C	Schroffes Abkühlen, Zusätze von W und Mo

1.5.2. Glühen

Glühen

Glühen ist das Erwärmen eines Werkstückes auf eine bestimmte Temperatur mit nachfolgender langsamer Abkühlung.

Arten

Man unterscheidet:

a) das Spannungsfreiglühen (500... 600 °C),

b) das Weichglühen (680... 800 °C),

c) das Normalglühen (900...1100 °C).

1.5.3. Vergüten

Vergüten

Vergüten ist eine Wärmebehandlung, um die Festigkeit, Zähigkeit und Elastizität zu steigern. Vergüten ist ein Härteverfahren mit anschließendem Anlassen auf höhere Temperaturen (300...650 °C), wobei eine Gefügeverfeinerung eintritt.

1.5.4. Oberflächenhärten

Oberflächenhärtung

Dies ist ein Härten der Oberfläche von Werkstücken bei weichbleibendem Kern, z. B. Kurbelwellen, Kolbenbolzen, Zahnräder, Achsen.

Arten der Oberflächenhärtung

a) *Flammhärten:* Durch Spezialbrenner wird die Oberfläche eines Werkstückes erhitzt. Bevor die Wärme bis ins Innere eindringen kann, wird das Werkstück plötzlich abgeschreckt.

b) *Induktionshärtung:* Der Stahl wird durch Strom sehr schnell erwärmt und dann sofort abgeschreckt. (Vergleiche: Härten der Kurbelwelle.)

c) *Einsatzhärten im Kasten bzw. Bad:* Werkstücke werden mit Kohlenstoff abgebenden Mitteln (Knochenkohle, Leder, Flüssigkeiten, Gase) in Kästen verpackt und 1...10 Stunden bei etwa 900 °C geglüht. Man erreicht dadurch eine Aufkohlung der Randgebiete bis zu einer Tiefe von 2 mm.

d) *Nitrieren:* Die Werkstücke werden bis zu 4 Tagen bei einer Temperatur von 500 °C einem Stickstoff-Gasstrom ausgesetzt. Dabei bilden sich in dem mit Aluminium und Chrom legierten Stahl Nitride. (Große Härte). Die Eindringtiefe beträgt ca. 0,2...0,3 mm. Anwendung im Motorenbau, da gasnitrierte Teile Betriebstemperaturen bis ca. 500 °C zulassen. Beim Badnitrieren wird keine harte, sondern eine verschleiß- und teilweise korrosionsfeste Oberfläche mit guten Gleiteigenschaften erzielt.

e) *Hartverchromung:* Galvanisch erzeugte, sehr harte Chromüberzüge, die Maschinenteile gegen Verschleiß schützen, z. B. Laufflächen von Wellen, Buchsen, Motorenzylinder u. ä.

1.6. Werkstoffnormung

Normung

Unter Normung versteht man eine Vereinheitlichung von Werkstoffen, Formen, Größen, Verfahren usw. Normung begrenzt die Anzahl der Produkte und ist die Grundlage für kostengünstige Massenherstellung von Teilen und deren Austauschbarkeit.

Die systematische Benennung von Eisen und Stahl kann erfolgen nach DIN 17 006[1]) durch symbolische Buchstaben und Zahlen oder nach DIN 17 007 durch Werkstoffnummern. Die Benennung eines Werkstoffes soll so kurz wie möglich sein und legt die Kurzbezeichnung für die Herstellung (Rohteil), die chemische Zusammensetzung (Zusammensetzungsteil) und die Eigenschaften nach der Weiterverarbeitung (Verarbeitungs- oder Behandlungsteil) fest.

Unlegierte Stähle

Ein Stahl gilt dann als unlegiert, wenn folgende Prozentsätze an Legierungsbestandteilen nicht überschritten werden:

Si 0,5 %, Mn 0,8 %, Al oder Ti 0,1 % oder Cu 0,25 %.

Beispiele

1. St 37: allgemeiner Baustahl mit 370 N/mm^2 Mindestzugfestigkeit

2. C 35: Qualitätsstahl (Vergütungsstahl) mit $\frac{35}{100}$ % = 0,35 % C-Gehalt

Niedrig legierte Stähle

Niedrig legierte Stähle sollen insgesamt nicht mehr als 5 % Legierungselemente enthalten.

Man berechnet den Prozentsatz der Legierungszusätze, indem man die Legierungskennzahl hinter den Legierungszusätzen durch den Multiplikator (4, 10, 100) teilt.

---

[1]) Benennung nach zurückgezogener DIN 17 006.

Multiplikator

4 : Chrom (Cr), Kobalt (Co), Mangan (Mn), Nickel (Ni), Silizium (Si), Wolfram (W).

10 : Aluminium (Al), Blei (Pb), Kupfer (Cu), Molybdän (Mo), Titan (Ti), Tantal (Ta), Vanadium (V).

100 : Kohlenstoff (C), Phosphor (P), Schwefel (S), Stickstoff (N).

Beispiel

15 Cr 4:

15 : 100 = 0,15 % Kohlenstoff (C)

4 : 4 = 1 % Chrom (Cr)

15 Cr 4 ist ein niedrig legierter Einsatzstahl mit 0,15 % C und 1 % Cr.

Hoch legierte Stähle

Hoch legierte Stähle enthalten mehr als 5 % Legierungszusätze. Vor die Kohlenstoffangabe wird der Buchstabe X gesetzt. Die Legierungskennzahlen bekommen den Multiplikator 1 mit Ausnahme von Kohlenstoff (C).

Beispiel

X 10 Cr Ni 18 8 V:

Hoch legierter Stahl mit $\frac{10}{100}$ % = 0,1 % C, $\frac{18}{1}$ % = 18 % Cr und $\frac{8}{1}$ % = 8 % Ni, vergütet.

Baustähle[2] DIN 17100

Die allgemeinen Baustähle (Massenstähle) umfassen unlegierte und niedrig legierte Stähle, die im wesentlichen auf Grund ihrer Zugfestigkeit und Streckgrenze verwendet werden.

Man unterscheidet drei Gütegruppen, die hinter der Kurzbezeichnung durch die Ziffern -1, -2, -3 angehängt werden.

Beispiel

St 42-2:

Stahl mit 420 N/mm^2 Mindestzugfestigkeit, Gütegruppe 2.

Einsatzstähle DIN 17210

Nach vorhergegangenem Aufkohlen der Randzone können die Stähle gehärtet werden. Man erreicht dadurch eine harte Oberfläche und einen zähen Kern. Anwendung: Zahnräder, Wellen, Bolzen, Zapfen u. a.

---

[2]) DIN 17 100, Hinweis auf Entwurf vom Oktober 1977.

Vergütungsstähle sind unlegierte und legierte Baustähle mit einem C-Gehalt von ca. 0,2 % bis 0,6 %. Diese Stähle werden gehärtet und anschließend auf hohe Temperaturen angelassen. Die Zähigkeit bei bestimmter Festigkeit wird dadurch verbessert.

Vergütungsstähle DIN 17 200

Anwendung: Kurbelwellen, Pleuel, Wellen, Zahnräder u. a.

Werkzeugstähle sind unlegierte und legierte Stähle, die nach drei Güteklassen W 1, W 2, W 3 und für Sonderzwecke WS eingeteilt werden.

Werkzeugstähle

Der C-Gehalt beträgt bei unlegierten Werkzeugstählen (Wasserhärtern) ca. 0,5 % bis 2 %. Mit hohem C-Gehalt nehmen Zähigkeit und Schmiedbarkeit ab. Die geringe Warmhärte ermöglicht nur niedrige Schnittgeschwindigkeiten.

Unlegierte Werkzeugstähle

Bei niedrig legierten Werkzeugstählen (Ölhärtern) beträgt der C-Gehalt ca. 0,8 % bis 2 %. Der Anteil an Legierungsmetallen kann bis zu 5 % betragen. Warmhärte bis ca. 400° C.

Niedrig legierte Werkzeugstähle

Hoch legierte Werkzeugstähle (Lufthärter) bezeichnet man auch als Schnellarbeitsstähle und sind bis ca. 600° C temperaturbeständig. Sie enthalten neben dem Kohlenstoff über 5 % Legierungszusätze. Hohe Schnittgeschwindigkeiten und entsprechende Standzeiten ermöglichen große Zerspanleistungen.

Hoch legierte Werkzeugstähle

Die Benennung dieser Werkstoffe beginnt mit dem Gußzeichen, das von den folgenden Angaben durch einen Bindestrich getrennt wird.

Gußwerkstoffe

Gußzeichen

GG- = Gußeisen mit Lamellengraphit (Grauguß)

GGG- = Gußeisen mit Kugelgraphit

GS- = Stahlguß

GTS- = Temperguß schwarz

GTW- = Temperguß weiß u. a.

Beispiele

1. GG-18: Gußeisen mit Lamellengraphit (Grauguß) mit 180 N/mm^2 Mindestzugfestigkeit

2. GS-C 25: Stahlguß mit

$$\frac{25}{100}\,\% = 0{,}25\,\%\ \text{C-Gehalt}$$

1.6.1. Schneid- und Hartmetalle

Schneidmetalle (Stellite)

Stellite sind Gußlegierungen aus Chrom, Kobalt und Wolfram. Sie sind sehr verschleißfest aber auch sehr spröde, temperaturbeständig bis ca. 900 °C und empfindlich gegen Schlag und Stoß.

Hartmetalle

Hartmetalle bestehen aus gesinterten Metallkarbiden (Verbindung von Metall und Kohlenstoff).

Hartmetalle enthalten kein Eisen. Die Temperaturbeständigkeit beträgt ca. 1200 °C.

Die wichtigsten Metalle sind: Wolfram, Titan, Tantal, Vanadium. Nickel und Kobalt dienen als Bindemittel.

Hartmetalle sind unter folgenden Namen im Handel: Widia, Titanit, Böhlerit usw.

Eigenschaften

Große Härte und Verschleißfestigkeit bei ausreichender Zähigkeit.

Verwendung

Schneidplatten zum Auflöten auf Werkzeuge oder als Klemmplatten.

Normung

Hartmetalle sind nach ISO und DIN 4976 genormt und werden in drei Zerspanungshauptgruppen mit den Buchstaben P, M und K unterteilt.

Oxidkeramische Schneidstoffe (Cermets)

Diese Schneidstoffe sind Verbindungen von keramischen und metallischen Ausgangsstoffen, die nicht legiert, sondern nur gesintert werden können. Sie sind hochtemperaturbeständige Werkstoffe und gestatten höhere Schnittgeschwindigkeiten als Hartmetalle. Anwendung zur Fein- und Schlichtbearbeitung von Metallen.

1.7. Werkstoffprüfung

Aus Sicherheitsgründen ist es notwendig, Werkstoffe auf ihre Eigenschaften und ihr Verhalten bei der Einwirkung äußerer Einflüsse zu prüfen. Man unterscheidet z. B. mechanisch-technologische, zerstörungsfreie, metallographische, physikalische und chemische Prüfverfahren.

1.7.1. Werkstoffprüfung in der Werkstatt

Man unterscheidet einige Prüfungsverfahren, die in der Werkstatt durchgeführt werden können:

a) Oberflächenbeurteilung
b) Klangprobe
c) Bruchprobe
d) Biegeprobe
e) Funkenprobe
f) Schweißprobe
g) Schmiedeprobe
h) Feilprobe
i) Tiefziehprobe

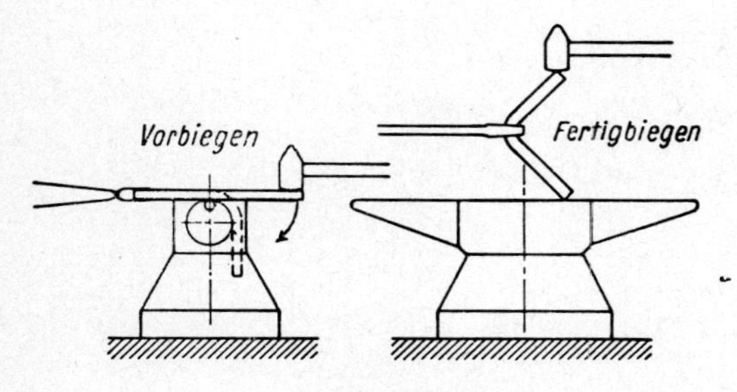

Biege- und Faltversuch

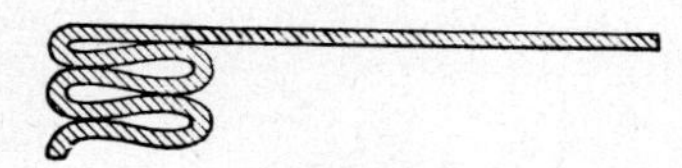

Schmiedeprobe

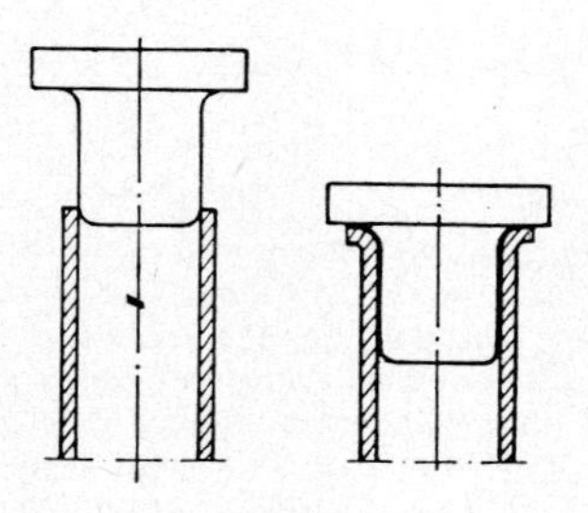

Bördelprobe

Beim Gußeisen sieht man eine dunkelrote Feuergarbe mit wenigen Sternchen.

Werkzeugstahl zeigt einen hellroten Feuerstrahl mit vielstrahligen Sternchen.

Schnellarbeitsstahl erkennt man an der dunkelroten Feuergarbe mit spärlichen, kugelförmigen Funken.

Nach der Bruchfläche erkennt man folgende Eisensorten:

Weicher Stahl ist im Bruch grau und faserig,

Schweißstahl rauh (bei Rissen unbrauchbar),

Tiegelstahl glänzend, samtartig mit feinem Korn,

Grauguß grau und glanzlos,

Hartguß weiß, eben mit kleinen Spiegeln, Temperguß am Rande silbergrau, im Kern schwarz.

Kohlenstoffarmer Stahl

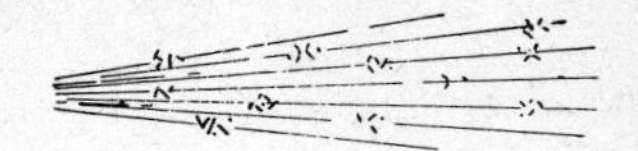

Gußeisen

Werkzeugstahl (manganhaltig)

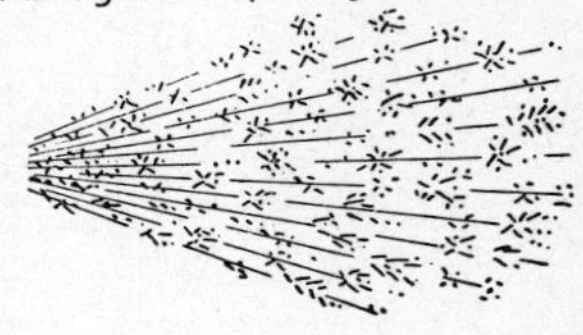

Schnellarbeitsstahl

Funkenprobe beim Schleifen

1.7.2. Statische Prüfungen

Dazu gehören die Prüfungen der Zug-, Druck-, und Scherfestigkeit sowie die Härteprüfung.

Zugversuch (Zugfestigkeit)

Die Zugfestigkeit wird an einem genormten Zerreißstab geprüft. Mit zunehmender Zuglast wird der Stab immer länger, schnürt sich an einer Stelle ein und bricht (Ende der Kurve). Die höchste ertragene Belastung wird auf den Querschnitt bezogen und Zugfestigkeit σ_B (in N/mm^2) genannt. Die Neufassung der DIN-Norm 50145 (Mai 1975) benennt die Zugfestigkeit mit dem Kurzzeichen R_m (in N/mm^2).

Härte ist der Widerstand eines Werkstoffes gegen das Eindringen eines härteren Körpers.

Man unterscheidet nach Art des Prüfkörpers folgende Härteprüfungen:

a) Kugel – Brinell

b) Pyramide – Vickers

c) Kegel – Rockwell.

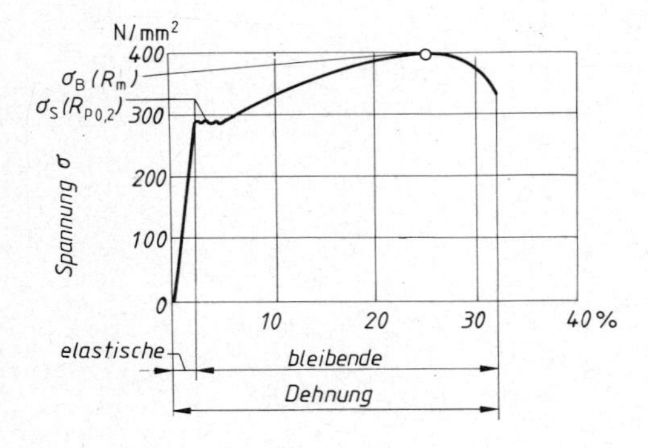

Spannung- und Dehnung-Schaubild für weichen Stahl

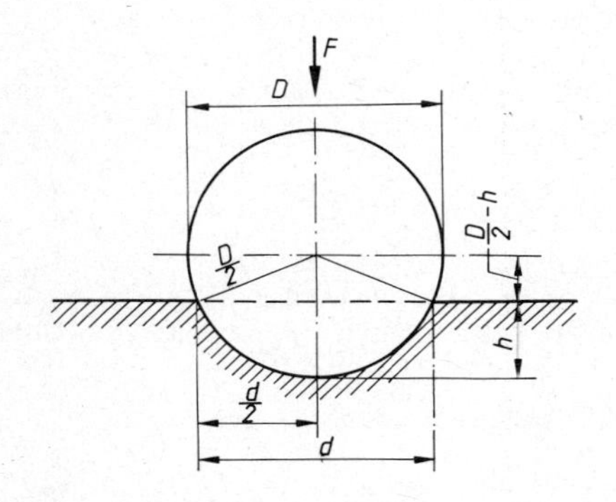

Schema der Brinellprobe

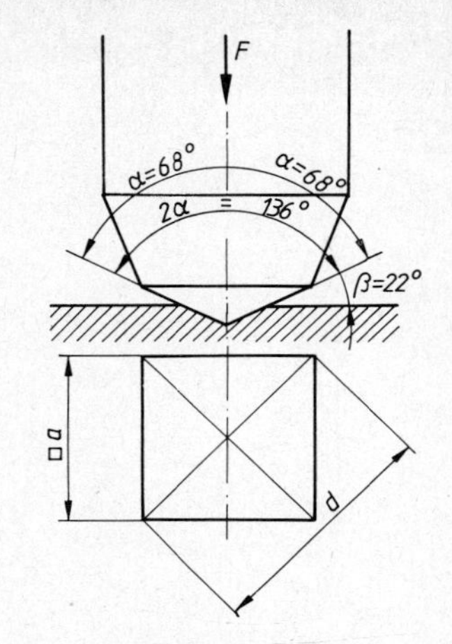

Vickerspyramide

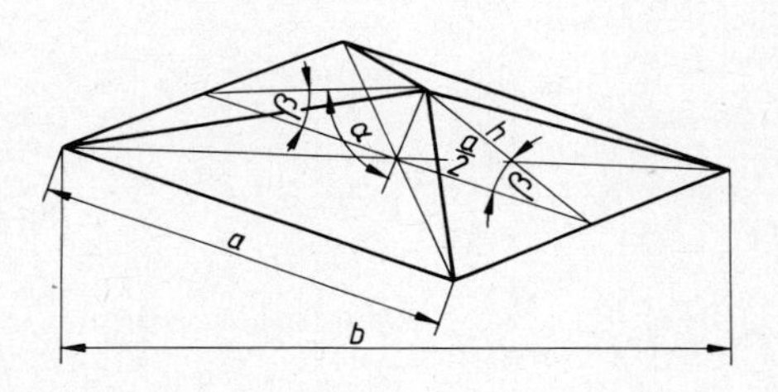

Vickersdiamant

Die Größe bzw. Tiefe des Eindrucks wird ausgemessen und liefert eine Maßzahl für die Härte des Werkstoffs.

1.7.3. Metallographische Prüfung

Bei der metallographischen Prüfung wird das Probestück geschliffen, poliert und mit einer Säure geätzt. Unter einem Mikroskop erkennt man dann das Gefüge.

1.7.4. Zerstörungsfreie Prüfverfahren

Um Werkstoffehler (Risse, Lunker, Fehler in Schweißnähten) zu erkennen, verwendet man u. a. folgende Prüfverfahren.

Röntgen- und Gammaprüfung

Röntgen- und Gammastrahlen durchdringen feste Körper. Der übliche Fehlernachweis erfolgt durch Belichten eines hinter das Werkstück gelegten Filmes, seltener durch Bildschirmbetrachtung. Vorhandene Fehler erkennt man an der unterschiedlichen Schwärzung des Films (Intensitätsunterschiede der durchlaufenden Strahlen).

Ultraschallprüfung

Ultraschallwellen sind Schallwellen mit Frequenzen über 20 000 Hz (Hertz). Fehlstellen im Werkstück reflektieren diese Ultraschallwellen, während ein fehlerloses Werkstück die Wellen ungehindert durchläßt. Nachweis und Messung der Tiefenlage von Rissen, Schlackeneinschlüssen usw. in beliebigen Werkstücken.

Magnetische Prüfung

Auf ein (ferromagnetisches) Werkstück wird Eisenoxid-Pulver aufgebracht und das Werkstück zwischen einen Elektromagneten geschaltet. Fehler im Werkstück werden durch sogenannte Kraftlinien im Eisenoxid-Pulver sichtbar gemacht.

Ölkochprobe

Bei der Ölkochprobe wird ein Werkstück in Öl gekocht, anschließend gereinigt und mit Kalkmilch bestrichen. Etwaige vorhandene Risse zeichnen sich ab.

Farbeindringverfahren

In ähnlicher Weise werden roter Farbstoff bzw. fluoreszierende Stoffe verwendet, die im ultravioletten Licht Fehlerstellen aufzeigen.

1.8. Nichteisenmetalle

Kupfer

Vorkommen: Kupfer (Cu), Dichte 8,9 g/cm³,
Schmelzpunkt 1083 °C.
Gediegenes Kupfer: Nordamerika,
Rotkupfererz (88 % Cu): Sowjetunion, Amerika, Australien,
Kupferglanz (80% Cu): Afrika, Amerika, Spanien,
Kupferkies (34% Cu): Amerika, Spanien.

Gewinnung: Durch Verhüttung der Erze oder durch Elektrolyse (99,9% Cu).

Eigenschaften: Verhältnismäßig weich, schlecht spanabhebend zu bearbeiten, gut schweißbar, guter Wärme- und elektrischer Leiter, sehr korrosionsbeständig durch Bildung von Patina an CO_2-haltiger Luft. Verbindung von Kupfer mit Essigsäure = giftiger Grünspan.

Verwendung: Elektrische Leitungen, Benzinleitungen, Legierungsmetall, Lötkolben.

Zinn

Zinn (Sn). Dichte 7,3 g/cm^3, Schmelzpunkt 231 °C.

Vorkommen: Zinnstein, Zinnkies } Indonesien, Burma, Kongo.

Gewinnung: Das gewonnene Konzentrat (60 . . . 70% Sn) wird in Schachtöfen zu Zinn reduziert.

Eigenschaften: Sehr weich, dehnbar, korrosionsbeständig. Beim Biegen hört man den Zinnschrei, zerfällt bei —20 °C zu Pulver (Zinnpest).

Verwendung: Legierungsmetall, Verzinnung von Oberflächen, Weißblech, Lötzinn.

Zink

Zink (Zn), Dichte 7,1 g/cm^3, Schmelzpunkt 419 °C.

Vorkommen: Zinkblende, Zinkspat } Oberschlesien, Harz, Amerika.

Gewinnung: Durch Verhüttung gewinnt man Zinkoxid, dann durch Reduktion Zink. Reduktion des Zinkoxids durch Destillation oder Elektrolyse.

Eigenschaften: Geringe Härte, große Wärmeausdehnung, keine Verfestigung durch Kaltbearbeitung, gut gießbar. Oberhalb 200 °C versprödet Zink. Niedriger Siedepunkt bei 900 °C, Zinkdämpfe sind giftig (Zinkfieber).

Zink ist nur korrosionsgeschützt, wenn sich an feuchter Luft eine dichte Zinkkarbonatschicht bilden kann, sonst Korrosion bei Heißwasser und Naßdampf, Säuren und Alkalien. Beständig jedoch gegen Benzin und Benzol, daher Vergasergehäuse aus Zn-Legierung (Druckguß).

Verwendung: Verzinken von Stahl (Feuerverzinken, weniger galvanisieren), Zn-Legierungen mit Aluminium und Kupfer.

Blei

Blei (Pb). Dichte 11,3 g/cm^3, Schmelzpunkt 327 °C.

Vorkommen: Bleiglanz, Weißbleierz } Harz, Oberschlesien, Erzgebirge.

Gewinnung: Das Erz wird durch einen Röstprozeß in Bleioxid verwandelt und in Schachtöfen zu Blei reduziert.

Eigenschaften: Beständig gegen Schwefel- und Salzsäure, Schutz gegen radioaktive Strahlen, geringe Festigkeit, Härte und Elastizität, leicht kalt verformbar, sehr giftig.

Verwendung: Akkuplatten, Säurebehälter, Rostschutz. Zusatz bei Farben (Mennige), Legierungsmetall.

Nickel

Nickel (Ni). Dichte 8,9 g/cm³, Schmelzpunkt 1452 °C.

Vorkommen: Nickelerze sind Nickelkies und Nickelglanz } Kanada.

Gewinnung: Durch das Rösten der Erze und anschließende Reduktion erhält man Rohnickel.

Eigenschaften: Sehr korrosionsbeständig, zäh, dehnbar, schweißbar, ferromagnetisch.

Verwendung: Legierungsmetall, Metallüberzug.

Aluminium

Aluminium (Al). Dichte 2,7 g/cm³, Schmelzpunkt 660 °C.

Vorkommen: Hauptfundorte Südfrankreich, Ungarn, Italien, Griechenland, USA, UdSSR.

Gewinnung: Aus Bauxit gewinnt man Tonerde (Al_2O_3). Durch Elektrolyse gewinnt man daraus Aluminium.

Eigenschaften: Guter Leiter für Wärme und Elektrizität, weich, leicht bearbeitbar, sehr korrosionsbeständig.

Durch elektrolytische Oberflächenbehandlung (Eloxalverfahren) Verstärkung der Oxidschichten bei Al-Legierungen.

Verwendung: Bleche, Draht, Legierungen.

Magnesium

Magnesium (Mg). Dichte 1,74 g/cm³, Schmelzpunkt 651 °C.

Gewinnung: Durch Elektrolyse der geschmolzenen Salze Carnallit, Magnesit und Dolomit.

Eigenschaften: Späne leicht brennbar, geringe Festigkeit, mäßig korrosionsbeständig, leicht zerspanbar, gut gieß- und verformbar.

Verwendung: Legierungsmetall für Leicht- und Schwermetalle. Mg-Legierungen (Druckguß) mit Al und Zn im Apparate-, Fahrzeug- und Flugzeugbau, Desoxidationsmittel in Stahl- und Metallgießereien.

Legierungen

Eine Legierung ist eine Mischung aus mehreren Metallen im flüssigen Zustand.

Kupfer-Zink-Legierungen (Messing)

Eine Kupfer-Zink-Legierung besteht aus mindestens 50 % Kupfer und aus Zink. Durch Zusatz von Blei wird die Zerspanbarkeit verbessert. Messing mit mehr als 70 . . . 90 % Kupfer wird Tombak genannt.

Kupfer-Zinn-Legierungen (Zinnbronze)

Kupfer-Zinn-Legierungen sind Cu-Legierungen mit mindestens 60 % Kupfer und Zinn als Haupt-Legierungselement.

Eigenschaften: Hohe Festigkeit, korrosionsbeständig, gute Gleiteigenschaften, Herstellung als Guß- oder Knetlegierung.

Kupfer-Zinn-Zink-Gußlegierungen (Rotguß)

Kupfer-Zinn-Zink-Legierungen sind eine Gruppe von Gußlegierungen, die aus Kupfer, Zinn, Zink und Blei bestehen. Durch gute Gleiteigenschaften besonders als Lagermetalle verwendet.

1.9. Kunststoffe

Kunststoffe oder „Plaste" sind künstlich (synthetisch) erzeugte Werkstoffe. Ausgangsstoffe dafür sind: Erdöl, Erdgas, Kohle, Kalk, Salz, Wasser, Luft u. a.

Kunststoffe bestehen aus makromolekularen Verbindungen, d. h., daß sich viele Moleküle zu Großmolekülen verbinden. Man unterscheidet folgende Bauformen: Fadenmoleküle, Ketten- und Netzmoleküle.

Nach den Molekülbauformen unterscheidet man

Einteilung der Kunststoffe

a) *Thermoplaste (Plastomere):* Sie bestehen aus fadenförmigen Großmolekülen. Diese Fäden sind durch Kohäsions- und Adhäsionskräfte miteinander verbunden. Es besteht aber keine chemische Verbindung. Bei Erwärmung verringern sich die Verbindungskräfte, so daß die Fäden aneinander vorbeigleiten können.

   Thermoplaste werden bei Erwärmung auf 80... 160 °C weich und verformbar.

   Bei noch größerer Erwärmung gehen sie in einen teigigen Zustand über.

b) *Elastoplaste (Elastomere):* Bei ihnen sind die kettenförmigen Großmoleküle durch seitliche Verbindungen weitmaschig miteinander verknüpft.

   Die Verbindungskräfte sind stärker als bei den Thermoplasten. Die Ketten können voneinander abgleiten und sich strecken, gehen aber auch wieder in ihre ursprüngliche Lage zurück (Kautschukelastizität).

   Bei Erwärmung sind sie nicht oder nur wenig verformbar.

c) *Duroplaste (Duromere):* Diese Kunststoffe bestehen aus räumlich eng vernetzten Großmolekülen. Die Verbindungskräfte sind groß. Nur einmal werden die Duroplaste durch Erwärmung weich und verformbar, anschließend härten sie aus und sind hart und spröde. Nach dieser Aushärtung sind sie trotz Erwärmung nicht mehr verformbar.

Die Verknüpfung von vielen kleinen Molekülen zu Großmolekülen kann nach einer der folgenden Arten geschehen:

Chemischer Aufbau

a) *Polymerisation:* Viele kleine gleiche Moleküle verbinden sich zu einem Riesenmolekül. Dabei wird kein anderer Stoff abgespalten.

b) *Polykondensation:* Es verknüpfen sich gleiche oder verschiedenartige Moleküle unter Abscheidung eines Nebenprodukts, meist Wasser.

c) *Polyaddition:* Es verknüpfen sich gleiche oder verschiedenartige Moleküle ohne Abspaltung eines Stoffes.

1.9.1. Kunststoffe im Kraftfahrzeug

1. *Duroplaste (Duromere):* Phenoplaste (Phenolharz), Aminoplaste (Harnstoffharz), Epoxidharz, Polyesterharze, Polyurethane.

Ausgangsstoffe:	Phenol, Formaldehyd, Harnstoff, Acetylen, Dicarbonsäure, Alkohol.
Eigenschaften:	gute Isolatoren für Wärme und Elektrizität, beständig gegen Säuren und Laugen, Festigkeit und Härten hängen von den Füllstoffen ab.
Handelsnamen:	Bakelit, Trolitan, Novotext, Pertinax, Aminoplast, Resopal, Epikote, Epoxin, Diolen, Trevira, Moltopren u. a.
Verwendung im Kraftfahrzeug:	Behälter, Zahnräder, Zündverteiler, Lenkräder, Isolierteile, Einbrennlacke, Kleber, Dichtungen, Kupplungen, Zahnriemen, Karosserieteile u. a.

2. *Thermoplaste (Plastomere):*

Ausgangsstoffe:	Benzol, Äthylen, Phenol, Dicarbonsäure, Acetylen, Salzsäure, Äthylalkohol.

Namen:	Eigenschaften:
Polyvinylchlorid:	beständig gegen Säuren, Laugen und Benzin, einfärbbar, schweißbar.
Polystyrol:	nicht beständig gegen Benzin und Benzol, hart, spröde, guter Isolator.
Polyäthylen:	beständig gegen Säuren, Laugen und übliche Lösungsmittel.
Acrylglas:	stoßfest, glasklar, unempfindlich gegen Benzin, Öl, schwache Säuren und Laugen, geringe Kratzfestigkeit.
Polycarbonat:	schlagzäh, häufig glasfaserverstärkt.
Polyamid:	zäh, schall- und schwingungsdämpfend, spanend bearbeitbar, hohe Zugfestigkeit, witterungsbeständig.
Polytetrafluoräthylen:	beständig gegen Temperatur, Witterung und Chemikalien, leicht spanend bearbeitbar.
Handelsnamen:	PVC, Mipolam, Pegulan, Styropor, Lupolen, Hostalen, Plexiglas, Resartglas, Makrolon, Perlon, Nylon, Hostaflon, Teflon.
Verwendung im Kraftfahrzeug:	Schläuche, Polsterüberzüge, Dichtungsmanschetten, Leitungen, Isolierstoffe, Batteriekästen, Dachverglasung von Karosserien, Schluß- und Blinkleuchten, Zwischenschichten für splittersicheres Verbundglas, geräuscharme Zahnräder, Abschleppseile.

3. *Elastomere:* Naturkautschuk, Polybutadien (Synthesekautschuk).

Ausgangsstoffe:	Naturkautschuk, Butadien, Styrol, Acetylen, Chlorwasserstoff, Acrylnitril u. a.

Eigenschaften von Polybutadien:	schlechter Leiter für Wärme, Elektrizität und Schall, hohe Abriebfestigkeit, Alterungs- und Wärmebeständigkeit, Perbunan besonders quellbeständig gegen Öl und Benzin.
Handelsnamen:	Buna, Perbunan u. a.
Verwendung im Kraftfahrzeug:	Reifenherstellung, Schläuche, Membrane, benzinfeste Gummiteile und Dichtungen.

2. Passungen *)

Jede Massenherstellung von Maschinenteilen, z. B. die von Einzelteilen für den Kraftfahrzeugbau, macht eine weitgehende Austauschbarkeit ohne Nachbearbeitung notwendig. Hierbei werden bezüglich der Oberflächengüte und der Maßhaltigkeit größere Anforderungen gestellt. Teile, die zusammengehören, sind Paßstücke; sie haben eine Passung.

ISO-Passung

Die Passungen sind seit 1947 im *ISO-Passungssystem* geordnet. Diesem voraus ging das seit 1928 gültige ISA-Passungssystem. ISA heißt: International Federation of the National Standardizing Associations (Internationale Vereinigung der nationalen Normvereinigungen). ISO heißt: International Standards Organization (Internationale Organisation für Normung). Die ISA-Passungen wurden in ISO-Passungen umbenannt.

Grundbegriffe

Zwei Einzelteile, die *Paßstücke*, haben also eine *Passung*. Handelt es sich um Bohrungen, sind sie *Außenteile*. Wellen, Bolzen und Zapfen sind *Innenteile*. Wellen und Bohrungen ergeben *Rundpassungen*, prismatische Führungen *Flachpassungen*.

Das angegebene Maß (Zeichnung) ist das *Nennmaß* (N). Abweichungen vom Nennmaß nach oben, *oberes Abmaß* (A_o), und nach unten, *unteres Abmaß* (A_u), werden nur innerhalb gewisser Grenzen geduldet oder toleriert. Zwischen A_o und A_u liegt die Toleranz (T).

Arten der Passungen

Je nachdem, ob sich die Paßstücke gegeneinander bewegen oder festsitzen, unterscheidet man Spielpassungen, Übergangspassungen und Preßpassungen.

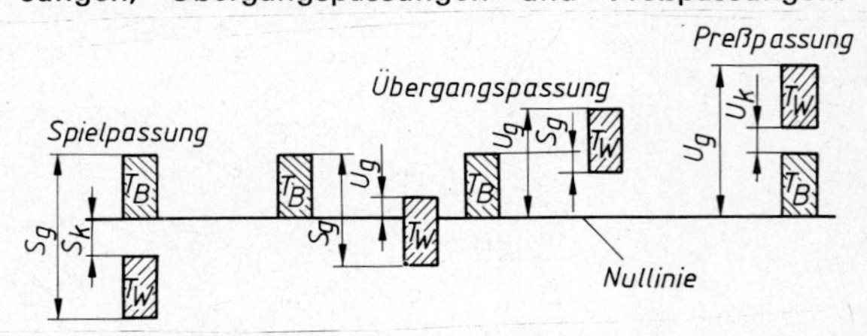

T_B = Toleranzfeld der Bohrung, T_W = Toleranzfeld der Welle

Bei der Spielpassung muß das Kleinstmaß der Bohrung immer noch etwas größer sein als das Größtmaß der Welle. So ergeben sich das *Größtspiel* (S_g) aus dem Unterschied zwischen dem Größtmaß des Außenteiles und Kleinstmaß des Innenteiles und umgekehrt das *Kleinstspiel* (S_k).

*) s. H. Hoischen, Technisches Zeichnen, Verlag W. Girardet, Essen

Bei Preßpassungen, also bei Teilen, die sich nach dem Einbau nicht mehr gegeneinander bewegen sollen (Kupplungen, Radkörper u. dergl.), unterscheidet man *Größtübermaß* (U_g) und *Kleinstübermaß* (U_k). Bei U_g handelt es sich um den Unterschied zwischen dem Größtmaß des Innenteiles und dem Kleinstmaß des Außenteiles. Umgekehrt ergibt sich U_k. Aus $S_g - S_k$ bzw. $U_g - U_k$ ergibt sich die Paßtoleranz.

Die Übergangspassung kann in geringem Maße entweder Spiel oder Übermaß aufweisen.

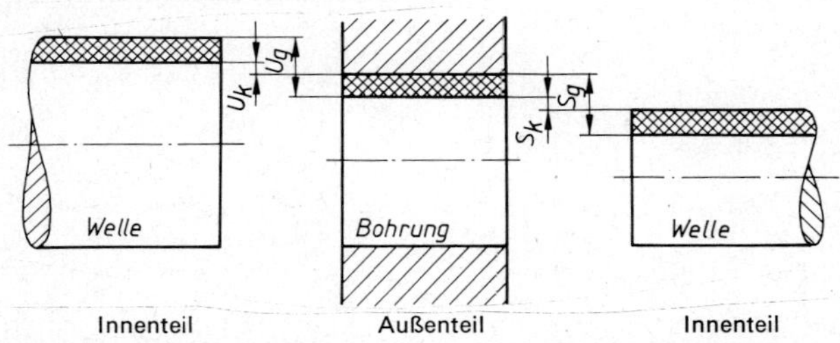

Innenteil Außenteil Innenteil

Toleranzen

In der Konstruktionszeichnung wird zunächst das Nennmaß angegeben. Die Lage der Toleranzfelder zur Nullinie wird durch Buchstaben zum Ausdruck gebracht, und zwar für die Bohrung durch große Buchstaben (*A . . . Z*) und für die Welle durch kleine Buchstaben (*a . . . z*).

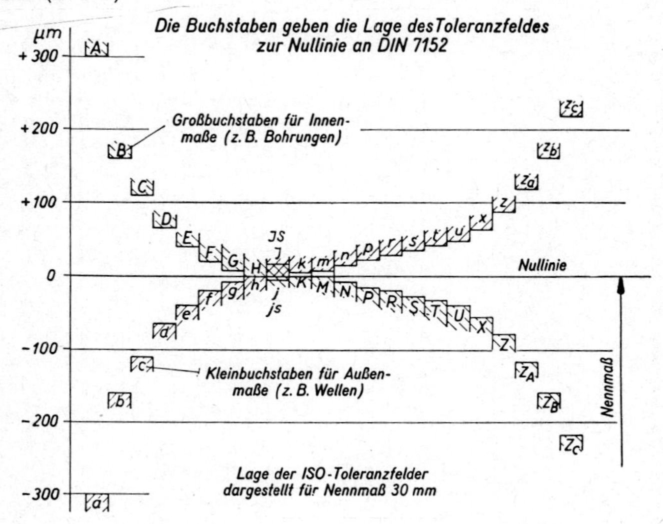

Lage der ISO-Toleranzfelder dargestellt für Nennmaß 30 mm

Auszug aus bevorzugten Toleranzfeldern DIN 7154 für Bohrungen und Wellen bis ϕ 250 mm*).

Angabe der Toleranzen in µm (1 µm = $^{1}/_{1000}$ mm).

Reihe**):	1	1	2	1	1	2	2	1	1	2	1	2	2
Toleranzfeld	**H7**	**H8**	**s6**	**r6**	**n6**	**k6**	**j6**	**h6**	**h9**	**g6**	**f7**	**e8**	**d9**
Nennmaßbereich mm: von **1** bis **3**	+10 0	+14 0	+ 20 + 14	+ 16 + 10	+10 + 4	+ 6 0	+ 4 − 2	0 − 6	0 − 25	− 2 − 8	− 6 −16	− 14 − 28	− 20 − 45
über **3** bis **6**	+12 0	+18 0	+ 27 + 19	+ 23 + 15	+16 + 8	+ 9 + 1	+ 6 − 2	0 − 8	0 − 30	− 4 −12	−10 −22	− 20 − 38	− 30 − 60
über **6** bis **10**	+15 0	+22 0	+ 32 + 23	+ 28 + 19	+19 +10	+10 + 1	+ 7 − 2	0 − 9	0 − 36	− 5 −14	−13 −28	− 25 − 47	− 40 − 76
über **10** bis **14** über **14** bis **18**	+18 0	+27 0	+ 39 + 28	+ 34 + 23	+23 +12	+12 + 1	+ 8 − 3	0 −11	0 − 43	− 6 −17	−16 −34	− 32 − 59	− 50 − 93
über **18** bis **24** über **24** bis **30**	+21 0	+33 0	+ 48 + 35	+ 41 + 28	+28 +15	+15 + 2	+ 9 − 4	0 −13	0 − 52	− 7 −20	−20 −41	− 40 − 73	− 65 −117
über **30** bis **40** über **40** bis **50**	+25 0	+39 0	+ 59 + 43	+ 50 + 34	+33 +17	+18 + 2	+11 − 5	0 −16	0 − 62	− 9 −25	−25 −50	− 50 − 89	− 80 −142
über **50** bis **65** über **65** bis **80**	+30 0	+46 0	+ 72 + 53 + 78 + 59	+ 60 + 41 + 62 + 43	+39 +20	+21 + 2	+12 − 7	0 −19	0 − 74	−10 −29	−30 −60	− 60 −106	−100 −174
über **80** bis **100** über **100** bis **120**	+35 0	+54 0	+ 93 + 71 +101 + 79	+ 73 + 51 + 76 + 54	+45 +23	+25 + 3	+13 − 9	0 −22	0 − 87	−12 −34	−36 −71	− 72 −126	−120 −207

Nennmaßbereich mm													
über **120** bis **140**			+117 + *92*	+ 88 + *63*									
über **140** bis **160**	*+40* 0	*+63* 0	+125 *+100*	+ 90 *+65*	+52 *+27*	+28 *+ 3*	+14 *−11*	0 *−25*	0 *−100*	−14 *−39*	−43 *−83*	− 85 *−148*	−145 *−245*
über **160** bis **180**			+133 *+108*	+ 93 *+ 68*									
über **180** bis **200**			+151 *+122*	+106 *+ 77*									
über **200** bis **225**	*+46* 0	*+72* 0	+159 *+130*	+109 *+ 80*	+60 *+31*	+33 *+ 4*	+16 *−13*	0 *−29*	0 *−115*	−15 *−44*	−50 *−96*	−100 *−172*	−170 *−285*
über **225** bis **250**			+169 *+140*	+113 *+ 84*									

*) Die auszugsweise Wiedergabe erfolgt mit Genehmigung des Deutschen Normenausschusses. Maßgebend ist die jeweils neueste Ausgabe des Normblattes im Normalformat A 4, das bei der Beuth-Vertrieb GmbH, 1 Berlin 30 und 5 Köln, erhältlich ist.

Anmerkung

**) Paarungen aus den Toleranzfeldern der Reihe 1 und solche aus 1 mit 2 sind denen aus 2 vorzuziehen (Nach DIN 7157). Da nur Einheitsbohrungen aus der Reihe 1 angegeben sind (H7 und H8), sind auch nur Paarungen der Reihe 1, z. B. H7/n6, oder der Reihen 1 und 2, z. B. H7/s6, möglich. Paarungen aus Reihe 2 wären zu bilden, wenn z. B. H11 oder G7 angegeben wären.

Gemeint ist: Bevorzugt sind Paarungen aus den Toleranzfeldern der Reihe 1 zu bilden, dann die aus Reihe 1 und 2.

Übungsbeispiel

Zeichne für einen Durchmesser von 40 mm bezogen auf die Nulllinie die Toleranzfelder H_7, r_6, n_6, k_6, j_6, h_6, f_7, d_9.

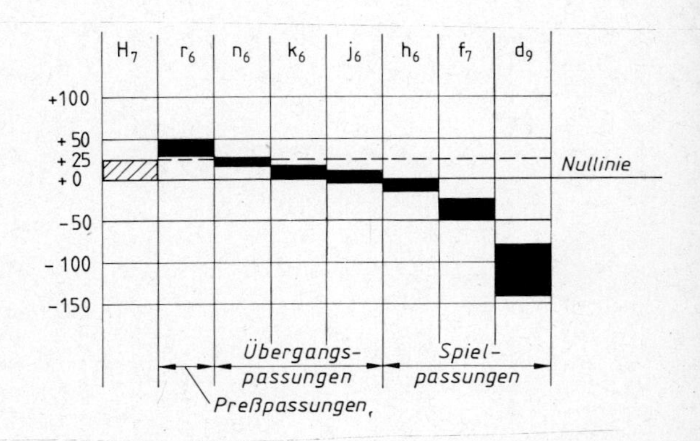

Die Größe der Toleranz, die Qualität, wird durch Zahlen zum Ausdruck gebracht (01,0,1,2 . . . 18). Je größer die Zahl, desto größer ist das Toleranzfeld. Im Kraftfahrzeugbau werden die Qualitäten 5 . . . 11 verwendet.

Passungssystem

Es gibt zwei Passungssysteme, und zwar das System der *Einheitsbohrung* und das System der *Einheitswelle*. Bei der Einheitsbohrung, die auch im Kraftfahrzeugbau Verwendung findet, haben alle Bohrungen die Toleranz *H*, so daß A_u stets gleich Null ist. Somit ergeben sich bei den Wellentoleranzen *a . . . h* Spielpassungen, *j . . . n* Übergangspassungen und *p . . . zc* Preßpassungen.

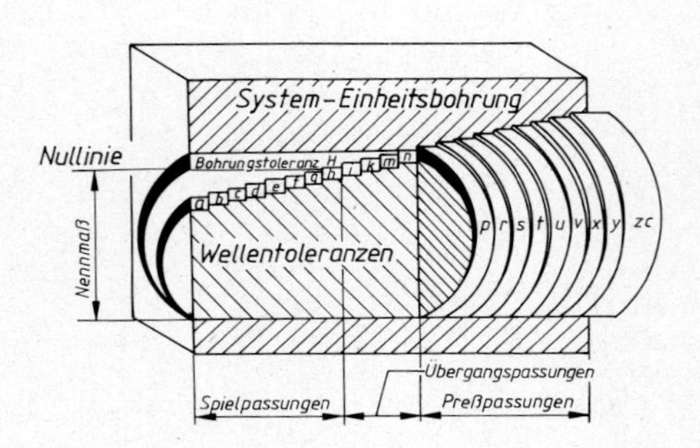

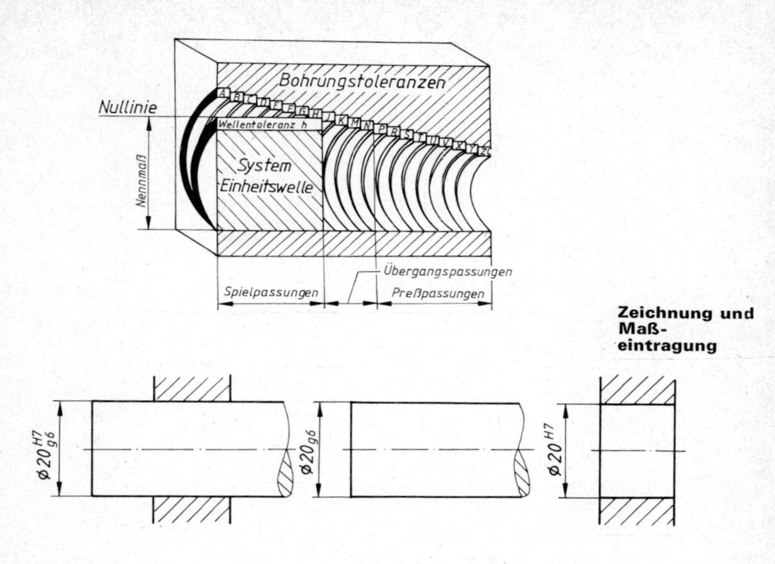

Zeichnung und Maß-eintragung

Rechenbeispiel. Mit Hilfe vorstehender Tabelle sind für ϕ 20 $\frac{H7}{g6}$ und ϕ 20 $\frac{H7}{r6}$ die verschiedenen Toleranzen zu ermitteln.

Lösung:

Bohrung

Paßmaß	$\phi\,20^{H7} = \phi 20^{+0,021}$
Nennmaß	ϕ 20
Ob. Abmaß	+0,021 mm
Unt. Abmaß	0,000 mm
Größtmaß	20,021 mm
Kleinstmaß	20,000 mm
Toleranz	0,021 mm

Welle

Paßmaß	$\phi\,20_{g6} = \phi\,20\,^{-0,007}_{-0,020}$	$\phi 20_{r6}$ $\phi 20\,^{+0,041}_{+0,028}$
Nennmaß	ϕ20	ϕ20
Ob. Abmaß	−0,007 mm	+0,041 mm
Unt. Abmaß	−0,020 mm	+0,028 mm
Größtmaß	19,993 mm	20,041 mm
Kleinstmaß	19,980 mm	20,028 mm
Toleranz	0,013 mm	0,013 mm

Daraus Größtspiel 0,041 mm und Größtübermaß 0,041 mm
Kleinstspiel 0,007 mm und Kleinstübermaß 0,007 mm

Grenzlehren

Die Maßhaltigkeit der gefertigten Werkstücke wird mit Hilfe der Grenzlehren geprüft. Es handelt sich dabei um unverstellbare Werkzeuge. Für Bohrungen verwendet man den *Grenzlehrdorn*, für Wellen die *Grenzrachenlehre*. Beide haben je eine *Gutseite* und eine *Ausschußseite*. Beim Grenzlehrdorn ist die Gutseite die kleinere, die Ausschußseite die größere Seite. Bei der Grenzrachenlehre ist es umgekehrt. Die Gutseite muß ohne Kraftanwendung in die Bohrung hinein bzw. über die Welle gehen; die Ausschußseite darf nur anschnäbeln. Die Ausschußseiten der Grenzlehren sind rot gekennzeichnet, die Meßflächen abgeschrägt.

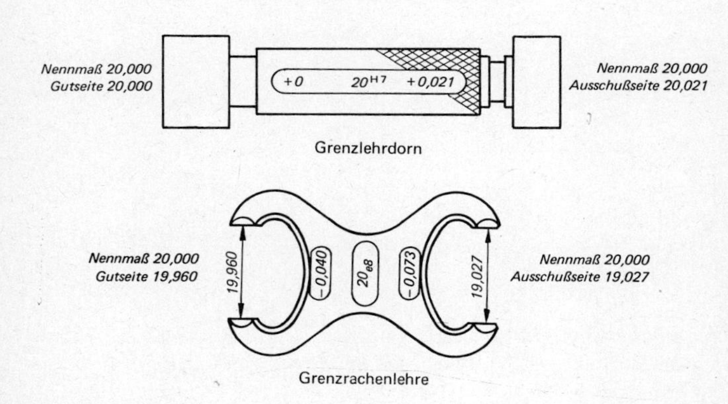

Grenzlehrdorn

Grenzrachenlehre

3. Kraftfahrzeugkunde

3.1. Aus der Geschichte des Kraftfahrzeugs

3.1.1. Vom Dampfwagen zum Automobil

Kraftfahrzeuge sind Landfahrzeuge, die durch eine motorische Kraft angetrieben werden und nicht an Schienen gebunden sind.

Die ersten Kraftfahrzeuge waren Dampfkraftwagen

Der erste Dampfkraftwagen

Bald nach der Erfindung der Dampfmaschine durch James Watt (1769) wurden Versuche gemacht, die Dampfkraft als Antrieb für Fahrzeuge zu benutzen. W. Meerdock, ein Mitarbeiter von Watt, baute bereits 1786 einen Dampfkraftwagen, der nicht auf Schienen lief.

1835 fuhren die ersten Dampfomnibusse zwischen Paris und Versailles, 1881 erstmals in Berlin.

Heute ist der Dampfkraftwagen vom Motorwagen verdrängt; doch hat es in Deutschland wie in anderen Ländern nicht an Versuchen gefehlt, ihn weiterzuentwickeln (Henschel, Sachsenberg-Dessau, Halberg-Pforzheim; Zschopauer Motorenwerke, wo Rasmussen 1916 DKW = Dampf-Kraft-Wagen (später Zweitakter) baute).

Die Gasmaschinen von Lenoir (1860) und Otto (1867)

Gasmaschinen

Sie wurden für die Entwicklung von grundlegender Bedeutung. Vorbild war die Dampfmaschine. Als Treibstoff benutzte man Gas. Die durch Verbrennung eines Gas-Luft-Gemisches in einem Zylinder entstandene Wärme suchte man in mechanische Arbeit umzusetzen.

Die Gasmaschine von Lenoir 1860

Gasmaschinen
Aufbau und Arbeitsweise

Ein doppeltwirkender Verbrennungsmotor mit einem liegenden Einzylinder, Einlaß- und Auslaßventilen, die durch Schieber gesteuert wurden.

Entzündung des Kraftstoff-Luft-Gemisches auf der Hälfte des Kolbenweges durch Batteriestrom und Zündkerze. Fahrversuche 1860 in der Nähe von Paris.

Der Viertakt-Gasmotor von Otto 1867

Ottomotor

Dieser trug schon alle Merkmale unserer heutigen Kraftfahrzeugmotoren: Zylinder mit Kolben, Pleuelstange und Kurbelwelle, Nockenwelle mit Nocken zur Steuerung der Einlaß- und Auslaßventile. Entzündung des nunmehr verwendeten flüssigen Kraftstoffes (bisher Leuchtgas) durch Zündfunken einer Zündkerze. Arbeit nach dem Viertaktverfahren.

Große Erfinder

Benz, Daimler und Diesel, die großen Erfinder der Kraftfahrzeuge

Carl Benz

Carl Benz baute 1884/85 einen Dreiradwagen (Patent von 1886) mit einem liegenden Einzylinder, Schiebersteuerung, elektrischer Zündung und Oberflächenvergasung. Leistung bei 250 . . . 300 1/min etwa 0,74 kW.

Gottlieb Daimler

Gottlieb Daimler baute 1885 mit Wilhelm Maybach unabhängig von Benz ein Niederrad mit Holzrahmen und seitlichen Stützrädern. Leistung 0,37 kW, Geschwindigkeit 18 km/h. Bald entstand durch ihn der erste vierrädige Kraftwagen mit der damals ungewöhnlich hohen Drehzahl von 900 1/min.

Rudolf Diesel

Firmen mit Bedeutung für die Entwicklung des Dieselmotors

Rudolf Diesel gelang es, nach mehreren Versuchen 1897 in der Maschinenfabrik Augsburg-Nürnberg den nach ihm benannten Motor herzustellen (Patent von 1898). Die Firma Krupp baute den Motor weiter aus. 1907 entstand der erste umsteuerbare Viertakt-Schiffsdieselmotor, 1911 ein doppeltwirkender Zweitakt-Dieselmotor. 1924 bauten MAN und Daimler-Benz Dieselmotoren in Lkw, wenige Jahre später auch in Pkw ein.

Von Deutschland aus verbreitete sich das Kraftfahrzeug gegen Ende des vorigen Jahrhunderts nach Frankreich, dann nach England und Amerika und bald über die ganze Welt.

Kfz-Pioniere

3.1.2. Pioniere auf dem Gebiete des Kraftfahrzeugwesens

Nikolaus August Otto

Nikolaus August Otto, geb. 1832 in Holzhausen im Taunus, Kaufmann, bastelte aus Liebhaberei und erfand 1867 den Viertaktmotor, den Vorläufer der heutigen Kfz-Motoren. Otto starb 1891 in Köln.

Carl Benz

Carl Benz, geb. 1844 in Karlsruhe, baute 1884/85 das erste Benzinautomobil, zuerst ein Dreirad, 1886 einen Vierradwagen, einen „Kutschwagen ohne Pferde"; gestorben 1929.

Gottlieb Daimler, geb. 1834 in Schorndorf (Württ.), baute 1885 sein erstes Motorrad, 1886 ein vierrädriges Automobil; Erfinder des Spritzdüsenvergasers; gestorben 1900.

Gottlieb Daimler

Rudolf Diesel, geb. 1858 von deutschen Eltern in Paris, Erfinder des Dieselmotors (1897), kam 1913 auf der Überfahrt nach England ums Leben.

Rudolf Diesel

Ferdinand Porsche, geb. 1875 in Maffersdorf bei Reichenau in Böhmen, der geniale Konstrukteur des Volkswagens (Porschewagens); gestorben 1951.

Ferdinand Porsche

Adam Opel, geb. 1835 in Rüsselsheim, erlernte das Nähmaschinenhandwerk, baute zuerst Nähmaschinen, dann Fahrräder; die Söhne bauten 1898 Autos; Gründer der Opel-Werke in Rüsselsheim.

Adam Opel

August Horch, geb. 1868 in Winningen (Mosel), zunächst Mitarbeiter von Carl Benz, Konstrukteur des Horch-Wagens (mit Reibungskupplung); gest. 1951.

August Horch

Wilhelm Maybach, geb. 1846 in Löwenstein bei Heilbronn, Konstrukteur des ersten Daimler-Wagens (Mercedes), des Wechselgetriebes und später des teuren Maybach-Wagens, Dr. h. c., gest. 1929.

Wilhelm Maybach

Heinrich Büssing, geb. 1843 bei Fallersleben, bis zum 60. Lebensjahre tätig in einer Eisenbahn-Signalbauanstalt, bastelte aus Liebhaberei, Konstrukteur des Büssing-Lkw und Gründer der Büssing-Werke Braunschweig, Dr.-Ing. E. h., gest. 1929.

Heinrich Büssing

Heinrich Kleyer, geb. 1853 in Darmstadt, Gründer der Adler-Werke, im 2. Weltkriege zu 85% zerstört, Betriebseinrichtung verfiel der Demontage, heute wieder Motorradbau.

Heinrich Kleyer

Conrad Dietrich Magirus, geb. 1824, Ulmer Feuerwehrkommandant, Konstrukteur der Feuerwehrfahrzeuge, Gründer der Ulmer Magirus-Werke der Klöckner-Humboldt-Deutz AG, gest. 1895.

C. D. Magirus

Henry Ford, geb. 1863 als Sohn eines Farmers, erlernte das Mechanikerhandwerk, gründete 1903 die Ford-Werke, 1930 entstanden die Kölner Ford-Werke; gest. 1947.

Henry Ford

Werner v. Siemens, geb. 1816 bei Hannover, Offizier und Ingenieur, Erfinder der Dynamomaschine und des Elektromotors; wegen seiner großen Leistungen 1888 geadelt; gest. 1892.

Werner v. Siemens

Robert Bosch, geb. 1861 in Albeck (Württ.), Mechaniker bei Schuckert-Nürnberg und im Ausland, Gründer der Weltfirma für autoelektrische Teile, Einspritzpumpen u. a., gest. 1942.

Robert Bosch

Felix Wankel

Felix Wankel, geb. 1902 in Lahr (Schwarzwald), Leiter der Technischen Entwicklungs-Stelle Lindau; Erfinder der entscheidenden Voraussetzung zur Entwicklung von Rotationskolbenmaschinen, nämlich unregelmäßig geformte Räume abzudichten; 1951 Kontakte mit der NSU-Forschungsabteilung; 1958 der erste Kreiskolbenmotor bei NSU auf dem Prüfstand.

3.2. Kraftfahrzeugmotoren

3.2.1. Der Otto-Viertaktmotor

Die 4 Takte des Viertaktmotors

Der Otto-Viertaktmotor arbeitet in den vier Takten: Ansaugen, Verdichten, Arbeiten, Ausstoßen.

Kolbenbewegung, Ventilstellung und Vorgänge im Verbrennungsraum

Kolbenbewegung, Ventilstellung und Vorgang im Verbrennungsraum sind aus folgendem ersichtlich:

Takte	Ansaugen	Verdichten	Arbeiten	Ausstoßen
Kolben	geht nach unten	geht nach oben	geht nach unten	geht nach oben
Ventilstellung	EV geöffnet AV geschlossen	EV geschlossen AV geschlossen	EV geschlossen AV geschlossen	EV geschlossen AV geöffnet
Vorgänge im Verbrennungsraum	Der Kolben saugt beim Abwärtsgang infolge der Vergrößerung des Zylinderraumes Kraftstoff-Luft-Gemisch durch das geöffnete EV an. Ansauggeschwindigkeit ≈ 100 m/s Füllungsgrad 75...95%	Das Kraftstoff-Luft-Gemisch wird auf ein Siebtel bis ein Zehntel seines ursprünglichen Raumes zusammengedrückt	Das Gemisch wird entzündet, dehnt sich aus und drückt den Kolben nach unten, wobei Arbeit geleistet wird. Zündgeschwindigkeit 25 m/s	Die verbrannten Gase werden durch den aufwärtsgehenden Kolben ins Freie ausgestoßen

1. Takt: Ansaugen

Kraftstoff-Luft-Gemisch

Im 1. Takt muß der Kraftstoff mit einer bestimmten Menge Luft vermischt werden. Dadurch soll eine gute Verbrennung erzielt werden. Zum guten Verbrennen werden benötigt

Gemisch und Leistung

≈ 15 kg Luft auf 1 kg Benzin
bzw. ≈ 13 kg Luft auf 1 kg Benzol.

Das Gemisch darf nicht zu fett und nicht zu mager sein.

Fettes Gemisch

Bei *Luftmangel* wird das *Gemisch zu fett.* Der Motor qualmt; es wird keine Höchstleistung erzielt.

Bei *Luftüberschuß* von mehr als 10 % entsteht ein *mageres Gemisch.* Die Temperatur der Flamme wird herabgesetzt, die Arbeitsleistung gering. Ein Luftüberschuß bis zu 10 % bewirkt minimalen Kraftstoffverbrauch, während bei etwa 10 % Luftmangel die größte Leistung erreicht wird. Bei richtigem Mischungsverhältnis ist die Auspuffflamme gelbrot.

Mageres Gemisch

Gute Leistung

Wirkung auf die Auspuffflamme

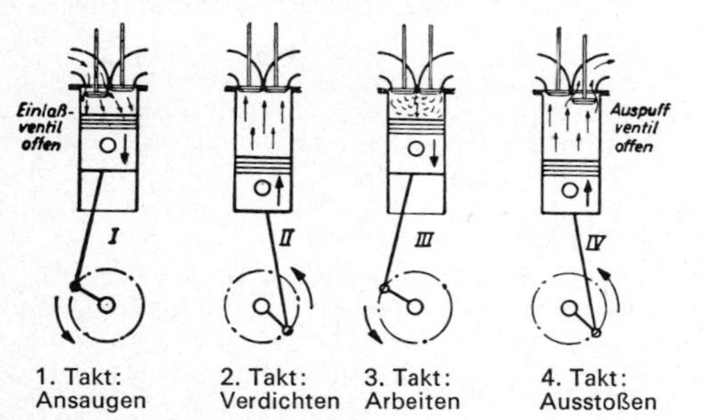

Arbeitsweise des Viertakt-Motors

2. Takt: Verdichten

Die Verdichtung soll eine bessere Verbrennung erwirken. Durch die Verdichtung sollen die Kraftstoffteilchen noch näher an die Sauerstoffteilchen herangebracht werden, als es durch die Zerstäubung beim Ansaugen schon geschieht. Je dichter das Gemisch, desto wirksamer die Verbrennung und desto größer die Arbeitsleistung.

Zweck der Verdichtung

Die Höhe der Verdichtung ist abhängig vom *Verdichtungsverhältnis* ε, das ist das Verhältnis von

Verdichtungsverhältnis

$$\frac{\text{Hubraum} + \text{Verdichtungsraum}}{\text{Verdichtungsraum}} = \frac{V_h + V_c}{V_c}$$

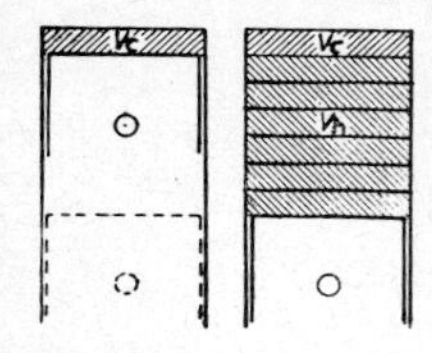

Verdichtungsverhältnis

Vom Verdichtungsverhältnis sind abhängig Verdichtungsdruck, Verdichtungstemperatur und Arbeitsleistung. Je höher das Verdichtungsverhältnis, desto höher sind Druck und Temperatur, je höher der Druck, desto höher die Arbeitsleistung.

3. Takt: Arbeiten

Die Verbrennung erzeugt den Arbeitsdruck. Unter Verbrennung verstehen wir die Verbindung von Sauerstoff mit einem anderen Stoff unter Erzeugung von Wärme.

Wesen der Verbrennung

Die Verbrennung im Motor

Entzündung des Gemisches Ottomotor Dieselmotor

Es gibt eine langsame (Stearinkerze) und eine schnelle Verbrennung. Im Motor ist nur eine schnelle Verbrennung möglich. Damit die Stoffe verbrennen können, müssen sie erst durch Reibung, Druck oder Zündfunken auf die erforderliche Entzündungstemperatur gebracht werden. Im Ottomotor wird das Gemisch durch den Zündfunken einer Zündkerze entzündet; im Dieselmotor entzündet sich der eingespritzte Kraftstoff an der heißen Verdichtungsluft.

Bei der Verbrennung verbinden sich Kohlenstoff C und Wasserstoff H (aus denen alle Kraftstoffe bestehen, daher Kohlenwasserstoffe) mit dem Sauerstoff O der Luft.

4. Takt: Ausstoßen

Die vollkommene Verbrennung

Die unvollkommene Verbrennung und ihre Folgen

Die Güte der Verbrennung erkennt man am Auspuffgas. Verbrennt der Kraftstoff mit einer genügenden Menge Sauerstoff, so haben wir eine *vollkommene Verbrennung;* es entsteht CO_2 = Kohlendioxid. Bei Sauerstoffmangel (schlecht eingestellter Vergaser, unterkühlter Motor, niedrige Drehzahl, verschmutztes Luftfilter usw.) entsteht eine *unvollkommene Verbrennung.* Dann entwickelt sich das giftige CO = Kohlenoxid und ein rußiges Auspuffgas. Aus dem Auspuff entweicht ferner Wasserdampf durch die Verbindung von Wasserstoff und Sauerstoff, außerdem Stickoxide.

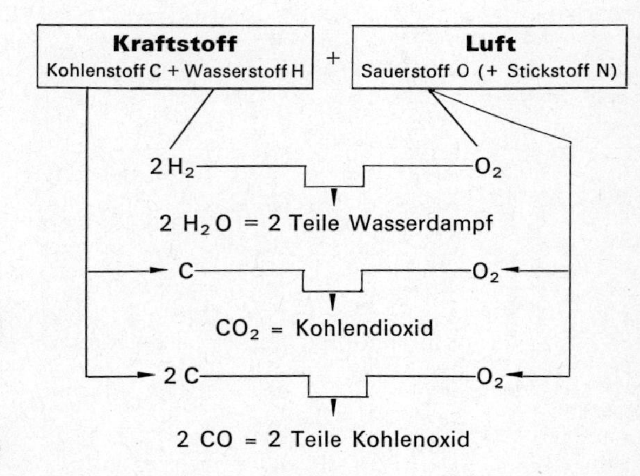

Vollkommene Verbrennung!

Unvollkommene Verbrennung!

Merke! Vorsicht, Auspuffgase sind giftig!

Nach dem Verbrennungsschema entweicht aus dem Auspuff u. a. das giftige Kohlenoxid. Die Abgase enthalten davon etwa 2,5 . . . 4,5 %. 0,18 . . . 0,26 % CO in der Atemluft bewirken innerhalb 30 Minuten den Tod; 0,02% rufen bereits Kopfschmerzen und Vergiftungserscheinungen im Blut hervor. Deshalb:

Auspuffgase

CO-Gehalt der Abgase

Tödliche Wirkung

1. einen Motor nicht in geschlossenen Räumen laufen lassen,
2. Garagen und Kraftfahrzeuge entlüften,
3. bei Leerlauf nicht liegend am Kraftfahrzeug arbeiten.

Vorsichtsmaßregeln

Das Druck-Kolbenweg-Diagramm gibt uns Aufschluß über die Druckverhältnisse im Zylinder während der einzelnen Takte.

Das Druck-Kolbenweg-Diagramm

Das Diagramm (S. 43) zeigt den Druckablauf (daneben in Abwicklung).

a . . . b Durch Raumvergrößerung entsteht ein Druck von 0,8 . . . 0,9 bar, d. h. ein Unterdruck von 0,1 . . . 0,2 bar.

b . . . c Das Gemisch wird auf den 7. . . . 10. Teil des Rauminhaltes zusammengedrückt. Dadurch entsteht Wärme, die den Verdichtungsdruck zusätzlich auf insgesamt 10 . . . 16 bar erhöht.

c . . . d Im Augenblick der Zündung entsteht eine Temperatur von 2000 . . . 2500 °C, durch die der Druck auf 25 . . . 45 bar ansteigt.

d . . . e Durch den Druck der Gase wird Arbeit verrichtet. Dabei sinkt der Druck schnell auf 4 . . . 2,5 bar. Nach Öffnen des Auslaßventils sinkt der Druck weiter, ohne die Nullinie zu erreichen.

e . . . a Die verbrannten Gase werden ausgestoßen; dabei herrscht ein Druck von etwa 1,2 bar, der erst beim Ansaugen unter die Nullinie sinkt.

Die schraffierte Fläche stellt die geleistete Arbeit dar.

Der Zylinderdruck bei den einzelnen Takten

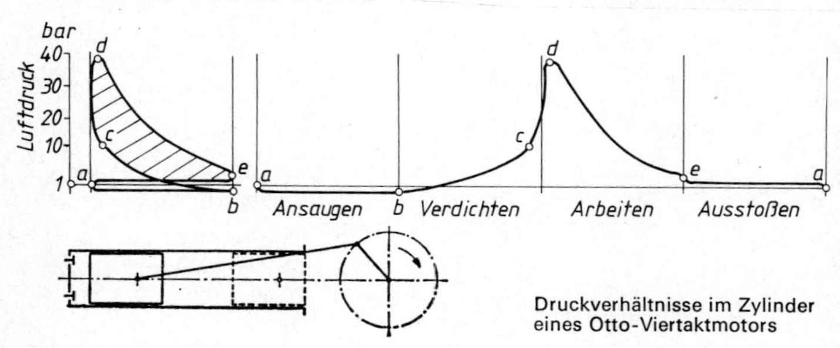

Druckverhältnisse im Zylinder eines Otto-Viertaktmotors

bar

Merke! Bei Gasen und Flüssigkeiten wird der Druck in Bar gemessen:

$$1 \text{ bar} = 1 \frac{\text{da N}}{\text{cm}^2} = 10 \frac{\text{N}}{\text{cm}^2}$$

3.2.2. Der Otto-Zweitaktmotor

Der Zweitakter

Im Zweitaktmotor wird bei jedem 2. Takt Arbeit verrichtet. Das Zweitaktverfahren enthält alle Arbeitsspiele des Viertaktverfahrens, nur spielen sich die vier Funktionen Ansaugen, Verdichten, Arbeiten und Ausstoßen innerhalb zweier Kolbenhübe, d. h. einer Kurbelumdrehung ab.

Die Vorgänge im Kurbelgehäuse im Verbrennungsraum

Während sich beim Viertakter alle Vorgänge oberhalb des Kolbens abspielen, wird beim Zweitakter auch das Kurbelgehäuse mit einbezogen.

Vorgang	bei aufwärtsgehendem Kolben	bei abwärtsgehendem Kolben
im Kurbelgehäuse	Der aufwärtsgehende Kolben erzeugt im Kurbelgehäuse einen Unterdruck von 0,2 . . . 0,4 bar. Bei Freigabe des Einlaßschlitzes werden Kraftstoff und Luft in das Kurbelgehäuse angesaugt	Das Gemisch wird durch den abwärtsgehenden Kolben im Kurbelgehäuse vorverdichtet
im Verbrennungsraum	Das durch den Überströmkanal (Ü) aus dem Kurbelgehäuse in den Zylinder oberhalb des Kolbens überströmende Kraftstoff-Luft-Gemisch wird verdichtet und im Verbrennungsraum kurz vor OT entzündet { Füllungsgrad 50 . . . 75 %, $\varepsilon = 7:1 \ldots 10:1$	Durch den Zünddruck wird der Kolben nach unten getrieben; er verrichtet Arbeit. Bei Öffnen des Auslaßschlitzes erfolgt das Ausstoßen der verbrannten Gase. Wird wenig später der Überströmkanal freigegeben, so strömen Frischgase in den oberen Zylinderraum und spülen die verbrannten Gase aus

Anm.: OT = oberer Totpunkt, UT = unterer Totpunkt.

Arbeitsweise des Zweitaktmotors

Zwischen Zweitaktern und Viertaktern bestehen wesentliche Unterschiede.

Unterschiede zwischen Zweitakt- und Viertaktmotoren

1. Zweitakter haben meistens keine Ventile, daher auch keine Steuerorgane (Nockenwelle, Steuerräder, Stößel, Stoßstangen, Kipphebel usw.).

2. Sie haben im Kurbelgehäuse eine Vorverdichtung (1,1 . . . 1,8 bar). Daher muß das Kurbelgehäuse gasdicht sein und jeder Zylinder eine Kurbelkammer haben.
3. Zweitakter haben Mischungsschmierung, Viertakter Pumpenschmierung.
4. Bei Querstromspülung haben die Kolben eine Ablenknase.

Die Leistung der beiden Motoren (Vergleich)

Der Zweitakter leistet nicht das Doppelte des Viertakters. Da ein Zweitakter bei jeder Kurbelumdrehung Arbeit verrichtet, sollte man annehmen, daß er auch doppelt so viel wie ein Viertakter leistet. In Wirklichkeit leistet er nur das 1,3- . . . 1,5fache des Viertakters, weil

1. ein Teil der Frischgase beim Spülvorgang entweicht;
2. im Zylinder Abgase zurückbleiben, die die Füllung verschlechtern und die Motorleistung herabsetzen;
3. der Einlaßschlitz nur zu einem Fünftel des Hubweges geöffnet ist.

Da die Ladung also nicht auf dem ganzen Kolbenwege erfolgt, sind Füllung und Leistung nicht so groß wie beim Viertakter.

Motor-Unterschiede

Die Bauform wird durch die Art der Spülung bestimmt.

Wir unterscheiden

1. nach der Bauart: Dreikanal- und Zweikanalmotoren; (Bauart)
2. nach dem Spülvorgang: Motoren mit Querstrom-, Umkehr- und Gleichstromspülung; (Spülvorgang)
3. besondere Bauarten: Zweitakter mit Doppelkolben, solche mit Ladepumpe (DKW) und solche mit Benzineinspritzung (nicht mehr gebaut). (besondere Bauarten)

Dreikanalmotor

Der Dreikanalmotor hat drei Kanäle (Einlaß-, Überström- und Auslaßkanal), die durch den Kolben gesteuert werden.

Zweikanalmotor

Beim Zweikanalmotor steuert der Kolben nur den Überström- und Auslaßkanal, während der Einlaß durch ein selbsttätiges Ventil oder durch den Kolben einer Ladepumpe geöffnet und geschlossen wird.

Querstromspülung

Motoren mit Querstromspülung haben drei Kanäle. Der Kolben hat eine Ablenknase, durch die das Gemisch nach oben in den Zylinder gelenkt wird, um die verbrannten Gase zu entfernen.

Umkehrspülung

Dr. Schnürle (früher DKW) verbesserte die Spülung und erfand die Umkehrspülung. Bei dieser gelangt das Gemisch durch zwei tangential in den oberen Zylinder einmündende Überströmkanäle in den Verbrennungsraum. Hier richten sich die Spülströme nach ihrem Zusammentreffen auf, kehren im Zylinderkopf um und schieben die Abgasreste durch den Auslaßschlitz hinaus. Der Motor hat Flachkolben. Die Spülung ist sehr gut. Der Verbrennungsraum wird etwa zu $^4/_5$ entleert und wieder frisch gefüllt.

Vierkanalspülung

Bei der Vierstromspülung tritt das Gemisch durch vier Schlitze in den Verbrennungsraum und verläßt nach Spülung und Verbrennung den Zylinder durch zwei Auslaßschlitze.

Kreuzspülung

Bei der Kreuzspülung liegen sich zwei Einlaß- und zwei Auslaßschlitze gegenüber. Sehr gute Spülung!

Gleichstromspülung

Bei der Gleichstromspülung haben die Frisch- und Abgase die gleiche Richtung, wodurch eine gute Spülung erreicht wird.

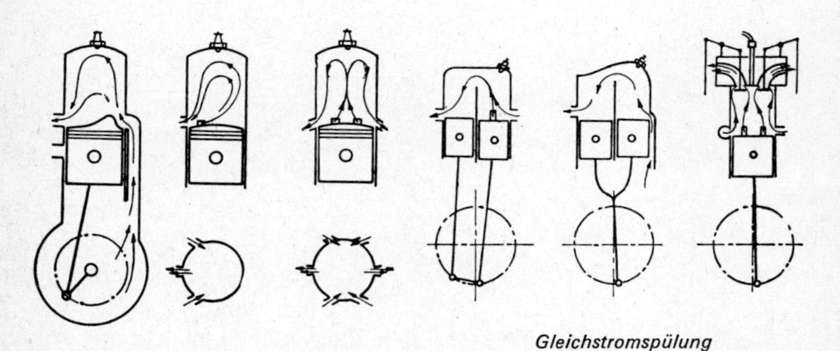

Gleichstromspülung

Querstromspülung Nasenkolben — Umkehrspülung Flachkolben — Kreuzstromspülung — Doppelkolbenmotor — Motor mit Auslaßventilen

Wir unterscheiden

Bauarten bei Gleichstromspülung

Doppelkolbenmotoren, Motoren mit Auslaßventilen (Bild oben) und Gegenkolbenmotoren.

Von der Spülung ist die Motorleistung abhängig.

Abhängigkeit und Einfluß der Spülung

Eine gute Spülung ist abhängig von der Konstruktion des Motors, der Anordnung der Kanäle, der Form des Kolbens, der Steuerung, der Gestaltung des Zylinderkopfes. Auch die Pflege des Motors und die Sorgfalt bei Instandsetzungen trägt dazu bei. Keine zu dünnen oder zu dicken Packungen verwenden, Verkrustungen der Schlitze beseitigen.

Die Abgase müssen zügig und möglichst restlos den Verbrennungsraum verlassen, damit eine gute Füllung erreicht wird. Je länger das Ansaugen, Ausstoßen und Spülen, desto höher ist die Füllung und desto besser die Motorleistung.

Füllung und Leistung

Das Diagramm eines Zweitakters.

Das Diagramm

Die schraffierte Fläche stellt die Arbeit im Zylinder dar. Die untere Linie von UT nach OT zeigt beim Verdichten einen Druckanstieg auf etwa 9 bar. Kurz vor OT erfolgt die Zündung, wodurch der Druck auf etwa 26 bar steigt. Etwas vor UT wird der Auslaßschlitz freigegeben, so daß der Druck durch das Ausstoßen der verbrannten Gase schnell fällt. Bei UT strömen die angesaugten und vorverdichteten Gase über und werden oberhalb des Kolbens wieder verdichtet. Die Vorgänge beginnen dann von neuem.

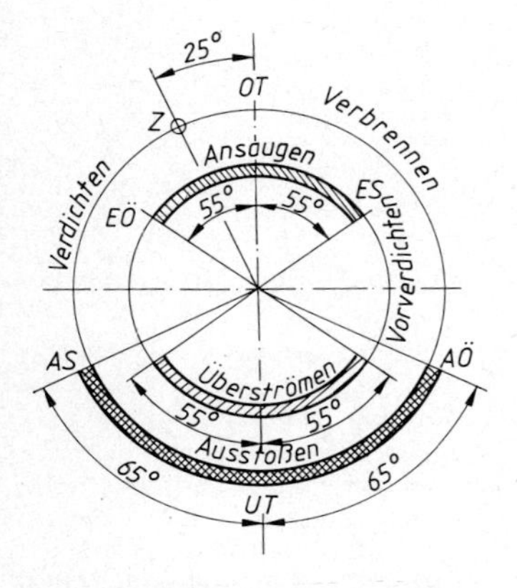

Steuerwinkelbild eines Zweitakters

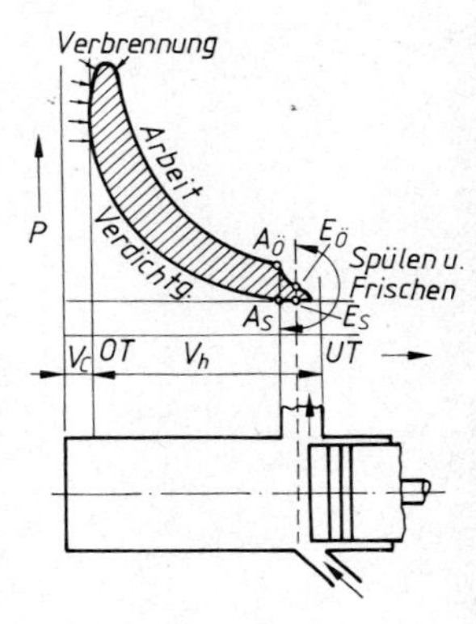

Diagramm eines Zweitakters

3.2.3. Der Diesel-Viertaktmotor

Der Diesel-Viertaktmotor arbeitet wie der Otto-Viertaktmotor zwar in vier Takten; doch sind wesentliche Unterschiede vorhanden:

Gegenüberstellung von Otto- und Diesel-Viertaktmotoren

Ottomotor	Dieselmotor
1. Hat einen Vergaser	hat keinen Vergaser
2. Er saugt Kraftstoff und Luft gleichzeitig an	Er saugt nur reine Luft an
3. Das Gemisch wird außerhalb des Motors vorbereitet	innerhalb des Motors
4. Verdichtung $\approx 8:1$	$18:1\ldots24:1$
5. Fremdzündung durch Zündkerze	Selbstzündung durch die verdichtete, heiße Luft
6. Höchstdruck 40...60 bar	50...80 bar
7. Zylinderwärme 400...600 °C	600...900 °C
8. Thermischer Wirkungsgrad 25%	33%
9. Auspuffgase enthalten CO	sind fast frei von CO
10. Erst bei höheren Drehzahlen ausreichendes Drehmoment	Schon bei kleinen Drehzahlen großes Drehmoment

Die Einspritzung

Für die Einspritzung des Kraftstoffes ist eine besondere Anlage erforderlich.

Die Einspritzanlage

Der Kraftstoff (Schweröl) muß fein zerstäubt in die heiße Verbrennungsluft eingespritzt werden. Dazu ist eine Einspritzanlage notwendig, sie enthält:

1. eine Kraftstoff-Förderpumpe, die den Kraftstoff ansaugt und unter Druck weiterleitet;
2. eine Einspritzpumpe, die den Kraftstoff unter hohen Druck setzt;
3. eine Einspritzdüse, die den Kraftstoff fein zerstäubt in den Verbrennungsraum fördert.

Das „Nageln" des Dieselmotors

Wenn der Kraftstoff z. B. beim Anlassen in den kalten Motor eingespritzt wird, verbrennen die Kraftstoffteilchen nicht sofort. Infolgedessen sammelt sich im Verbrennungsraum eine kleine Menge unverbrauchten Kraftstoffes an, die mit dem weiter eingespritzten Kraftstoff erst dann verbrennt, wenn durch die Verdichtung die notwendige Wärme erreicht ist. Es tritt ein Zündverzug ein. Die verspätete Zündung erfolgt dann schlagartig, so daß – ähnlich wie beim Ottomotor – ein Klopfen verursacht wird, das man beim Dieselmotor als „Nageln" bezeichnet.

Nageln kann auch eintreten bei zu geringer Verdichtung, bei Leerlauf, bei zu früher oder zu später Einspritzung, bei tropfenden Düsen usw. Durch die schlagartigen hohen Drücke (bis 100 bar) entstehen Risse in den Kolben, Verbiegungen der Pleuelstange, Beschädigung der Lager u. a. Die Ursache des Nagelns daher möglichst sofort abstellen.

Durch die Art der Einspritzung wird der Verbrennungsraum bestimmt.

Bauarten von Dieselmotoren

Wir unterscheiden die direkte Einspritzung oder das Strahleinspritzverfahren, das Vorkammer-, Wirbelkammer- (Wälzkammer-) und Luftspeicherverfahren.

Der Aufbau des Motors bei direkter Einspritzung

1. Direkte Einspritzung (Bild unten). Ursprüngliche Bauart. Verbrennungsraum nicht unterteilt. Einspritzdruck 130 . . . 300 bar. Die Ränder des Kolbens sind hochgezogen, daher gute Wirbelung; auch setzt sich der eingespritzte Kraftstoff nicht an den Zylinderwänden nieder.

Der heutige MAN-Kolben

Der Saurer-Kolben

Vorteile der direkten Einspritzung

Bei der heutigen Form des MAN liegt der Verbrennungsraum in einer kugelförmigen Aushöhlung des Kolbens. Durch Verlagerung des Verbrennungsraumes in die Mitte wird das Nageln beseitigt. Der Saurer hat 2 kugelförmige Verbrennungsräume im Kolben. Vorteile der direkten Einspritzung: Keine Glühkerzen erforderlich, Anlassen bei kaltem Motor möglich; geringer Kraftstoffverbrauch. Nachteil: Hoher Einspritzdruck.

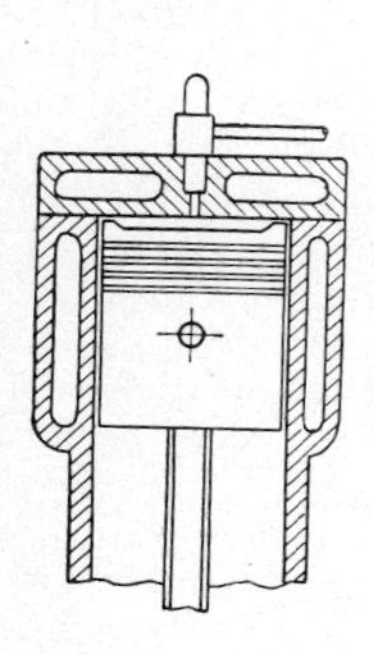

ältere Bauart

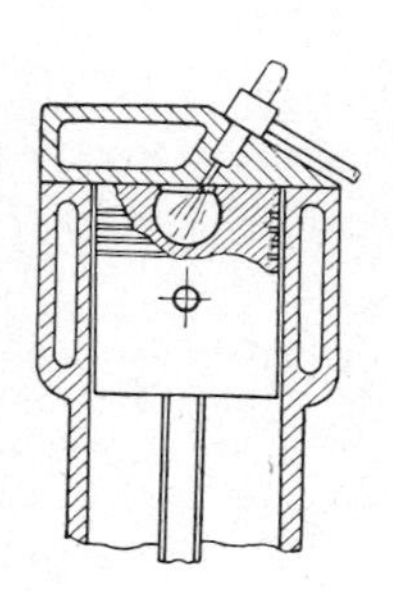

heutige Bauart

Direkte Einspritzung

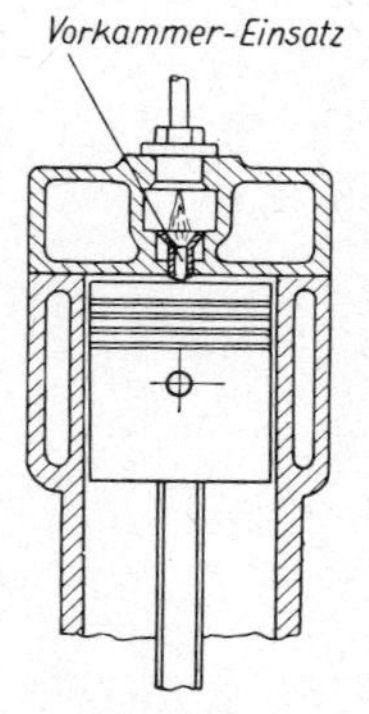

Vorkammerverfahren

Der Aufbau beim Vorkammerverfahren

2. Das Vorkammerverfahren. Am meisten gebaut. Der Verbrennungsraum ist unterteilt; er besteht aus einer größeren Vorkammer und dem Hauptverbrennungsraum. Beide sind verbunden durch kleine Bohrungen, die eine gute Verteilung und Durchwirbelung im Hauptverbrennungsraum bewirken. Der Kraftstoff wird mit 80 . . . 100 bar in die Vorkammer eingespritzt, in der während der Verdichtung der Druck angestiegen ist. Wegen des Luft- bzw. Sauerstoff-

Höhe des Einspritzdruckes

Der Verbrennungsvorgang

mangels wird der Kraftstoff nicht restlos verbrannt. Die Teilverbrennung bewirkt aber in der Vorkammer bei 1800 °C einen sehr hohen Druck, wodurch der noch nicht verbrannte Kraftstoff fein zerstäubt in den mit heißer Luft gefüllten Hauptverbrennungsraum gedrückt wird und mit dem vorhandenen Sauerstoff vollständig verbrennt. – Eine Glühkerze unterstützt das Zünden beim Anlassen.

Vorteile

Vorteile: Geringer Einspritzdruck, leichtes Anspringen, restlose Ausnutzung des Kraftstoffes, vollkommene, rauchlose Verbrennung.

Baufirmen

Baufirmen: Büssing, Daimler-Benz, Hanomag u. a.

Der Aufbau beim Wirbelkammerverfahren

3. Das Wirbelkammerverfahren. Die Wirbelkammer ist der Vorkammer ähnlich. Sie ist halbkugelig geformt. Da sie nicht gekühlt, sondern isoliert ist, erglüht sie im Betrieb, so daß sich die eingespritzten Kraftstoffteilchen leicht entzünden. In die verdichtete Luft, die durch die Form der Kammer in starke Wirbelung versetzt wird, wird der Kraftstoff mit etwa 80 . . . 90 bar eingespritzt. Er macht die Wirbelung mit, wird gut zerstäubt, entzündet sich an der heißen Kammerwandung und verbrennt schnell, rest- und rauchlos. Eine Glühkerze dient zum Vorwärmen. Vorteile: geringer Einspritzdruck, rest- und rauchlose Verbrennung; hohe Drehzahlen sind zu erreichen.

Der Einspritzdruck

Die Verbrennung

Vorteile

Das Wälzkammerverfahren

Eine Abart des Wirbelkammerverfahrens ist das Wälzkammerverfahren, das im Kämper-Dieselmotor zur Anwendung kommt. Die Wälzkammer hat Kugelform und ermöglicht eine gute Wirbelung der Luft. Sie steht durch einen Kanal mit dem Hauptverbrennungsraum in Verbindung.

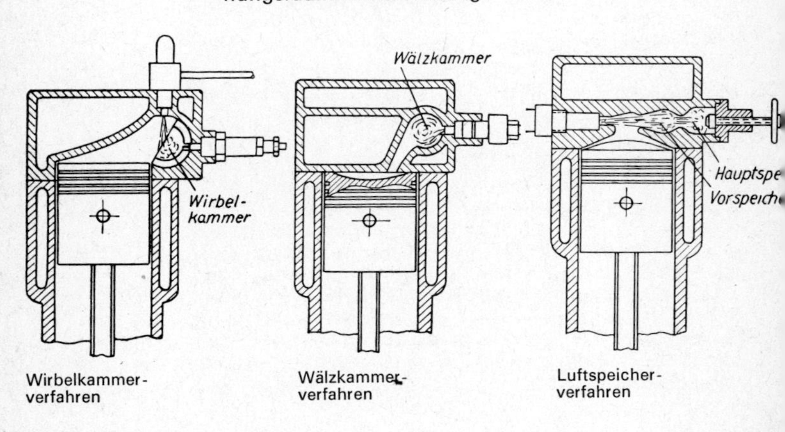

Wirbelkammerverfahren

Wälzkammerverfahren

Luftspeicherverfahren

4. Das Luftspeicherverfahren (Bild S. 50). Der Luftspeicher liegt der Einspritzdüse gegenüber, so daß der Einspritzstrahl auf den Eingang des Luftspeichers gerichtet ist. Bei der Einspritzung des Kraftstoffes (mit etwa 80 . . . 120 bar), die schon vor Beendigung der Verdichtung beginnt, werden Kraftstofftröpfchen mit in den Luftspeicher gerissen und verbrennen hier.

Das Luftspeicherverfahren

Der Einspritzdruck

Die brennbaren Gase werden durch den erhöhten Druck in den Hauptverbrennungsraum zurückgedrückt, treffen am Eingang des Luftspeichers auf den Hauptkraftstoffstrahl, so daß eine gute Durchwirbelung und Verbrennung erfolgt. Durch die „verzögerte" Verbrennung wird ein gleichmäßiger Druck erzielt. – Die Motoren der kleineren Typenreihe der Baufirma Henschel arbeiten noch nach dem Luftspeicher-Verfahren, und zwar sowohl die Saugmotoren als auch die aufgeladenen Motoren. (Bohrung 100; Hub 130).

Die Verbrennung

Vorteile

Baufirma

3.2.4. Diesel-Zweitaktmotoren

Der Krupp-Diesel-Zweitaktmotor

der Südwerke ist ein starker, im Gewicht verhältnismäßig leichter Motor, der für schwere Lastkraftwagen gebaut wird.

Der Krupp-Diesel-Zweitaktmotor

Aufbau: Der Zylinder hat unten vom Kolben gesteuerte Frischluft-Einlaßschlitze, oben dagegen für jeden Zylinder drei Auslaßventile, die von der Nockenwelle über Stößelstange und Kipphebel betätigt werden. Der Motor hat direkte Strahleinspritzung. Die Einspritzdüse ist in der Mitte angebracht. Der obere Teil des Zylinder und der Zylinderkopf sind mit Wasser gekühlt, die untere Hälfte durch die umspülende Gebläseluft.

Aufbau

Arbeitsweise: Gibt der Kolben in seiner untersten Stellung die Einlaßschlitze frei, so strömt (unterstützt durch ein Gebläse) Frischluft in den Zylinder und spült den Verbrennungsraum aus. Durch die tangential angeordneten Schlitze wird die einströmende Luft so in drehende Bewegung versetzt, daß die Abgase restlos ausgespült werden. Der aufwärtsgehende Kolben verdichtet die angesaugte Luft auf 14:1. In die heiße Verdichtungsluft wird mit 200 bar Kraftstoff eingespritzt. Das entzündete Gemisch drückt den Kolben nach unten. 85° vor UT öffnen sich die Auslaßventile, so daß die verbrannten Gase entweichen können; 30° später die Einlaßschlitze, so daß die eintretenden Frischgase die verbrannten Gase restlos entfernen.

Arbeitsweise

Höhe der Verdichtung des Einspritzdrucks

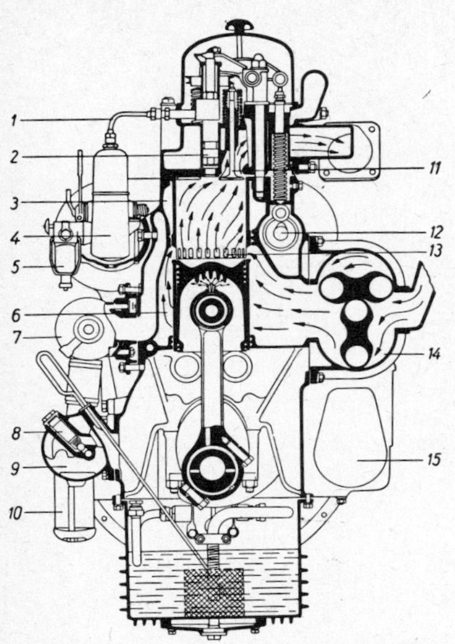

1 Einspritzleitung
2 Einspritzdüse
3 Wasserkühlung der Laufbuchse
4 Kraftstoff-Einspritzpumpe
5 Kraftstoff-Filter
6 Luftkühlung der Laufbuchse
7 Wasserpumpe
8 Ölüberdruckventil
9 Ölkühler
10 Spaltfilter
11 Auslaßventil
12 Nockenwelle
13 Einlaßschlitze
14 Rootsgebläse
15 Anlasser

Krupp-Diesel-Zweitaktmotor

Vorteile

Der Motor hat eine hohe Leistung, eine gleichmäßige Durchzugskraft und kann ohne Hilfsmittel angelassen werden.

Der Lanz-Bulldog-Dieselmotor

Der Lanz-Dieselmotor

Ein langsamlaufender Zweitakter (Drehzahl 600 . . . 800 1/min), dessen Zylinder wassergekühlt sind. – Seit 1952 an Stelle der früheren Glühkopfmotoren verwendet. (Wesentlicher Bestandteil: ein kugelförmiger Glühkopf-Verbrennungsraum, der vor dem Anlassen mit einer Lötlampe angeheizt wurde.)

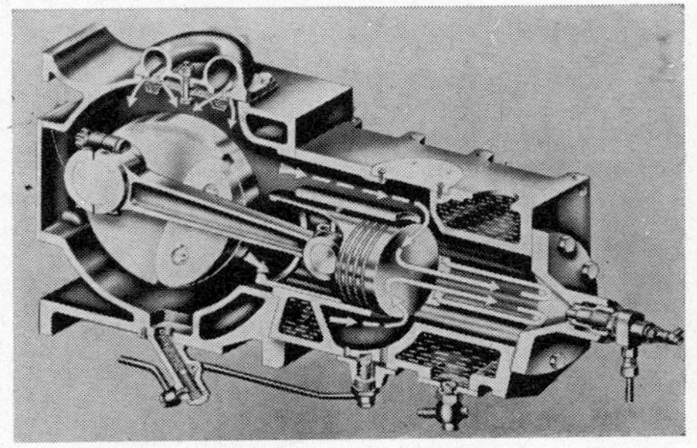

Lanz-Bulldog-Dieselmotor

Arbeitsweise

Arbeitsweise: Beim *Vorwärtsgang* (nach rechts!) schließt der Kolben zunächst die Überström-, dann die Auslaßschlitze und verdichtet die im Zylinder befindliche Luft, in die gegen Ende des Kolbenhubes Kraftstoff eingespritzt wird, der sich entzündet. – Unterhalb des Kolbens wird durch die Luftklappen Frischluft ins Kurbelgehäuse gesaugt. Beim *Rückwärtsgang* des Kolbens wird die Luft im Kurbelgehäuse vorverdichtet. Auf seinem Rückwärtsgang gibt der Kolben zunächst die Auslaßschlitze frei, so daß die verbrannten Gase entweichen können. Wenig später werden die Überströmschlitze freigegeben, so daß die vorverdichtete Luft aus dem Kurbelgehäuse in den Zylinder einströmt und die Restgase ausspült.

Luftwärmung

Luftwärmung: Bei Lanz-Dieselmotoren wird die angesaugte Luft nicht nur durch die *Verdichtung* erhitzt, sondern auch durch die *Strahlungswärme*, die von der aus Stahl geschmiedeten, kugelförmigen, ungekühlten Zylinderkopfinnenfläche zurückgeworfen wird, und durch die nach der Spülung verbleibende *Restwärme*. Infolge der 3 Wärmequellen kann die Verdichtung geringer (12:1) sein als bei üblichen Dieselmotoren. In die verdichtete heiße Luft wird durch eine Mehrlochdüse Kraftstoff feinverteilt eingespritzt. Da die Entzündung schneller als beim alten Lanzmotor erfolgt, konnte der Einspritzpunkt auf 20...25° vor OT (bisher 140° vor OT) verlegt werden.

Vorteile

Vorteile: Ruhiger Lauf, geringes Motorengeräusch, geringer Verschleiß, Unempfindlichkeit, gute Leistung.

3.2.5. Der Wankel-Motor

Die Erfindung

Erfinder: Felix Wankel. Er baute 1951 (seit 1954 mit NSU) einen Drehkolbenmotor, der 1957 zum ersten Male in den NSU-Werken lief. Mehr als 60 Patente wurden seit 1954 in allen Industrieländern der Welt eingeholt. Seit 1958 wird der NSU-Wankel-Motor in Lizenz von der amerikanischen Flugzeugmotorenfirma Curtis Wright gebaut.

Die Charakteristik

Bei dem NSU-Wankel-Motor handelt es sich um einen Drehkolbenmotor, der eine Mittelstellung einnimmt zwischen dem üblichen Hubkolbenmotor und der neuzeitlichen Gasturbine (keine hin- und hergehenden Massen in Form von Hubkolben und Ventilen, sondern rotierende, ausgewuchtete Teile). Mit dem Hubkolbenmotor hat der NSU-Wankel-Motor das Viertaktprinzip mit Gemischaufbereitung durch Vergaser (oder Einspritzpumpe) und die Zündanlage gemeinsam.

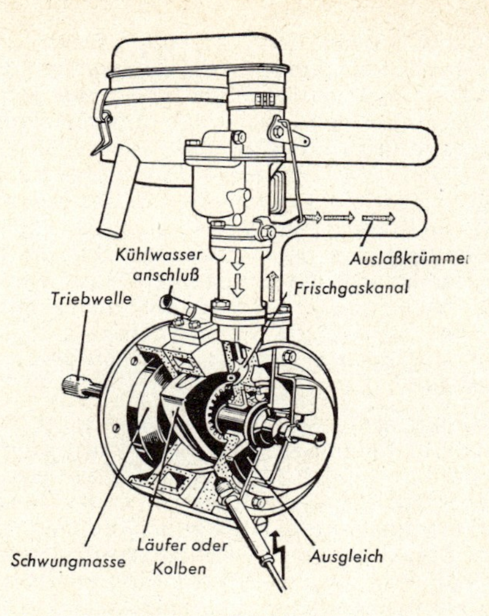

Schnitt durch den NSU-Wankel-Motor

Aufbau

In einem zweckentsprechend profilierten, einer Acht ähnlichen Gehäuse rotiert ein Läufer, der die Form eines Bogendreiecks hat. Der Läufer ist auf einer Exzenterwelle gelagert und wird durch eine Innenverzahnung angetrieben. Er rotiert mit $^2/_3$ der Wellendrehzahl (in entgegengesetzter Richtung). Beim Rotieren des Läufers werden allseitig geschlossene Kammern gebildet, die periodisch größer und kleiner werden. Gleichzeitig steuert der Läufer bei seinem Umlauf die Ein- und Auslaßschlitze (wie bei einem Zweitakter). Dabei legen sich die Dichtleisten des Läufers abdichtend an die Wandung des Gehäuses. Die umlaufende Unwucht wird durch ein Gegengewicht ausgeglichen. Aus Sicherheitsgründen ist der Motor wassergekühlt.

Arbeitsweise

(Bild S. 55). Der Motor arbeitet im Viertaktverfahren. Um den Viertaktprozeß zu verfolgen, sind *drei* Umdrehungen der Exzenterwelle zu betrachten. In Stellung I ist das Volumen 1 am kleinsten. Es wächst während der Stellungen II und III (Volumen 2 und 3). Der Ansaugkanal ist während dieser Stellungen geöffnet; bei IV schließt er sich. – Die Kammern 5, 6 und 7 zeigen die anschließende Verdichtung. – Bei 7 erfolgt die Zündung. – Über 8, 9 und 10 erstreckt sich der Arbeitstakt. – Bei 10 öffnet sich der Auslaßkanal, durch den bei 11 und 12 die verbrannten Gase ausgeschoben werden. Bei 1 beginnt dann die Wiederholung des Vorganges.

Obwohl die Arbeitsweise auf den ersten Blick der eines Einzylinder-Zweitaktmotors ähnelt, muß sie einwandfrei als Viertaktverfahren eingeordnet werden.

Daten

Daten: Hubvolumen 125 cm^3; Drehzahl zwischen 2000 und 17 000 1/min; Gewicht 11 . . . 17 kg; Nutzleistung ≈ 21 kW.

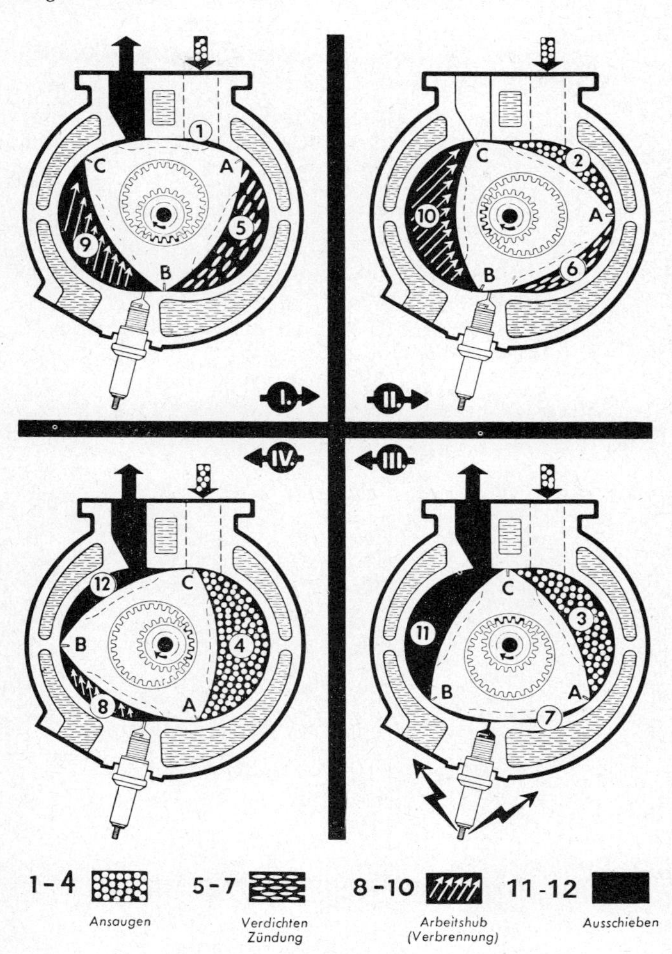

Arbeitsweise des Wankelmotors

Vorteile Vorteile gegenüber dem Hubkolbenmotor: Einfache Bauart, nur 2 bewegte Teile; geringes Gewicht; kleiner Raumbedarf; keine hin- und hergehenden Massen, ausgewuchtete Bauteile; Zulassung höchster Drehzahlen ohne Erschütterung; keine glühenden Auslaßventile; geringe Ansprüche an die Klopffestigkeit der Kraftstoffe; geringe Fertigungskosten.

Der Zweischeiben-NSU/Wankel-Kreiskolbenmotor

Bereits 1963 erschien der erste Serienwagen mit NSU/Wankelmotor, der NSU „Spider". Es handelte sich um eine Einfachmaschine, d. h., der Motor hatte nur eine Zelle mit Kolben. Das Drehmoment war noch ungleichförmig, was sich bei höheren Ansprüchen störend bemerkbar machte. Im Gegensatz dazu zeigt der Zweischeibenmotor, daß er in seiner Drehmomentcharakteristik einem Sechszylinder-Viertakt-Hubkolbenmotor gleichwertig ist.

Die geometrische Gestalt der einzelnen Zelle blieb die gleiche wie beim Spider.

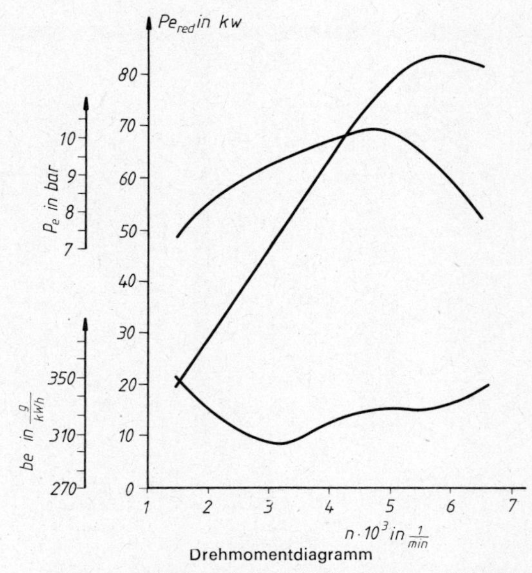

Drehmomentdiagramm

Leistung und Verbrauch des NSU-Wankelmotors KKM 612

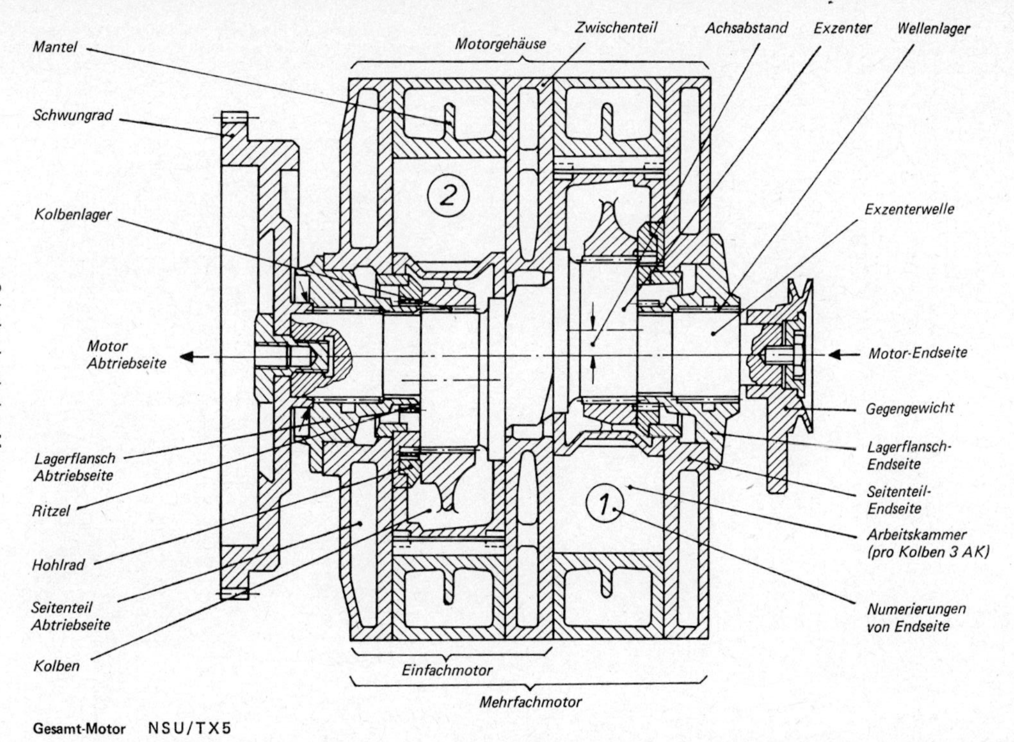

Schnitt durch den Motor

Motorschnitt mit Aggregaten

Perspektivischer Längsschnitt des Zweifach-Kreiskolbenmotors von NSU, Typ KKM 612. Zu erkennen sind u. a.: drehmomentgeregelte Visco-Kupplung des Lüfters auf der Wasserpumpenwelle, Zahnradanordnung und Öl/Wasser-Wärmetauscher im Aggregatdeckel, die Kolben, Drehmomentwandler und Trennkupplung der Selektiv-Automatik

Daten

Der Zweischeiben-Motor hat ein Kammervolumen von 2 × 500 cm³. Sein Drehmoment beträgt 157 Nm bei 4500 1/min; die Spitzenleistung liegt mit 85 kW bei 5500 1/min. Das Verdichtungsverhältnis ist 9 : 1, der Kraftstoff-Normverbrauch 11,2 l/100 km.

Aufbau

Hauptteile des Motors sind das Gehäuse, die beiden Kolben und die Exzenterwelle. Es handelt sich hier um zwei hintereinander angeordnete NSU/Wankel-Baugruppen mit jeweils 500 cm³ Kammergröße.

Gehäuse

Das Gehäuse besteht aus fünf Teilstücken: Seitenteil-Endseite, Mantel 1, Zwischenteil, Mantel 2 und Seitenteil-Abtriebseite. Hinzu kommt noch der Aggregatdeckel. Diese Teile werden durch 16 Schrauben M 10 × 250 mm zusammengehalten. Von Wichtigkeit ist, daß die planparallel geschliffenen Dichtflächen jedes Übertreten von Öl und Kühlwasser verhindern müssen.

Während der Aggregatdeckel aus Aluminium-Druckguß hergestellt ist, sind die Seitenteile und das Zwischenteil aus Zylindergrauguß. Die Mäntel (Kokillenguß) bestehen aus einer Silumin-gamma entsprechenden Leichtmetallegierung.

Zwecks Abdichtung bzw. guten Gleitens der Kolbenflächen sind die Gehäuseseiten zum Arbeitsraum hin aufgerauht, molybdänbeschichtet (0,2 mm), geschliffen und geläppt. Ebenso ist die Trochoiden-Laufbahn beider Mäntel galvanisch in einer Stärke von 0,2 . . . 0,3 mm mit Elnisil beschichtet und feinstgeschliffen. Jeder Mantel ist durch zwei kreisrunde Kanäle (Ein- und Auslaß) und durch die Bohrungen für je zwei Zündkerzen unterbrochen.

Der Aggregatdeckel nimmt innen die Ölpumpe, außen die Öldosierpumpe, die Kraftstoffpumpe, den Zündverteiler und den Drehstromgenerator auf.

Kolben

Die Kolben aus Temperguß sollen den Arbeitsdruck über die Kolbenlagerbuchsen auf die Exzenterwelle geben. Nach außen hin gleiten sie längs der Laufbahn des zugehörigen Mantels, der die Steuerung leitet. Sie selbst werden durch eine Synchronisierverzahnung gesteuert. Diese besteht zum Kolben hin aus einem Hohlrad, das über das im Lagerflansch befindliche Zahnrad abrollt. Die Flanken jeden Kolbens zeigen Mulden, die das Verdichtungsverhältnis beeinflussen. Nach der Laufbahn und den Seitenflächen hin tragen die Kolben austauschfähige Dichtelemente mit einem Spiel zu den Wandungen von 0,06 . . . 0,08 mm.

Exzenterwelle Die Exzenterwelle, gesenkgeschmiedet, trägt zwei um 180° versetzte Exzenter, so daß je eine Zündung auf eine halbe Umdrehung der Exzenterwelle erfolgt. Nun ergeben sich die einzelnen Takte beim Kreiskolbenmotor über 270° Exzenterwinkel. Da es sich bei der Exzenterwelle um eine steife und gedrängte Bauweise handelt, fehlt das Mittellager. Sie ist zweimal gelagert und in der Seitenteil-Endseite axialgeführt. Vorn befindet sich das Gegengewicht mit der Riemenscheibe, die dem Antrieb der Aggregate dient. Hinzu kommt nach einer Distanzbuchse das schrägverzahnte Stirnrad zum Antrieb der Pumpen und des Zündverteilers. Scheibenfedern sichern Gegengewicht und Stirnrad gegen Verdrehen. Auf der dem Zwischenteil zugewandten Seite der Exzenter sind tiefe Nuten mit Kolbenringpaaren, die für die Ölabdichtung sorgen. Seitliche Bohrungen durch die Exzenter dienen dem Durchlaß von Öl und Leckgas.

Schmierung Den Ölkreislauf vermittelt eine zweiteilige Zahnradpumpe. Zur Schmierung des Motors fördert ein breites Zahnradpaar mit einem Druck von 1,6 . . . 4,4 bar bei 100 °C Öl in den Kreislauf. Gleichzeitig sorgt ein schmales Zahnräderpaar für die Schmierung des Drehmomentwandlers. Der Ölkreislauf dient nicht nur zur Lagerschmierung sondern auch zur Kolben-Innenkühlung.

Öldosierpumpe Außerhalb des Gehäuses befindet sich die Öldosierpumpe. Durch sie wird Öl in einem Mischungsverhältnis von 1 : 120 bis 1 : 160 in die Ansaugleitung gedrückt. Die jeweilige Menge ist abhängig von der Stellung der Drosselklappe. Hierdurch werden die Dichtelemente der Kolben geschmiert. Die Ölfüllmenge beträgt 6,8 Liter, der Ölverbrauch 1,5 l/1000 km.

Leckgasventil Als wichtiges Element sitzt im Zwischenteil des Gehäuses das Leckgasventil. Seine Aufgabe ist es, in bestimmten Zonen einen gewissen Gasdruck zwischen Kolben und Seitenteilen zu schaffen und zur einwandfreien Ölabdichtung beizutragen.

Vergaser Jede Zelle wird von einem eigenen Vergaser versorgt. Verwendet wird ein Horizontal-Registervergaser-Solex.

3.3. Bauteile der Kraftfahrzeugmotoren

3.3.1. Der Zylinderblock

Der Zylinderblock besteht aus Zylinder, Zylinderkopf und Kurbelgehäuse mit Ölwanne.

Früher: Einzelzylinder, in Reihen angeordnet.

Die Bauform früher und heute

Heute: Blockzylinder (zwei und mehr Zylinder vereinigt); Zylinderdeckel abnehmbar.

Die Reihenfolge der Zylinder

Reihenfolge der Zylinder: Der erste Zylinder liegt nach DIN 73021 gegenüber der Kraftabgabeseite. Bei V- und Boxermotoren beginnt man die Zählung auf der linken Seite.

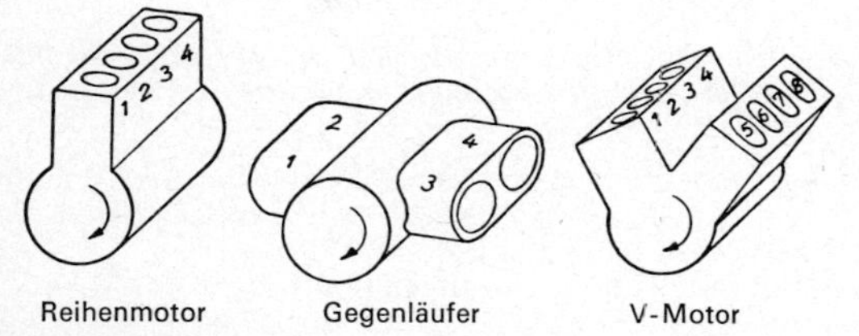

Reihenmotor Gegenläufer V-Motor

Reihenfolge der Zylinder

Der Zylinder

Die hohe Beanspruchung macht einen guten Werkstoff notwendig.

Aufgabe

Der Zylinder führt den Kolben, nimmt den Verdichtungs- und Verbrennungsdruck auf und muß die Wärme ableiten.

Beanspruchung Werkstoff

Er wird durch Druck, Wärme und Reibung hoch beansprucht. Der Werkstoff muß deshalb druck-, widerstands- und verschleißfest sein. Man verwendet feinkörnigen Sondergrauguß (Graphitgehalt = gute Laufeigenschaften) mit Zusätzen von Chrom, Nickel u. a. (die verschleißfest machen) oder Leichtmetall mit Zylinderlaufbuchsen aus Schleuderguß.

Werkstoff der Zylinderlaufbuchsen

Es gibt wassergekühlte und luftgekühlte Zylinder.

Arten der Laufbuchsen

Manche Zylinder haben Laufbuchsen. Es gibt trockene und nasse Laufbuchsen.

trockene Laufbuchsen

Trockene Laufbuchsen kommen mit dem Kühlwasser nicht in Berührung, sind dünnwandig, werden einbaufertig geliefert und mit Preßsitz eingezogen. Sie werden bei Zylinderverschleiß verwendet, sind aber auch in neuen Zylindern zu finden.

nasse Laufbuchsen

Nasse Laufbuchsen sind im Zylinder vom Kühlwasser umgeben, haben oben einen Bund, sind schon bei der Konstruktion vorgesehen, werden als Austauschbuchsen einbaufertig geliefert und mit Spielpassung eingezogen.

Zylinderverschleiß Verschleiß an den Zylinderlaufflächen entsteht durch die Kolben; normaler Verschleiß 0,004 . . . 0,005 mm je 1000 km.

Der Verschleiß ist im oberen Zylinder am größten, weil hier

a) die Kolbenringe am meisten arbeiten;

b) die Schmierung unvollkommen ist; Öl verbrennt; das bedeutet trockene Reibung;

c) sich chemische Einflüsse (durch Wasserdampf und Säuren schwefelhaltiger Kraftstoffe) bemerkbar machen;

d) bei zentrisch gelagerter Kurbelwelle der Kolben schräg nach unten gedrückt wird, wodurch sich die Zylinderwandung oben an der Druckseite und unten an der druckentlasteten Seite stärker abnutzt;

e) durch Rückstände an Schleifpaste und Metallspänchen bei der Nachbearbeitung der Zylinder sowie durch Staub und Ölkohle der Abrieb groß ist.

Unterkühlte Motoren haben erhöhten Verschleiß zur Folge.

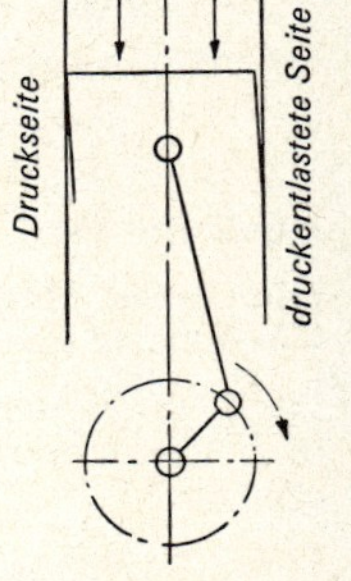

Instandsetzungsarbeiten sind schon bei geringem Verschleiß erforderlich.

Bearbeitung der Zylinder

1. Bearbeitung der Zylinderlaufflächen, wenn der Verschleiß bei kleinen Motoren 0,20 . . . 0,25 mm, bei größeren 0,25 . . . 0,35 mm beträgt. Bearbeitung erfolgt
   a) durch Feinbohren auf Feinbohrwerken mit Schneidmessern aus Hartmetall bei hoher Schnittgeschwindigkeit. Genauigkeit 0,005 mm und weniger;
   b) durch anschließendes Ziehschleifen (Honen) auf Honmaschinen mittels Schleifahlen, die im Zylinder unter ständigem Drehen und Spülen mit Petroleum auf- und abbewegt werden.

Einlaufen und Einlaufmittel Nach Bearbeitung der Zylinderlaufflächen sind durch Einlaufen und Einfahren feinste Rauheiten zu beseitigen. Dazu gewöhnliches Motorenöl, kein HD-Öl, verwenden. Besser ist das Auftragen eines hauchdünnen

Molybdän-Disulfid-Schmiermittels „Molykote G" (S. 104) mit einem Kunstschwamm. Durch „Einhonen" erhalten die Zylinderlaufflächen einen dauerhaften Grundschmierfilm und gute Notlaufeigenschaften.

Einlaufen und Einfahren

Einlaufen: $^1/_2$ Stunde im Leerlauf mit $^1/_4$ der Höchstgeschwindigkeit, dann $^1/_2$ Stunde mit $^1/_2$ der Höchstgeschwindigkeit; alle 5 Minuten etwas verzögern.

Einfahren: 1 Stunde im vorletzten Gang mit halber Geschwindigkeit, häufig Gas wegnehmen. Dann 1 Stunde im direkten Gang mit wechselnder Drehzahl bis zu $^2/_3$ der Höchstgeschwindigkeit und darauf 1 Stunde bis zur höchsten Geschwindigkeit, dabei öfter ab- und aufwärtsschalten. – Nach 500 km Öl erneuern, dann nach etwa 1500 km. Benutzung von Normalöl beschleunigt das Einlaufen (daher werden auch Neumotoren vom Werk mit Normalöl abgeliefert).

Ölwechsel

Feinbohren

Ein Zylinder kann etwa dreimal um je 0,5 mm (= 1,5 mm) feingebohrt werden. Durch Einziehen trockener Laufbuchsen ist der Zylinder weiter verwendbar.

Das Einziehen von Laufbuchsen

2. Das Einziehen trockener Laufbuchsen erfolgt

   a) in *Graugußblöcke* mittels hydraulischer Presse bei einer Kraft von 30 000 . . . 50 000 N,

   Einziehen ohne Fett und Öl

   b) in *Leichtmetallblöcke* durch Einschrumpfen: Leichtmetallgehäuse entweder auf 80 °C anwärmen oder Laufbuchsen tief kühlen. Beim Einziehen kann Gleitflüssigkeit verwendet werden, aber kein Fett oder Öl, da diese verkoken und den Wärmeübergang hemmen. Nach dem Einpressen die Oberfläche der Buchse und die Dichtfläche des Blocks planschleifen, ferner die Buchsen feinbohren und honen. Verschlissene Buchsen am besten durch neue ersetzen.

Einziehen nasser Laufbuchsen

3. Das Einziehen nasser Laufbuchsen erfolgt nach gründlichem Säubern der Buchse zunächst ohne Gummiringe von Hand ohne Druck, dann mit Gummiringen – nötigenfalls mittels Holzhammer.

   Nach dem Einziehen messen, ob die Buchse noch rund ist.

Sitz des Bundes

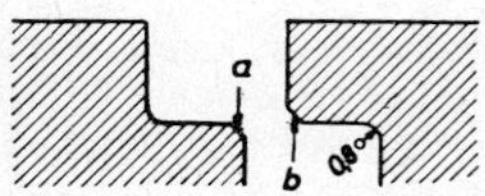

Zylinderblock und Buchsenbund

Der Bund muß zum satten Aufsitzen kommen. Mit Lineal prüfen, ob die Buchse über Blockoberfläche steht. Vor dem Einziehen den Sitz für den Buchsenbund säubern. Der Zylinderblock muß bei *a* und die Buchse bei *b* unter 45° 1 mm

Sitzprüfung

Flanschbrüche

abgeschrägt sein. Der Buchsenbund muß ferner eine entsprechende Kehlung haben. Auf diese Weise werden Flanschbrüche verhütet.

Der Zylinderkopf

Der Zylinderkopf bildet den Abschluß des Verdichtungs- und Verbrennungsraumes.

Aufgabe

Er nimmt die Ventile und Zündkerzen auf und trägt bei kopfgesteuerten Motoren die Kipphebel- oder Nockenwelle.

Form

Die Form soll so sein, daß eine gute Verbrennung erreicht wird. Am besten wäre die Kugelform (Ricardo-Kopf) mit einer Zündung in der Mitte, was aber praktisch nicht möglich ist. Nur bei ventillosen Zweitaktern wird die Halbkugelform angewendet. Günstig kann der Verbrennungsraum bei hängenden Ventilen gestaltet werden. Bei stehenden Ventilen ergeben sich seitliche Taschen, in denen sich Reste des Kraftstoff-Luft-Gemisches sammeln. Gekühlt werden die Zylinderköpfe durch Wassermantel oder Kühlrippen.

Der Verbrennungsraum bei stehenden Ventilen

Abdichtung des Zylinderkopfes

Zylinder und Zylinderkopf müssen gut abgedichtet sein.

Es dürfen weder Druckverluste entstehen, noch darf Wasser vom Kühlmantel in den Verbrennungsraum dringen. Die Dichtung besteht aus Asbest, das nicht brennt. Es gibt Metall-Asbest-Dichtungen (mit dünnem Kupfer- oder Alu-Blech eingefaßt) und Asbest-Metallgewebe-Dichtungen aus Asbest mit Graphit. Die elastische „Reinz-Spezial"-Dichtung paßt sich der Dichtfläche gut an.

Die Abdichtung bei Zweitaktern

Bei Zweitaktern nimmt man zum Abdichten des Kurbelgehäuses Gewebe- und Abil-Dichtungen, Götzerit u. a. oder Curil (flüssiger Dichtungsstoff) oder die wasser- und öldichten, weichbleibenden Dichtungen, wie Teroson „Atmosit".

Instandsetzungsarbeiten

Abnehmen des Zylinderkopfes

1. Abnehmen des Zylinderkopfes in kaltem Zustand, da sonst ein Verziehen entsteht. Schrauben in vorgeschriebener Reihenfolge lösen.

Ölkohle; Bildung, Folgen und Entfernung

2. Entfernen der Ölkohle. Ölkohle bildet sich aus den Verbrennungsrückständen von Kraftstoff, Öl und Staub. Sie ist schädlich, da sie die Wärmeabfuhr behindert, den Verdichtungsraum verkleinert und

glühend wird, wodurch Glühzündungen entstehen. Ölkohle in Petroleum lösen, mit rotierender Drahtbürste entfernen, dann mit Preßluft säubern.

3. Auswechseln der Dichtungen. Dichtigkeit prüfen:

   a) Fuge mit Seifenwasser bestreichen, Motor ruckartig laufen lassen; es dürfen sich keine Blasen bilden.

   Undichtigkeiten an der Dichtfläche

   b) Kühler bis oben füllen, Motor schnell auf hohe Drehzahl bringen. Aufsteigende Wasserbläschen zeigen Undichtigkeiten an.

Einbau neuer Dichtungen

Bei Undichtigkeiten neue, gleich dicke Dichtungen einbauen, die genau passen müssen; Loch über Loch; Ränder dürfen nicht in den Verbrennungsraum ragen, nicht an den Schraubenbolzen anliegen oder sich gar wölben; trocken auflegen! Dichtflächen müssen sauber und eben sein (planschleifen).

Aufsetzen eines Zylinderkopfes

4. Das Aufsetzen des Zylinderkopfes

   a) Dichtung über die Stehbolzen legen.

   b) Zylinderdeckel auflegen und mit Hammerstielschlägen hinunterdrücken, so daß die Dichtung gleichmäßig zum Anliegen kommt.

   c) Zylinderkopfschrauben mit Drehmomentschlüssel von der Mitte aus kreuzweise anziehen, erst leicht, dann mäßig und schließlich fest. Angaben der Herstellerfirma beachten!

Das Kurbelgehäuse

Das Kurbelgehäuse besteht aus Oberteil (meist mit dem Zylinderblock ein Stück) und Unterteil.

Im Oberteil ist die Kurbelwelle untergebracht, teils auch die Nockenwelle, im Unterteil die Ölpumpe für die Motorschmierung. Die Trennebene geht meistens durch die Kurbelwellenlagerung.

Aufhängung und Entlüftung

Das Oberteil ruht gewöhnlich mit Tragarmen am Rahmen. Man unterscheidet eine Vier-, Drei- und Zweipunktaufhängung. Elastisch ist eine Dreipunktaufhängung mit Gummipolstern. Bei der Zweipunktaufhängung (schwebende Anordnung) bilden Motor, Kupplung und Getriebe ein Ganzes, vorn und hinten mit einem Zapfen auf den Rahmen gelegt.

Das Kurbelgehäuse muß entlüftet werden

a) zwecks Innenkühlung,

b) zur Verhinderung eines Überdrucks.

Entlüftet wird durch eine Bohrung im Öleinfüllstopfen oder ein seitlich angebrachtes Entlüfterrohr.

Zwecks guter Kühlung stellt man Ölwannen aus Aluminium her oder versieht sie mit Längsrippen.

3.3.2. Der Kolben

Der Kurbeltrieb

Der Kolben ist ein Teil des Kurbeltriebes. Der Kurbeltrieb besteht aus Kolben, Pleuelstange und Kurbelwelle. Teile des Kolbens: Kolbenboden, Kolbenmantel (=Kolbenschaft) mit Ringzone und Bolzenaugen.

Der Kolben: Teile und Aufgabe

Der Kolben soll den Zylinder zum Kurbelgehäuse hin abdichten, das Gasgemisch verdichten, den Verbrennungsdruck aufnehmen, die Abgase ausstoßen und bei Zweitaktern Ein-, Überström- und Auslaßkanäle steuern.

Auch hier wie stets: Hohe Beanspruchung erfordert gutes Material!

Beanspruchung

Der Kolben wird beansprucht auf Reibung an den Zylinderwänden, auf Druck bei der Verdichtung und Verbrennung und auf Wärme während des Betriebes; normalerweise beträgt die Temperatur am Kolbenboden 200 . . . 400 °C, bei Zündung 2000 . . . 2500 °C.

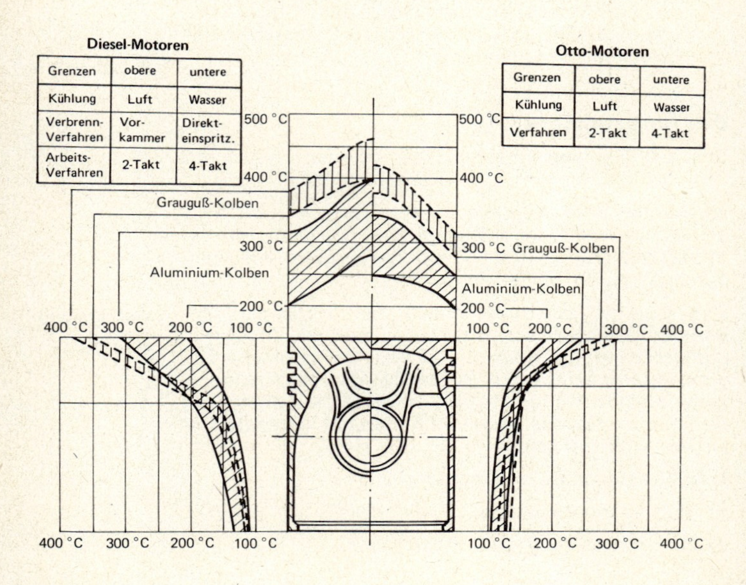

Anforderungen

Anforderungen: Gute Laufeigenschaften, geringes Gewicht, hohe Festigkeit, geringe Wärmeausdehnung, gute Wärmeleitfähigkeit.

Werkstoff

Werkstoff

Grauguß

a) Grauguß: Graphitgehalt, daher gute Laufeigenschaften, hohe Wärmeaufnahme, schlechte Wärmeleitfähigkeit, hohes Gewicht, daher wenig angewandt. Krupp verwendet in seinem Diesel-Zweitakter Kolben aus Spezialgrauguß, der durch Legierungszusätze fester und zäher wird und gute Laufeigenschaften erhält.

Leichtmetall

b) Leichtmetall: Geringes Gewicht, gute Wärmeleitfähigkeit, hohe Wärmeausdehnung, schlechte Laufeigenschaften.

Nachteile sind heute stark gemindert:

Hohe Wärmeausdehnung durch Legierungen, schlechte Laufeigenschaften durch Oberflächenbehandlung.

Leichtmetall-Legierungen Dichte und Eigenschaften

Leichtmetallegierungen

a) Al-Si-Legierung, ϱ = 2,7 g/cm³, geringe Wärmeausdehnung, verschleißfest (seit 1950 mit 24 % Si).
b) Al-Cu-Legierung, ϱ = 2,9 g/cm³, etwas höhere Wärmeausdehnung.
c) Al-Cu-Ni-Legierung, ϱ = 2,8 g/cm³, hervorragende Wärmefestigkeit und Wärmeleitfähigkeit, geeignet für Dieselkolben.
d) Magnesium-Legierung (Elektron), ϱ = 1,8 g/cm³, geringes Gewicht, für Rennmotoren.

Deutsche Kolben haben bessere Legierungen und höhere Qualität als die amerikanischen (siehe Tabelle, Seiten 68 u. 69).

Verbesserung der Laufeigenschaften

Verbesserung der Laufeigenschaften durch

a) *Eloxalverfahren:* elektrische Oxidation von Aluminium; Oberfläche wird verschleißfest, bleibt aber porös; Schutzschicht 0,1 . . . 0,2 mm. Wenig angewendet.
b) *Stannalverfahren* = Eintauchen in ein Zinnbad, Unebenheiten werden ausgeglichen, gute Laufeigenschaften; Schutz bei Kaltstart; Schutzschicht 0,003 mm.
c) *Plumbal-Verfahren* = Verbleiung der Oberfläche, Ersatz für Stannal-Verfahren, gleiche Wirkung wie Stannal-Verfahren.
d) *Grafal-Verfahren* = Überzug von Graphit mit Kunstharz, selbstschmierend, gute Gleitfähigkeit, beste Schutzschicht auf Kolben.

Werkstoffe bei Mahlekolben

Zusammensetzung und Eigenschaften der Werkstoffe von MAHLE-Kolben

Bezeichnung		MAHLE 124		MAHLE 138		MAHLE 244	MAHLE Y		Grauguß	
Grundmetall		Aluminium							Eisen	
Legierungsgruppe		Al Si 12 Cu Ni		Al Si 18 Cu Ni		Al Si 25 Cu Ni	Al Cu 4 Ni		unlegiert	legiert vergütet
Zustand K = Kokillenguß S = Sandguß P = gepreßt W = wärmebehandelt		K, W	P, W	K, W	P, W	K, W	K, W	P, W	S	S, W
Zusammensetzung %	Si	11...13		17...19		23...26	< 0,5		C 3,3...3,5	2,8...3,3
	Cu	0,8...1,5		Legierungsbestandteile entsprechend Leg. Mahle 124			3,5...4,5		Si 2,1...2,4	1,8...2,1
	Ni	0,8...1,3					1,75...2,25		Mn 0,5...0,75	0,6...0,95
	Mg	0,8...1,3					1,25...1,75		P < 0,15	< 0,15
	Fe	(0,7)					< 0,6		S < 0,1	< 0,1
	Mn	(0,2)					< 0,2			und wahlweisen Zusätzen an: Ni, Cr, Mo, V
	Ti	(0,2)					< 0,2			
	Zn	(0,2)					< 0,2			
	Cr	—		—		0,3...0,6	—			
	Al	Rest		Rest		Rest	90...93			

( ) = übliche Beimengungen, Verunreinigungen

Zugfestigkeit da N/mm² [1]) bei 20 °C	20...25	30...37	18...22	23...30	18...22	23...28	35...42	18...25	25...35
[2]) bei 150 °C	18...23	25...30	17...20	20...24	17...20	22...26	30...37		
[2]) bei 250 °C	10...15	11...17	10...14	11...17	10...14	16...20	15...26		
Streckgrenze da N/mm² [1])	19...23	28...34	17...20	22...26	17...20	15...18	28...32	15...22	20...28
Bruchdehnung δ_5 cm/m [1])	0,3...0,8	1...3	0,2...0,7	0,5...1,5	0,1...0,3	0,3...1,0	5...15	<1	<1
Brinellhärte da N/mm² bei 20 °C	90...125					95...125		200...240	250...280
Warmhärte bei 150 °C [3])	70... 90								
Warmhärte bei 250 °C [3])	30...40		35...45	30...45	35...45				
Biegewechselfestigkeit da N/mm² [1])	8...12	11...14	8...11	9...12	7...10			10...14	11...16
Verschleißwert [4]) (Abriebmenge bezogen auf Leg. MAHLE 138)	ca. 1,2		ca. 1		ca. 0,7			ca. 0,3	ca. 0,3
Elastizitätsmodul da N/mm² (bei 200 °C)	7500		8000		8600	7200		10000 –12000	–11000 –14000
Dichte g/cm³	2,70		2,68		2,65	2,80		7,3	7,3
Wärmeleitfähigkeit J/cm s K	1,38 ...1,55	1,42 ...1,55	1,26 ...1,42	1,26 ...1,47	1,17 ...1,34	1,38 ...1,51	1,42 ...1,59	0,42...0,54	0,34...0,46
Mittlere lineare Wärmeausdehnung (20...200 °C) cm/cm K · 10^{-6}	20,5...21,5		18,5...19,5		17...18	23...24		11...12	11...12

[1]) Die angegebenen Werte gelten bei gegossenen Legierungen für getrennt in Kokille gegossene Probestäbe
[2]) Nach Erwärmung auf Prüftemperatur zwischen 20 und 100 Stunden
[3]) Nach 250 Stunden Erwärmung auf Prüftemperatur
[4]) Auf MAHLE-Verschleißmaschine

Vorsicht beim Kolbeneinbau

Laufflächenschutz ist bei allen Verfahren sehr dünn (0,003...0,01 mm), daher Vorsicht beim Kolbeneinbau!

Kolbenkonstruktion: Heute „ballig-oval" gedrehte Kolben, Ringzone etwas kegelig.

Kolbenbauarten

Die Kolbenbauart richtet sich nach der Beanspruchung.

Vollschaftkolben

1. Vollschaftkolben, gegossen oder für höhere Beanspruchung geschmiedet (Sport-, Renn-, Diesel-Motoren), gute Laufeigenschaften.

Schlitzmantelkolben

2. Schlitzmantelkolben, T- und U-Schlitz, Hitze strömt vom Kolbenboden nicht so leicht auf den Kolbenmantel. Schlitz liegt auf der druckentlasteten Seite; bei Heckantrieb in Fahrtrichtung links, bei Frontantrieb in Fahrtrichtung rechts.

Röhrenkolben

3. Röhrenkolben mit Rippen vom Kolbenboden nach den Bolzenaugen, große Druckfestigkeit.

Kolben mit ringförmigen Einlagen

4. Leichtmetallkolben mit ringförmigen Stahleinlagen. Durch Schrumpfspannung eine elastische Dehnung des Leichtmetallschaftes und elastische Stauchung des Stahlringes. Bei Erwärmung durch Wärmeausdehnung bis zum völligen Abbau der Schrumpfspannung nur einen entsprechenden Abbau der elastischen Verformungen, wobei eine Durchmesservergrößerung des Kolbenschaftes nur in dem Maße, wie die Vergrößerung des Durchmessers des Stahlringes.

Autothermatikkolben

5. Autothermatikkolben. Während bei Nelsen-Bohnalite-Kolben (heute abgelöst) die durch Wandunterbrechungen vom Kolbenkopf abgetrennten gleitschuhartigen tragenden Schaftteile durch sehnenartig angeordnete Einlagen aus Invarstahl ($^2/_3$ Stahl, $^1/_3$ Nickel) miteinander verbunden. Bei Autothermatikkolben sehnenartige Einlagen aus unlegiertem Stahl. So zusammen mit den auf ihrer Außenseite aufliegenden Leichtmetallrippen bimetallische Regelglieder. Da Stahleinlage und Leichtmetallrippen fest miteinander verbunden, kein unabhängiges Reagieren bei Temperaturänderungen (Bimetalleffekt).

Ringträgerkolben

6. Ringträgerkolben mit einem Ring aus einer Nickel-Grauguß-Legierung über dem obersten Kolbenring, der gleichmäßige Ausdehnung bewirkt und das Ausschlagen der Ringnuten verhindert (seit 1931).

Ringstreifenkolben

7. Ringstreifenkolben mit einem runden Stahlring im vollen Mantel eingegossen, mäßige Dehnung, geringes Einbauspiel.

Lochstreifenkolben

Autothermatikkolben

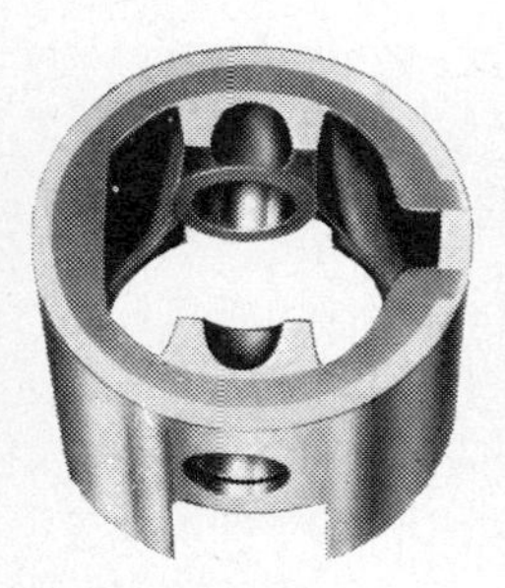

Duoflex-Kolben

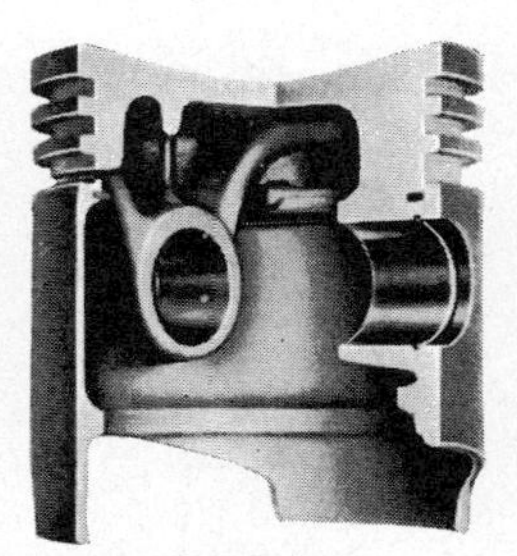

Ringstreifenkolben: geschlossener Stahlblechring

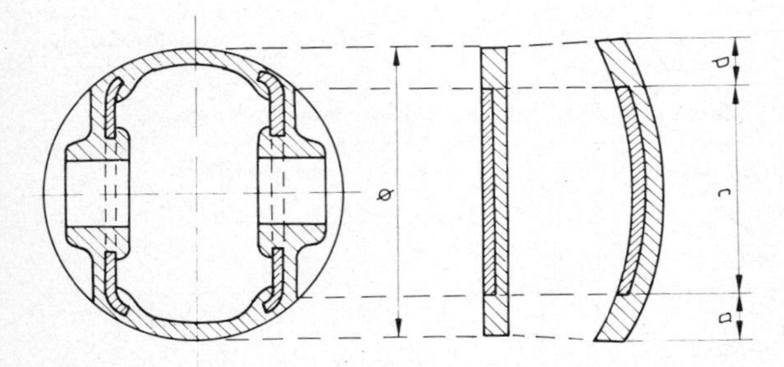

Bimetalleffekt beim Autothermatik-Kolben: Wenn die bimetallischen Teile im Bereich *c* erwärmt werden, krümmen sie sich. Das Maß *c* verändert sich dabei nur unbedeutend. Lediglich die Maße *a* und *b* ändern sich entsprechend der Wärmeausdehnung des Kolbenwerkstoffes

Lochstreifenkolben

8. Lochstreifenkolben mit eingegossenem, durchlöchertem Schwermetallstreifen (Nüral), geräuscharm, wenig Reibungsverlust.

Therm-Ovalkolben

9. Therm-Ovalkolben im kalten Zustande nach oben verjüngt; Ausdehnungsmöglichkeit; für hochbeanspruchte Motoren.

Isostatik-Kolben

10. Isostatik-Kolben für hochbeanspruchte Zweitakter. Die durch Fenster geschwächten Schaftteile werden durch Rippen im unteren Schaftteil bis Bolzennaben abgestützt.

Duoflex-Kolben

11. Duoflex-Kolben mit eingegossenem Schwermetallring, der an der Seite offen ist, Ausgleich der Dehnung, für Zweitakter.

Zweitaktkolben

12. Zweitaktkolben mit und ohne Nase, mit und ohne Fenster, Speziallegierung, geringe Wärmeausdehnung.

Sintal-Kolben

13. Sintal-Kolben aus Sinterwerkstoff haben höchste Wärmefestigkeit und geringste Wärmeausdehnung; für Rennmotoren u. a. Hochleistungsmotoren (seit 1953).

Instandsetzungsarbeiten

Neue Kolben Bestellung

1. Neue Kolben sind erforderlich, wenn Zylinder nachgearbeitet worden sind. Bestellung an Hand von Listen nach Kennworten für jede Motortype! Lieferung erfolgt einbaufertig mit Übermaßen von 0,5 mm steigend. Der Kolbendurchmesser auf dem Kolbenboden berücksichtigt das Einbauspiel.

Messen

2. Alte Kolben auf Schäden oder Verschleiß (auch des Zylinders) prüfen. Beim Messen auf das Nennmaß auf dem Kolbenboden achten; es muß quer zum Bolzenauge vorhanden sein. Daher nicht am Schaftende messen!

Einbauspiele

Einbauspiele am Kolben; ‰ vom Nenndurchmesser

Kolbenbauart	Regelkolben				Vollschaftkolben		
Verfahren	Otto		Diesel		Otto (2-Takt)	Diesel	
Kühlung	W[1])	L[2])	W	L	L	W	L
Einbauspiel:							
Schaft unten	0,3...0,6	0,4...0,7	0,4...0,7	0,4...0,8	0,4...1,0	0,8...1,5	1,2...1,8
Schaft oben			0,6...3,0				
Feuersteg oben			5,0...8,0				

[1]) Wasser [2]) Luft

3. Ausgebaute Kolben reinigen. Kolbenboden mittels Schaber von Ölkohle befreien; nachreinigen mit Schmirgelleinen; Polieren mit Polierleinen. Laufflächen mit weichem Pinsel säubern. Kolbenringnuten mit abgebrochenem Kolbenringstück reinigen, nicht mit Schraubenzieher, Schaber oder Drahtbürste. Nach der Reinigung des Kolbeninnern Kolben in Benzin waschen und ausblasen.

Reinigen

4. Kolben vorsichtig behandeln. Auf ein Stück Wellpappe oder auf ein Kolbenbrett legen, nicht zwischen Werkzeug. Kolbenmantel nicht an die Pleuelstange anschlagen lassen; Daumen und Zeigefinger zwischen Kolben und Pleuelstange schieben.

Behandlung ausgebauter Kolben

5. Vor dem Einbau. Zylinderlaufflächen mit Waschbenzin reinigen und mit Preßluft trocknen. Kolben und Ringe einölen. Zylinderlaufbahn mit Öl benetzen; nicht die Ringzone, da hier das Öl verbrennen und ein Festsetzen der Kolben bewirken würde. Kolbenringe durch Spannband zusammendrücken.

Vor dem Einbau der Kolben

6. Einbau

   a) Kolben so einbauen, daß das Wort „Front" oder „vorn" und der Pfeil auf dem Kolbenboden in Fahrtrichtung zeigen.

   Einbau der Kolben

   b) Kolbenschlitze müssen auf der druckentlasteten Seite liegen.

   c) Kolben mit versetzter Kolbenbolzenachse so einbauen, daß der größte Kolbenbolzenabstand auf der druckentlasteten Seite liegt.

   d) Zylinderblock mit größter Vorsicht überstreifen.

3.3.3. Kolbenringe

Da die Kolben mit Spiel eingepaßt sind, muß eine Abdichtung durch Kolbenringe erfolgen. Diese sollen

a) Druckverluste beim Verdichten und Verbrennen verhüten,

Aufgabe

b) kein Gemisch in das Kurbelgehäuse gelangen lassen,

c) das Eindringen von Schmieröl in den Verbrennungsraum und die Bildung von Ölkohle verhindern,

d) die Wärme des Kolbens an die Zylinderwände abgeben.

Ottomotoren haben 3 Abdichtungsringe und einen Ölabstreifring, große Dieselmotoren mehr.

Anzahl

Kolbenringformen		Kurzzeichen	Einbauvorschrift
	Rechteckring (Kompressionsring)	**R**	Kann in beiden Richtungen eingebaut werden
	Rechteckring mit Innenfase (Innenfasenring)	**IF**	Die Fase liegt in Richtung Kolbenboden
	Minutenring	**M**	Die mit „TOP" bezeichnete Ringflanke liegt in Richtung Kolbenboden
	Schwachminutenring	**SM**	Die mit „TOP 2" bezeichnete Ringflanke liegt in Richtung Kolbenboden
	Trapezring (einseitig)	**Tr**	Die konische Ringflanke liegt in Richtung Kolbenboden
	Trapezring (doppelseitig)	**Tr**	Kann in beiden Richtungen eingebaut werden
	Lamellenringe	**La**	Oberster Ring muß mit der hohlen Seite nach unten und unterster Ring mit der hohlen Seite nach oben montiert werden

	Nasenring	**N**	Der ausgedrehte Winkel liegt in Richtung offenes Schaftende
	Nasenring mit Expander	**N/Exp.**	Der ausgedrehte Winkel liegt in Richtung offenes Schaftende
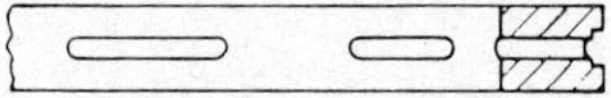	Ölschlitzring (normal)	**O**	Kann in beiden Richtungen eingebaut werden
	Ölbreitschlitzring	**BS**	Kann in beiden Richtungen eingebaut werden
	Gleichfasen-Ölschlitzring	**GF**	Die Fasen und das Topzeichen liegen in Richtung Kolbenboden
	Dachfasen-Ölschlitzring	**DF**	Kann in beiden Richtungen eingebaut werden
	Ölring mit Expander	**O/Exp.**	Ölringe mit Expander gibt es in den Ausführungen Normal, BS, GF und DF
	Schlauchfeder-Ölschlitzring	**S**	Schlauchfeder-Ölschlitzringe gibt es in Ausführungen Normal, BS, GF und DF. Bei BF liegen Fasen und Topzeichen in Richtung Kolbenboden
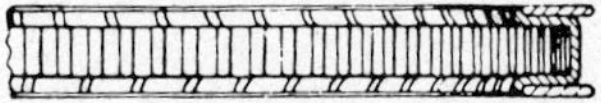	Ölring, Lamellen mit Expander		Kann in beiden Richtungen eingebaut werden

Beanspruchung

Kolbenringe werden durch Reibung auf Verschleiß, durch die Wärme auf Verformung und bei der Verdichtung und Verbrennung auf Druck und Schlag beansprucht; deshalb müssen sie aus bestem Material hergestellt sein.

Werkstoff

Als gutes Material hat sich trotz aller Versuche mit anderem Material immer noch Sondergrauguß erwiesen. Ein geringer Gehalt von Phosphor bewirkt Erhöhung der Verschleißfestigkeit und der Grenzschmierung (= Schmierfähigkeit beim Anlassen, bei Kaltstart – wenn die Motorschmierung noch nicht erfolgt ist).

Arten

Die Form der Kolbenringe wird durch den Zweck bestimmt. Es gibt folgende Arten von Kolbenringen:

1. Minuten- oder Topringe
2. Normale Kompressionsringe
3. Nasenringe (mit Expanderfeder)
4. Paßformringe
5. Ölschlitzringe mit und ohne Fase
6. Zweitaktringe

Kerbstift
0,2

Kolben mit 3 Ringsätzen haben die Kolbenringe 1, 3, 4; Kolben mit 4 Ringen 1, 2, 3, 4; Fünfringkolben s. Bild.

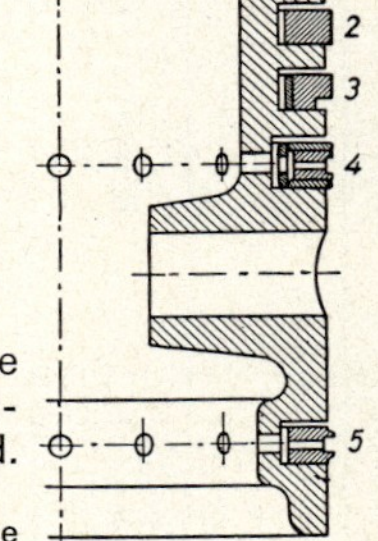

Kolbenringe

Besonderheiten und Zweck

Minuten- oder Topringe mit zurückgedrehter Laufkante berühren die Zylinderwände nur linienförmig, laufen schnell ein; heute meistens verchromt, da sie durch die unvollkommene Schmierung hochbeansprucht werden und durch den Schwefelgehalt der Kraftstoffe starker Korrosion (Zerfressen durch Säure usw.) und schnellem Verschleiß unterworfen sind.

Normale Kompressionsringe werden nur in die zweite Ringnut eingebaut.

Nasenringe mit Expanderfedern sind elastisch und passen sich den Unrundheiten der Zylinder gut an.

Ölschlitzringe haben zur Erzielung einer guten Abstreifwirkung dachförmig abgeschrägte Stege.

Paßformringe werden insbesondere dann verwendet, wenn Motoren erhöhten Ölverbrauch, verminderte Verdichtung und schlechte Leistung haben, aber noch nicht generalüberholungsbedürftig sind. Sie passen sich der jeweiligen, unrunden Form der Zylinder an, dichten trotz Unrundheiten gut ab und verhindern zu hohen Ölverbrauch.

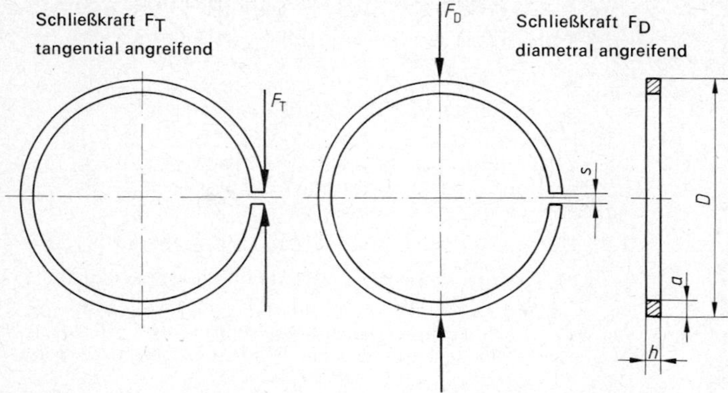

Die einfach zu messende Schließkraft und die Maßverhältnisse des Rings bilden die Grundlage für die Ermittlung des mittleren spezifischen Anpreßdrucks

Kolbenring-Spezialausführungen

Grundring	Federart	Abstützung im Nutengrund	Beispiel
Grauguß-ring	Expander Blattfeder	ja	
	Schlauch-(Schrauben-)feder	nein	
Stahl-lamellen	Expander	ja	
	Gliederfeder	nein	
ohne	Gliederfeder auf Zylinderwand gleitend	nein	

Ringstoß und Ringspiel sind zu beachten.

Lage der Ringe in den Nuten; Ringstoß und Ringspiel

Kolbenringe müssen gut federn und den notwendigen Anpreßdruck haben. Stoßspiel 0,2 mm. *Zu kleines Spiel* bewirkt Klemmen oder Bruch; *zu großes Spiel* ergibt Verdichtungs-, Verbrennungs-, Leistungsverlust und Ölverdünnung.

Kolbenringstöße liegen auf der Arbeitsseite, nicht übereinander, bei 4 Kolbenringen um 90° versetzt; bei 2 Ölabstreifringen diese um 180° versetzen.

Höhenspiel etwa 0,04 . . . 0,08 mm. Kolbenringe dürfen

Fehler und Folgen

a) nicht zu breit sein, sonst klemmen sie und verschleißen leicht;

b) nicht zu schmal, sonst entsteht „Pumpen", d. h. durch Heben und Senken der Ringe wird Öl in den Verbrennungsraum gefördert;

c) nicht zu tief in der Ringnut liegen, sonst dichten sie nicht gut ab, so daß Druck- und Ölverluste entstehen.

Das Auswechseln der Kolbenringe muß fachmännisch geschehen.

Behandlung festgeklebter Kolbenringe

Ringnuten mit einem alten Kolbenringstück säubern. Festgeklebte Kolbenringe in Desolite, Caramba, Petroleum oder Benzol aufweichen und dann vorsichtig lösen.

Neue Kolbenringe prüfen

Prüfungen an neuen Kolbenringen

a) *auf richtiges Seitenspiel:* Kolbenring in den Zylinder führen, mit Kolben nachschieben, Handlampe darunter halten. Am Umfang darf sich kein Luftspalt zeigen, während am Stoß Spiel vorhanden sein muß.

b) *auf richtiges Höhenspiel:* Kolbenring in der Nute abrollen; besser mit Fühlerlehre messen.

Vorsicht beim Einbau

Nicht passende Ringe keinesfalls durch Tuschieren nacharbeiten. Einbau nur mit Kolbenringzange, nicht mit Schraubenzieher. Unvorsichtiges Einsetzen führt zu Beschädigung des Kolbenmantels und der Zylinderlaufflächen. Ringe nicht übermäßig spreizen, sonst liegen sie schlecht an oder brechen. Verchromte Kolbenringe nicht in verchromten Zylindern verwenden!

3.3.4. Kolbenbolzen

Kolbenbolzen
Beanspruchung
Werkstoff

Durch Übertragung der Kolbenkraft auf die Pleuelstange wird der Kolbenbolzen auf Druck, Biegung, Dehnung und Reibung beansprucht. Material: Legierter Stahl, im Einsatz gehärtet; für Ottomotoren C 15 oder 15 Cr 3, für Dieselmotoren 15 Cr 3 oder 16 Mn Cr 5; für höchste Beanspruchung (Rennmotoren) 31 Cr MoV 9 (Nitrierstahl).

Wegen Gewichtsersparnis sind die Bolzen hohl; auch bei Zweitaktern. – Bolzen werden nahtlos hergestellt; die Oberfläche wird geschliffen und geläppt. Gegen seitliches Verschieben, wodurch die Zylinderwände beschädigt werden können, werden die Bolzen durch Federringe (Seeger-Ringe) gesichert.

Herstellung

Seitliches Verschieben

Es gibt Klemmpleuel und schwimmende Kolbenbolzen.

Kolbenbolzen-Anordnungen

Das Klemmpleuel

1. Klemmpleuel. Kolbenbolzen im Kolbenbolzenauge drehbar; im geschlitzten Pleuelauge durch Schraube oder Stift fest.

Passungen

Viertakt-Kolben	meßtechnische Passung	gefühlsmäßige Passung	
a) Alu-Kolben aller Art von 50...130 mm ϕ	*ohne Buchse:* 0,006...0,008 mm Spiel, d. h. Bolzen ist 0,006...0,008 mm kleiner als Bolzenloch	Der Bolzen fällt bei waagerechtem Halten des Kolbens durch beide Bolzenlöcher	bei Alu-Kolben
b) Sondergrauguß-Kolben aller Art von 50...130 mm ϕ	*mit Buchse:* 0,007...0,009 mm Spiel, Bolzendurchmesser ist kleiner als Bolzenloch	wie unter a)	bei Sondergraugußkolben

2. Schwimmende Kolbenbolzen: Kolbenbolzen in Pleuelbuchse und Kolbenauge drehbar.

Schwimmende Kolbenbolzen

Passungen

Kolben	meßtechnische Passung	gefühlsmäßige Passung	
a) Alu-Vollschaft- und Streifenkolben bis 100 mm ϕ	0...0,002 mm *Überdeckung* d. h. Bolzendurchmesser ist 0...0,002 mm größer als Bolzenloch	Bolzen läßt sich bei 20° mit *kräftigem Fingerdruck* in beide Löcher einschieben, nicht drehen	bei Alu-Kolben bis 100 mm ϕ
b) Alu-Vollschaft- und Streifenkolben von 100...150 mm ϕ	0,002...0,004 mm *Überdeckung,* d. h. Bolzen ist größer als Bolzenloch	Bolzen läßt sich bei 20° mit *starkem Handballendruck* in beide Bolzenlöcher eindrücken. Bei mehr als 0,003 mm Überdeckung muß der Kolben auf ≈ 40° erwärmt werden	bei Alu-Kolben von 100 . . . 150 mm ϕ
c) Sondergrauguß-Vollschaftkolben von 90...130 mm ϕ	—	—	

Aus der Mitte versetzte Kolbenbolzen verhüten ein Klappern der Kolben.

Klappern der Kolben

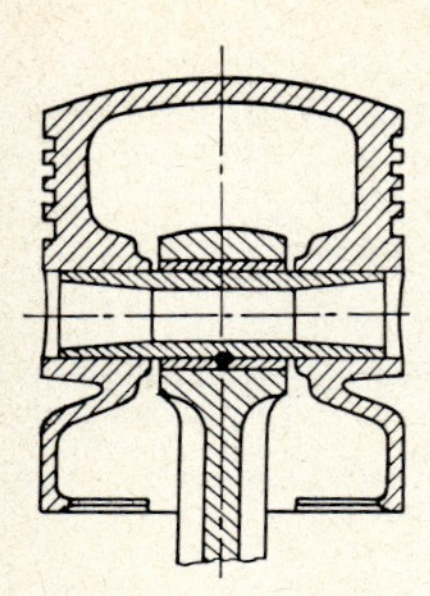

Bolzen im Pleuelauge fest, im Kolben schwimmend

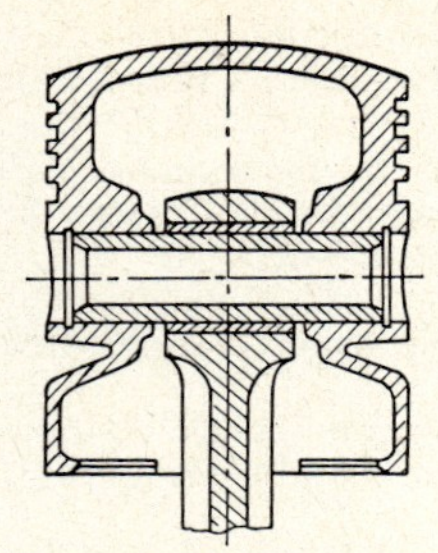

Bolzen im Pleuelauge schwimmend, im Kolben schwimmend

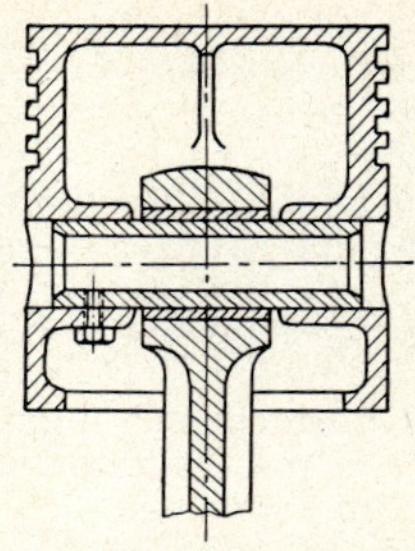

Bolzen im Pleuelauge beweglich, im Kolben fest

Bei zu großem Spiel müssen Kolbenbolzen ausgewechselt werden.

Einbau eines Kolbenbolzens

Vor dem Einbau prüfen, ob die Pleuelaugenbuchse noch einwandfrei ist und welche Passung der Kolbenbolzen hat. Kolbenbolzen nicht verwechseln! Kolbenbolzen und Kolbenaugen mit gleichen Farbpunkten gehören zusammen.

Einbau: Pleuel in den Schraubstock spannen, bei Überdeckungssitz Kolben auf 20...40 °C anwärmen, Kolben mit einem sauberen Lappen anfassen und über das Pleuelauge halten, den kalten, mit Talg eingefetteten Kolbenbolzen mittels Führungsdorn durch die drei Lagerstellen schieben und den Dorn herausdrücken.

Prüfen

Nach dem Einbau prüfen, ob

a) der Bolzen von den Kolbenwandungen gleichen Abstand hat,

b) die Seeger-Ringe die richtige Größe und Spannung haben,

c) die Seeger-Ringe richtig in ihren Nuten sitzen.

3.3.5. Die Pleuelstange

Aufbau

Ein Pleuel besteht aus Pleuelkopf (Pleuelauge), Pleuelschaft und Pleuelfuß.

Die Pleuelstange wird hoch beansprucht.

Aufgabe

Die Pleuelstange überträgt die Kolbenkraft auf die Kurbelwelle und verwandelt die gradlinige Bewegung des Kolbens in eine drehende Bewegung der Kurbelwelle.

Die Pleuelstange wird beansprucht:

Beanspruchung

a) bei der Verbrennung auf Druck, Biegung und Knikkung,

b) durch die Fliehkräfte auf Zug,

c) in den Lagern auf Reibung.

Werkstoff, Gewicht und Form

Die hohen Druck- und Biegungskräfte verlangen einen Baustoff von hoher Festigkeit. Werkstoff: Vergütungsstahl, 0,35...0,4% C, legiert mit Chrom, Molybdän, Silizium, Mangan. Wegen der Fliehkräfte wird das Pleuel leicht gehalten. Die Doppel-T-Form macht gegenüber Vollschaftpleueln das Gewicht geringer und die Knickfestigkeit größer.

Gleiches Gewicht der Pleuel

Untereinander müssen die Pleuel gleiches Gewicht haben, sonst entsteht ein unruhiger Lauf des Motors. Gewichtsunterschied bei Pleueln mit Kolben darf bei Pkw bis 5 g, bei Lkw bis 10 g betragen; andernfalls Pleuelfuß abschleifen.

Das Kurbelverhältnis ist das Verhältnis von Pleuelstangenlänge zum Kurbelkreishalbmesser (= 1/2 Hub). Bei Krädern 3,7...4,8 : 1, bei Pkw 3,6...4,7 : 1; bei Lkw 3...4,5 : 1.

Der Pleuelkopf nimmt den Kolbenbolzen auf.

Das Pleuelauge

Wir haben entweder Klemmpleuel oder schwimmende Kolbenbolzen (s. Bild S. 80). Das Pleuelauge hat entweder eine eingepreßte Bronzebuchse oder ein Nadellager.

Das Spiel zwischen Pleuelkopf und Pleuelauge

Zwischen Pleuelkopf und Kolbenaugen muß ein Spiel von 1...3 mm vorhanden sein, damit sich der Kolben auf Zylindermitte einstellen kann.

Der Pleuelfuß dient der Aufnahme der Kurbelwelle.

Der Pleuelfuß

Er ist entweder geteilt und mit Gleitlagern oder ungeteilt mit Wälzlagern versehen (dann ist die Kurbelwelle geteilt).

Gleitlager

Wälzlager

Gleitlager sind billig, leicht einzubauen, haben gute Laufeigenschaften und arbeiten geräuschlos. Wälzlager haben geringere Reibung (1/6), sparen an Kraft, brauchen wenig Schmiermittel, laufen nicht heiß und haben eine lange Lebensdauer.

Lagermetallausguß

Der Pleuelfuß ist bei Gleitlagern entweder mit Lagermetall ausgegossen oder hat Lagerschalen aus Bronze mit einer Lagermetallschicht, die 0,5...0,75 mm dick ist, besser trägt und bei Stößen dämpfend wirkt.

Lager bei Dieselmotoren

Dieselmotoren haben Stahlschalen mit Bleibronze. Das ausgegossene Lager wird mit dem notwendigen Spiel für den Ölfilm feingebohrt.

Lagermetalle verhindern die Reibung.

Lagermetalle

Heute werden verwendet:

Zinn-Lagermetalle

Zinnlagermetalle, z. B. WM 80 (80% Zinn), werden heute nur noch in Mittel- und Großmotoren (Schiffsdieselmotoren) verwendet.

Zinnarme Lagermetalle

Zinnarme Lagermetalle (z. B. Glyco-24 bzw. Turbo) für Nockenwellenlager bei modernen Motoren bzw. bei älteren Motoren für Haupt- und Pleuellager. Zusammensetzung: 83% Blei, 1% Zinn, 15% Antimon und 1% Arsen.

Bleibronzen

Bleibronzen enthalten 75% Kupfer und 25% Blei. Im allgemeinen ist auch bei diesen 1% Zinn vorhanden.

Leichtmetalllager

Leichtmetallager sind Aluminium-Legierungen mit Zusätzen von Zink, Alu und Magnesium; gute Gleitfähigkeit, Verschleißfestigkeit und Wärmeableitung.

Dreistofflager

Dreistofflager für Diesel- und Ottomotoren. Aufbau: Stahlstützschale, Bleibronze von 0,3 . . . 0,5 mm Dicke, eine elektrolytisch aufgetragene Nickelschicht (Nickeldamm) von 0,0015 mm Dicke; darauf eine ebenfalls elektrolytisch aufgebrachte Blei-Zinn-Kupfer-Legierung, bestehend aus 87% Blei, 10% Zinn und 3% Kupfer.

Die Schmierung der Lager

Lager erfordern gute Schmierung, denn Schmierung bewirkt gutes Gleiten, gute Kühlung und Verringerung des Verschleißes. Zur Verteilung des Öles auf die Lagerflächen dienen seitlich angebrachte, flache Öltaschen, in denen sich das Öl sammelt und von der Kurbelwelle mitgenommen wird. Die Schmiernuten wirken sich zwar ungünstig auf die Schmierfilmbildung aus, sind aber andererseits notwendig, um das Öl über die Hauptlager zu den Pleuellagern zu bringen.

3.3.6. Die Kurbelwelle

Aufbau

Die Kurbelwelle ist eine gekröpfte Welle. Sie ruht in Kurbelwellenlagern (Hauptlagern). Die Kröpfungen werden von Kurbelzapfen und Kurbelarmen (= -wangen) gebildet.

Die Anzahl der Kröpfungen und der Lagerstellen

Die Zahl der Kröpfungen richtet sich nach der Zylinderzahl. Zweizylinder sind 2 . . . 3mal gelagert, Vierzylinder 3-, 4- oder 5mal, Sechszylinder 3-, 4-, 5- oder 7mal, Achtzylinder 3-, 5-, 7- oder 9mal.

Fliehkräfte

Verminderung der schädlichen Folgen

Von der Anzahl der Lager hängen Durchbiegung, Fliehkräfte und Eigenschwingungen ab. Unruhiger Lauf, schneller Lagerverschleiß und Kurbelwellenbrüche sind bei Nichtbeachtung die Folgen. Die schädlichen Kräfte werden vermindert:

a) durch vermehrte Lagerung,

b) durch Gegengewichte an den Kurbelwangen,

c) durch Schwingungsdämpfer an der Kurbelwelle,

d) durch Auswuchten der Kurbelwelle.

Beanspruchung

Die Kurbelwelle wird beansprucht

a) bei der Verdichtung und Verbrennung auf Druck,

b) auf Verdrehung,

c) durch Eigenschwingungen auf Verbiegung,

d) durch die Fliehkräfte der Kolben und Pleuel auf Zug,

e) in den Lagern auf Reibung.

Guter Werkstoff ist also notwendig:

Werkstoff

Legierter Stahl mit 700...1200 N/mm² Festigkeit; für Ottomotoren: Mangan-Vanadium-Vergütungsstahl, Chrom-Nickel- oder Chrom-Molybdän-Vergütungsstahl; für Dieselmotoren: Chrom-Molybdän-Einsatzstahl mit Festigkeiten von 850...1450 N/mm².

Arten der Kurbelwelle

Herstellung: Rohe Wellen werden vorgebogen, im Gesenk fertiggeschmiedet, gedreht, geglüht und vergütet (= *vergütete Kurbelwellen*). Für höhere Belastungen nimmt man Einsatzstahl und härtet die Lagerzapfen (*gehärtete Kurbelwellen*). Ford verwendet *gegossene Kurbelwellen* aus Chrom-Silizium-Stahlguß mit hohem C- und etwas Kupfergehalt („Halbstahl").

Härten der Kurbelwellen

Kurbelwellen werden gehärtet.

Heute angewandte Härteverfahren (s. Werkstoffkunde!):

Einsatz

1. Einsatzhärtung: Legierter Stahl mit niedrigem C-Gehalt (0,2%) wird etwa 3...5 Stunden in einem kohlenstoffabgebenden Mittel (Kohlepulver) auf 930 °C erhitzt, so daß sich Kohlenstoff in die Oberfläche der Lagerzapfen setzt, anschließend abgeschreckt, nochmals erhitzt und dann in einer warmen Salzlösung abgeschreckt, wodurch die Oberfläche in einer Tiefe von 0,5...1 mm glashart wird.

Nitrieren

2. Nitrierhärtung: Die fertiggearbeitete Kurbelwelle wird in einer Härteanlage 30...100 Stunden unter 580 °C einem Ammoniakstrom ausgesetzt. Dabei setzt sich Stickstoff in die Oberfläche der Lagerzapfen. Durch langsames Erkalten bildet sich eine Härteschicht von 0,4...0,8 mm. Die Härte ist bedeutend höher als bei der Einsatzhärtung.

Brennhärten

3. Brennhärtung (Flammenhärtung): Stahlkurbelwellen mit über 0,5% C werden auf 720 °C angewärmt und nach einer genau einzuhaltenden Glühzeit durch Wasserstrahl abgeschreckt. Während der Kern weich bleibt, bildet sich außen eine Härteschicht von 1 . . . 2 mm Tiefe.

Durch Auswuchten erhalten die Kurbelwellen einen ruhigen Lauf.

Statische Auswuchtung und statische Unwucht

Eine Kurbelwelle muß zunächst statisch (in der Ruhe) ausgewuchtet sein, d. h. wenn sie auf einen Rollenbock gelegt wird, muß sie in jeder Lage stehenbleiben.

Statische Unwucht entsteht dadurch, daß die Gewichte der Kurbelzapfen, Kurbelarme und Pleuellager ungleich sind. Auswuchten erfolgt durch Abfeilen der Abschrägungen an den Kurbelarmen bzw. durch Aufschweißen von Plättchen u. a.

Dynamische Auswuchtung und Unwucht

Eine Kurbelwelle muß auch dynamisch, d. h. in der Bewegung ausgewuchtet sein. Eine dynamische Unwucht entsteht dadurch, daß die zwar unter sich gleichen Fliehkräfte, die eine statische Auswuchtung ergeben, nicht in einer Ebene liegen. Sie läßt sich nur auf einer Auswuchtmaschine durch drehende Bewegung der Kurbelwelle feststellen. Durch Nacharbeiten der Kurbelwelle kann eine dynamische Unwucht beseitigt werden. Voraussetzung ist aber, daß die Welle statisch ausgewuchtet ist.

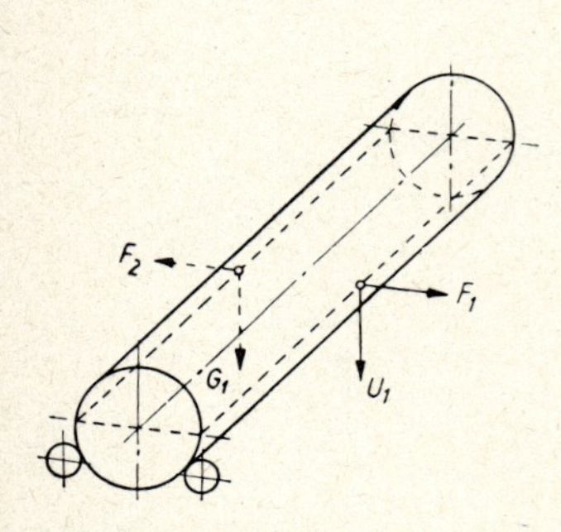

Statisches Auswuchten

Unwucht U_1 erzeugt Fliehkraft F_1. Gegengewicht G_1 erzeugt Fliehkraft F_2 und hebt Fliehkraft F_1 auf, so daß die Welle ausgewuchtet läuft.

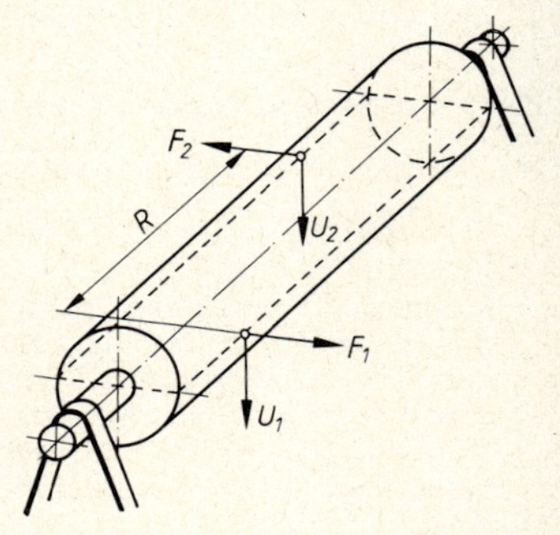

Dynamisches Auswuchten

Unwucht in der Bewegung entsteht dadurch, daß die Fliehkräfte nicht in einer Ebene liegen. U_1 und U_2 heben sich zwar statisch auf, in der Bewegung aber wirken sie am Hebelarm R und verursachen eine dynamische Unwucht, die durch Nacharbeiten zu beseitigen ist.

Die Kurbelzapfen laufen in Lagern.

Lager für die Kurbelzapfen in Otto- und Dieselmotoren

Für die Lagerung werden geteilte Gleitlager verwendet, bei Ottomotoren Bronzeschalen mit Weißmetallausguß usw., bei Dieselmotoren Stahlschalen mit Bleibronzeausguß.

Das Führungslager

Ein Hauptlager dient als Führungslager; es besitzt auf beiden Seiten einen Bund, der den Druck beim Kuppeln aufnimmt.

Einpassen

Beim Einpassen der Lager ist zu achten

a) auf das notwendige Lagerspiel (Höhenspiel), um eine gute Schmierung zu sichern,

b) auf das entsprechende Seitenspiel – wegen der Wärmeausdehnung der Kurbelwelle.

Das Lagerspiel

Spiel: für Weißmetallager $s = 0{,}001 \times d$ des Lagerzapfens, für Bleibronzelager $s = 0{,}0015 \times d$ des Lagerzapfens.

Schmierung

Kurbelwellenlager erhalten meistens Drucköl. Zum Zwecke der Schmierung haben die Lagerschalen eine Bohrung und eine Ringnut, durch die das Drucköl nach den Pleuellagern weitergeleitet wird.

Bei Brüchen, Rissen und Verschleiß der Zapfen und Lager ist Instandsetzung erforderlich.

Fehler an der Kurbelwelle und ihre Behebung

1. Schäden an der Kurbelwelle

   a) Gewaltbrüche durch Überbeanspruchung entstehen kaum, wohl aber *Ermüdungs*erscheinungen durch ständigen Lastwechsel. Austausch erforderlich.

   b) *Schlag* an Kurbelwellen durch zu viel Lagerluft; richten, nachschleifen, auswuchten.

   c) *Risse,* festzustellen mit Lupe oder durch Grobprüfung (Kurbelwelle mit Petrol abwaschen, trocknen, mit Kreide bestreichen) oder durch Feinprüfung (elektrisch-magnetische Rißprüfung: Kurbelwelle wird elektrisch-magnetisch durchflutet und dabei mit einem Eisenmehl enthaltenden Öl überspült. Etwaige Risse halten Eisenteilchen fest.)

   d) *Riefen* auf Zapfen durch Schleifen entfernen.

   e) *Verschleiß der Lagerzapfen:* bei mehr als 0,1 mm ist Nachschleifen notwendig.

Bearbeitung der Lager

2. Die Bearbeitung der Lager

Bei geringer Abnutzung werden die beiden Lagerschalen auf der Tuschierplatte abgezogen. Weist das mittlere Lager (bei Vierzylindermotoren) einen Verschleiß von mehr als 0,1 mm auf, so sind die Lager nachzuarbeiten:

a) *von Hand:* Lagerschalen zusammenspannen und ausdrehen, 0,05 . . . 0,1 mm Werkstoff für die Nachbearbeitung stehenlassen. Nach Anbringung der Öltaschen erfolgt das Einschaben.

b) *durch verstellbare Reibahlen* (Hunger). Die auf der Drehbank vorgearbeiteten Lager werden in die Bettungen des Motorblocks gelegt, mit Vorspannung eingepaßt und dann mit einer Reibahle auf einer Bohrstange bearbeitet, wobei man vom Mittellager ausgeht. Die mittels Windeisen von Hand gedrehte Bohrstange muß gleichmäßig geführt werden, damit keine Rattermarken entstehen.

c) *auf Feinbohrwerken* (Matra). Die sorgfältig ausgerichteten Lager werden durch eine Bohrstange mit Bohrmessern aus Hartmetall bearbeitet. Feinbohrwerke ermöglichen genau auf Maß gebohrte und genau fluchtende Lager, selbst dann, wenn die Lager anfangs in ihren Bettungen nicht fluchten sollten.

Lagern der Kurbelwelle und ihre Vorspannung

3. Das Lagern der Kurbelwelle

Kurbelwelle vorsichtig in ihre Bettungen legen. Jedes Lager bekommt *seinen* Deckel, der mit Vorspannung durch Lagerschrauben fest anzuziehen ist. Die Vorspannung wird dadurch erreicht, daß man zunächst beide Lagerdeckelschrauben fest anzieht und dann an einer Seite etwas löst, so daß ein kleiner Spalt von etwa 0,5 . . . 1 mm (bei Dieselmotoren bis 2 mm) entsteht. (Mit Fühllehre messen!) Ist keine Vorspannung vorhanden, dann Lagerdeckel auf der Tuschierplatte abziehen. Folgen bei

Folgen falscher Vorspannung

zu wenig Vorspannung: Lagerschalen sitzen nicht fest, schlagen aus und wandern;

bei zu viel Vorspannung: Lagerschalen werden durch den Druck unrund.

Anziehen der Lagerdeckelschrauben

Lagerdeckelschrauben nicht zu fest, und nicht zu lose und nicht „mit Gefühl“, sondern mit Drehmomentschlüssel anziehen, damit die Passungen der Lager gleich werden.

3.3.7. Die Ventile

Viertaktmotoren haben Ventile

Aufgabe und Anzahl

Ventile regeln das Ein- und Ausströmen der Gase. Notwendig ist ein Einlaß- und ein Auslaßventil; doch können auch je zwei an einem Zylinder angebracht sein. Zweitaktmotoren haben statt der Ventile Schlitze, die vom Kolben gesteuert werden.

Der Ventilmechanismus

Zum Ventilmechanismus gehören Ventil, Ventilfeder, Ventilteller und Ventilschaftführung (siehe Bild S. 88).

Das Kegelventil und sein Aufbau

Heute werden nur noch Kegelventile verwendet, und zwar:

a) wegen des günstigen Gasstromverlaufs,

b) wegen der guten Abdichtung,

c) wegen ihrer Selbstzentrierung.

Ein *Ventil* besteht aus Kopf und Schaft. Der Kopf ist erst zylindrisch geformt, dann 45° bzw. 30° kegelig geschliffen. Der Schaft ist zylindrisch, bei Hochleistungsmotoren vielfach hohl und mit einer Natriumlösung zur Wärmeableitung gefüllt (siehe Bild S. 90). Das Schaftende ist gehärtet. Die Kehlung am Übergang vom Kopf zum Schaft soll ein Stauen der Gase verhindern.

Die Ventilfeder

Die Ventilfeder (aus Federstahl, bei Hochleistungsmotoren mit galvanischem Überzug) soll den Ventilkopf beim Verdichtungs- und Verbrennungstakt dicht auf seinen Sitz drücken.

Der Ventilteller

Der Ventilteller, auf dem die Feder ruht, wird durch Flachkeile oder geteilte Kegelstücke, die sich in eine Eindrehung des Schaftes legen, gehalten.

Die Ventilschaftführung

Die Ventilschaftführung ist entweder direkt im Zylinderguß oder als Führungsbuchse aus Sonderstahlguß oder Sonderbronze ausgebildet. Der Schaft soll leichten Laufsitz haben.

Die Steuerung der Ventile richtet sich nach ihrer Anordnung.

Arten der Ventile nach der Steuerung

Es gibt stehende Ventile, die mit ihrem Kopf nach oben, hängende Ventile, die mit ihrem Kopf nach unten, und liegende Ventile, die waagerecht oder schräg in V-Motoren eingebaut sind.

Stehende Ventile

1. Stehende Ventile. Die Nockenwelle hebt nicht unmittelbar den Ventilschaft, sondern zunächst einen nachstellbaren Stößel. Stößel sind vielfach als Pilzstößel ausgebildet. Eine Abschrägung von 0,2 ... 0,3 mm an der Anlaufseite bewirkt ein gutes Anlaufen (siehe Bild). Ein versetzter Stößel wird durch den außermittigen (x) Anschlag in ständiges Drehen versetzt, wodurch einseitige Abnutzung vermieden wird (siehe Bild).

Stößel sind notwendig, da sich der Ventilschaft durch die Verbrennungswärme dehnt und an Länge zunimmt, so daß ein durchgehendes Ventil nicht ganz schließen würde. Die Längenausdehnung wird beim Einbau durch einen geringen Abstand zwischen Stößel und Ventilschaft (Spiel) berücksichtigt. Nachteile bei stehenden Ventilen: ein- oder zweiseitig im Zylinderblock angebrachte Ventilkammern (Taschen). Diese bilden einen schädlichen Raum, in dem die Gase später als im Zylinderraum zur Verbrennung kommen.

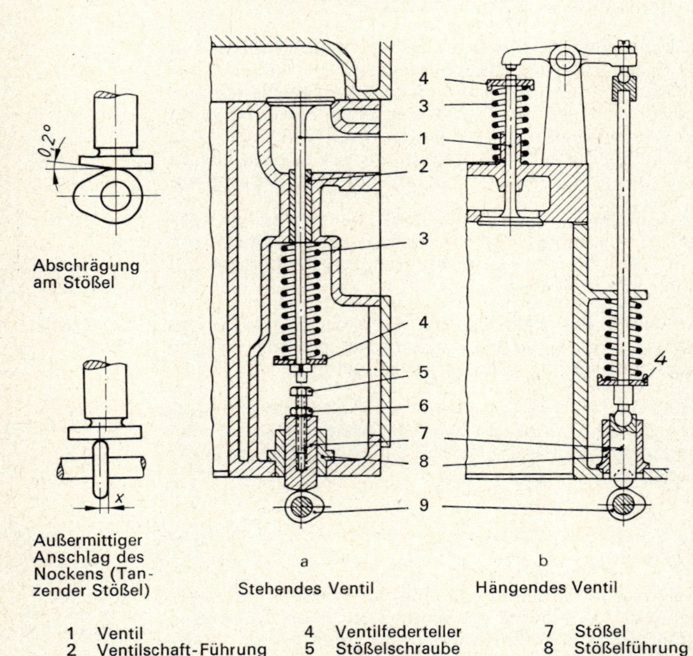

Abschrägung am Stößel

Außermittiger Anschlag des Nockens (Tanzender Stößel)

Stehendes Ventil

Hängendes Ventil

1	Ventil	4	Ventilfederteller	7	Stößel
2	Ventilschaft-Führung	5	Stößelschraube	8	Stößelführung
3	Ventilfeder	6	Gegenmutter	9	Nockenwelle

2. Hängende Ventile. Sie sind im Zylinderkopf untergebracht.

Hängende Ventile bei unten- bzw. obenliegender Nockenwelle

a) Bei untenliegender Nockenwelle (Bild S. 88) erfolgt die Steuerung der Ventile über Stößel, Stoßstange und Kipphebel. An den Enden der Stoßstange sind Kugelkopf und Kugelpfanne (mit Öl für die Schmierung) angebracht. Auf der einen Seite des Kipphebels ist die gehärtete Druckfläche für die Ventilbetätigung, auf der anderen Seite die Einstellschraube angebracht.

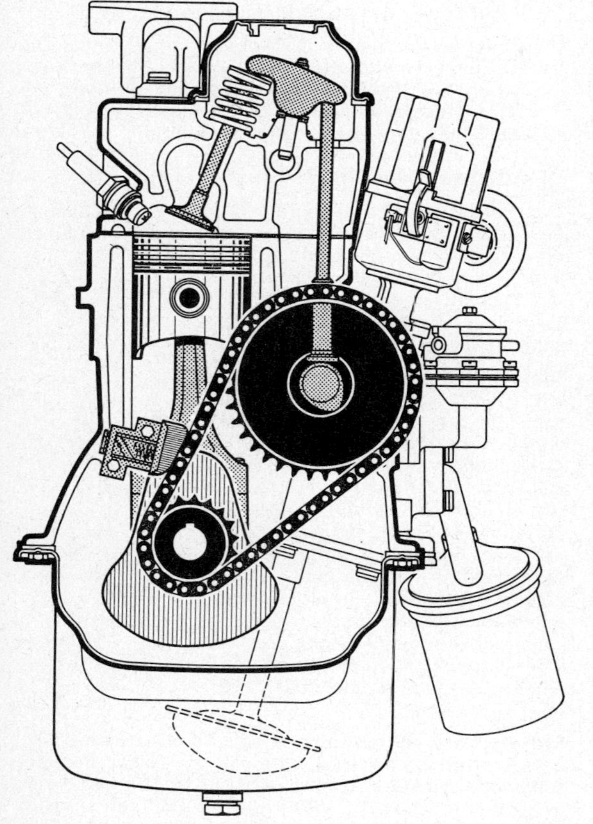

Rollenkette

Lage der Nockenwelle bei Opel-Kurzhubmotoren (1,1 Liter, -S und -SR)

b) Bei obenliegender Nockenwelle erfolgt der Antrieb entweder durch eine Rollenkette, einen Zahnriemen oder durch eine sogenannte Königswelle mit Kegelrädern (heute selten). Die Ventile werden entweder unmittelbar durch die Nocken, durch zweiarmige Kipphebel oder einseitige Wälzhebel betätigt. Starke Motoren haben auch wohl zwei obenliegende Nockenwellen, die die Ventile unmittelbar betätigen. Vorteile: Vorteilhafte Anordnung der Zündkerzen, günstiger Verbrennungsraum, gleichmäßige, rückstandlose Verbrennung, gute Motorleistung. Bei Fahrzeugen mit hoher Motorleistung angewandt.

Liegende Ventile

3. Liegende Ventile. In V-Motoren angewandt. Die Nockenwelle liegt oben zwischen den beiden Zylinderreihen und wird durch eine Rollenkette von der Kurbelwelle angetrieben. Sie betätigt durch Kipphebel die waagerecht liegenden Ventile.

Ventile bestehen aus bestem Material.

Beanspruchung der Ventile

Die Ventile werden bei ihrem Öffnen und Schließen auf *Druck, Zug, und Wärme* beansprucht; besonders die Auslaßventile sind *hoher Temperatur* ausgesetzt; Ventilschaft und Ventilschaftführung unterliegen infolge der *Reibung* großem Verschleiß.

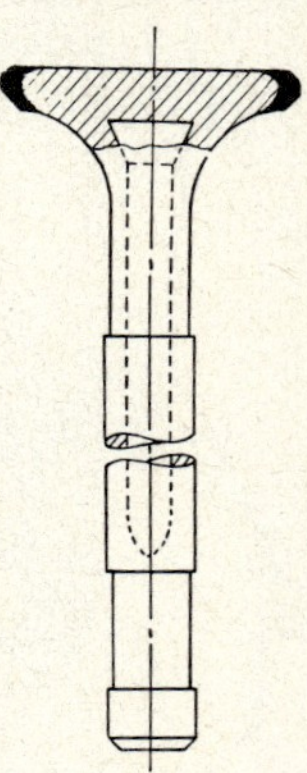

Neue Form Panzerringventil (Ate) mit Natrium gefüllt

Die Wahl des Werkstoffes für Einlaßventile für Auslaßventile

Die hohe Beanspruchung erfordert ein temperaturbeständiges, verschleißfestes Material: für Einlaßventile Chrom-Silizium-Stahl, für Auslaßventile Chrom-Nickel-Stahl. Die Firma Teves stellt für hochbeanspruchte Auslaßventile den Ventilkopf mit einem aufgepanzerten Ring aus einer Speziallegierung her. Bei *Nikromant*-Ventilen umhüllt die Panzerung auch Ventilkopfoberfläche und Kehlung. Zur besseren Kühlung sind manche Ventile hohl und mit einer Natriumlösung gefüllt oder mit einem Stift aus Kupfer oder Aluminium versehen.

Sonderausführungen

Der Ventilsitz und seine Winkel

Der Ventilsitz soll gut abdichten und ein zügiges Ein- und Ausströmen der Gase ermöglichen. Er hat drei verschiedene Winkel 15°, 45° bzw. 30° und 75°, wobei der tragende Sitzwinkel 45° (30°) groß ist. Dadurch wird ein guter Übergang beim Ein- und Ausströmen der Gase erreicht und ein Stauen und Wirbeln vermieden.

Ein *gasdichter Ventilsitz* muß schmal sein. Je schmaler der Sitz, desto höher der Schließdruck. Für die Ableitung der Verbrennungsgase gilt dagegen der Grundsatz: Je breiter die Sitzfläche, desto besser die Wärmeableitung. In der Praxis hat sich als Mittel für den Ventilsitz 1 . . . 1,5 mm, für den Ventilkopfkegel eine Breite von 3 . . . 3,5 mm bewährt.

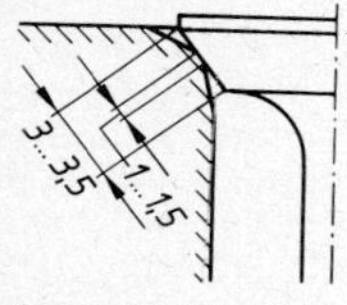

Gasdichter Ventilsitz

Ventilsitzringe

Ein *verschleißfester Ventilsitz* wird durch eingesetzte Ringe aus Schleuderguß, Bronze oder Stahl erzielt. Ventilsitzringe werden entweder eingepreßt oder eingeschrumpft und nicht nur bei Instandsetzung, sondern auch schon in neuen Motoren eingebaut.

Einbau der Ventilsitzringe

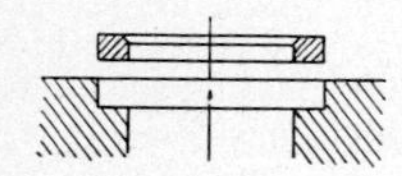
Ventilsitz zum Einpressen

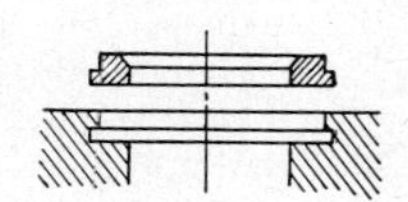
Ventilsitz zum Einschrumpfen

Ventile werden mit Spiel eingebaut.

Ventilspiel

Das Spiel muß bei kalter Maschine so groß sein, daß sich Kipphebel und Ventilschaft bei warmer Maschine nicht berühren.

Zu großes Spiel und seine Folgen

Ist das Spiel zu groß, so

a) öffnen die Ventile zu spät und schließen zu früh, so daß die Öffnungszeiten für Ansaugen und Ausstoßen zu kurz sind;

b) wird die Füllung kleiner und die Motorleistung geringer;

c) arbeiten die Ventile geräuschvoll und nutzen schnell ab.

Zu kleines Spiel und seine Folgen

Ist das Spiel zu klein, so

a) schließen die Ventile bei warmer Maschine nicht ganz;

b) entstehen Verdichtungs- und Leistungsverluste;

c) schlägt die Zündflamme in das Ansaugrohr zurück (Vergaserbrand);

d) verbrennen die nicht schließenden Ventile.

Abhängigkeit des Ventilspiels

Das Ventilspiel richtet sich nach Baustoff und Bauart des Ventils und der Kühlung des Motors und wird von der Herstellerfirma für die kalte oder warme Maschine angegeben und muß genau eingehalten werden.

Das Einstellen der Ventile

Nur mit Einstellehre vornehmen!

Einstellung der Ventile
Stehende Ventile

1. Stehende Ventile. Nockenwelle so weit drehen, daß der Stößel in seiner tiefsten Stellung steht. Gegenmutter der Verstellschraube lösen. Einstellschraube so weit heraus- oder hineindrehen, daß sich eine Fühlerlehre gerade noch zwischen Stößel und Ventil schieben läßt. Gegenmutter anziehen; dabei durch einen zweiten Schraubenschlüssel verhüten, daß sich die Einstellschraube verdreht.

Hängende Ventile

2. Hängende Ventile werden durch eine Einstellschraube am Kipphebel mittels Schraubenzieher eingestellt, nachdem man vorher die Gegenmutter gelöst hat. Dabei müssen sich die Stoßstangen noch leicht in ihren Kugelpfannen drehen lassen.

Schlecht tragende Ventile sind zu erneuern oder zu bearbeiten.

Ausbauen der Ventile

Aufbewahren ausgebauter Ventile

1. Ausbau der Ventile. Zum Ausbauen werden Ventilzangen oder Ventilheber benutzt. Ventilfeder zusammendrücken, Keil bzw. Federstück entfernen, Ventilfeder entspannen. Teile herausnehmen, zeichnen und in Holzständern in der Reihenfolge ihrer Anordnung im Motor aufbewahren.

Prüfen der Ventile

2. Prüfung der Ventile. Nach Säuberung der Ventile mit Drahtbürste und Waschen in Benzin ist zu prüfen, ob

   a) der Ventilkopf Verbrennungen, Zunderung oder Risse aufweist,

   b) das Ventil gut trägt,

   c) der Schaft verkokt, riefig, abgenutzt oder verbogen ist,

   d) die Ventilführung ausgeschlagen ist,

   e) die Ventilfedern die richtige Spannung haben.

   Gealterte und nicht mehr einwandfreie Ventile und Teile erneuern.

Nacharbeiten der Ventilkegel

3. Bearbeitung der Ventilkegel. Ein nicht mehr gut tragendes Ventil muß nachgearbeitet werden. Voraussetzung: Es muß noch genügend Werkstoff für die Bearbeitung vorhanden sein.

Bei großen Ungenauigkeiten kann eine genaue Bearbeitung nur auf der Ventilkegel-Schleifmaschine oder dem Ventilkegel-Drehgerät (Hunger-Antrieb elektrisch oder von Hand) erfolgen. Ventilschaft in das Spannfutter der Maschine einspannen, Ventilkopf unter 45° bzw. 30° einstellen, langsam an die schnellaufende Schleifscheibe heranbringen und so lange schleifen, bis der Ventilkegel ganz blank ist. Ventilkopf nicht zu dünn schleifen! Sitzbreite 3 . . . 3,5 mm.

Beseitigung von Ungenauigkeiten größerer und kleinerer Art

Geringe Schäden werden durch Einschleifen des Ventilkegels auf seinem Sitz beseitigt. Ventilkegel mit Schleifpaste bestreichen, Ventil mit mäßigem Druck mittels Schraubenzieher o. a. hin- und herdrehen, bis ein gleichmäßig tragender, mattgrauer Sitz entsteht. Nach Beendigung die Schleifmasse sorgfältig entfernen, damit dadurch kein Zylinderverschleiß entsteht. Vor dem Einschleifen Gummischeibe um den Ventilschaft legen, damit die Schleifpaste nicht in die Ventilführung oder in den Zylinder gelangen kann. Das Einschleifen wird vielfach verworfen, weil die kegelige Dichtfläche nicht genau wird.

Prüfen der Ventilkegel auf gutes Tragen

Prüfung auf gutes Tragen eines Ventils

a) Bleistift- oder Kreidestriche auf dem Ventilsitz anbringen. Werden diese beim Drehen des Ventils verwischt, dann ist das Ventil einwandfrei.

b) Etwas Benzin auf das geschlossene Ventil schütten. Sickert es nicht durch, so ist das Ventil dicht und trägt gut.

c) Prüfen mit Druckglocke. Wenn die eingepumpte Luft nicht entweicht, ist das Ventil in Ordnung.

Bearbeitung der Ventilsitze

Bearbeitung der Ventilsitze

Eine Bearbeitung muß bei verzunderten oder einseitig ausgeschlagenen Ventilen erfolgen. Vor der Bearbeitung verkrustete Stellen am Ventilsitz entfernen, Ventilführung und Verbrennungsraum von Ölkohle befreien.

durch Fräsen

Bearbeitung der Ventilsitze erfolgt mit Fräsern von 45°, 75° und 15°. Zwecks zentrischer Führung wird ein Führungsdorn (Pilot) in die Ventilführung eingesetzt. Zuerst mit dem 45°-Fräser den Sitz herstellen, dann mit dem 75°- und 15°-Fräser „korrigieren", bis der Sitz nur noch 1 . . . 1,5 mm breit ist und die richtige Sitzhöhe hat.

nach dem Zentropunktverfahren

Ventilsitzringe werden am besten nach dem Zentropunktverfahren bearbeitet. Ein auf den Sitzwinkel abgestimmter Schleifstein wird durch eine Handantriebsmaschine mit hoher Drehzahl auf dem Ventilsitz unter periodischer Abhebung gedreht. Dadurch entsteht ein Freischneiden des Schleifsteines und eine Punktberührung bei zentrischer Steinbewegung. Daher Zentropunktverfahren.

Einziehen von Ventilsitzen

Sind Ventilsitze verbrannt, ausgeschlagen, gerissen oder schon zu tief eingefräst, so werden Ventilsitzringe eingebaut. Bohrung für den Ventilsitz mit Ventilsitz-Fräsvorrichtung herstellen, säubern, Ring unter Beachtung der erforderlichen Toleranz hydraulisch einziehen. Bei einzuschrumpfenden Ringen wird der Zylinderkopf vorher auf 80 °C erwärmt.

Ventilführungen

Spiel

Arbeiten an Ventilführungen, Ventilfedern und Stößeln Spiel an Ventilführungen prüfen mit Grenzlehrdorn!

Bearbeitung

Ausgeschlagene Ventilführungen mit Reibahle auf einen größeren Ventilschaftdurchmesser aufreiben; besser ist eine Erweiterung der Bohrung und das Einziehen einer Führungsbuchse.

Passungen

Passung: Spielpassung, Spiel höchstens 0,1 mm bei EV, 0,15 mm bei AV.

Auswechseln von Ventilfedern

Ermüdete Ventilfedern müssen ausgewechselt werden. Alle Federn sollen die gleiche Spannung haben, daher auf einem Federdruck-Prüfgerät die Spannung prüfen.

Gebrochene Federn auswechseln! Verschmutzte Federn in Petrol reinigen und dann mit Öl einreiben.

Festsitzende Stößel und Stößelspiel

Festsitzende Stößel, die Klappern verursachen, gängig machen. Haben Stößel zuviel Spiel, dann sind sie zu erneuern. Stößel sollen höchstens 0,012 mm Spiel und leichten Laufsitz haben, mittels eigenen Gewichtes ungeölt durch die Führung gleiten. – Sind die Anlaufflächen abgenutzt, so sind die Stößel zu erneuern. Verkupferte Anlaufflächen mildern den Anschlag.

3.3.8. Die Ventilsteuerzeiten und ihre Einstellung

Die Ventile öffnen und schließen nicht genau in den Totpunkten.

Einlaßventil

Öffnungszeit und Bedeutung

Das Einlaßventil öffnet meistens vor dem oberen Totpunkt. Bei der großen Geschwindigkeit ist es dann im oberen Totpunkt ganz geöffnet, so daß nun voll angesaugt werden kann.

Schließzeit

Das Einlaßventil schließt nach dem unteren Totpunkt. Man könnte annehmen, der aufwärts gehende Kolben würde das angesaugte Gemisch wieder zurückdrängen. Das geschieht jedoch nicht, weil die einströmenden Gase nach dem Beharrungsgesetz das Bestreben haben, weiterzuströmen.

Auslaßventil, Öffnungs- und Schließzeit

Das Auslaßventil öffnet schon vor dem unteren Totpunkt. Das hat den Vorteil, daß die Gase sich rechtzeitig entspannen und keinen Gegendruck hervorrufen, der den Lauf des Motors hemmt und die Drehzahl des Motors verringert. Durch die vorzeitige Entspannung der Gase wird aber auch ein hohes Ansteigen der Temperatur vermieden, was für die Füllung vorteilhaft ist.

Das Auslaßventil schließt meistens nach dem oberen Totpunkt. Auf diese Weise haben die verbrannten Gase eine große Spanne Zeit zum Ausströmen.

Überschneiden der Öffnungszeiten beim EV und AV

Das Überschneiden der Öffnungszeiten des EV und AV ist keineswegs nachteilig. Die einströmenden Frischgase und die ausströmenden Abgase haben zwar eine verschiedene Richtung; es treten aber keine Frischgasverluste auf, weil beide Gasströme nach dem Beharrungsgesetz ihre Richtung beibehalten und die Frischgase für eine restlose Entfernung der verbrannten Gase sorgen.

Das Steuerdiagramm gibt Auskunft über die Steuerzeiten.

Die Ventil-Steuer-Zeiten werden von der Herstellerfirma in mm-Kolbenweg, meistens aber in Winkelgraden angegeben.

Mittelwerte für das Öffnen und Schließen der Ventile

Durchschnittswerte für Steuerzeiten in Viertaktmotoren: EV öffnet 5 ° . . . 50 ° vor OT und schließt 40 ° . . . 80 ° nach UT. AV öffnet 40 ° . . . 80 ° vor UT und schließt 5 ° . . . 50 ° nach OT.

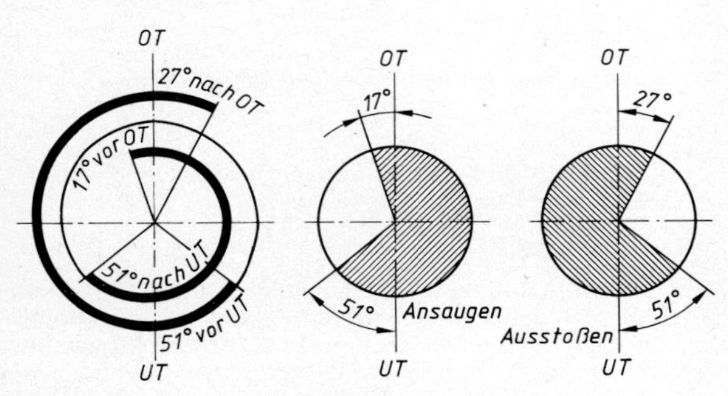

Steuerwinkelbild eines Motors

Schnell laufende Motoren benötigen größere Ventilöffnungszeiten.

Zeichnerisch können die Steuerzeiten durch ein Steuerwinkelbild dargestellt werden (s. Bild S. 95).

Ventile müssen richtig eingestellt werden.

Abhängigkeit von Beginn und Länge der Ventilzeiten

Der Beginn des Öffnens und Schließens der Ventile ist abhängig von der Stellung der Nockenwelle zur Kurbelwelle, die Länge der Öffnungszeiten von der Rückenbreite der Nocken.

Die Zähnezahl des Nockenwellenrades

Das Nockenwellenrad hat doppelt soviel Zähne wie das Kurbelwellenrad, weil der Nocken das Ventil bei zwei Kurbelumdrehungen nur einmal öffnen und schließen darf.

Die richtige Stellung der Steuerräder ist durch Strichmarken oder Zahlen auf den Zahnrädern angegeben.

Einstellung der Steuerräder nach Strichmarken

Einstellung bei vorhandenen Strichmarken

Schwungscheibe mit ihrer Markierung auf OT stellen. Das Steuerrad der Nockenwelle so mit dem Kurbelwellen-(und Zwischenrad) in Eingriff bringen, daß der markierte Zahn des einen Zahnrades in die markierte Lücke des Gegenrades eingreift. Das Zahnrad der Lichtmaschine kann beliebig in Eingriff gebracht werden.

Einstellung bei nicht vorhandenen Strichmarken

Ermittlung des OT

a) Ermittlung des OT

Zylinderkopf abheben und grob mittels Stahlspeiche, genauer mittels Meßuhr OT des 1. Zylinders feststellen und auf dem Schwungrad ein Zeichen einschlagen.

Einstellung nach Winkelgraden

b) Einstellung nach Winkelgraden

Schwungscheibe auf OT stellen. Winkelgrade in mm Schwungscheibenumfang umrechnen.

Bogenmaß $b = \frac{d \cdot \pi \cdot \alpha}{360°}$.

Beträgt z. B. der Durchmesser der Schwungscheibe 300 mm und der Verstellwinkel 17°, so ist das Bogenmaß $b = \frac{300\ \text{mm} \cdot \pi \cdot 17°}{360°} = 44{,}5\ \text{mm}$. Das errechnete Bogenmaß mit einem biegsamen Stahlmaß von OT aus auf dem Umfang der Schwungscheibe abmessen und die Strichmarke EÖ für das Öffnen des Einlaßventils anbringen. Schwungscheibe zurückdrehen, bis sich die Strichmarke EÖ mit dem für OT feststehenden Zeichen am Gehäuse deckt. Bei abgenommenem Steuerrad die Nockenwelle so einstellen, daß das Einlaßventil des 1. Zylinders gerade zu heben beginnt. In dieser Stellung sind die Steuerräder von Kurbel- und Nockenwelle in Eingriff zu bringen. Stehen Kurbel- und Nockenwelle für den 1. Zylinder richtig, dann haben sie auch für die anderen Zylinder die richtige Stellung.

c) Einstellung nach dem Kolbenweg

Einstellung nach dem Kolbenweg

Kolben des 1. Zylinders auf OT stellen. Kolben um das angegebene Maß abwärtsbewegen. Nockenwelle bei abgenommenem Steuerrad so weit drehen, daß der Nocken das Ventil des 1. Zylinders gerade anhebt. In dieser Stellung bringt man die Steuerräder in Eingriff.

Einstellung nach Kurbelgraden

Sind die Steuerzeiten in Kurbelgraden angegeben, so müssen sie in mm Kolbenweg umgewandelt werden. Kurbelkreis in natürlicher Größe aufzeichnen, Winkel für die Ventilzeiten auf dem Umfang eintragen und auf die Mittellinie projizieren. Das Maß zwischen dem gefundenen Punkt und OT ist der Kolbenweg für den entsprechenden Kurbelwinkel.

3.4. Die Schmierung des Motors

Eine Schmierung des Motors ist notwendig.

Trockene und flüssige Reibung

Wenn zwei Flächen von Werkstücken „trocken" aufeinandergleiten sollen, dann macht sich ein Widerstand bemerkbar, der um so höher ist, je größer der Grad der Unebenheit und der Anpreßdruck sind. (Trockene Reibung!)

Im Motor ist die trockene Reibung unerwünscht, da Schäden verursacht werden und ein Teil der Leistung verzehrt wird. Durch Schmierung wird die trockene Reibung überwunden. Das Schmiermittel setzt sich in die Vertiefungen der rauhen Flächen, legt sich in einer zusammenhängenden Schicht (Ölfilm!) zwischen die Flächen, so daß sie leicht aufeinandergleiten: halbflüssige und flüssige Reibung.

Aufgabe der Schmierung

Die Schmierung vermindert nicht nur die Reibung, sondern dichtet auch ab, verringert die Reibungswärme und reinigt die Gleitflächen.

Arten der Schmierung

Es gibt verschiedene Arten der Motorschmierung.

Tauchschmierung

1. Tauchschmierung. Kleine Schöpfer an den Pleuellagerdeckeln tauchen in die ölgefüllten Tröge der Ölwanne und schleudern das Öl im Kurbelgehäuse umher, so daß Kurbelwellen-, Pleuel- und Nockenwellenlager geschmiert werden.

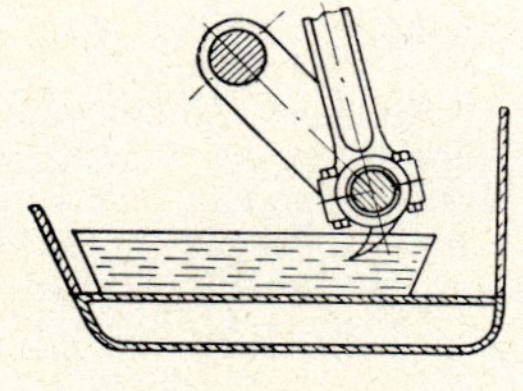

Tauchschmierung

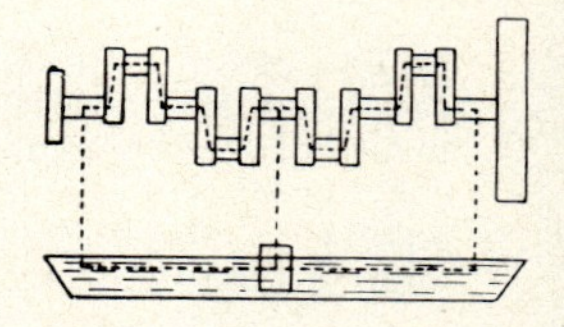

Druckumlaufschmierung

Druckumlaufschmierung

2. Druckumlaufschmierung. Eine von der Kurbelwelle angetriebene Öldruckpumpe drückt das Schmieröl durch einen Filter in die Kanäle nach den Kurbelwellenlagern und durch Bohrungen in der Kurbelwelle nach den Pleuellagern. Durch Bohrungen in den Pleuelschäften gelangt das Öl nach den Pleuelaugen und Kolbenbolzen. Das abtropfende Öl sammelt sich nach Durchlaufen eines Siebes in der Ölwanne. Ein Sicherheitsventil bewahrt bei etwaiger Verschlammung das Filter vor zu hohem Druck. Heute am meisten angewandt.

Tauch- und Druckschmierung

3. Tauch- und Druckschmierung. Eine Verbindung der beiden vorgenannten Kurbel- und Nockenwellenlager erhalten Drucköl, die anderen Schmierstellen Schleuderöl.

Trockensumpfschmierung

4. Trockensumpfschmierung. Eine Pumpe saugt das Öl aus einem Ölbehälter an und drückt es nach den Schmierstellen. Überschüssiges Öl tropft ab und sammelt sich im Kurbelgehäuse. Eine zweite Pumpe fördert das Öl wieder zum Ölbehälter, so daß der Ölsumpf trocken gehalten wird. In Krafträdern angewandt.

Mischungsschmierung

5. Mischungsschmierung. Die Mischung von Kraftstoff und Öl im Verhältnis von z. B. 25 : 1 erfolgt beim Tanken. Das mit dem Kraftstoff fein zerstäubte Öl schmiert durch Wirbelung im Kurbelgehäuse Zylinder und Triebwerksteile. Nur in Zweitaktern anwendbar, da nur dort der Kraftstoff das Kurbelgehäuse durchströmt.

Ölpumpen fördern das Öl an die Lagerstellen.

Aufgabe und Arten der Ölpumpen

Es gibt Zahnrad-, Exzenter- und Kolbenpumpen. In den meistens verwendeten Zahnradpumpen kämmen zwei Zahnräder, von denen das eine von der Kurbel- oder Nockenwelle angetrieben wird, während das andere sich zwangsläufig mitdreht. Das Öl gelangt durch den Einlaß an den Außenseiten der Zahnräder vorbei (nicht durch die Mitte) und durch den Auslaß in die Verteilerleitung.

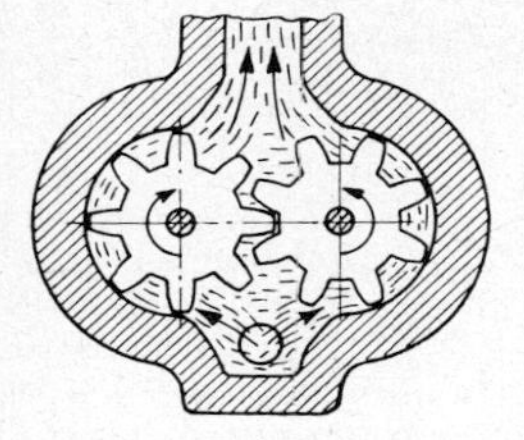

Zahnradpumpe

Die Zahnradpumpe

Rotorpumpe

Für höhere Förderleistungen werden Rotorpumpen verwendet. Ein sternförmiger Pumpenkörper (1), der exzentrisch im Pumpengehäuse gelagert ist, überträgt gleichzeitig seine Drehbewegung auf eine drehbare Kapsel (2). Dadurch vergrößern sich die Pumpenräume auf der Saugseite und verkleinern sich auf der Druckseite.

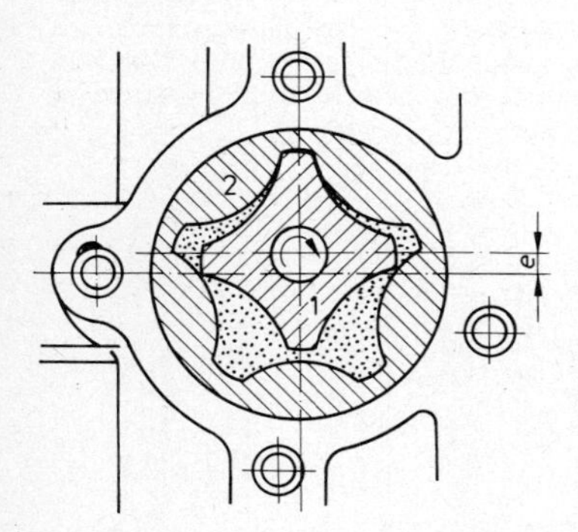

Rotorpumpe (Eaton-Pumpe)

1 Innenrotor
2 Außenrotor
e Exzentrizität

Ölfilter halten Verunreinigungen zurück.

Verunreinigungen

Staub-, Ruß und Metallabrieb verunreinigen das Öl. Folgen: Verschleiß, Leistungsminderung, verkürzte Lebensdauer. Das Öl wird deshalb bei Durchlaufen eines Filters, das hinter der Pumpe im Kurbelgehäuse liegt, gereinigt. Fließt das gesamte Öl von der Pumpe durch das Filter, so liegt das Filter im Hauptschluß; fließt nur ein Teil durch das Filter, während das übrige Öl unmittelbar nach den Schmierstellen gedrückt wird, so liegt das Filter im Nebenschluß.

Reinigung
Lage der Filter
im Hauptschluß

im Nebenschluß

Arten der Filter

Spaltfilter für Hauptstromfilterung

1. Spaltfilter

a) Hauptstromfilter

Auf einer drehbaren Mittelachse sitzen zahlreiche ringförmige Stahllamellen, zwischen denen durch dazwischenliegende Distanzplättchen ein feiner Spalt bleibt. Das Öl fließt von außen durch das Filterpaket. Verunreinigungen setzen sich am Umfang des Filterpaketes ab. Die Reinigung des Filters erfolgt in der Regel selbsttätig während des Betriebes durch Ratschenantrieb, sonst durch Drehen des Handgriffes. Die Spalträumer führen durch ihre besondere Formgebung den gesamten Schmutz nach außen ab. Das gereinigte Öl steigt nach Durchdringen des Filters nach oben und gelangt durch seitliche Öffnungen im Filterkopf nach dem Motor. Hauptstromfilter liegen so in der Leitung, daß das gesamte Öl durchfließen muß.

Spaltfilter für Nebenstromfilterung

b) Nebenstromfilter liegen hinter der Pumpe, außerhalb des Kurbelgehäuses. Nur ein Teil des Öles fließt durch das Filter. Nebenstromfilter haben ein sternförmig gefaltetes, spezialimprägniertes Filterelement, das die Schmutzteilchen bis $^1/_{1000}$ mm abscheidet, die feineren Teilchen der HD-Öl-Zusätze mit ihrer wertvollen Wirkung jedoch durchläßt.

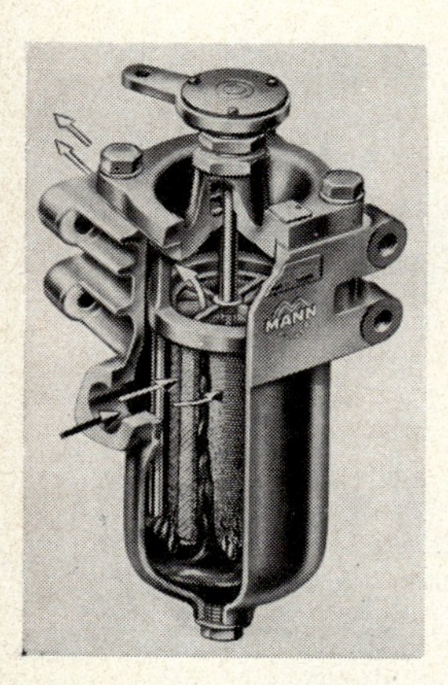

MANN-Spaltfilter für Hauptstrom-Filterung von Öl und anderen Flüssigkeiten

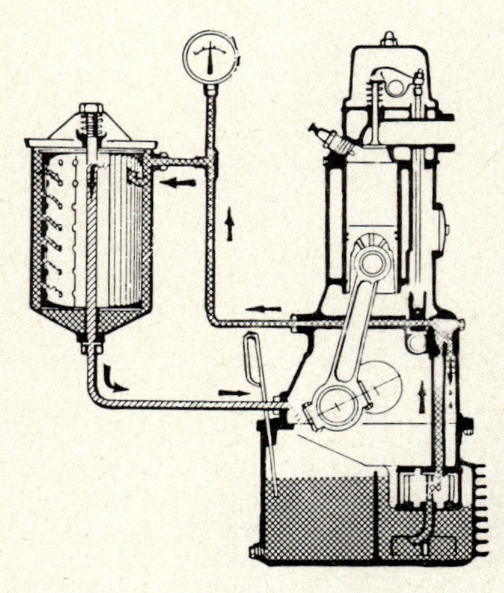

MANN-Nebenstrom-Ölfilter

2. Schlauchfilter. Das verunreinigte Öl durchdringt einen Filterschlauch aus Baumwolle von außen nach innen und fließt dann gereinigt durch den Austritt nach den Schmierstellen. Der untere Anschluß steht mit dem Öldruckmesser in Verbindung.

Schlauchfilter

3. Siebfilter. Das Öl fließt durch eine Anzahl Siebscheiben.

Siebfilter

4. Papierfilter haben Papiereinsätze. Nur für Nebenschluß!

Papierfilter

5. Magnetfilter bestehen aus einem hochlegierten Nickel-Kobalt-Magneten, der meistens am Ölstopfen der Ölwanne befestigt ist. Er zieht den Abrieb aus Motor und Getriebe an und verringert dadurch den Verschleiß.

Magnetfilter

Für die Motorschmierung werden Mineralöle verwendet.

Bedeutung der Mineralöle

Mineralöle enthalten die für die Schmierung wertvollen Alkane (Paraffine). Erdöl oder Mineralöl entstammt wie die Mineralien dem Erdboden.

Geforderte Eigenschaften

Schmieröle sollen:

a) frei von Säuren, harzartigen und teerhaltigen Bestandteilen sein;

b) eine hohe Siedefestigkeit bzw. einen günstigen Siedepunkt haben, damit sie an der Zylinderwandung nicht gleich verdampfen;

c) eine gute Haftfähigkeit haben;

d) weitgehend ohne Rückstand verbrennen;

e) für jeden Anspruch die entsprechende Viskosität besitzen.

Viskosität

Die dynamische Viskosität ist eine Bezeichnung für die innere Reibung einer Flüssigkeit; sie wird in Pascalsekunden gemessen: 1 Pa s = 1 kg/s m.

Der Quotient aus der dynamischen Viskosität und der Dichte wird kinematische Viskosität genannt; ihre Einheit ist m^2/s, cm^2/s oder mm^2/s. Es ist: $1\ m^2/s = 10^4\ cm^2/s = 10^6\ mm^2/s$.

Von besonderer Bedeutung ist die Viskositätsveränderung mit der Temperatur (VT-Verhältnis).

Motoren-Schmieröle

Einteilung der Öle

Die Einteilung der Öle erfolgt nach den technischen Anforderungen:

Legierte Öle

a) Legierte Öle sind Mineralöle mit Zusätzen bestimmter chemischer Verbindungen (Additive).

HD-Öle

b) HD-Öle (Heavy-Duty-Öle) sind höher legierte Motorenöle für schwere Betriebsbedingungen.

Mehrbereichsöle

Mehrbereichsöle sind Motorenöle, die mehr als eine SAE-Viskositätsklasse abdecken. Ihre Bezeichnung (z. B. 10 W-50) setzt sich zusammen aus dem Kurzzeichen der beiden Viskositätsklassen, deren Forderungen hinsichtlich der dynamischen Viskosität bei —17,8 °C und der kinematischen Viskosität bei 98,9 °C erfüllt werden.

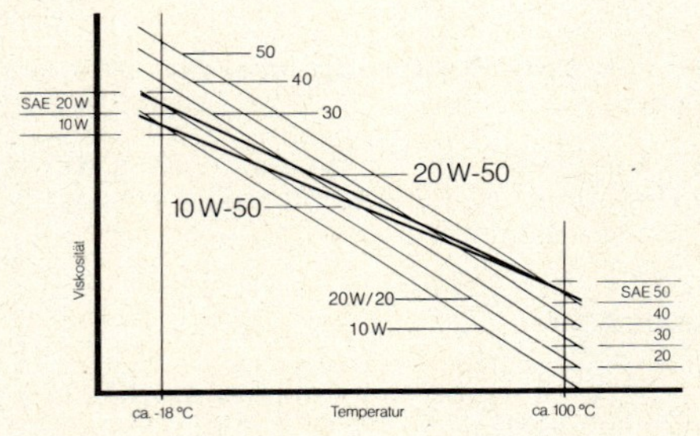

VT-Geraden verschiedener Ein- und Mehrbereichsöle

SAE-Klassen

Die SAE-Viskositätsklassen dienen nur der Einteilung der Öle nach ihrer Viskosität (DIN 51 511).

SAE = Society of Automotive Engineers.

SAE-Klassen für Motorenöle

SAE-Klasse	dynamische Viskosität in Pa s bei —17,8 °C	kinematische Viskosität in mm²/s bei 98,9 °C
	höchstens	mindestens
5 W*	1,2	3,9
10 W	2,4	3,9
20 W	9,6	3,9
20	—	5,7
30	—	9,6
40	—	12,9
50	—	16,8

* nur für arktische Gebiete von Interesse

Einsatztemperatur-Bereiche für Motorenöle verschiedener SAE-Klassen 5000 mm²/s bis 5 mm²/s

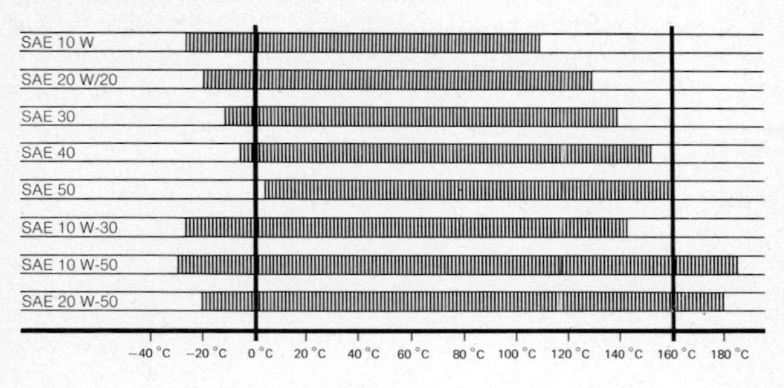

Temperatur

API-Klassifikation

Das American-Petroleum-Institut (API) teilt die Motorenöle nach den Anforderungen ein, denen sie in Motoren unterworfen sind. Man unterteilt dabei die Öle in: S-(Service) und C-(Commercial)Klassen. Bei der C-Serie handelt es sich in erster Linie um Dieselmotorenöle.

Getriebeöle

Anforderungen

1. Verminderung von Reibung und Verschleiß,
2. Kühlung,
3. Verhütung von Schaumbildung,
4. Verhinderung von Korrosion.

SAE-Klassen

Ebenso wie Motorenöle werden auch die Getriebeöle in SAE-Klassen eingeteilt. Diese sind in DIN 51 512 festgelegt. Es gibt folgende Viskositätsklassen: SAE 75; 80; 90; 140; 250.

SAE-Klassen der Getriebeöle

SAE-Klasse	dynamische Viskosität in Pa s bei —17,8 °C	kinematische Viskosität in mm² s bei 98,9 °C
	höchstens	mindestens
75	3,25	4,2
80	21,7	4,2
90	–	14,2
140	–	25,0
250	–	43,0

Die Viskositätsklasse SAE 250 ist in unseren Breiten nicht gebräuchlich, die SAE-Klasse 140 allenfalls in den südlichen Ländern Europas. Öle für automatische Getriebe gehören allgemein der Viskositätsklasse SAE 75 an.

Automatik-Getriebeöl

Für Automatik-Getriebeöle gibt es eigene Spezifikationen (General-Motors; Ford usw.).

Aufgaben

Die präzise Arbeitsweise des automatischen Getriebes hängt davon ab, daß das Öl sich über einen weiten Temperaturbereich in seinem physikalischen Verhalten nicht verändert. Das erreicht man durch Zusätze von Additiven, Antischaum-Zusätzen und Stockpunkterniedriger.

Molykote und seine Verwendung

Molykote, ein zusätzliches Schmiermittel.

Molybdänsulfid (MoS_2), eine Verbindung von Molybdän und Schwefel, ersetzt nicht die üblichen Schmiermittel. Die feinen Moleküle füllen aber die mikroskopisch kleinsten Vertiefungen aufeinandergleitender Flächen durch einen lückenlosen MoS_2-Film gut aus. Die Tragfähigkeit der Öle wird durch Zugabe kleiner Mengen wesentlich erhöht.

Typen: Molykote (coating bedeutet Überzug, Schicht) gibt es als Pulver, Paste, Fett oder flüssige Ölschmierung.

Anwendung: bei Kolben und Zylindern, Ventilschäften und Ventilführungen (geringer Verschleiß), Haupt- und Pleuellagern (gute Notlaufeigenschaften), bei Stirnrädern und Steuerketten (leiser Lauf, längere Lebensdauer), Kupplungs-, Schalt- und Vergasergestänge (anhaltende Schmierung), bei Seil- und Bowdenzügen (Leichtgängigkeit), Federblättern (kein Quietschen), Radbolzen und -muttern (leichtes Lösen und Festziehen), bei allen Schraubenverbindungen, die sich mühelos drehen lassen sollen.

Obenöl

Obenöl wird dem Kraftstoff zugeführt (1 : 200 . . . 400) bei nicht eingelaufenen Motoren. Dadurch wird gleich beim Anlassen die obere Zylinderzone geschmiert.

Graphitzusatz

Graphit (Kohlenstoff in feinster Form) wird manchmal zusätzlich zur Schmierung verwendet; gute Notlaufeigenschaften; kein Fressen.

Vorgraphitieren

Vorgraphitiert, d. h. mit kolloidalem Graphit eingerieben, werden neu ausgeschliffene Zylinder, um gleich beim Anlassen eine gute Schmierung zu haben.

Gute Schmierung verlängert die Lebensdauer des Fahrzeugs.

Prüfen des Ölstandes

Der Ölstand ist zu prüfen mittels Ölstandanzeiger oder Ölstab.

Anzeigen des Öldruckes, Regelung

Öldruck muß hinreichend vorhanden sein. Er wird angezeigt durch einen Öldruckmesser am Instrumentenbrett. Der Öldruck wird geregelt durch ein Überdruckventil im Pumpengehäuse. Bei Überschreiten des normalen Druckes öffnet sich das federbelastete Kugelventil, so daß überschüssiges Öl in die Ölwanne zurückfließt.

Der Öldruckanstieg beim Anlassen

Ansteigen des Öldruckes beim Anlassen darf nicht zu der Annahme verleiten, daß sogleich gute Schmierung vorhanden ist.

Ursache zu hohen Öldrucks

Zu hoher Öldruck während des Betriebes läßt auf verstopfte Leitungen, zu zähes Öl oder falsch eingestelltes Druckventil schließen.

Hoher und normaler Ölverbrauch

Hoher Ölverbrauch entsteht besonders bei abgenutzten Zylindern und Kolbenringen, verformten Pleueln usw., ferner durch Verbrennen und Verdampfen. Normaler Ölverbrauch bei Otto- und Dieselmotoren etwa 3 . . . 6 g je kWh, bei Zweitaktern 11 g je kWh und mehr.

Die Öltemperatur

Öltemperatur, die zwischen 75 . . . 90 °C liegen soll, wird durch Ölthermometer angezeigt.

Ölkühlung

Kühlung des Öles erfolgt

a) in der Ölwanne durch den Fahrwind; daher Gehäuse und Rippen frei von Schmutz halten,

b) durch Ölkühler (VW), die im Fahr- oder Gebläsewind liegen.

Folgen zu kalten Öles

Zu kaltes Öl erschwert das Anlassen; die Triebwerksteile sind nicht gängig; die Batterie wird stark belastet.

Ölerwärmung

Öl kann angewärmt werden durch einen Ölwärmer (Frostschutzgerät), der seitlich in die Ölwanne eingebaut und durch Netzstrom gespeist wird.

Ölverdünnung

Ölverdünnung entsteht durch unverbrannten Kraftstoff, der sich beim Anlassen an den Zylinderwänden niederschlägt und dann in das Kurbelgehäuse gelangt, ferner durch Wasserdampf und Schwitzwasser.

Ölverdickung

Ölverdickung tritt durch Ruß (bei unvollkommener Verbrennung), Staub und Abrieb ein.

Ölalterung

Alterung ist eine Verschlechterung des Öles. Öl und das entstandene Wasser verbinden sich mit Staub, Ruß,

Ölkohle, Abrieb. Der entstehende Ölschlamm schränkt die Schmierfähigkeit des Öles ein. Alterung wird gehemmt durch Zufügen von Wirkstoffen (Additives), z. B. Blei-, Schwefel-, Phosphor-, Chlorverbindungen. Ölerneuerung ist bei Alterung notwendig, ferner während der Einlaufzeit nach 800 . . . 1500 km, später je nach Betriebsvorschrift alle 5000 . . . 10 000 km.

Hemmung der Ölalterung

Ölerneuerung

Beachte!

Altes Öl bei betriebswarmem Motor ablassen. Ölleitungssystem mit gleichem Öl oder Spülöl (nicht mit Petrol) durchspülen. Ölsieb und Ölwanne ab und zu säubern.

3.5. Die Kühlung

Ohne Kühlung wäre der Motor schädlichen, hohen Temperaturen ausgesetzt.

Energieumsatz im Motor

Von der in den Motor hineingeschickten Energie wird nur ein kleiner Teil, etwa 25 %, in mechanische Arbeit umgesetzt. Etwa 45 % gehen durch Abgase, Strahlung und Reibung verloren; der Rest von 30 % wandert als Wärme in die Zylinderwandungen. Damit diese nicht zu heiß werden, muß der Motor gekühlt werden. Geschähe das nicht, so würde

Notwendigkeit der Kühlung

a) das Schmieröl verbrennen und verkoken,
b) die Kolbenringe sich festsetzen,
c) ein „Fressen" der Kolben erfolgen,
d) Glühzündung entstehen,
e) das Gemisch sogleich beim Ansaugen durch die Erwärmung so stark ausgedehnt, daß Füllung und Leistung herabgesetzt würden.

Aufgabe der Kühlung

Der Kühlung fällt die Aufgabe zu, die überschüssige Wärme abzuleiten, Wärmestauungen zu verhindern und eine günstige Temperatur im Motor zu erwirken, wodurch eine bessere Zylinderfüllung und eine Leistungssteigerung erreicht wird.

Kühlungsarten

Die Kühlung kann durch Luft und Wasser erfolgen.

Danach unterscheiden wir Luft- und Wasserkühlung bzw. Gebläse- und Fahrwind-Kühlung.

Wesen der Luftkühlung

Bei der Luftkühlung wird der Motor durch die ihn umspülende Luft gekühlt. Um eine große Kühlfläche zu haben, wird die von Luft umspülte Fläche durch Kühlrippen vergrößert.

Vorteile der Luftkühlung:

Vorteile

a) Sie erfordert keinen Kühler, keine Vorsorge gegen Frost und ist fast wartungsfrei.

b) Luftgekühlte Motoren kommen schneller auf Betriebstemperatur; daher kein langes, schädliches Kaltfahren.

c) Luftkühlung ist nicht abhängig von der Geschwindigkeit, sondern von der Drehzahl des Motors; daher auch bei Bergfahrten genügend Kühlung.

Und doch wird die Luftkühlung wenig in Kraftwagen angewandt. Vorbedingung für Luftkühlung ist nämlich, daß der Motor leicht und ergiebig vom Winde umspült wird (wie bei Krafträdern). Im Wagen ist der Motor von einer Haube umgeben, so daß eine einfache Luftkühlung nicht ausreicht.

Die automatische Luftkühlung Vorteile

Die Kühlluft wird durch das Gebläse angesaugt und direkt dem Ölkühler und den Zylindern zugeleitet. Die Menge der Luft wird durch einen feinfühligen Thermostaten dem jeweiligen Bedarf automatisch angepaßt. Der Thermostat wirkt über ein Gestänge auf einen Drosselring im Gebläsegehäuse. Bei kalter Maschine schließt die Kühlluft-Drosselblende und hemmt den Zustrom der Luft nach dem Gebläse. Bei Erwärmung öffnet der Thermostat die Drosselblende und läßt allmählich die volle Kühlluft ($\approx$ 500 l/s) einströmen.

Dadurch, daß die Drosselblende anfangs geschlossen ist, erhält der Motor bald seine günstige Betriebstemperatur; eine Unterkühlung wird vermieden.

Kraftwagen haben meistens Wasserkühlung.

Arten der Wasserkühlung

Die Wasserumlaufkühlung

Die selbsttätige Wasserumlaufkühlung wird heute kaum angewandt. Das heißgewordene Wasser steigt im Zylinderkühlmantel auf, gelangt durch einen Stutzen in den oberen Wasserkasten, durchfließt den Kühler und nimmt seinen Weg vom unteren Wasserkasten durch den Einlaufstutzen in den Zylinderkühlmantel zurück.

Die Pumpenwasserkühlung

Bei der Pumpen-Wasserkühlung wird der Wasserumlauf durch eine Pumpe unterstützt. Das axial in die Pumpe eintretende Wasser wird von einem Flügelrad der Wasserpumpe mitgenommen und durch einen Stutzen in den Wassermantel des Motors gedrückt.

Antrieb der Wasserpumpe und ihre Abdichtung

Die Wasserpumpe wird mittels Keilriemen von der Kurbelwelle angetrieben. Drehzahl = 1,5mal Kurbelwellendrehzahl. Die Pumpenwelle läuft meistens in Wälzlagern. Gegen den Austritt des Wassers ist die Pumpe durch einen Simmerring abgedichtet.

Der Kühler sorgt für eine gute Abkühlung des heißen Wassers.

Teile des Kühlers

Der Kühler besteht aus dem oberen und unteren Wasserkasten, dem Kühlerkern, dem Einfüllstutzen, Überlaufrohr und Ablaßhahn. Die Verbindung zwischen Kühlerstutzen und Motorstutzen erfolgt durch einen Heißwasserschlauch. Durch geeignete Formgebung des Kühlerkerns soll eine gute Kühlung erzielt werden.

Arten der Kühler

Es gibt

Rippenrohrkühler

1. Rippenrohrkühler: Senkrecht stehende Wasserröhrchen sind durch Blechrippen miteinander verbunden.

Luftröhrenkühler

2. Luftröhrenkühler: Die Luft strömt durch waagerecht liegende Röhrchen, die an den Enden zur besseren Verlötung sechskantig aufgeweitet sind.

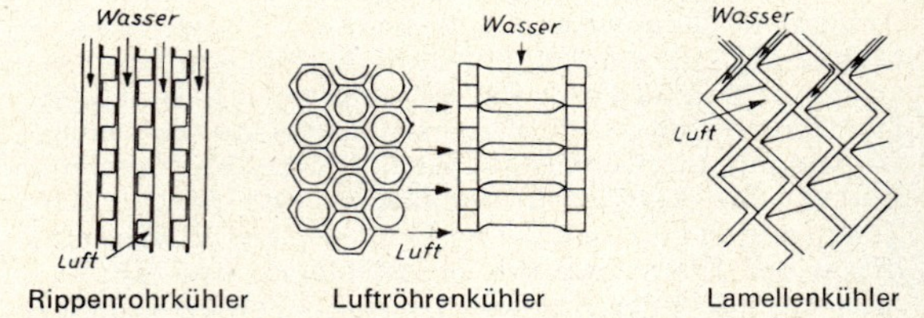

Rippenrohrkühler Luftröhrenkühler Lamellenkühler

Lamellenkühler

3. Lamellenkühler: Gerade Lamellen sind durch Zickzackbleche gehalten, während die Zickzacklamellen sich selbst stützen.

Kühlflüssigkeit

Merke! Als Kühlflüssigkeit kein Leitungswasser benutzen!

Nachteile des Leitungswassers

Leitungswasser enthält kalkhaltige Stoffe, die sich als Kesselstein an den Wänden des Kühlers absetzen. Dadurch wird der Wirkungsgrad der Kühlung herabgesetzt; daher Leitungswasser abkochen.

Nachteile des Regenwassers

Regenwasser setzt keinen Kesselstein an, ruft aber Korrosionserscheinungen hervor; daher nicht in Leichtmetallkühlern zu verwenden.

Verhütung von Kesselsteinbildung

Kesselsteinbildung wird verhütet

a) durch Zusatz von Graphitstaub. Öfter reinigen.

b) durch „veredeltes Wasser“. Auf 1 l Wasser 1 cm^3 Hydrochromlösung, das in Packungen zu kaufen ist. Solange der beiliegende rote Streifen sich beim Eintauchen noch grau färbt, ist das Kühlwasser in Ordnung.

c) durch Terroxan (1 Tablette auf 1 l Wasser) oder durch Shell-Korrosionsmittel.

Der Ventilator unterstützt die Kühlung.

Aufgabe des Ventilators

Der Ventilator soll

a) den Wind durch den Kühler anziehen und dem Motor zuleiten,

b) ein Stauen der heißen Luft unter der Motorhaube verhindern.

Antrieb des Ventilators

Der Antrieb erfolgt mittels Keilriemen von der Kurbelwelle. Das Keilriemenrad sitzt meistens auf der Wasser-Pumpenwelle. Größe und Umdrehungszahl sind vom Kühlbedarf abhängig.

Die Kühlwassertemperatur wird durch einen Kühlwasserregler (Thermostat) selbsttätig geregelt.

Regelung der Kühlwassertemperatur

Der Kühlwasserregler befindet sich in der Rohrverbindung zwischen Motor und oberem Wasserkasten. Er besteht aus einem Wärmedehnungskörper (Blechfaltenbalg aus rostfreier Legierung), der mit einer leichtsiedenden Flüssigkeit gefüllt und durch einen Bolzen mit einem Ventil (oder einer Ventilklappe) verbunden ist. Beim Anlassen des kalten Motors ist das Ventil geschlossen und dadurch der Umlauf des Wassers unterbunden. Das Kühlwasser wirbelt dann im Kühlmantel und erwärmt sich schnell. Bei etwa 70 . . . 85 °C (Ford bis 90 °C) dehnt sich der Faltenbalg, das Ventil öffnet sich, und der Wasserumlauf durch den Kühler beginnt.

Aufbau und Wirkungsweise des Thermostaten

Ein Fernthermometer zeigt die Kühlwassertemperatur an.

Aufgabe, Aufbau und Wirkungsweise des Fernthermometers

Das Kühlwasserthermometer ist durch eine Schlauchleitung mit einem Wärmefühler (am Motor oder im Schlauchanschluß) verbunden. Der Wärmefühler ist mit einer leicht siedenden Flüssigkeit gefüllt, die sich bei Erwärmung ausdehnt. Der entstehende Druck wird durch eine Leitung auf das Anzeigegerät übertragen, so daß sich der Fahrer zu jeder Zeit von der Höhe der Wassertemperatur überzeugen kann und bei übermäßigem Ansteigen der Maßnahmen zur Abhilfe erinnert wird.

Wartung, Pflege und rechtzeitige Instandsetzung sind wichtig.

Kühlwassermenge

Kühlwasserstand: 3 cm unter dem Rand des Einfüllstutzens.

Wasserverluste entstehen

Wasserverluste

1. durch lecke Kühler. Vom Fachmann weichlöten lassen.
2. durch Undichtigkeiten an der Wasserpumpe.
3. durch Undichtigkeiten am Anschlußschlauch. Lose Schellen anziehen.
4. durch tropfende Hähne. Stramm anziehen.
5. durch schlechte Dichtungen. Auswechseln und gute Verbindung schaffen.
6. durch Werkstoffrisse, wodurch Wasser in den Zylinder gelangt. Zu erkennen am vielen Wasserdampf im Auspuff und am dumpfen Motorgeräusch.

Prüfen des Kühlers auf Dichtigkeit

Undichtigkeiten lassen sich feststellen: Kühler vollständig füllen und Motor laufen lassen. Steigen im Kühler Blasen auf, so deutet das auf Undichtigkeiten hin.

Prüfen bei kochendem Kühlwasser

Kocht das Kühlwasser, dann prüfen, ob

a) der Kühler hinreichend mit Wasser gefüllt ist,

b) der Ventilator gut mitläuft,

c) Kühler oder Auspuff verstopft ist,

d) die Zündung falsch eingestellt ist,

e) der Wasserdurchfluß durch Kesselstein behindert wird,

f) der Thermostat klemmt.

Das Nachfüllen des Kühlers. Vorsicht!

Verdampftes Kühlwasser muß ersetzt werden. Aber nicht bei erhitztem Motor kaltes Wasser zugießen, sonst entstehen Spannungen und Risse.

Entfernung von Kesselstein

Kesselstein wird auf folgende Weise entfernt:

1 kg Soda in 10 l Wasser auflösen, filtern, in den Kühler schütten und 24 Stunden darin stehen lassen. Motor ab und zu 10...15 min laufen lassen. Je heißer die Lösung, um so besser die Wirkung. Nach Ablassen der Lösung gründlich mit Wasser durchspülen. – In besonderen Fällen nehme man $^1/_4$ l Salzsäure auf 10 l Wasser. Entleerten Kühler damit füllen. Kesselstein löst sich unter Gasentwicklung. Nach Ablaufen der Lösung mit Sodawasser nachspülen, um Salzsäure restlos zu entfernen, dann mit Wasser nachspülen, um auch Sodareste zu beseitigen.

Entfernen von Rost und Schlamm

Entfernen von Rost und Schlamm mittels P3-Lösung, die 24 Stunden im Kühler bleibt und dann abgelassen wird.

Verstopfte Kühlerlamellen von der Motorseite durchblasen.

Verstopfte Kühlerlamellen

Verschlammte Thermostate ausbauen und auskochen. Nach Reinigung in ein Gefäß mit Wasser legen, bis auf 90 °C erhitzen. Am eingetauchten Thermometer feststellen, ob sich das Ventil am Thermostat zur vorschriftsmäßigen Zeit öffnet. Ottomotoren bei 70... 75 °C, Dieselmotoren bei 75...85 °C. Schadhafte Thermostate ersetzen.

Verschlammte Thermostate

Bei Riemenschlupf fördert der Ventilator nicht genügend Luft, so daß der Motor heiß wird. Beim Nachstellen des Riemens Fabrikvorschrift beachten! Nachstellen erfolgt bei Dreiecksantrieb durch Verstellen der Lichtmaschine, in anderen Fällen durch Wegnahme oder Zufügen von Abstandsscheiben zwischen die zweiteilig ausgeführte Keilriemenscheibe. Der Riemen muß sich 1...2 cm mit dem Daumen durchdrücken lassen. Neue Riemen schon nach 100...200 km auf Spannung prüfen.

Folgen von Riemenschlupf

Die Größe der Riemenspannung

Fehler am VW-Gebläse

Fehler am VW-Gebläse und ihre Beseitigung

a) Luftleitbleche sind verbogen oder locker, so daß die Luft falsch geleitet und der Motor unterkühlt wird. Bleche richten bzw. befestigen.

b) Das Gebläsegehäuse muß an den Sitzflächen dicht sein, sonst geht Kühlluft verloren. Etwaige Schäden beheben.

c) Der Thermostat der Kühlluftanlage darf den Drosselring nicht zu schnell öffnen oder offenlassen, sonst wird der Motor unterkühlt. Thermostat beobachten, Rückholfeder prüfen, evtl. erneuern.

Merke! Bei Kälte das Einfrieren des Wassers im Kühler verhüten!

Verhüten des Einfrierens des Kühlwassers

a) Motor warmhalten.

b) Kühlwasser ablassen.

c) Dem Kühlwasser rechtzeitig Frostschutzmittel zusetzen.

d) Heißes Wasser in den Kühler füllen.

e) Kühlwasser durch einen Kühlwasservorwärmer, der in das untere Kühlwasserrohr eingebaut und an der Lichtleitung angeschlossen wird, anwärmen.

Frostschutzmittel wie Glysantin, Genantin, Oxantin, Dixol usw. sind auf Glycerinbasis aufgebaut. Das Mischungsverhältnis von Wasser und Frostschutzmittel richtet sich nach der Höhe des Gefrierpunktes. Mischungen nicht im Kühler vornehmen.

Frostschutzmittel und Mischungsverhältnis

Das Mischungsverhältnis bei −15 °C, −25 °C, −30 °C u. −35 °C

Wasser	Glysantin	Gefrierpunkt
3 Teile	1 Teil	−15 °C
5 Teile	2 Teile	−25 °C
1 Teil	1 Teil	−30 °C
2 Teile	3 Teile	−35 °C

Zur Beachtung bei Benutzung von Frostschutzmitteln

Beachte!

a) Bei Verwendung von Frostschutzmitteln ist der Wasserverlust durch Verdampfung größer; daher den Verlust ausgleichen.

b) Frostschutzmittel treten leicht an sonst dichten Anschlußstellen aus (=Kriechvermögen!), daher alle Dichtungen fest anziehen.

c) Frostschutzmittel lösen Rost und Kesselstein auf; daher Kühlwasser eine Woche nach Auffüllen ablassen, filtern und wieder auffüllen.

3.6. Kraftstoffe und Kraftstoffförderung

3.6.1. Kraftstoffe

Im Kraftfahrzeug werden flüssige und gasförmige Kraftstoffe verwendet, neben natürlichen auch synthetische, d. h. künstlich hergestellte Kraftstoffe.

Flüssige Kraftstoffe und ihre Eigenschaften

Flüssige Kraftstoffe sind Benzin, Benzol, Benzin-Benzol-Gemische, Dieselkraftstoffe und zusätzlich Alkohol.

Benzin

Benzin: leichtflüssig, springt bei Kaltstart gut an, bildet wenig Rückstände; Klopffestigkeit gering; daher fügt man Zusatzstoffe (Reinbenzol, Jso-Oktan, Toluol, Xylol) und Klopfbremsen (Bleitetraäthyl u. a.) zu.

Benzol

Benzol: schwefelfrei, klopffest, läßt sich hoch verdichten. Zusatzstoffe sind Toluol und Xylol. Benzol ist heute bereits zu einem Edelkraftstoff entwickelt.

Alkohol

Alkohol: Äthanol (Äthylalkohol) wird durch Gärung, aus Äthylen oder Acetylen (technischer Alkohol), Isopropanol (Isopropylalkohol) aus Propylen gewonnen. Der Anteil in Kraftstoffen an Alkohol liegt zwischen 1 . . . 3%. Dabei soll Alkohol verhindern, daß Kondenswasser im Tank entsteht. Ferner soll er die Leitungen sauber halten. Er löst harzige Bestandteile, verhindert eine Vereisung im Vergaser und dient dem Korrosionsschutz.

Gemisch

Gemische: (Benzin-Benzol-Gemisch oder Benzin-Alkohol-Gemisch) sind klopffest, schwefelfrei, leicht vergasbar, haben guten Kaltstart.

Dieselkraftstoff ist Gasöl, aus Erdöl gewonnen; ist kältefest, zündwillig und nicht so feuergefährlich wie Benzin.

Diesel-kraftstoff

Gasförmige Kraftstoffe: Flüssiggase und Dauergase. Flüssiggase oder Treibgase: (Butan und Propan) fallen beim Craken und Hydrieren an, werden in Flaschen gefüllt, sind bei gewöhnlicher Temperatur gasförmig, unter Druck von 5...15 bar flüssig. Im Fahrbetrieb werden sie beim Austritt aus der Flasche entspannt und wieder gasförmig.

Gasförmige Kraftstoffe
Flüssiggase

Dauergase oder Hochdruckgase werden unter 150... 200 bar Druck in Flaschen gefüllt und bleiben gasförmig.

Dauergase

Gewinnung der Kraftstoffe aus Erdöl, Braunkohle, Steinkohle.

Rohstoffe und Verfahren für die Kraftstoffgewinnung

Erdöl

1. Erdöl ist der wichtigste Rohstoff für die Kraftstoffgewinnung. Es ist tierischen und pflanzlichen Ursprungs und tritt bei Tiefenbohrungen von 2000... 10 000 m – häufig unter Druck von Erdgasen – als dickflüssiges, schlecht riechendes Erdöl an die Oberfläche, Fundorte: Bundesrepublik Deutschland, Irak, Kuweit, Mexiko, Rumänien, UdSSR, USA, Venezuela.

   Die Gewinnung von Kraftstoff aus Erdöl:

   a) Destillation ergibt bei 25...100 °C Leichtbenzin, bei 100...180 °C Schwerbenzin; es folgen Petroleum, Gasöl und Schmieröl. Die Destillation ist ein physikalisches Trennverfahren, eine Trennung der im Erdöl vorhandenen Stoffe aufgrund ihrer unterschiedlichen Siedepunkte.

   Destillation

   b) Cracken (Zerbrechen) ist die Aufspaltung der langkettigen Erdölmoleküle unter großem Druck und bei hoher Temperatur (Verfahren: Thermisches Cracken oder katalytisches Cracken).

   Cracken

2. Braunkohle ist aus öl- oder harzhaltigen Bäumen der Urzeit entstanden. Durch Schwelung (Erhitzen auf 550...600 °C unter Luftabschluß) werden Schwelteer und Schwelgas gewonnen, das durch Raffination (Reinigung, Verfeinerung) zu Schwerbenzin weiterverarbeitet und durch Hochdruckhydrierung Benzin und Dieselkraftstoff wird.

   Braunkohle (Schwelung, Raffination, Hochdruckhydrierung)

3. Steinkohle sind Reste einer untergegangenen Pflanzenwelt. Sie wird für Kraftstoffzwecke verarbeitet durch

   Steinkohle

Verkoken

a) Verkoken, d. h. Erhitzen unter Luftabschluß auf 1000 . . . 1200 °C in Koksofenbatterien. Aus dem abgeschiedenen Teer und Ammoniakgas wird durch Waschen mit Tetralin Benzol als Nebenprodukt gewonnen.

Vergasen

b) Vergasen (Halbverbrennung der Steinkohle). Das entstehende Wassergas wird zur Synthese von Kohlenwasserstoffen oder zur Gewinnung von Wasserstoff für die Hochdruckhydrierung verwendet.

Synthetische Kraftstoffe

Synthetische Kraftstoffe werden durch Hydrierverfahren gewonnen.

Hochdruckhydrierung (Leuna-Verfahren)

Niederdruckhydrierung

Hochdruckhydrierung (Verflüssigung von Kohle) wurde durch Bergius 1913 versucht. Das Verfahren wurde später durch die I.G.-Farben zur *katalytischen Hochdruckhydrierung* (Leuna-Verfahren) ausgebaut. Nach diesem Verfahren wird auch heute noch Kraftstoff gewonnen. Daneben gibt es noch die katalytische Niederdruckhydrierung nach Fischer und Tropsch, wonach Benzin aus Steinkohle bzw. Koks unter Anwendung eines Katalysators (Vermittler oder Auflösungsbeschleuniger) bei niedrigen Temperaturen (unter 200 °C) erzeugt wird.

Druckraffination

Neuerdings wird durch Druckraffination, ein der katalytischen Hochdruckhydrierung verwandtes Verfahren, bei großem Druck und hohen Temperaturen ein besonders reiner, hochwertiger Kraftstoff gewonnen.

Kraftstoffe sind Kohlenwasserstoffe

Kohlenwasserstoffe bestehen aus den Elementen Kohlenstoff (C) und Wasserstoff (H).

Ein Molekül eines Kohlenwasserstoffs hat ein oder mehrere Kohlenstoffatome. Jedes C-Atom kann 1 . . . 4 H-Atome binden.

```
   |                  H
  —C—                 |
   |               H—C—H
                      |
                      H
```

Vereinfachtes Modell des Kohlenstoffatoms — Methan

Alkane

1. Alkane (Paraffine)

   Die Alkane haben die allgemeine Summenformel

$$C_n H_{2n+2}$$

   Dabei gibt *n* die Anzahl der C-Atome an.

$n = 1$: $C_1 H_{2 \cdot 1 + 2}$ oder CH_4 Methan

$$\begin{array}{ccc} & H & \\ & | & \\ H - & C & - H \\ & | & \\ & H & \end{array}$$

$n = 2$: $C_2 H_{2 \cdot 2 + 2}$ oder C_2H_6 Äthan

$$\begin{array}{cccc} & H & H & \\ & | & | & \\ H - & C - & C & - H \\ & | & | & \\ & H & H & \end{array}$$

$n = 3$: $C_3 H_{2 \cdot 3 + 2}$ oder C_3H_8 Propan

$$\begin{array}{ccccc} & H & H & H & \\ & | & | & | & \\ H - & C - & C - & C & - H \\ & | & | & | & \\ & H & H & H & \end{array}$$

$n = 4$: $C_4 H_{2 \cdot 4 + 2}$ oder C_4H_{10} Butan

$$\begin{array}{cccccc} & H & H & H & H & \\ & | & | & | & | & \\ H - & C - & C - & C - & C & - H \\ & | & | & | & | & \\ & H & H & H & H & \end{array}$$

Die Kohlenwasserstoffe bilden in einem Molekül entweder

eine *Kette* (z. B. C_7H_{16}, Heptan, kräftig klopfend) oder

eine *verzweigte Kette* (z. B. C_8H_{18} Isooctan, sehr klopffest)

$$\begin{array}{ccccccc} & & H & & & & \\ & & | & & & & \\ & H & H-C-H & H & H & H & \\ & | & | & | & | & | & \\ H - & C - & C - & C - & C - & C & - H \\ & | & | & | & | & | & \\ & H & H-C-H & H & H-C-H & H & \\ & & | & & | & & \\ & & H & & H & & \end{array}$$

Isooctan

$$\begin{array}{ccccc} & CH_3 & & & \\ & | & & & \\ CH_3 - & C - & CH_2 - & CH - & CH_3 \\ & | & & | & \\ & CH_3 & & CH_3 & \end{array}$$

Äthylen

2. Äthylen

$$\begin{matrix} H & & H \\ | & & | \\ C & = & C \\ | & & | \\ H & & H \end{matrix} \quad \text{oder } CH_2{=}CH_2 \qquad C_2H_4$$

Acetylen

3. Acetylen

$H{-}C{\equiv}C{-}H$ oder $CH{\equiv}CH$ $\qquad C_2H_2$

Benzol

4. Benzol

Im Benzol sind die C-Atome in Form eines Ringes miteinander verbunden.

H, C, H–C, C–H, H–C, C–H, C, H

oder

CH, CH, CH, CH, CH, CH

Benzolring

Die ringförmigen Kohlenwasserstoffe heißen auch „aromatische Kohlenwasserstoffe" wie z. B. Benzol C_6H_6.

Allgemeine Anforderungen und Eigenschaften

Vergaserkraftstoffe

Für den motorischen Bereich sind wichtig:

1. Reinheit,
2. Flüchtigkeit,
3. Klopffestigkeit.

Reinheit

Vergaserkraftstoffe müssen frei von mechanischen (Rost, Sand, Wasser) und chemischen Verunreinigungen (Schwefel, Harz) sein, weil diese Filter und Düsen verstopfen.

Flüchtigkeit

Vergaserkraftstoffe müssen leicht und schnell verdampfen, damit sie nicht zu Ölverdünnung und Ölkohlebildung (Glühzündungen) führen.

Die Flüchtigkeit wird durch Siedeanalysen und Kennziffern angegeben. Benzin beginnt bei 85 °C zu sieden und ist bei 150 °C restlos verdampft. Je niedriger die Kennziffern, desto flüchtiger der Kraftstoff.

Vergaserkraftstoffe müssen vor allem klopffest sein. Die Klopffestigkeit wird in einem Versuchsmotor festgestellt und in Oktanzahlen angegeben. Zur Feststellung der Oktanzahl wird im Versuchsmotor eine Mischung von Heptan (Klopffestigkeitswert 0) und Oktan (Klopffestigkeitswert 100) benutzt. Die Oktanzahl gibt nun den Prozentsatz von Oktan in dem Heptan-Oktan-Gemisch an, bei dem der Motor klopft. Ein Kraftstoff mit der Oktanzahl (OZ) 92 ist danach so klopffest wie ein Gemisch aus 92 % Oktan und 8 % Heptan. Während heute die Oktanzahl in der Regel bei 92 liegt, kann bei Superbenzin der Wert 98 . . . 100 angegeben werden.

Klopffestigkeit

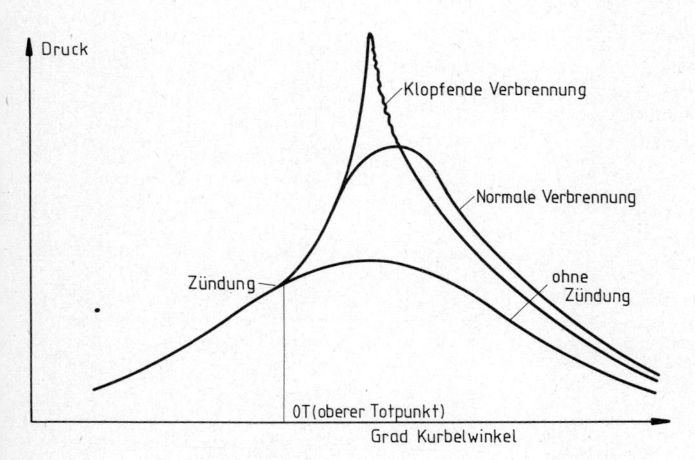

Verbrennung im Ottomotor

Bestimmung der Oktanzahl

Zur Bestimmung der Oktanzahl werden international zwei verschiedene Verfahren angewendet. Die Research-Methode und die Motor-Methode.

ROZ = Research-Oktanzahl

MOZ = Motor-Oktanzahl.

Bei der Motor-Methode arbeitet man mit Gemischvorwärmung, höheren Drehzahlen und veränderlicher Zündzeitpunkteinstellung. Dadurch ergibt sich eine höhere thermische Belastung des Motors. Die MOZ-Werte sind etwas niedriger als die ROZ-Werte.

Mindestanforderungen an Otto-Kraftstoffe

		Mindest-anforderungen nach DIN 51 600	Ausfalldaten (Durchschnitt) Normal	Super	Prüfung nach
Dichte bei 15 °C	g/ml	min. 0,720	0,730	0,755	DIN 51 757
Siedeverlauf					
Siedebeginn	°C		35	35	DIN 51 751
10 Vol.-%	°C		55	55	
50 Vol.-%	°C		100	100	
90 Vol.-%	°C		155	155	
Siedeende	°C		190	190	
bis 70 °C	Vol.-%	min. 10	30	30	
bis 100 °C	Vol.-%	min. 40	50	50	
bis 200 °C	Vol.-%	min. 95	–	–	
Dampfdruck nach Reid					
Sommer	bar	max. 0,7	0,6	0,6	DIN 51 754
Winter	bar	max. 0,9	0,8	0,8	
Abdampfrückstand	mg/100 ml	max. 8	< 4 (< 1)	< 4 (< 1)	DIN 51 776*
Klopffestigkeit	ROZ	min. 90	91,5	98,5	DIN 51 756
	MOZ		85	88	DIN 51 756
Bleigehalt	g/l	max. 0,40	0,34	0,36	DIN 51 769
Schwefelgehalt	Gew.-%	max. 0,1	< 0,05	< 0,05	DIN 51 768
Korrosionswirkung auf Kupfer	Korrosionsgrad	max. 2–50 A 3	1–50 A 3	1–50 A 3	DIN 51 759
Kristallisationspunkt	°C	max. –20	< –50	< –50	DIN 51 782

* Für Kraftstoffe mit Zusätzen nach DIN 51 795 (n-Heptan-Unlösliches), Ausfallwerte in Klammern.

Anforderungen und Eigenschaften

Dieselkraftstoffe

Dieselkraftstoffe müssen besonders zündwillig sein.

Zündverzug

Diese Zündwilligkeit ist besonders gekennzeichnet durch den Zündverzug, d. h. die Zeit zwischen Einspritzbeginn und Zündung.

Der Maßstab für die Zündwilligkeit ist die Cetanzahl (CaZ). Diese wird mit einem Einzylinderdieselmotor bestimmt. Die Cetanzahl ergibt sich durch Vergleich mit Mischungen aus den Eichkraftstoffen Methylnaphthalin (CaZ = 0) und Cetan (CaZ = 100). Hat ein Dieselkraftstoff z. B. eine Cetanzahl von 45, so verhält er sich im Motor wie eine Mischung von 45 % Cetan und 55 % Methylnaphthalin.

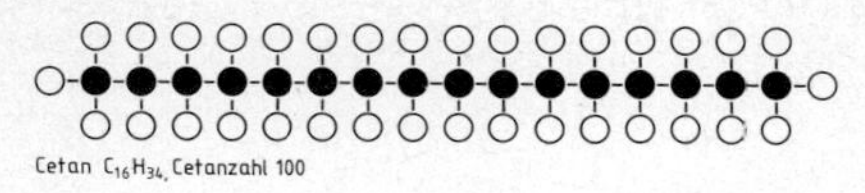

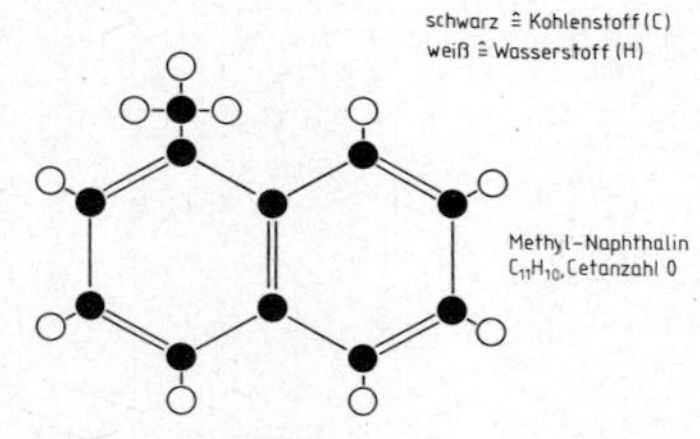

Eichkraftstoffe für Cetanzahlbestimmung

Ist der Zündverzug zu groß, so befindet sich bei Beginn der Zündung bereits eine große Menge Kraftstoff im Zylinderraum oder Vorraum (Wirbelkammer, Vorkammer), die dann schlagartig verbrennt. Diese schlagartige Verbrennung bezeichnet man als „Nageln".

Nageln

Folgen

Als Folge dieser anormalen Verbrennung ergeben sich hohe Triebwerksbelastung, Leistungsminderung und Verbrauchserhöhung.

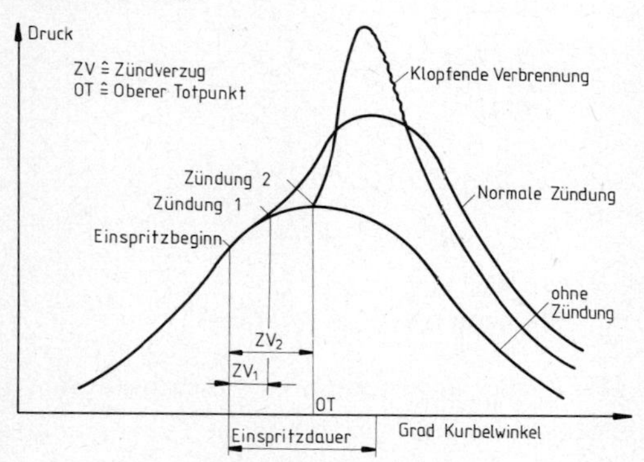

Verbrennung im Dieselmotor

Schwefelgehalt

Dieselkraftstoffe müssen möglichst frei von Schwefel sein, denn der im Kraftstoff enthaltene Schwefel verbrennt zu Schwefeldioxid und Schwefeltrioxid, welche mit dem bei der Verbrennung des Kraftstoffs entstehenden Wasser (1 Liter Kraftstoff ergibt etwa 1 Liter Wasser) schwefelige Säure bzw. Schwefelsäure bilden (Korrosionsgefahr).

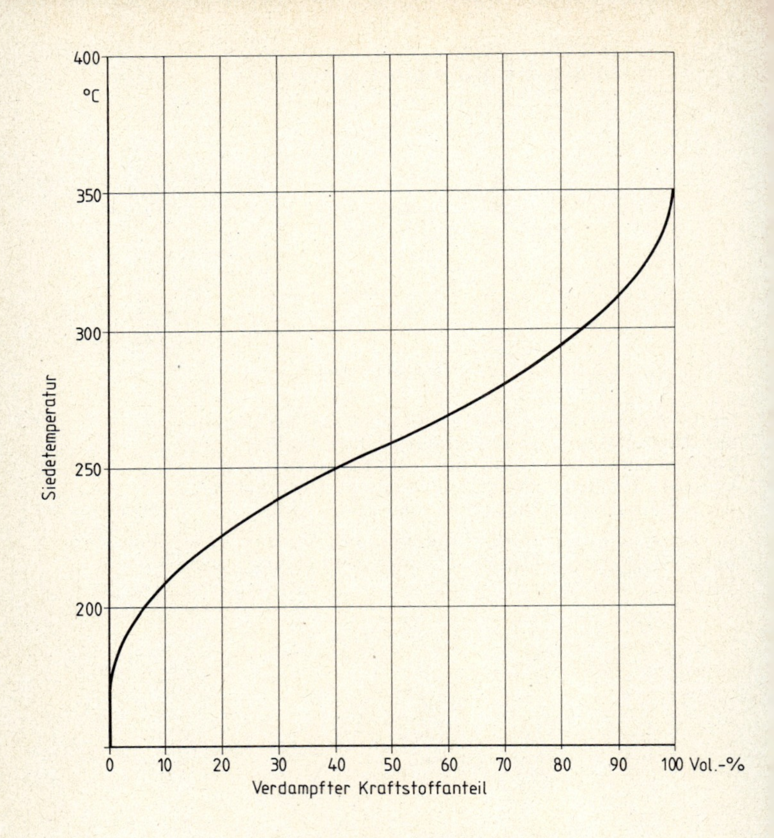

Siedeverlauf eines Dieselkraftstoffes

Einteilung der brennbaren Flüssigkeiten

Gefahrenklassen

Gruppe A:

Flüssigkeiten mit einem Flammpunkt bis 100 °C, die sich nicht im Wasser lösen.

Gefahrenklasse I: Flüssigkeiten mit einem Flammpunkt unter 21 °C.

Gefahrenklasse II: Flüssigkeiten mit einem Flammpunkt von 21 . . . 55 °C.

Gefahrenklasse III: Flüssigkeiten mit einem Flammpunkt von 55 . . . 100 °C.

Gruppe B:

Flüssigkeiten mit einem Flammpunkt unter 21 °C, die sich in jedem beliebigen Verhältnis in Wasser lösen.

3.6.2. Die Kraftstofförderanlage beim Otto-Motor

Der Kraftstoffbehälter

Aufgabe des Kraftstoffbehälters

Der Kraftstoffbehälter ist zweckmäßig eingerichtet. Er soll

a) eine ausreichende Menge Kraftstoff aufnehmen,

b) ihn feuersicher unterbringen und

c) ihn einwandfrei ablaufen lassen.

Damit der Kraftstoff während der Fahrt nicht schlingert und sein Gewicht in Kurven verlagert, hat der Behälter innen durchlochte Querwände.

Das Sieb

Das Sieb im Einfüllstutzen soll verhindern, daß Schmutz in den Behälter eindringt und ein sich im Behälter bildendes explosives Gemisch durchschlägt und sich entzündet.

Der ungehemmte Kraftstoffabfluß

Der Kraftstoff kann nur dann ungehemmt abfließen, wenn

a) die Entlüftung nicht verstopft und

b) das Sieb in der Ablaßschraube sauber ist.

Der Kraftstoffstand kann jederzeit geprüft werden.

Ermitteln des Kraftstoffstandes

Der Inhalt des Kraftstoffbehälters kann ermittelt werden

1. mit einem geeichten Meßstab,
2. mittels eines Kraftstoffmessers am Fahrzeug.
   Es gibt mechanische, pneumatische und elektrische Kraftstoffmesser.

Wartung und Instandsetzung

Reinigen des Kraftstoffbehälters

Kraftstoffbehälter nach je 10000 km reinigen, ebenso Sieb und Saugrohr. Prüfen, ob der Dichtring am Verschluß einwandfrei ist.

Entrosten des Kraftstoffbehälters

a) Behälter entleeren und ausbauen,

b) mit 20%iger Salzsäure und 1% Sparbeize füllen,

c) $^1/_2$ . . . 1 Stunde (evtl. länger) stehenlassen,

d) entleeren, ausspülen; erst mit kaltem, darauf mit heißem Wasser, dann mit heißem Wasser +0,5% Deoxylite,

e) Behälter schnell mit Heißluft trocknen und mit Korrosionsschutzöl einsprühen; dann einbauen.

Löten und Schweißen undichter Stellen

Undichte Stellen an Behältern löten oder schweißen. Vorsicht! Behälter vollständig leeren. Explosive Gemische aus Kraftstoffresten durch Ausspülen mit Kohlensäure oder Tetra-Chlor-Kohlenstoff (Handfeuerlöscher) entfernen. Ausspülen mit Wasser oder Preßluft genügt nicht.

Unfallverhütungsvorschriften

Nach den Unfallverhütungsvorschriften soll ein Kraftstoffbehälter vor dem Schweißen mit Wasser gefüllt werden. Nach der Schweißarbeit Wasserreste gründlich entfernen, da sonst Vergaserstörungen eintreten.

Prüfen des Kraftstoffbehälters auf Dichtigkeit

Prüfen der Dichtigkeit des Kraftstoffbehälters: Alle Verschraubungen und Öffnungen dicht verschließen; mit Handpumpe Luft einfüllen; vermutete undichte Stellen mit Seifenwasser bestreichen. Bei Undichtigkeiten treten Seifenblasen auf.

Die Kraftstofförderung zum Vergaser

Wir unterscheiden Fallförderung und Pumpenförderung.

Fallförderung

Fallförderung: Liegt der Kraftstoffbehälter höher als der Vergaser, so fließt der Kraftstoff infolge seines natürlichen Gefälles zum Vergaser.

Vor- und Nachteile

Die Fallförderung ist einfach, natürlich, bequem und billig, hat aber manche Nachteile: Ist das Luftloch im Kraftstoffbehälterdeckel verstopft, so treten Störungen in der Kraftstofförderung ein. Bei einem geraden Abflußrohr würde der Kraftstoffzufluß durch die Erschütterungen abreißen. Beim Abstellen des Motors muß der Kraftstoffhahn geschlossen werden, andernfalls wird, z. B. bei Ecken des Schwimmers oder der Schwimmernadel, Kraftstoff ausfließen.

Pumpenförderung

Pumpenförderung: Liegt der Kraftstoffbehälter hinten im Fahrzeug, also meistens niedriger als der Vergaser, dann erfolgt die Kraftstofförderung mittels einer Kraftstofförderpumpe.

Kraftstoffpumpen in Ottomotoren sind Membranpumpen.

Sie werden von der Nockenwelle angetrieben, saugen den Kraftstoff aus dem Kraftstoffbehälter an und drücken ihn gleichmäßig zum Vergaser. Es gibt Kraftstoffpumpen mit Hebel- und Stößelantrieb.

Membranpumpen mit Hebelantrieb

1. Pumpen mit Hebelantrieb. Der Antriebsnocken bewegt einen Kipphebel 10 um seine Achse 12. Die Druckfeder 9 drückt den Kipphebel auf die Nockenwelle.

im Saughub

Saughub: Bei Bewegung des Schwinghebels 13 zieht der Stößelhebel die Membrane nach unten, wodurch ein Vakuum in der Pumpenkammer 20 entsteht. Das Saugventil 21 öffnet sich, und der Kraftstoff gelangt in den Pumpenraum.

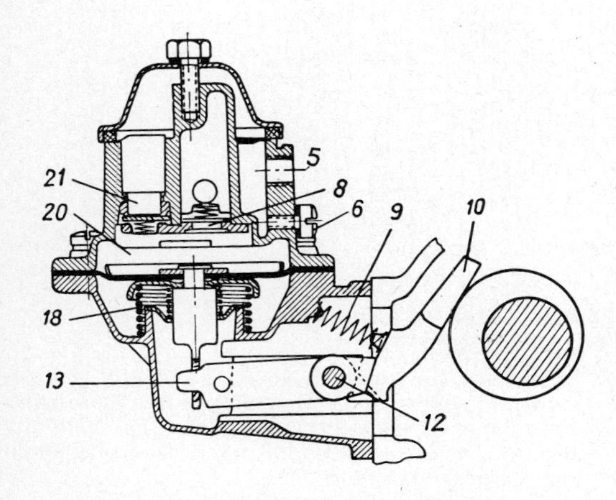

5 Anschluß zum Kraftstoffbehälter
6 Ablaßschraube
8 Druckventil
9 Druckfeder
10 Kipphebel
12 Drehpunkt für Kipphebel
13 Schwinghebel
18 Druckfeder für Membrane
20 Pumpenraum
21 Ansaugeventil

Kraftstoffpumpe mit Hebelantrieb

im Druckhub

Druckhub: Bei der Rückwärtsbewegung des Schwinghebels drückt die Feder 18 die Membrane nach oben. Dadurch wird Kraftstoff von der Pumpenkammer durch das Druckventil 8 in die Vergaserzuleitung gedrückt.

im Leerhub

Leerhub: Bei gefülltem Vergaser kann die Pumpe keinen Kraftstoff mehr fördern; dieser bleibt im Pumpenraum. Die genau abgestimmte Membranfeder kann die Membrane nun nicht mehr nach oben bewegen, obwohl der Kipphebel von der Nockenwelle weiter bewegt wird. Darum ist der Antriebshebel in Kipp- und Schwinghebel geteilt und um die gleiche Achse 12 drehbar. Erst wenn Kraftstoff zum Vergaser abgeflossen ist, können Membranhub, Ansaugen und Förderung wieder einsetzen.

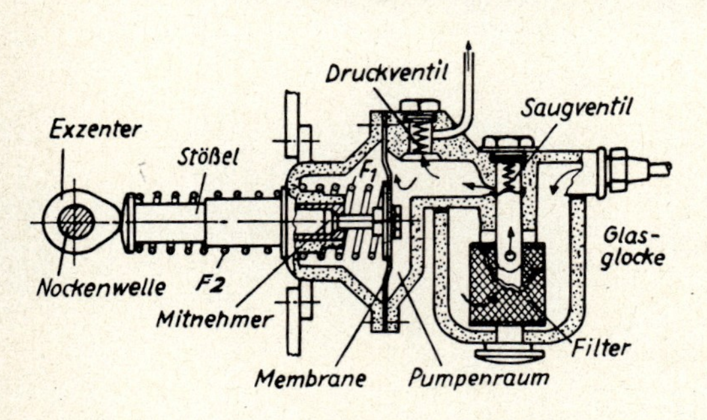

Kraftstoffpumpe mit Stößelantrieb (Solex)

Membranpumpen mit Stößelantrieb
beim Druckhub

2. Pumpen mit Stößelantrieb. Die Nockenwelle betätigt den gefederten Stößel.

Druckhub: Bewegt der Nocken den Stößel nach rechts, so wird auch die Membrane unter Mitwirkung einer Feder F_1 nach rechts gedrückt und der Kraftstoff aus dem Pumpenraum durch das Druckventil zum Vergaser gefördert.

beim Saughub

Saughub: Gibt der Exzenter der Nockenwelle den Stößel frei, so bewegt sich dieser unter Mitwirkung der Feder F_2 nach links, ebenso die Membrane.

Im Pumpenraum entsteht ein geringer Unterdruck. Das Saugventil öffnet sich, und Kraftstoff gelangt in den Pumpenraum.

beim Leerhub

Leerhub: Ist der Vergaser gefüllt, so entsteht im Pumpenraum ein Staudruck. Der Stößel bewegt sich dann nur noch im Leerhub; es wird weder angesaugt noch gefördert. Auf diese Weise wird die Fördermenge dem Verbrauch angepaßt.

Fehler in der Kraftstofförderung müssen beseitigt werden.

Vorkommende Fehler und ihre Beseitigung

Fehler	Beseitigung
1. Fehler in der Kraftstoffleitung	
a) Leitung verstopft	Mit Preßluft ausblasen
b) Leitung undicht	Löten, Anschlüsse fest anziehen
c) Dampfblasen in der Leitung	Leitung durch Blech abschirmen
d) Kein Brennstoff im Behälter	Nachfüllen
2. Fehler an der Pumpe	
a) Pumpenoberteil ist undicht	Schrauben über Kreuz gut anziehen
b) Verschlußkappe sitzt lose	Dichtung erneuern Schraube fest anziehen
c) Pumpe und Sieb verschmutzt	Kappe abnehmen, Ablaßschraube 6 herausdrehen, Gehäuse mit Kraftstoff ausspülen, Sieb reinigen, Dichtung erneuern
d) Membrane nicht einwandfrei	Membrane erneuern
e) Ventile arbeiten nicht gut	Durch neue ersetzen vorsichtig einsetzen

in der Kraftstoffleitung

an der Pumpe

Die Saug- und Druckleistung kann geprüft werden.

Prüfen der Saug- und Druckleistung

1. Pumpe ausbauen, Anschluß 5 zum Kraftstoffbehälter mit dem Daumen zuhalten. Bei Betätigen des Pumpenhebels muß sich das Ansaugen am Daumen bemerkbar machen.
2. Ein Rohr von $\approx$ 1 m Höhe an den Pumpeneinlaß anschrauben und das andere Ende in ein Gefäß mit Kraftstoff tauchen. Wenn die Pumpe bei 12 Kipphebelbewegungen gut fördert, ist sie in Ordnung.
3. Mit einem Solex-Prüfgerät lassen sich sowohl Pumpendruck als auch Pumpensaughöhe feststellen. Je nach Anschluß an die Druck- oder Saugleitung zeigt das Manometer die Druck- oder Saughöhe an.

Der Vergaser

Zweck des Vergasers

Der Vergaser bereitet das Kraftstoff-Luft-Gemisch für die Verbrennung vor. Er soll den flüssigen Kraftstoff mit der erforderlichen Luft mischen und fein zerstäuben und so ein zündbares Gemisch herstellen – unabhängig von

Motordrehzahl, Temperatur, Jahreszeit, Höhenlage usw. Der Vergaser vergast nicht, sondern zerstäubt den Kraftstoff, der erst an den heißen Zylinderwänden verdampft und vergast. Der Vergaser müßte also richtiger Zerstäuber oder Vernebler heißen.

Die heutigen Vergaser sind Spritzdüsenvergaser.

Prinzip der Spritzdüsenvergaser

Erfinder: Maybach. Im Vergaser ist das Prinzip der Blumenspritze verwirklicht. Durch den an der Düse vorbeistreichenden Luftstrom wird Kraftstoff mitgerissen, herausgespritzt; daher Spritzdüsenvergaser.

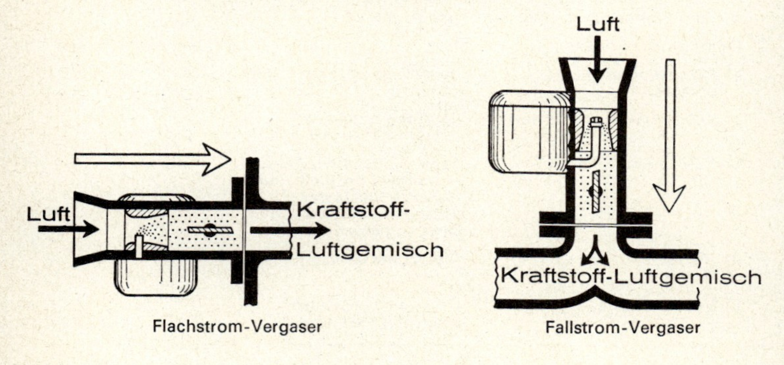

Flachstrom-Vergaser

Fallstrom-Vergaser

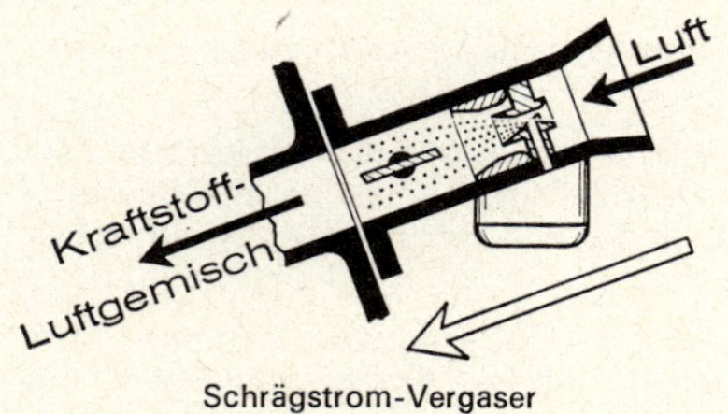

Schrägstrom-Vergaser

Heute werden meistens Fallstromvergaser verwendet.

Nach der Strömungsrichtung teilt man die Vergaser ein in

1. *Steig- oder Aufstromvergaser.* Bei diesen steigt das Gemisch durch den Unterdruck von unten nach oben. Kaum noch zu finden.
2. *Flachstrom- oder Horizontalvergaser.* Das Gemisch bewegt sich bei diesen waagerecht. Heute noch bei Kradvergasern.

3. *Fallstromvergaser.* In diesen „fällt" das Gemisch durch seine natürliche Schwere von oben nach unten. Sie haben die Steigstromvergaser vollständig verdrängt.

4. *Schrägstromvergaser.* Er vereinigt die funktionellen Vorteile eines Fallstromvergasers mit dem Vorteil der geringen Einbauhöhe eines Flachstromvergasers. Verwendung hauptsächlich bei Sportfahrzeugen.

Der Fallstromvergaser und seine Vorteile

Vorteile der Fallstromvergaser

a) Sie sitzen auf dem Ansaugrohr, sind also leichter zugänglich.

b) Der Ansaugweg ist kurz, daher erfolgt nur ein geringer Niederschlag der Kraftstoffteilchen an den Wandungen der Mischkammer.

c) Das Hineinfallen des Gemisches ergibt eine bessere Füllung.

Jedes Teil am Vergaser hat seine Bedeutung.

Teile des Vergasers

Schwimmer und Schwimmernadel

1. Das Schwimmergehäuse mit Schwimmer und Schwimmernadel regelt den Kraftstoffzufluß. Das Gewicht des Schwimmers muß der Wichte des Kraftstoffes angepaßt sein.

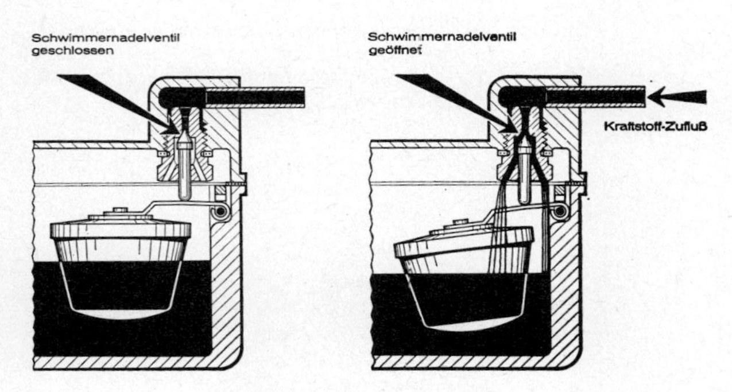

Schwimmereinrichtung

Düsen

2. Die Düsen (Haupt-, Ausgleich- und Leerlaufdüse) werden vom Schwimmergehäuse gespeist. Aus den Düsen wird der Kraftstoff für das Gemisch entnommen. Der Kraftstoff steht in der Hauptdüse genau so

hoch wie im Schwimmergehäuse, und zwar 2...3 mm unter der Austrittsöffnung; andernfalls würde der Kraftstoff beim Ansaugen fontänenartig austreten.

Der Lufttrichter

3. Ansaugrohr mit Lufttrichter und Drosselklappe. Der Lufttrichter verkleinert den Querschnitt des Ansaugrohres. Je enger der Querschnitt, desto kräftiger der Luftstrom! Durch den starken Sog wird nicht nur Kraftstoff angesaugt, sondern dieser auch gut mit Luft gemischt. Daher spricht man von einer Mischkammer. Düse und Lufttrichter stehen in einem bestimmten Verhältnis zueinander. Ihre Größe ist in Ziffern angegeben: z. B. bedeutet 21 auf dem Lufttrichter = 21 mm ϕ an der engsten Stelle; 85 auf einer Düse = 0,85 mm an der Austrittsöffnung.

Die Drosselklappe

Durch Öffnen und Schließen der Drosselklappe wird der Durchlaß und damit die Stromgeschwindigkeit der Luft eingestellt, wovon Drehzahl und Leistung des Motors abhängig sind.

Bauarten nach Anzahl und Funktion der Mischkammerbohrungen

Mischkammerbohrungen

Nach der Anzahl und der Funktion der Mischkammerbohrungen unterscheidet man ferner

1. Einfach-Vergaser für ein Ansaugrohr,
2. Doppel-Vergaser für getrennte Ansaugrohre,
3. Register-Vergaser mit nacheinander öffnenden Stufen für ein Ansaugrohr.

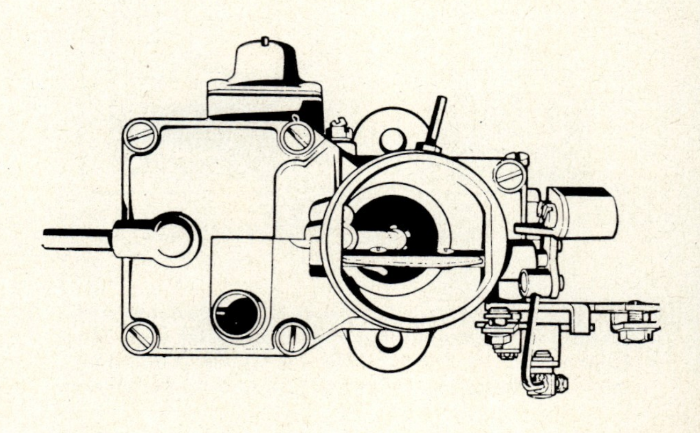

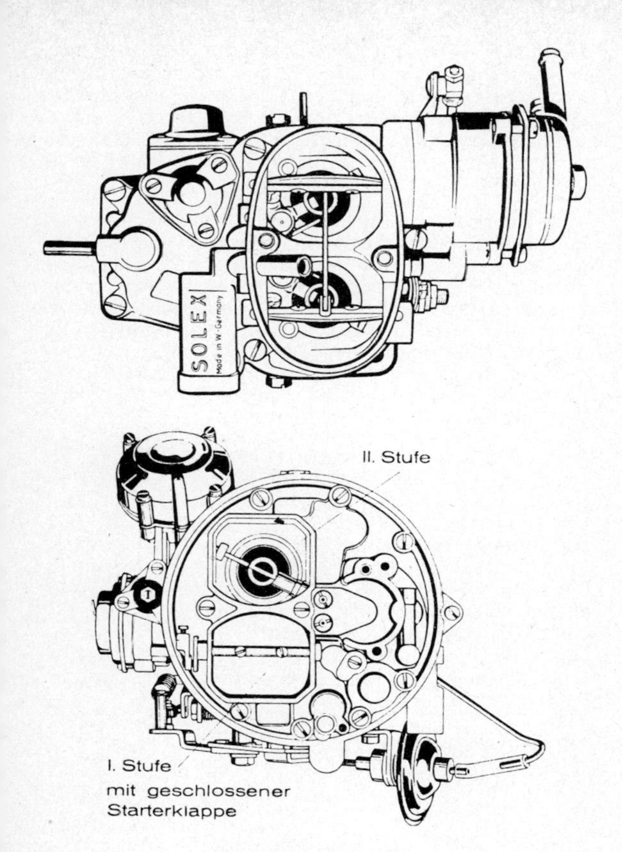

Bauarten des Vergasers

Die Ausgleichdüse sorgt für gleichbleibendes Gemisch.

Die Ausgleich- oder Bremsdüse

Wenn der Vergaser nur eine Hauptdüse hätte, würde sich das Mischungsverhältnis dauernd ändern. Mit steigender Drehzahl würde der Unterdruck (im Quadrat der Luftgeschwindigkeit) wachsen und viel Kraftstoff mitreißen; das Gemisch würde zu reich. Bei niedriger Drehzahl würde weniger Kraftstoff angesaugt und infolgedessen das Gemisch zu arm. Dieser Nachteil wird durch die Ausgleich- oder Bremsdüse, die verschieden gebaut sein kann, aufgehoben.

Der Düsenstock im Solexvergaser und seine Arbeitsweise

Im Solex-Vergaser z. B. sind Haupt- und Ausgleichdüse zu einem Düsenstock, bestehend aus Hauptdüse, Düsenträger und Düsenhütchen, vereinigt. Die Hauptdüse hat am Grunde, in der Mitte und am Hals Querbohrungen. Bei Stillstand und niedriger Drehzahl steht der Kraftstoff in der Hauptdüse und rundherum, so daß von einer großen Oberfläche abgesaugt wird.

Mit steigender Drehzahl fällt der Kraftstoffspiegel, so daß nun Luft, die durch eine Bohrung im Düsenhütchen angesaugt wird, durch die oberste Bohrung der Hauptdüse dringt und das angesaugte Gemisch verdünnt. Sinkt bei weiterer Erhöhung der Drehzahl der Kraftstoffspiegel noch mehr, so werden auch die anderen Bohrungen für den Lufteintritt freigegeben. Die durch die Querbohrungen eintretende Luft bremst die Unterdruckwirkung und verhindert dadurch ein zu reiches Gemisch. Daher Bremsdüse!

Der Ausgleich beim Opel-Fallstromvergaser

Beim Opel-Fallstromvergaser (Bild S. 136) wird der Ausgleich durch die Teillastnadel in der Hauptdüse erreicht. Ist die Teillastnadel weit aus der Hauptdüse gezogen (Vollast), so daß sich nur das dünne Nadelende in der Bohrung befindet, so wird viel Kraftstoff angesaugt. Wird die Nadel abwärts bewegt, so wird der Durchflußquerschnitt infolge des größeren Nadeldurchmessers kleiner, so daß weniger Kraftstoff durch die Düse fließt. Durch den kegeligen Mittelteil der Nadel wird ein allmählicher Übergang von der Vollast zur Teillast erreicht. So wird auch hier die Kraftstoffmenge nach der Drehzahl automatisch geregelt.

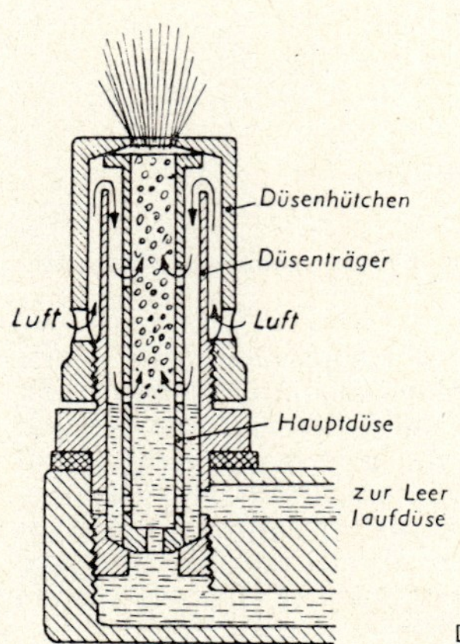

Düsenstock des Solex-Vergasers

Der Leerlauf wird betätigt, wenn keine Leistung erforderlich ist.

Der Vergaser bei Leerlauf

Im Leerlauf wird bei fast geschlossener Drosselklappe nur wenig Luft angesaugt. Sie reicht nicht aus, um aus der Hauptdüse Kraftstoff mitzureißen. An dem freigelassenen Spalt der Drosselklappe entsteht ein kräftiger

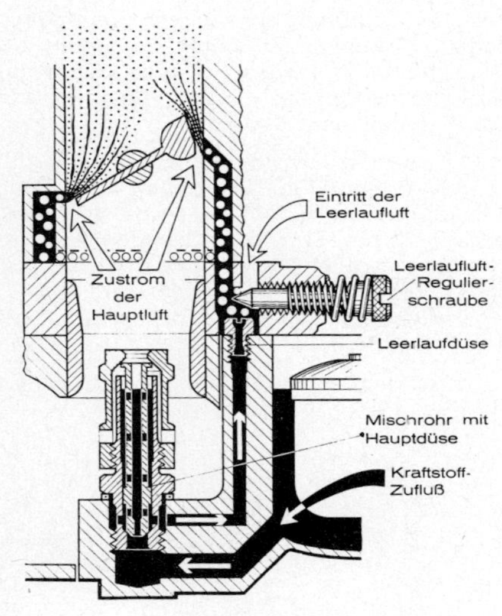

Leerlauf mit Luftregulierung

Regelung des Leerlaufs

Sog, der sich durch den Leerlaufkanal fortpflanzt, aus dem Düsenstock Kraftstoff mitnimmt, der durch eine kleine Austrittsbohrung unterhalb der Drosselklappe in den Zylinder eintritt. Die Menge des Leerlaufgemisches wird durch eine Regulierschraube geregelt. Der Motor muß bei richtig eingestellter Leerlaufdüse ruhig und „rund" laufen. Leerlaufdrehzahl ≈ 600 . . . 900 1/min.

Der Lauf des Motors im Leerlauf

Beim Anlassen verlangt der Motor ein reiches Gemisch.

Starteinrichtungen und ihre Aufgabe

Dazu sind Starthilfen und Starteinrichtungen notwendig.

1. Tupfen auf den Schwimmer. Dadurch werden die Düsen zum Überlaufen gebracht, wodurch ein reiches Gemisch entsteht.
2. Starterklappe. Sie befindet sich im Ansaugrohr und wird durch Seilzug vom Fahrerhaus bedient. Die

geschlossene Starterklappe schützt den Motor vor dem Eintritt zu kalter Luft und bewirkt im Lufttrichter einen starken Unterdruck, durch den mehr Kraftstoff angesaugt wird, so daß ein reiches Gemisch entsteht.

Nachteile der Starterklappe

Nach dem Anlassen die Starterklappe sofort öffnen, sonst wäscht der überschüssige Kraftstoff das Öl von den Zylinderwandungen und verdünnt das Schmieröl.

Um das zu verhüten, wird in der Starterklappe ein selbsttätig öffnendes Luftventil angebracht, oder ein Bimetallstreifen in der Starterklappe krümmt sich bei Erwärmung und öffnet die Starterklappe (automatischer Thermostarter), o. a.

Starterklappe mit Luftventil

3. Starterklappe mit Luftventil. Bei dieser Ausführung ist in den großen Flügel der außermittig gelagerten Starterklappe ein Luftventil eingebaut, das sich selbsttätig öffnet, sobald Unterdruck während des Startvorganges oder bei teilweise geöffneter Starterklappe wirksam wird. Dadurch kann die für die Startgemischbildung notwendige Luft in die Mischkammer einströmen.

   Die Starterklappe bleibt dabei unverändert geschlossen.

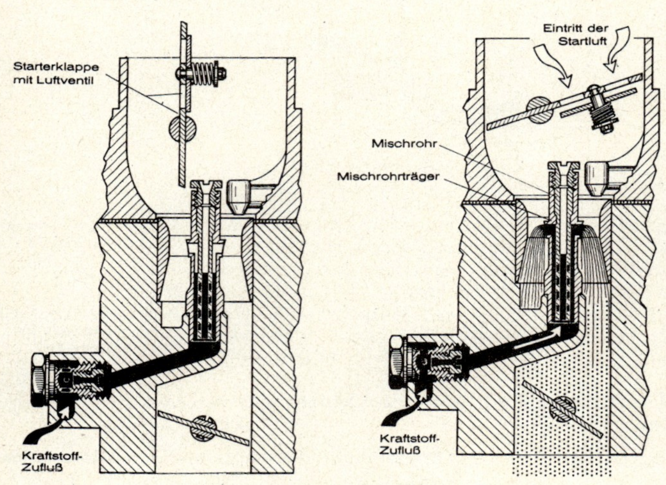

Starterklappe mit Luftventil

Startvergaser

4. Startvergaser. Das ist ein kleiner Zusatzvergaser, der an den eigentlichen Vergaser angebaut ist. Wird der Starterknopf bei geschlossener Drosselklappe gezo-

gen, so öffnet die Drehscheibe *D* den Durchlaß *B*, so daß die Mischkammer *M* Verbindung mit dem Ansaugrohr hat. Aus dem Röhrchen *T* wird Kraftstoff und aus der Luftdüse *L* Luft angesaugt, wodurch ein kräftiges Gemisch gebildet wird. Bei zunehmender Drehzahl sinkt der Kraftstoffvorrat in dem Starterrohr *R*, so daß nun zusätzlich Luft angesaugt wird, die das anfänglich reiche Gemisch arm macht. Sobald die Drosselklappe geöffnet wird, nimmt die Ansaugluft den kürzeren Weg an der Hauptdüse vorbei. In der Kammer *M* kann dann kein Unterdruck mehr entstehen, so daß der Startvergaser mit seiner Arbeit aufhört. Beim Starten darf das Gaspedal nicht getreten werden. Nach dem Starten Starterknopf zurückdrücken.

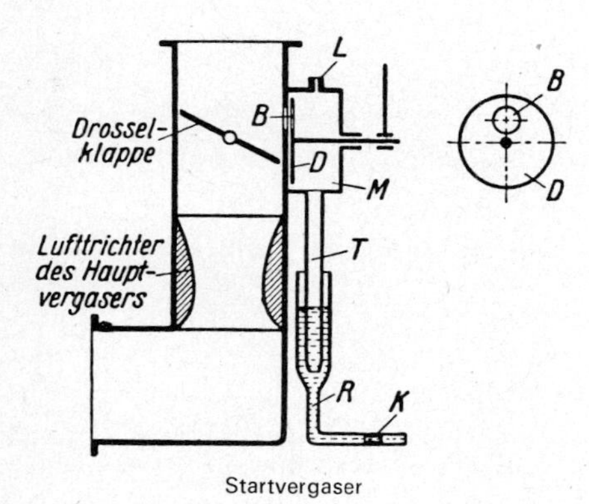

Startvergaser

Eine plötzliche Beschleunigung wird durch eine Beschleunigungspumpe erzielt.

Beschleunigung des Motors

durch Betätigung des Gashebels

Wird bei einer plötzlich erwünschten Beschleunigung der Gashebel stark heruntergetreten, so öffnet sich die Drosselklappe zwar ganz, aber es entsteht nicht so plötzlich ein starker Unterdruck, um schnell ein reiches Gemisch zu erreichen. Die Geschwindigkeit der einströmenden Luft nimmt nur allmählich zu. Der Motor kommt nur langsam auf höhere Drehzahlen. Es kann sogar vorkommen, daß die Drehzahlen abfallen, weil sich die Düsen nicht so schnell auf den erhöhten Kraftstoffbedarf einstellen können. Hat der Vergaser eine Beschleunigungspumpe, so wird der Nachteil behoben. Beschleunigungspumpen sind entweder Kolbenpumpen (Opel-Fallstromvergaser) oder Membranpumpen (Solex-Vergaser).

durch Beschleunigungspumpen

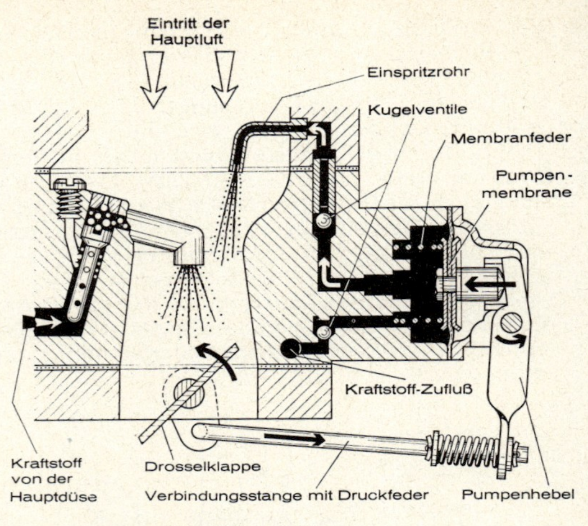

Mechanisch betätigte Beschleunigungspumpe

Vergaserbrand

Vergaserbrand entsteht durch undichte Einlaßventile oder durch nicht restlose Verbrennung des Gemisches.

Maßnahmen

Maßnahmen:

a) Absperrhahn der Zulaufleitung schließen.

b) Motor mit Vollgas weiterlaufenlassen, damit der Kraftstoff im Vergaser schnell verbraucht wird.

c) Flamme mit einem Schaumlöscher oder einem Tuch ersticken. Nicht mit Wasser löschen, sonst wird der Brandherd noch größer.

Fehler am Vergaser

Fehler am Vergaser verursachen Betriebsstörungen.

	Fehler	Beseitigung
Kein oder zu wenig Kraftstoff	1. Der Vergaser erhält keinen oder zu wenig Kraftstoff	
	a) Absperrhahn geschlossen	Absperrhahn öffnen
	b) Kraftstoffbehälter ist leer	Auffüllen
	c) Kraftstoffleitung verstopft, nicht dicht	Durchblasen – löten
	d) Dampfblasen in der Leitung	Leitung vor Motorhitze schützen

Fehler	Beseitigung	
e) Hauptdüse zu klein oder verstopft	Düse auswechseln – ausspülen, ausblasen	
f) Schwimmer oder Nadel eckt	Gängig machen – auswechseln	
g) Kraftstoffpumpe fördert nicht oder schlecht	Filter bzw. Ventile reinigen, Verschraubungen anziehen	
2. Der Vergaser tropft		Tropfen des Vergasers
a) Schwimmernadelführung verschmutzt	Reinigen	
b) Sitzfläche ausgeschlagen	Düse auswechseln	
c) Schwimmernadel verbogen	Erneuern	
d) Schwimmer undicht	Löten oder auswechseln	
3. Das Gemisch ist zu reich		Zu reiches Gemisch
a) Startvorrichtung zu lange benutzt	Rechtzeitig ausschalten	
b) Düsennadel zu hoch eingestellt	Tiefer setzen	
c) Hauptdüse zu groß	Richtige Größe wählen	
d) Luftfilter verstopft	Reinigen	
4. Das Gemisch ist zu arm		Zu armes Gemisch
a) Die Hauptdüse ist zu klein	Größere Hauptdüse wählen	
b) Die Hauptdüse ist verstopft	Düse durchblasen	
c) Düsennadel sitzt zu tief	Nadel höher setzen	
d) Motor bekommt Nebenluft	Dichtungen nachsehen, Ansaugleitung nachziehen	
5. Leerlauf und Startvorrichtung nicht in Ordnung		Leerlauf und Startvorrichtung nicht in Ordnung
a) Leerlauf- oder Leerlaufluftdüse verstopft	Leerlauf bzw. Düse ausblasen	
b) Leerlauf zu reich oder zu arm	Luftstellschraube richtig einstellen	
c) Anschlag an der Drosselklappe nicht richtig eingestellt	Anschlag so einstellen, daß der Motor schlürft und ruhig läuft	
d) Starterklappe schließt nicht ganz	Richtig einstellen	
e) Startvergaser falsch eingestellt	Bei zu wenig Kraftstoff größere Kraftstoffstarterdüse einsetzen	

Der Opel-Fallstromvergaser (Bild S. 136)

Charakteristik

Charakteristisch sind

a) der zweifache Zerstäuber,

b) die zweistufig ausgebildete Teillastnadel, die durch eine Feder (13) einseitig in der Hauptdüsenbohrung gehalten wird,

c) und die Kolben-Beschleunigungspumpe.

Die Wirkungsweise des Vergasers

Der Kraftstoffzufluß

1. Der Kraftstoffzufluß. Der Kraftstoff gelangt durch ein Filtersieb 3 in den Zuführungskanal und über das Nadelventil in die Schwimmerkammer, die durch eine Bohrung Verbindung mit der Außenluft hat.

Der Kraftstoffweg

2. Der Kraftstoffweg. Von der Schwimmerkammer fließt der Kraftstoff durch die Hauptdüse (8), deren Durchflußquerschnitt durch die höher oder tiefer eingetauchte Teillastnadel bestimmt wird, in einen Kanal 10 zur Vollastdüse 11 und in das Mischrohr 12, das im Nebenlufttrichter 23 endet. Durch einen Kanal ist die Schwimmerkammer mit der Pumpenkammer verbunden.

Die Bildung des Gemisches bei Leerlauf

3. Leerlauf (Leerlaufdüse oben!) (Bild S. 137). Der Kraftstoff fließt (unabhängig von der Hauptdüse) von der Schwimmerkammer zur Leerlaufdrossel 15, die den Zulauf zur Leerlaufdüse 16 regelt. Im Leerlaufkanal 18 mischt sich der Kraftstoff mit der aus dem

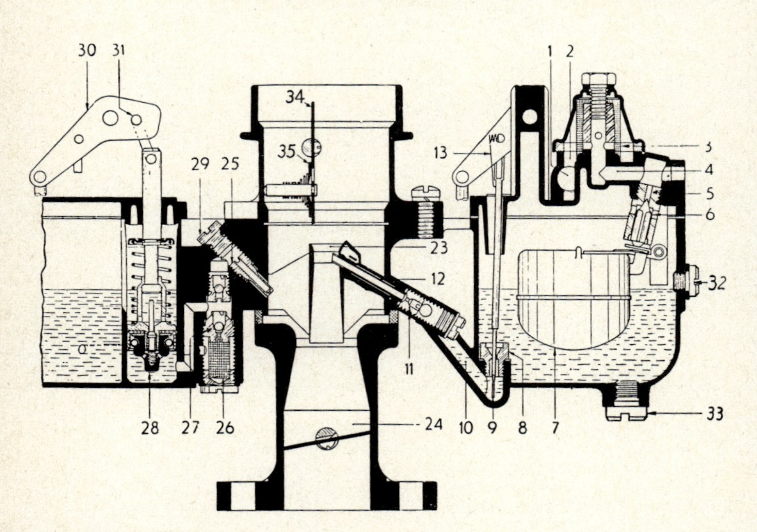

Schematische Darstellung des Opel-Fallstromvergasers

1 Kraftstoffeinlaß 2 Abscheideraum 3 Filtersieb 4 Kanal zum Schwimmernadelventil 5 Schwimmernadelsitz 6 Schwimmernadel 7 Schwimmer 8 Hauptdüse 9 Teillastnadel 10 Kanal zur Vollastdüse 11 Vollastdüse 12 Mischrohr 13 Feder für Teillastnadel 23 Nebenlufttrichter 24 Hauptlufttrichter 25 Pumpendüse 26 Sieb für Einlaßventil 27 Einlaßventil 28 Beschleunigerpumpenkolben mit Entlastungsventil 29 Verschlußschraube für Pumpendüsenkanal 30 Beschleunigerpumpen- und Teillastnadelhebel 31 Gelenkstück für Pumpenkolben 32 Kontrollschraube 33 Ablaßschraube 34 Luftklappe 35 Federbelastetes Flatterventil

Luftkanal 17 eintretenden Luft. Das Gemisch strömt nach unten und tritt durch eine Bohrung unterhalb der Drosselklappe in den Ansaugstutzen. Durch Regulierschraube 20 kann der Durchlaß verändert werden. Zusatzluft gelangt durch eine feine Bohrung am Drosselklappenanschlag in den Ansaugstutzen.

Der Vorgang bei Normallast

4. Normallast. Bei Betätigung des Gashebels öffnet sich die Drosselklappe. Die durch den Nebenlufttrichter strömende Luft reißt aus dem Mischrohr Kraftstoff mit. Das Gemisch trifft an der Mündung des Nebenlufttrichters auf die am Nebenlufttrichter vorbeistreichende Luft, die eine gute Zerstäubung bewirkt.

Arbeitsweise der Beschleunigerpumpe

5. Beschleunigung. Bei plötzlichem Gasgeben wird durch den Pumpenhebel die Kolbenstange nach

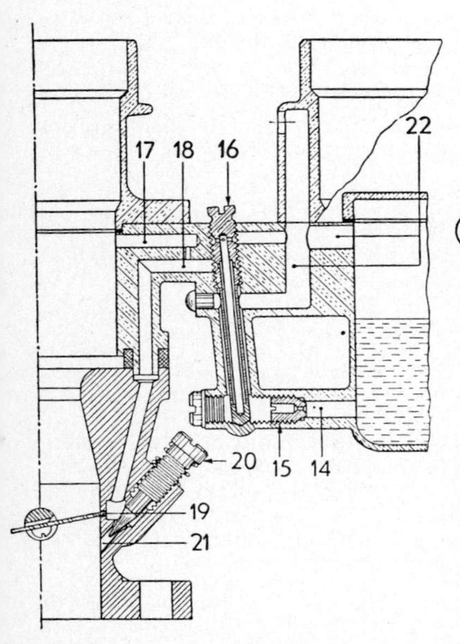

Schematische Darstellung des Leerlaufsystems

14 Kanal zur Leerlaufdrossel 15 Leerlaufdrossel 16 Leerlaufdüse 17 Luftkanal zur Leerlaufdüse 18 Leerlaufkanal 19 Zwei kalibrierte Bohrungen 20 Leerlaufgemisch-Regulierschraube 21 Veränderlicher Durchlaß 22 Ausgleichbohrungen

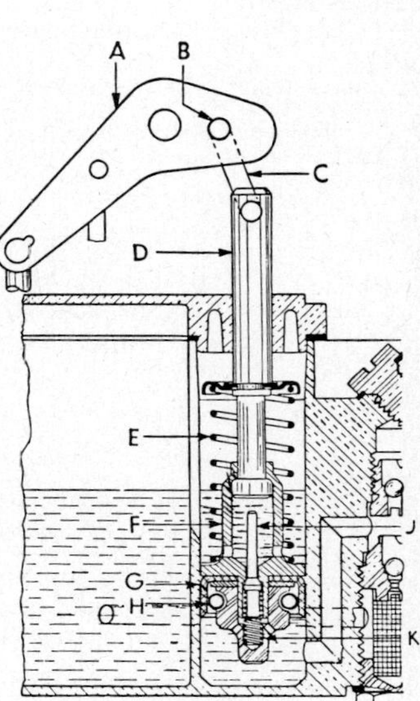

Anordnung des federbelasteten Kolbens der Beschleunigerpumpe

A Pumpenhebel, B Bohrung im Pumpenhebel für konstanten Hub, C Gelenkstück für Kolbenstange, D Kolbenstange, E Feder für Kolben, F Pumpenkolben, G Pumpenkolbenmanschette, H Feder für Pumpenkolbenmanschette, I Entlastungsventil, K Feder für Entlastungsventil

unten gedrückt. Dadurch wird die Feder E zusammengedrückt, die ihre Spannung auf den Kolben F überträgt. Der Kolben F hat das Bestreben, sich nach unten zu bewegen. Er tut das in dem Maße, wie einerseits Kraftstoff aus der Pumpendüse 25 in den Hauptlufttrichter entweicht und andererseits Kraftstoff durch das Entlastungsventil J nach oben zurückfließt. Der Kraftstoff für die Pumpendüse gelangt durch Sieb 26 und Einlaßventil 27 in den Zylinder der Beschleunigerpumpe. Bei Aufwärtsbewegung des Kolbens wird der Kraftstoff unterhalb des Kolbens angesaugt, während das über dem Einlaßventil befindliche Auslaßventil durch die Saugwirkung geschlossen wird. Bei Abwärtsbewegung des Kolbens wird das Auslaßventil durch den Druck geöffnet und das Einlaßventil geschlossen.

Erleichterung des Anlassens

6. Anlassen. Zum leichteren Anlassen dient eine Luftklappe mit federbelastetem Flatterventil.

Der Solex-Fallstromvergaser Type 28 PCI

Der Solex-Fallstromvergaser (Type 28 PCI)

Dieser Vergaser ist für Ottomotoren bis 1200 cm³ zu verwenden und wird u. a. in Volkswagen eingebaut.

Aufbau

a) Startvorrichtung mit selbsttätigem Luftventil.

b) Leerlaufvorrichtung mit Leerlauf-, Leerlaufluftdüse und Regulierschraube.

c) Hauptvergaser mit Hauptdüse, Luftkorrekturdüse, die als Ausgleichdüse wirkt, und Mischrohr.

d) Beschleunigungs-Membranpumpe.

Wirkungsweise

Der Vorgang beim Anlassen

1. Anlassen. Durch Ziehen des Starterknopfes wird die Starterklappe geschlossen und die Drosselklappe etwas geöffnet. Der starke Sog öffnet das Luftventil in der Starterklappe. Die einströmende Luft nimmt aus dem Mischrohr reichlich Kraftstoff mit, so daß ein reiches Gemisch entsteht.

bei Leerlauf

2. Leerlauf. Durch die Leerlaufdüse dringt bei geöffneter Starterklappe und geschlossener Drosselklappe Luft in den Leerlaufkanal und reißt aus einer parallelen Bohrung Kraftstoff mit, der durch die Leerlaufdüse dosiert wird und unterhalb der Drosselklappe in den Zylinder einströmt.

bei Vollast

3. Vollast. Drosselklappe und Starterklappe sind ganz geöffnet. Die Hauptluft tritt ungehindert in das Saugrohr und nimmt Kraftstoff aus den seitlichen Bohrungen des Mischrohrträgers mit in den Zylinder.

4. Ausgleich. Sinkt bei steigender Drehzahl und steigendem Unterdruck der Kraftstoffstand im Mischrohrträger, so tritt durch die Luftkorrekturdüse Zusatzluft ein, die sich mit dem aus der Hauptdüse nachfließenden Kraftstoff vermengt. Die Luftkorrekturdüse wirkt ausgleichend, da sie bei hoher Drehzahl das Gemisch luftreicher, bei absinkender Drehzahl kraftstoffreicher macht und so für alle Drehzahlbereiche ein gleichmäßiges Gemisch gewährleistet.

Bedeutung der Luftkorrekturdüse

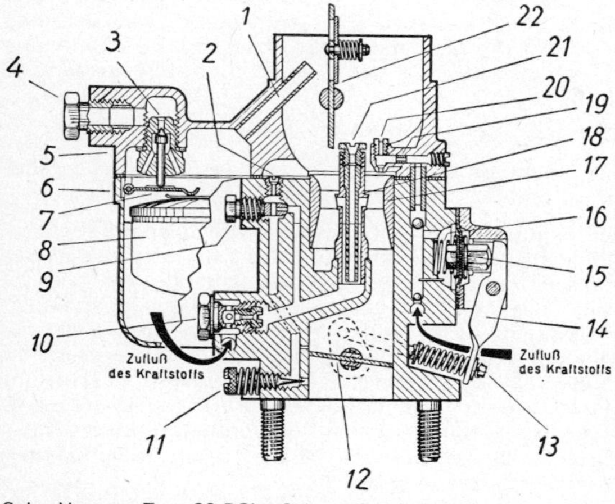

Solex-Vergaser Type 28 PCI – Schematischer Schnitt

1 Schwimmergehäuse-Belüftung 2 Leerlaufluftdüse 3 Schwimmernadelventil 4 Verschraubung für Kraftstoffleitung 5 Vergaserdeckel 6 Vergasergehäuse 7 Schwimmergelenk 8 Schwimmer 9 Leerlaufdüse 10 Hauptdüsenträger mit Hauptdüse 11 Leerlaufgemisch-Regulierschraube 12 Drosselklappe 13 Verbindungsstange mit Druckfeder 14 Pumpenhebel 15 Pumpenmembrane 16 Membranfeder 17 Luftrichter 18 Mischrohrträger mit Mischrohr 19 Kraftstoffdüse 20 Einspritzrohr mit Luftkorrekturdüse 21 Luftkorrekturdüse 22 Starterklappe mit Luftventil

5. Beschleunigung. Bei geschlossener Drosselklappe wird die Membrane durch die Membranfeder nach außen gedrückt. Der Pumpenraum vor der Membrane ist mit Kraftstoff aus dem Schwimmergehäuse gefüllt.

Stellung der Membrane bei geschlossener Drosselklappe

Druckhub. Beim Öffnen der Drosselklappe drückt der Pumpenhebel auf die Membrane, die durch den Druck Kraftstoff aus dem Pumpenraum über das Einspritzrohr in die Mischkammer einspritzt. Der zusätzliche Kraftstoff bewirkt ein reiches Gemisch und eine zügige Beschleunigung. Ein Zurückströmen des

Arbeitsweise der Pumpe beim Druckhub

Kraftstoffes während des Druckhubes wird durch eine Kugel verhindert.

beim Saughub

Saughub. Wird die Drosselklappe geschlossen, so bewegt sich die Membrane durch den Druck der Feder in ihre Ausgangsstellung zurück. Kraftstoff wird nun aus dem Schwimmergehäuse in den Pumpenraum gesaugt. Eine Kugel im Auslaßkanal verhindert den Zustrom von Luft aus der Mischkammer. Der Pumpenhub ist einstellbar.

Der Solex-vergaser für mittlere Motoren

Für mittlere Motoren, z. B. Ford 15 M, wird heute der Solex-Vergaser Type PICB verwendet. Dieser Vergaser hat statt der Starterklappe ein selbsttätig arbeitendes Starterluftventil, das durch einen Drehschieber betätigt wird.

Düsen-montage

Düsenmontage (Hier zwei Fallstromvergaser)

Die Haupteinstellteile der Vergaser der Solex-Typenreihe PDSI und DDIST sind wie folgt angeordnet:

Die Hauptdüse ist vom Schwimmergehäuse aus zugänglich, entweder nach Abnahme des Vergaserdeckels oder nach Entfernung einer Verschlußschraube. Das Mischrohr ist seitlich schräg angeordnet und fest im Gehäuse eingepreßt. Über dem Mischrohr ist zusätzlich zur Unterbindung des Überlaufes ein Belüftungsbutzen fest eingepreßt. Das Gemisch wird über einen Gemischkanal der Mitte des Lufttrichters oder des Vorzerstäubers zugeführt. Die ebenfalls seitlich angeordnete Luftkorrekturdüse ist einschraubbar und erst nach Abnahme des Vergaserdeckels zugänglich.

Diese Anordnung bringt Vorteile in bezug auf Warmstarteigenschaften.

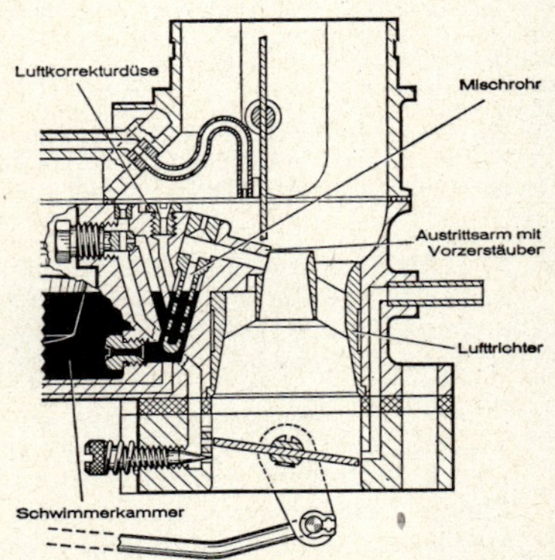

Düsenmontage bei Fallstrom-Vergasern der Typenreihe PDSI

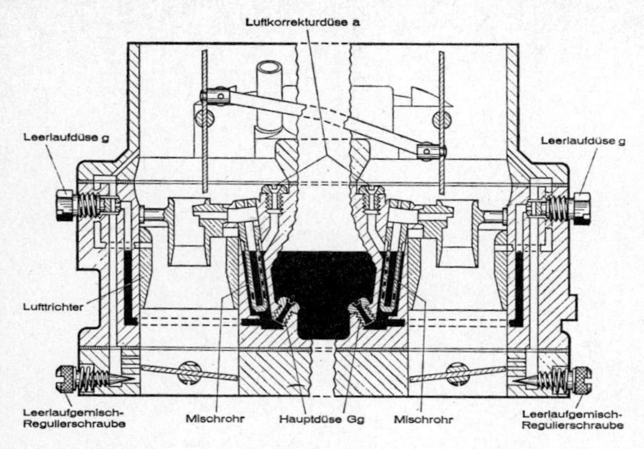

Düsenmontage beim Fallstrom-Doppel-Vergaser 32/32 DDIST

Der Solex-Fallstrom-Doppelregistervergaser (Type 4A1)

Der Solex-Fallstrom-Doppelregistervergaser 4A1

Dieser Fallstrom-Doppelregistervergaser kann in Ottomotoren von 2 l bis 8 l Hubraum, mit 6 und mehr Zylindern und Leistungen von mehr als 88 kW eingebaut werden.

Aufbau:

Der Vergaser besteht aus:

a) je zwei I. und II. Stufen. Die zwei Drosselklappen der I. Stufen sowie die der II. Stufen sind auf einer durchgehenden Welle befestigt.

b) der vollautomatischen Starteinrichtung, gegliedert in:

- das elektrisch und wasserbeheizte Startgehäuse mit Bimetallfeder und Starterklappe in den I. Stufen,
- den unterdruckgesteuerten Drehzahlregler (Klappenansteller),
- den TN-Starter (Thermonebenschlußstarter).

c) der Leerlaufeinrichtung mit Leerlauf, Leerlaufluftdüse, Leerlauf-Gemischregulierschraube und Leerlauf-Gemischabschaltventil.

d) dem Hauptvergaser, unterteilt in:

- zwei I. Stufen mit Hauptdüsen, Mischrohren und nadelgesteuerten Luftkorrekturdüsen,

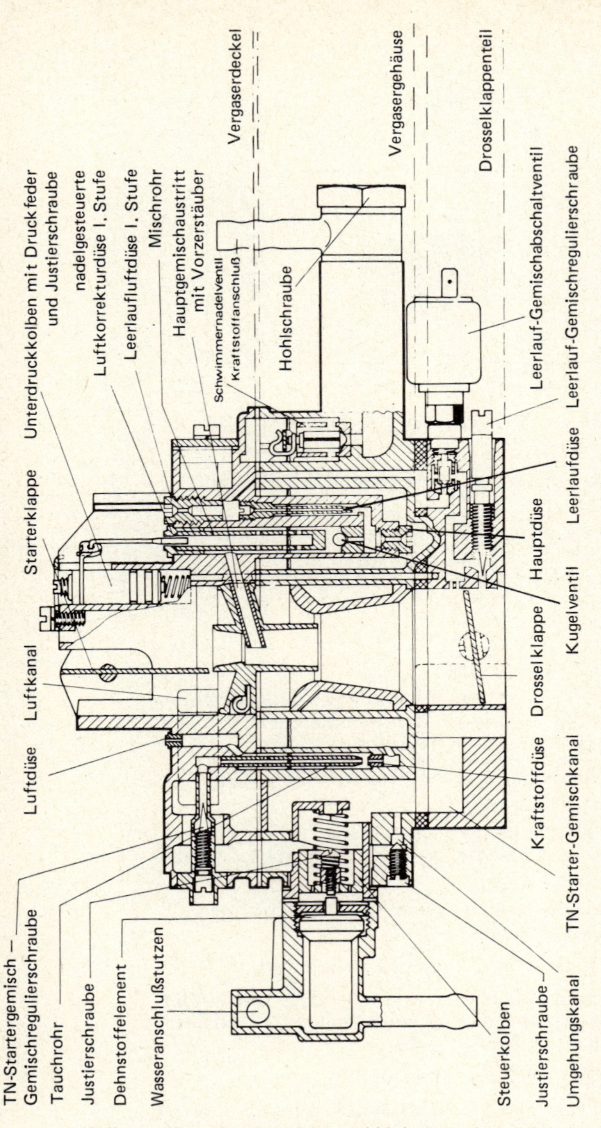

Fallstrom-Doppelregistervergaser 4A1 (schematischer Schnitt)

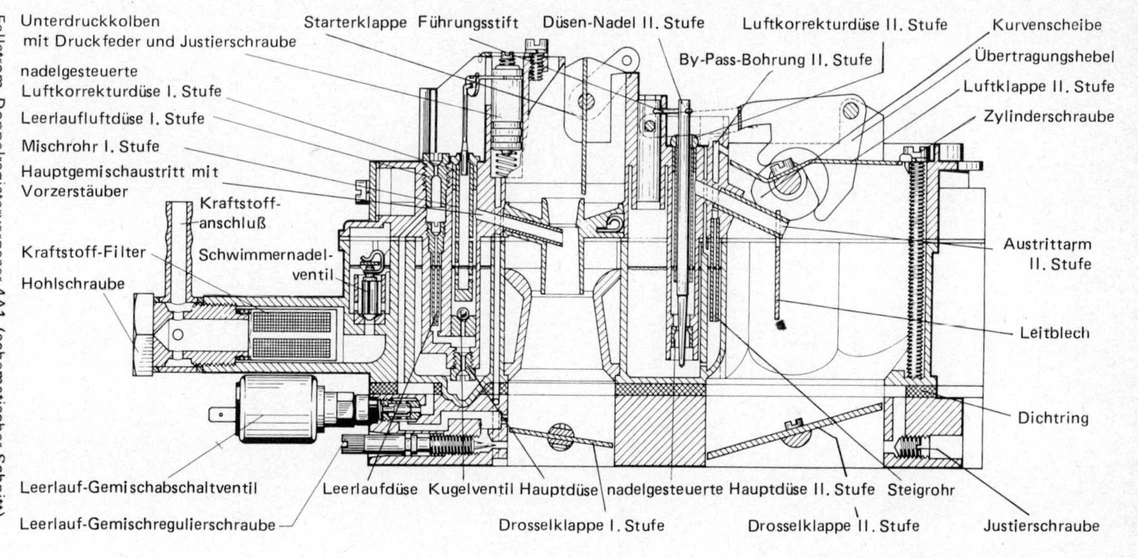

Fallstrom-Doppelregistervergaser 4A1 (schematischer Schnitt)

– zwei II. Stufen mit nadelgesteuerten Hauptdüsen und Luftkorrekturdüsen.

e) der Beschleunigungs-Membranpumpe.

Wirkungsweise:

Der Vorgang beim Kaltstart

1. Kaltstart. Drei verschiedene Einrichtungen beeinflussen bei diesem Vergaser den Kaltstart und Warmlauf:

   a) Die Starterklappe. Sie wird von einer Bimetallfeder in Abhängigkeit von der Wassertemperatur gesteuert. Zusätzlich ist eine elektrische Heizung vorhanden, die vom Thermoschalter geregelt wird.

   b) Der TN-Starter. Seine Funktion ist nur von der Wassertemperatur abhängig.

   c) Der Drehzahlregler (Klappenversteller). Er wird vom Unterdruck betätigt und vom Thermo-Zeit-Ventil gesteuert.

I. Phase

In der ersten Phase des Kaltstarts sind durch den Drehzahlregler die Drosselklappen der I. Stufen etwas geöffnet. Diese Öffnung erzeugt während des Anlassens eine hohe Luftgeschwindigkeit und somit einen hohen Unterdruck unterhalb der geschlossenen Starterklappe. Der Unterdruck ist so stark, daß er Kraftstoff aus den Hauptgemischaustritten, den zusätzlichen Kraftstoffkanälen und gleichzeitig durch den geöffneten TN-Starter ansaugt (kraftstoffreiches Gemisch). Um ein Überfetten des Gemisches zu vermeiden, wird die außermittig gelagerte Starterklappe durch den in der Mischkammer herrschenden Unterdruck entgegen der Schließkraft der Bimetallfeder geöffnet. Damit kann die zur Abmagerung benötigte Luft eintreten.

II. Phase

In der zweiten Phase des Kaltstarts wird unmittelbar nach dem Anspringen des Motors die Starterklappe durch den erhöhten Unterdruck auf ein bestimmtes Maß (Starterklappenspalt) geöffnet. Es erfolgt eine weitere Abmagerung des Gemisches.

Warmlauf

2. Warmlauf. Nach etwa 15 Sekunden (bei —20 °C) gibt das Thermo-Zeit-Ventil den Weg zum Drehzahlregler frei. Der Unterdruck zieht die Anschlagschraube an, und die Drosselklappen gehen in Leerlaufstellung. In der Mischkammer sinkt dadurch der Unterdruck so stark, daß kein Kraftstoff über das Hauptsystem austritt. Mit zunehmender Erwärmung der Bimetallfeder öffnet die Starterklappe.

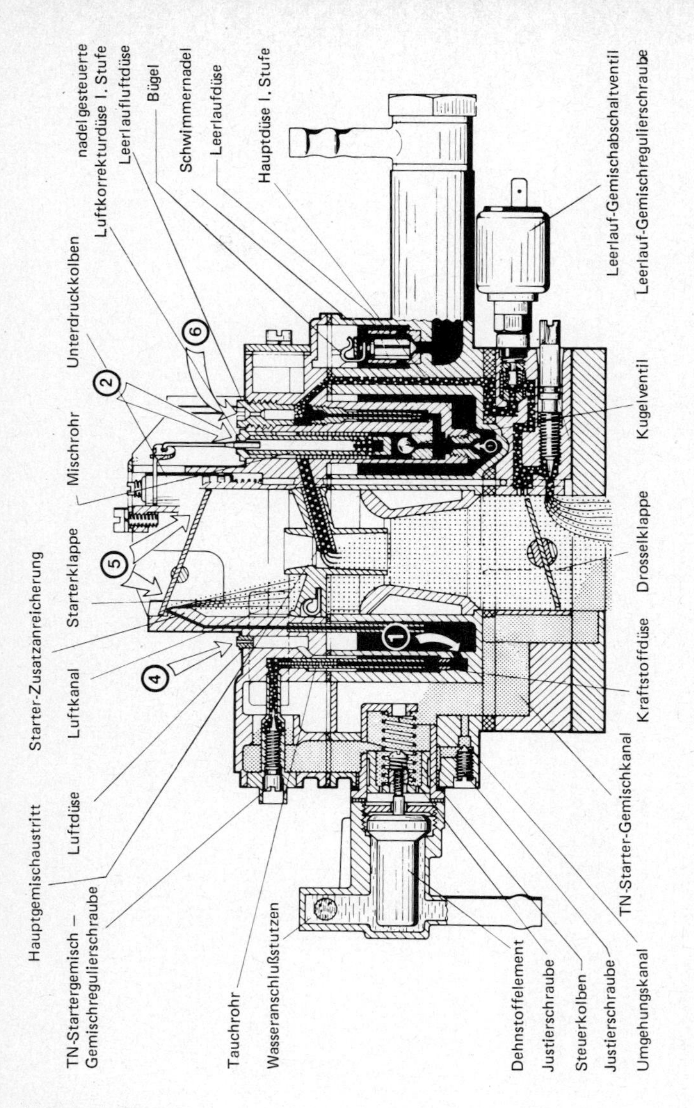

Kaltstart I. Phase

1 Kraftstoff-Zufluß
2 Zustrom der Hauptluft
4 Zustrom der Zusatzluft
5 Eintritt der Starterluft
6 Leerlaufluft

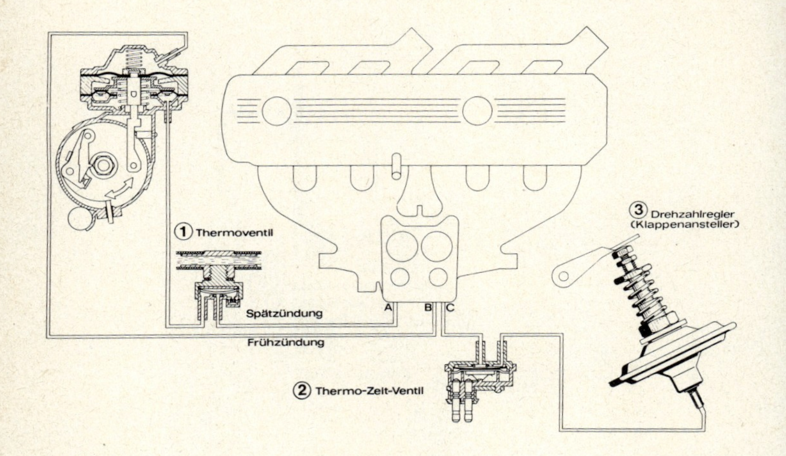

Schema Unterdrucksteuerung

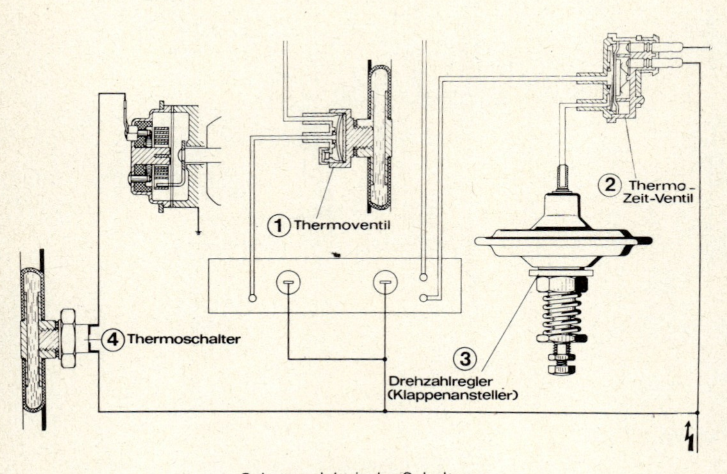

Schema elektrische Schaltung

Gleichzeitig verringert der Steuerkolben vom Dehnstoffelement des TN-Starters kontinuierlich die Gemischmenge. Ein im Rücklauf des Kühlwassers angeordneter Thermoschalter schaltet bei etwa +17 °C eine Heizwendel im Starterdeckel ein. Dadurch wird ein schnelleres Öffnen der Starterklappe erreicht. Bei 60 °C bis 65 °C Wassertemperatur im TN-Starter schließt der Steuerkolben den Gemischkanal.

Zündverstellung

Zündverstellung. Das Thermoventil, das im Kühlwasserkreislauf montiert ist, ist bei kaltem Motor bis etwa +20 °C geschlossen. Der Unterdruck verstellt in Abhängigkeit von der Drosselklappenstellung die Zündung in Richtung „Früh". Oberhalb von +20 °C öffnet das Ventil. Die Zündung wird im Leerlauf in Richtung „Spät" und in Abhängigkeit von der Drosselklappenstellung in Richtung „Früh" verstellt.

Leerlauf

3. Leerlauf. Der Kraftstoff fließt durch die Hauptdüsen der I. Stufen, die Leerlaufkraftstoffdüsen und bildet mit der durch die Leerlaufluftdüsen eintretenden Luft ein Gemisch. In den Leerlaufgemischkanälen sind Leerlauf-Gemischregulierschrauben und Leerlauf-Gemischabschaltventile eingeschraubt. Die Abschaltventile sperren nach dem Abschalten der Zündung den Austritt des Leerlaufgemisches unterhalb der Drosselklappe und verhindern somit ein Nachlaufen des Motors. Mit den Leerlauf-Gemischregulierschrauben wird die Gemischmenge reguliert. Dieses Gemisch und die durch die Ringspalten der Drosselklappen eintretende Luft bilden das Leerlaufgemisch. Außerdem wird noch eine geringe Gemischmenge als Gemischdurchsatztoleranz – auch bei betriebswarmem Motor – durch den TN-Starter ständig zugesetzt.

Übergang

4. Übergang. Genau kalibrierte Übergangsbohrungen (Bypässe) oberhalb der Drosselklappen gewährleisten einen einwandfreien Übergang vom Leerlauf- auf das Hauptdüsensystem.

Beschleunigung

5. Beschleunigung. Um beim plötzlichen Gasgeben die Anpassung der Kraftstoffmenge an den stark zunehmenden Luftdurchsatz zu gewährleisten, ist eine Beschleunigungspumpe notwendig. Beim Öffnen der Drosselklappen wird durch das Hereindrücken der Pumpenmembrane über das Einspritzrohr Kraftstoff in die Mischkammern der I. Stufen eingespritzt.

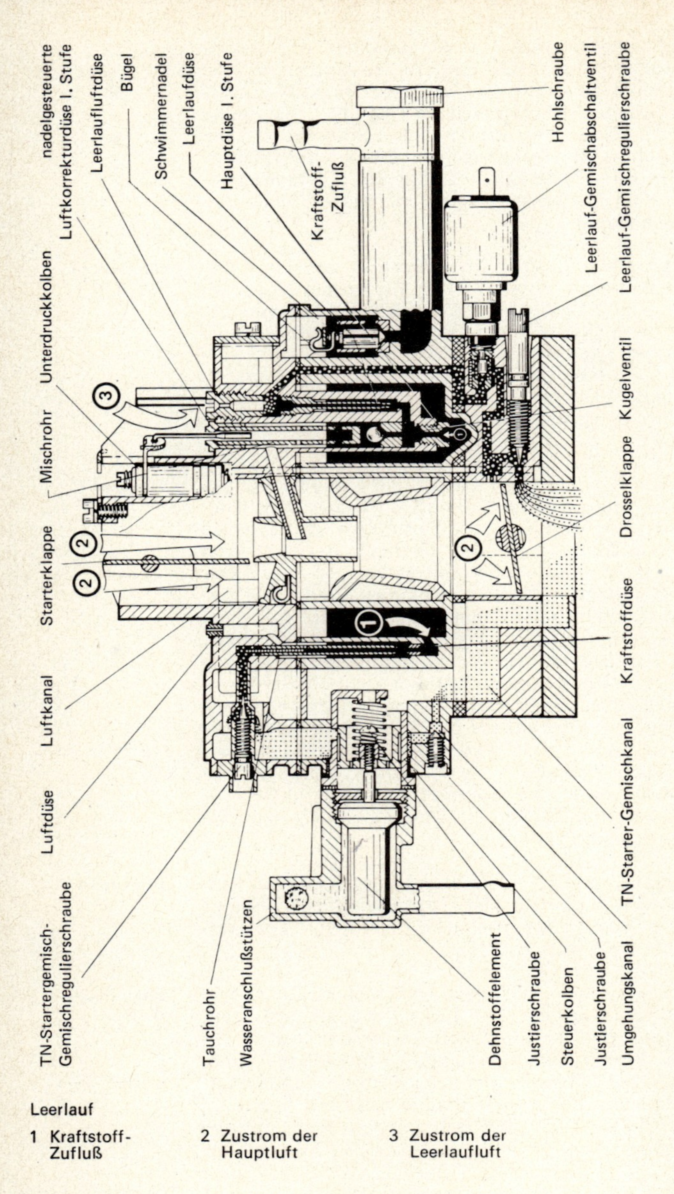

Leerlauf

1 Kraftstoff-Zufluß 2 Zustrom der Hauptluft 3 Zustrom der Leerlaufluft

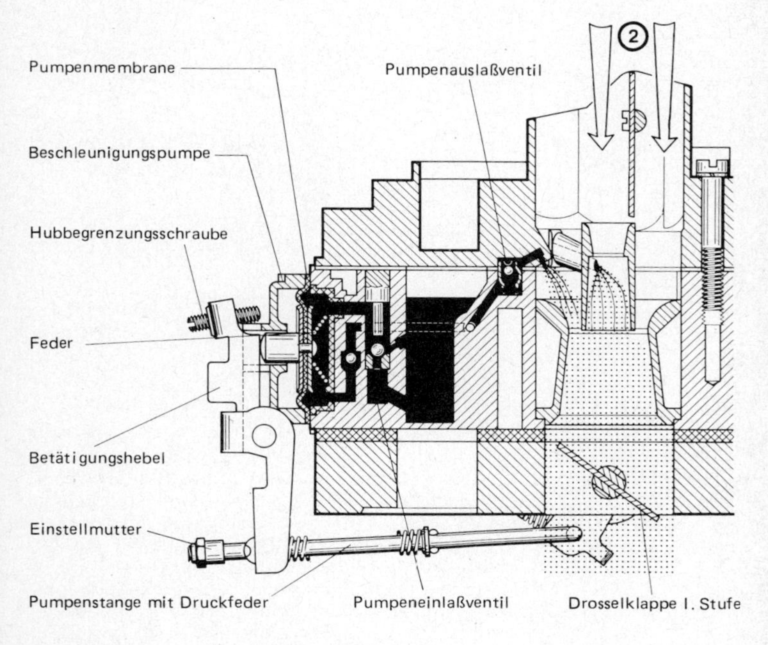

Beschleunigung 2 Zustrom der Hauptluft

Normalbetrieb

6. Normalbetrieb. Die Drosselklappen sind so weit geöffnet, daß der Unterdruck auf das Hauptdüsensystem wirkt.

Teillast

7. Teillast. Der Unterdruckkolben der Teillaststeuerung der I. Stufen wird im Leerlauf durch den hohen Unterdruck unterhalb der Drosselklappen gegen die Federkraft bis zur Anschlagschraube nach unten gezogen. Die beiden Nadeln in den Luftkorrekturdüsen geben den größten Querschnitt frei, so daß eine Abmagerung des Gemisches eintritt. Bei weiterem Öffnen der Drosselklappen wird ein Punkt erreicht, an dem die Federkraft stärker ist. Sie drückt den Unterdruckkolben nach oben und verringert den Querschnitt der Luftkorrekturdüse. Dadurch wird das Gemisch im Teillastbereich, aber auch beim Beschleunigen, angereichert.

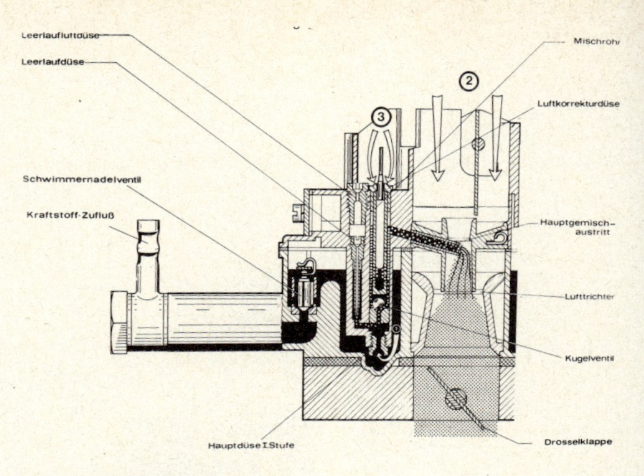

Normalbetrieb und Teillaststeuerung

1 Kraftstoff-Zufluß 2 Zustrom der Hauptluft 3 Zustrom der Korrekturluft

Einsatz der II. Stufen

8. Einsatz der II. Stufen. Die Drosselklappen der II. Stufen sind bis zum Öffnen der Starterklappen geschlossen und blockiert. Bei Betriebstemperatur wird die Sperre entriegelt. Erst wenn die Drosselklappen der I. Stufen etwa $^3/_4$ geöffnet sind, werden bei weiterem Gasgeben die der II. Stufen über Hebel betätigt. Unterhalb der geschlossenen Luftklappen entsteht ein Unterdruck, der auf das Hauptdüsensystem wirkt. Es bildet sich ein verhältnismäßig fettes Gemisch. Werden die Drosselklappen weiter geöffnet, so zieht der Unterdruck die langen Flügel der exzentrisch gelagerten Luftklappen gegen die Kraft einer genau justierten Drehfeder auf. In einer bestimmten Stellung der Luftklappen tritt zusätzlich Kraftstoff durch Bypass-Bohrungen aus. Damit beim plötzlichen Öffnen der Drosselklappen der II. Stufen das Aufschnellen der Luftklappen vermieden wird und einwandfreie Übergänge gewährleistet sind, ist eine Dämpfereinrichtung vorgesehen. Öffnen die Luftklappen, so werden gleichzeitig die Düsennadeln, die den Hauptdüsenquerschnitt steuern, über einen Exzenter und Hebel angehoben, bis die größten Düsenquerschnitte erreicht sind. In diesem Betriebszustand haben die Hauptdüsensysteme in den I. und II. Stufen den größten Durchsatz, gleichzeitig hat die Teillaststeuerung den Querschnitt der Luftkorrekturdüsen der I. Stufen verkleinert.

Einsatz der II. Stufen

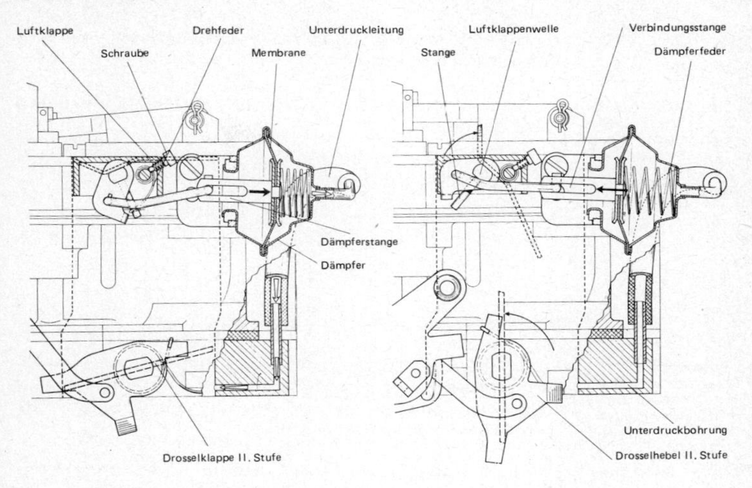

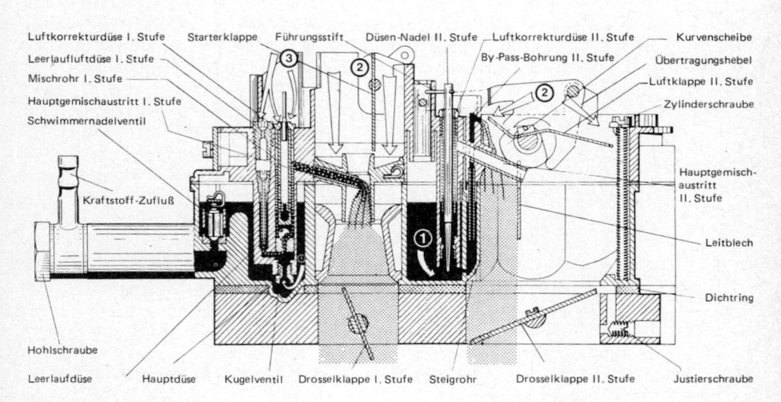

Einsatz der II. Stufe

1 Kraftstoff-Zufluß

2 Zustrom der Hauptluft

3 Zustrom der Korrekturluft

Vollast

9. Vollast. Um bei großer Last und hoher Drehzahl das notwendige optimale Gemisch zu erreichen, wird durch die Einspritzbohrungen in den I. Stufen zusätzlich Kraftstoff eingespritzt.

Kradvergaser

Kradvergaser weichen in ihrem Aufbau von den Wagenvergasern ab.

Unterschiede zwischen Krad- und Wagenvergaser

1. Kradvergaser haben statt der Drosselklappe einen Gasschieber.
2. Die Luft tritt waagerecht in den Durchgangskanal (Horizontal-Vergaser).
3. Kradvergaser sind meistens unmittelbar am Zylinder angebracht, was einen kürzeren Saugweg ergibt.

Kradvergaser sind Schiebervergaser

Beim Kradvergaser ungünstigere Betriebsverhältnisse

Kradvergaser arbeiten unter ungünstigeren Betriebsverhältnissen als Kraftwagenvergaser: Ansaugweg kurz, Ansaugmenge gering. Ansaugen stoßweise. Das ist beim Aufbau berücksichtigt.

Aufbau

Für die benötigte Luft ist ein Luftdurchgang von *großem Querschnitt* notwendig. Je nach Motordrehzahl muß die Durchgangsöffnung verkleinert werden können. Das geschieht durch einen *Gasschieber*, der die Aufgabe der Drossel- und Starterklappe übernimmt.

Ist beim Anlassen der Gasschieber fast ganz geschlossen, so wird durch den verkleinerten Durchgang infolge der großen Strömungsgeschwindigkeit eine große Kraftstoffmenge angesaugt, so daß das Gemisch zu fett wird. Der Kraftstoffaustritt muß deshalb verringert werden. Das geschieht durch eine *kegelige Düsennadel*, die durch Hineinführen in die Nadeldüse die austretende Kraftstoffmenge verringert, durch Höherziehen vergrößert.

Arten der Kradvergaser

Es gibt Einschieber-, Zweischieber- und Registervergaser.

Der Einschiebervergaser im Leerlauf

1. Einschieber-Vergaser.

   a) Leerlaufsystem

   Kraftstoff gelangt vom Schwimmergehäuse durch einen Kanal zum Hauptdüsenraum und durch eine seitliche Bohrung zur Leerlaufdüse. Gasschieber fast ganz geschlossen. Der kräftige Sog bewirkt ein fettes Gemisch.

b) Hauptdüsensystem

Gasschieber ganz geöffnet, Düsennadel dadurch hochgezogen. Ein Teil der Ansaugluft strömt durch die Zerstäuberluftbohrung, nimmt aus der Nadeldüse Kraftstoff mit, so daß sich in der Mischkammer Kraftstoffluftbläschen bilden, die mit dem Hauptstrom in den Zylinder gelangen.

bei Vollast

2. Zweischiebervergaser haben außer dem durch Drehgriff zu betätigenden Gasschieber noch einen Luftschieber, der durch einen Regulierhebel eingestellt wird. Durch den Gasschieber wird der Unterdruck bestimmt und aus Leerlaufdüse oder Haupt- und Nadeldüse Kraftstoff angesaugt. Der Luftschieber ist in erster Linie Starthilfe bei kaltem Motor, dann dient er auch zur Einstellung bei besonderen Verhältnissen, z. B. Berglandfahrten. Durch die beiden Schieber kann die Gemischbildung noch mehr den jeweiligen Betriebsverhältnissen angepaßt werden.

Der Zweischiebervergaser

der Gasschieber

der Luftschieber

3. Registervergaser haben für die Gemischzusammensetzung drei Kraftstoffdüsen, die durch einen Schieber nacheinander freigegeben werden.

Der Registervergaser

4. Kleinvergaser sind für Kleinmotoren und Mopeds gedacht. Man unterscheidet Kleinvergaser mit und ohne Schwimmer. Bing-Vergaser sind Ringschwimmervergaser. Bei schwimmerlosen Vergasern (Fischer) fließt der Kraftstoff vom Kraftstoffbehälter durch eine Tülle und ein Sieb unmittelbar in die Hauptdüse, die das Gemisch für alle Drehzahlen regelt.

Kleinvergaser mit und ohne Schwimmer

Die Vergaser arbeiten nur bei richtiger Einstellung einwandfrei.

1. Die Einstellung des Leerlaufs nur bei warmer Maschine vornehmen. Zunächst den Gasschieber mittels Stellschraube so weit schließen, bis der Motor langsam läuft. Dann mit Hilfe der Luftregulierschraube die Drehzahlen einstellen. Günstigste Stellung, wenn die Luftregulierschraube 1 . . . 2 Umdrehungen auf ist. Ist ein ruhiger Leerlauf erzielt, dann stellt man die Gasschieber-Anschlagschraube bis zum Anschlag am unteren Ende des Schiebers ein.

Einstellung der Kradvergaser

2. Zur Bestimmung der Hauptdüse ist die Höchstgeschwindigkeit bei Fahrt auf ebener Strecke mittels Tachometer oder Stoppuhr festzustellen. Die Düse, die die höchste Geschwindigkeit ergibt, ist norma-

Ermittlung der richtigen Hauptdüse

lerweise die richtige. Tritt bei längerer Vollgasfahrt ein Klingeln des Motors durch Überhitzung ein, so ist die nächstgrößere Düse zu wählen.

Einstellung der Düsennadel

3. Einstellung der Düsennadel für den mittleren Drehzahlbereich: Höherstellen der Nadel = kraftstofffetteres Gemisch, Tieferstellen = kraftstoffmageres Gemisch. Zum Einstellen hat die Nadel am oberen Ende Ringnuten, womit sie in den Schieber eingehängt wird.

Benzineinspritzung

Für den wirtschaftlichen Betrieb eines Motors ist die Gemischaufbereitung, d. h. das richtige Mischungsverhältnis von Luft und Kraftstoff, von ausschlaggebender Bedeutung.

Vorteile

Die Benzineinspritzung (mechanisch oder elektronisch gesteuert) bietet eine Reihe von Vorteilen. Hierzu gehören höhere Hubraumleistung, geringerer spezifischer Kraftstoffverbrauch, geringerer Anteil gesundheitsschädlicher unverbrannter Bestandteile in den

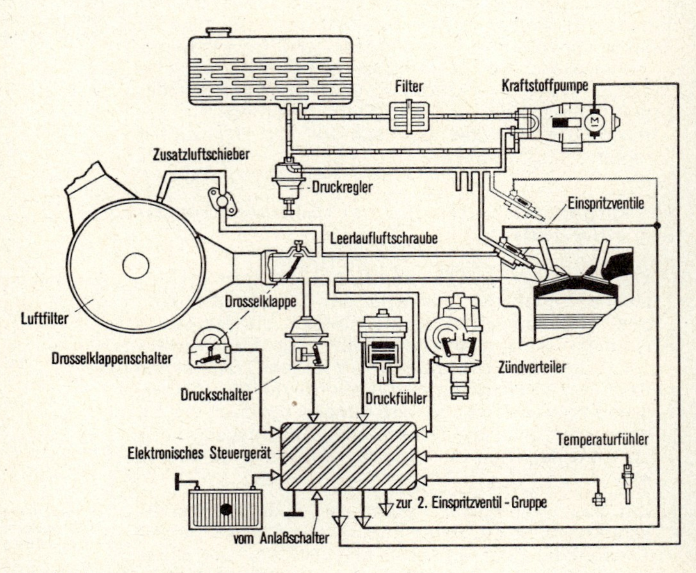

Elektronisch gesteuerte Benzineinspritzung

Auspuffgasen, gleichmäßigere Verbrennung, besseres Übergangsverhalten, höheres Drehmoment bei niedrigen Drehzahlen (Elastizität) u. a. mehr.

Saugrohreinspritzung

Bei der von Robert Bosch GmbH entwickelten elektronisch gesteuerten Einspritzanlage handelt es sich um eine intermittierende Saugrohreinspritzung, bei der der Kraftstoff immer unter einem konstanten Druck steht.

Der Öffnungszeitpunkt und die Öffnungsdauer werden von einem elektronischen Steuergerät (Computer) bestimmt.

3.7. Prinzip der elektronisch gesteuerten Benzineinspritzung

Prinzip der Anlage

3.7.1. Kraftstoffkreislauf

Kraftstoffkreislauf

Durch eine elektrisch angetriebene Kraftstoffpumpe wird ein Druck von 3 bar erzielt. Ein Überdruckregler hält diesen Druck konstant unabhängig von der geförderten und abgegebenen Kraftstoffmenge.

Die Pumpe leistet dabei (je nach Pumpengröße) 20... 90 l/h. Der zuviel geförderte Kraftstoff kann durch eine zweite Leitung in den Tank zurückgeleitet werden.

3.7.2. Ansaugsystem

Ansaugsystem

Die angesaugte Luft gelangt in den Ansaugverteiler, der durch ein Saugrohr mit jedem Zylinder verbunden ist.

Für das Drehmoment eines Motors ist die Form und Größe des Ansaugverteilers von großer Bedeutung. Vor jedem Einzelventil sitzt ein Einspritzventil. Wichtig für eine gute Zerstäubung ist der Abstand zwischen Einspritzdüse und Ventilteller.

3.7.3. Steuerung der Kraftstoffmenge

Steuerung der Kraftstoffmenge

Die Einspritzventile eines Motors werden in Gruppen zusammengefaßt, d. h. bei einem Vierzylindermotor jeweils zwei, bei einem Sechszylindermotor jeweils drei Ventile, die gleichzeitig einspritzen.

Die Kraftstoffmenge muß sich nach der angesaugten Luftmenge und der Drehzahl richten. Da der Vordruck konstant ist, bestimmt die Öffnungszeit der Ventile die einzuspritzende Kraftstoffmenge. Durch eine Anzahl von Fühlern können verschiedene Korrekturgrößen berücksichtigt werden, und zwar:

Anpassung des Gemisches beim Kaltstart,

Anpassung des Gemisches beim Warmlaufen,

Anpassung des Gemisches bei Vollast,

Anpassung des Gemisches an den äußeren Luftdruck.

3.8. Einzelteile der elektronischen Einspritzanlage

Elektronisches Steuergerät

3.8.1. Elektronisches Steuergerät

Es bestimmt den Öffnungszeitpunkt und die Öffnungsdauer der Ventile und besteht aus 250 Einzelteilen; davon sind rd. 30 Transistoren und 40 Dioden.

Auslöse-kontakte

3.8.2. Auslösekontakte im Zündverteiler

Über diese Kontakte erhält das Steuergerät die Impulse für den Beginn der Einspritzung.

Druckfühler

3.8.3. Druckfühler

Er enthält zwei Membrandosen, die den Anker einer Spule verschieben. Dadurch wird die Induktivität der Spule verändert. Der Druckfühler mißt den absoluten Druck im Saugrohr unter Berücksichtigung der Höhenlage. Er bewirkt das Ende der Einspritzung und damit die Einspritzmenge.

Drosselklap-penschalter

3.8.4. Drosselklappenschalter

Im Schiebebetrieb ist die Drosselklappe geschlossen. Liegt die Drehzahl über 1800 1/min, wird kein Kraftstoff eingespritzt. Bei etwa 1200 1/min setzt die Kraftstoffförderung wieder ein. Diese Information wird an das Steuergerät weitergeleitet.

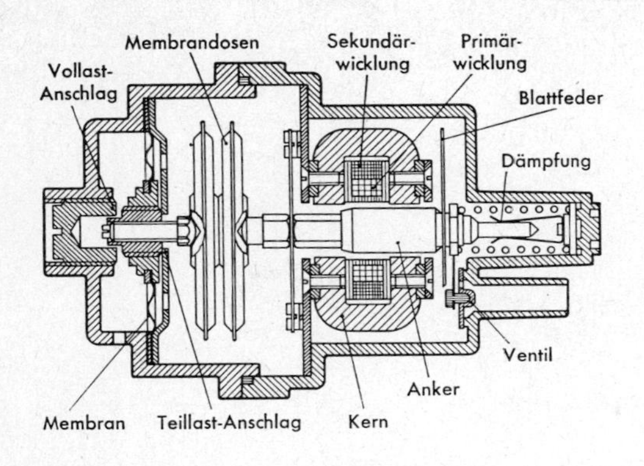

Druckfühler mit Vollast-Anreicherung

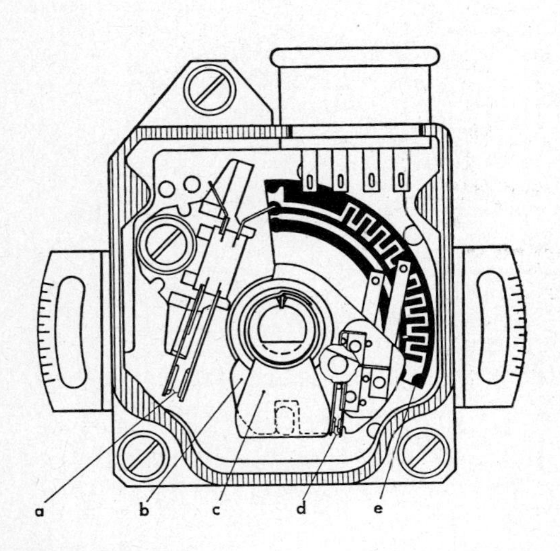

Drosselklappenschalter.

a = Leerlaufkontakte; b = Kontaktträgerplatte; c = Hebel; d = Schleppschalterkontakte; e = Kontaktplatte.

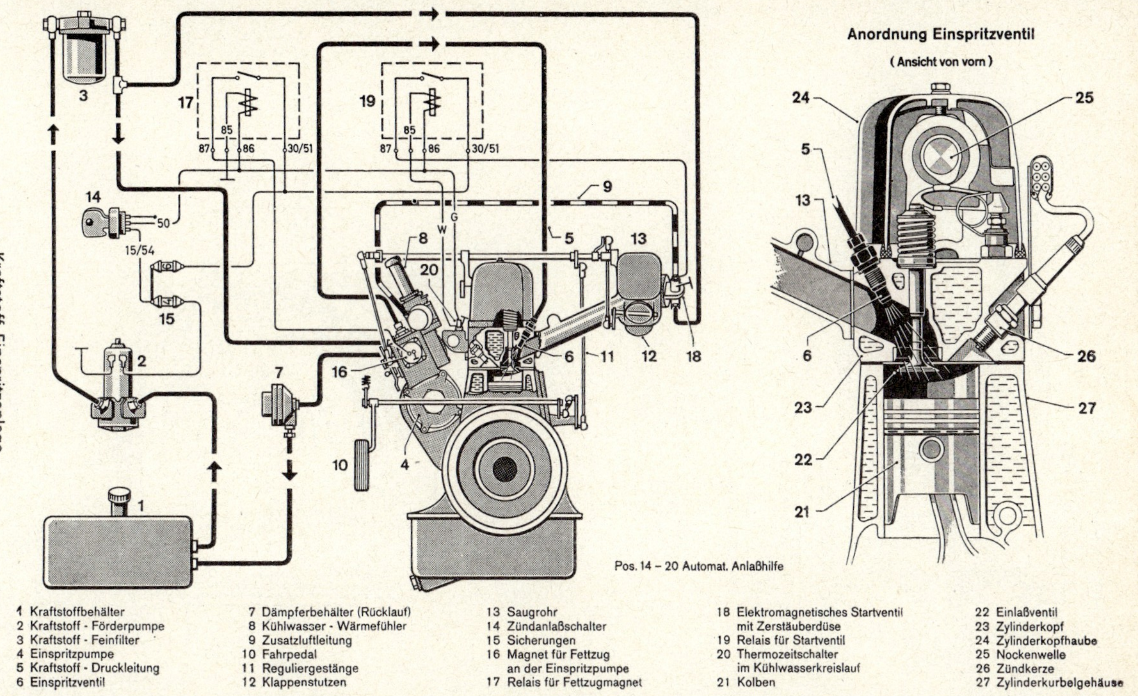

Kraftstoff-Einspritzanlage

1 Kraftstoffbehälter
2 Kraftstoff - Förderpumpe
3 Kraftstoff - Feinfilter
4 Einspritzpumpe
5 Kraftstoff - Druckleitung
6 Einspritzventil
7 Dämpferbehälter (Rücklauf)
8 Kühlwasser - Wärmefühler
9 Zusatzluftleitung
10 Fahrpedal
11 Reguliergestänge
12 Klappenstutzen
13 Saugrohr
14 Zündanlaßschalter
15 Sicherungen
16 Magnet für Fettzug an der Einspritzpumpe
17 Relais für Fettzugmagnet
18 Elektromagnetisches Startventil mit Zerstäuberdüse
19 Relais für Startventil
20 Thermozeitschalter im Kühlwasserkreislauf
21 Kolben
22 Einlaßventil
23 Zylinderkopf
24 Zylinderkopfhaube
25 Nockenwelle
26 Zündkerze
27 Zylinderkurbelgehäuse

3.8.5. Einspritzventil

Einspritzventil

Es besteht aus einem Ventilkörper und der Düsennadel, die durch eine Schraubenfeder auf den Dichtring gepreßt wird. Wird der Magnet erregt, so hebt sich die Düsennadel um etwa 0,15 mm und der Kraftstoff wird eingespritzt.

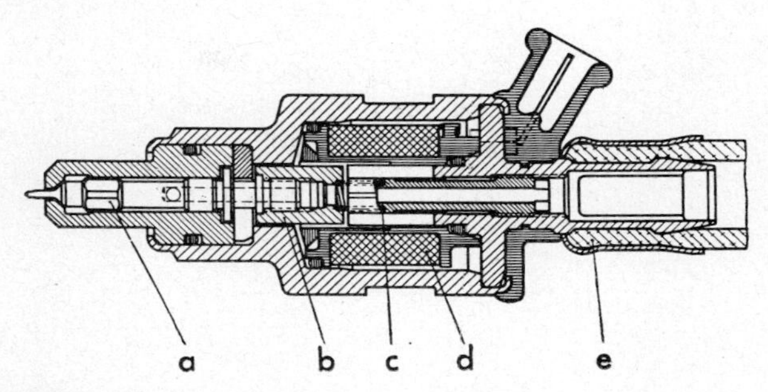

Einspritzventil.

a = Düsennadel; b = Magnetanker; c = Schraubenfeder; d = Magnetwicklung; e = Kraftstoffzuleitung.

3.8.6. Kraftstoffpumpe

Kraftstoffpumpe

Es handelt sich um eine elektrisch angetriebene Rollenzellenpumpe mit großer Förderleistung.

3.8.7. Druckregler

Druckregler

Er sorgt für einen konstanten Kraftstoffdruck von 3 bar. Wird der Druck zu groß, gibt der Regler den Rücklauf frei.

Mit der elektronisch gesteuerten Einspritzanlage ist es gelungen, die scharfen Bestimmungen der Abgasentgiftung aus den USA einzuhalten.

3.9. Prinzip der mechanisch gesteuerten Benzineinspritzung (K-Jetronic)

K-Jetronic

Die K-Jetronic ist eine mechanische, kontinuierlich arbeitende Benzineinspritzung, die keinen Antrieb vom Motor her benötigt.

3.9.1. Aufbau

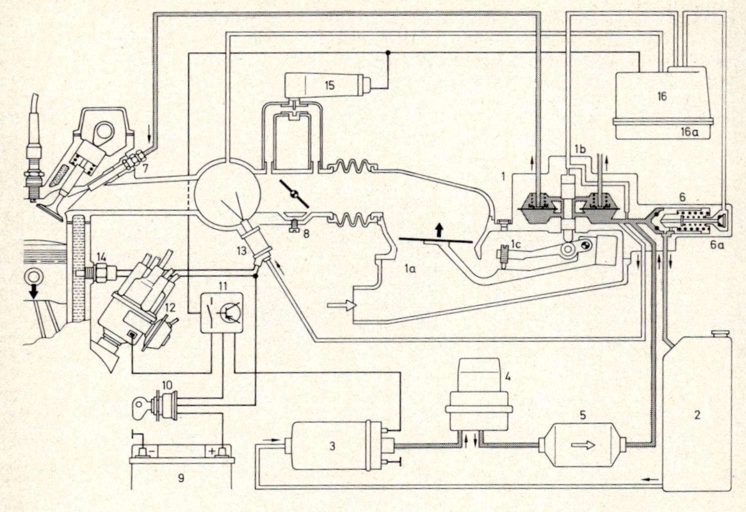

1 Gemischregler
1 a Luftmengenmesser
1 b Kraftstoffmengenteiler
1 c Leerlauf-Gemischeinstell-schraube
2 Kraftstoffbehälter
3 Elektrokraftstoffpumpe
4 Kraftstoffspeicher
5 Kraftstoffilter
6 Systemdruckregler
6 a Aufstoßventil
7 Einspritzventil
8 Leerlauf-Drehzahl-einstellschraube
9 Batterie
10 Zünd-Startschalter
11 Steuerrelais
12 Zündverteiler
13 Kaltstartventil
14 Thermozeitschalter
15 Zusatzluftschieber
16 Warmlaufregler (Steuerdruckregler)
16 a Vollastmembran

Bosch K-Jetronic. Schematische Darstellung einer Anlage (Beispiel) mit Kraftstoffkreislauf

Eine Elektrokraftstoffpumpe (3) fördert den Kraftstoff aus dem Kraftstoffbehälter (2) über den Kraftstoffspeicher (4) zum Gemischregler (1), der aus den Hauptbauteilen Kraftstoffmengenteiler (1b) und Luftmengenmesser (1 a) besteht.

Von der Unterkammer des Kraftstoffmengenteilers (1 b) führt eine direkte Leitung zum Kaltstartventil (13). In diesen Verbindungsleitungen von der Elektrokraftstoffpumpe über den Kraftstoffmengenteiler zum Kaltstartventil herrscht ein Überdruck von 4,8 bar, der sog. Systemdruck, der von dem Systemdruckregler (6) konstant gehalten wird.

Die Leitung zwischen der Unterkammer, dem Raum oberhalb des Steuerkolbens und dem Warmlaufregler (16) steht unter einem variablen Überdruck zwischen 0,5 . . . 3,7 bar. Da dieser Überdruck, der vom Warmlaufregler gesteuert wird, den Hub des Steuerkolbens beeinflußt, wird er als Steuerdruck bezeichnet. Der Öffnungsdruck der Einspritzventile beträgt etwa 3,3 bar. Für besondere Betriebsverhältnisse, wie Kaltstart, Warmlauf und Vollastanreicherung, stehen besondere Korrektureinheiten zur Verfügung.

3.9.2. Wirkungsweise

Die Stauscheibe des Luftmengenmessers (1 a) wird je nach der Menge der durchströmenden Luft mehr oder weniger angehoben. Diese Hubbewegung wird über einen Hebel auf den Steuerkolben des Kraftstoffmengenteilers (1 b) übertragen, der den Steuerdrosselquerschnitt im selben Verhältnis freigibt, so daß das Kraftstoff-Luftgemisch immer dieselbe optimale Zusammensetzung hat.

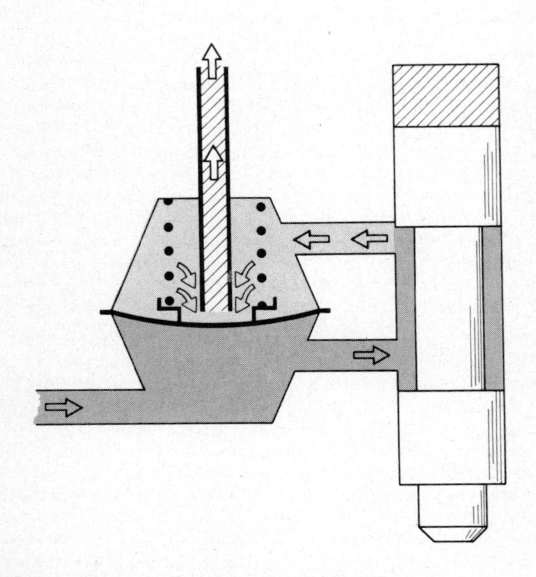

Differenzdruckventil, Stellung bei großer Einspritzmenge

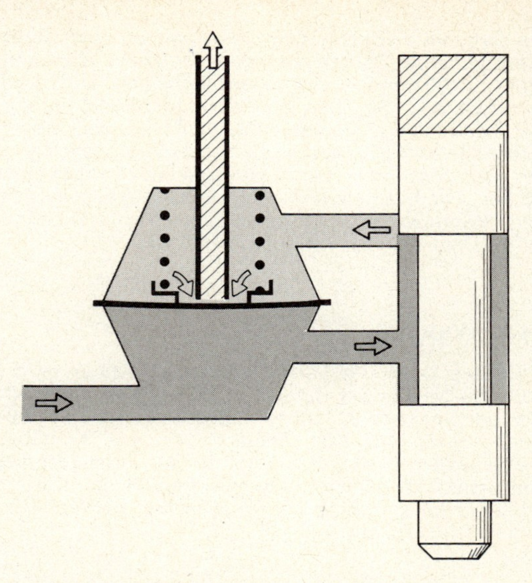

Differenzdruckventil, Stellung bei kleiner Einspritzmenge

Um den Druckabfall an den Steuerschlitzen (Steuerdrosseln) bei verschiedenen Durchflußmengen konstant zu halten, ist jeder Steuerdrossel ein Differenzdruckventil nachgeschaltet, das außerdem Schwankungen im Systemdruckkreis und Abweichungen des Öffnungsdrucks der Einspritzventile ausschaltet. Der Differenzdruck (0,1 bar) entsteht durch die in der Oberkammer eingebaute Schraubenfeder. Jeder Motorzylinder besitzt ein Differenzdruckventil und ein Einspritzventil, das den Kraftstoff kontinuierlich (daher K-Jetronic) auf das Ansaugventil sprüht.

Startanlage

Startanlage. Sie besteht aus einem Elektrostartventil (Kaltstartventil 13) und dem Thermozeitschalter (14). Beim Starten wird die Kraftstofförderpumpe (3) und der Thermozeitschalter in Betrieb gesetzt. Der Stromkreis des Elektrostartventils, das in das Sammelsaugrohr einspritzt, wird vom Thermozeitschalter in Abhängigkeit von der Motortemperatur betätigt. Beim Kaltstart ist das Elektrostartventil geöffnet und wird durch ein elektrisch beheiztes Bimetall im Thermozeitschalter nach Erreichen der Schalttemperatur geschlossen. Während der Öffnungszeit wird zusätzlich Kraftstoff eingespritzt, um die Kondensationsverluste und die erhöhte Reibleistung

Kaltstart

auszugleichen. Beim Warmstart bleibt das Elektrostartventil geschlossen. Es ist keine zusätzliche Gemischanreicherung erforderlich. Um Dampfblasenbildung in den Leitungen zu verhindern, sorgt der Kraftstoffspeicher (4) auch nach dem Abschalten des Motors über eine längere Zeit für einen genügend hohen Druck im System.

Warmstart

Warmlauf. Während der Warmlaufphase müssen die Kondensationsverluste an den kalten Brennraum- und Saugrohrwänden und die erhöhten Reibverluste ausgeglichen werden. Die Kondensationsverluste werden durch ein fetteres Gemisch kompensiert, in dem der Steuerdruck auf den Steuerkolben gesenkt wird. Die Stauscheibe des Luftmengenmessers (1 a) wird dadurch bei gleichem Luftdurchsatz weiter angehoben und vergrößert den Steuerdrosselquerschnitt. Die Veränderung des Steuerdruckes wird durch einen Warmlaufregler (16) erreicht.

Warmlauf

Kondensationsverluste

Warmlaufregler

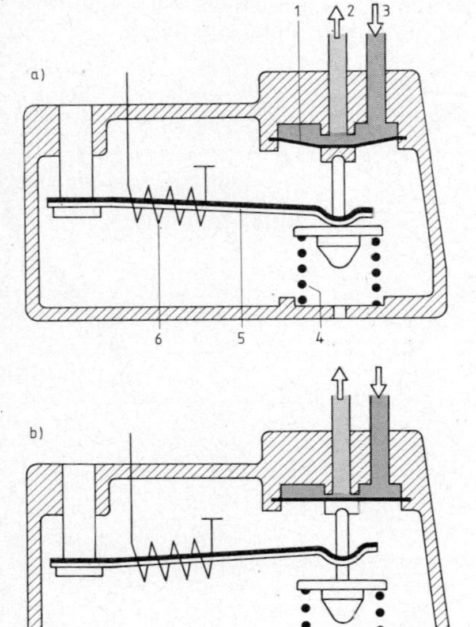

1 Ventilmembran
2 Rücklauf
3 Steuerdruck (vom Gemischregler)
4 Ventilfeder
5 Bimetall
6 elektr. Heizung

Warmlaufregler a) bei kaltem Motor b) bei betriebswarmem Motor

Bei kaltem Motor öffnet ein Bimetallstreifen die Membrane und verbindet somit die Steuerdruckleitung mit der Rücklaufleitung zum Tank (über das Aufstoßventil 6a). Der Überdruck sinkt etwa auf 0,5 bar. Während des Motorwarmlaufes wird der Bimetallstreifen elektrisch beheizt, so daß der Abflußquerschnitt sich verkleinert und bei einer bestimmten Temperatur geschlossen wird. Der Steuerdruck nimmt den Normalwert von etwa 3,7 bar Überdruck an.

Reibverluste

Die erhöhten Reibverluste werden durch Zuführung einer größeren Menge des Kraftstoff-Luftgemisches ausgeglichen, die durch eine Umgehung der Drosselklappe über einen Zusatzluftschieber (15) erfolgt. Der Querschnitt des Luftschiebers wird durch einen elektrisch beheizten Bimetallstreifen verändert und ist bei betriebswarmem Zustand verschlossen.

Vollast

Vollast. Im Vollastbetrieb und beim Leerlauf ist ein fetteres Gemisch erforderlich. Dies wird durch eine Korrektur der Lufttrichterform erreicht.

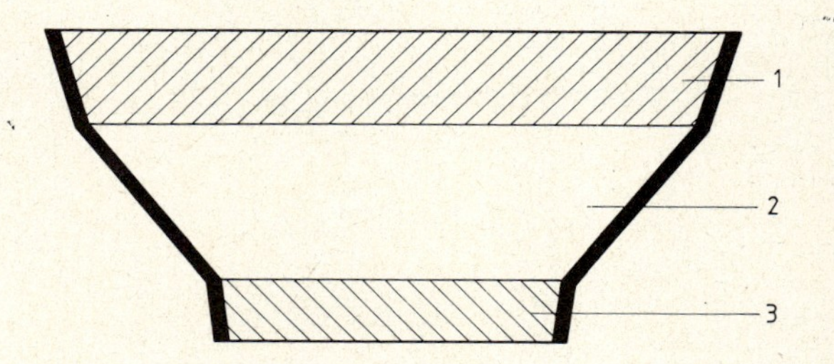

1 für Vollast
2 für Teillast
3 für Leerlauf

Trichterkorrekturen am Luftmengenmesser

Lufttrichter

Ist der Lufttrichter steiler als die Grundform, so muß bei gleichem Luftdurchsatz die Stauscheibe weiter angehoben werden. Das Gemisch wird fetter. Ist der Lufttrichterkegel flacher, so wird das Gemisch abgemagert.

Werden jedoch Motoren im Teillastbereich mit sehr magerem Gemisch betrieben, so muß beim Vollastbetrieb zusätzlich zur Gemischkorrektur durch die Lufttrichterform eine Anreicherung erfolgen. Diese Aufgabe übernimmt ein dafür speziell ausgelegter Warmlaufregler durch Regelung des Steuerdruckes in Abhängigkeit vom Saugrohrdruck. Zu diesem Zweck ist der Regler mit einer Vollastmembran (16a) ausgestattet und über eine Schlauchleitung mit dem Saugrohrdruck im Saugrohr hinter der Drosselklappe verbunden.

Steuerrelais

Das Steuerrelais (11) wird von dem Zünd-Start-Schalter (10) eingeschaltet, sobald der Motor läuft. Als Kennzeichen für den Lauf des Motors dienen die Impulse von der Zündspule, Klemme 1. Nach dem 1. Impuls schaltet das Steuerrelais ein und legt Spannung an die Elektrokraftstoffpumpe (3), den Zusatzluftschieber (15) und den Warmlaufregler (16). Bleiben die Impulse von der Zündspule aus, weil der Motor zum Stehen kommt (z. B. Unfall), dann wird das Steuerrelais etwa 1 s nach dem letzten Impuls abgeschaltet. Durch diese Sicherheitsschaltung wird vermieden, daß die Elektrokraftstoffpumpe (3) bei stehendem Motor und eingeschalteter Zündung Kraftstoff fördert.

Elektrokraftstoffpumpe

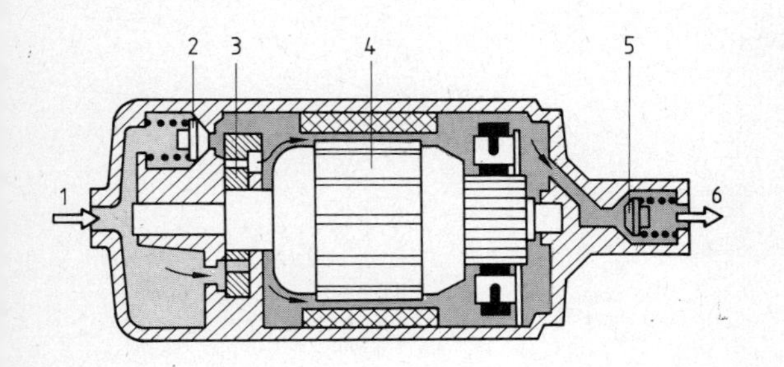

1 Saugseite
2 Überdruckventil
3 Rollenzellenpumpe
4 Motoranker
5 Rückschlagventil
6 Druckseite

Schematische Darstellung der Elektrokraftstoffpumpe (Rollenzellenpumpe)

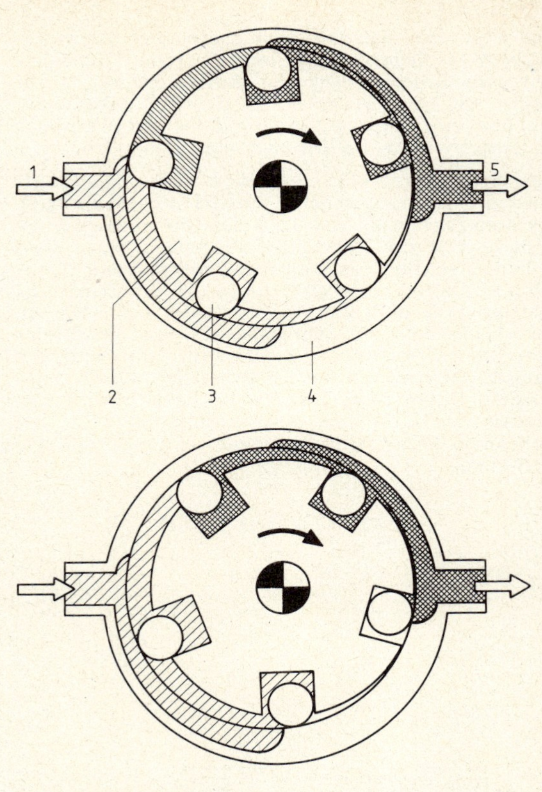

Kraftstoff drucklos

Kraftstoff fördern

Kraftstoff unter Druck

1 Saugseite
2 Läuferscheibe
3 Rolle
4 Pumpengehäuse
5 Druckseite

Pumpenwirkung der Rollenzellenpumpe

Die K-Jetronic bietet die optimalen Voraussetzungen, die gesetzlichen Abgasvorschriften in Verbindung mit einem Abgaskatalysator zu erfüllen. Wesentliche Voraussetzung ist jedoch, daß die Zusammensetzung des Luft-Kraftstoff-Gemisches mit hoher Genauigkeit erfolgt. Der Betriebspunkt liegt dabei mit einem Luftverhältnis von $\lambda = 1$ etwa in der Nähe des geringsten Kraftstoffverbrauches bei noch gutem Fahrverhalten.

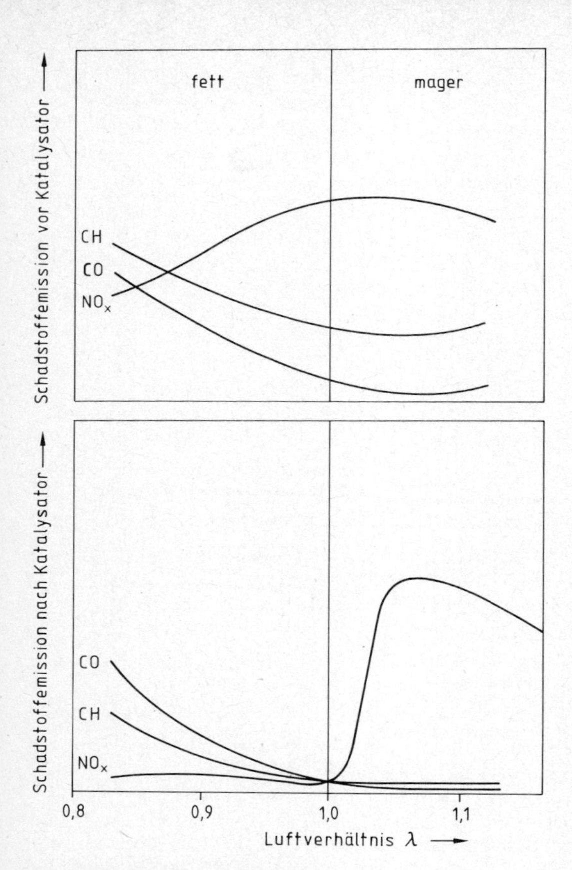

CH unverbrannte Kohlenwasserstoffe
CO Kohlenmonoxide
NO_x Stickoxide

Schadstoffemission eines Ottomotors vor und hinter einem Einbettkatalysator

Lambda-Sonde

Mit Hilfe der Lambda-Sonde, die möglichst nahe am Motor in das Auspuffrohr eingebaut wird, kann ständig der Restsauerstoffgehalt des Abgases gemessen werden, der ein Maß für die Zusammensetzung des dem Motor zugeführten Luft-Kraftstoffgemisches ist.

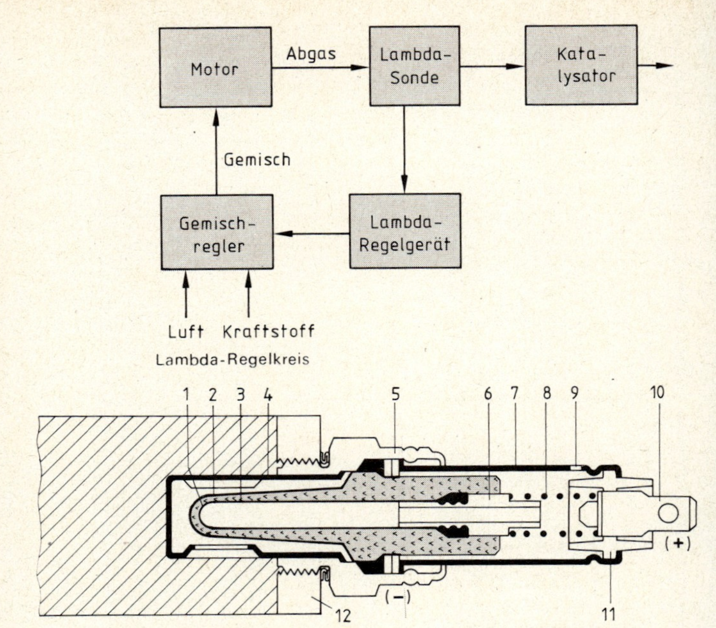

Lambda-Regelkreis

1 Elektrode (+)
2 Elektrode (—)
3 Sondenkeramik
4 Schutzrohr (abgasseitig)
5 Gehäuse (—)
6 Kontaktbuchse
7 Schutzhülse (luftseitig)
8 Kontaktfeder
9 Belüftungsöffnung
10 elektrischer Anschluß (+)
11 Isolierteil
12 Abgasrohrwand

Schnittbild der Lambda-Sonde

Die Lambda-Sonde als Meßfühler liefert eine Information darüber, ob das Gemisch fetter oder magerer als $\lambda = 1$ ist. Die Signale der Sonde werden in einem elektronischen Regelgerät (Lambda-Regler) verarbeitet und an den Gemischregler weitergeleitet.

3.10. Abgase von Verbrennungsmotoren

Einfluß der Gemischzusammensetzung

Motorenabgase sind in der Zusammensetzung abhängig von der Vollständigkeit der Verbrennung. Bei der vollständigen Verbrennung bilden sich Kohlendioxid und Wasserdampf.

Die vollständige Verbrennung ist aber nur bei einem stöchiometrischen (idealen) Kraftstoff-Luft-Gemisch (1 : 14,8) $\lambda = 1$ (Lambda) zu erreichen.

Durch den wechselseitigen und lastabhängigen Fahrbetrieb ist dieser λ-Wert kaum zu erreichen. Daher haben die Abgase eine völlig unterschiedliche Zusammensetzung.

Bei der unvollständigen Verbrennung entstehen folgende Produkte:

Produkte der unvollständigen Verbrennung

Unverbrannte Kohlenwasserstoffe (Paraffine, Olefine, Aromate).

Teilverbrannte Kohlenwasserstoffe (Ketone, Karbonsäure, Kohlenmonoxid).

Thermische Crackprodukte (Acetylen, Wasserstoff).

Weitere Nebenprodukte der Verbrennung sind:

Stickoxide (NO; NO_2), Bleioxide, Schwefeloxide.

3.10.1. Gesetzliche Vorschriften zur Abgasbestimmung

StVZO

1. § 47 StVZO vom 1. 7. 1969

   Der normale CO-Wert beim Leerlauf darf 4,5 Vol.-% nicht überschreiten. (Der CO-Gehalt ist im Leerlauf besonders hoch.)

2. § 47 StVZO vom 1. 10. 1971

   Hierbei geht es um Auflagen, die den Motorenherstellern als Grundlage dienen bei

   a) Prüfung zur Erteilung der allgemeinen Betriebserlaubnis (ABE):

      CO = 2,5 g/Test,
      CH = 1,5 g/Test.

   b) Nachprüfung der laufenden Produktion:

      CO = 3,5 g/Test,
      CH = 2,0 g/Test.

   Analyse der gesammelten Abgase nach dem gefahrenen Europatest.

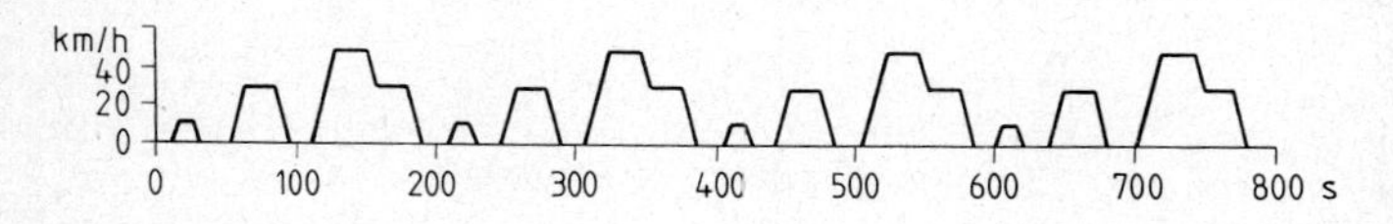

3.10.2. Beeinflussung der Abgasemission

Konstruktion des Motors

Kurbelgehäuseentlüftung

1. Die im Kurbelgehäuse entstehenden Abgase werden über den Vergaser wieder dem Verbrennungsraum zugeführt.

Vergaser

2. Abgasentgiftete Vergaser: Die Gemischregulierschraube wird nach der Einstellung des CO-Gehaltes plombiert.

Startvergaser

3. Startvergaser sind Zusatzvergaser, speziell für den Leerlauf des noch nicht betriebswarmen Motors. Man erreicht durch den Startvergaser ein gutes Start- und Kaltfahrverhalten bei guten Abgaswerten.

   a) Steuerung des Startvergasers über eine elektrische Heizspirale.

   Vorteil Schnelles Öffnen der Startvergaserklappe.

   Nachteil Schnelles Abkühlen des Keramikkörpers, daher häufiger Wechsel: öffnen — schließen.

   b) Steuerung über eine Warmwasserregulierung mit Anschluß an das Kühlsystem.

   Vorteil Weniger Schwankungen.

   Nachteil Langsame Erwärmung, langsames Öffnen der Startvergaserklappe.

   Kombinierte Vorwärmung

   c) Steuerung über eine kombinierte Vorwärmung. Eine Kombination aus elektrischer Heizspirale und Warmwasservorwärmung schaltet die Nachteile von a) und b) aus.

4. Ansaugsystem

   a) Vorwärmung der Ansaugluft über den Auspuff.

   b) Drallkanal, dabei wird das Kraftstoff-Luft-Gemisch im Ansaugrohr durch Leitbleche zentrifugiert und zugleich intensiv vermischt (bessere Verbrennung).

5. Verbrennungsraum

   Kurze Brennwege von der Kerze zu allen Stellen des Brennraumes. Besonders geeignet sind kugelförmige und dachförmige Brennräume und Brennräume mit Quetschzonen (Abstand zwischen Kolben und Zylinderkopfwand ist an bestimmten Stellen geringer). Dadurch entsteht ein Quetschwirbel mit guter Verbrennung.

6. Auspuffsystem

a) *Thermische Nachverbrennung:* Der Thermoreaktor wird durch die Abgase aufgeheizt („heißes Rohr") und arbeitet als Nachverbrenner. Bei zu geringem Sauerstoffanteil in den Abgasen muß zusätzlich Luft eingeblasen werden.

Thermoreaktor

b) *Katalytische Verbrennung:* Die Abgase strömen in wabenartige mit katalytischer Masse gefüllte Körper. Dabei werden bestimmte Abgase verändert oder abgebaut.

c) *Lambda-Sonde:* Die Lambda-Sonde ist ein Keramikkörper, dessen Oberfläche mit Elektroden aus einer gasdurchlässigen dünnen Platinschicht versehen ist.

Aufbau

Die Wirkungsweise der Sonde beruht darauf, daß das Keramikmaterial bei etwa 300 °C für Sauerstoffionen leitend wird. Ist der Sauerstoffanteil zwischen der Außenluftseite und der Abgasseite unterschiedlich hoch, entsteht eine elektrische Spannung. Diese geht in ein Steuergerät, das aus der Größe der Spannung eine Änderung der Einspritzzeit ermittelt.

Wirkungsweise

7. Zündungen

Zündverstellung durch zwei Unterdruckdosen. Im Schiebebetrieb und Leerlauf Verstellung auf „spät". Höhere Abgastemperaturen reduzieren den Schadstoffanteil der Auspuffgase. Neuartige Zündkerzen verändern die Selbstreinigungstemperatur.

Zündverstellung

Höhere Abgastemperatur

Zustand des Motors

Folgendes muß überprüft werden:

1. Dichtheit der Kolbenringe und Ventile (schlechte Füllung = geringe Verdichtung = unvollständige Verbrennung),
2. Dichtheit am Ansaug- und Auspuffkrümmer,
3. Vergaser (Nebenluft),
4. Benzinpumpendruck.

Schlechte Füllung

Einstellung des Motors

1. Ventileinstellung nach Vorschrift des Herstellers,
2. Einstellung des Zündzeitpunktes,
3. Verstellwinkelkontrolle,
4. Kontrolle des Nockenwellenantriebs (Nockenversatz).

Ventileinstellung

3.10.3. Abgastester und CO-Meßgeräte

1. Abgastester

Wärmeleitverfahren

Wheatstomsche Brücke

a) *Wärmeleitverfahren:* Das Grundprinzip ist die Änderung des Gleichgewichts in einer Wheatstomschen Brücke, wobei die unterschiedliche Wärmeleitfähigkeit von Wasserstoff und Kohlendioxid von Bedeutung ist. In einer Meßkammer wird ein schwach glühender Platinfaden je nach Wasserstoffgehalt der Abgase mehr oder weniger abgekühlt und verändert dabei seinen Widerstand. Diese Veränderung macht sich durch Zeigerausschlag im Meßinstrument bemerkbar.

Wärmetonverfahren

b) *Wärmetonverfahren:* In der Meßkammer befindet sich ein stark glühender Platinfaden, der die mit Luft angereicherten Auspuffgase zum Brennen bringt. Durch dieses Aufheizen des Platinfadens tritt eine Widerstandsveränderung ein, die auf der Meßskala sichtbar wird.

Beide Verfahren sind zur Prüfung nach § 29 StVZO nicht zugelassen.

Infrarottester

2. Infrarottester

Meßprinzip

Der Infrarottester zeigt den CO-Gehalt der Abgase an. Das Meßprinzip beruht darauf, daß die gefilterten Abgase in eine Analysekammer geleitet werden, während sich in einer Vergleichskammer ein Gas befindet, welches die infrarote Strahlung nicht absorbiert. Die Differenz der Infrarotabsorption in den Vergleichskammern wird in einem Empfänger gemessen und verstärkt vom Gerät angezeigt.

3.10.4. Abgastest

CO-Gehalt

Der CO-Gehalt ist nach § 47 StVZO festgelegt und wird nach § 29 StVZO im Leerlauf überprüft.

beim Leerlauf

Beim Leerlauf des Motors soll der Meßwert den vom Hersteller angegebenen Wert von 4,5 Vol.-% CO nicht überschreiten.

bei mittleren Drehzahlen

Bei mittleren Drehzahlen ($\sim$ 1500 1/min) liegt der CO-Wert bei etwa 1 Vol.-%.

bei hohen Drehzahlen

Beschleunigerpumpe

Bei hohen Drehzahlen ($\sim$ 3000 1/min) liegt der CO-Wert bei etwa 0,2 . . . 0,5 Vol.-%. Die Überprüfung der Beschleunigerpumpe erfolgt bei erhöhter Leerlaufdrehzahl ($\sim$ 1000 1/min). Nach ruckartigem Gasgeben wird der CO-Tester mit etwa 1 Vol.-% mehr reagieren.

3.11. Die Kraftstoffförderanlage beim Diesel-Motor

3.11.1. Die Kraftstoffförderung

Der Kraftstoffweg

Aus dem Kraftstoffbehälter wird der Kraftstoff durch die Förderpumpe angesaugt und durch den Vorreiniger gereinigt. Die Förderpumpe drückt den Kraftstoff in das Filter, wo er ein zweites Mal gereinigt wird. Vom Filter gelangt der Kraftstoff mit einem Druck von etwa 1,3 bar in die Einspritzpumpe und durch Hochdruckleitungen in die Einspritzdüsen. Ein Überströmventil am Filter sorgt dafür, daß der Abflußdruck auf 1,3 bar gehalten wird. Zu viel geförderter Kraftstoff kann durch die Überströmleitung in den Kraftstoffbehälter abfließen (siehe Bild).

Hemmung der Kraftstoffförderung

Die Förderung und Einspritzung dürfen durch Luft- und Dampfblasen nicht gehemmt werden. Deshalb erfolgt durch das Kraftstoffilter eine Entlüftung. Die Luft entweicht durch das Überströmventil und die Rücklaufleitung in den Kraftstoffbehälter. Auf diese Weise erhält die Kraftstoffpumpe immer einen luftblasenfreien Kraftstoff.

Die Entfernung der Luftblasen

Die Vermeidung von Luftblasen kann auch so geregelt werden, daß der überschüssige Kraftstoff von der Einspritzpumpe in den Kraftstoffbehälter geleitet wird. Die Anlage arbeitet dann mit Saugraumdurchspülung der

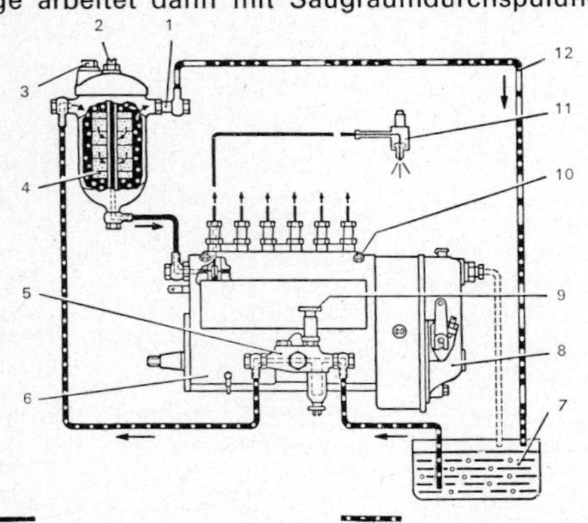

Gereinigter Kraftstoff ohne Dampf- und Luftblasen

Ungereinigter Kraftstoff mit Dampf- und Luftblasen

Kraftstoffweg bei einer Diesel-Einspritzanlage

1 Überströmventil 2 Entlüftungsschraube 3 Einfüllschraube 4 Kraftstoffilter 5 Förderpumpe 6 Einspritzpumpe 7 Kraftstoff 8 Regler 9 Handpumpe 10 Entlüftungsschraube 11 Düsenhalter mit Düse 12 Überströmleitung

Einspritzpumpe. Überströmventil und Überströmleitung vom Filter zum Kraftstoffbehälter fallen dann fort. Überströmventil und Entlüftungsschraube sitzen dann an der Einspritzpumpe.

3.11.2. Die Kraftstofförderpumpe

Aufgabe, Arten und Antrieb der Förderpumpen

Die Förderpumpe führt der Einspritzpumpe Kraftstoff unter einem Druck von 2,3 . . . 2,5 bar zu.

Zur Förderung dienen heute meistens Kolbenpumpen (Bosch, Deckel, Deutz). Die Bosch-Förderpumpe wird als einfach- und doppeltwirkende Kolbenpumpe mit Handpumpe und Vorreiniger gebaut.

Die Förderpumpe sitzt an der Einspritzpumpe und wird von deren Nockenwelle angetrieben, und zwar von dem Nocken, der zugleich ein Pumpenelement der Einspritzpumpe antreibt – oder von einem Exzenter, der zwischen zwei Nocken angebracht ist.

Die Förderpumpe fördert nur so viel Kraftstoff wie benötigt wird.

Arbeitsweise der Pumpe beim Zwischenhub

1. Der Zwischenhub. Der sich drehende Nocken (oder Exzenter) drückt den Kolben über Rollenstößel und Druckbolzen nach „unten". Der im Saugraum (unter dem Kolben) vorhandene Kraftstoff wird über das Druckventil zum Druckraum (über dem Kolben) gedrückt und die Kolbenfeder zusammengedrückt. Es findet keine Förderung zur Einspritzpumpe statt. (Zwischenhub!) Am Ende des Hubes schließt sich das federbelastete Druckventil.

beim Förder- und Saughub

2. Förder- und Saughub. Sobald der Nocken (Exzenter) seinen größten Hub durchlaufen hat, gehen Kolben, Druckbolzen und Rollenstößel unter dem Druck der Kolbenfeder nach „oben". Dadurch wird ein Teil des vorhandenen Kraftstoffes über das Filter zur Einspritzpumpe geführt. Gleichzeitig wird unterhalb des Kolbens durch das geöffnete Saugventil Kraftstoff in den Saugraum gesaugt.

beim Ausgleichhub

bei verstopftem Überströmventil (Vorteil)

3. Ausgleichhub. Übersteigt der Druck in der Förderleitung einen gewissen Wert, so wird der Kolben durch die Feder nur zu einem Teil nach oben gedrückt. Die Fördermenge je Hub wird dadurch kleiner. Je größer der Druck in der Förderleitung, desto kleiner die Fördermenge. Die Förderung ist also elastisch. Ist z. B. das Überströmventil verstopft, so steigt der Druck in der Förderleitung schnell hoch, und die Pumpe fördert überhaupt nicht mehr. Die Pumpe ist also gegen zu hohen Druck ge-

schützt. Der entlang dem Druckbolzen durchsickernde Kraftstoff wird durch den Leckkanal in den Saugraum zurückgesaugt.

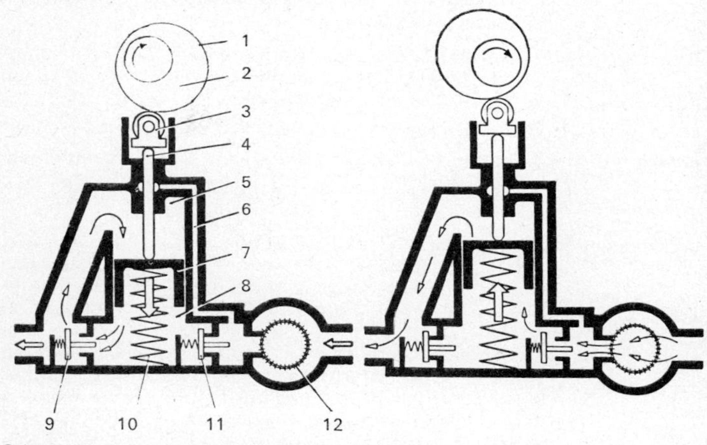

Schema der einfachwirkenden Kraftstoff-Förderpumpe

1 Nockenwelle 2 Exzenter 3 Rollenstößel 4 Druckbolzen 5 Druckraum 6 Leckölkanal 7 Kolben 8 Saugraum 9 Druckventil 10 Feder 11 Saugventil 12 Vorreiniger

3.11.3. Die Filterung des Kraftstoffes

Notwendigkeit der Kraftstoff-filterung

Verunreinigungen der feinen Passungen in Einspritzpumpen und Einspritzdüsen verursachen Verstopfungen, Störungen, Druckverluste und Verschleiß. Darum ist eine gute Filterung durch Vorfilter (an der Förderpumpe) und Hauptfilter (zwischen Förder- und Einspritzpumpe) notwendig. Es gibt Filzplatten-, Papier- und Tuchsackfilter (ältere Bauarten). Filter mit Sterneinsatz, Filzrohreinsatz u. a.

Arten der Filter

Wirkungsweise des Filters mit Filzrohreinsatz

Wirkungsweise des Filters mit Filzrohreinsatz (Bild S. 173). Im Füllgehäuse, dessen abnehmbarer Deckel mit Einfüll- und Entlüftungsschraube versehen ist, ist ein Filzrohreinsatz untergebracht. Der Kraftstoff tritt durch die Zulaufleitung in den Zulaufraum ein, läuft durch den Filtereinsatz in den Ablaufraum und von dort und durch die Ablaufleitung zur Einspritzpumpe. Zuviel geförderter Kraftstoff fließt durch das Überströmventil zum Kraftstoffbehälter zurück. Ehe das Filter in Betrieb gesetzt wird, muß entlüftet werden. Durch das Überströmventil werden unzulässige Drucksteigerungen in der Zulaufleitung verhindert und außerdem das Filter dauernd entlüftet.

Einwandfreie Förderung erfordert sorgfältige Wartung und Pflege.

Wartung eines Filters

1. Bei zu geringer Kraftstoffförderung, die am schaumartigen Austritt an der Entlüfterschraube zu erkennen ist, ist das Filter zu reinigen.
2. Beim Zusammenbau auf gute Abdichtung achten.
3. Luft- und Dampfblasen durch Entlüften entfernen.
4. Absetzungen an der Schlammablaßschraube ablassen.

Reinigung eines Filters

Reinigung des Filters: Der vom Filtereinsatz zurückgehaltene Schmutz fällt durch die Erschütterungen während des Betriebes zum Teil unten in das Filtergehäuse. Um den Schmutz zu entfernen, schraubt man von Zeit zu Zeit die Schlammablaßschraube heraus. Der vorhandene Kraftstoff im Filter spült dabei den größten Teil des abgesetzten Schlammes heraus. Der zurückbleibende Schmutzrest wird bei der nächsten Reinigung des Filzrohreinsatzes oder bei dessen Erneuerung entfernt.

Sternfiltereinsätze

Sternfiltereinsätze können nicht gereinigt werden. Sie müssen bei Undurchlässigkeit durch neue ersetzt werden.

Filzrohrfilter

Den Einsatz des Filzrohrfilters nicht zu oft reinigen, sonst wird er hart und die Filterwirkung läßt nach; deshalb nur reinigen, wenn die Motorwirkung nachläßt.

3.11.4. Die Einspritzpumpe

Die Aufgabe bestimmt Aufbau und Wirkungsweise der Pumpe. Die Kraftstoffpumpe soll

Aufgabe der Einspritzpumpe

a) jedem Zylinder eine gleiche, genau abgemessene Kraftstoffmenge unter gleichem Druck zuführen,

b) den Kraftstoff im gleichen Zeitpunkt (z. B. 30° vor OT) zuleiten,

c) den Kraftstoff nach Bedarf einspritzen.

Die Anzahl der Pumpenelemente

Die meisten Einspritzpumpen haben so viele Pumpenelemente, wie der Motor Zylinder hat.

Die Bosch-Einspritzpumpe ist eine Drehkolbenpumpe.

Aufbau eines Pumpenelementes

In einem Pumpenzylinder bewegt sich ein (bis auf etwa 0,002 mm) genau eingepaßter Kolben, der von der Nockenwelle über einen Rollenstößel angetrieben

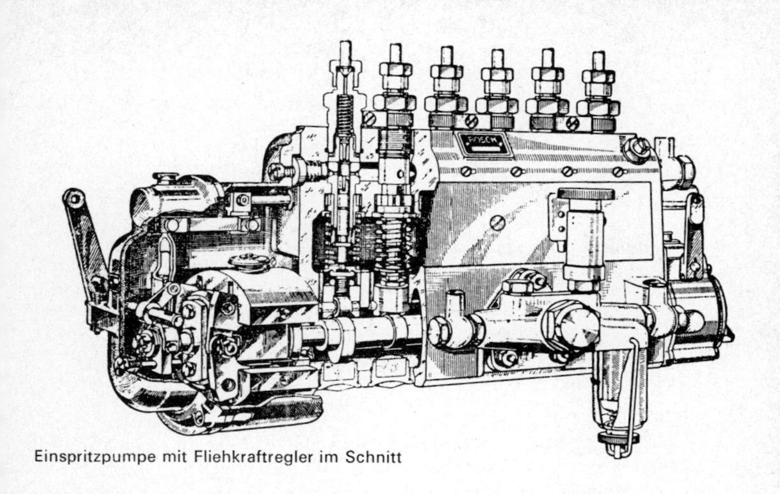

Einspritzpumpe mit Fliehkraftregler im Schnitt

wird. Am Ende des Kolbens greift ein Kreuzstück (Kolbenfahne) in die Schlitze der Regelhülse, worin sich der Kolben auf und ab bewegt. Eine verzahnte Regelstange, die durch Gestänge mit dem Fahrfußhebel verbunden ist, greift in das Zahnsegment der Regelhülse. Durch Verschieben des Segments verdreht sich die Regelhülse und damit der Pumpenkolben. Dieser macht also eine drehende und eine Auf- und Abwärtsbewegung.

Die Bewegungen des Pumpenkolbens

Der Kolben hat oben eine senkrechte Nute und eine schrägverlaufende Steuerkante, die bei der Kraftstoffförderung eine große Rolle spielen.

Die Form des Pumpenkolbens

Der Pumpenzylinder ist nach oben durch ein federbelastetes Druckventil abgeschlossen, über das der Kraftstoff durch ein Druckrohr mit 80 . . . 120 bar (250 . . . 300) zur Einspritzdüse gedrückt wird.

Wirkungsweise der Einspritzpumpe

Der Hub des Kolbens ist immer gleich. Die Hubförderung ist abhängig von der Stellung der schrägen Steuerkante.

Arbeitsweise der Einspritzpumpe

im Saughub

1. Saughub: Steht der Kolben unten, so füllt sich der Zylinderraum durch die seitlichen Bohrungen mit Kraftstoff, der durch die senkrechte Kolbennut bis zur Tragkante fließt.

beim Druckhub

2. Druckhub: Der aufwärtsgehende Kolben drückt zunächst etwas Kraftstoff durch die Zulaufbohrungen

in den Saugraum zurück, bis er die Bohrungen abschließt. Beginn des Druckhubes.

bei Vollförderung

3. Vollförderung: Verschließt beim Aufwärtsgehen des Kolbens die Steuerkante die Einströmbohrung, so daß kein Rückfluß erfolgen kann, so wird der gesamte Kraftstoff des Druckraumes zur Einspritzdüse gefördert.

bei Teilförderung

4. Teilförderung: Steht bei aufwärtsgehendem Kolben die Steuerkante so, daß bald nach der Förderung der Druckraum mit der Zuströmbohrung in Verbindung steht, so fließt der Kraftstoff durch die senkrechte Kolbennut in den Saugraum zurück. Nach einer anfänglichen Förderung hört der Druck auf, das Druckventil schließt sich, so daß keine Kraftstoffförderung mehr erfolgt.

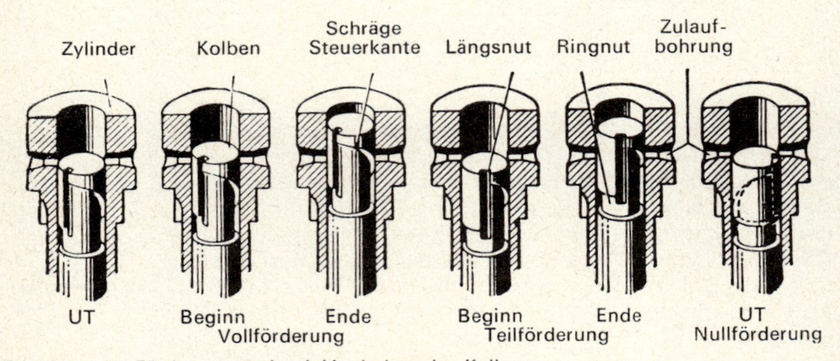

Regelung der Fördermenge durch Verdrehen des Kolbens

bei Nullförderung

5. Nullförderung: Wird der Kolben so weit gedreht, daß die Längsnut auf die Zulaufbohrung trifft, so fließt der geförderte Kraftstoff in den Druckraum. Es entsteht weder Druck noch Förderung; der Motor steht still.

Das Druckventil ist entsprechend seiner Aufgabe besonders geformt.

Aufgabe des Druckventils und seine Form

Das Druckventil hat die Aufgabe, die Druckleitung nach der Kraftstoffförderung zu entlasten, um dadurch ein rasches Schließen der Düsennadel der Einspritzdüse zu erreichen und ein Nachtropfen zu verhindern.

Für diesen Zweck ist das Druckventil besonders geformt. Unterhalb des Kegels befindet sich ein zylindrisches Schaftstück, das Tauchkölbchen, das saugend in den Ventilkörper paßt und den Druckraum dicht abschließt. Beim Förderhub tritt Kraftstoff durch die vier Längsnuten bis zur Ringnut. Der Kraftstoff tritt aber erst dann in die Druckleitung, wenn der zylindrische Schaftteil vollständig aus dem Ventilkörper herausgehoben ist. Der Förderhub ist also sehr lang.

Ursache des schnellen Schließens der Düsennadel in der Einspritzdüse

Demgegenüber ist der Schließhub kurz. Sobald nämlich das Tauchkölbchen wieder in den Ventilkörper eintritt, ist der Durchfluß des Kraftstoffes unterbunden. Setzt sich bei der Abwärtsbewegung der Kegel auf seinen Sitz, so vergrößert sich der Rauminhalt in der Druckleitung um den Hubraum des Tauchkölbchens, was einen schnellen Druckabfall in der Druckleitung und ein plötzliches Schließen der Düsennadel der Einspritzdüse bewirkt.

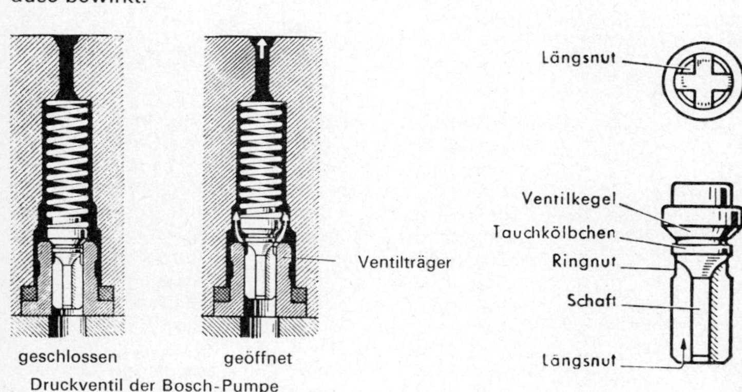

Druckventil der Bosch-Pumpe

Durch einen Regelstangenanschlag wird die Fördermenge begrenzt.

Überlastung des Motors und die Folge

Je weiter die Regelstange gezogen wird, desto mehr Kraftstoff fördert die Einspritzpumpe. Bei Überlastung des Motors tritt infolge der unvollkommenen Verbrennung durch Mangel an Sauerstoff ein Rauchen, ein Verrußen des Verbrennungsraumes, ein Verkleben der Kolbenringe u. a. ein. Um das zu verhindern, muß der Weg der Regelstange durch einen Anschlag beschränkt werden.

Splint
Einstellschraube
Befestigungsbüchse

Fester Regelstangenanschlag

Einstellen des Regelstangenanschlags

1. Der feste Regelstangenanschlag (nebenst. Bild) wird durch eine Schraube eingestellt und durch einen Splint gesichert.

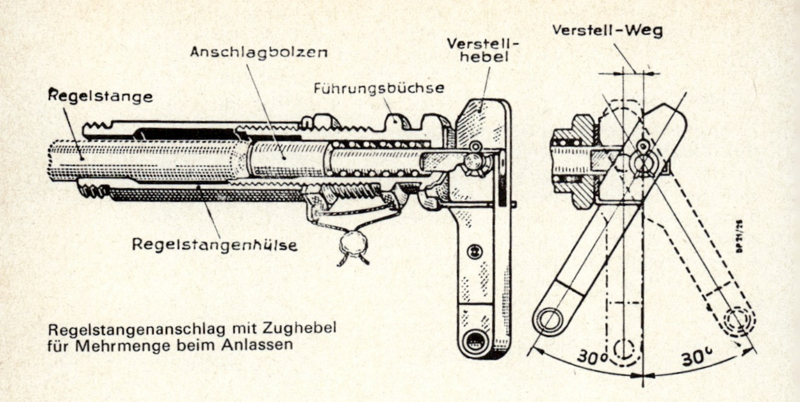

Regelstangenanschlag mit Zughebel
für Mehrmenge beim Anlassen

Der verstellbare Regelanschlag

2. Der verstellbare Regelanschlag wird verwendet bei Motoren, die zum Anlassen eine größere Kraftstoffmenge als für Vollastbetrieb benötigen. Das obere Bild zeigt einen Regelstangenanschlag mit Zughebel für Mehrmenge beim Anlassen. Er ist einstellbar durch Einschrauben der Führungsbuchse des Anschlagbolzens und gesichert durch eine Gegenmutter. Der Anschlag begrenzt zunächst die Vollastmenge. Zieht man am Zughebel (nur beim Anlassen!) in axialer Richtung, so wird der federbelastete Anschlagbolzen um den Verstellweg in Richtung „Voll" bewegt. Die Regelstange kann also um diesen Weg weiter in Richtung „Voll" verschoben werden, wodurch die Anlaßfördermenge größer als die Vollastmenge wird.

Seine Einstellung

Das Ziehen des Zughebels

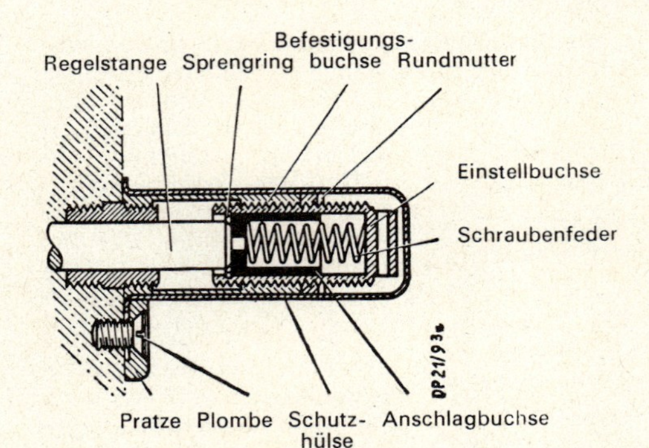

Automatischer Regelstangenanschlag (Bosch)

3. Der automatische Regelstangenanschlag begrenzt bei Einspritzpumpen-Drehzahlen von 400...500 1/min die vom Motor benötigte Vollastmenge. Er wird eingestellt durch Einschrauben der Einstellschraube und gesichert durch Rundmutter. Tritt der Fahrer den Fußhebel bei Stillstand des Motors (also zum Anlassen) ganz nieder, so gibt die in der Anschlagbuchse vorhandene Feder nach. Der Regelstangenweg (und damit die Fördermenge) wird also größer als bei Vollast. Läuft der Motor, so ist die Nachgiebigkeit des Regelstangenanschlags aufgehoben, weil der Regler, unterstützt durch die Feder des nachgiebigen Anschlags, die Regelstange in ihre Betriebslage (=Vollaststellung) zurückzieht.

Der automatische Regelstangenanschlag

Das Niedertreten des Fußhebels und der Anschlag

Leerlauf- und Höchstdrehzahl werden durch einen Regler begrenzt.

Aufgabe und Arten der Regler

Im unbelasteten Zustande gehen Dieselmotoren entweder durch, d. h. sie werden immer schneller, oder sie unterschreiten die Leerlaufgrenze und bleiben stehen. Das wird verhindert durch einen Enddrehzahlregler. Er beschränkt die Höchst- und Leerlaufdrehzahl und regelt durch Einwirkung auf die Regelstange die Einspritzmenge. Zwischen Leerlauf und Höchstdrehzahl arbeitet der Regler nicht. In diesem Bereich ändert der Fahrer die Drehzahl mit dem Fußhebel.

Der Zündzeitpunkt wird durch eine Veränderung des Einspritzzeitpunktes festgelegt.

Automatischer Spritzversteller

Automatischer Spritzversteller

Die automatische Verstellung vollzieht sich folgendermaßen:

Mit steigender Drehzahl wandern – infolge der Fliehkraft – die Fliehgewichte nach außen.

Dabei gleiten die entsprechend ausgebildeten Kurvenbahnen der Fliehgewichte entlang den Mitnehmerbolzen B des Antriebsflansches, der starr mit der Motorwelle gekuppelt ist. Antriebs- und Kuppelflansch sind um den Verstellwinkel gegeneinander verdrehbar und nur durch die dazwischen geschalteten Federn kraftschlüssig verbunden. Die Fliehkraft zieht daher – entgegen der Federkraft, aber in Drehrichtung – an den Fliehgewichtsbolzen A des Kuppelflansches derart, daß dieser (also auch die Nockenwelle) dem Antriebsflansch mit steigender Drehzahl zunehmend vorauseilt (bis zu 10°). Also wird auch der jeweilige Förderbeginn der Pumpenelemente entsprechend vorverlegt.

Die Kurvenbahn ist so gekrümmt, daß bei kleiner Fliehkraft, also bei niederen Drehzahlen, der Fliehgewichtsweg je Grad Verstellwinkel verhältnismäßig groß ist und bei höheren Drehzahlen kleiner wird. Hierdurch wird eine zur Verstellung im niederen Drehzahlbereich

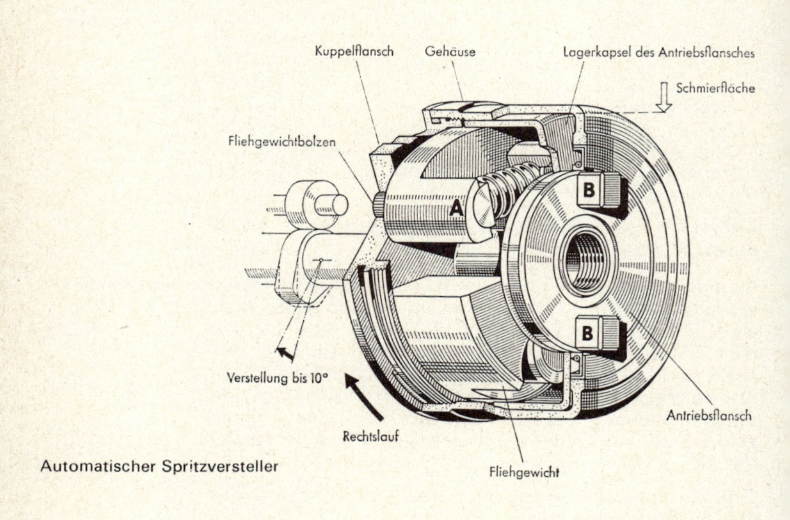

Automatischer Spritzversteller

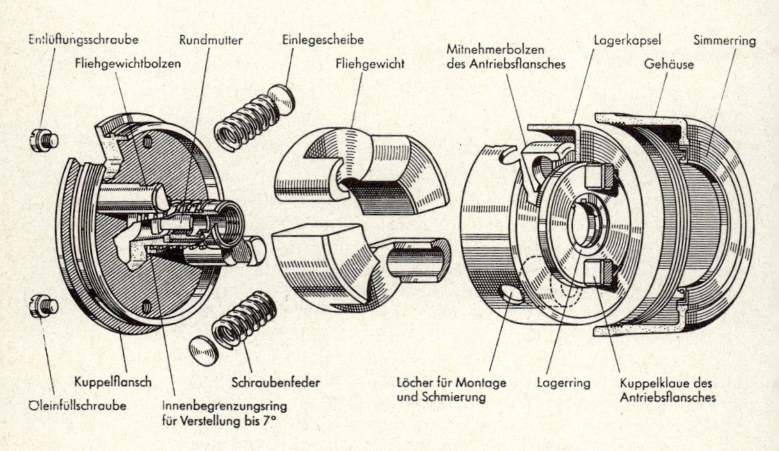

Einzelteile des automatischen Spritzverstellers

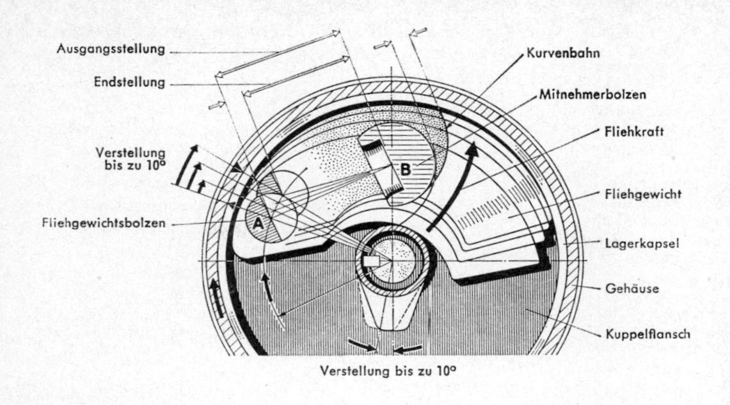

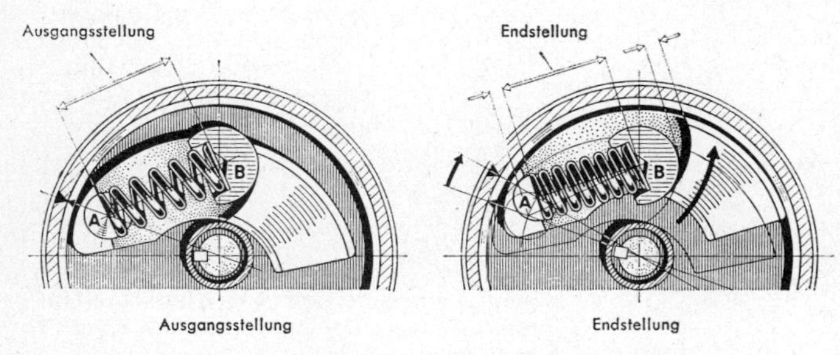

Wirkungsweise des automatischen Spritzverstellers

genügend große Verstellkraft erreicht. Bei höheren Drehzahlen, d. h. bei großer Fliehkraft, genügt zum Verstellen der kleinere Fliehgewichtsweg, weil die Fliehkraft mit dem Quadrat der Geschwindigkeit zunimmt.

Im Fliehkraftregler wird die Wirkung der Zentrifugalkraft ausgenutzt.
(Bild S. 177)

Der Fliehkraftregler

Der Fliehkraftregler ist auf der Nockenwelle der Einspritzpumpe angebracht. Zwei Fliehgewichte werden durch je 3 Federn gegen die Nabe des Reglers gedrückt. Die äußere, schwächere Feder kommt bei Leerlauf zur Wirkung; die beiden inneren, stärkeren Federn dienen der Begrenzung der Höchstdrehzahl bei Volllast. Die Spannung und Entspannung der Federn erfolgt

Die Verbindung zur Regelstange

durch Einstellmuttern. Durch Winkelhebel sind die Fliehgewichte mit der Regelstange der Einspritzpumpe verbunden.

Fahrfußhebel und Regler

1. Beim Anlassen wird der Fahrfußhebel bis zum Anschlag niedergetreten, wodurch sich die Regelstange in Richtung „Vollast" bewegt.

Der Fliehkraftregler bei Leerlauf

Die Abstimmung der Spannung der Leerlauffedern

2. Der Leerlauf regelt sich selbsttätig. Bei der wachsenden Drehzahl nach dem Anlassen bewegen sich die Fliehgewichte gegen den Druck der Leerlauffedern nach außen und ziehen die Regelstange in Stopprichtung, wodurch die Fördermenge verringert wird und der Motor langsam läuft. Die Spannung der Federn ist so abgestimmt, daß der Motor die Leerlaufdrehzahl infolge der Wirkung des Reglers beibehält.

Der Regler zwischen Leerlauf und Enddrehzahl

3. Zwischen Leerlauf und Enddrehzahl tritt der Regler nicht in Tätigkeit. Die Erhöhung der Motordrehzahl erfolgt dann durch Niedertreten des Gasfußhebels. Die Fliehgewichte verbleiben in ihrer Stellung. Die Leerlauffedern bleiben gespannt; das innere, stärkere Federpaar verhindert eine Begrenzung über den normalen Drehzahlbereich hinaus.

Der Regler und eine Überschreiten der Höchstdrehzahl

4. Ein Überschreiten der Höchstdrehzahl wird verhindert. Bei Überschreiten der Höchstdrehzahl wird die Fliehkraft der Gewichte größer als der Druck der Federn. Nun wird über die Hebel die Regelstange automatisch in Stopprichtung gezogen, die Einspritzmenge verringert und ein Überschreiten der Höchstdrehzahl trotz Vollgas verhindert.

Die Regler der Pkw-Dieselmotoren

Kleinere, schnellaufende Dieselmotoren (in Pkw) haben pneumatische Regler.

Aufbau (Bild S. 185): Zwei Hauptteile:

Teile des pneumatischen Reglers

a) *Klappenstutzen* mit Regelklappe im Saugrohr des Motors – auf der Einströmseite.

b) *Membranblock* auf der Stirnseite der Einspritzpumpe, durch eine Ledermembrane in Druck- und Unterdruckkammer unterteilt, durch einen genau kalibrierten Schlauch mit dem Klappenstutzen verbunden. Die federbelastete Membrane ist mit der Regelstange, der Verstellhebel der Einspritzpumpe mit dem Fahrfußhebel verbunden.

Arbeitsweise des Reglers

Arbeitsweise

bei Stillstand des Motors

a) Bei Stillstand des Motors drückt die Feder die Membrane und damit die Regelstange in Richtung „Vollast".

b) Im Leerlauf ist der Fahrfußhebel in Ruhelage. Dieser zieht die Regelklappe gegen den einstellbaren Leerlaufanschlag, so daß das Venturi-Rohr fast ganz geschlossen ist. Infolge des kleinen Ansaugquerschnittes entsteht durch den Sog im Saugrohr ein Unterdruck, der sich über den Verbindungsschlauch auf die rechte Membrankammer fortpflanzt. Auf der linken Seite der Membrane herrscht 1 bar Druck. Durch diesen Druckunterschied werden Membrane und Reglerstange nach rechts in Richtung „Stop" gezogen. Die Einspritzpumpe fördert wenig Kraftstoff; der Motor läuft langsam. Die Leerlaufdrehzahl wird durch den Regler selbsttätig geregelt.

im Leerlauf

c) Um den obersten Drehzahlbereich zu erreichen, muß der Fahrfußhebel ganz niedergetreten werden. Der Verstellhebel liegt dann an seinem Vollastanschlag. Die Regelklappe ist ganz geöffnet. In der Unterdruckkammer herrscht zunächst nur ein geringer Unter-

im obersten Drehzahlbereich

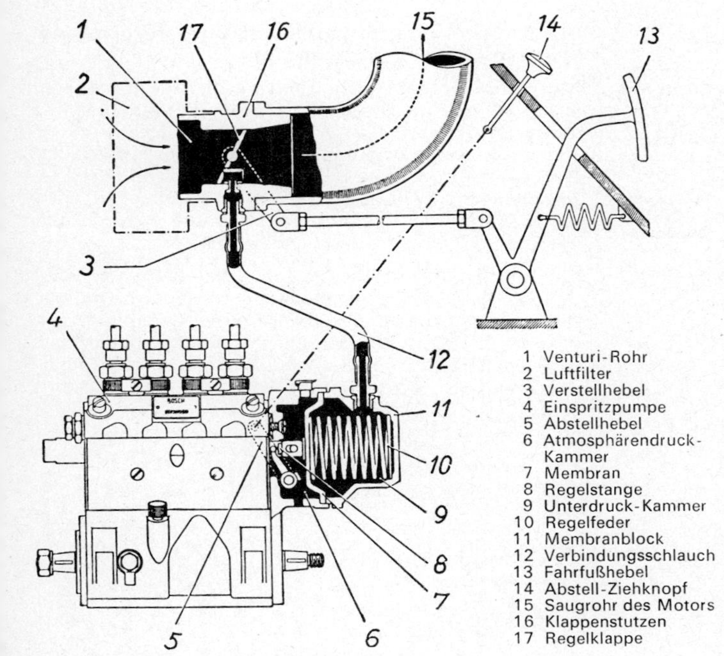

1 Venturi-Rohr
2 Luftfilter
3 Verstellhebel
4 Einspritzpumpe
5 Abstellhebel
6 Atmosphärendruck-Kammer
7 Membran
8 Regelstange
9 Unterdruck-Kammer
10 Regelfeder
11 Membranblock
12 Verbindungsschlauch
13 Fahrfußhebel
14 Abstell-Ziehknopf
15 Saugrohr des Motors
16 Klappenstutzen
17 Regelklappe

Anordnung des pneumatischen Reglers, schematisch

druck. Der zum Regeln notwendige Unterdruck wird erst bei der Nenndrehzahl (=Drehzahl für volle Leistung) erreicht. Die Begrenzung der Höchstdrehzahl (die längere Zeit nicht überschritten werden darf) beginnt, sobald der Motor seine Nenndrehzahl erreicht hat. Die Regelstange geht dann von ihrem Vollast-Anschlag weg und verschiebt sich in Richtung „Stop" so lange, bis die Kraftstoffmenge so klein geworden ist, daß die Höchstdrehzahl nicht mehr überschritten werden kann.

zwischen Leerlauf und Enddrehzahl

d) Zwischen Leerlauf- und Enddrehzahl hält der pneumatische Regler jede Drehzahl konstant (=gleichbleibend). Je mehr man den Fahrfußhebel bzw. die Regelklappe in Richtung „Voll" verstellt, desto höher wird die Motordrehzahl.

Das Abstellen des Motors

e) Ein Abstellen des Motors erfolgt durch Herausziehen des Abstellziehknopfes. Der Abstellhebel drückt die Regelstange auf „Stop". Es wird nun kein Kraftstoff mehr gefördert; der Motor bleibt stehen.

Der Zeitpunkt der Einspritzung wird durch einen Spritzversteller festgelegt.

Der Spritzversteller und die Regelung des Einspritzzeitpunktes

Arten der Spritzversteller

Wie beim Ottomotor eine Zündzeitverstellung möglich ist, so kann beim Dieselmotor eine Vor- und Späteinspritzung erfolgen. Das wird erreicht mit Hilfe eines Spritzverstellers, der an der Einspritzpumpe gegenüber dem Fliehkraftregler angebracht ist. Er verdreht die Pumpennockenwelle so, daß der Pumpenkolben entweder früher oder später angehoben und dadurch der Zeitpunkt der Einspritzung festgelegt wird.

Handverstellung

1. Beim handverstellbaren Spritzversteller wird vom Fahrerhaus aus ein Verstellhebel betätigt, der mittels einer Gelenkgabel die Schiebemutter geradlinig verschiebt. Dabei wird infolge des Steilgewindes das Kuppelteil, das auf der Nockenwelle der Einspritzpumpe sitzt, verdreht. Das Verdrehen der Nocken-

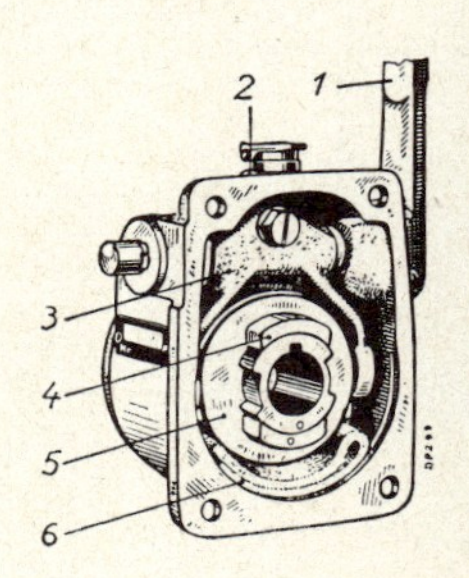

1 Verstellhebel
2 Klappöler
3 Gelenkgabel
4 Kuppelteil mit Steilgewinde
5 Schiebemutter
6 Schmierfilz

Handverstellbarer Spritzversteller

welle bewirkt aber eine Veränderung des Förderbeginns der Pumpenelemente und damit des Einspritzbeginns.

Automatische Spritzverstellung

2. Beim automatischen Spritzversteller (Bild S. 188 oben) wird zum Verstellen die Fliehkraft ausgenutzt. Bei steigender Drehzahl wandern zwei Fliehgewichte nach außen und drücken zwei Schraubenfedern, die zwischen den Mitnehmerbolzen des Antriebsflansches und dem Fliehgewichtsbolzen eingespannt sind, zusammen. Dadurch wird ein Verdrehen des Kuppelflansches gegenüber dem Antriebsflansch und ein Verstellen der Nockenwelle und des Förderbeginns erreicht.

Der Förderbeginn der Einspritzpumpe muß richtig eingestellt werden.

Richtiges Kuppeln des Motors mit der Einspritzpumpe

Bevor die Einspritzpumpe mit dem Motor gekuppelt wird, muß man die Nockenwelle der Pumpe in die richtige Lage bringen, d. h. man muß den Pumpenkolben, der dem Antrieb am nächsten liegt, auf Förderbeginn einstellen.

Einstellen des Förderbeginns bei Pumpen ohne Kupplung und Spritzversteller

1. Bei Einspritzpumpen ohne Kupplung und Spritzversteller ist der Antriebswellenstumpf so einzustellen, daß bei Rechtslauf die mit *R*, bei Linkslauf die mit *L* bezeichnete Strichmarke auf dem Lagerdeckel sich mit der Strichmarke auf dem Kegel des Wellenstumpfes deckt (Bild S. 188 unten).

bei Pumpen mit Spritzversteller

2. Bei Pumpen mit Spritzversteller ist die Mittellage des Verstellhebels die Strichmarke auf dem Antriebsflansch mit der Marke *R* oder *L* auf dem Gehäuse des Spritzverstellers in Übereinstimmung zu bringen.

bei Pumpen mit Kupplung ohne Spritzversteller

3. Bei Einspritzpumpen mit Kupplung, aber ohne Spritzversteller, ist die Strichmarke auf der nicht verstellbaren Kupplungshälfte mit der Strichmarke *R* oder *L* des Lagerdeckels zur Deckung zu bringen. Zum Zwecke der Einstellung sind die Schrauben an der verstellbaren Kupplungshälfte zu lösen.

bei Pumpen mit automatischem Spritzversteller

4. Beim automatischen Spritzversteller ist der Kupplungsflansch so einzustellen, daß sich die Strichmarke am Gehäuse der Pumpe mit der Strichmarke am Umfang des Kupplungsflansches deckt.

Die Fließprobe

Sind die Markierungen nicht mehr gut sichtbar, so kann der Förderbeginn nach der Fließprobe festgestellt werden. Einspritzleitung des ersten Zylinders abschrauben, Druckstutzen herausschrauben, Druckventil mit Feder herausnehmen, Druckstutzen wieder auf-

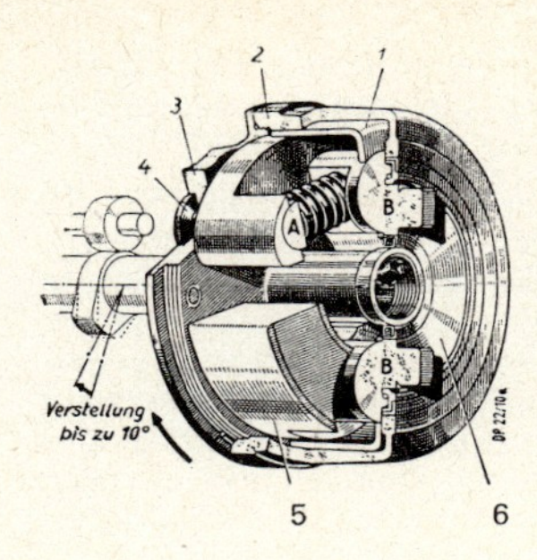

1 Lagerkapsel
2 Gehäuse
3 Kuppelflansch
4 Fliehgewichtsbolzen
5 Fliehgewicht
6 Antriebsflansch

Automatischer Spritzversteller (Bosch)

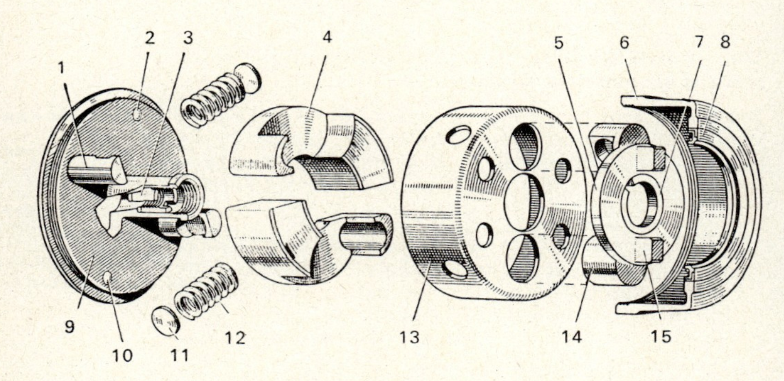

1 Fliehgewichtsbolzen 2 Entlüftungsschraube 3 Rundmutter 4 Fliehgewicht 5 Antriebsflansch 6 Gehäuse 7+8 Dichtringe 9 Kuppelflansch 10 Fetteinfüllschraube 11 Einlegscheibe 12 Schraubenfeder 13 Lagerkapsel 14 Mitnehmerbolzen 15 Kuppelklaue

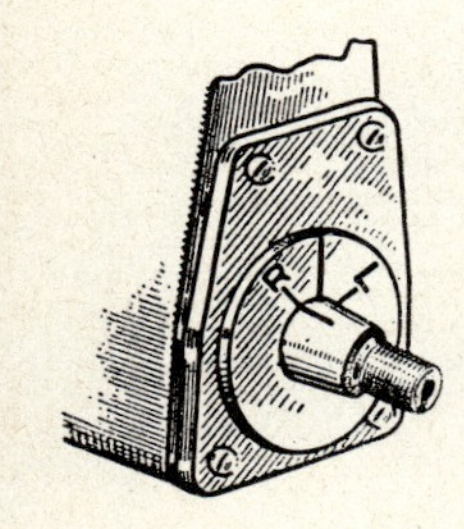

Einstellmarke auf der Nockenwelle

Diese Marke gibt nur die Einbaulage der Nockenwelle an. Für Einstellung nicht benützen (Bosch).

schrauben, Fließröhrchen aufschrauben, mit der Handförderpumpe der Einspritzpumpe Kraftstoff hochpumpen und dabei den Kraftstoffstand im Fließröhrchen beobachten. Durch feinfühliges Drehen der Pumpenwelle kann der Förderbeginn am Kraftstoffspiegel genau ermittelt werden. Der Motorkolben des 1. Zylinders wird nun auf die vorgeschriebenen Winkelgrade vor OT gestellt (siehe Markierungen auf dem Schwungrad!). In dieser Stellung ist die Einspritzpumpe mit dem Motor

Der richtige Förderbeginn und die Stellung des Motorkolbens

zu kuppeln. Danach erfolgt die Feineinstellung durch Verdrehen der beiden Kupplungshälften (nach Lösen der Klemmschrauben), bis die richtige Stellung erreicht ist. Ein Teilstrich entspricht 3° an der Pumpennockenwelle und 6° an der Schwungscheibe (da die Pumpenwelle 2 : 1 untersetzt ist).

Die Feineinstellung

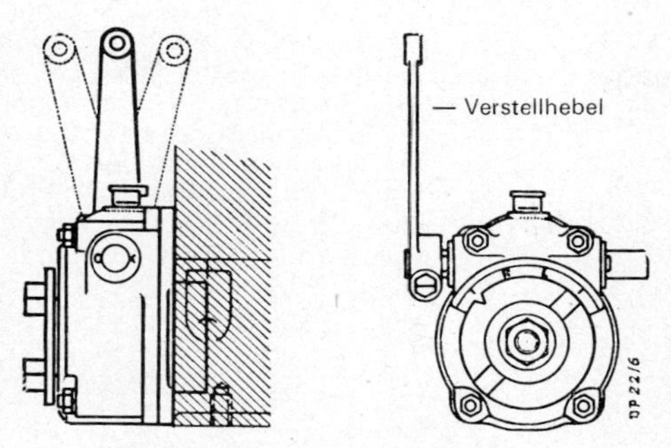

Marken am Gehäuse des Spritzverstellers

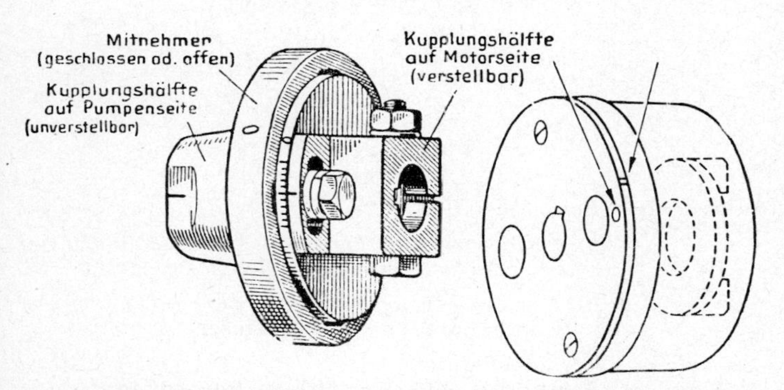

Kupplung für Pumpen ohne Spritzversteller (Bosch)

Automatischer Spritzversteller

Auch die Verstellhebel-Anschläge müssen richtig eingestellt sein.

Um die Fördermenge auf das zulässige Maß zu begrenzen, werden die Regelstangenanschläge vom Motorenhersteller aufgrund eingehender Prüfungen eingestellt.

Es kann aber vorkommen, daß der Regelstangenanschlag während des Betriebes neu eingestellt werden muß. Fehlen Angaben über die frühere Einstellung, so geht man wie folgt vor:

Einstellen bei fehlenden Angaben

1. Regelstangenanschlag entfernen.
2. Vollastanschlag des Verstellhebels so einstellen, daß er etwa 26 mm aus dem Gehäuse herausragt (Bild siehe unten).
3. Eine Probefahrt mit belastetem Fahrzeug auf ebener Strecke im direkten Gang machen. Durch einen Mitfahrer die Auspuffgase beobachten und die *Rauchgrenze* feststellen lassen. Die Auspuffgase müssen gerade rauchfrei sein. Sind sie rußig, so ist die Fördermenge zu groß; dann den Vollastanschlag so weit herausdrehen, bis das Rauchen aufhört.

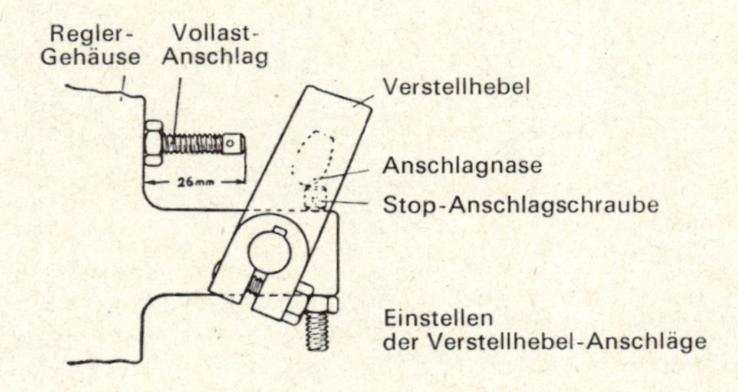

Anschließende Einstellungen

Anschließend ist:

a) *der automatische Regelstangenanschlag* durch Hinein- oder Herausschrauben der Einstellbuchse,

b) *der Verstellhebel-Stoppanschlag* durch die Anschlagschraube richtig einzustellen.

Störungen sind sorgfältig zu beseitigen.

Entlüftung der Kraftstoffförderanlage

1. Luftblasen im Leitungssystem erfordern eine Entlüftung. Entlüftung der Anlage ist notwendig nach Reinigen des Filters, nach Abnehmen der Leitungen oder Pumpe, bei Luftblasen in der Leitung, bei erster Inbetriebsetzung, bei versehentlich leergefahrenem Kraftstoffbehälter, bei längerer Nichtbenutzung.

Entlüftung des Kraftstofffilters

Zuerst den Kraftstoffilter entlüften. Entlüftungsschraube am Filter etwas öffnen. Kraftstoff auffüllen durch Hand oder durch Handförderpumpe; diese so lange betätigen, bis blasenfreier Kraftstoff aus dem Filter austritt.

Anschließend die Einspritzpumpe entlüften.

Entlüftung der Einspritzpumpe

a) Regelstange in Stopp-Stellung bringen. Entlüftungsschraube lösen, mit Handpumpe oder mit Schraubenzieher an den Pumpenstößeln pumpen, bis blasenfreier Kraftstoff austritt.

b) Regelstange auf Vollförderung stellen und Motor durchdrehen, bis er unter normalen Anlaßbedingungen anspringt.

Prüfen der Dichtigkeit und des Druckes

2. Dichtigkeit prüfen. Sinkt der Druck eines Pumpenelements schnell, so ist entweder das Druckventil oder das ganze Pumpenelement undicht. Druckverlust feststellen mittels Druckmesser, der auf den Druckstopfen aufgeschraubt wird. Bei Druckverlust Element ausbauen, zerlegen und säubern. Einzelteile mit Pinzette in Rohöl tauchen und sauber spülen. Kolben nicht mit Lappen trocknen, vor allem nicht mit schweißigen Fingern anfassen. Ein einwandfreier Kolben muß trocken (nicht eingeölt!) durch sein Eigengewicht in den senkrecht gehaltenen Zylinder gleiten. Das Spiel beträgt nur 0,005 mm. Ist die Abnutzung zu groß, dann das ganze Pumpenelement erneuern.

Reinigung und Behandlung der Einzelteile

Verschmutzen und Säuberung der Pumpe

3. Schmutz verursacht in der Regel ein Aussetzen des Motors. Pumpe dann mit dem gleichen Kraftstoff durchspülen. Entlüfterschrauben herausdrehen und mit Handpumpe so lange pumpen, bis ein klarer Kraftstoff ausfließt.

4. Leitungen müssen in die Anschluß-Ringlötstücke hart eingelötet werden. Nach dem Löten reinigen.

Anforderungen an Zulauf- und Druckleitungen

Zulauf- und Druckleitungen nach den Düsen müssen gleich lang sein, ansteigend und ohne scharfe Biegung verlegt werden. Biegungsgrad nicht kleiner als 50 mm. Dichtkegel an den Druckleitungen hart anlöten, besser kalt anstauchen. Zurichten der Rohre: Unter Zugabe von 10 mm für jeden Dichtkegel auf richtige Länge abstechen (nicht absägen!), abgraten, ausblasen; 24 Stunden in Petroleum legen und mit Preßluft ausblasen. Rohre 20 . . . 25mal über einen Stahldraht ziehen, dessen Durchmesser 0,5 mm kleiner ist als die lichte Weite des Rohres; mit Preßluft ausblasen, anstauchen und biegen. Danach 10 min mit Petroleum durchspülen und mit Preßluft ausblasen.

Anbringung der Dichtkegel und Zurichtung der Rohre

Schmierungen an der Einspritzpumpe

5. Schmierung nicht vergessen.

a) Der Nockenwellenraum der Einspritzpumpe muß genügend Öl haben. Ölstand mit Ölstab alle 3000 km prüfen.

b) Der Fliehkraftregler ist durch den Klappöler so lange mit Motorenöl zu füllen, bis es an der gelockerten Ölstand-Prüfschraube austritt. Nach 1500 km Fahrt das verbrauchte Öl ergänzen.

c) Den handverstellbaren Spritzversteller nach etwa 1500 km Fahrt mit etwa 5 cm³ (= 100 Tropfen) Motorenöl nachschmieren.

d) Der automatische Spritzversteller muß nach etwa 3000 km Fahrt mit Spezial-Getriebefett nachgefüllt werden.

e) Der pneumatische Regler erhält nach je 1500 km Fahrt 2...6 Tropfen Öl, damit die Membran geschmeidig bleibt.

Aufbau der Einspritzdüse

3.11.5. Die Einspritzdüse

Einspritzdüsen sind federbelastete Nadelventile.

Aufbau: Düsenkörper mit Düsennadel, durch Überwurfmutter mit dem Düsenhalter, der in den Zylinderkopf des Motors eingesetzt wird, verbunden. Durch den Druck einer Feder auf den Druckbolzen wird die Düsennadel auf ihren Sitz gedrückt. Spannung und Entspannung der Druckfeder erfolgt durch die Einstellschraube. Am Düsenhalter a) der Druckrohrstutzen

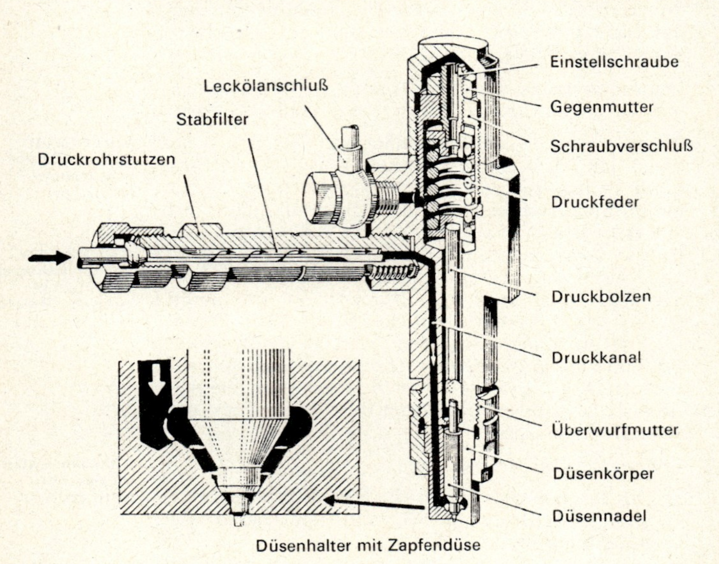

Düsenhalter mit Zapfendüse

mit Stabfilter, der mit der Druckleitung der Einspritzpumpe verbunden ist, b) der Leckölstutzen, der den überschüssigen Kraftstoff in den Kraftstoffbehälter zurückfließen läßt.

Die Bedeutung des seitlichen Stutzens

Aufgabe der Einspritzdüse

Aufgabe: Die Einspritzdüse soll den von der Einspritzpumpe erhaltenen, genau bemessenen Kraftstoff fein zerstäubt unter einem zweckmäßigen Strahl und unter Druck in die Verbrennungsluft einspritzen.

Der Einspritzvorgang

Einspritzvorgang: Der Kraftstoff wird von der Druckleitung in den Druckrohrstutzen, wo der Kraftstoff ein letztes Mal mittels eines Stabfilters gereinigt wird, durch die senkrechte Bohrung im Düsenkörper zur Ringnute geleitet, mit einem bestimmten Abspritzdruck gegen die kegelige Ringfläche der Düsennnadel gedrückt und gegen den Druck der angepaßten Druckfeder durch eine Düse in den Verbrennungsraum gespritzt. Läßt der Einspritzdruck nach, so wird die Düsennadel durch die Druckfeder wieder auf ihren Sitz gedrückt.

Der Einspritzstrahl wird durch Düsennadel und Austrittsöffnung bestimmt.

Düsenarten

Nach dem Einspritzstrahl unterscheidet man

Zapfendüsen

1. Zapfendüsen: Die schmale, kegelige Sitzfläche dichtet den Sitz ab, der zylindrische Zapfen ragt in die Düsenbohrung, wodurch eine Selbstreinigung von Verschmutzung erfolgt; in Vorkammer-, Wirbelkammer- und Luftspeichermotoren angewandt.

Drosseldüsen

   Durch kegelige Formung des Endzapfens entsteht nach einem zylindrischen Vorstrahl bei weiter

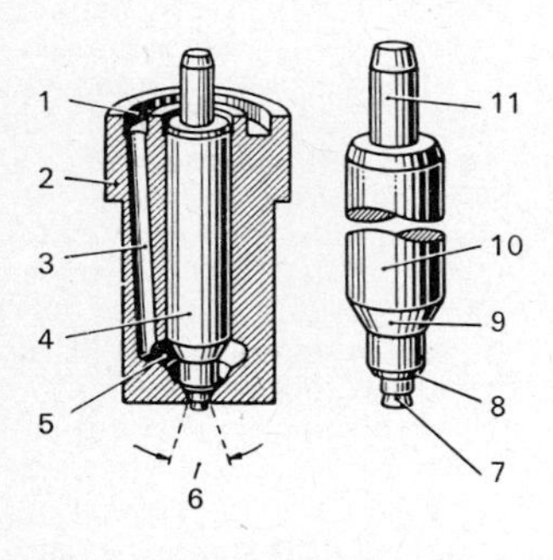

Zapfendüse

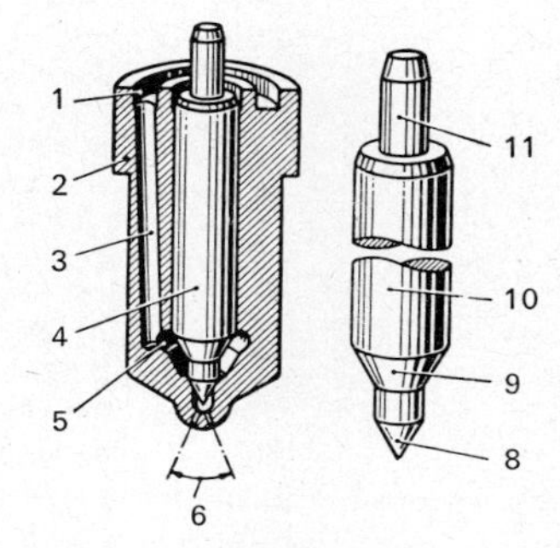

Lochdüse

Bosch-Düsen

1 Ringnut
2 Düsenträger
3 Zulaufbohrung
4 Düsennadel
5 Druckkammer
6 Strahlwinkel
7 Spritzzapfen
8 Nadelsitzfläche
9 Druckschulter
10 Nadelschaft
11 Druckzapfen

Öffnung ein breitausladender, kegeliger Hohlstrahl (Drosseldüsen).

Lochdüsen

2. Lochdüsen mit feinen Bohrungen ergeben eine gute Strahlzerstäubung, wie das bei direkter Einspritzung erforderlich ist.

Gemeinsames Auswechseln von Düse und Düsennadel

Düse und Düsennadel aus hochwertigem Stahl sind mit feinster Passung eingeschliffen und können nur gemeinsam ausgewechselt werden.

Nicht einwandfreie Düsen verursachen Betriebsstörungen.

Fehler an der Düse und ihre Beseitigung

Fehler	Beseitigung
1. Düsen verschmutzt	Düsen reinigen
2. Düsen überhitzt (blau angelaufen)	Auswechseln
3. Düsennadel verschlissen	Düse mit Nadel auswechseln
4. Druckfeder zu schwach, daher der Einspritzdruck zu gering	Nachstellen oder auswechseln Alle 12000...15000 km am Motor oder mit Düsenprüfgerät prüfen
5. Düsenstrahl versetzt	Düse reinigen
6. Düse tropft nach durch Verstopfung, verschlissene Nadel, zu schwache Feder	Reinigen, auswechseln
7. Leckölleitung verstopft (harte Zündschläge)	Stabfilter reinigen

Reinigung der Düse

Reinigung einer Düse am besten mit Bosch-Reinigungsgerät. Düse ausbauen, zerlegen, Teile auf eine saubere Unterlage (nicht Lappen) legen. Düsenkörper äußerlich mit Diesel-Kraftstoff reinigen, das Innere des Düsenkörpers mit Holzstäbchen und Dieselkraftstoff reinigen, verkokte Düsennadeln mit einem in Öl getauchten Hartholzstäbchen säubern, Bohrung mit Reinigungsnadel reinigen, gelösten Schmutz mit Rohöl abspülen. Auf die gleiche Weise Düsenhalter, Stutzen und Stabfilter reinigen und mit Preßluft ab- bzw. ausblasen. Eine Düsennadel ist einwandfrei, wenn sie weder blind noch angelaufen ist und wenn sie – mit Kraftstoff benetzt – durch das eigene Gewicht auf ihren Sitz gleitet (Fallprobe).

Zusammenbau

Zusammenbau: Teile mit Kraftstoff abspülen, Düse zentrisch, nicht einseitig auf den Düsenhalter aufsetzen, Überwurfmutter mit Drehmomentschlüssel (60...80 Nm) anziehen. Dichtungsfläche der Düse muß äußerst sauber sein. Neuen Dichtungsring zwischen Überwurfmutter und Zylinderkopf legen.

4. Das Triebwerk und Laufwerk

4.1. Die Kupplung

Aufgabe der Kupplung

Die Kupplung ist eine lösbare Verbindung zwischen Motor und Getriebe. Sie soll die drehende Bewegung der Kurbelwelle auf das Getriebe übertragen. Sie ist notwendig, weil

a) Verbrennungsmotoren erst auf eine bestimmte Drehzahl gebracht werden müssen, bevor das Fahrzeug in Bewegung gesetzt werden kann. Vor Erreichung dieser Drehzahl muß das Getriebe vom Motor getrennt werden. Das geschieht durch die Kupplung.

b) bei einer starren Verbindung sich das Fahrzeug sofort in Bewegung setzen würde.

c) bei belasteten Fahrzeugen der Motor sofort abgewürgt würde.

d) ein Fahrzeug ohne Kupplung bei jedem Halten stillgesetzt werden müßte.

e) die Kupplung ein sachtes Anfahren ermöglicht.

f) ohne Kupplung kein Schalten möglich ist.

Arten der Kupplungen

Es gibt verschiedene Bauarten von Kupplungen.

Die Einscheibenkupplung

1. Einscheibenkupplungen, die am meisten vorkommen, in Lkw, Pkw und Krafträdern.

   In der innen plangedrehten Schwungscheibe, die als Antriebsscheibe dient, ist die genutete Kupplungswelle drehbar gelagert, auf der sich die beiderseits mit Kupplungsbelag versehene Kupplungsscheibe (Mitnehmerscheibe) mit ihrer genuteten Nabe axial verschieben läßt. Mit der Schwungscheibe ist die Abschlußplatte (der Kupplungsdeckel) fest verschraubt. Mitnehmerbolzen übertragen die Drehung auf die Druck- oder Anpreßplatte. Durch eine zentrale Feder oder mehrere, in Hülsen der Anschlußplatte eingesetzte Federn wird die Druckplatte so gegen die Mitnehmerscheibe gedrückt, daß diese fest an die Schwungscheibe gepreßt wird und ihre drehende Bewegung mitmachen muß. Das Auskuppeln erfolgt durch Fußdruck auf den Fußhebel. Dieser überträgt seine Bewegung auf den Ausrücker und den Ausrückring. Der Ausrückring drückt gegen die gefederten Kupplungshebel, die drehbar auf der Abschlußplatte gelagert sind. Die Hebel ziehen die Druckplatte

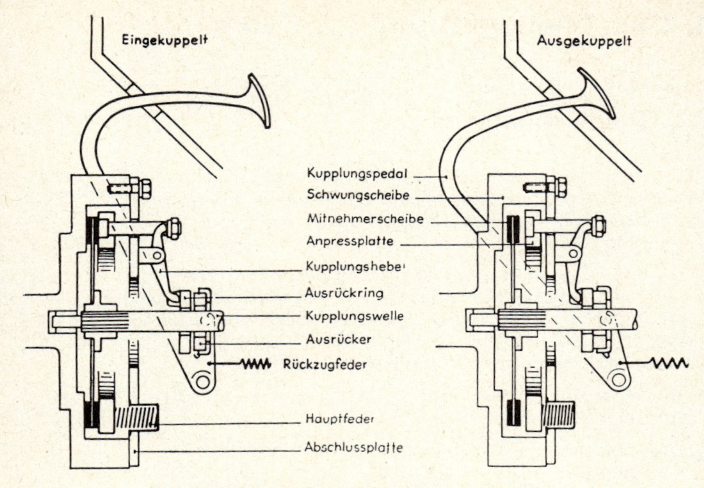

Einscheibenkupplung – Schemazeichnung

gegen den Druck der Federn zurück, so daß der Anpreßdruck aufgehoben und die Kupplungsscheibe nicht mehr mitgenommen wird.

Die Zweischeibenkupplung

2. Zweischeibenkupplungen werden wegen der größeren Reibungsfläche und besseren Reibungsübertragung bei stärkeren Motoren verwendet.

   Zweischeibenkupplungen bestehen aus Schwungscheibe mit 4 Mitnehmern, erster Mitnehmerscheibe, Zwischenscheibe, zweiter Mitnehmerscheibe, Abschlußplatte mit Anpreßplatte und Federn. Die Mitnehmerscheiben sitzen mit ihren genuteten Naben auf der genuteten Kupplungswelle. Die metallische Zwischenscheibe wird durch die Mitnehmer in der Schwungscheibe gezwungen, die Bewegung der Schwungscheibe mitzumachen. Die übrigen Teile sowie die Wirkungsweise entsprechen der Einscheibenkupplung.

Mehrscheibenkupplungen

3. Mehrscheibenkupplungen ermöglichen eine große Reibfläche bei kleinstem Durchmesser. Sie bestehen aus mehreren dünnen Zwischen- und Mitnehmerscheiben. Die Zwischenscheiben greifen mit ihrem gezahnten Außenrand in die Nuten des Kupplungsgehäuses, die Mitnehmerscheiben mit ihren Nabenzähnen in die Nuten der Kupplungswelle. Durch den

Druck von Federn auf die Anpreßplatte wird das Scheibenpaket mitgenommen und die Drehbewegung der Schwungscheibe auf die Kupplungswelle übertragen. Es gibt

Nasse und

a) nasse Mehrscheibenkupplungen, deren glatte oder mit Kork bzw. Kunststoff belegte Scheiben (≈ bis Belagbreite) in Öl laufen,

Trockene Mehrscheibenkupplungen

b) trockene Mehrscheibenkupplungen, deren Scheiben (aus Jurid, Beral u. a.) nicht in Öl laufen.

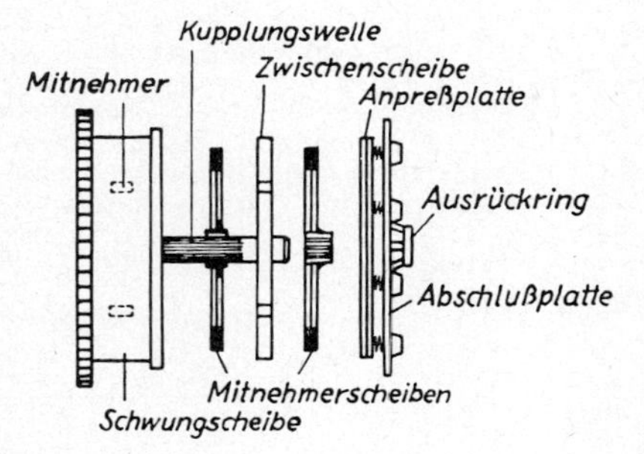

Zweischeibenkupplung

Die Einzelteile der Kupplung sind ihrer Bedeutung entsprechend zweckmäßig eingerichtet.

Arten der Kupplungsscheiben

1. Kupplungsscheiben haben Drehkräfte zu übertragen.

   Es gibt

   a) *starre Kupplungsscheiben:* beiderseits belegte Stahlscheiben,

   b) *elastische Kupplungsscheiben:* Scheiben sind durch Schlitze zur Mitte hin unterteilt, die Segmente abwechselnd nach der einen oder anderen Seite gebogen, so daß sie beim Kupplungsdruck nachgeben. E- und Z-Scheiben!

   c) *Mitnehmerscheiben mit Schwingungsdämpfern* (Torsionsdämpfern), deren Spiralfedern eine nachgiebige Verbindung zwischen Nabe und Scheibe bilden, wodurch Drehschwingungen abgeschwächt und vom Triebwerk abgehalten werden.

Der Kupplungsbelag

2. Der Kupplungsbelag, meistens aus Asbest mit Messingeinlage bestehend, der hitzebeständig, verschleißfest und gegen Öl unempfindlich sein muß, ist mit Hohlnieten aus Kupfer oder Aluminium aufgenietet oder aufgepreßt.

Kupplungsfedern

3. Kupplungsfedern, 6...12 Schraubenfedern (oder eine zentrale Feder) müssen gleiches Gewicht, gleiche Spannung und gleiche Länge haben.

Ausrückvorrichtungen

4. Ausrückvorrichtungen sind entweder

   a) *Ausrücker mit Graphitring*, die keiner Schmierung bedürfen,

   b) *Ausrücker mit Kugellager,* die geschmiert werden müssen.

Das Spiel am Ausrücker

Das Spiel zwischen Ausrücker und Ring bzw. Lager muß 2...3 mm betragen, sonst schleift die Kupplung.

Leergang am Fußhebel

5. Der Kupplungsfußhebel muß entsprechend dem Spiel am Ausrücker einen Leergang (das ist die Bewegung von der Ruhestellung bis zum Beginn des Ausrückens) von 20...30 mm haben, sonst schleift die Kupplung.

Fehler an der Kupplung können mancherlei Ursachen haben.

Fehler an der Kupplung

Fehler	Ursachen
1. Die Kupplung rupft	a) Torsionsfedern nicht einwandfrei.
	b) Mitnehmerscheibe ist verzogen.
	c) Ausrückhebel sind ungleich eingestellt.
	d) Reibfläche der Schwungscheibe oder Druckplatte uneben oder gerissen.
	e) Kupplungswelle oder Ausrücker schlägt.
	f) Graphitring oder Lager nicht einwandfrei.
	g) Hebelwerk ist nicht gängig.
2. Die Kupplung schleift	a) Fußhebel hat nicht das richtige Spiel.
	b) Der Ausrücker hat kein Spiel.
	c) Belag ist abgenutzt oder verölt.
	d) Kupplungsfedern sind ausgeglüht.
3. Die Kupplung quietscht	a) Graphitring ist abgenutzt.
	b) Ausrücklager ist beschädigt oder trocken.

Fehler	Ursachen	
4. Die Kupplung rückt nicht aus	a) Einstellspiel zu groß. b) Nabennuten verschmutzt, so daß die Mitnehmerscheibe klemmt. c) Mitnehmerscheibe verschmutzt, klebt. d) Mitnehmerscheibe schlägt. e) Schwungscheibenlager nicht in Ordnung.	Die Kupplung rückt nicht aus

Das Nachstellen ist eine der hauptsächlichsten Hauptwartungsarbeiten.

Falsches Kupplungsspiel

Wird das Kupplungsspiel nicht beachtet, dann entsteht

a) Rutschen der Kupplung (bei geringem Spiel);

b) hoher Verschleiß des Belagringes;

c) Überhitzen der Guß- und Stahlteile, Nachlassen der Federkraft, Verbrennen der Belagringe;

d) Schaltungsschwierigkeit.

Nachstellen wenn die Federn am Umfang verteilt sind

Das Nachstellen einer Kupplung mit am Umfang verteilten Federn erfolgt entweder durch das Kupplungsgestänge (Spannschloß) oder durch Verschieben des Ausrückers durch eine Nachstellschraube am unteren Ende des Fußhebels. Die Kupplung selbst ist nicht nachstellbar. An den vom Werk eingestellten Schrauben der Kupplungshebel darf nicht gestellt werden.

bei zentraler Druckfeder

Bei Kupplungen mit zentraler Druckfeder erfolgt die Einstellung durch den Einstellring, der mittels Hakenschlüssel verstellt werden kann.

Fehler müssen umgehend beseitigt werden.

Verschleißteile der Kupplung

Fehler beruhen meistens auf Verschleiß. Der Abnutzung sind besonders unterworfen: Kupplungsbelag, Kupplungsfedern, Ausrücker und Mitnehmerscheibe. Instandsetzung sofort vornehmen; Nichtbeachtung verursacht Schaden und kostet oft Menschenleben.

Ausbau einer Kupplung

Bei Fehlern Kupplung ausbauen. Gelenkwelle abflanschen, Kupplung mit Getriebe ausbauen, Befestigungsschrauben an der Schwungscheibe kreuzweise lösen, um Verwerfungen zu vermeiden. Teile zeichnen, damit sie wieder in der ursprünglichen Stellung zusammengebaut werden können. Eine Kupplung ist nämlich als Ganzes ausgewuchtet. Muß etwa bei Auswechseln der

Abnehmen der Abschlußplatte

Federn die Abschlußplatte abgenommen werden, dann Befestigungsklammern der Ausrückplatte ausbauen und die Platte abnehmen. Befestigungsschrauben vorsichtig, kreuzweise, jeweils um einen Gang lösen, so daß sich die Federn ganz allmählich entspannen; andernfalls verzieht sich die Abschlußplatte. Wegen der großen Federspannung benutzt man sowohl beim Auseinandernehmen wie beim Zusammenbau am besten eine Spannvorrichtung.

Prüfen der Kupplungsteile nach dem Auseinanderbau

Nach dem Ausbau prüfen, ob

a) die Mitnehmerscheibe ausgeglüht ist. Erneuern!

b) die federnden Segmente flachgedrückt sind. Scheibe erneuern.

c) die Torsionsfedern lose oder gebrochen sind. Scheibe auswechseln.

d) der Kupplungsbelag abgenutzt, verbrannt oder verölt ist. Neu belegen.

e) die Mitnehmerscheibe auf der Kupplungswelle gängig ist. Nuten säubern!

Erneuerung eines Kupplungsbelages

Bei Erneuerung des Kupplungsbelages Original-Formstücke einbauen. Wegen der Festigkeit Hohlnieten benutzen. Löcher in Scheibe und Belag müssen genau übereinander liegen, sonst aufreiben. Nieten am besten mit Hebelpresse einziehen. Prüfen, ob die Nietköpfe auch tiefer als die Reibfläche liegen und beim Einziehen nicht geplatzt sind.

Prüfen der Mitnehmerscheibe auf Schlag

Neubelegte Mitnehmerscheiben vor dem Einbau prüfen:

a) auf Schlag. Scheibe auf einen passenden Dorn schieben, der zwischen die Spitzen einer Drehbank gespannt wird; langsam drehen und – möglichst mit Meßuhr – feststellen, ob die Scheibe schlägt.

auf Gleichgewicht

b) auf Gleichgewicht. Scheibe auf passenden Dorn stecken, auf zwei Schienen legen und prüfen, ob die Scheibe in jeder Lage stehen bleibt.

Kupplungsfedern

Prüfen und Erneuern der Kupplungsfedern. Wenn eine Kupplung schleift, sind meistens die Federn ausgeglüht und haben ihre Spannung verloren. Federn auf richtige Länge und Spannkraft prüfen, am besten mit Federprüfgerät (Matra). Federn bei Fehlern satzweise auswechseln, damit der Druck auf die Druckplatte gleichmäßig wird.

Bedeutung der Isolierscheiben

Beim Einsetzen der Federn die Isolierscheiben nicht vergessen, die als Federunterlagen unter die Führungszapfen gelegt werden und die Erwärmung der Federn verhindern.

Prüfungen vor dem Einbau

Prüfung vor dem Einbau

a) Die Anlagefläche der Druckplatte muß auf Ebenheit geprüft werden.

b) Die Enden der Druckhebel müssen in einer Ebene liegen und gleichen Abstand von der Druckplatte haben. Druckhebel dürfen nicht verbogen sein. Ausrückring und Druckplatte müssen parallel zueinander liegen und den vorgeschriebenen Abstand haben. Auf einer Richtplatte mit Meßuhr prüfen. Einstellung an den Einstellschrauben der Druckhebel. Nach dem Einstellen Schrauben sichern.

   Die Prüfung auf Parallelität kann auch im eingebauten Zustande vorgenommen werden. Mit aufgelegtem Lineal und Tiefenlehre den genauen Abstand zwischen Druckplatte und Kupplungsdeckel messen.

c) Die Einstellklammern für die Ausrückplatte dürfen nicht erschlafft, verbogen oder gebrochen sein und müssen gleiche Spannung haben.

d) Kupplungsführungsbuchse oder -lager sind auf Verschleiß zu prüfen.

e) Alle Gelenkstellen müssen sich leicht bewegen lassen.

Einbau der Kupplung

Der Einbau der Kupplung erfolgt mit Hilfe einer Zentrierwelle. Die Nuten der Kupplungswelle können leicht mit etwas Öl und Graphit geschmiert werden. Die Befestigungsschrauben der Abschlußplatte zur Verbindung mit der Schwungscheibe über Kreuz fest anziehen.

Nach dem Einbau

Nach dem Einbau

a) Kupplungsgestänge auf den Leergang des Fußhebels einstellen.

b) Gelenke des Kupplungsgestänges auf Gängigkeit und Verschleiß prüfen.

c) Fußhebel prüfen, ob er sich frei bewegen läßt.

d) Ausrücklager schmieren, Graphitring nicht.

e) Zum Schluß prüfen, ob alle Schrauben gut gesichert sind.

4.1.1. Automatische Kupplungen:

Der Saxomat (*Fichtel & Sachs*)

Der Saxomat ist eine vollautomatische Fliehkraftkupplung

Teile des Saxomats

Die wichtigsten Teile:

a) *Fliehkraftkupplung:* Schwungscheibe mit Aussparungen für die Fliehgewichte, Mitnehmerscheibe,

Kupplungsdruckplatte mit Fliehgewichten, Haupt- und Rückholfedern, Ausrückring.

Kein Kupplungspedal

b) *Ausrückvorrichtung:* Steuerventil, Servomotor, Gestänge zum Kupplungshebel, Schlauchleitung zum Steuerventil. – Die Ausrückvorrichtung wird beim Schalten der Getriebegänge automatisch durch Steuerventil und Servomotor betätigt. Ein Kupplungshebel ist nicht notwendig.

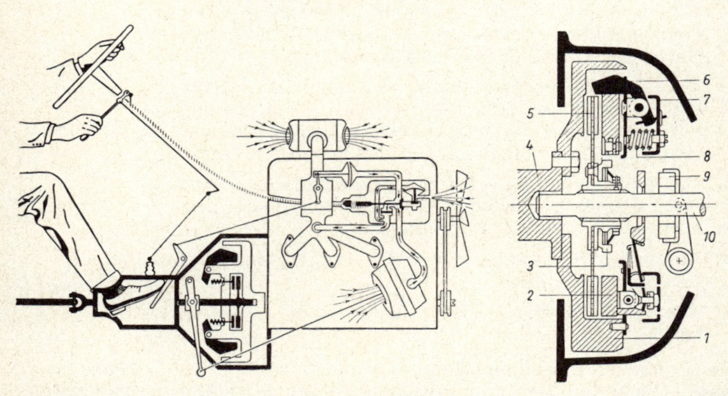

Motor steht still oder dreht im Leerlauf 1 Schwungrad 2 Kupplung 3 Sperrscheibe 4 Kurbelwelle 5 Mitnehmerscheibe 6 Fliehgewicht 7 Federkorb 8 Rückholfeder 9 Ausrücker 10 Abtriebswelle

Arbeitsweise der Kupplung bei Stillstand und Leerlauf

Der Saxomat hat eine Anfahr- und eine Schaltkupplung.

Bei Stillstand des Motors und bei Leerlaufdrehzahl (bis 300 1/min) ist ausgekuppelt. Die Fliehgewichte liegen innen; die Kupplungsdruckplatte ist durch die Rückholfedern von der Mitnehmerscheibe abgehoben. Mitnehmerscheibe und Antriebsscheibe stehen still.

beim Anfahren

Beim Anfahren tritt die Anfahrkupplung in Tätigkeit.

Wird nach Einlegen des 1. Ganges Gas gegeben und die Leerlaufzahl überschritten, so legen sich die Fliehgewichte allmählich an den Innenumfang des Schwungrades (voller Anpreßdruck bei etwa 1800 1/min). Die Mitnehmerscheibe wird durch die Hauptfedern gegen das Schwungrad gedrückt und nimmt die Abtriebswelle mit; das Fahrzeug setzt sich in Bewegung.

Beim Schalten wird die Schaltkupplung betätigt.

Die Fliehgewichte bleiben dabei in den Aussparungen des Schwungrades.

a) Das Auskuppeln erfolgt durch den Saugrohrunterdruck über ein Steuerventil und einen Servomotor. – Bei Berühren des Schalthebels *a* werden die Kontakte im Hebel geschlossen und der Elektromagnet unter Strom gesetzt. Durch Anziehen des Ankers *b* wird das Ventil *c* aufgestoßen, so daß die Ansaugseite des Servomotors Verbindung mit dem Ansaugrohr *d* des Motors erhält. Durch den Druckunterschied zur Atmosphäre wird die Membrane *f* des Servomotors nach links bewegt und dadurch über ein Gestänge *g* und einen Hebel *h* die Kupplung schnell ausgerückt. Die Kupplung ist also vor jedem Schaltvorgang gelöst.

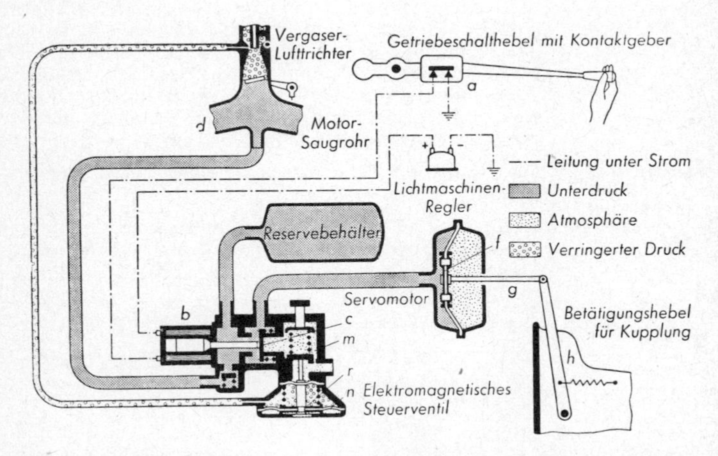

b) Das Wiedereinkuppeln nach den Schalten beginnt mit dem Loslassen des Schalthebels, wodurch die Stromzufuhr zum Magnet-Ventil unterbrochen wird. Nach dem Öffnen des Magnet-Ventils *c* wird der Unterdruck schnell so weit abgebaut, daß die Kupplung zu greifen beginnt. Danach erfolgt der Abbau des restlichen Unterdrucks über eine kleine Düse, so daß die Kupplung nach etwa 3 Sekunden voll zum Eingriff kommt.

Das Wiedereinkuppeln

4.1.2. Automatische Kupplungen:

Die hydraulisch-automatische Kupplung von Daimler-Benz (*Hydrak*).

Die Hydrak ist die Verbindung einer hydraulischen mit einer nachgeschalteten mechanischen Kupplung. Teile:

Teile und Aufbau der Hydrak

a) Hydraulische Anfahrkupplung mit Freilauf,

b) mechanische Trennkupplung,

c) Servo-Aggregat mit Gestänge zur Betätigung der Trennkupplung,

d) Steuerelement zur Steuerung des Servo-Aggregats.

Die hydraulische Kupplung wird durch die Kurbelwelle des Motors in Bewegung gesetzt.

Arbeitsweise der Hydrak

Die hydraulische Kupplung besteht aus Pumpenrad und Turbinenrad. Das Pumpenrad ist am Schwungrad der Kurbelwelle, das Turbinenrad an der Druckplatte der Trennkupplung befestigt. Beide Räder haben radiale Schaufeln und laufen in einem Umwälzraum, der zu 80% mit Öl gefüllt ist. – Dreht sich die Kurbelwelle, so wird das Pumpenrad in Drehung versetzt. Es verwandelt die Motorenergie in Strömungsenergie des Öles, das durch die radialen Schaufeln einen Drall erhält. Der Ölstrom wird zum Turbinenrad gelenkt, nimmt dieses mit und versetzt die Abtriebswelle in Drehung.

Steuerung der Trennkupplung

Die Trennkupplung wird durch einen Servomotor gesteuert.

bei Leerlauf

Im Leerlauf ist der Kontaktgeber bei nicht betätigtem Schalthebel geöffnet, der Schaltmagnet *h* stromlos, das Steuerventil *g* geschlossen. Damit ist die Rückseite der

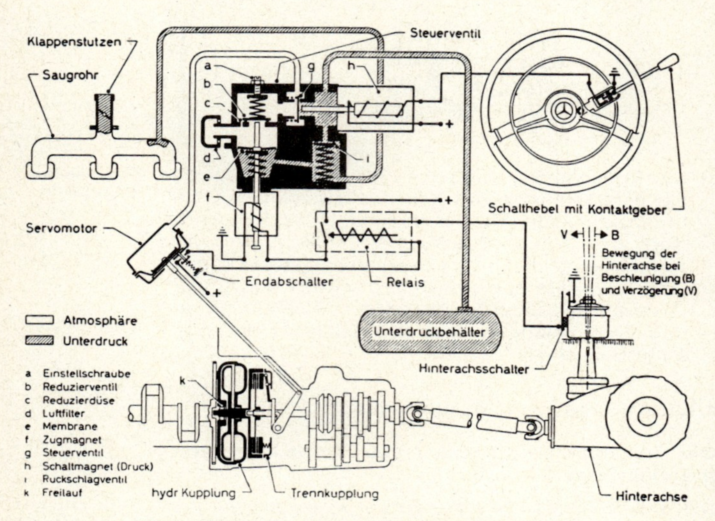

Hydraulisch-automatische Daimler-Benz-Kupplung

Membrane im Servomotor über Luftfilter *d* und Düse *e* mit der Atmosphäre verbunden; die Trennkupplung ist eingerückt. Das Saugrohr des Motors ist über das Rückschlagventil *i* mit dem Steuerelement verbunden und hat auch mit der Unterseite der Membrane *e* Verbindung. Das Rückschlagventil verhindert das Entweichen des Unterdruckes aus dem Vorratsbehälter, wenn beim Öffnen der Drosselklappe bzw. beim Stillsetzen des Motors der Unterdruck abfällt.

Beim Schalten wird die Trennkupplung ausgerückt.

beim Schalten

Bei Berühren des Schalthebels wird der elektrische Kontakt geschlossen. Der Elektromagnet *h* erhält Strom; Ventil *g* wird aufgestoßen und somit die Unterdruckseite des Servomotors mit dem Unterdruckbehälter bzw. mit dem Saugrohr verbunden. Das Ventil schließt gleichzeitig den Durchgang zum Reduzierventil *b*. Durch die Druckdifferenz zwischen atmosphärischem Druck und Unterdruck wird die Membrane des Servomotors nach links gezogen, so daß die Trennkupplung durch eine Zugstange ausgerückt wird.

Das Wiedereinkuppeln erfolgt schon durch Loslassen des Schalthebels.

Der Vorgang beim Wiedereinkuppeln

Der Kontakt im Schalthebel öffnet sich, Schaltmagnet *h* wird stromlos, Steuerventil *g* schließt das Vakuum ab und öffnet die Belüftung für den Servomotor. Nun kann Luft über Luftfilter *d* und das geöffnete Reduzierventil *b* zur Membrane strömen, die sich blitzschnell nach vorn bewegt. Das Reduzierventil schließt, wenn der Unterdruck auf der Rückseite der Membrane ein bestimmtes Maß erreicht, so daß der Servomotor nur noch über Luftfilter *d* und Düse *c* langsam belüftet wird und das Fassen der Kupplung langsam vor sich geht.

Aufgabe der Hinterachsschalter

Rucken, das entsteht, wenn man nach Zurückschalten Vollgas gibt, wird durch einen Hinterachsschalter vermieden.

der Endschalter

Um zu verhüten, daß im normalen Fahrbereich beim Wechsel von Zug auf Schub der Zugmagnet Strom erhält, ist am Servoaggregat ein Endschalter angebracht, der bei eingerückter Kupplung den Stromkreis abschaltet.

4.2. Das Wechselgetriebe

Aufgabe des Getriebes

Das Wechselgetriebe soll

a) die von der Kupplung übertragene Drehzahl „wechseln", d. h. durch eine Zahnradübersetzung so ändern, daß Geschwindigkeit und Kraft bald größer, bald kleiner werden;

b) den Drehsinn der Antriebswelle so ändern, daß ein Rückwärtsfahren möglich ist.

Die Leistung eines Fahrzeuges

Zur Fortbewegung eines Fahrzeuges ist Leistung erforderlich. Eine Leistung wird bestimmt durch Kraft × Geschwindigkeit.

Bei gleicher Leistung kann

Das Verhältnis von Kraft und Geschwindigkeit

a) die Kraft groß und die Geschwindigkeit klein sein, z. B. eine in Bewegung zu setzende Handkarre, Radfahren bei Bergfahrt;

b) die Kraft klein und die Geschwindigkeit groß sein, z. B. bei Bergabfahren.

Diese Aufteilung in Kraft und Geschwindigkeit ist auch beim Kraftfahrzeug notwendig.

Anpassung von Kraft und Geschwindigkeit an die jeweiligen Verhältnisse

Beim Anfahren wird zugunsten einer großen Kraft die Geschwindigkeit gering; beim Fahren auf ebener Straße haben wir eine mittlere Kraft und Geschwindigkeit, beim Fahren auf der Autobahn eine hohe Geschwindigkeit und eine geringe Antriebskraft.

Die Anpassung von Kraft und Geschwindigkeit an die jeweiligen Verhältnisse ist möglich durch das Wechselgetriebe, ein Zahnradgetriebe mit verschiedenen Übersetzungen.

Am vorteilhaftesten ist ein stufenloses Getriebe.

Das vorteilhafteste Getriebe

Ideal wäre ein Getriebe, das die drehende Bewegung des Motors auf die Triebwelle ganz allmählich, ohne Sprung von der einen zur anderen Übersetzung, also stufenlos, übertrüge.

Ein stufenloses Getriebe älterer Bauart

Das Reibradgetriebe in den ehemaligen Union-Wagen der Firma Maurer, Nürnberg, kann man als stufenlos bezeichnen. Ein am Außenrand mit Leder überzogenes Reibrad wird von der vom Motor angetriebenen Reib-

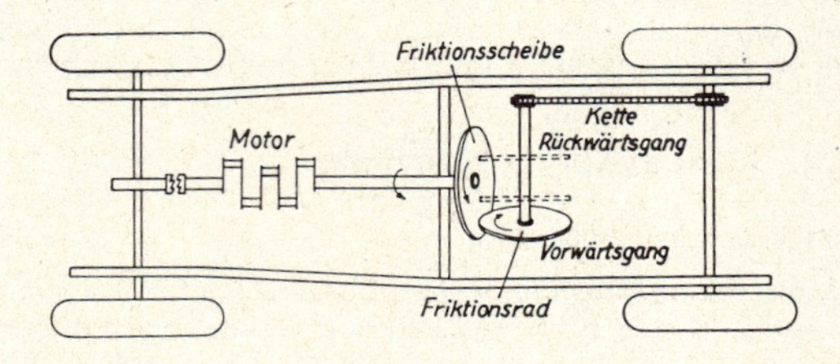

Reibradgetriebe

scheibe mitgenommen und überträgt die drehende Bewegung durch Kettenantrieb auf das Hinterrad. Durch Verschieben des Reibrades auf der Reibscheibe erfolgen die stufenlosen Geschwindigkeitsänderungen und der Rückwärtsgang.

Die meisten unserer heutigen Getriebe sind Stufengetriebe.

Die heute gebräuchlichsten Getriebe

Eingeführt von W. Maybach. Es ist sicher und zuverlässig. Die Schaltung erfolgt durch Zahnräder in Stufen. Aus der ursprünglichen Kulissenschaltung entwickelte sich die Kugelschaltung, später die Lenkradschaltung u. a. Das Getriebe wurde vervollkommnet durch Schräg- und Bogenverzahnung, Schiebemuffen, Synchronisierung der Räder usw.

Die Entwicklung der Schaltung des Zahnradgetriebes

Am einfachsten ist das Schieberadgetriebe (*Stufengetriebe*).

Es hat vier Wellen: Antriebs-, Haupt-, Vorgelege- und Rücklaufwelle und wird als Drei- und Mehrganggetriebe gebaut. Die verschiedenen Geschwindigkeiten werden durch Verschieben von Zahnrädern auf der Hauptwelle und Einschalten in die entsprechenden Zahnräder der Vorgelegewelle erreicht. Das Schalten erfolgt durch den Schalthebel, dessen Schaltfinger in die einzelnen Mit-

Das Schieberadgetriebe, seine vier Wellen und deren Aufgabe

Das Einschalten der Gänge

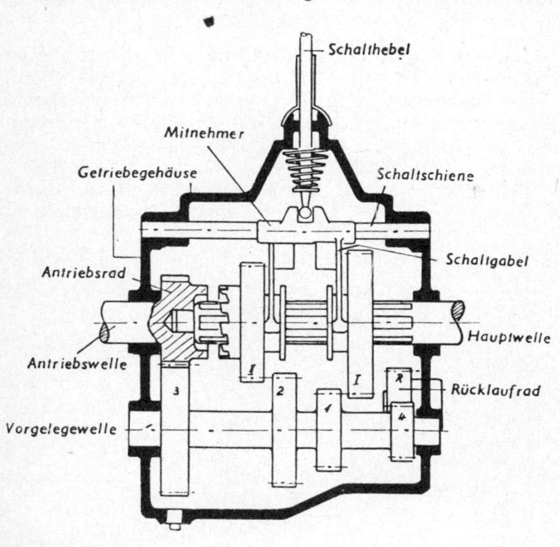

Dreiganggetriebe

nehmer eingreifen. Durch die Schaltgabeln, die jeweils in die Ringnut eines Zahnrades eingreifen, erfolgt das Verschieben der Zahnräder der Hauptwelle und das Schalten der einzelnen Gänge. Das selbsttätige Verschieben der Mitnehmer wird dadurch verhütet, daß sie durch gefederte Kugeln in den Rasten der Schaltschiene gehalten werden.

Die Lenkradschaltung.

Vorzüge der Lenkradschaltung

Bei der Kugelschaltung ist der Schalthebel ungünstig in der Mitte des Führersitzes angeordnet. Bei der Lenkradschaltung erfolgen die Schaltungen leicht und bequem durch einen griffnahen Handhebel unter dem Lenkrad, der durch Gestänge im Lenkrohr die Verbindung mit dem Getriebe herstellt. Es ist aber notwendig, daß die Schaltwiderstände infolge des kurzen Schalthebels und des Hebelgestänges gering gehalten werden. Das wird erreicht durch Verwendung von Schaltmuffen- und Synchrongetrieben.

Schaltmuffen machen das Schalten geräuscharm.

Verminderung der Getriebegeräusche

Zur Geräuschverminderung werden heute nicht mehr geradverzahnte, sondern schrägverzahnte Zahnräder benutzt, die besser kämmen. Sie laufen auf Wellen mit schrägverzahnten Nuten, wodurch ein geräuscharmes Ineinanderschieben der Zahnräder erfolgt.

Geräuscharmes Schalten

Besser ist ein Wechselgetriebe mit schrägverzahnten Rädern und Klauenmuffen, bei dem das Schalten nicht durch Verschieben eines Zahnrades, sondern durch eine Klauenmuffe erfolgt. Die schrägverzahnten Zahnräder sind (meistens im 3., 4. und 5. Gang) ständig im Eingriff und freilaufend auf der Hauptwelle angebracht. Bei Verschieben der Klauenmuffe, die durch Keile von der Hauptwelle mitgenommen wird, greifen ihre Innenklauen in

Schalten mittels Klauenmuffen (Aphongetriebe)

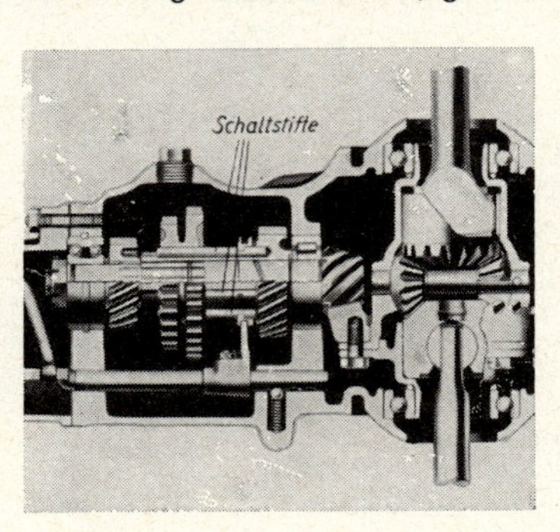

VW-Getriebe mit Schaltstiften

die Außenklauen des Gangrades, wodurch dieses mitgenommen und die Hauptwelle in Drehung versetzt wird. Da das Schalten und der Lauf der Zahnräder geräuscharm sind, nennt man Schaltmuffengetriebe auch Aphongetriebe (griech. „aphon" = ohne Geräusch).

Schaltung beim VW-Getriebe

Beim Volkswagengetriebe erfolgt die Schaltung durch Schaltstifte, die in den Nuten der Hauptwelle liegen. Bei Verschieben eines Schaltringes durch den Schalthebel werden die Stifte in die passenden Bohrungen des Zahnrades geschoben, wodurch dieses mitgenommen wird.

Synchronisierung erleichtert das Schalten.

Synchrongetriebe

Das griech. „synchron" bedeutet gleichlaufend. Durch Synchronisieren werden Schaltmuffe und Zahnrad vor dem Schalten erst auf die gleiche Drehzahl gebracht, wodurch ein leichtes, stoß- und geräuscharmes Einspuren erfolgt.

Synchronisierung (=Gleichlauf) durch
Kegelkupplungen

Die Synchronisierung wird erreicht durch eine

1. Kegelkupplung, die sich auf der Hauptwelle verschieben läßt und durch Innenkegel den Gleichlauf herstellt. Beim Verschieben der Schaltmuffe wird der Innenkegel der Kupplung auf den Außenkegel des Getrieberades geschoben, durch die Reibung immer mehr mitgenommen, bis Gleichlauf erreicht ist. Danach löst sich der Außenring aus seiner Kugelverriegelung und schiebt sich über die Klauenzähne des Zahnrades, wodurch eine kraftschlüssige Verbindung der Kupplung entsteht und die gleiche Drehzahl übertragen wird. Die Kegelkupplung wird wegen ihrer Unempfindlichkeit meistens verwendet.

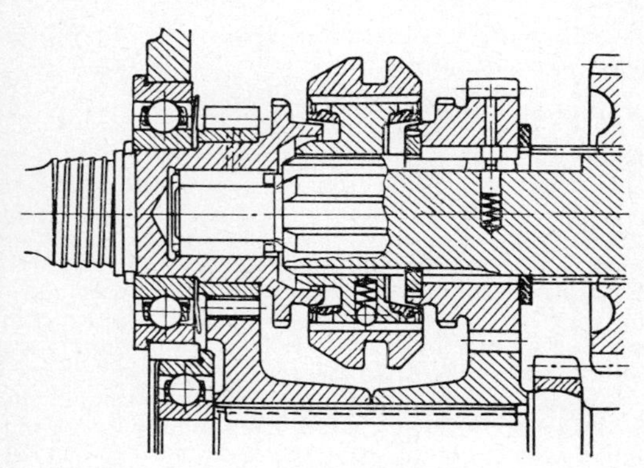

Konus-Synchronisierung

Lamellen-
kupplungen

2. Lamellenkupplung. Wird durch die Schaltgabel die auf der Hauptwelle sitzende Schaltmuffe verschoben, so drücken ihre Klauen die in den Nuten der Hauptwelle geführten Innenlamellen gegen die Außenlamellen, die in der Innenverzahnung des Getrieberades geführt werden. Dadurch wird das Zahnrad der Hauptwelle auf die gleiche Drehzahl gebracht. Bei weiterem Verschieben der Schaltmuffe werden ihre Klauen mit der Innenverzahnung des Getrieberades in Verbindung gebracht und Hauptwelle und Getrieberad kraftschlüssig gekuppelt. Beim Kuppeln der Kegel oder Lamellen erfolgt ein Abbremsen der schnellaufenden Muffe gegen den langsam laufenden Teil, was beim Schalten einen kleinen Widerstand hervorruft.

Richtiges Schalten

Es ist nötig, beim Schalten deshalb eine ganz kleine Pause zu machen, bis Welle und Zahnrad die gleiche Drehzahl haben. Beim Einrücken der Muffenzähne in die Innenverzahnung macht sich ein zweiter Widerstand bemerkbar.

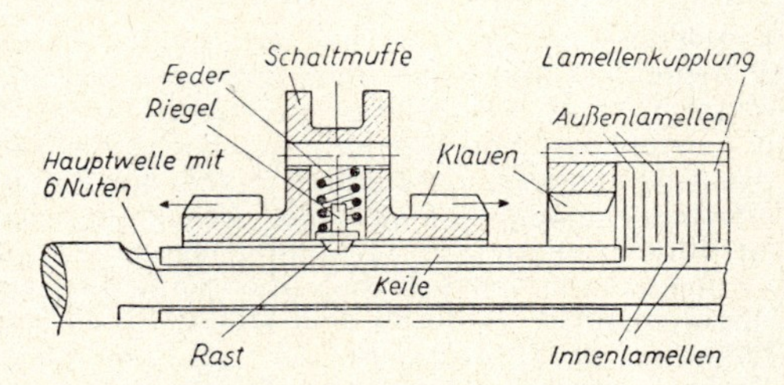

Synchronisierung durch Lamellen

In Allsynchron-Getrieben sind alle Vorwärtsgänge synchronisiert.

Sie sind ausgerüstet mit einer Sperrsynchronisierung.

Die Synchronisierung

Das Allsynchrongetriebe und seine Wirkungsweise

Die Kegelreibflächen des Synchronringes 1 und des Kupplungskörpers 3 werden aufeinandergepreßt und stellen so den Gleichlauf her. Solange noch Drehzahlunterschiede zwischen den kuppelnden Teilen bestehen, legen sich die durch Verdrehung des Synchronringes nach außen gedrückten Sperrkörper 4 vor die Zahnspitzen der Schaltmuffe 5 und verhindern ihr Weiterschieben. Erst bei eingetretenem Gleichlauf der Kupplungshälften können die Sperrkörper durch den anhaltenden Schaltdruck von den angeschrägten Innenzähnen der Schaltmuffe wieder in die unterste Stellung ihrer Gleitbahn gedrückt werden. Die Sperre ist damit gelöst. Die Schaltmuffe mit ihrer Innenverzahnung läßt sich ein-

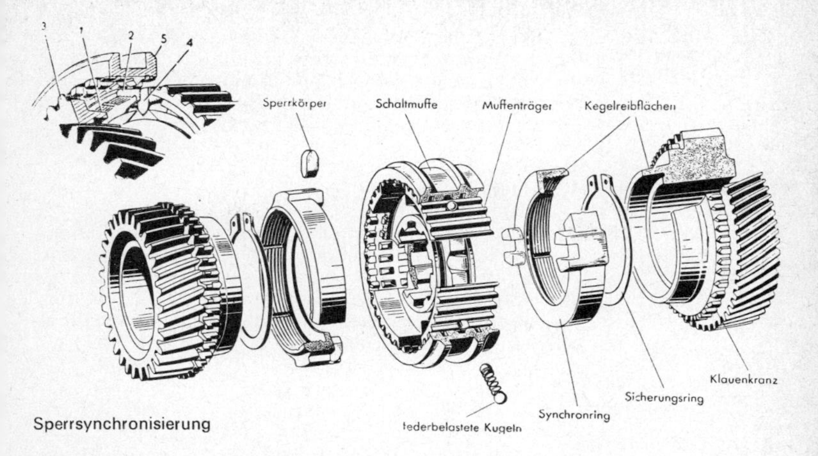

Sperrsynchronisierung

wandfrei und geräuschlos in die Außenverzahnung des Kupplungskörpers einschieben, und der Gang ist eingeschaltet.

Das Freilaufgetriebe

Durch Freilaufgetriebe wird die lebendige Kraft des Fahrzeugs ausgenutzt, der Motor geschont und an Kraftstoff und Öl gespart.

Auf der Antriebswelle sitzt ein Korb, in dessen Ausfräsungen Klemmrollen liegen. Bei Drehung der Welle und des Korbes legen sich die Rollen unter dem Druck gefederter Bolzen gegen den Außenring (Glocke) und nehmen diesen mit. – Wird bei Gaswegnahme (Bergabfahren) die Drehzahl der Glocke größer als die des Korbes, so lösen sich die Rollen von der Glocke, wodurch der Kraftschluß trotz eingerückter Kupplung aufgehoben wird.

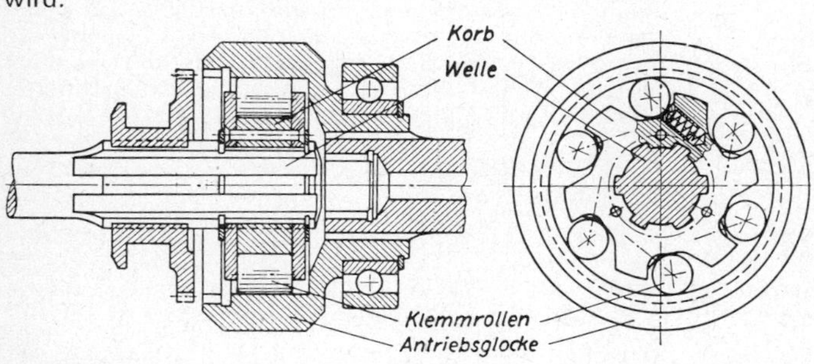

Klemmrollenfreilauf

Das Ausschalten des Freilaufs

Vor dem Einschalten des Rückwärtsganges, bei Bergabfahrten, Glatteis oder Befahren schlüpfriger Straßen muß der Freilauf zum Zwecke der Bremsung ausgeschaltet werden. Das geschieht durch Schubklauen, die das Innen- mit dem Außenteil des Freilaufs verbinden.

4.2.1. Overdrive

Overdrive (Schongang-getriebe)

ist ein an das Wechselgetriebe angeflanschtes Schonganggetriebe. Der Schongang kann jedem Getriebegang zugeschaltet werden. Theoretisch wird demnach z. B. aus einem Dreigang- ein Sechsganggetriebe, von dem aber nur 5 Gänge ausgenutzt werden, da die Einschaltgeschwindigkeit im 1. Gang nicht erreicht wird.

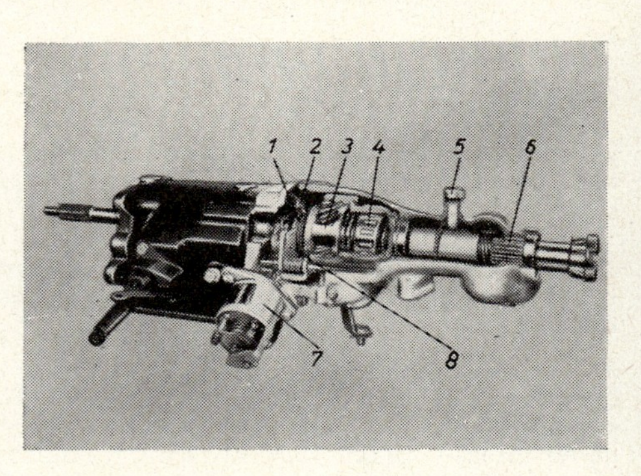

1. Schaltring auf Sonnenrad
2. Rückhalteplatte
3. Planetenträger
4. Freilauf
5. Entlüftungsschraube
6. Abtriebwelle
7. Hubmagnet
8. Schaltgabel für Sonnenrad

Zuschalten der Overdrive-Übersetzung

Das Zuschalten eines Schonganges erfolgt (nach Hineindrücken eines Handgriffes) bei Geschwindigkeiten über 50 km dadurch, daß das Gaspedal für einen Augenblick freigegeben wird. Automatisch schaltet sich dann zu den Normalgängen (2. und 3. Gang) die Overdrive-Übersetzung dazu. Ein Wechsel von Overdrive auf Normalgang wird durch kurzes, volles Durchtreten über den Druckpunkt erreicht.

Schlechte Wartung und Verschleiß verursachen Störungen.

Schlechte Schmierung

Ölstand und Ölwechsel

Schlechte Schmierung verursacht schweres Schalten und Klemmen der Schaltorgane. Ölstand alle 5000 km prüfen; alle 12000 km Öl in betriebswarmem Zustande wechseln. Getriebe mit Petroleum auswaschen.

Undichtigkeiten

Undichtigkeiten verursachen Ölverlust. Dichtung zwischen Gehäuse und Deckel prüfen, evtl. erneuern.

Wellen gut abdichten, Risse im Gehäuse schweißen oder löten, ausgeschlagene Führungen der Schaltschienen neu ausbuchsen.

Verschleiß-Ursachen und Folgen

Verschleiß ist am stärksten beim Antriebs- und Schieberad für den 1. Gang. Auch die anderen Räder, die Wellen, Schaltgabeln, Schaltschienen, Verriegelungen usw. sind der Abnutzung unterworfen. Häufige Ursachen: Robustes Schalten, ungenügendes Auskuppeln beim Schalten, Ölmangel. Folgen: Geräuschvoller Lauf, schweres Schalten, Herausspringen der Gänge.

Heulen der Zahnräder

Heulen der Zahnräder. Ursachen: Zahnflanken kämmen nicht richtig; ein neues und ein altes Zahnrad greifen ineinander; Spiel in den Lagern. Bei Verschleiß beide ineinandergreifende Zahnräder erneuern; für einwandfreies Kämmen sorgen; abgenutzte Lager erneuern.

Ursachen schweren Schaltens

Schweres Schalten. Ursachen: Wellennuten verschmutzt, Synchronisierungsteile abgenutzt, Ölmangel, rauhe Stellen an den Zahnrädern, Schaltgabel verbogen. Für einwandfreie Instandsetzung und Wartung sorgen.

Ausbau und Reinigen des Getriebes

Ausbau des Getriebes. Gelenkwelle abflanschen, Wechselgetriebe von der Kupplung lösen und nach hinten herausziehen. Schmutz abkratzen, mit Rohöl und hartem Pinsel abwaschen und mit starkem Wasserstrahl abspritzen. Schmieröl an der Ablaßschraube ablassen. Schaltdeckel lösen. Schaltschienen, Schaltgabeln usw. ausbauen und reinigen, sorgfältig aufbewahren und wieder einbauen.

Herausspringen der Zahnräder; Ursache und Beseitigung

Herausspringen der Gänge

Ursachen	Fehlerbeseitigung
1. Rasten oder Kugeln der Schaltschienenverriegelung verschlissen; Federn erschlafft oder gebrochen.	Nacharbeit wird ungenau; Teile durch neue ersetzen.
2. Schaltgabeln verbogen oder einseitig an den Wangen abgenutzt.	Richten ist möglich, Erneuerung besser und billig.
3. Schieberäder sind einseitig abgenutzt, haben Spiel auf der Welle, so daß sie kanten, die Verriegelung überwinden und die Räder ausspringen.	Schieberäder austauschen oder nacharbeiten und Hauptwelle auswechseln.
4. Vorgelegewelle hat zu viel Spiel, so daß die Räder ausspringen.	Lager erneuern.

Einbau eines Rollenlagers

Einbau eines Rollenlagers. Welle und Sitz säubern. Sitzflächen leicht einfetten. Innenring auf 70 . . . 80 °C anwärmen und mit Hand leicht auf die Welle schieben. Keine Schläge auf den Außenring! Beim Einsetzen des Lagers ins Gehäuse ist Anwärmung zu empfehlen, evtl. Eintreiben mit Scheibe über Außen- und Innenring und Schläge auf eine passende Hülse.

Beheben sonstiger Fehler

Schadhafte Teile auswechseln. Verbogene Schaltgabeln, gebrochene oder erschlaffte Federn der Verriegelung oder Synchronisierungseinrichtung, abgenutzte Zahnräder und Lager, schadhafte Dichtungen; bei ausgeschlagenen Führungen der Schaltschienen beides erneuern.

4.2.2. Automatische Getriebe

Das Automatic-Getriebe

Das Automatic-Getriebe

Merkmale

Das Automatic-Getriebe hat 3 Hauptmerkmale:

a) Den vollautomatisch arbeitenden *Flüssigkeitswandler*, der die übliche fußbetätigte Kupplung ersetzt, so daß das Kupplungspedal fortfällt.

b) Das eigentliche *Zahnradgetriebe* (mit 3 Vorwärtsgängen und einem Rückwärtsgang), bestehend aus 2 Planetensätzen (Umlaufgetriebe).

c) *Die automatische Schaltung*, die in Abhängigkeit von Fahrgeschwindigkeit und Gashebelstellung arbeitet.

Aufbau

Der Getriebeautomat ist in 3 Gehäuseteilen untergebracht.

Vorderes Gehäuseteil:

Hydraulischer Drehmomentwandler, Einscheibenkupplung und Primärpumpe

Mittleres Gehäuseteil:

2 Planetensätze, 3 Bandbremsen, 1 Lamellenkupplung, 2 Freiläufe und am Boden die Schaltautomatik.

Hinteres Gehäuseteil:

Parksperre zur Arretierung der Abtriebswelle, Fliehkraftregler, Ölpumpe zur Ölversorgung bei stillstehendem Motor.

Der Wandler erhöht während des Anfahrens das Drehmoment.

Der Drehmomentwandler

Der Wandler besteht aus 3 rotierenden Schalen, aus:

a) *Pumpenschale*, die mit dem Motor verbunden ist,

b) *Turbinenschale*, die das Drehmoment an das Getriebe weitergibt,

c) *Leitrad*, das den Ölstrom umlenkt.

Die Pumpenschale wird durch den Motor in Drehung versetzt. Das im Wandler befindliche Öl unterliegt dabei der Fliehkraft, wird in der Pumpenschale nach außen geschleudert, von der beschaufelten Turbinenschale (mit ihrer geringeren Drehzahl und entsprechend kleineren Fliehkraft) nach innen geführt, wobei sich der Drehimpuls auf diese Schale überträgt. Das Leitrad lenkt den Ölstrom zwischen Turbinenschale und Pumpenschale um und gibt dabei das zur Drehmomenterhöhung erforderliche Stützmoment über die Freilaufsperre. Bei Erreichen einer bestimmten Drehzahl wirkt der Wandler als hydraulische Kupplung; das Leitrad läuft dann in Freilaufrichtung frei mit.

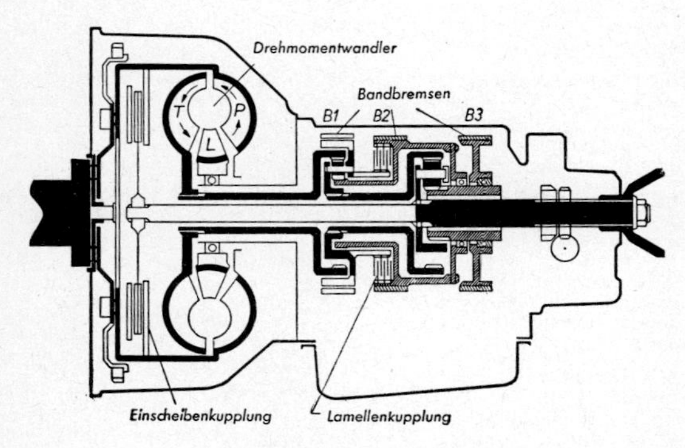

Automatic-Getriebe 1. Gang

Die Getriebegänge schalten sich automatisch ein.

1. Gang: Das Antriebsmoment des Motors geht über den Wandler und über beide Planetensätze zum Getriebeausgang. Der 1. Planetensatz verstärkt das vom Wandler kommende Drehmoment um das 1,6fache, der 2. Planetensatz um das 1,43fache Übersetzungsverhältnis = 2,3 : 1.

Die Arbeitsweise im 1. Gang

Im 1. Gang sind die Bandbremsen B_2 und B_3 angezogen, d. h., die Sonnenräder der beiden Planetensätze stehen still, die Planetenräder rollen auf diesen ab. Das hintere Sonnenrad stützt sich dabei über die hintere Freilaufsperre gegen die Bandbremse B_3 ab.

im 2. Gang

2. Gang: Beim Schalten vom 1. in den 2. Gang löst sich die Bremse B_2 und schaltet Kupplung K_2. Durch diese Kupplung wird der 1. Planetensatz blockiert und läuft als Ganzes um. Die mechanische Übersetzung ist dann nur noch die des hinteren Planetensatzes 1,43 : 1.

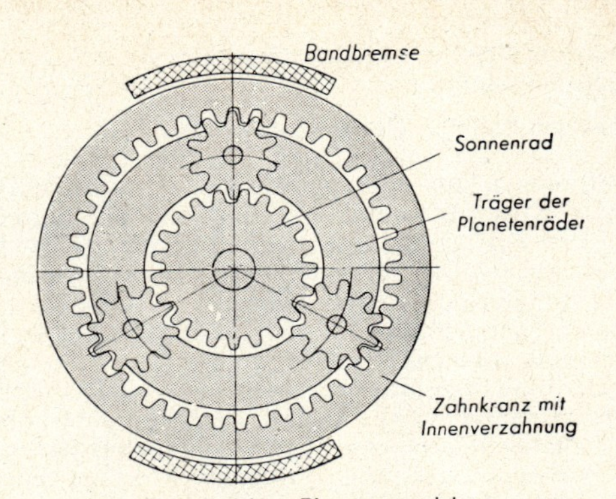

Schema eines Planetengetriebes

im 3. Gang

3. Gang: Im 3. Gang schließt die Einscheibenkupplung K_1 vor dem Wandler. Wandler und Planetensätze sind außer Betrieb (direkter Gang). Durch die mechanische Überbrückung fällt jeglicher Schlupfverlust weg.

im Rückwärtsgang

Im Rückwärtsgang ist Bremse B_1 angezogen; der Kraftfluß geht wieder über den Wandler, wird im 1. Planetengetriebe in seiner Drehrichtung umgekehrt und dabei um das 0,6fache gemindert, im 2. Planetengetriebe wieder um das 3,3fache erhöht, so daß sich eine Getriebeuntersetzung von 2 : 1 ergibt.

Die Schaltung des Getriebes beim Anfahren

In Normalstellung schaltet das Getriebe zum Anfahren auf den 2. Gang. Der 1. Gang kann nur durch Übergas geholt werden.

Für die Schaltungen wählt der Fahrer lediglich folgende Gashebelstellungen:

Die Einstellung der Hebelstellungen durch den Fahrer

3 = Normalfahrt
1 = Bremsgang
(in erster Linie, wo der Motor starke Bremswirkung ausüben soll – bei längeren Tal- und Pässefahrten)
R = Rückwärtsgang
O = Leerlauf
(keine übertragende Verbindung)
P = Parkstellung

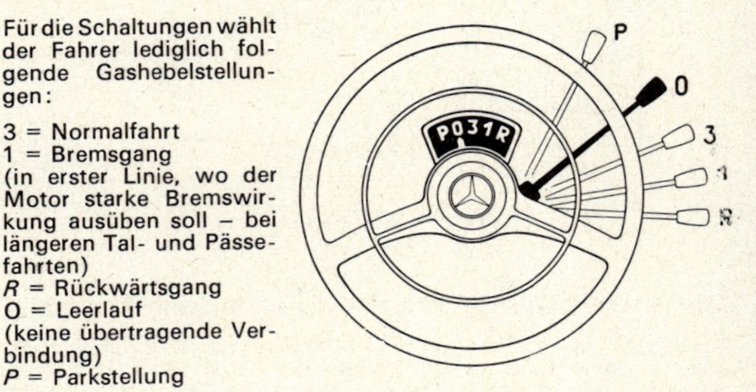

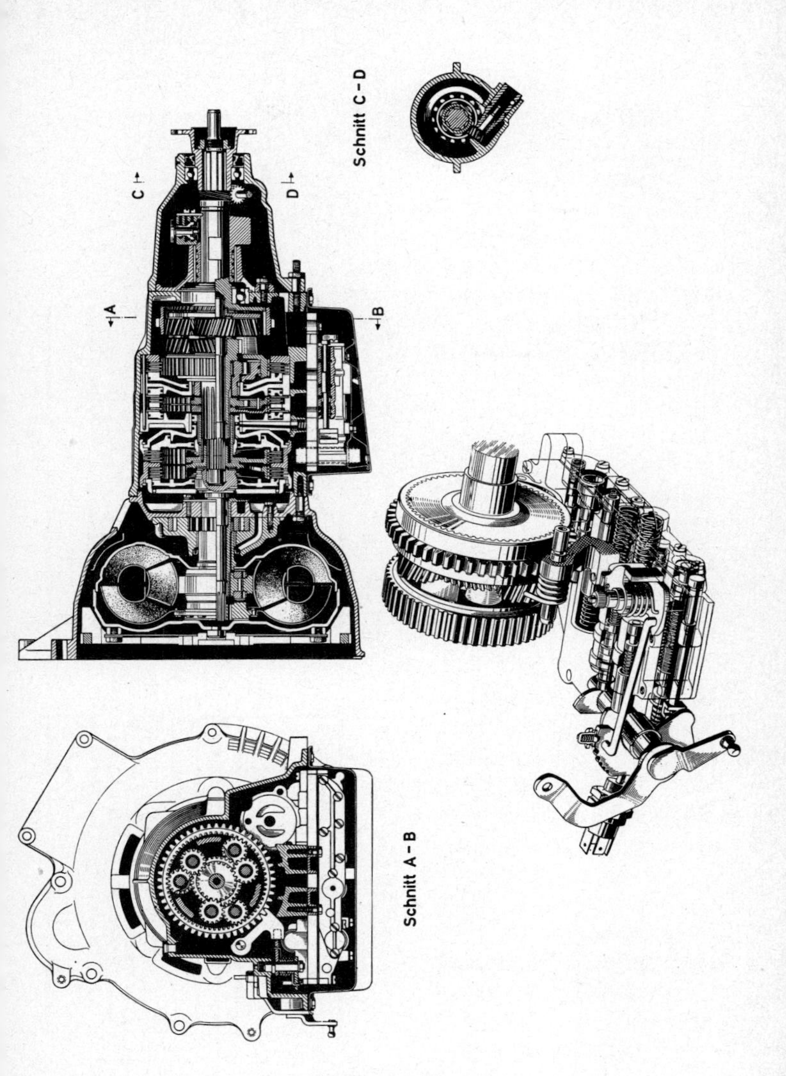

Planetengetriebe

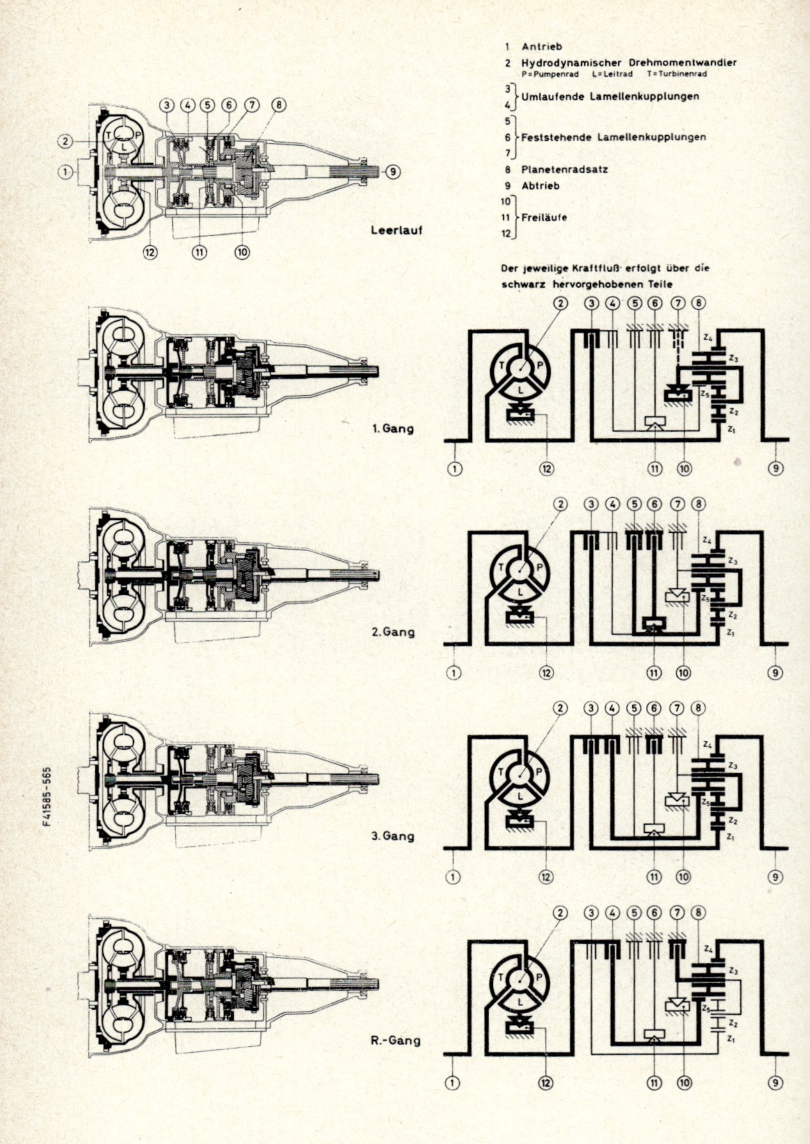
1 Antrieb
2 Hydrodynamischer Drehmomentwandler
P = Pumpenrad L = Leitrad T = Turbinenrad
3, 4 Umlaufende Lamellenkupplungen
5, 6, 7 Feststehende Lamellenkupplungen
8 Planetenradsatz
9 Abtrieb
10, 11, 12 Freiläufe
Der jeweilige Kraftfluß erfolgt über die schwarz hervorgehobenen Teile
Leerlauf
1. Gang
2. Gang
3. Gang
R.-Gang
F 41585-565

Schaltung

Selektiv-Automatik bei NSU/Wankel Ro 80

Der Drehmomentwandler des NSU/Wankel Ro 80 ist ein Selektivautomat, der zusätzlich aus Trennkupplung mit Servobetätigung und dreistufigem Schaltgetriebe besteht. Die Vorwärtsgänge sind nach dem Prinzip Borg-Warner sperrsynchronisiert. Das Pumpenrad des Wandlers ist in Verbindung mit der Exzenterwelle des Motors. Bis zur Kupplungsdrehzahl, bei Vollast 3500 1/min, ist das Leitrad in Eingriff und führt so zur Momentenwandlung. Das höchste Abtriebsmoment im Turbinenrad liegt bei 2510 1/min. Im normalen Straßenlastbereich arbeitet der Wandler als hydraulische Kupplung. Beim Fahrstufenwechsel wird automatisch die Trennkupplung durch den im Schaltknopf vorhandenen Kupplungsschaltkontakt betätigt. Damit wird das Magnetventil im Steuerventil geschaltet. Folge ist, daß der Servomotor mit der Saugleitung der Vakuumpumpe bzw. bei stehendem Motor mit dem Unterdruck-Reservebehälter verbunden wird. Er rückt über seine Membran den Kupplungshebel aus. Läßt man den Schaltknopf los, schließt das Magnetventil. Der Unterdruck im Servomotor wird über das Reduzierventil abgebaut, so daß die Trennkupplung wieder eingreift.

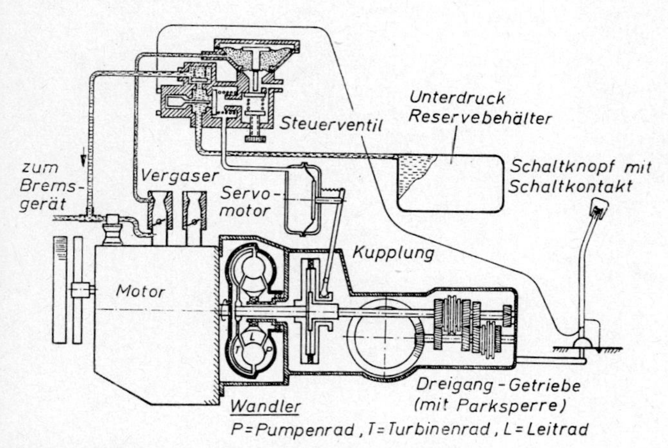

Schematische Darstellung der Ro 80-Selektiv-Automatik

DAF-Variomatic

DAF-Variomatic

Die DAF-Variomatic muß wie alle Getriebe das Drehmoment des Motors den jeweiligen Betriebsverhältnissen des Fahrzeugs anpassen. Sie weicht aber in ihrer

Faktoren der Variomatic

Art und Weise, in der dies geschieht, wesentlich von derjenigen der üblichen Wechselgetriebe ab. Sie arbeitet stufenlos und völlig automatisch. Die Übersetzungsregelung richtet sich nach der Motorleistung, dem Fahrzeugwiderstand und dem Unterdruck in der Vakuumanlage der Variomatic. Ihr Einfluß zeigt sich wie folgt:

1. Motordrehzahl und Motorleistung

   a) Motordrehzahl

   In den Zylindern der treibenden Scheiben befinden sich je zwei Fliehgewichte, durch die bei zunehmender Motordrehzahl die beweglichen

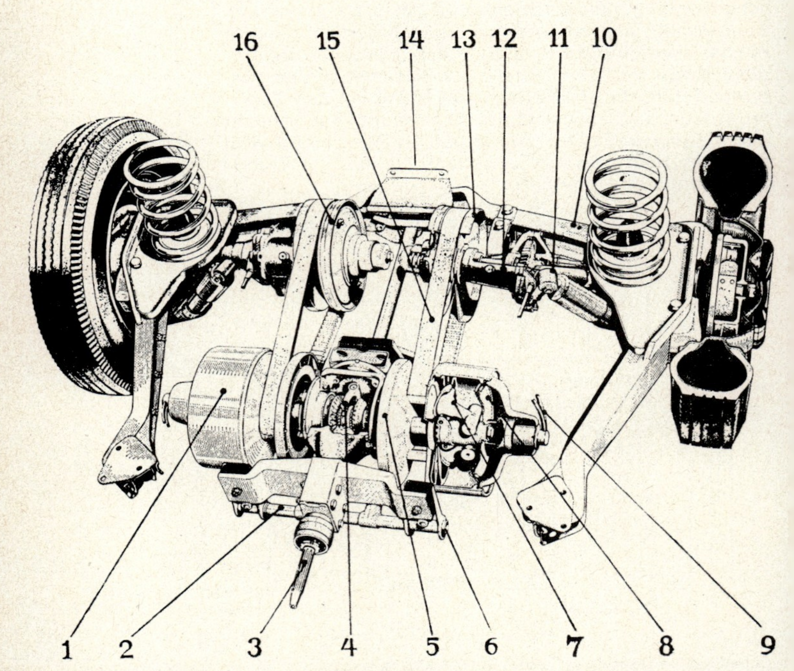

1 Vakuumzylinder 2 Rahmen 3 Antriebswelle des Verteilergetriebes 4 Schaltmechanismus für Vorwärts- und Rückwärtsfahrt 5 Feste Scheibenhälfte der vorderen Scheibe 6 Silentblock 7 Fliehgewichte 8 Trennwand 9 Anschlüsse für Außenluft und Vakuumleitungen 10 Dreieckslenker 11 Stoßdämpfer 12 Untersetzungsgetriebe 13 Feste Scheibenhälfte der hinteren Scheibe 14 Gewindespindel 15 Keilriemen 16 Hintere Scheibe

DAF-Variomatic

Scheibenhälften bewegt und die Keilriemen auf einen größeren Durchmesser gezwungen werden. Dies bewirkt eine entsprechende Verringerung des wirksamen Durchmessers der getriebenen Scheiben, wodurch die Keilriemen dort tiefer in die auseinandergehenden Scheibenhälften gezogen werden, d. h. das Übersetzungsverhältnis verändert sich.

b) Motorleistung

Es ist deutlich, daß im ziehenden Teil des Keilriemens eine bestimmte Zugkraft entsteht, sobald er ein Drehmoment übertragen muß. Diese sich ständig verändernde Zugkraft spielt auch bei der Einstellung einer bestimmten Übersetzung eine wichtige Rolle. Hierdurch wird völlig selbsttätig ein anderer „Gang" eingeschaltet, der der veränderten Fahrsituation entspricht.

2. Fahrzeugwiderstand

Wenn das Fahrzeug mit gleichbleibender Geschwindigkeit fährt, ist hierfür eine bestimmte Riemenzugkraft erforderlich, die sich bei zunehmendem Fahrtwiderstand – z. B. beim Befahren einer Steigung, beim Wechsel der Straßenbeschaffenheit oder bei starkem Gegenwind – zur Beibehaltung der erreichten Geschwindigkeit erhöhen muß.

Außerdem wirkt die in den Keilriemen auftretende Zugkraft dem Einfluß der genannten Fliehgewichte entgegen.

3. Unterdruck in der Vakuumanlage der Variomatic

Um den Schongang-Effekt auch bei einer niedrigeren Geschwindigkeit zu erreichen, wird das Motorvakuum über Vakuumleitungen und mehrere Ventile in die Vakuumzylinder der treibenden Scheiben geleitet, die durch eine feststehende Trennwand in zwei Kammern unterteilt sind. Indem nun eine der Kammern mit dem Motorvakuum und die andere mit der Außenluft verbunden wird, läßt sich die von den Fliehgewichten ausgeübte Kraft verstärken oder wird dieser entgegengewirkt. In den folgenden Zeichnungen werden Zweck und Arbeitsweise der verschiedenen Ventile erläutert.

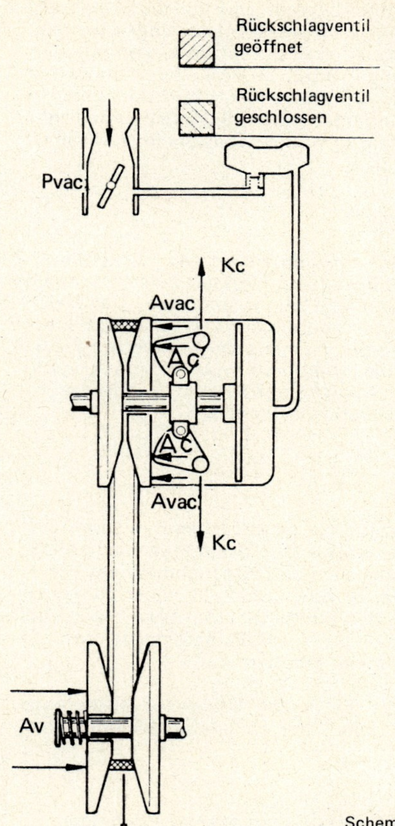

Schematische Darstellung
der DAF-Variomatic

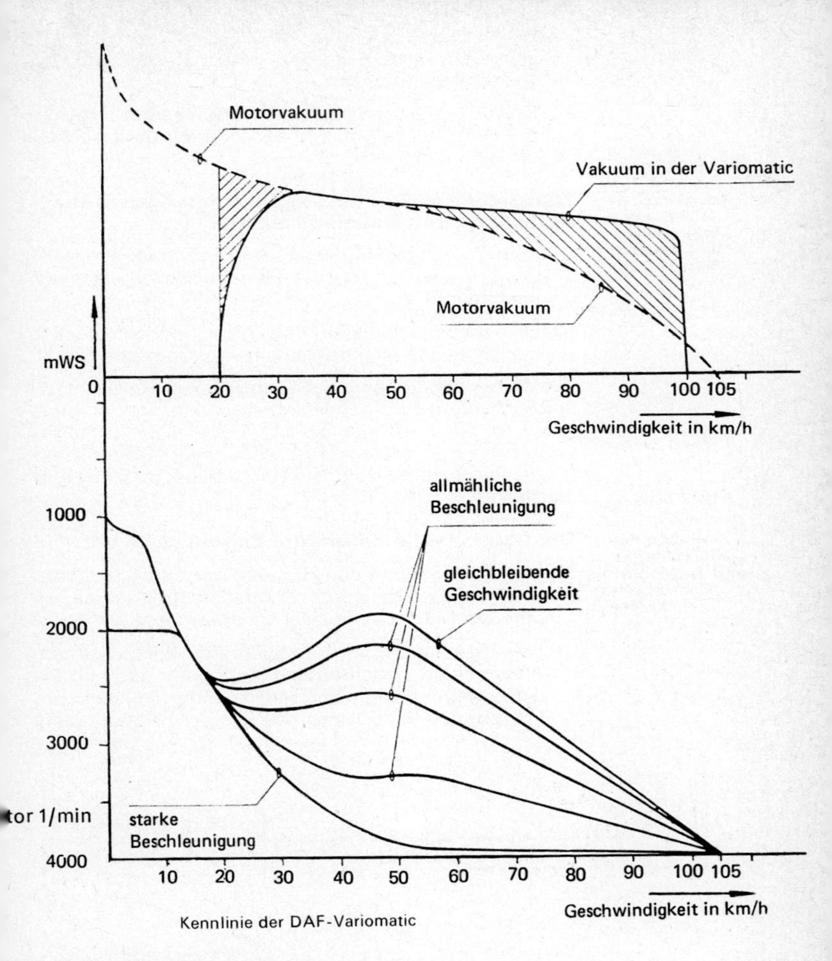

Kennlinie der DAF-Variomatic

4.3. Die Gelenkwelle

Aufgabe der Gelenkwelle

Die Gelenkwelle überträgt die Antriebskraft vom Getriebe auf den Achsenantrieb.

Der Hinterachsantrieb erfordert eine gelenkige Welle.

a) Der Achsantrieb liegt in der Regel tiefer als das Wechselgetriebe, so daß die Gelenkwelle zur Hinterachse hin geneigt ist. Das macht für die Drehung Gelenke erforderlich.

b) Beim Überfahren von Bodenunebenheiten schwingt die Hinterachse auf und ab; deshalb darf die Verbindung nicht starr sein.

Ausgleich der Höhen- und Längenunterschiede bei der Gelenkwelle

Die Gelenkwelle muß die entstehenden Höhen- und Längenunterschiede ausgleichen.

a) Beim Durchschwingen strecken sich die Blattfedern, werden also länger; die Hinterachse bewegt sich nach hinten.

b) Der Antrieb bewirkt ein Verschieben der Hinterachse nach vorn, das Bremsen eine Bewegung nach hinten.

Die Höhenänderungen bei Übertragung der Antriebskräfte werden durch Gelenke, die Längenänderungen (bei Pkw 30. . .40 mm, bei Lkw bis 10 cm) durch Bewegen einer genuteten Keilwelle in einer Gleithülse erreicht. Das gestattet auch ein Nachstellen an der Hinterachse.

Einbau der Gelenkwelle und Aufnahme der Schubkräfte

Die Gelenkwelle nimmt die Schubkräfte auf.

a) Werden die durch den Hinterachsantrieb entstehenden Schubkräfte durch Blattfedern übertragen, so muß die Gelenkwelle zwei Gelenke haben.

b) Bei Übertragung der Schubkräfte durch ein am Achstrichter verschraubtes Schubrohr ist nur ein Gelenk notwendig, da nur an der Anschlußstelle des Wechselgetriebes eine Knickung auftreten kann.

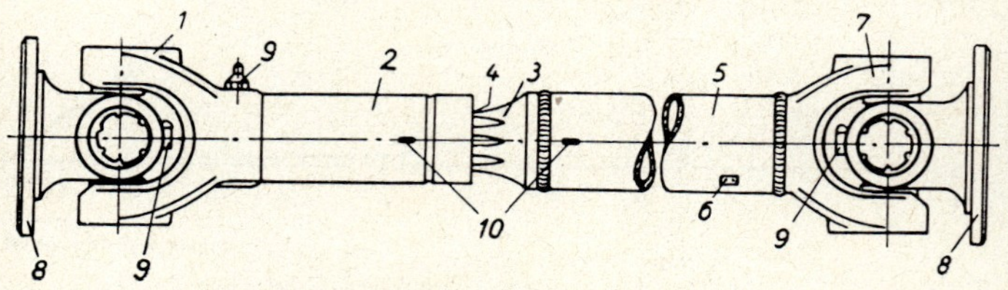

Gelenkwelle mit 2 Gelenken

Teile der Gelenkwelle

1 Keilnabengelenk 2 Keilnabengleithülse 3 Keilwelle 4 Filzabdichtung 5 Gelenkwellenrohr 6 Auswuchtplättchen 7 Schweißzapfengelenk 8 Flansch mit Zentrierung 9 Schmierstellen 10 Markierungen für den Zusammenbau

Die Schubkräfte werden dann über das Gelenkwellenrohr und die Schubkugel auf die Kugelschale übertragen. Der Lauf der Welle ist aber ruckartig, da bei jeder Drehung um 90° eine kleine Vor- oder Nacheilung eintritt.

c) Lange Fahrzeuge haben 2 hintereinanderliegende Gelenkwellen, die durch ein Zwischenlager am Rahmenquerträger abgestützt sind.

Neben den meistens verwendeten Kreuzgelenken kommen auch Trockengelenke in den Fahrzeugen vor.

Arten der Gelenke

a) Metallische Kreuz- oder Kardangelenke (nasse Gelenke) = Zapfenkreuz mit 2 Gelenkgabeln; früher Gleitlagergelenke, heute durchweg Nadellagergelenke, die eine geringe Reibung haben, eine größere Belastung und größere Umlaufgeschwindigkeit (5000 1/min und mehr) sowie einen größeren Winkelausschlag (5...35°) gestatten.

Kreuzgelenke

b) Trockengelenke = elastische Gewebe-Gummischeiben oder -laschen (Hardy-Scheiben), durch dreieckige Klauen mit der treibenden und getriebenen Welle verbunden. Sie gestatten nur Ausschläge von 3...8°.

Trockengelenke

Eine Gelenkwelle wird hoch beansprucht.

Durch den Antrieb auf Verdrehung; die Stöße erzeugen Schwingungen; Staub, Schmutz und Nässe bewirken Verschleiß. Eine Gelenkwelle muß deshalb aus gutem Material bestehen, leicht von Gewicht und ausgewuchtet sein.

Anforderungen an die Gelenkwelle:

Gutes Material, geringes Gewicht, gute Auswuchtung

Material: Nahtlos gezogenes Stahlrohr. Dünne Wandung bewirkt geringes Gewicht und große Steifigkeit.

Auswuchtung wird mit Rücksicht auf einen ruhigen Lauf gefordert. Die Gelenkwelle ist statisch ausgewuchtet, wenn sie, auf zwei Schienen gelegt, in jeder Lage stehen bleibt, dynamisch ausgewuchtet, wenn bei Drehung der Welle die Zentrifugalkräfte sich aufheben.

Fehler an Gelenkwellen sofort beseitigen.

Auftretende Fehler

Fehler an Gelenkwellen

a) Gelenkwelle ist verbogen, schlägt, fluchtet nicht.

b) Gelenke und Keilnuten sind abgenutzt oder verschmutzt.

c) Spiel zwischen Nutenwelle und Gleithülse ist zu groß oder zu klein.

d) Öl tritt aus den Gelenken oder der Welle aus.

e) Zapfenlager sind ausgeschlagen.

Ein Schlagen wird verursacht durch Verbiegung, abgenutzte Gelenke, verschlissene Keilnuten, nicht einwandfrei zusammengebaute Flansche.

Schlagen der Gelenkwelle und Ursache

Unwucht erkennt man an Erschütterungen und Geräuschen.

Ein knackendes Geräusch beim Gasgeben oder Gaswegnehmen zeigt Abnutzung der Gelenke, der Keilwellen oder des Zwischenlagers an.

Beim Ausbau beachten:

Ausbau der Gelenkwelle

a) Vor dem Ausbau Markierungen nachsehen, sonst zeichnen.

b) Beim Ausbau Bock unterstellen.

c) Verschraubungen an den Flanschen lösen, Keilwelle ganz in die Gleithülse schieben, Welle nach hinten herausnehmen.

Behandlung ausgebauter Wellen

d) Gelenkwellen vorsichtig behandeln, nicht stoßen, nicht fallen lassen, bei Transport gut verpacken, keine Auswuchtplättchen entfernen, Wellen nicht stellen, sondern legen oder hängen, Welle oder Hülse nicht durch Schläge an den Flanschen auseinanderziehen.

Vor dem Einbau:

Arbeiten vor dem Einbau der Welle

a) Flächen an Gelenkflanschen säubern.

b) Keilnuten reinigen, auf Gängigkeit und Verschleiß prüfen.

c) Öl und Schmutz aus Gelenkschutzhüllen entfernen.

d) Ausgeschlagene Flanschlöcher aufreiben, dann größere Schrauben verwenden. Alle Schrauben müssen gleiche Länge und gleiches Gewicht haben.

e) Beim Erneuern der Lager nicht einzelne Nadeln oder Buchsen auswechseln, sondern alle – samt Kreuzgelenk.

Beim Zusammenbau auf folgendes achten:

Beim Zusammenbau

a) Auf Markierungen, die auf Keilwelle und Gleithülse genau gegenüber liegen müssen.

b) Gleithülse vorsichtig aufschieben; Filzdichtung nicht beschädigen.

c) Welle vor Fall, Schlag, Druck schützen.

d) Freies Wellenende unterstützen.

e) Gelenkflansche einwandfrei an ihre Gegenflansche anbringen. Durch den Einpaß ist genaue Zentrierung möglich.

f) Schrauben nicht zu stramm und zu lose einziehen.

g) Schraubenbolzen müssen gut in den Bohrungen passen, dürfen aber nicht überstehen, damit die Gelenke in ihrer Bewegung nicht behindert werden.

h) Muttern gut anziehen und sichern.

i) Gelenkwelle muß fluchten. Fluchtstab auf Gelenke legen und durch Visieren feststellen, ob sie in einer Ebene liegen.

Richtiges Fluchten der Gelenkwelle

k) Bei Ersatzwellen auf richtige Betriebslänge achten. (Unterschied zwischen Betriebslänge und zusammengeschobener Welle = Spiel.)

Ersatzwellen

l) Nadellager und Schiebestücke gut schmieren.

4.4. Die Hinterachse

Der Antrieb der Hinterachse erfolgt durch einen Winkeltrieb.

Ein Winkeltrieb ist notwendig, weil die Achswelle quer zur antreibenden Gelenkwelle liegt. Der Winkeltrieb erfolgt durch ein Kegelräderpaar, nämlich Ritzel und Tellerrad. Übersetzung bei Pkw 4:1 . . . 5:1, bei Lkw bis 18:1. Infolge der großen Übersetzung wird die Drehzahl der treibenden Welle kleiner, die Durchzugskraft der Laufräder aber größer.

Der Winkeltrieb bei Hinterachsantrieb

Große Übersetzungen

Wegen der hohen Beanspruchung bestehen die Zahnräder aus einem verschleißfesten, zähen Material: Chrom-Molybdän-Stahl, im Einsatz gehärtet.

Beanspruchung und Wahl des Materials

Es gibt verschiedene Antriebsmöglichkeiten der Hinterachse.

Antriebsmöglichkeiten der Hinterachse

1. Kegelradantrieb. Am häufigsten verwendet. Ein Antriebsritzel greift seitlich in ein größeres Tellerrad und treibt über das am Tellerrad befestigte Ausgleichgetriebe die beiden Hinterachsenwellenhälften an.

Der Kegelradantrieb

Für die Kegelräder verwendet man weniger die Geradverzahnung, meistens Bogenverzahnung, und zwar die amerikanische Gleasonverzahnung (Zahnrücken sind außen breiter als innen) oder die deutsche Klingelnbergverzahnung (Zähne sind innen und außen gleich breit), die sich heute mehr und mehr durchsetzt. Vorteile:

Verzahnung der Kegelräder

a) Bei der Geradverzahnung erfolgt der Eingriff der Zahnflanken auf der ganzen Zahnbreite, bei der Bogenverzahnung allmählich.

Gerad- und Bogenverzahnung

b) Bei der Bogenverzahnung sind mehrere Zähne zu gleicher Zeit im Eingriff.

c) Der Verschleiß ist geringer, die Laufruhe infolge des allmählichen Abrollens der Zähne größer.

Die Hypoidverzahnung und ihre Vorteile

Das Zahnritzel kann mit dem Tellerrad auf einer gemeinsamen Mittelachse liegen, es kann aber auch – wie bei der Hypoidverzahnung – über oder unter der Mitte des Tellerrades liegen. Dadurch ergibt sich eine größere Laufruhe. Wegen der Gleitverschiebungen müssen zur Schmierung besondere Hochdrucköle, sogenannte Hypoidöle, verwendet werden.

Hypoidöle

Der Kegelrad-Stirnrad-Antrieb und seine Anwendung

2. Kegelrad-Stirnrad-Antrieb ist eine Doppelübersetzung, die Verbindung einer Kegelrad- und Stirnradübersetzung, die in der als Banjokörper ausgebildeten Hinterachsbrücke sitzt. Die Räder sind spiral- bzw. schrägverzahnt. In Nutzwagen verwendet (Henschel), wenn ein Kegelradantrieb wegen der Übertragung des erforderlichen Drehmoments nicht geeignet ist, das Tellerrad infolge der hohen Untersetzung ungewöhnlich groß, die Bodenfreiheit dadurch gering und ein schlechter Antrieb entstehen würde.

Der Schneckenantrieb, Vorteile und Bauformen

3. Schneckenantrieb. In Nutzwagen verwendet. Eine mehrgängige Schnecke treibt ein Schneckenrad, wodurch eine Übersetzung von 10: 1 und durch ein nachfolgendes Stirnradgetriebe eine weitere Übersetzung möglich ist. Die starken Axialkräfte an Ritzel und Tellerrad werden von Ringlagern aufgenommen. In die beiden großen Stirnräder greifen die kerbverzahnten Hinterachswellen. Das Schneckenrad nimmt das Ausgleichgetriebe auf. Vorteile: Geringe Bauhöhe, gute Durchzugskraft, geräuscharmer Lauf, geringer Verschleiß, lange Lebensdauer.

   Die heutige Normalausführung vereinigt einen Kegelradantrieb (Kegelrad-Tellerrad) mit dem Doppelstirnrad-Vorgelege.

Der Stirnrad-Naben-Antrieb

4. Stirnrad-Naben-Antrieb. Das Stirnradvorgelege ist vom Achsantrieb getrennt und beim VW-Kleinomnibus in der Radnabe, beim MAN-Lkw im Hinterachs-Seitengehäuse untergebracht.

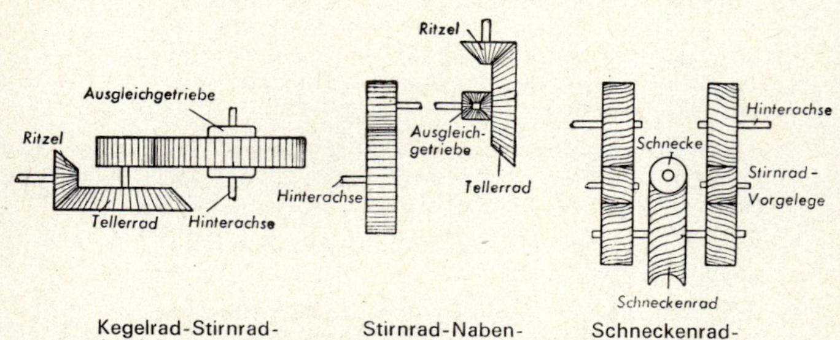

Kegelrad-Stirnrad-Antrieb | Stirnrad-Naben-Antrieb | Schneckenrad-Antrieb

Antriebsrad und Tellerrad müssen gut zusammenarbeiten.

Antriebs- und Tellerrad in Zusammenarbeit

Ritzel und Tellerrad ruhen während der Fahrt niemals und werden oft auf mehr als 100 000 km Fahrstrecke stark beansprucht. Ein ruhiger, geräuschloser Lauf ist nur möglich, wenn Antriebs- und Tellerrad aufs feinste bearbeitet (geläppt) sind und gut zusammenpassen. Darum dürfen sie nur als zusammenpassende Paare laufen.

Heulen des Achsantriebes

Heulen des Achsantriebes weist auf Fehler hin.

a) Die Zähne können zu stramm eingepaßt sein.

b) Die Zähne haben in den Zahnlücken zuviel Luft, die sich zusammendrückt.

c) Im Gehäuse ist zu wenig Öl.

Prüfen mit der Meßuhr vor der Instandsetzung

Durch Prüfung ist festzustellen, ob Instandsetzung notwendig ist. Mit Meßuhr prüfen, ob die Räder kreisrund laufen und keinen Höhenschlag haben, die Räder senkrecht zur Achse laufen und keinen Seitenschlag haben, das Zahnflankenspiel (meist 0,08 . . . 0,20 mm) nicht zu groß ist.

Grobe Feststellung des Zahnflankenspieles

Grobes Feststellen des Flankenspiels. Mit dem Finger durch das Ablaßloch das Tellerrad festhalten, mit der anderen Hand das Ritzel leicht hin- und herdrehen.

Bei Instandsetzung Antrieb ausbauen, zerlegen, Teile zeichnen, in Lauge oder Benzin reinigen und dann prüfen.

Abgenutzte Ritzel und Wälzlager

Ist z. B. das Ritzel stark abgenutzt, das Tellerrad aber noch verhältnismäßig gut, so sind trotzdem beide auszuwechseln.

Abgenutzte Wälzlager durch neue ersetzen.

Das Tragen der Zähne

Zahnräder müssen in der Mitte der Zähne und möglichst auf der ganzen Zahnflanke tragen. Bei Hypoid-Achsantrieb grundsätzlich alle Lager erneuern.

Prüfen des Tragens der Zahnflanken

Das Tragen der Zahnflanken prüfen: 8 . . . 10 Zahnflanken dünn mit Tuschierpaste bestreichen. Ritzel abwechselnd nach beiden Seiten drehen und dabei mit einem langen Schraubenzieher das Tellerrad festhalten. Prüfen, wo die Zähne tragen. Bei Klingelnbergverzahnung sowohl die Treib- als auch die Schubflanke am Kegelrad prüfen.

Richtiges Tragen der Zahnflanken

Normales Tragen: Im unbelasteten Zustande muß das Tragbild außen, 50% auf der Treibflanke, 35% auf der Schubflanke liegen; im belasteten Zustande muß das Tragbild in der Mitte der Zahnbreite zu mindestens zwei Dritteln liegen.

Folgen fehlerhafter Tragbilder

Fehlerhafte Tragbilder ergeben Geräusche und kurze Lebensdauer.

Nachstellen von Ritzel und Tellerrad

Das Nachstellen erfolgt am Antriebskegelrad durch Herausnehmen oder Zufügen von Ausgleichsscheiben, beim Tellerrad auch durch Verstellen einer Einstellmutter.

4.4.1. Das Ausgleichgetriebe

Die Radumläufe
bei Geradeausfahrt
bei Kurvenfahrt

Der Antrieb der Hinterachse erfordert ein Ausgleichgetriebe. Fährt nämlich ein Kraftfahrzeug geradeaus, so legen die Räder die gleichen Umläufe und die gleiche Wegstrecke zurück. Beim Durchfahren einer Kurve macht das äußere Rad, das einen größeren Weg zurücklegt, mehr Umläufe als das innere Rad.

bei festsitzenden Rädern auf der Antriebswelle

Säßen die Räder fest auf der Welle, so würde das innere Rad „radieren", weil es die gleichen Umläufe wie das äußere Rad machen müßte. Folge: Starker Reifenverschleiß, Neigung zum Schleudern.

Um das zu verhindern, wird die Hinterachse geteilt. Jedes Rad läuft dann auf einer besonderen Welle. Es muß aber noch eine besondere Einrichtung vorhanden sein, die beide Achshälften zusammen antreibt und doch die Möglichkeit bietet, daß sich das eine Rad schneller als das andere dreht. Diesem Zweck dient das Ausgleichgetriebe.

Das Ausgleichgetriebe als Differentialgetriebe

Bei einem solchen Getriebe muß die Differenz zwischen Innenrad und Gehäusedrehzahl gleich dem Unterschied zwischen Außenrad und Gehäusedrehzahl sein.

Daher „Differentialgetriebe".

Das Ausgleichgetriebe spricht nur bei Kurvenfahrt und Hemmung eines Rades an.

Aufbau

Das Ritzel treibt das Tellerrad mit dem Ausgleichgehäuse. In ihm sind die Ausgleichräder gelagert, die mit den Hinterachswellenrädern in Eingriff stehen und die Hinterachsen treiben.

Wirkungsweise
bei Geradeausfahrt

1. Geradeausfahrt. Das Ausgleichgetriebe tritt nicht in Tätigkeit. Mit dem Tellerrad dreht sich das Gehäuse. Die Ausgleichräder drehen sich nicht; sie wirken wie eine starre Kupplung zwischen den Hinterachswellenrädern. Die Laufräder haben die gleiche Drehzahl.

bei Kurvenfahrt

2. Kurvenfahrt. Das Ausgleichgetriebe tritt in Tätigkeit. Die Achswellen laufen in der Kurve ungleich schnell, was durch die Ausgleichräder ermöglicht wird. Bei einer Linkskurve läuft das linke Achskegelrad langsamer als das rechte, weil das Hinterrad einen kürzeren

Weg durchläuft. Dadurch werden die Ausgleichräder gezwungen, sich um ihre Zapfen zu drehen, wodurch die verschiedenen Drehzahlen der Achswellen ausgeglichen werden. In dem Maße, wie sich die Drehzahl des rechten Wellenrades erhöht, verringert sich die Drehzahl des linken Wellenrades. Die Ausgleichräder bewirken, daß sich jedes Rad auf seiner Bahn entsprechend oft dreht, so daß kein Radieren erfolgt.

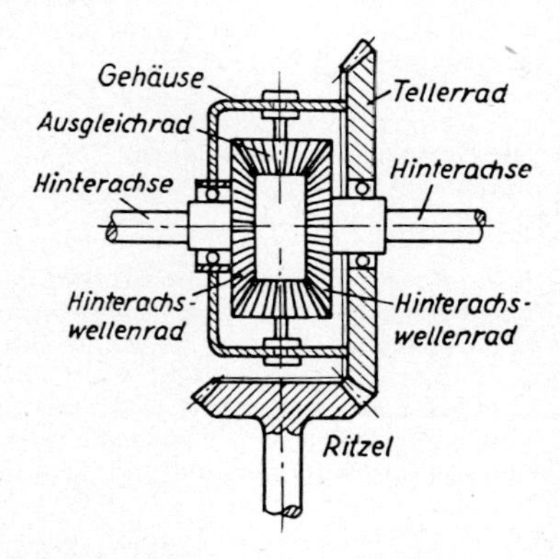

Ausgleichgetriebe

3. Hinterachse aufgebockt. Wird z. B. das linke Laufrad links herumgedreht, so bleibt das Ausgleichgehäuse mit dem Tellerrad stehen. Über die Ausgleichräder wird das rechte Achswellenrad und damit die rechte Achse rechts herum gedreht. Beide Räder laufen mit gleicher Drehzahl in entgegengesetzter Richtung.

bei aufgebocktem Fahrzeug

4. Wird ein Rad nur gering gebremst, so läuft das andere um so schneller. Dieser Vorgang kann beim Durchfahren einer schlüpfrigen Stelle (Pfütze, Eis) entstehen.

   Kommt ein Rad vollständig zum Stillstand, so dreht sich das andere doppelt so schnell.

bei weniger oder mehr Bremsen eines Rades

Das Ausgleichgetriebe soll beim Kurvenfahren nur kleine Unterschiede ausgleichen.

Das eine Seitenwellenrad soll sich nicht sehr viel schneller drehen als das andere; unter keinen Umständen doppelt so viel, wenn das andere blockieren sollte. Für solch hohe Beanspruchungen ist das Ausgleichgetriebe nicht gebaut. Wenn daher beim Fahren auf weichem oder sandigem Boden ein Rad einsinken oder durchrutschen sollte, dann nicht Gas geben, um freizukommen, sondern für eine griffige Unterlage sorgen.

Nur Ausgleich kleiner Unterschiede

Die Ausgleichwirkung kann gesperrt werden.

Selbstsperrende Ausgleichgetriebe: Zweck und Aufbau

Für schwierige Geländeverhältnisse hat die Zahnradfabrik Friedrichshafen ein selbstsperrendes Ausgleichgetriebe entwickelt. Es hat eine Art Klemmrollenfreilauf, der aus einem Außenring, einem Innering und einem dazwischenliegenden Rollenkäfig besteht. Der Rollenkäfig ist mit dem Tellerrad verbunden. Auf dem Außen- und Innenring sitzt je eine Seitenwelle. Der Außenring hat mehr Kurven als der Innenring, wodurch eine Selbstsperrung ermöglicht wird.

Wirkungsweise bei Geradeausfahrt

Bei Geradeausfahrt dreht das Tellerrad den Rollenkäfig. Durch das Klemmen einiger Rollen in den Nuten des Innen- und Außenringes werden die Achshälften gleichmäßig mitgenommen.

bei Kurvenfahrt

Beim Kurvenfahren macht ein Rad weniger Umdrehungen als das andere. Die Rollen legen sich dann beim abgebremsten Ring an, während der andere Ring über die Kugeln weggleiten und das entsprechende Laufrad voreilen kann. Wie beim gewöhnlichen Kegelrad-Ausgleichgetriebe wird der eine Ring mit seiner Welle im demselben Maße beschleunigt wie der andere zurückbleibt.

Ein Blick in das Getriebegehäuse

Die vier Ausgleichräder und ihre Lagerung

Große Ausgleichgetriebe haben vier Ausgleichräder, die durch ein Radkreuz verbunden sind. Dadurch wird ein guter Eingriff und eine Schonung der Zähne erreicht. Durch Radkreuz bzw. Distanzstücke werden die Ausgleichräder auf gleiche Entfernung gehalten.

Ausgeschlagene Buchsen

Die Ausgleichräder laufen in Gleitlagern. Diese dürfen nicht abgenutzt sein, sonst ecken die Räder, so daß der Ausgleich unwirksam wird und die Räder verschieden laufen. Deshalb müssen die Buchsen genau zentrisch gebohrt sein. Gute Schmierung verhindert vorzeitigen Verschleiß.

Die Antriebswellenräder und die Aufnahme der Halbachsen

Die Antriebswellenräder laufen in Gleit- oder Wälzlagern und haben in ihren Naben Nuten, in die Halbwellen hineingesteckt werden; daher Steckachsen.

Die Schmierung des Ausgleichgetriebes

Das Achsgehäuse ist bis zur Überlaufschraube mit Öl, bei Hypoidgetriebe mit Hypoidöl, gefüllt. Öl nach etwa 3000 km Fahrt nachfüllen, nach etwa 10000 km Fahrt erneuern. (Gehäuse vorher mit Spülöl reinigen.) Das Gehäuse muß besonders nach den Bremstrommeln (durch Simmerringe) gut abgedichtet sein.

4.4.2. Andere Antriebsarten

Kettenantrieb

Früher in Lkw, teilweise in Motorrädern. Rollenketten sind geräuscharm, wirken stoßdämpfend und können bei Dehnung nachgestellt werden.

Der Kettenantrieb

Hinterachsantrieb durch Heckmotor (*Volkswagen*)

Wagen mit Heckmotoren

VW

Der tunnelförmige Mittelträger ist hinten zur Aufnahme des Motors und Triebwerks gegabelt. Der Motor, ein Vierzylinder-Ottomotor mit je zwei gegenüberliegenden, luftgekühlten Zylindern, liegt mit der Kupplung hinter, das Wechselgetriebe vor dem Achskörper; der Achsantrieb zwischen Kupplung und Wechselgetriebe. Die Umdrehungen der Kurbelwelle werden von der Kupplung durch eine Welle, die über den Achsantrieb hinweggeht, auf das Wechselgetriebe übertragen und durch eine unter der Getriebewelle liegende Getriebehauptwelle zurückgeleitet zum Achsantrieb.

Vorzüge

Vorteile: Kurzbau und Gewichtsverringerung, Fortfall der Gelenkwelle, gute Verteilung des Gewichtes.

Frontantrieb oder Vorderradantrieb durch Bugmotor

Der Vorderradantrieb

Motor, Getriebe und Achsantrieb bilden auch hier eine Einheit. Gelenkwellenübertragung fällt weg. An einer Querfeder und den beiden Querlenkern L, die am Fahrzeugrahmen befestigt sind, sitzen die Achsköpfe K. Die Räder können infolge der gelenkigen Aufhängung unabhängig voneinander federn. Die Pendelbewegung der Achswellen W macht aber Gelenk G_2 am Hinterachsgehäuse notwendig. Mit Rücksicht auf die Lenkung der Vorderräder sind die Gelenke G_1 angebracht, die genau in der Mittelachse der Achsschenkelbolzen liegen.

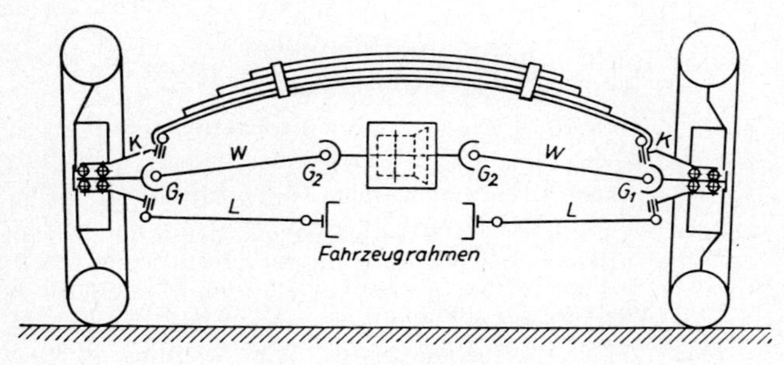

Frontantrieb

Vorteile

Vorteile: Kurzer Bau, gute Fahreigenschaften (kurvensicher und schleuderfrei), da das Fahrzeug gezogen wird, günstige Gewichtsverteilung, daher günstiger Achsdruck.

1. Mehrachsantrieb

Bauarten der Mehrachsantriebe

Dreiachswagen mit Einachsantrieb. Zur Antriebsachse wurde ursprünglich noch eine zweite ohne Antrieb (Schleppachse) zugefügt.

Arten des Zweiachsantriebes bei Dreiachswagen

2. Dreiachswagen mit Zweiachsantrieb

Parallelantrieb: Von einem hinter dem Wechselgetriebe liegenden Verteilergetriebe wird der Antrieb durch zwei parallellaufende Gelenkwellen auf die beiden Hinterachsen übertragen.

Hintereinanderantrieb: Der Antrieb erfolgt durch eine Welle. Zuerst werden Ritzel und Tellerrad der ersten Achse angetrieben, dann über eine Zwischenwelle mit Kegeltrieblingen das Tellerrad der zweiten Achse. – Besser erfolgt der Achsantrieb durch ein Schneckengetriebe, wobei der Antrieb von der Schnecke der ersten Welle auf die Schnecke der zweiten Welle übertragen wird.

Der Allradantrieb

3. Allradantrieb. Vorder- und Hinterräder werden zugleich angetrieben. Der Antrieb erfolgt vom Motor über Kupplung, Wechselgetriebe und Gelenkwelle auf ein untersetztes Verteilergetriebe und von hier aus durch zwei Antriebswellen auf je eine Hinterachse und durch eine weitere Antriebswelle in entgegengesetzter Richtung auf die Vorderräder.

Mehrachswagen haben bei schwierigen Wegeverhältnissen (bei Steigungen, schlüpfrigen und verschneiten Wegen) ein gutes Anzugs- und Durchzugsvermögen.

4.4.3. Arten von Hinterachsen

1. Die starre Hinterachse

Starre Achsen haben Hinterachsbrücken.

Starre Hinterachse

Bei starren Achsen sind die Seitenwellen in einem Gehäuse, der sogenannten Hinterachsbrücke, gelagert.

Hinterachsbrücke

Zweck: Wenn die Wagenlast unmittelbar auf die Hinterachse wirkte, würde diese durchbiegen und das Ausgleichgetriebe beschädigen. Darum eine Achsbrücke, die die Last aufnimmt.

Teile

Teile: Hinterachsgehäuse (darin der Achsantrieb) und Hinterachstrichter (darin die Wellen).

Bauformen:

Bauformen

a) Banjo-Achsgehäuse = ein Stück, aus zwei Blechhälften gepreßt und geschweißt. Durch einen hinten angebrachten Deckel ist das Ausgleichgetriebe zugänglich. Der Hals nimmt das Antriebsritzel auf.

Die Banjoachse

b) Trichter- oder Flansch-Achsgehäuse. An das Hinterachsgehäuse sind Achstrichter angeflanscht.

Die Trichterachse

Die hohe Belastung der Hinterachse erfordert eine gute Radlagerung.

Beanspruchung der Brücke auf Verbiegung durch Druck und Stoß. Beanspruchung der Wellen auf Verdrehung durch die Übertragung des Drehmoments. Achslagerungen:

Beanspruchung der Achsbrücken und Wellen
Achslagerungen

1. Halbfliegende Achsen. Die Radnabe sitzt unmittelbar auf dem Ende der Welle. Die Welle wird auf Verdrehung und Verbiegung beansprucht. Das Rad wird nur von der Welle getragen.

Die halbfliegende Achse

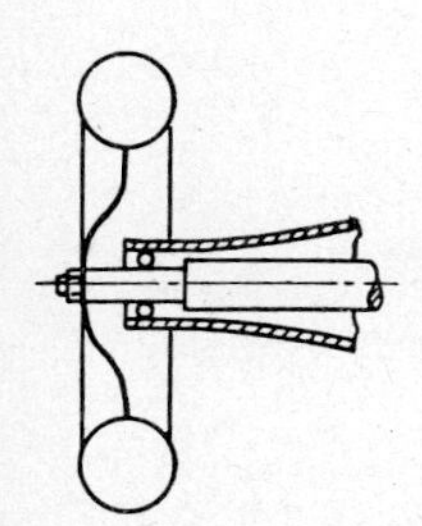
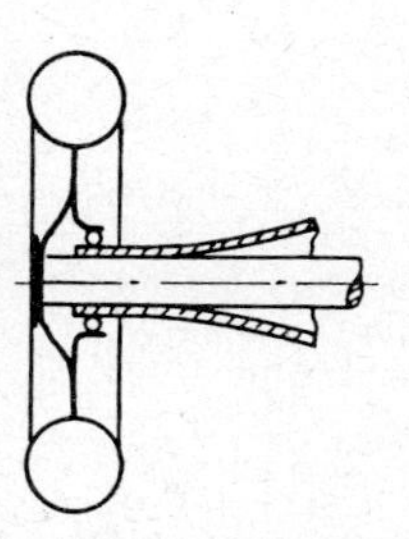
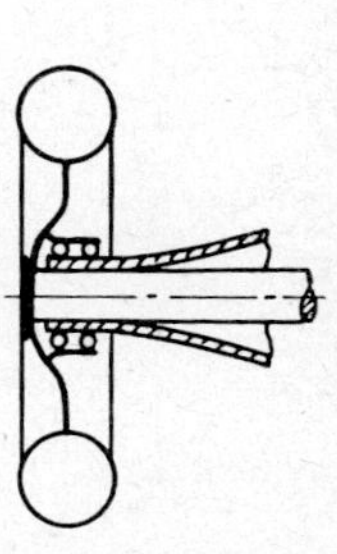

a) Halbfliegende Achse, Welle voll belastet b) Dreiviertelfliegende Achse, Welle zum Teil belastet c) Fliegende Achse, Welle unbelastet

2. Dreiviertelfliegende Achsen. Das Rad sitzt zwar auf der Achse, wird aber von einem Wälzlager am Ende des Achstrichters getragen, so daß die Wagenlast nur zu einem Teil auf der Welle ruht.

Die dreiviertelfliegende Achse

3. Fliegende Achsen. Die Radnabe läuft auf einem Doppellager des Achstrichters. Die gesamte Wagenlast ruht hier auf dem Achstrichter. Die Wellen, die nicht auf Durchbiegung beansprucht werden, können ohne Hochbocken des Wagens seitlich herausgenommen werden.

Die vollfliegende Achse

Einzelrad-aufhängung

2. Einzelradaufhängung

Längslenker-Achsen

a) *Längslenker-Achsen.* Bei der einfachen Längslenker-Achse (Kurbelachse) sind Spur und Sturz unveränderlich; der Nachlauf ändert sich. Vorlaufende Kurbelachsen garantieren eine bessere Bodenhaftung beim Bremsen.

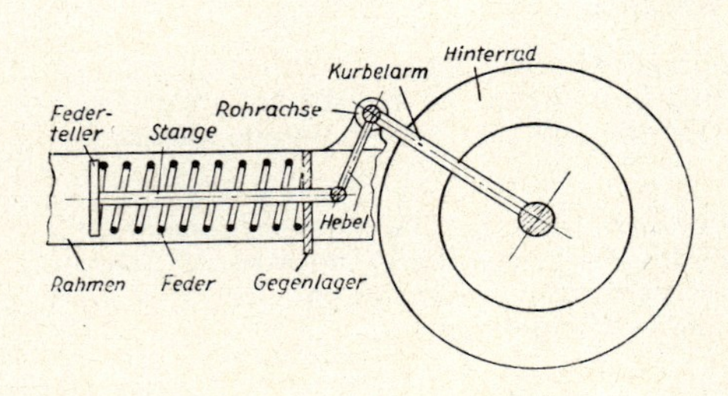

Kurbelachse

Doppellängs-lenker-Achsen

b) *Doppellängslenker-Achsen.* Als Hinterachse sind Spur, Sturz und Nachlauf unveränderlich. (Als Vorderachse ist die Spur bei einteiliger Spurstange konstant.) Sie werden eingebaut bei Renault, Peugeot, Simca.

Schräglenker-Achsen

c) *Schräglenker-Achsen.* Bei dieser Achse sind Sturz und Spur veränderlich und die Spurweite leicht veränderlich. Durch Herunterziehen des Hecks beim Bremsen wird die Nickneigung herabgesetzt. Durch günstige Vorspuränderung beim Durchfedern der Räder wird das Übersteuern abgebaut (Heckantrieb bei Fiat). Schräglenker-Achsen werden bei BMW, Daimler-Benz, Porsche 911/914 usw. eingebaut; sie sind teuer, besitzen aber fahrtechnisch viele Vorteile (Delta-Achsen).

Pendelachsen

d) *Pendelachsen.* Spur- und Spurweitenänderung sind abhängig von der Ausgangsstellung der Räder. Die angetriebenen Hinterräder bewegen sich um ein festsitzendes Ausgleichgetriebe. Die *Eingelenkachse* mit tiefliegendem Drehpunkt hat geringere Sturz- und Spurveränderungen und durch meist negativen Sturz gute Seitenführung.

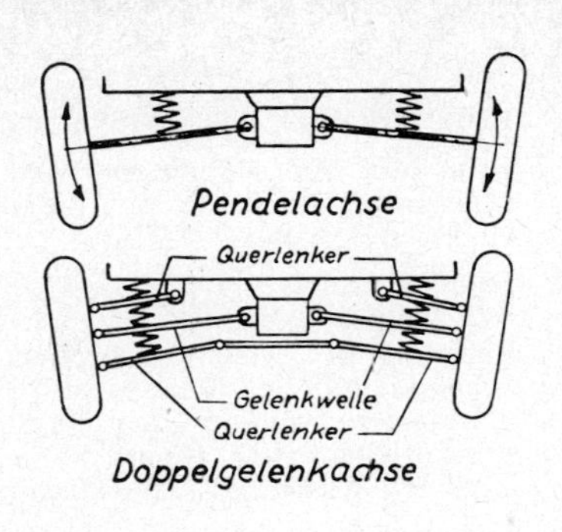

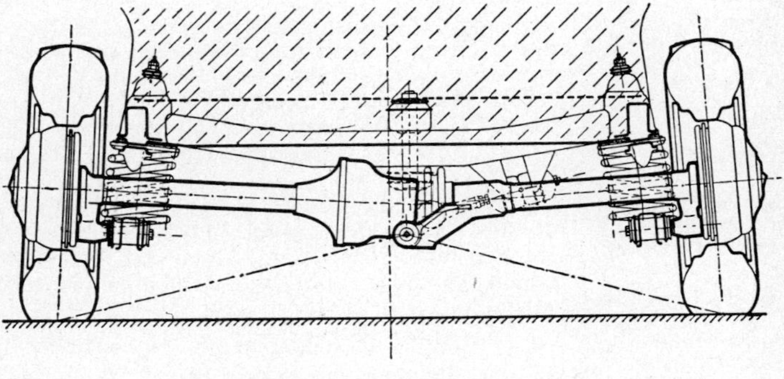

Mercedes-Eingelenk-Pendelachse. Prinzip

Fehler und ihre Beseitigung

Verbiegen der Wellen und Trichter, Ursachen und Folgen

1. Verbiegung der Wellen und Trichter

   Ursachen: Rücksichtsloses Fahren über Eisenbahnschienen, Schlaglöcher, an Bordsteinen vorbei, durch Überlastung u. a.

   Folgen: Schlagen der Achswellen, Veränderung der Radstellung, Reifenverschleiß, Achsbruch.

Prüfen und Instandsetzen der Welle bei Schlag

   Beseitigung: Wellen zwischen Drehbankspitzen spannen und mit Meßuhr auf Schlag prüfen. Ein Schlag von wenigen $^{1}/_{100}$ mm führt schon zur Zerstörung der Lager. Richten mit Vorsicht, nur kalt unter Presse; besser auswechseln.

Ausgeschlagene Keilnuten Abgenutzte Lager Risse im Achskörper

2. Wellen mit ausgeschlagenen Keilnuten auswechseln.
3. Abgenützte Kugellager erneuern.
4. Risse im Achskörper, durch Klangprobe festzustellen, lassen sich schweißen. Knickungen erfordern neue Achskörper.

Ursachen des Verölens der Bremstrommeln

5. Verölung der Bremstrommeln erfolgt, wenn der vorgeschriebene Ölstand im Achsgehäuse überschritten wird oder wenn infolge der Erwärmung der eingeschlossenen Luft ein Überdruck entsteht. Belüftung prüfen! Gute Abdichtung durch Simmerringe. Wälzlager gut mit Fett füllen; das verhütet den Öldurchtritt.

Das Herausziehen der Steckachsen

6. Der Achsausbau kann bei fliegender Anordnung ohne Abnahme der Laufräder erfolgen. Beim Herausziehen der Steckachsen ein Gefäß unter die Achstrichter stellen, damit das abfließende Öl nicht an die Reifen gelangt.

Zur Beachtung vor und beim Einbau

7. Vor und beim Einbau ist folgendes zu beachten:
   a) Neue Simmerringe vor dem Einbau $^{1}/_{4}$ Stunde in Öl legen. Beim Einbau darauf achten, daß die offene Lippe nach innen steht und der Simmerring dicht abschließt.
   b) Bei Längsspiel der Hinterachse von mehr als 0,1 mm legt man Ausgleichscheiben hinter das Wälzlager.
   c) Neuen Filzdichtring für die Bremsträgerplatte und neue Papierdichtung für das Ölfangloch einbringen.
   d) Verschmutzte Lager mit Petrol reinigen, dann einfetten.
   e) Große Lager vor dem Aufziehen auf 70 °C erwärmen.
   f) Lager mit Presse einschieben (nicht durch Hammerschläge).

4.5. Die Vorderachse

4.5.1. Die Lenkgeometrie (Die Stellung der Vorderräder)

Grundlagen

Die Fahreigenschaften eines Kraftwagens sind abhängig von den Umfangs- und Seitenführungskräften, die sich auf die einzelnen Räder verteilen.

Durch entsprechende Auslegung und Anordnung der Lenkbauteile muß ein einwandfreier Bewegungsablauf der Räder sowohl bei Geradeausfahrt als auch bei Kurvenfahrt erreicht werden.

Eine besondere Bedeutung gewinnen dabei die Reifen, die kraftschlüssig mit der Fahrbahn verbunden sind.

Aufgabe der Bereifung

Besondere Forderungen an die Reifen: Aufnahme häufig wechselnder Lasten, Übertragung der Antriebs- und Bremskräfte, geringer Rollwiderstand, hohe Abriebfestigkeit.

Folgen falscher Lenkeinstellung

Falsche Lenkeinstellung führt zu überhöhtem Reifenverschleiß, schlechter Kurvenlage und Lenkunsicherheit (Flattern).

Radsturz (Sturz)

Der *Sturz* ist die *Neigung der Radebene* zur Senkrechten auf der Fahrbahn (vereinfacht: Sturz ist die Stellung der Räder von vorn gesehen).

positiver Sturz

negativer Sturz

Stehen die Räder oben weiter auseinander, so spricht man von positivem Sturz (Plus-Sturz). Stehen die Räder oben enger zusammen, so handelt es sich um einen negativen Sturz (Minus-Sturz).

Der Sturz wird gemessen in Winkeleinheiten (Grad und Minuten). Die Werte liegen zwischen $-3°$ und $+3°$.

Der negative Sturz erhöht bei schneller Kurvenfahrt die Abstützkräfte, die der Fliehkraft entgegenwirken. Beim positiven Sturz läuft das Rad auf den inneren Lagerbund auf. Dabei wird die Flatterneigung verringert.

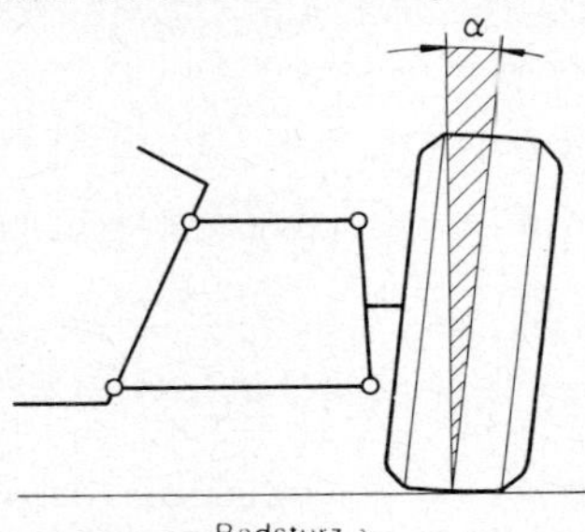

Radsturz

Spur Die *Spur* (der Vorder- und Hinterachse) ist der *Unterschied des Abstandes der Räder* vorn gegenüber hinten, gemessen von Felgenhorn zu Felgenhorn in Achsmitte (vereinfacht: Spur ist die Stellung der Räder von oben gesehen).

Vorspur

Nachspur

Stehen die Räder vorn enger zusammen, so ist es eine Vorspur oder positive Spur. Stehen die Räder vorn weiter auseinander, so handelt es sich um eine Nachspur oder negative Spur. Die Spur wird ebenfalls in Winkeleinheiten (Grad und Minuten) gemessen; sie kann auch in Millimetern angegeben werden. Bei den Umrechnungstabellen wird die Radgröße in Zoll berücksichtigt.

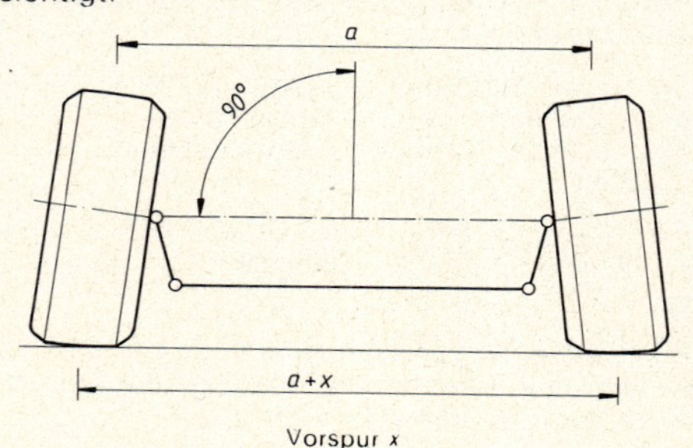

Vorspur *x*

Grundsätze zu Sturz und Spur

Positiver Sturz erfordert Vorspur, negativer Sturz erfordert Nachspur. Räder mit großem positiven (negativen) Sturz haben viel Vorspur (Nachspur). Moderne Achskonstruktionen nähern sich dem Wert Null. Je größer die Reifenbreite ist, desto kleiner ist der Sturz. Rennfahrzeuge mit Breitreifen haben keinen Sturz. Bei Lenkungseinschlag gehen die Räder auf Nachspur. Die Nachspur wird um so größer, je größer der Lenkeinschlag wird. Bei Geradeausfahrt wird der Grundwert wieder eingenommen. Bedingt durch die Achskonstruktion und den Federweg liegen die Spurveränderungswerte zwischen +3 und –3 Millimeter.

Sturz und Spur sind Stellungen der Räder.

Spreizung Die *Drehachse (Lenk- oder Schwenkachse)* ist

a) eine gedachte Mittellinie durch den Achsschenkelbolzen zur Fahrbahn,

b) eine gedachte Mittellinie durch das obere und untere Drehgelenk zur Fahrbahn (Drehachse).

Die *Spreizung* ist die *Neigung der Drehachse* zur Senkrechten auf der Fahrbahn – oben nach innen zur Fahrzeugmitte (von vorne gesehen). Die Spreizung wird gemessen in Winkeleinheiten (Grad und Minuten).

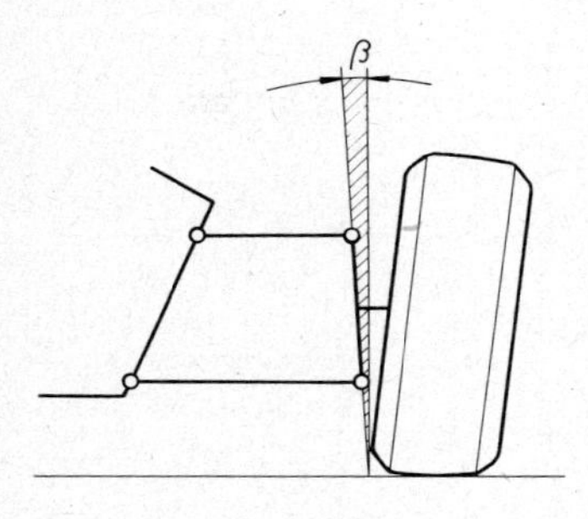

Spreizung β

Nachlauf

Unter *Nachlauf* versteht man

a) die Neigung der Drehachse zur Senkrechten auf der Fahrbahn – oben nach hinten (von der Seite gesehen).

b) das Vorversetzen der Drehachse gegenüber dem Achszapfen (Teewageneffekt). Die Drehachse steht senkrecht zur Fahrbahn.

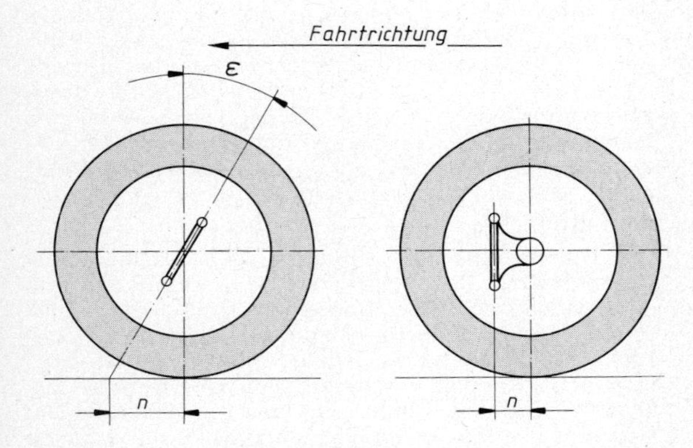

Nachlauf n und Nachlaufwinkel ε

Vorlauf Der *Vorlauf* ist die Neigung der Drehachse zur Senkrechten auf der Fahrbahn – oben nach vorne (von der Seite gesehen).

Nachlauf und Vorlauf werden in Winkeleinheiten (Grad und Minuten) gemessen.

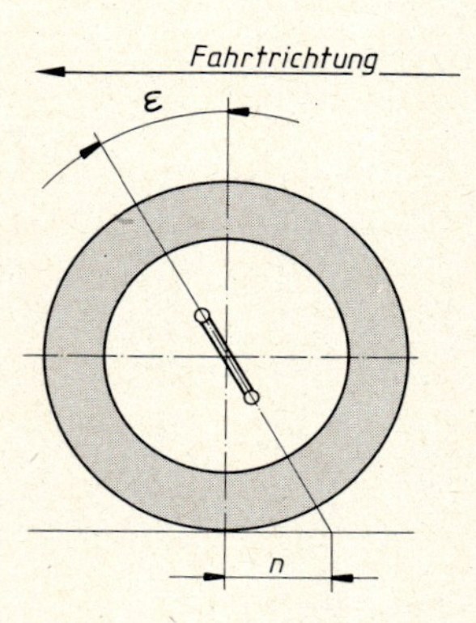

Vorlauf n und Vorlaufwinkel ε

Grundsätze zu Spreizung, Nach- und Vorlauf

Spreizung, Nach- und Vorlauf bewirken eine Stabilisierung der Räder bei Geradeausfahrt und die Rückstellung der Lenkung nach Kurvenfahrt. Sie verhindern ebenfalls das Flattern.

Flattern der Vorderräder Radflattern ist eine unerwünschte Schwingung der elastisch bereiften Räder um eine Senkrechte zur Fahrbahn. Es tritt meistens bei beiden Vorderrädern auf und macht das Fahrzeug schwer lenkbar oder sogar unlenkbar. Nach neueren Erkenntnissen muß ein Unterschied zwischen Flattern und Unwucht gemacht werden. Beim Nachlauf durch Vorversetzen der Drehachse wirkt nur die Spreizung als Rückstellkraft nach der Kurvenfahrt.

Die Rückstellkraft von Spreizung und Nachlauf ist abhängig von der Festigkeit des Untergrundes und dem Ladegewicht. Bei Baustellen- und Geländefahrzeugen wird zur Sicherheit eine Lenkkontrolle (Geradestellung) eingebaut. Spreizung und Sturz sind voneinander abhängig. Vergrößert sich der Sturz, so verkleinert sich die Spreizung und umgekehrt. Der Gesamtwinkel Spreizung und Sturz bleibt immer gleich und bestimmt den *Lenkrollradius*.

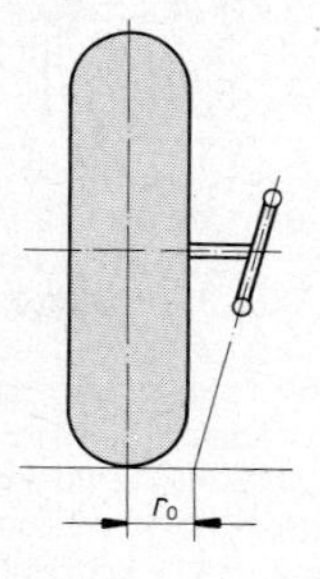

Lenkrollradius r_0

Bei Fahrzeugen mit Vorderradantrieb (VW, Renault) kann ein Vorlauf vorhanden sein.

Spreizung, Nachlauf und Vorlauf sind Stellungen der Drehachsen.

Lenkrollradius (Lenkrollhalbmesser)

Die *Spurweite* ist der seitliche Abstand von Radmitte zu Radmitte an einer Achse (Vorder- oder Hinterachse).

Die *Spurweitenänderung* ist das Verändern des Abstands von Radmitte zu Radmitte durch Ein- und Ausfedern während der Bewegung des Fahrzeugs.

Der *Radstand oder Achsabstand* ist der Abstand von der Mitte der Vorderachse zur Mitte der Hinterachse. Bedingt durch die Achskonstruktionen kann er unterschiedlich sein (z. B. Renault).

Der Lenkrollradius ist abhängig von der Stellung der Drehachsen. Liegt der Achsstand der verlängerten Drehachsen *innerhalb der Spurweiten,* so ist es ein *positiver Lenkrollradius.* Liegt der Abstand der Drehachsen *außerhalb* der Spurweite, so handelt es sich um einen *negativen Lenkrollradius.* Bei Fahrzeugen wie Daimler-Benz und Citroen ist ein neutraler Punkt vorhanden, d. h. Drehachse und Radmitte treffen sich in einem Punkt.

Grundsatz

Der negative Lenkrollradius bewirkt bei bestimmten Fahrsituationen (ungleiche Wirkung der Bremsen, Fahrbahn und Reifen, ungleicher Reifendruck usw.) einen entgegen der Schubkraft des Fahrzeugs wirkenden

Lenkeinschlag (Rad lenkt zur Fahrzeugmitte bei auftretendem Widerstand vor einem Vorderrad). Die Wirkung entspricht einem *Gegensteuern* (je nach Größe dieses Widerstandes). Die Wirkung der Bremse bleibt dabei unberücksichtigt.

Lenktrapez

Das Lenktrapez hat die Aufgabe, bei Kurvenfahrt das *kurveninnere Rad mehr einzuschlagen* als das kurvenäußere. Da sich bei allen Messungen (Spurdifferenzwinkel, Nachlauf) durchgesetzt hat, das kurveninnere Rad auf einen Einschlag auf 20° festzulegen, gilt besser folgende Formulierung: Das Lenktrapez hat die Aufgabe, bei Kurvenfahrt das *kurvenäußere Rad weniger einzuschlagen* als das kurveninnere. Das Lenktrapez wird durch die Spurdifferenzwinkelmessung überprüft, der abgelesene Wert ist im allgemeinen negativ.

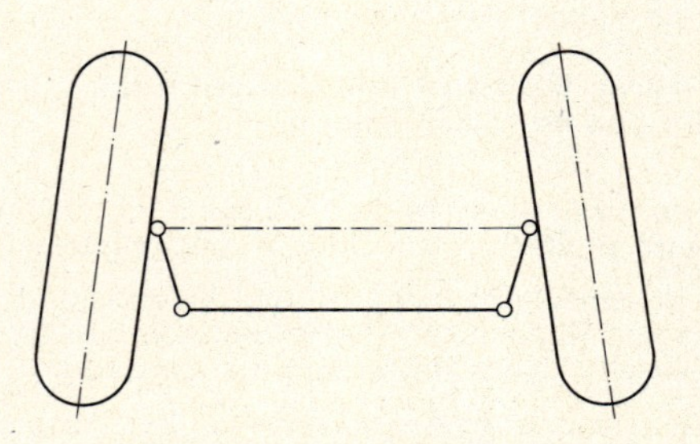

Lenktrapez (schematisch dargestellt)

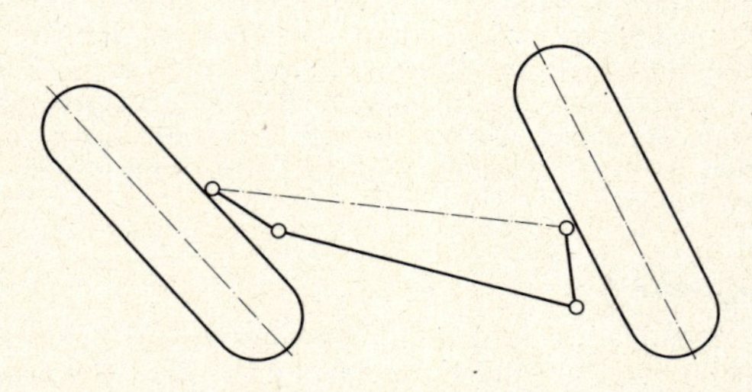

Bei Kurvenfahrt wird das innere Rad stärker eingeschlagen als das äußere Rad

Grundsatz zum Lenktrapez

Das Lenktrapez hat folgende vier Eckpunkte: Die beiden Drehachsen und die beiden äußersten Spurstangenköpfe. Die größte Seite des Lenktrapezes ist immer in Fahrtrichtung vorn, d. h., liegt die Lenkung vor der Achse (Drehachse), so ist der Abstand der äußeren Spurstangenköpfe größer als der der Drehachsen.

Ackermannsches Prinzip

Der Winkel der Lenkhebel zur Achse wird durch den Ackermannschen Punkt bestimmt (Ackermannsches Prinzip). Dieser Konstruktionspunkt befindet sich in der Mitte der Hinterachse (bei Doppelachsen in der Mitte der beiden Diagonalen zwischen beiden Achsen). In dieses Dreieck wird durch Einbau der Spurstange das Lenktrapez gebildet. In der Praxis liegt der wirkliche Punkt vor oder hinter dem Ackermannschen Punkt, je nachdem ob das Fahrzeug einen positiven oder negativen Lenkrollradius besitzt.

4.5.2. Praktische Unterweisung an Achsmeßgeräten

Überprüfen und Vorbereiten des Fahrzeugs:

a) Reifendruck prüfen (evtl. etwas erhöhen),
b) Höhenschlag des Reifens kontrollieren,
c) Reifen auf gleichmäßige Abnutzung überprüfen,
d) Reifen gleichen Fabrikats anbauen,
e) Radbremsen auf richtige Einstellung überprüfen,
f) Lenkung, Radlager und Achsschenkel überprüfen (evtl. einstellen oder erneuern).

Runderneuerte Reifen

Bei *runderneuerten Reifen* ist folgendes zu beachten:

1. Auf *einer* Achse müssen sich Reifen *einer* Herstellerfirma und *einer* Größe befinden.
2. Es sollen nur Reifen *eines* Runderneuerungsbetriebes am Fahrzeug Verwendung finden.

Gelenkspiel

Bei Lenkung, Radlager und Achsschenkel darf das Gelenkspiel maximal betragen:

beim PKW	40′
beim LKW	20′
PKW mit Frontantrieb	60′.

Das Gelenkspiel wird im allgemeinen mit einem Spreizer festgestellt. Der Spreizer ist ein verstellbarer Stab, der zwischen dem linken und rechten Reifen einer Achse (der Spurstange gegenüber) eingeklemmt wird. Durch Lösen einer gespannten Feder wird auf die seitlichen Reifenflächen eine Kraft von etwa 120...150 N ausgeübt. Es wird eine Messung ohne und eine mit Spreizer durchgeführt. Die Differenz aus beiden Messungen soll die Werte von S. 245 nicht überschreiten.

Bei Frontantrieben wird das Gelenkspiel festgestellt, indem der Spreizer einmal vor und einmal hinter der Achse eingeklemmt wird. Die Lage der Spurstangen ist dabei ohne Bedeutung. Die Differenz aus beiden Messungen soll 60′ nicht überschreiten.

Achsvermessung

Das Fahrzeug soll nach den Vorschriften der Hersteller der Meßanlagen eingerichtet sein. Die Reihenfolge der hier folgenden Vermessung kann unterschiedlich sein, ebenfalls die Reihenfolge der Einstellung. Alle Arbeiten können nur nach den Vorschriften des Herstellers durchgeführt werden. Nur wenige Erfahrungswerte sind möglich.

Ist- und Sollwert

Istwert ist der Wert, der mit Hilfe von Meßinstrumenten am Fahrzeug festgestellt wird. Er wird mit dem Sollwert verglichen, den der Konstrukteur vorgibt. Es ist folgendes zu beachten: Ist ein Wert vom Konstrukteur mit +15′ ±30′ angegeben, so liegt der Meßwert einschließlich Toleranz zwischen +45′ und –15′. Wenn vom Konstrukteur nicht anders angegeben, so hat eine zweite Toleranz von ±20′ Gültigkeit, d. h., der Unterschied vom linken zum rechten Rad soll nicht mehr als ±20′ betragen, und zwar *innerhalb der Gesamttoleranz.* Diese Toleranz von ±20′ gilt für vergleichende Messungen wie Sturz, Spurdifferenzwinkel und Nachlauf (Vorlauf), z. B. +15′ ±30′.

Gesamttoleranz

Gemessen werden kann im Bereich von +45′ bis –15′. Berücksichtigt man nun ±20′ Toleranz so kommt man zu folgenden Ergebnissen:

Linkes Rad:

Beispiel 1: Istwert: +15′; dann kann der Wert am rechten Rad zwischen +35′ und –5′ liegen (+15′ ±20′).

Linkes Rad:

Beispiel 2: Istwert: +40′; dann kann der Wert am rechten Rad zwischen +45′ und +20′

betragen (+40′ ±20′). Denn mit dem Wert +40′ +20′ = +60′ wurde die Gesamttoleranz um 15′ überschritten; der Wert +45′ darf aber nicht überschritten werden. Der Wert von −15′ kann ebenfalls nicht unterschritten werden.

Tabellenangabe: Gedrückt = gd oder gdr

gd oder gdr

Bei der Messung der Spur bedeutet die Angabe gd oder gdr, daß diese Messung mit eingebautem Spreizer durchgeführt wird (siehe Gelenkspiel). Beim Frontantrieb wird eine Eigenart dieser Antriebe bei der Messung berücksichtigt: Bei Zug wollen die Räder in Fahrtrichtung vorne zusammenlaufen, bei Schuß sind die Räder bestrebt, auseinanderzulaufen. In diesem Fall ist die Gesamtspur ein Mittelwert zwischen einer Messung mit einem vor und einem hinter der Achse eingebauten Spreizer.

Tabellenangabe: Beladen = bl oder bel

1. Ist keine Tabellenangabe in den Richtlinien des Herstellers vorhanden, so wird das Fahrzeug unbeladen auf den Meßstand gefahren (unbeladen = Kfz-Leergewicht).

bl oder bel

2. Bei der Angabe bl oder bel wird das Fahrzeug mit vorgeschriebenen Gewichten an vorgeschriebenen Stellen beladen. Beide Meßarten haben den Nachteil, daß Alterung (Federermüdung usw.) und laufende Beladung des Fahrzeugs (Wohnwagen- und Hängerbetrieb) nicht berücksichtigt werden.
3. Zu „Beladen" gehört aber noch eine andere Art des Vorbereitens. Manche Hersteller geben ein Maß an, bei welchem das Fahrzeug heruntergezogen bzw. angehoben wird.
4. Nach den Vorschriften des Herstellers werden bestimmte Meßpunkte abgegriffen (z. B. Kotflügelkante zur Achsmitte). Entsprechend dieses Abstandes werden unterschiedliche Werte der Tabelle entnommen.

Messung der Spur

1. *Gesamtspur:* Räder in Geradeausstellung.

   Die linke oder rechte Seite auf der Spurskala wird auf 0 gestellt und auf der gegenüberliegenden Seite auf der Spurskala der Wert abgelesen. Dieser Istwert wird mit dem Sollwert verglichen.

2. *Teilspur (Einzelspur):*

a) Die *Kontrolle der Geradeausstellung* wird durchgeführt, indem der halbe Wert der Gesamtspur links und rechts auf der Skala eingestellt wird und das Lenkrad oder die Geradeausstellung der Lenkung nach den Vorschriften des Konstrukteurs kontrolliert wird.

b) Stimmt die Geradeausstellung nicht, so muß eine *Grundeinstellung* vorgenommen werden. Hierbei wird die Lenkung in Geradeausstellung nach den Vorschriften des Herstellers gebracht und der halbe Wert der angegebenen Gesamtspur links und rechts an der Spurstange eingestellt.

Lenkungsgeradeaus-, Lenkungsmittelstellung

Die Lenkungsgeradeausstellung oder Lenkungsmittelstellung ist eine vom Konstrukteur festgelegte Markierung an der Lenkung zur Einstellung und Justierung des Lenktrapezes zum Ackermannschen Punkt. Es gibt keine einheitliche Festlegung der Lenkungsmittelstellung. Beispiele:

Opel und Ford

– Opel und Ford: Markierungen (Kerben) auf der oberen Lenksäule,

Daimler und VW

– Daimler-Benz und VW: Blockieren der Lenkung durch Eindrehen von Schrauben,

BMW

– BMW: Markierungen (Kerben) an der Lenkspindel und am Lenkgehäuse müssen in Übereinstimmung gebracht werden.

Bei Zahnstangenlenkungen wird die Lenkungsmittelstellung entweder durch Eindrehen von Feststellschrauben blockiert oder durch Meßlehren, die einen vorgegebenen Abstand bestimmen (Abstand zwischen Lenkgehäuse und Befestigung der Spurstange).

Ausnahmen

Bei Lenkungen mit einer festen Spurstange gelten Ausnahmen. Der halbe Wert der Gesamtspur wird auf der Seite mit der festen Spurstange eingestellt und dann das Lenkrad korrigiert. Danach wird der zweite halbe Gesamtspurwert mit der beweglichen Spurstange eingestellt. Eine weitere Ausnahme bilden Lenkräder, die keine veränderliche Feinverzahnung haben; sie sind mit einem Keil auf der Lenksäule befestigt. Die Geradeausstellung wird durch die richtige Lage des Lenkrades bestimmt (Speichenstellung).

Messung des Sturzes

Räder in Geradeausstellung. Die linke Seite wird am Meßgerät auf der Spurskala eingestellt und dann auf der linken Seite auf der Sturzskala abgelesen. Der rechte Sturz wird in der gleichen Reihenfolge gemessen.

Spurdifferenzwinkel links: Das linke Rad wird 20° nach links eingeschlagen bis auf Spurskala 0. Auf der rechten Seite wird auf der Spurskala der Wert abgelesen; der Wert soll negativ sein. Der Spurdifferenzwinkel rechts wird analog abgelesen.

Messung des Spurdifferenzwinkels

Der linke Spurdifferenzwinkel wird rechts auf der Spurskala abgelesen und umgekehrt.

Nachlauf links: Das linke Rad wird 20° nach links eingeschlagen bis auf Spurskala 0. Der Schieber auf der Nachlaufskala wird auf Stellung 0 gebracht. Das Rad wird um 40° nach rechts verdreht bis auf Spurskala 0. Auf der Nachlaufskala wird am Schieber der Nachlauf abgelesen. Der Nachlauf rechts wird analog gemessen.

Messung des Nachlaufs

Grundsätze zur Messung

Alle Werte, die sich auf die Spur beziehen (Spur- und Spurdifferenzwinkel), werden auf der gegenüberliegenden Seite der Spurskala abgelesen. Bei einigen Nachlaufmessungen kann ein Wert gemessen werden, der den tatsächlichen Nachlaufwerten nicht entspricht, z. B. wird bei BMW, bedingt durch Zurücksetzen des unteren Drehachsenpunktes und Vorverlegung der Radnabe, ein Wert von 9° 30′ gemessen, während der eigentliche Nachlauf 14° 30′ beträgt.

Pluswerte auf der Meßskala bedeuten Nachlauf, Minuswerte bedeuten Vorlauf. Bei Einstellen und Verändern eines Sturz-(Spur-)Wertes ist der Spur-(Sturz-)Wert zu kontrollieren und evtl. einzustellen.

Über- und Untersteuern eines Fahrzeugs

Fährt ein Fahrzeug auf einem kleineren Kurvenradius als es dem Lenkeinschlag entspricht, so spricht man von „Übersteuern".

Übersteuern

Fährt ein Fahrzeug auf einem größeren Kurvenradius als es dem Lenkeinschlag entspricht, so spricht man von „Untersteuern".

Untersteuern

4.5.3. Arten von Vorderachsen

Eine Vorderachse besteht aus dem Achskörper und den Achsschenkeln, die durch einen Bolzen mit dem Achskörper verbunden sind.

Die Vorderachse

Sie nimmt die Vorderräder auf, trägt den Rahmen und das vordere Gewicht.

Aufgabe und Form

Form: Meist I-Querschnitt, im Gesenk geschmiedet; zur Erreichung einer tiefen Schwerpunktlage nach unten gebogen.

Starrachsen

1. Starrachsen

Folgende Arten von Vorderachsen werden hergestellt:

Faustachsen

a) *Faustachsen.* Das faustförmige Achsende greift in den gegabelten Achsschenkel, der in Bronzebuchsen um den in der Faust der Achse festsitzenden Achsschenkelbolzen (Achszapfen) schwenkbar ist (meistens verwendet).

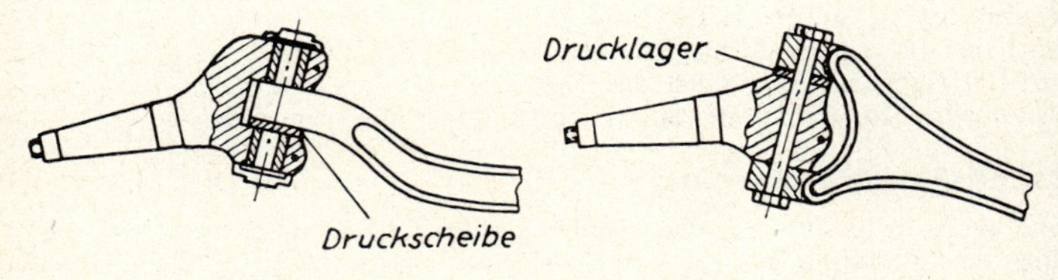

Faustachse — Gabelachse

Gabelachsen

b) *Gabelachsen.* In dem gabelförmigen Achsende ist der Achsschenkel um den Achsschenkelbolzen drehbar (selten verwendet).

Lagerung der Radnabe, Notwendigkeit der Abdichtung

Radnaben laufen in Schrägrollenlagern, die den seitlichen Druck aufnehmen. Sie werden mit Fett eingesetzt. Damit kein Fett an die Bremse gelangt, muß die Nabe gut abgedichtet und die Achsmutter fest angezogen sein.

Die hohe Beanspruchung verlangt gutes Achsmaterial.

Beanspruchung der Achsen

Die Achsen werden beansprucht auf Biegung durch die Belastung, die Fahrbahnstöße, durch die Antriebs- und Bremskräfte;

Vorteile der Starrachse

Die Vorteile der Starrachse sind: keine Sturzveränderung bei Neigung des Aufbaus; keine Spurweiten-, Spur- und Sturzveränderung beim Durchfedern und somit geringer Reifenverschleiß; gute Seitenführung; durch schräggelagerte Längsblattfedern kann ein Verringern des Übersteuerns erreicht werden.

Nachteile der Starrachse

Die Nachteile der Starrachse liegen in ihrem großen Gewicht; den Drehschwingungen um die Achsmitte („Trampeln"); der Biegebeanspruchung der Längsfedern durch Bremskräfte („Schlag") sowie in der Beeinflussung beim Überfahren von Hindernissen auf einer Radseite (Sturzveränderung).

2. Einzelradaufhängung

Einzelradaufhängung

a) *Doppelquerlenker-Achsen.* Bei der Parallelogrammform liegt eine Parallelführung der Räder vor. Die Spur wird nicht verändert, ebenso der Sturz nicht. Die Lenkung ist einwandfrei, wenn die Länge der geteilten Spurstangen gleich der Lenkerlänge ist.

Doppelquerlenker-Achsen

Parallelogrammform

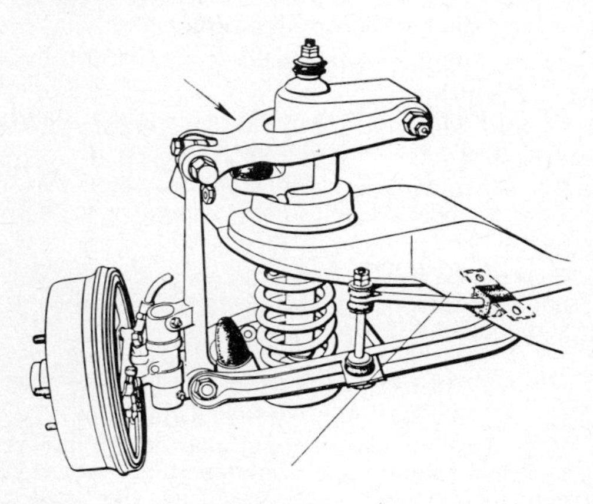

Doppelquerlenker-Achse

Trapezform:

Trapezform

Die Lenker sind verschieden lang, dadurch geringere Spurveränderung. Der Sturz ist veränderlich; bei einem kürzeren oberen Arm geht das eingefederte Rad in negativen Sturz.

McPherson-Federbein

b) *McPherson-Federbein.* Die Achse besitzt nur einen unteren Querlenker, während der obere Anlenkpunkt hochliegend im Kotflügel sitzt; geringe Spur-, Sturz- und Spurweitenänderung.

Längsquerlenker-Achsen

c) *Längsquerlenker-Achsen.* Die Achse besitzt einen unteren Querlenker. Der obere Anlenkpunkt liegt nicht im oberen Teil des Kotflügels und dient damit nicht als Widerlager der Feder, sondern die Federkraft wird durch einen Längslenker auf die vordere versteifte Spritzwand übertragen; geringe Spur-, Sturz- und Spurweitenveränderung (Rover); Nachlaufveränderung beim Ein- und Ausfedern der Räder.

4.6. Die Lenkung

Kraftfahrzeuge haben Achsschenkellenkung.

Die Drehschemellenkung

Drehschemellenkung, eine starre Achse, die sich um einen Zapfen dreht, haben Anhänger und Pferdefuhrwerke. Für Kfz nicht anzuwenden, weil

a) durch die langen Hebelarme große Stöße entstehen und die Fahrsicherheit beeinträchtigt wird,

b) das Kippmoment bei Kurvenfahrt und Ausweichen groß ist,

c) die Breite und Tiefe des Vorderwagens keinen großen Lenkausschlag gestattet.

Die Achsschenkellenkung

Bei Achsschenkellenkung steht die Achse fest; nur die Achsschenkel an den Enden werden zum Schwenken gebracht.

Teile

Teile der Lenkung: Lenkrad, Lenkspindel, Lenkgetriebe, Lenkstockhebel, Lenkschubstange, Lenkhebel, Spurstangenhebel, Spurstange.

Die richtige Stellung der Lenkschubstange.

Die Wirkung des Durchfederns auf die Lenkung

Die Längsfedern verursachen beim Durchfedern eine Vor- und Zurückbewegung der Achse, die sich auf Lenkschubstange und Lenkhebel übertragen. Dadurch entstehen kleine Lenkausschläge und ein leichtes Flattern. Das wird schon bei der Herstellung vermieden, indem

Maßnahmen zur Vermeidung dieser Wirkung

a) die Lenkschubstange so verlegt wird, daß sie vom Lenkstockhebel über den Kugelzapfen am Lenkhebel zum vorderen Federauge in einer Flucht liegt;

b) der Kugelzapfen des Lenkhebels genau über Mitte Vorderachse steht.

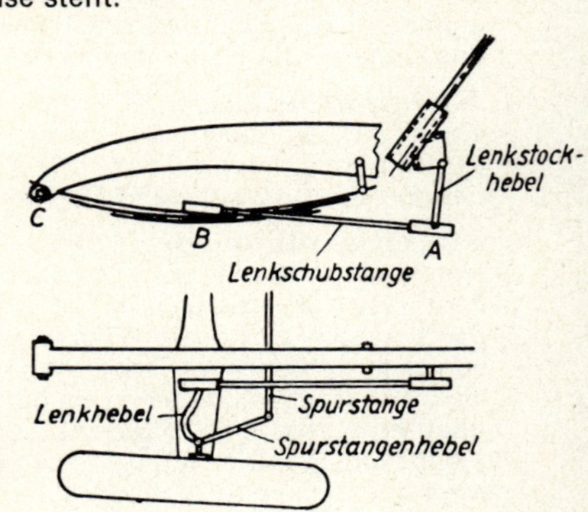

Dreipunkt-Fluchtung der Lenkschubstange

Das Lenktrapez bestimmt den Ablauf der Räder.

Der Lauf der Räder in der Kurve

Die Räder müssen in der Kurve parallel laufen, um ein gutes Ablaufen zu erreichen.

Das Lenkparallelogramm; Nachteile

Bei einem Lenkparallelogramm laufen die Räder bei Geradeausfahrt zwar parallel, in der Kurve jedoch überschneiden sich die Radwege, wodurch ein Radieren des Innenrades entsteht.

Das Lenktrapez; Vorteile

Beim Lenktrapez ist die Spurstange verkürzt; die Spurstangenhebel stehen so schräg, daß ihre Verlängerung die Mitte der Hinterachse trifft. (Ihre Längen sind genau ermittelt; Änderung gefährdet die Lenkung.) Durch das Lenktrapez schlagen die Spurstangenhebel zwar bei Kurvenfahrt ungleich aus, die Räder aber laufen parallel zueinander ab, wodurch ein gutes Abrollen gewährleistet ist.

Das Lenkgetriebe übersetzt den Lenkweg.

Die Größe des Lenkausschlages

Das Lenkgetriebe bewirkt den Ausschlag der Räder. Die Größe des Ausschlags wird von der Übersetzung im Lenkgetriebe bestimmt. Sie beträgt bei vollem Einschlag von rechts nach links etwa 2 Umdrehungen bei Pkw, 4...5 Umdrehungen bei Lkw. Übersetzung bei Pkw $\approx$ 1:15, bei Lkw bis 1:40.

Die Übersetzung

Bauarten von Lenkgetrieben

Bauarten der Lenkgetriebe

Schraubenlenkung

1. Die Schraubenlenkung, älteste Lenkung, heute selten. Die Lenkspindel ist unten als Schraube mit Trapezgewinde ausgebildet. Darauf bewegt sich beim Drehen des Lenkrades eine Lenkmutter auf und ab und bewirkt durch die Bewegung des Lenkstockhebels den Radeinschlag.

Schneckenlenkung

2. Die Schneckenlenkung wird am meisten verwendet. Die Lenkschnecke am unteren Ende der Lenkspindel greift in ein Lenksegment, dessen Segmentwelle mit dem Lenkstockhebel verbunden ist. Ein Drehen des Lenkrades wird von der Lenkschnecke auf das Lenksegment und den Lenkstockhebel und über Lenkschubstange und Lenkhebel auf Spurstange und Räder übertragen.

Rosslenkung

3. Die Ate-Ross-Lenkung des amerikanischen Ingenieurs Ross. In die Gänge der kugelgelagerten Lenkschnecke greifen ein oder zwei Lenkfinger, die mit dem Arm der Fingerhebelwelle verbunden sind. Die Steigung der Schnecke ist nicht konstant, sie kann an den Enden größer sein als in der Mitte, wodurch ein schnellerer Ausschlag erfolgt.

ZF-Gemmer-Lenkung

4. Die ZF-Gemmer-Lenkung ist der Fingerlenkung ähnlich, nur hat sie eine bogenförmige Schnecke, in die eine Doppel- oder Dreifachrolle eingreift. Infolge der rollenden Bewegung ist die Reibung sehr gering.

Spindellenkung

5. Die Spindellenkung des VW. In das Schraubengewinde der Lenkspindel greift ein mit Gewinde versehenes, kugelig gelagertes Gleitstück, mit dem durch die Lenkhebelwelle der Lenkstockhebel verbunden

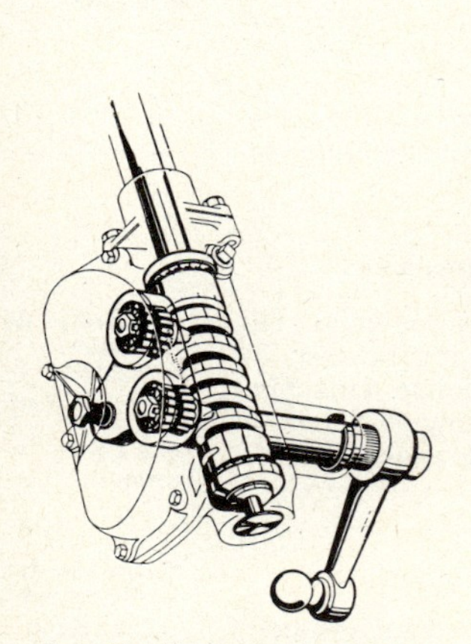

Ross-Zweifinger-Lenkung (Ate)

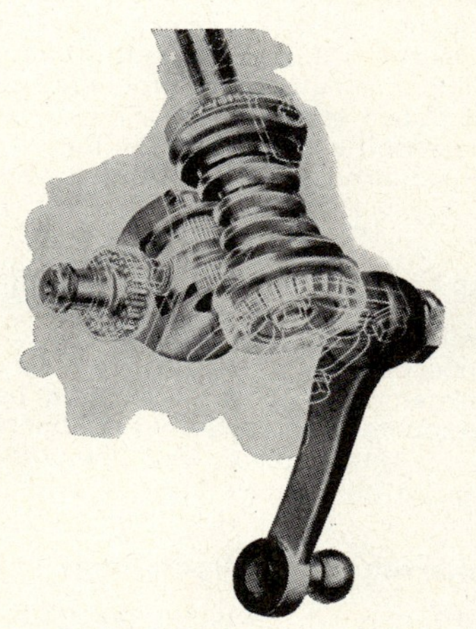

ZF-Gemmer-Lenkung

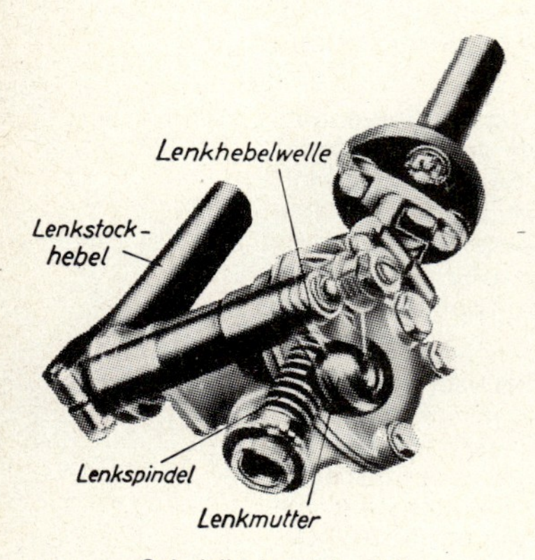

Spindellenkung des VW

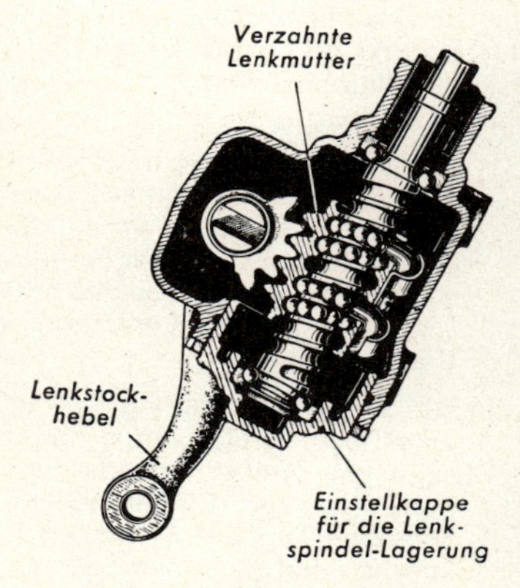

Opel-Kugelumlauflenkung

ist, der die Bewegung der Spindel auf die geteilte Spurstange überträgt. Verkupferte Gewindegänge machen ein Einschleifen überflüssig.

6. Die Kugelumlauflenkung. Die Lenkmutter läuft auf zahlreichen Kugeln und wird dadurch besonders leichtgängig.

Kugelumlauf-lenkung

Die Einzelradlenkung erfordert geteilte Spurstangen.

Die Einzelrad-lenkung

1. Zweigeteilte Spurstange. Der Lenkstockhebel betätigt durch die Lenkschubstange den Mittellenker, mit dem die beiden gleich langen Spurstangenhälften verbunden sind.

Die Lenkung mit zweigeteilter Spurstange

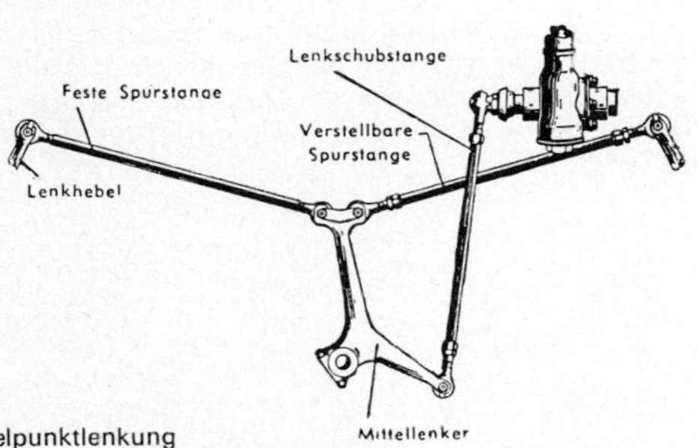

Mittelpunktlenkung

2. Dreifachgeteilte Spurstange. Der Lenkstockhebel greift in die mittlere Spurstange, die auf der rechten Seite mit dem Lenkzwischenhebel verbunden ist. Durch Kugelbolzen sind mit der mittleren Spurstange die beiden Spurstangenhälften verbunden, deren Enden in die Spurstangenhebel eingreifen.

Die Lenkung mit dreigeteilter Spurstange

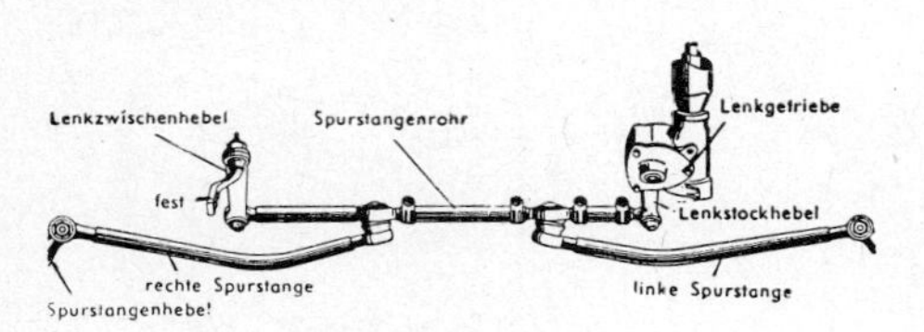

Dreifachgeteilte Spurstange

3. Zahnstangenlenkung. Das Ritzel der Lenkspindel verschiebt beim Drehen des Lenkrades eine Zahnstange, die über den Lenkhebel die geteilte Spurstange be-

Die Zahn-stangenlenkung

tätigt, deren Bewegung auf die Lenkhebel und die Räder übertragen wird.

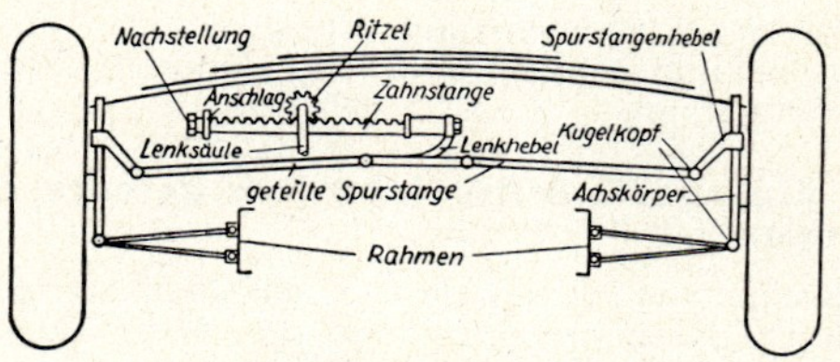

Zahnstangenlenkung

Die Zahnradlenkung

4. Zahnradlenkung mit Teller- und Kegelrad (unteres Bild). Das Kegelrad am Ende der Lenksäule greift in ein Tellerrad, bewegt über eine senkrechte Welle den Lenkstockhebel, der die bei Drehung des Lenkrades entstehenden Schub- und Zugkräfte auf die Räder überträgt.

Zahnradlenkung mit Teller- und Kegelrad, wie sie von BMW eingebaut wird

Lenkhilfen

Durch Lenkhilfen soll die Lenkarbeit erleichtert werden. Die Lenkung erfolgt zusätzlich mit einer Druckluft- (Knorr und ZF.) oder Hydraulikanlage (ZF-Gemmer-Hydrolenkung und Ate-Hilfslenkung). Bei Ausfall kommt die normale Lenkung zur Wirkung.

Lenkhilfen

Eine Lenkung muß einwandfrei sein.

Kennzeichen einer fehlerhaften Lenkung

Fehlerhaft ist die Lenkung, wenn z. B. die Vorderräder flattern, die Reifen einseitig verschleißen oder beim Kurvenfahren Geräusche entstehen.

Prüfen der Lenkung

Prüfen, ob das Lenkrad zu viel toten Gang hat, ob sich die Lenkorgane leicht bewegen, das Lenkgestänge verbogen ist, Gelenke locker, verschlissen oder verschmutzt, die Muttern fest angezogen und gesichert, die Schmierstellen mit Öl versehen sind.

Abgenutzte Kugelbolzen

Instandsetzung: Verbogenes Lenkgestänge auswechseln, Richten ist zwecklos. – Ausgeschlagene Kugelbolzen verursachen Flattern. Der Wagen zieht dann nach der fehlerfreien Seite. Abgenutzte Kugelbolzen, Kugelschalen und erschlaffte Druckfedern erneuern.

Wartungs- und Pflegearbeiten an Lenkungen

Wartung und Pflege: Alle beweglichen Teile regelmäßig schmieren. Alle 3000 . . . 5000 km den Ölstand im Lenkgetriebe prüfen und gegebenenfalls Hochdruck- oder Hypoid-Getriebeöl nachfüllen. Kugelköpfe und ihre Federn sauber halten. Auf richtige Radstellung und richtigen Reifendruck achten.

Fehler im Lenkgetriebe und ihre Beseitigung

Fehler im Lenkgetriebe	und ihre Beseitigung
1. Längsspiel zwischen Schnecke und Schneckenspindel bei der Schneckenlenkung	Nachstellmutter so weit nachstellen, bis die Schnecke fühlbar schwer geht, dann die Mutter $1/2$ Umdrehung lockern
2. Längsspiel in der Segmentwelle	Druckschraube, die gegen die Stirnfläche der Segmentwelle drückt, fest anziehen, dann $1/6$ Umdrehung lösen. Abgenutzte Bronzebuchsen, die die Segmentwelle führen, erneuern.
3. Zahnflankenspiel zwischen Segment und Schnecke	Exzentrische Buchse des Segments verdrehen bzw. Lagerdeckel verschieben.
4. Längsspiel in der Schnecke bei Schneckenrollenlenkung	Druckschraube unten am Lenkgehäuse anziehen.
5. Spiel in der Lenkschnecke bei der Ross-Lenkung	Beilegescheiben am Nachstellflansch herausnehmen, bis das Spiel beseitigt ist.
6. Spiel zwischen Lenkfinger und Schnecke	Nachstellschraube am unteren Flansch bei Geradeausstellung der Laufräder anziehen.

4.7. Die Räder

4.7.1. Die Radkonstruktion

Die hohe Beanspruchung verlangt eine zweckmäßige Konstruktion.

Laufräder

Teile des Rades: Radnabe (zur Befestigung an der Achse), Radkörper (Scheiben oder Speichen), Felgen (zur Aufnahme der Luftbereifung).

Beanspruchung: Durch das Wagengewicht auf Druck (Achsendruck, Raddruck!), durch die Fahrbahnstöße auf Druck und Zug, durch die Antriebs- und Bremskräfte auf Verwindung, durch die Seitenkräfte bei Kurvenfahrten auf Verbiegung.

Anforderungen

Die Radkonstruktion trägt der Beanspruchung Rechnung. Räder müssen leicht, unempfindlich, klein im Durchmesser (tiefe Schwerpunktlage!), leicht auswechselbar sein und die Wärme von Bremstrommeln und Reifen gut ableiten.

Bauarten

Eine tiefe Schwerpunktlage wird durch die Bauart der Räder berücksichtigt.

Scheibenräder

1. Scheibenräder. Die Radscheibe aus Stahlblech ist mit der Felge vernietet oder punktverschweißt und wird mit dem Flansch der Nabe durch Radbolzen, die beim Anziehen gleichzeitig zentrieren, verbunden. Ein Zierdeckel verdeckt die Radbolzen.

Drahtspeichenräder

2. Drahtspeichenräder. Zwischen Felge und Nabe sind in drei Ebenen Drahtspeichen gespannt. Die Räder können einen hohen Seitendruck aufnehmen, sind elastisch, haben große Festigkeit und ermöglichen eine gute Kühlung der Bremstrommeln. Nur noch in Renn- und Sportwagen benutzt. Bekannt das Rudge-Whitworth-Rad mit Kerbverzahnung auf der Grundnabe, leicht zu lösen.

Stahlguß-Speichenräder

3. Stahlguß-Speichenräder. Nabe und Radstern (aus einem Stück) bleiben beim Abnehmen des Rades auf der Achse. Die Felge ist darum geteilt und abnehmbar ausgeführt. In Lkw und Omnibussen.

Felgenarten

Tiefbettfelge

1. Tiefbettfelgen sind einteilig und haben in der Mitte ein tiefes Felgenblatt, das dem Reifen ein großes Luftpolster gibt und das Auflegen infolge der nicht nachgiebigen Drahtseile erleichtert. Verwendet in Lkw und Krafträdern.

Flachbettfelge

2. Flachbettfelgen werden in Lkw's verwendet, da das Auflegen großer Reifen schwierig ist. Heute werden

meistens Felgen mit ungeteiltem Seitenring verwendet, der durch einen Verschlußring gehalten wird.

Abnehmbare Felge

3. Abnehmbare Felgen werden in schweren Nutzfahrzeugen verwendet. Nabe und Radstern bestehen aus einem Stück. Die Felge ist geteilt. Die Segmente der dreigeteilten Felge des Trilex-Rades (G. Fischer AG.) greifen ineinander und stützen sich gegenseitig ab.

Trilex-Felge

Trilex-Felge

Schräg-schulterfelge

Durchweg werden heute in Lkw Schrägschulterfelgen benutzt (5° Steigung an den Seiten auf ≈ 36 mm Länge). Schrägschulterfelgen für Lkw haben einen abnehmbaren Felgenhornring, der nach dem Auflegen des Reifens durch einen geschlitzten Schulterring gehalten wird.

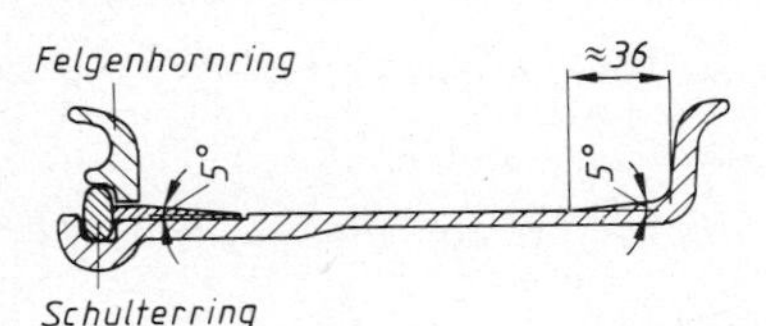

Schrägschulterfelge mit abnehmbarem Felgenhornring

Hump-Felge

4. Hump-Felge: Man nennt sie auch Sicherheitsfelge. Hump nennt man eine ringförmige Erhebung auf der Felgenschulter, die den Reifenwulst gegen ein Abgleiten in das Tiefbett sichert.

Felgenbezeichnungen: 4 J × 15 (Tiefbettfelge)

7,0 − 20 (Schrägschulterfelge)

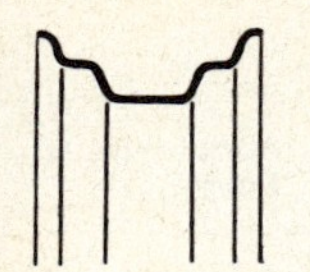

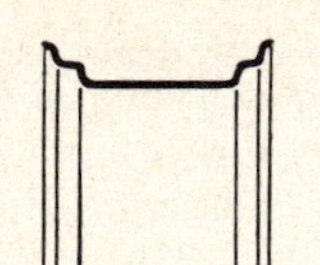

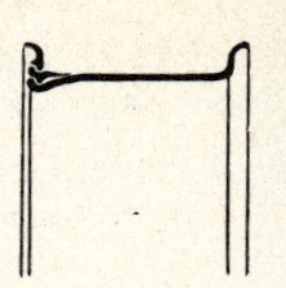

a) Tiefbettfelge   b) Flachbettfelge   c) Flachbettfelge mit Felgenhornring   d) Schrägschulterfelge

Erklärung: Die erste Zahl, z. B. 4, gibt die Felgenmaulweite in Zoll an (1 Zoll = 25,4 mm). Der Buchstabe, z. B. J, gibt die Form des Felgenhorns an. Das ×-Zeichen gilt für Tiefbettfelgen, das Minuszeichen für Schrägschulter- und Flachbettfelgen. Die zweite Zahl, z. B. 15, gibt den Felgendurchmesser in Zoll an.

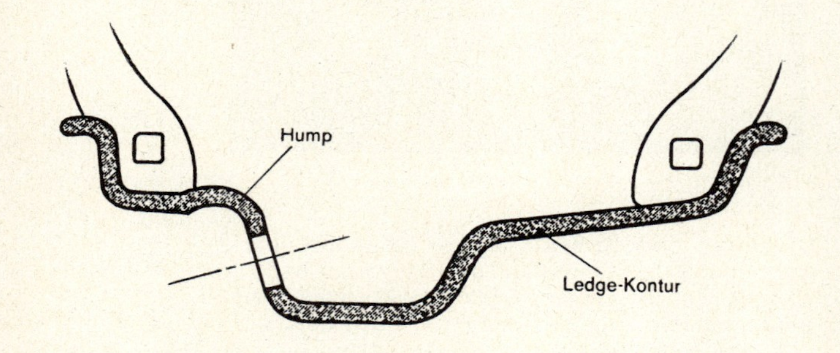

Auch Räder müssen gepflegt werden.

Radpflege

Radpflege: Räder sauber halten. Rost mit Drahtbürste entfernen und Rad anschließend mit einem Rostschutzmittel bestreichen. Radbolzen beim Einbau einfetten.

Prüfung der Räder

Von Zeit zu Zeit Prüfung vornehmen, ob die Räder verbeult sind, einwandfrei rundlaufen, die Radlager Höhen- oder Seitenspiel haben, die Schrauben gut angezogen sind und keine vergessen worden ist u. a.

Verbeulte und verbogene Räder

Verbeulte und verbogene Räder auf Schlag prüfen. Höchstens 1 mm Höhen- oder Seitenschlag ist zulässig. Größerer Schlag erfordert Auswechselung, da Richten zwecklos ist.

Prüfung auf Unwucht und Beseitigung der Unwucht

Räder mit Reifen müssen ausgewuchtet sein, d. h. in jeder Lage stehenbleiben. Unwucht einer Stelle durch Auflöten eines Blechstückchens an der gegenüberliegenden Seite ausgleichen.

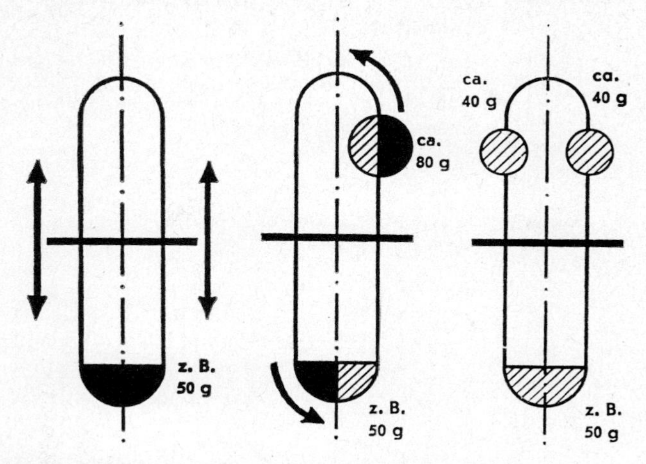

Durch die *statische Unwucht* tanzt das Rad in senkrechter Richtung auf und ab. Übermäßige Abnutzung des Reifens an bestimmten Stellen ist die Folge.

Durch die *dynamische Unwucht* entsteht das Taumeln des Rades.

4.7.2. Die Bereifung

Zweck- und Aufbau der Bereifung

Die Bereifung soll die Fahreigenschaften verbessern, soll die Federung unterstützen, die Fahrbahnstöße mildern, das Fahrzeug schonen und eine hohe Geschwindigkeit ermöglichen. Die übliche Luftbereifung besteht aus dem *Reifen* (mit Unterbau, Polsterschicht, Lauffläche und Seitengummi) und dem mit Luft gefüllten *Schlauch*. Der Wulstfuß hat Stahlseileinlagen. Durch die Profilierung wird die Rutschgefahr verhütet und eine gute Abstützung beim Befahren von Kurven erreicht.

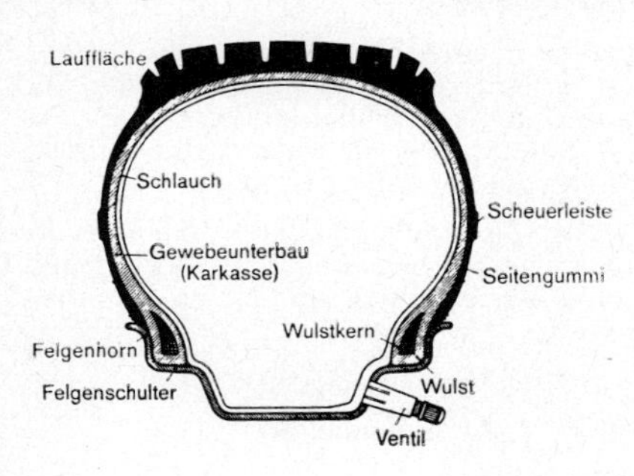

1. Diagonalreifen

In DIN 7803 sind die Abmessungen, Tragfähigkeiten und Bezeichnungen der an Personen-, Kombinations- und Lieferkraftwagen zur Verwendung kommenden Diagonalreifen normmäßig festgelegt.

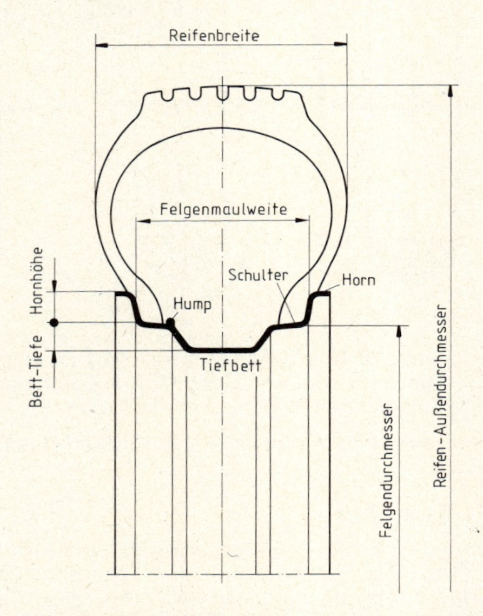

Hauptmaße für die Reifen- und Felgenkennzeichnung

Karkasse Die Karkasse (Unterbau) ist maßgebend für die Belastbarkeit. Beim Diagonalreifen werden gummierte Kordgewebelagen diagonal übereinandergelegt und an den Drahtkernen befestigt.

Kordgewebe Das Gewebe (Baumwolle, Kunstseide, Nylon) besteht aus einer großen Anzahl parallel laufender Kordfäden, die in eine Gummimischung eingebettet sind. Dadurch, daß kein Schußfaden notwendig ist, verringern sich Reibung, Walkarbeit und Erwärmung.

Fadenwinkel Die Gewebefäden bilden zur Mittellinie einen bestimmten Winkel. Dieser Fadenwinkel ist bestimmend für die Einfederung der Karkasse und beeinflußt die Seitenführungskraft.

Standardreifen: Fadenwinkel 35° . . . 38°

Sportreifen: Fadenwinkel 30° . . . 34°

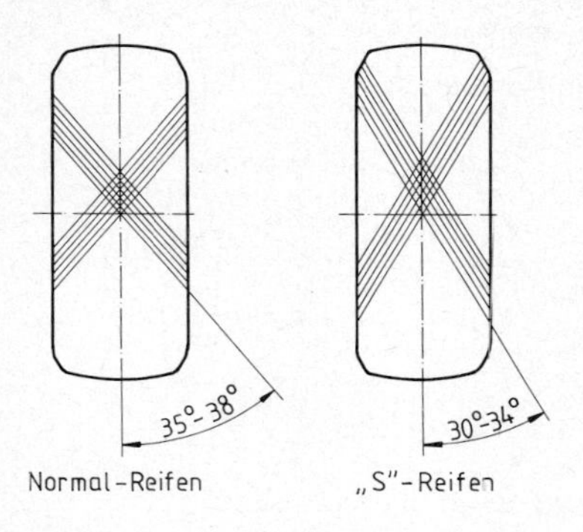

Fadenwinkel bei Reifen in Diagonalbauweise

Zwischenbau

Zwischenbau ist die elastische Verbindung aus Gummigewebelagen zwischen Karkasse und Oberbau.

Profil

Durch die sinnvolle Anordnung von Rillen, Rippen und Lamellen soll

1. eine Verringerung der Laufgeräusche,
2. eine bessere Spurhaltung,
3. eine gute Wasseraufnahme und -ableitung erreicht werden.

Rotpunktmarkierung

Unter Rotpunktmarkierung versteht man die *leichteste* Stelle am Reifen (Ventilsitz).

Statischer Halbmesser

Statischer Halbmesser ist der Abstand von der Radmitte bis zur Standebene bei stehendem Wagen.

Dynamischer Halbmesser

Der dynamische Halbmesser ist ein aus dem Abrollumfang des Reifens errechneter Mittelwert. Er ist infolge Verformung und Schlupf des laufenden Reifens stets größer als der wirksame statische Halbmesser.

ply-rating

Ply-rating war früher eine Angabe über die Anzahl der Gewebelagen. Heute ist die PR-Zahl eine internationale Angabe über die Festigkeit der Karkasse.

Aquaplaning

Aquaplaning ist die Bezeichnung für das Gleiten auf einem Wasserkeil. Wenn der Reifen eine große Wassermasse nicht schnell und vollständig verdrängen kann, gleitet der Reifen auf den Keil hinauf, der ihn dann trägt. Der Reifen hat keinen Kontakt mehr zur Fahrbahn. Aquaplaning ist abhängig:

1. von der Höhe der Wasserschicht,
2. von der Fahrgeschwindigkeit,

3. von der Reifenform,

4. vom Reifenprofil.

Zonenaufteilung der Aufstandsfläche

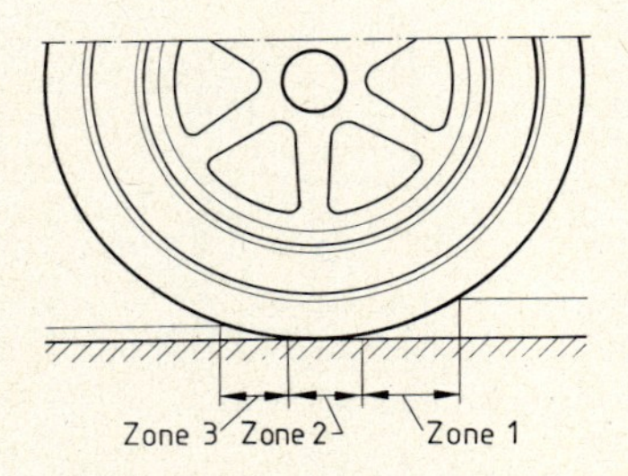

Zone 1: Keilzone, Verdrangung des Wassers
Zone 2: Filmzone, Entwässerung der Kontaktfläche
Zone 3: Kontaktzone

Reifenformen

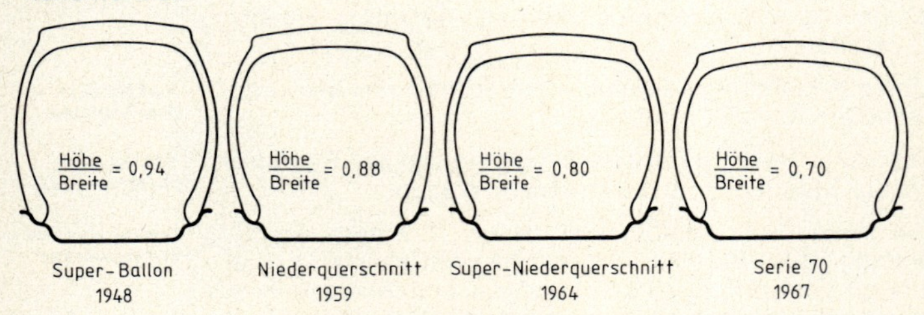

Höhen-Breitenverhaltnis bei verschiedenen Reifenformen

Reifenarten und Bezeichnungen

Ballon-Reifen (5.50–16)
Breite : Höhe = 1 : 1

Superballon-Reifen (5.60–15)
Breite : Höhe = 1 : 0,95

Niederquerschnitt-Reifen (7.00–13)
Breite : Höhe = 1 : 0,88

Super-Niederquerschnitt-Reifen
Breite : Höhe = 1 : 0,8

Reifenbezeichnungen bei Diagonal-Reifen:

Reifengröße:

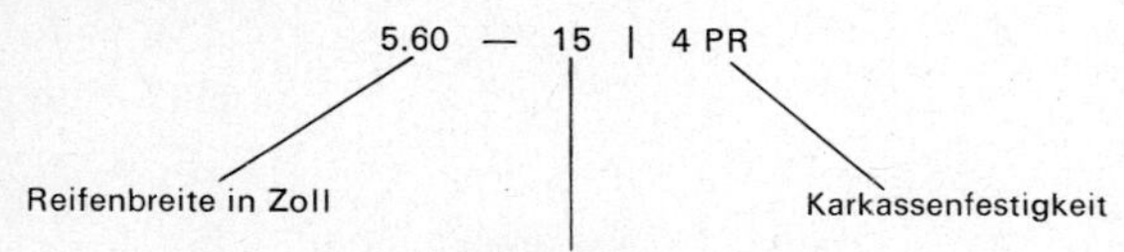

Geschwindigkeitsgrenzen

Felgendurchmesser in Zoll	Normal-Reifen	M + S	S	H
bis 10″	120 km/h	100 km/h	150 km/h	–
bis 12″	135 km/h	115 km/h	160 km/h	–
ab 13″	150 km/h	130 km/h	175 km/h	210 km/h

2. Gürtelreifen (Radialreifen)

Aufbau

Im Unterbau von Gürtelreifen verlaufen die Kordfäden in einem Winkel von etwa 90° zur Laufrichtung (radial). Da diese Lagenanordnung keine genügend große Stabilität gegen Axialkräfte aufweist, wird der Unterbau von zwei bis vier Gürtellagen aus Textil oder Stahl umschlossen.

Vorteile

Gürtelreifen besitzen eine größere Bodenberührungsfläche (dadurch können höhere Antriebs- und Bremskräfte übertragen werden); größere Federungswirkung; gute Bodenhaftung bei Kurvenfahrt; einen geringeren Rollwiderstand (geringerer Kraftstoffverbrauch) und eine größere Laufleistung (geringerer Abrieb).

Nachteil

Sie weisen nur eine geringere Eigendämpfung auf.

Reifenbezeichnungen

Auch bei Gürtelreifen besteht die Größenbezeichnung aus mehreren Zahlengruppen und Buchstaben.

Beispiele:

a) *Reifengröße:*

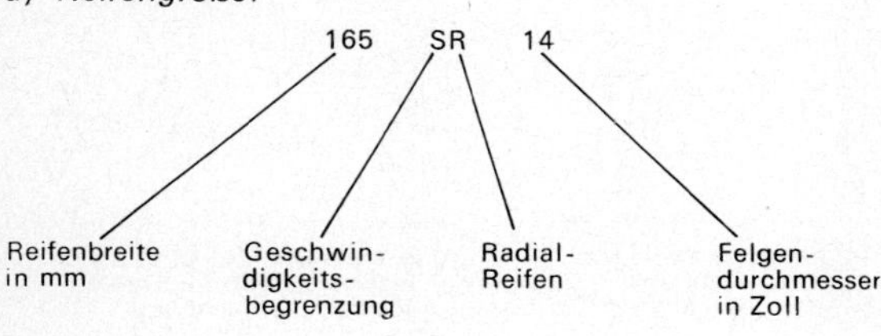

b) *Reifengröße:*

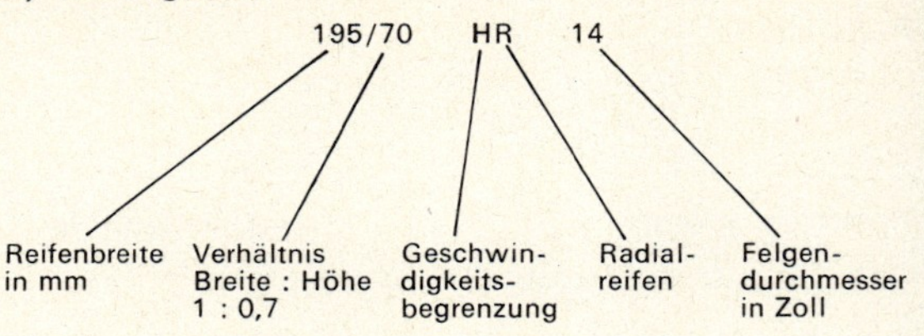

Neue Reifenbezeichnungen

Die ECE (Economic Commission for Europe) hat neue Reifenbezeichnungen festgelegt, die bereits als Bundesgesetz verkündet worden sind.

neu: Tragfähigkeitskennziffer

a) Kennzeichnung der Tragfähigkeit des Reifens durch die Tragfähigkeits-Kennziffer.

Tragfähigkeits-Kennziffer	Reifentragfähigkeit in kg max.	Tragfähigkeits-Kennziffer	Reifentragfähigkeit in kg max.
50	190	81	462
51	195	82	475
52	200	83	487
53	206	84	500
54	212	85	515
55	218	86	530
56	224	87	545
57	230	88	560
58	236	89	580
59	243	90	600
60	250	91	615
61	257	92	630
62	265	93	650
63	272	94	670
64	280	95	690
65	290	96	710
66	300	97	730
67	307	98	750
68	315	99	775
69	325	100	800
70	335	101	825
71	345	102	850
72	355	103	875
73	365	104	900
74	375	105	925
75	387	106	950
76	400	107	975
77	412	108	1000
78	425	109	1030
79	437	110	1060
80	450		

Tragfähigkeitsskala für Reifen. Um Schlüsse auf das Gesamtgewicht des Fahrzeugs ziehen zu können, muß natürlich die Tragfähigkeit mit der Zahl der Reifen je Fahrzeug multipliziert werden.

b) Geschwindigkeitsgrenzen

Geschwindigkeitsgrenzen

Die bisherigen Bezeichnungen

SR bis 180 km/h

HR bis 210 km/h

VR über 210 km/h

bleiben bestehen.

Die Einteilung wird durch weitere Zwischenstufen mit zugeordneten Kennbuchstaben ergänzt. Die den Buchstaben entsprechenden Höchstgeschwindigkeiten sind:

bis 120 km/h (Transportreifen).

Kennzahlen der Genehmigungsländer:

Kennzahl	*Genehmigungsland*
1	Bundesrepublik Deutschland
2	Frankreich
3	Italien
4	Niederlande
5	Schweden
6	Belgien
7	Ungarn
8	Tschechoslowakei
9	Spanien
10	Jugoslawien
11	Vereinigtes Königreich
12	Österreich
13	Luxemburg
14	Schweiz
15	DDR
16	Norwegen
17	Finnland
18	Dänemark
19	Rumänien

Beispiel

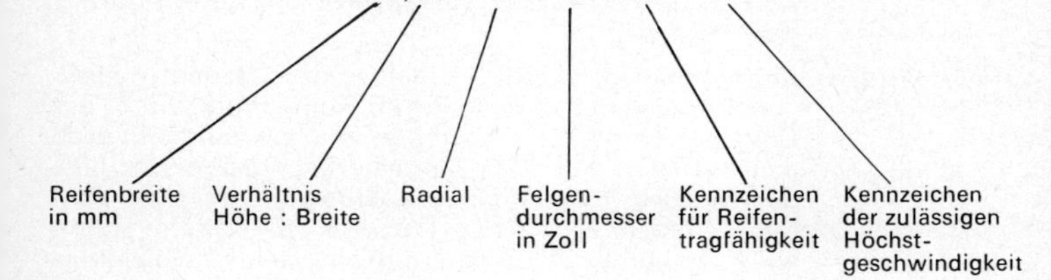

Der Schlauch

Der Schlauch, angepaßt dem Reifen und der Felge

1. Der Schlauch muß dem Reifen angepaßt sein. Ein zu großer Schlauch würde sich in Falten legen, ein zu kleiner Schlauch übermäßig ausdehnen.
2. Der Schlauch muß auch der Felge entsprechen. Schläuche für Flachbettfelgen sind nicht für Tiefbettfelgen zu verwenden.

Richtiges Aufpumpen

3. Der Schlauch muß richtig aufgepumpt sein, sonst biegt sich der Reifen in der Mitte der Lauffläche durch und nutzt sich seitlich streifenförmig ab.

Schlauchlose Reifen, ein technischer Fortschritt.

Aufbau des schlauchlosen Reifens

Die innere Gewebeschicht des schlauchlosen Reifens ist mit einer luftabdichtenden Gummischicht überzogen; die Felge ist somit luftdicht. Das direkt in der Felge sitzende Ventil ist durch Gummidichtringe innen und außen abgedichtet. Der Reifenfuß schmiegt sich luftdicht an die Felgenhörner. Dies wird erreicht:

Luftdichtes Abschließen in der Felge

a) durch eine Gummischicht um den Reifenfuß (Dunlop);

b) durch Dichtrillen am Reifenfuß, die in die Dichtrillen des Felgenhorns eingreifen (Continental) oder

c) durch Gummiringe, die in die Felge eingelegt sind und gegen die sich der Reifenfuß drückt (Metzeler).

Schlauchlose Reifen können auch auf längsgeteilten Lkw-Felgen verwendet werden. Auf beiden Innenseiten der Felge liegen dann Dichtungsringe.

Vorteile der schlauchlosen Reifen

Vorteile: Geringes Gewicht, gute Straßenlage, geringere Erwärmung, einfache Reifenmontage, keine Pannen durch Nagelverletzungen, erhöhte Sicherheit, da kein Platzen des Reifens erfolgt.

Bei Zweikammer-Sicherheitsluftreifen liegt in einem äußeren ein innerer Reifen. Letzterer muß immer zuerst aufgepumpt werden.

Pflege und Vorsicht verlängern die Lebensdauer der Reifen.

Verhütung von Reifenschäden

Reifenschäden verhüten: Vorschriftsmäßigen Reifendruck verwenden. Bei geringem Reifendruck bricht das Gewebe, löst sich die Karkasse, ist die Abnutzung groß u. a. (Reifen mit 75% Normaldruck haben nur 60% Lebensdauer!), keine Überbelastung (sonst große Reibung, hoher Verschleiß, Knicken der Seitenwände), nicht zu große Geschwindigkeit; kein zu scharfes

Bremsen, nicht robust über Eisenbahnschienen oder an Bordsteinen vorbeifahren, Reifen vor Öl, Kraftstoff und Sonnenbestrahlung schützen, daher im Schatten parken, Reserverad ab und zu benutzen, Reifen kühl und dunkel aufbewahren, Rost an Felgen beseitigen, keine verbogenen oder rostigen Sprengringe benutzen.

Prüfen der Reifen

Reifen öfter prüfen auf Verschleiß, Beschädigung, Unwucht, ruhigen Lauf, richtigen Sturz usw.

Instandsetzen der Reifen

Reifen instandsetzen, sobald ein Schaden auftritt. Abgenutzte Reifen mit noch guter Gewebeschicht „runderneuern". Nicht mehr rutschfeste Reifen „sommern" lassen. Beschädigte Reifen vulkanisieren. Schlagende Räder mit Reifen auswuchten.

In besonderen Notfällen können schlauchlose Reifen mit Luftschlauch gefahren werden. Schlauch vor der Montage mit Talkum pudern. Grundsätzlich sollen jedoch Reparaturen nur auf dem Wege der Vulkanisation durchgeführt werden.

4.8. Die Federung des Fahrzeugs

Zur Federung reichen Luftreifen nicht aus.

Zweck der Federn

Zusätzlich sind Federn notwendig, die

a) die Fahrbahnstöße vom Triebwerk fernhalten,

b) Eigenschwingungen schnell abklingen lassen,

c) bei manchen Fahrzeugen auch Schubkräfte aufnehmen müssen.

Auswirkung einer guten Federung

Von einer guten Federung sind abhängig:

a) Straßenlage: Bodenhaftung, Spurhaltung, Fahrsicherheit.

b) Brauchbarkeit des Fahrzeugs: Benutzungsart, Belastung, Geschwindigkeit.

c) Wirtschaftlichkeit: Höhe der Beanspruchung.

Schlechte Federung

Folgen einer schlechten Federung: Verbiegen des Rahmens, Lösen und Zerstören von Einzelteilen, Leistungsminderung u. a.

Geforderte Eigenschaften

Die von den Federn verlangten Eigenschaften sind von der Belastung abhängig. Federn dürfen durch die Belastung nicht durchgedrückt werden, daher muß eine bestimmte Elastizität vorhanden sein.

Progressive Federung

Am besten ist eine progressive (= fortschreitende) Federung, die mit zunehmender Belastung immer weniger nachgibt.

Dämpfung der Federn

Federn müssen die Schwingungen allmählich abklingen lassen („dämpfen").

Die verschiedenen Federarten sind durch ihren Verwendungszweck entstanden.

Arten der Federn

Es gibt Blatt-, Schrauben- und Drehstabfedern u. a.

Blattfedern

1. Blattfedern wurden im Kfz früher ausschließlich verwendet.

Aufbau

Aufbau: Auf dem längsten Blatt (Hauptblatt), das an den Enden zu Federaugen aufgerollt und mit einer Buchse versehen ist, liegen die kürzeren und stärker gekrümmten Stützblätter, die durch Federstift und Federklammern oder durch Vertiefungen in der Mitte jedes Blattes zusammengehalten werden. Die Feder liegt auf der Federplatte der Achse.

Einblattfedern sind etwas länger (150 cm), aber 10 kg leichter als Mehr-Blattfedern.

Sehnenlänge

Sehnenlänge = Länge der Feder von Mitte Federauge bis Mitte Federauge.

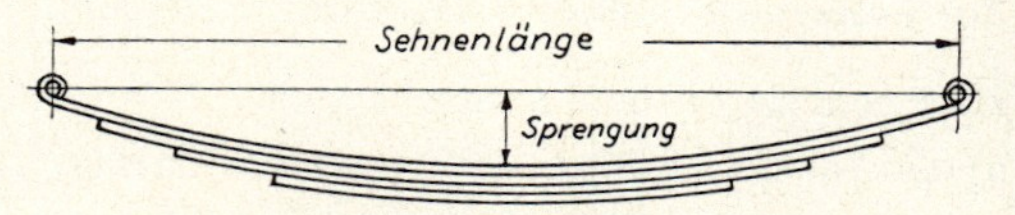

Sehnenlänge und Sprengung

Sprengung

Sprengung = Grad der Federbiegung = senkrechter Abstand zwischen Federblatt und Augenhöhe.

Federn nach der Form und der Anordnung

Nach der Form unterscheiden wir: Viertel-, Halb-, Dreiviertel- und Vollfedern;

nach der Anordnung im Kfz: Längs- und Querfedern.

Eine Längsfeder kann im Kfz angebracht sein als

Aufhängung der Vorderfeder

a) Vorderfeder: Das Vorderende der Feder ist durch einen Federbolzen fest mit der Federhand (Federbock) am Rahmen verbunden (zur Aufnahme des Wagenschubs); das Hinterende pendelt im Federgehänge.

Anbringung der Hinterfeder

b) Hinterfeder: Vorderes Federende wegen der Brems- und Schubkräfte fest am Rahmen durch Federbock; hinteres Federende in einer Federlasche oder einem Abwälzfederlager.

Die Aufhängung der Federn erfolgt

Arten der Aufhängung

a) durch Federbolzen in Bronzebuchsen,

b) in Silentblocks (sprich sailent = ruhig) = Bolzen in Buchsen mit (meistens einvulkanisierter) Gummibettung;

c) in Gummifederlagern: Federenden ruhen in dicken Gummipolstern;

d) in Abwälzlagern: Das hintere Ende der Hinterfeder liegt auf einer balligen Wälzfläche des Federbocks (kein Durchbiegen!).

Beanspruchung der Blattfedern

Beanspruchung der Blattfedern: Durch die Belastung auf Verbiegung, durch die Fahrbahn auf Stoß, in Kurven seitliche Kräfte.

Material

Material: Hochwertiger Federstahl, legierter Stahl mit Zusätzen von Mangan und Silizium; bei hochelastischem Federstahl ist noch Chrom oder Vanadium zugesetzt.

Der Flatterkeil

Geforderte Eigenschaften für alle Blattfedern

Durch Unterlegen von „Flatterkeilen" (vorn spitz, hinten ≈5 mm stark, Steigung = 2% der Federlänge) wirken sich Stöße weniger stark aus. Alle Blattfedern haben Eigendämpfung, d. h. die Schwingungen nehmen durch die Reibung der Federblätter allmählich ab.

2. Schraubenfedern werden bei Einzelradaufhängung verwendet.

Schraubenfedern

Sie werden (zu Unrecht oft „Spiralfedern" genannt) als Druckfedern angewendet, und zwar ohne und in Verbindung mit Blattfedern, in Schwinghinterachsen wie in Schwingvorderachsen.

Vorzüge: Geringes Gewicht, einfach, beanspruchen wenig Raum, keine Wartung, werden durch Schmutz und Nässe nicht beeinflußt, weiche Federung.

3. Drehstabfedern haben durch die Entwicklung der Schwingachsen große Bedeutung erlangt (Bild S. 272).

Drehstabfedern (Torsionsfedern)

Das Ende eines eingespannten Stahlstabes, das man verdreht, geht nach Aufhören der Drehkraft in die Ausgangslage zurück (torquieren = drehen; daher wird die Drehstabfederung auch Torsionsfederung genannt). Der Verdrehungswinkel des Stahlstabes ist nicht sehr groß. Um einen großen Ausschlag zu bekommen, müssen die Räder an einem langen Hebelarm am Drehstab befestigt sein (Kurbelachse). Je länger der Drehstab, desto geschmeidiger die Federung.

Die Vorderradfederung beim VW

Der VW hat vorn vierkantige und hinten runde Drehstäbe.

Vorn befindet sich in den zwei parallelen, am Rahmen befestigten Querrohren je ein durchgehender, aus vier Federblättern bestehender Torsionsstab, an dessen Traghebel die Räder befestigt sind.

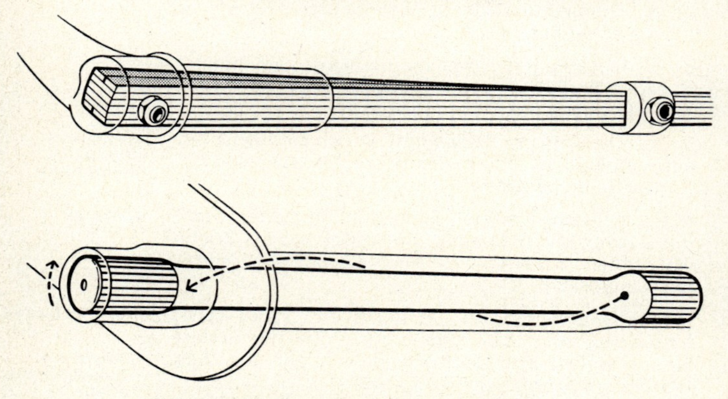

VW-Drehstabfederung der Vorder- und Hinterachse

Die Hinterradfederung beim VW

Hinten befinden sich in einem durchgehenden Querrohr zwei in der Mitte festgespannte Drehstabhälften, die an den äußeren Enden in Gummi gelagert sind und an Schwinghebeln oder Kurbelarmen die Räder tragen. Die Federung wirkt in Verbindung mit den hydraulischen Langhub-Teleskop-Stoßdämpfern progressiv.

Anwendung von Gummi zur Federung

4. Wegen der Elastizität wird mehr und mehr Gummi als Federmittel benutzt.

Gummi kann stark auf Druck, Zug, Dehnung und Schub beansprucht werden. Gummi hat nur $^1/_5$ des Schwingungsausschlages von Stahlfedern und den Vorteil, daß es viel eher zur Ruhe kommt. Verwendung:

a) als Gummizugfeder im Motorradbau;

b) als Gummischubfeder, wenn die Radachse durch einen Gummiblock fest, aber elastisch mit dem Rahmen verbunden ist;

c) als Hülsenfedern, die in Gummi gelagert sind und bei Kleinfahrzeugen Stoßdämpfer unnötig machen;

d) als Drehfedern der Dreieckslenker, die in Gummikörper einvulkanisiert und besonders elastisch sind;

e) als Schwingfelgen (2 Gummiringe zwischen Radschüssel und Felge vulkanisiert), die einen großen Teil der Stöße auffangen und die Hauptfederung gut unterstützen.

5. Luft ist besonders gut zur Federung geeignet.

Luftfederung und die wesentlichen Teile eines Luftfederelementes

Seitdem man die Vorzüge der Luftfederung erkannt hatte (erste Luftfederung in Luftreifen von Thomson 1845 und von Dunlop 1888), wurde diese zunächst im Flugzeugbau (Luftfederbeine!) angewandt, aber auch bald auf Kraftfahrzeuge übertragen. Seit Jahren beschäftigen sich in Deutschland die Firmen Conti, Phoenix, Metzeler, MAN, Knorr, Westinghouse, Henschel, Magirus-Deutz, Büssing u. a. mit der Lösung des Problems.

Bedeutung von Luftbalg und Niveauregler

Die Luftfederung besteht aus 2 Aggregaten, dem eigentlichen Federelement (Luftbalg aus einem Gummigewebe) und dem Niveauregler. Der Luftbalg ist entweder als Faltenbalg oder als Rollbalg ausgebildet. Der Niveauregler sorgt dafür, daß nach dem Durchfedern der Abstand zwischen Achse und Wagenaufbau wiederhergestellt wird. Jedes Luftfederelement hat daher ein eigenes Steuerventil, das durch ein Gestänge, welches mit dem Achskörper in Verbindung steht, betätigt wird. Bei Einfederung, also bei Bewegung der Achse zum Wagenkasten, wird das Einlaßventil geöffnet, wodurch der Luftdruck im Federelement steigt – und umgekehrt.

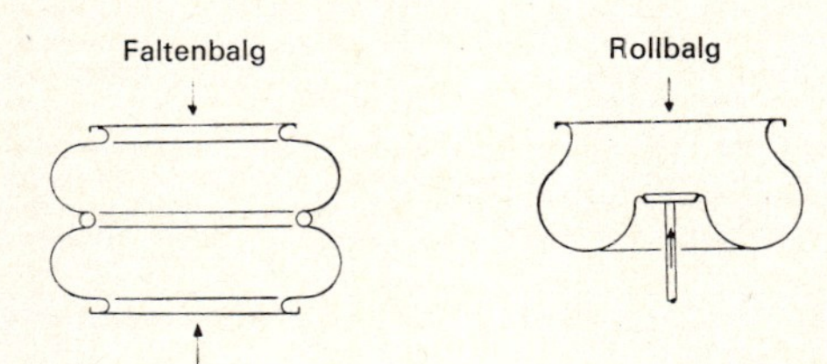

Die Luftfederung im MAN-Stadtbus

Aufbau der Luftfederung im MAN-Stadtbus

Vorder- und Hinterachse haben je 2 Luftfederelemente mit je einem Steuerventil. Der Druckluftbehälter 7 erhält über Luftpresser, Reifenfüllflasche und Druckregler 7 bar Druckluft. Druckluftbehälter 7 füllt über ein Überströmventil (auf 5,3 bar eingestellt) den Verteilerbehälter 9 mit Luft für die Federung

Luftfederung MAN

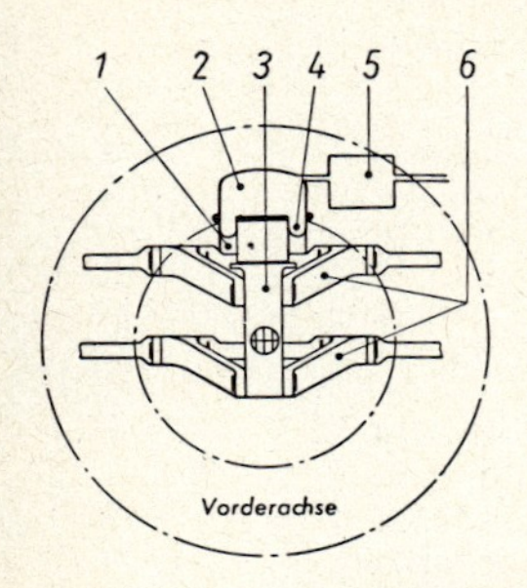

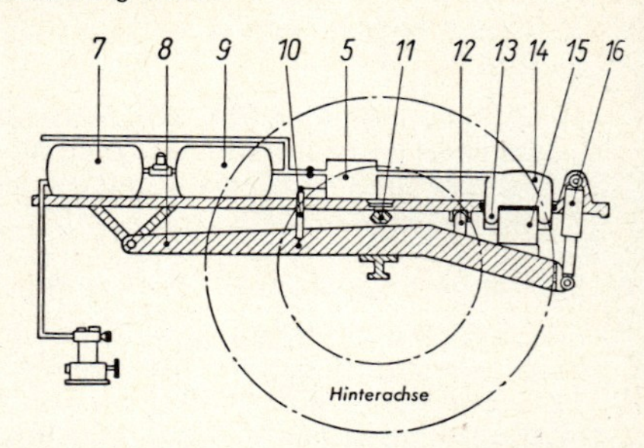

1 Luftfeder-Innenzylinder, 2 Luftfederkessel, 3 Stoßdämpfer, 4 Gummi-Rollbalg, 5 Steuerventil, 6 Querlenker, 7 Druckluftbehälter für Bremse, 8 Längslenker, 9 Verteiler-Behälter für Luftfeder, 10 Dämpfungselement, 11 Anschlagpuffer, 12 Querlenker, 13 Gummi-Rollbalg, 14 Äußerer Zylinder der Luftfeder, 15 Innerer Zylinder der Luftfeder, 16 Hydraulischer Stoßdämpfer.

Aufbau und Wirkungsweise bei den Vorderrädern

Vorderräder: Das Luftfederelement ist oberhalb der beiden Dreieckslenker 6 fest gelagert. Eine senkrechte Strebe 3 trägt oben den Innenzylinder 1 des Federelements, der sich beim Durchfedern in den Luftfederkessel vermöge des Gummibalges 4 hinein- bzw. herausbewegt. Beim Einfedern wird der Druck erhöht, bei Entlastung vermindert.

bei den Hinterrädern

Hinterachse: An den Enden der Längsträger 8 sind die beweglichen Innenzylinder 15 angebracht, die durch einen Gummi-Rollbalg 13 mit dem Außenzylinder 14 verbunden sind. Die für die Betätigung erforderliche Luft wird dem Verteilerbehälter 9 entnommen.

Jedes Luftfederelement an Vorder- und Hinterachse hat ein eigenes Steuerventil 5, das einerseits mit dem Verteilerbehälter, andererseits mit dem Luftfederelement in Verbindung steht. Das Steuerventil wird durch einen Hebel 10 über eine Wippe betätigt. Geht z. B. die Achse aufwärts, so stößt der Hebel 10 über die Wippe das Einlaßventil des Höhenregelventils auf, wodurch Luft aus dem Verteilerbehälter 9 in das betreffende Federungselement strömt und den Druck darin so lange erhöht, bis die Gleichgewichtslage wieder erreicht ist (nach etwa 1 . . . 1,5 Sekunden).

Vorteile der Luftfederung

Vorteile der Luftfederung: Gleicher Bodenabstand des Wagenaufbaues unabhängig von der Belastung; weiches, progressives Ansprechen; geräuschdämpfend; geringes Gewicht; wartungs- und störungsfreies Arbeiten der Federung; lange Lebensdauer.

Stoßdämpfer unterstützen die Eigendämpfung der Federn.

Zweck der Stoßdämpfer

Erwünscht ist im Kfz, daß die Federn schnell zur Ruhe kommen. Während der Fahrt kommen sie aber überhaupt nicht zur Ruhe, sondern werden durch Stöße einer Dauerbelastung ausgesetzt. Um das zu vermeiden, werden zusätzlich Stoßdämpfer verwendet; sie nehmen die von den Federn nicht ganz gedämpften Schwingungen auf.

Arten der Stoßdämpfer

Es gibt

Reibungsstoßdämpfer

1. Reibungsstoßdämpfer, die durch die Reibung von Scheiben dämpfen. Nur noch wenig in Motorrädern angewandt.

Flüssigkeitsstoßdämpfer

2. Flüssigkeitsstoßdämpfer

   Hebelstoßdämpfer

   a) Hebelstoßdämpfer. Prinzip: Schwingungen der Feder wirken sich über einen Hebel auf einen Kolben aus, der in einem Gehäuse auf Öl drückt, das durch kleine Öffnungen ausweichen kann, so daß die Schwingungen gedämpft werden. Bis in jüngster Zeit wurden Einweg- und Zweiweg-Stoßdämpfer (Fichtel & Sachs) verwendet, deren Nachteile der kleine Dämpfungsweg, der hohe Druck und die starke Abnutzung waren.

   Teleskopstoßdämpfer

   b) Hülsen- oder Teleskop-Stoßdämpfer (Fichtel & Sachs) vermeiden die vorgenannten Nachteile, arbeiten doppelwirkend, progressiv und geräuschlos. Heute meistens angewandt. – Die äußere Hülse des Stoßdämpfers ist mit ihrem Auge am Rahmen, der teleskopartig eingeschobene Zylinder mit seinem Auge an der schwingenden Achse befestigt. Der Arbeitsraum des Zylinders ist ganz, der Vorratsraum zu etwa zwei Dritteln mit Dämpfungsflüssigkeit gefüllt. Beim Auseinanderziehen (Zug) und Zusammenziehen (Druck) gelangt die Flüssigkeit durch kleine Lamellenventile von dem einen in den anderen Raum, wodurch eine geschmeidige Dämpfung der Schwingungen erzielt wird.

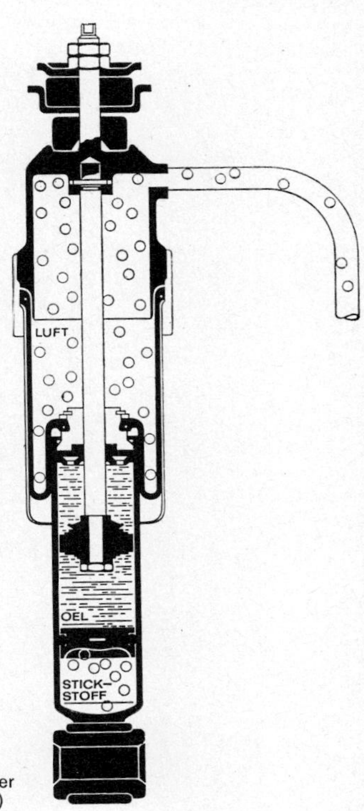

Lastabhängig geregelter Stoßdämpfer (Bilstein)

Einrohr-
stoßdämpfer

c) Einrohrstoßdämpfer: Gasdruck-Stoßdämpfer, Bilstein (System de Carbon).

Die *Dämpferhydraulik* arbeitet mit statisch vorgespanntem Öl. Dadurch wird die Schaumbildung des Öls verhindert. Durch den doppelt wirkenden Arbeitskolben mit Plattenventilen erreicht man jede gewünschte Dämpfung.

Lastabhängig
geregelte
Stoßdämpfer

d) Lastabhängig geregelte Stoßdämpfer. Die Einstellung eines normalen Stoßdämpfers ist immer ein Kompromiß für alle Belastungszustände. Heute erreicht man durch die Verbindung der Luftfederung mit entsprechenden Stoßdämpfern eine stufenlose Regelung der Dämpfung für jede Belastung.

Eine Kombination von Schraubenfedern und Teleskop-Stoßdämpfern, auf denen die Karosserie ruht, hat der Ford 17 M.

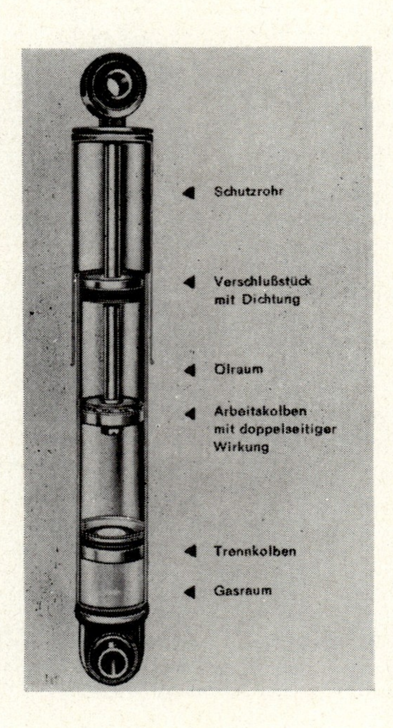

Gasdruck-
Stoßdämpfer (Bilstein)

Stabilisatoren sollen das Abheben der Räder vom Boden verhüten.

Stabilisatoren (von stabilis – stare = stehen, feststehend) sollen die Neigung und Schleudergefahr des Wagens in der Kurve vermindern.

Zweck der Stabilisatoren

Bei Öldruck-Stabilisatoren stehen die Ölkammern des rechten und linken Stoßdämpfers in Verbindung. Neigt sich das Fahrzeug beim Durchfahren einer Kurve, so wird das Öl auf die weniger belastete Seite gedrängt. Hier bildet sich aber ein hydraulischer Druck, der zum Ausgleich drängt und das Fahrzeug aufrichtet.

Der Öldruckstabilisator

Bei Drehstab-Stabilisatoren sind die beiden Räder an einer Drehstabfeder aufgehängt. Wenn in einer Kurve die äußere Fahrzeugfeder durch Fliehkräfte stärker belastet wird, so wirkt die innere Seite dadurch ausgleichend, daß die Drehstabfeder in Verbindung mit der Fahrzeugfeder einer Durchbiegung entgegenarbeitet.

Der Drehstabstabilisator

Die Federung muß in einem einwandfreien Zustand sein.

Blattfedern bedürfen geringer, Schrauben- und Drehfedern keiner Wartung.

Prüfung der Blattfedern von Zeit zu Zeit vornehmen: Ob sie genügend geschmiert sind, die Federbügel festsitzen, Bolzen und Buchsen abgenützt, die Mutter gut angezogen, die Federn nicht ermüdet sind, die notwendige und gleiche Sprengung haben und ob Federn gebrochen sind.

Prüfung der Blattfedern

Ursachen von Federbrüchen: Federn können nicht ausschwingen und stoßen an, Federn verrostet, Federbolzen zu fest, Federbügel zu lose, Überlastung.

Ursache von Federbrüchen

Instandsetzung: Gebrochene Federn, abgenützte Gehänge, Federbolzen und -buchsen auswechseln. Müde Federn ersetzen. Durch Sprengung mit dem Hammer auf dem Amboß entstehen leicht Haarrisse, die zu Federbruch führen. Federbruch tritt auch bei Einfügen neuer Lagen ein, besonders bei einseitiger Zufügung eines Federblattes. Seitliches Spiel an den Federbolzen durch Scheiben ausgleichen, besser Hauptblatt und Gehänge erneuern. Verrostete Federn in Rohöl tauchen, mit Drahtbürste reinigen; eingefressene Stellen mit Flachschaber abkratzen. Flatterkeile beim Einbau der Vorderfeder nicht vergessen!

Instandsetzungsarbeiten

Pflege der Federn: Federn sauber halten. Federgamaschen und -bänder schützen vor Schmutz und Nässe.

Pflege der Federn

4.9. Die Bremsen

4.9.1. Allgemeines

Aufgabe der Bremsen

Bremsen sollen die Fahrgeschwindigkeit herabsetzen. Sie sollen ferner verhindern, daß sich das stillstehende Fahrzeug selbsttätig in Bewegung setzt. Es müssen folgende Forderungen erfüllt werden:

1. kürzeste Bremswege durch kürzeste Ansprechzeit und kürzeste Schwellzeit,
2. geringe Fußkräfte eventuell durch Einsatz von Bremskraftverstärkern,
3. konstante Bremsverzögerung auch bei Dauerbremsung (z. B. Talfahrt) oder häufig aufeinanderfolgenden Stopbremsungen.

Der Bremsvorgang

Durch die Reibung der Bremsbacken (Bremsbeläge) an den Bremstrommeln (Bremsscheiben) wird Bewegungsenergie in (unerwünschte) Wärme umgewandelt und somit die Geschwindigkeit des Fahrzeugs herabgesetzt, so daß es schließlich zum Stehen kommt.

Das Verhalten der Räder beim Bremsen

Die Räder müssen auch bei größter Bremswirkung noch rollen, nicht blockieren. Blockieren vermindert die Bremswirkung und bringt das Fahrzeug zum Schleudern. – Die Räder sollen beim Bremsen auch nicht rucken, sondern gleichmäßig ablaufen. Diese Bedingungen werden von dem „Anti-Blockiersystem — ABS" (bzw. „Automatischen Blockierverhinderer — ABV") erfüllt.

Aus Gründen der Betriebs- und Verkehrssicherheit stellt das Gesetz verschiedene Anforderungen an die Bremsen.

Die Bremsen nach der StVZO

Nach der **St**raßen-**V**erkehrs-**Z**ulassungs-**O**rdnung (StVZO) müssen in einem Kraftfahrzeug vorhanden sein:

a) *eine Fußbremse* (Betriebsbremse), heute allgemein eine Vierradbremse,

b) *eine Handbremse* (Feststellbremse), die als mechanische Bremse entweder auf das Getriebe oder auf die Hinterräder wirkt,

c) *eine 3. Bremse in Lkw* mit mehr als 9 t Gesamtgewicht und mehr als 25 km/h Geschwindigkeit.

Die Bremsverzögerung nach der StVZO

Die StVZO schreibt auch vor, wie stark die Bremse ziehen muß, d. h. um welchen Mindestbetrag die Geschwindigkeit in einer Sekunde beim Bremsen abnehmen muß, was man als *Bremsverzögerung* bezeichnet.

Die mittlere Bremsverzögerung muß betragen:

bei Fußbremsen in Fahrzeugen mit über 20 km/h Geschwindigkeit 2,5 m/s²,

bei Handbremsen in Fahrzeugen mit über 20 km/h Geschwindigkeit 1,5 m/s²,

bei Krafträdern für jede der beiden Bremsen 2,5 m/s².

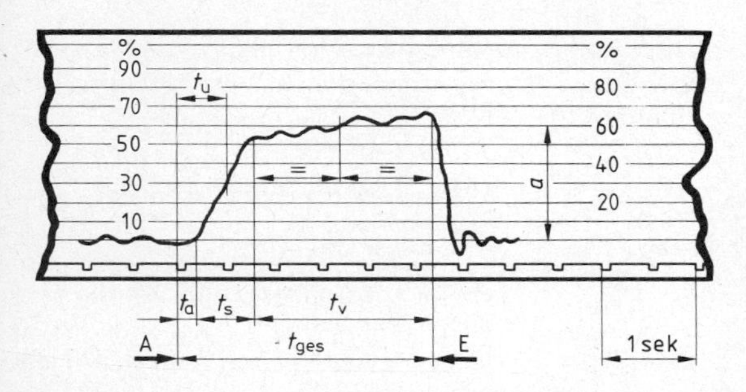

Aufzeichnung des Bremsvorganges durch ein schreibendes Meßgerät

A = Beginn der Bremsung

E = Stillstand des Fahrzeuges

t_a = Ansprechzeit

t_s = Schwellzeit

t_u = Verlustzeit

t_V = Vollbremszeit

t_{ges} = Gesamtbremszeit

a = Verzögerung

Bremsweg

Ist a die mittlere Bremsverzögerung und v die Geschwindigkeit, so erhält man den Bremsweg s aus:

$$s = \frac{v^2}{2\,a}$$

Wird v in m/s und a in m/s² angegeben, so erhält man den Bremsweg s in m.

Der Bremsweg soll nach Vorschrift bei Belastung und Höchstgeschwindigkeit ermittelt werden.

Feststellen der Bremsverzögerung mit Apparaten

Die Bremsverzögerung kann mit Apparaten gemessen werden. Neben dem OK-Bremsprüfer, der an der Windschutzscheibe befestigt wird und die Bremsverzögerung mittels eines durch Fliehkraft betätigten Anzeigers angibt, ist der Siemens-Bremsprüfer der bekannteste, der durch eine nach dem Trägheitsgesetz beim Bremsen steigende Flüssigkeit den Grad der Bremsverzögerung anzeigt.

4.9.2. Mechanische Bremsen

Mechanische Bremsen

Mechanische Bremsen werden durch Seile, Gestänge oder Hebel betätigt. Je nach Reibung durch Backen oder Bänder unterscheiden wir

Innen- und Außenbackenbremsen

1. Backenbremsen (Radbremsen)
   a) Innenbackenbremsen, deren Backen innen gegen die Bremstrommel drücken. Meistens verwendet.
   b) Außenbackenbremsen, deren Backen von außen her auf die Trommel wirken.

Bandbremsen

2. Bandbremsen, bei denen ein Stahlband auf oder gegen die Bremstrommel drückt. Vereinzelt als Getriebebremse verwendet.

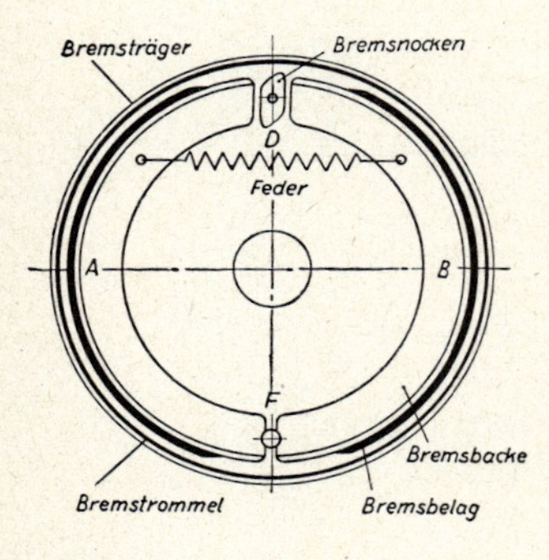

Zweibackenbremse

Aufbau einer mechanischen Innenbackenbremse

Bremsträger oder Bremsschild, der fest am Achsschenkel oder am Hinterachstrichter sitzt.

Bremstrommel, die mit dem Rad umläuft.

Bremsbacken (mit Belag), um die Bremsbackenbolzen schwenkbar.

Bremsnocken, durch die beim Bremsen die Bremsbacken gespreizt werden.

Bremsbackenfeder, die die Backen von der Trommel abzieht.

Die Verkehrssicherheit erfordert einwandfreie Bremsen.

Anforderungen an die Bremsbacken

Die Bremsbacken (aus Leichtmetall oder Stahlguß) müssen in ihrer Bogenform der Bremstrommel angepaßt, untereinander gleich sein, gut anliegen, die Enden gleich weit voneinander entfernt sein. Jede Bremse hat eine „auflaufende" Bremsbacke (wenn ein Punkt der Bremstrommel auf die Bremsbacke zuläuft) und eine „ablaufende" Backe.

Der Bremsbelag

Der Bremsbelag aus Asbest, mit Metallfäden durchzogen und mit einem synthetischen Bindemittel formgepreßt, muß hitzebeständig sein und Wärme gut ableiten. Der Belag wird entweder aufgenietet oder aufgeklebt.

Aufgabe der Bremstrommel

Die Bremstrommel nimmt den Druck der Bremsbacken auf und leitet die Reibungswärme ab. Sie muß widerstandsfähig, gleichmäßig rund sein, darf keine Riefen haben und muß entstehende Wärme gut ableiten; daher oft Kühlrippen auf der Trommel.

Alfin-Bremstrommeln

Einige Bremsanlagen besitzen Alfin-Bremstrommeln, die aus Aluminium bestehen und einen Grauguß-Reibring an der Bremsfläche haben. Die angegossenen Rippen am Außenumfang der Bremstrommel gewährleisten eine vorzügliche Wärmeableitung. Daher gestatten diese Wagen hohe Geschwindigkeit.

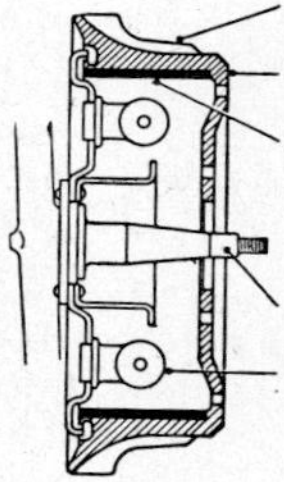

Die Bremsnocken

Die Bremsnocken müssen die Backen gleich weit abheben und dürfen nicht überspringen.

Das Bremsbetätigungswerk

Das Betätigungswerk (meistens Seilzugbremsen) muß gängig, gut geschmiert, nicht verrostet und genau eingestellt sein.

Fehler an Bremstrommeln

Fehler an Bremstrommeln und ihre Behebung

a) Risse! Bremstrommeln grundsätzlich auswechseln.

b) Abnutzung und ungleiche Dicken der Trommelwände verursachen beim Bremsen ein Quietschen. Nachdrehen führt nicht immer zum Ziel; besser auswechseln.

c) Riefen in der Trommel. Genau ausdrehen und mit Schmirgelleinen nachglätten – oder Trommel erneuern. Beim Ausdrehen Spannband benutzen.

Instandsetzung der Bremsbacken

Erneuern des Bremsbelages

Bremsbelag muß gleichmäßig gekrümmt sein und gut anliegen.

Belagenden müssen abgeschrägt sein.

Vor dem Belegen Flächen säubern und eben machen. Kleine Beläge mit Hand nieten, große mit Nietmaschinen (genauer!).

Keine Unterlagen unter den Belag legen. Belag niemals aufrauhen.

Schutz vor Verölen und Behandlung verölter Bremsbeläge

Belag vor Verölung schützen. Hinterachsbremsen müssen gut abgedichtet sein. Vorder- und Hinterachsen nicht überschmieren. Verölte Bremsbeläge erneuern, da durch Waschen in Benzin nur vorübergehende Besserung erzielt wird.

Nachstellen der Bremsen

Vorgang der Bremseinstellung

a) Räder geradeausstellen, Wagen hochbocken. Räder müssen sich frei drehen lassen, Seile und Gestänge dürfen nicht gespannt sein.

b) Bremsfußhebel etwa $^1/_3$ seines Weges niedertreten, mit Stütze feststellen.

c) Durch Drehen der Einstellschraube den Bremsnocken mehr auf Spreizung stellen, so daß die Trommel schleift. Seil (Gestänge) entsprechend (meist durch Spannschraube) verkürzen.
Um die Vorderräder etwas früher zum Bremsen zu bringen, wird die Einstellschraube so weit angezogen, daß sich die Räder nicht mehr drehen lassen; dann etwas lösen, bis die Bremswirkung gerade aufhört.

d) Bremsfußhebel in Ruhestellung bringen; prüfen, ob sich die beiden Vorder- und die beiden Hinterräder bei leichtem Bremsen gleich bremsen lassen. Stärker bremsende Räder locker stellen, schwach anziehende nicht etwa strammer anziehen.

Folgen ungleicher Einstellung

Ungleiche Einstellung der Hinterräder führt zum Schleudern; bei Vorderrädern zieht das Fahrzeug nach der Seite, an der die Bremse stärker eingestellt ist.

Fehler an Bremsen sofort beseitigen

Vorkommende Fehler, Ursachen und ihre Beseitigung

Fehler	Ursachen	Beseitigung
1. Bremspedal geht schwer	Seil klemmt	Mit Benzin reinigen Seilschläuche schmieren
2. Bremsseil durchgescheuert	Nicht gut verlegt	Auswechseln, gut verlegen
3. Fußhebel läßt sich sehr tief niedertreten	Bremsbelag abgenutzt. Spiel zu groß	Bremsen nachstellen. Belag frühzeitig erneuern
4. Bremse erhitzt stark	Federn ermüdet	Erneuern
5. Bremsenwirkung ist schlecht trotz hohen Fußdruckes	Bremsbelag verölt oder verschlissen	Belag erneuern. Radnaben abdichten
6. Bremsen ziehen ungleichmäßig	Bremstrommel unrund, Belag verölt	Ausdrehen. Belag beider Räder erneuern
7. Bremsen fassen zu spät	Leerlaufweg des Fußhebels zu groß	Neu einstellen
8. Bremsen rattern und neigen zum Blockieren	Belagenden sind nicht abgeschrägt. Rückholfeder zu schwach	Abschrägen. Rückholfedern auswechseln

4.9.3. Flüssigkeitsbremsen

Eigenschaften der Flüssigkeiten

Flüssigkeitsbremsen nutzen die Eigenschaften der Flüssigkeit aus. Flüssigkeiten lassen sich nicht zusammendrücken. Ein Druck auf eine Flüssigkeit pflanzt sich nach allen Seiten fort.

In der Flüssigkeitsbremse wird durch Niedertreten des Bremsfußhebels auf die Bremsflüssigkeit des Hauptzylinders ein Druck ausgeübt, der sich durch Leitungen auf die Kolben der Radbremszylinder fortpflanzt und die Bremsbacken zum Anliegen bringt.

Vorteile der Flüssigkeitsbremsen

Vorteile: Flüssigkeitsbremsen erfordern weniger Muskelkraft, entfalten eine hohe Bremskraft, haben progressive Wirkung und bedürfen wenig Wartung.

Der Flüssigkeitsdruck wird im Hauptzylinder erzeugt.

Teile einer Flüssigkeitsbremse

Eine Flüssigkeitsbremse besteht aus Hauptzylinder (mit Bodenventil und Kolben), Ausgleichbehälter, Radbremszylindern und Leitungen.

Kolbenmanschetten

Im Hauptzylinder bewegt sich ein Kolben mit 2 Gummimanschetten: Die Primärmanschette vor dem Kolben dichtet den Druckraum des Kolbens ab, während die Sekundärmanschette die Abdichtung des ringförmigen Vorratsraumes am Kolben übernimmt.

Der Ausgleichbehälter

Der Ausgleichbehälter füllt den Hauptzylinder mit Bremsflüssigkeit, die 1,5 . . . 2 cm unter dem Deckel stehen soll. Wichtig ist, daß die Entlüfterbohrung stets offen ist, damit die Bremsflüssigkeit in den Hauptzylinder nachfließen kann.

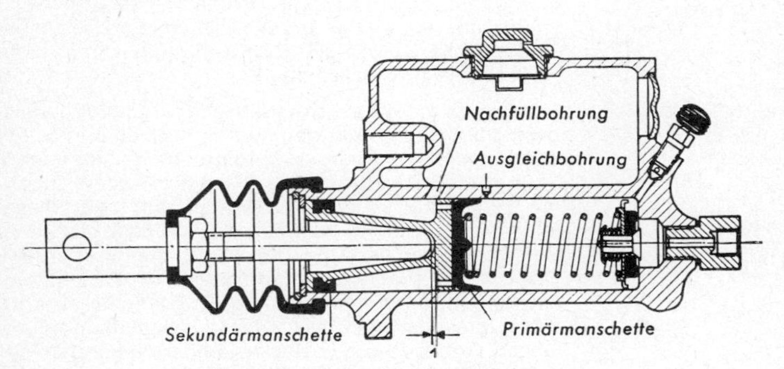

Hauptzylinder der Ate-Flüssigkeitsbremse

Die zwei Bohrungen im Ausgleichbehälter

Zwei Bohrungen verbinden den Ausgleichbehälter mit dem Hauptzylinder: Durch die größere *Nachfüllbohrung* wird der Ringraum um den Kolben mit Bremsflüssigkeit gefüllt; die kleinere *Ausgleichbohrung* vor der Primärmanschette hat die Aufgabe, die mengenmäßige Änderung der Bremsflüssigkeit durch Ausdehnung bei Wärme oder durch Zusammenziehen bei Abkühlung auszugleichen. Darum muß die Ausgleichbohrung im gelösten Zustande der Bremsen immer offen und ein Spiel zwischen Kolbenstange und Kolbendruckpfanne von etwa 1 mm vorhanden sein. Eine geschlossene Ausgleichbohrung würde das Zurückfließen der Bremsflüssigkeit aus den Bremszylindern verhindern und ein Schleifen der Bremsbacken zur Folge haben.

Aufbau des Bodenventils

Am Boden des Hauptzylinders befindet sich das Bodenventil, ein Doppelventil, das die Bremsflüssigkeit nach beiden Seiten durchläßt.

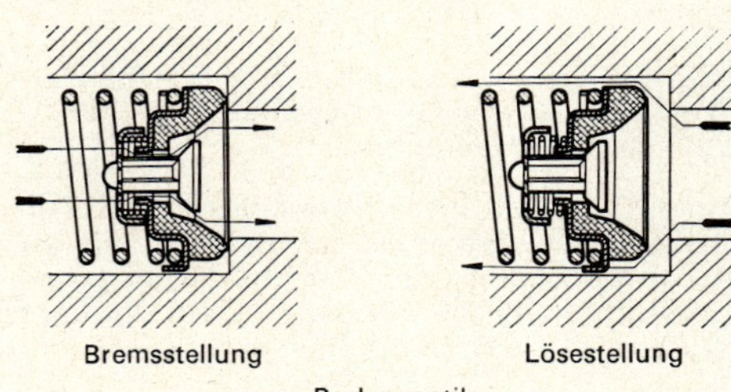

Bodenventil

Wirkungsweise des Hauptzylinders.

Vorgang im Hauptzylinder bei Niedertreten des Bremsfußhebels

a) *Bremsstellung*. Beim Bremsen bewegt sich der Kolben auf das Bodenventil zu. Dabei wird die Ausgleichbohrung durch die Primärmanschette verschlossen. Infolge des Druckes öffnet sich das kleine Bodenventil, so daß die Bremsflüssigkeit nach den Radzylindern gelangen kann.

bei Loslassen des Bremsfußhebels

b) *Lösestellung*. Nach Loslassen des Bremsfußhebels geht der Kolben unter dem Druck der Feder in seine Ausgangsstellung zurück. Infolge des entstandenen Vakuums und des Druckes im Leitungssystem durch die zurückdrängende Bremsflüssigkeit fließt diese nach Schließen des kleinen und Öffnen des größeren Bodenventils in den Druckraum des Zylinders zurück. Dabei faltet sich die Primärmanschette zusammen, am Kolbenboden hebt sich die Ringscheibe ab und läßt Bremsflüssigkeit aus dem Flüssigkeitsringraum in den Druckraum des Hauptzylinders gelangen, so daß ein schneller Ausgleich stattfindet.

Wirkungsweise des Radzylinders

Aufbau und Wirkungsweise der Radzylinder

Die Radzylinder, die fest mit dem Bremsträger verschraubt sind, haben in der Regel 2 Kolben, die durch die in den Radzylinder eintretende Bremsflüssigkeit den Druck des Hauptzylinders über Druckbolzen auf die Bremsbacken übertragen. Die Abdichtung der Kolben erfolgt durch 2 Gummimanschetten, die durch eine Druckfeder gegen die Kolben gedrückt werden. Schutzkappen verhindern das Eindringen von Schmutz und Wasser in den Radzylinder.

Die Bremswirkung

Die Bremswirkung bei der auflaufenden Bremse entsteht dadurch, daß Drehrichtung und Kraftrichtung zusammenfallen, d. h. Selbstverstärkung des Anpreßdruckes. Bei der zweiten Backe sind andrückende Kraft und Drehrichtung entgegengesetzt, daher wird die Anpressung geringer (nur $^1/_2$ der auflaufenden Backe). Die Bremsbeläge nutzen sich aus diesem Grunde ungleich ab, was durch entsprechendes Spreizen gut gelagerter Bremsnocken in etwa behoben werden kann.

Der gleichmäßige Druck bei hydraulischen Bremsen

Bei hydraulischen Bremsen gibt man den Kolben der Radzylinder verschieden große Durchmesser (Stufenzylinder!), um dadurch ein gleichmäßiges Abnutzen der Bremsbacken zu erreichen. Auf die ablaufende Backe wirkt dann der größere Kolben.

Trommelbremsen (Radialbremsen)

Bauformen

Bei den Zweibackenbremsen kommen folgende Hauptbauformen vor:

a) Simplex-Bremse,
b) Duplex-Bremse,
c) Duo-Duplex-Bremse,
d) Servo-Bremse,
e) Duo-Servo-Bremse.

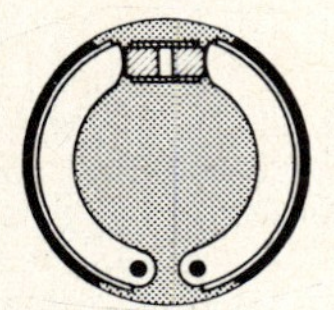

Simplex-Bremse

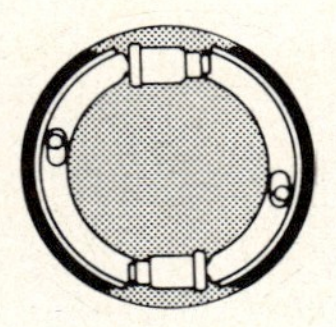

Duplex-Bremse

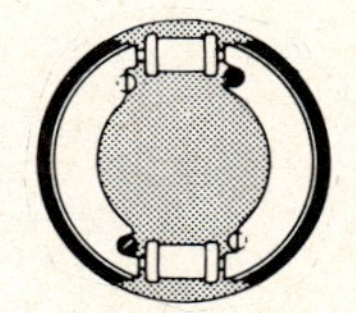

Duo-Duplex-Bremse

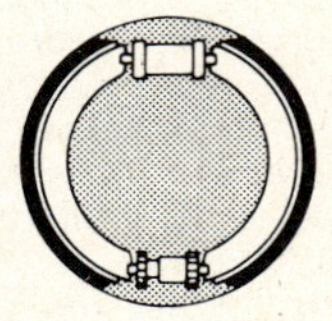

Servo-Bremse

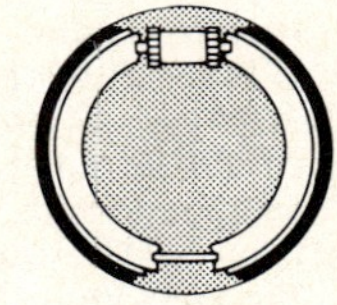

Duo-Servo-Bremse

Bauform	Radzylinder		Bremsbacken				bewegliche Stützbolzen		innere Übersetzung	
	Anzahl	Wirkung	vorwärts		rückwärts					
			aufl.	abl.	aufl.	abl.	vorwärts	rückwärts	vorwärts	rückwärts
Simplex-Bremse	1	doppelt	1	1	1	1	—	—	2	2
Duplex-Bremse	2	einfach	2	—	—	2	—	—	3	0,9
Duo-Duplex-Bremse	2	doppelt	2	—	2	—	—	—	3	3
Servo-Bremse	1	doppelt	2	—	1	1	1	—	4	2
Duo-Servo-Bremse	1	doppelt	2	—	2	—	1	1	4	4

Größte Sicherheit bietet die Zweikreis-Flüssigkeitsbremse.

Die Zweikreisbremse

An die Bremsanlage werden höchste Ansprüche in bezug auf die Funktionssicherheit gestellt. Um bei einem Schaden an der Bremsleitung — verursacht durch Steinschlag oder Korrosion — die Folgen möglichst gering zu halten, werden Zweikreis-Flüssigkeitsbremsen mit verschiedenen Zweikreisaufteilungen installiert.

Aufteilung der Bremskreise

	1. Kreis		2. Kreis	
	Vorderrad	Hinterrad	Vorderrad	Hinterrad
1	2	—	—	2
2	1	1	1	1
3	2	2	2	—
4	2	1	2	1
5	2	2	2	2

Bei der Aufteilung 1 ergibt sich bei Ausfall des Vorderachskreises nur eine geringere Bremswirkung der Hinterachse (bedingt durch die dynamische Achslastverteilung). Dieser Verlust ist bei Aufteilung 2 nicht so stark, da immer ein Vorderrad mitgebremst wird. Es entsteht jedoch ein Drehmoment um die Hochachse des Fahrzeugs, das durch konstruktive Hilfsmittel ausgeglichen werden muß (negativer Lenkrollradius). Die Aufteilung 3 vermeidet das Gieren (Drehen um die Hochachse). Im ungünstigsten Fall wird nur die Vorderachse abgebremst. Bei Aufteilung 4 werden immer 3 Räder gebremst. Es entsteht ein Drehmoment um die Hochachse. Die aufwendigste Lösung ist Aufteilung 5, bei der kein Verlust an Bremswirkung bei Ausfall eines Bremskreises eintritt.

Tandem-Hauptzylinder

Jede Zweikreis-Flüssigkeitsbremse benötigt als Grundgerät einen Tandem-Hauptzylinder, der aus zwei einfachen Hauptzylindern zusammengebaut ist. Ein Zwischenkolben 2 (schwimmender Kolben) trennt die beiden Systeme und bewirkt gleichzeitig die Druckübertragung vom Druckraum D auf den Druckraum D'.

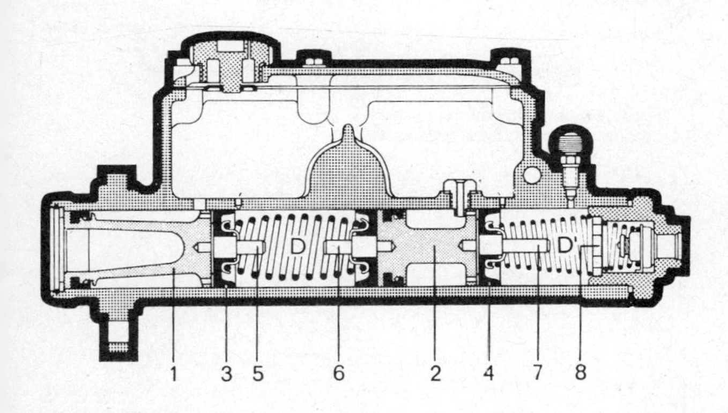

1	Druckstangen-Kolben
2	Zwischenkolben
3, 4	Primärmanschetten
5, 6, 7	Zapfen
8	Platte

Tandem-Hauptzylinder

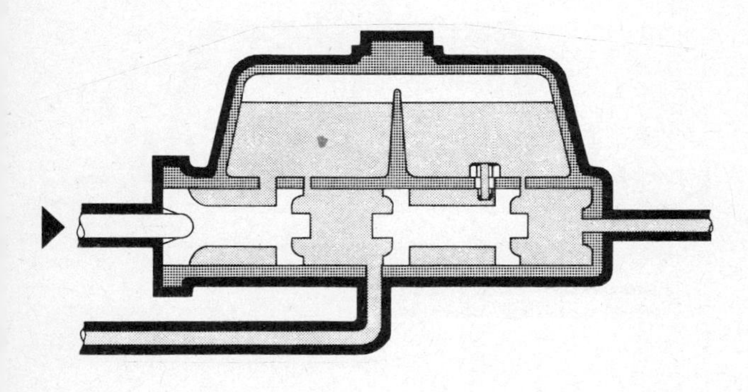

Beide Bremskreise in Ruhestellung

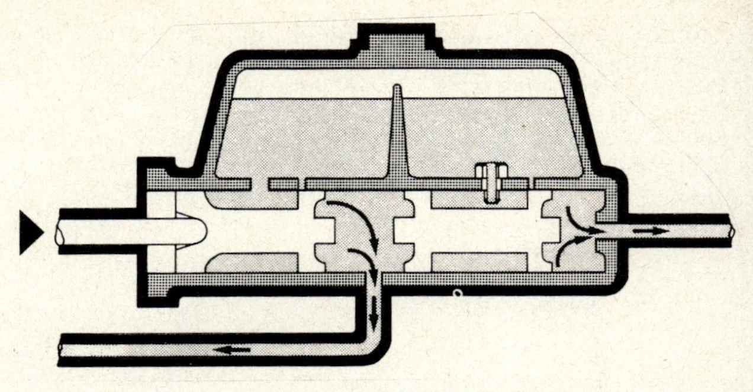

Betätigung beider Bremskreise

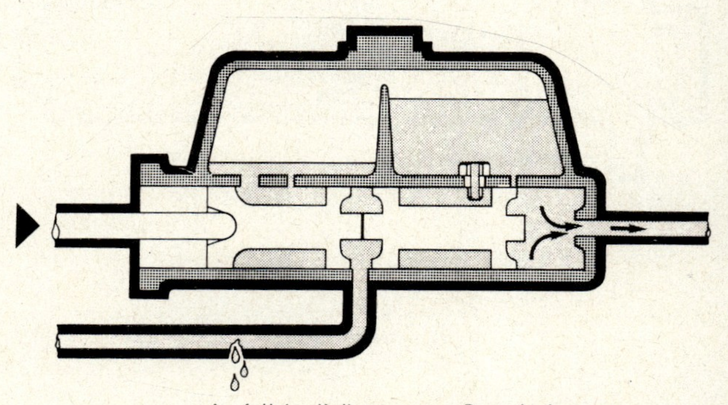

Ausfall des Kolbenstangen-Bremskreises

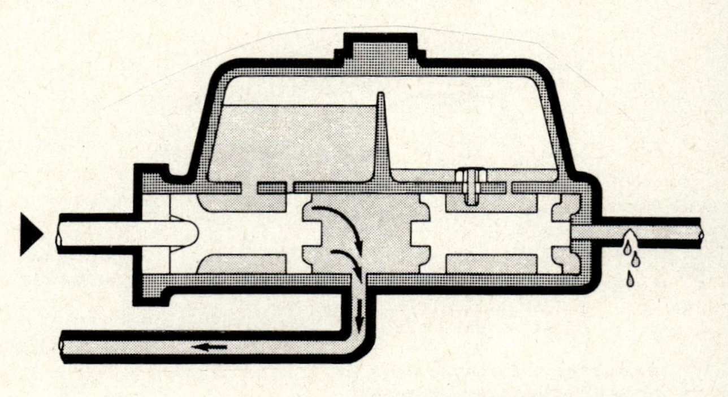

Ausfall des Zwischenkolben-Bremskreises

(Ate Werksbildmaterial, Ate Bremsenhandbuch, erschienen im Bartsch-Verlag, Alte Landstr. 8—10, 8012 Ottobrunn bei München)

Kraftfahrzeuge, die mit Scheiben- und Trommelbremsen ausgerüstet sind, benötigen für die Scheibenbremsen einen höheren Leitungsdruck. Dieser wird im Stufen-Tandem-Hauptzylinder dadurch erzeugt, indem der Durchmesser des Zwischenkolbens kleiner ist als am Druckstangenkolben.

Stufen-Tandem-Hauptzylinder

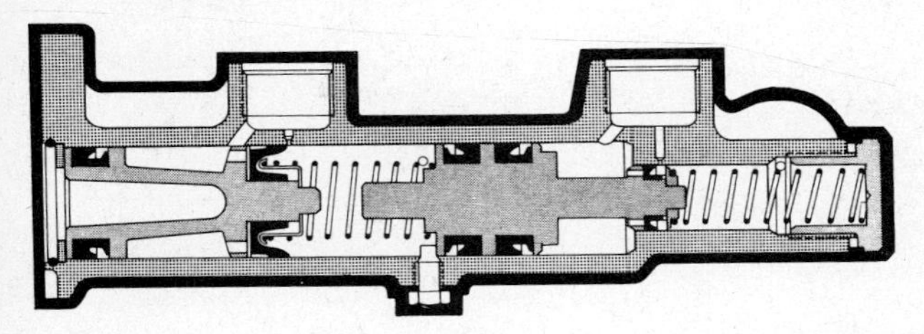

Stufen-Tandem-Hauptzylinder

(Ate Werksbildmaterial, Ate Bremsenhandbuch, erschienen im Bartsch-Verlag, Alte Landstr. 8—10, 8012 Ottobrunn bei München)

Während im Trommelbremskreis ein Bodenventil eingebaut ist, übernimmt im Scheibenbremskreis die Drosselbohrung vor dem Anschlußgewinde die Aufgabe eines Spezialbodenventils.

Scheibenbremsen

Es gibt Voll- und Teilscheibenbremsen.

Arten und Unterschiede

Bei Vollscheibenbremsen – nach ihrem Erfinder Dr. Klaue auch Klauenbremse genannt (während des letzten Weltkrieges schon in Panzerwagen und Zugmaschinen eingebaut) – wirken die Bremsbeläge von innen zweiseitig auf ein umlaufendes Bremsgehäuse. Die Bremse gestattet große Bremsflächen bei kleinen Belagbeanspruchungen. *Bei Teilscheibenbremsen* wirken nierenförmige Segmente von außen auf eine rotierende Scheibe. Der größte Teil der Scheibe läuft außerhalb des Bremsbelages.

Durchgesetzt hat sich nur die Teilscheibenbremse.

Man unterscheidet:

Festsattel-Scheibenbremse

a) Festsattel-Scheibenbremse mit stationärem (feststehendem) Sattel. Dabei hat jeder Bremssattel in jeder Gehäusehälfte — auf jeder Seite der Bremsscheibe — einen Kolben.

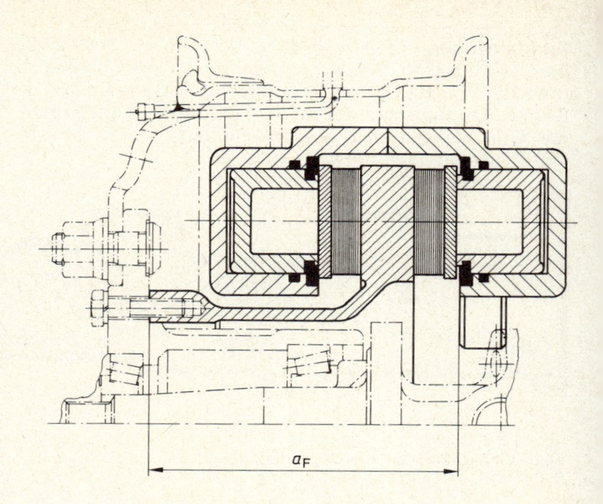

Festsattel-Scheibenbremse

Schwimm-rahmen-Scheiben-bremse

b) Schwimmrahmen-Scheibenbremse mit verschiebbar (schwimmend) auf dem Halter gelagertem Rahmen. Der Halter als Träger der Bremse ist mit der Radaufhängung fest verbunden. Die Schwimmrahmen-

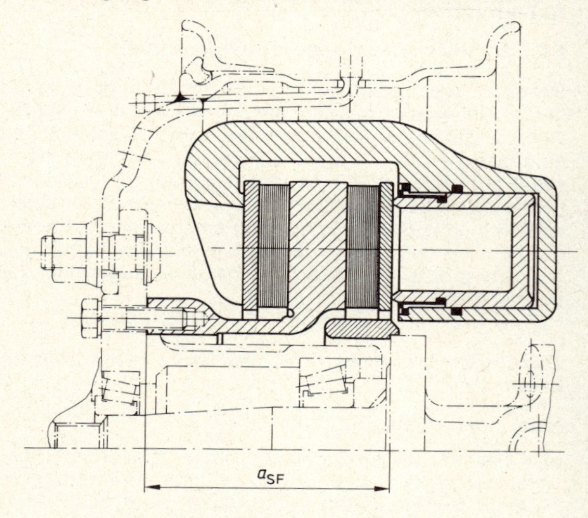

Schwimmrahmen-Scheibenbremse

Bremse hat im Gegensatz zur Festsattel-Scheibenbremse nur ein Zylindergehäuse mit Kolben. Durch diese Bauweise ergeben sich folgende Vorteile:

Vorteile

1. Geringer Platzbedarf ($a_{SF} < a_F$) am Fahrzeugrad (negativer Lenkrollradius möglich).
2. Es sind keine hochbelasteten Schraubenverbindungen erforderlich.
3. Geringe Erwärmung der Bremsflüssigkeit durch nur eine Berührungsfläche von Kolben und Bremsbelag.

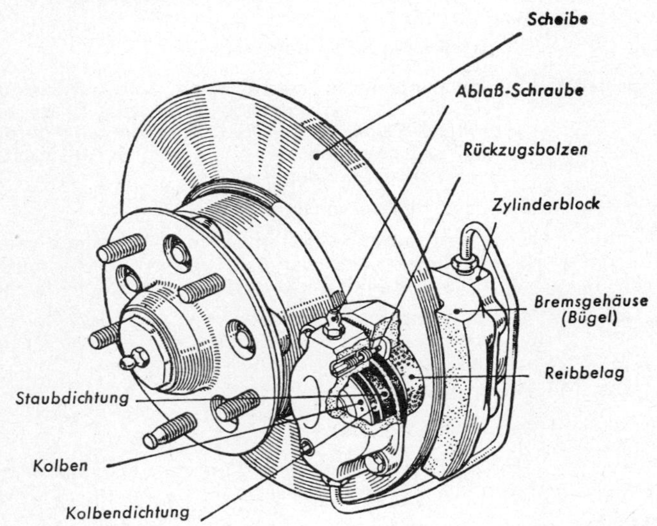

Vorteile der Scheibenbremse

Vorteile

1. *Günstige Kühlverhältnisse.* Zwar tritt eine höhere Reibungswärme als bei Trommelbremsen auf, aber die Kühlung ist leichter, da sie dem Fahrwind eine verhältnismäßig große Fläche bieten. Bei Versuchen ist festgestellt worden, daß bei gleichbleibender Geschwindigkeit von 40 km/h die Trommelbremse in 14 min und 45 s auf 60 °C, die Scheibenbremse dagegen in 7 min auf 50 °C abkühlte.
2. *Kein gefährliches Nachlassen der Bremswirkung* (Brems-Fading) etwa bei Bergabfahren. Bei Trommelbremsen erfolgt durch starke Erwärmung ein

ungleichmäßiges Anlegen der gekrümmten Bremsbeläge, wodurch die Bremswirkung bis 20% nachlassen kann.

3. *Scheibenbremsen haben selbstreinigende Wirkung*, Staub, Sand, Spritzwasser usw. werden abgestreift.
4. *Reibklötze* können bei Teilscheibenbremsen *leicht und schnell ausgewechselt werden*. Abnutzung kann ohne Abnehmen der Räder geprüft werden.
5. *Ein Nachstellen entfällt*, da sich Scheibenbremsen selbsttätig einstellen.

Nachteile der Scheibenbremsen

Nachteile

1. Scheibenbremsen haben keine Selbstverstärkung wie die Servo-Trommelbremsen; darum ist ein größerer Pedal- und Anpreßdruck notwendig (um das Fading zu vermeiden), und deshalb sind zusätzlich Bremshilfen nötig.
2. Scheibenbremsen sind darum teurer.
3. Wegen der höheren Temperaturen und der kleinen Reibflächen muß der Bremsbelag außerordentlich hitzebeständiges und verschleißfestes Material haben.
4. Scheibenbremsen sind schwerer als Trommelbremsen; das spielt für das Fahrzeuggewicht wie für die ungefederten Massen eine große Rolle.

Bremsflüssigkeit

Eine Bremsflüssigkeit muß folgende Eigenschaften besitzen.

Eigenschaften der Bremsflüssigkeit

1. Hoher Siedepunkt (260 °C bis 290 °C),
2. Tiefer Gefrierpunkt (ca. — 60 °C),
3. Schmierfähigkeit,
4. Darf Gummi und Metall nicht angreifen,
5. Möglichst konstante Viskosität über den ganzen Temperaturbereich,
6. Geringe Wärmeausdehnung.

Sicherheitsforderung

Da die Bremsflüssigkeit hygroskopisch ist, das heißt sie nimmt ständig Feuchtigkeit aus der Luft auf (ca. 2 % pro Jahr), muß sie aus Sicherheitsgründen jährlich gewechselt werden. Durch die Feuchtigkeitsaufnahme wird die Ausgangssiedetemperatur wesentlich herabgesetzt. Dies hat zur Folge, daß es bei starker Bremsbeanspruchung zur Dampfblasenbildung kommt, die die Druckfortpflanzung in der Bremsleitung unterbricht. Die Radzylinder werden nicht betätigt, und die Bremse ist funktionsunfähig.

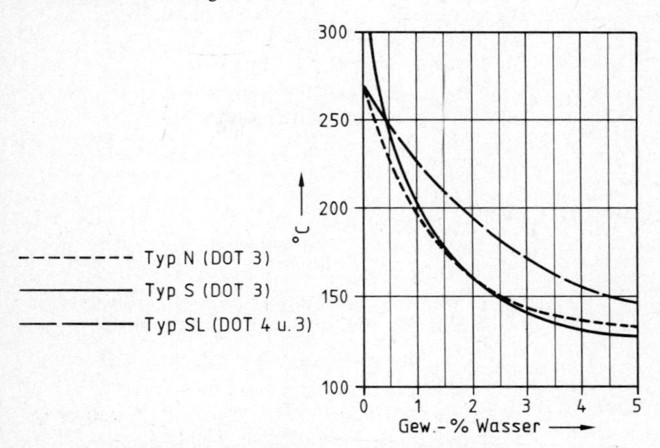

Siedekennziffer in Abhängigkeit vom Wassergehalt

(Ate Werksbildmaterial, Ate Bremsenhandbuch, erschienen im Bartsch-Berlag, Alte Landstr. 8—10, 8012 Ottobrunn bei München)

DOT-Güteklassen

Seit dem 1. Mai 1975 müssen Bremsflüssigkeiten den im US-Sicherheitsgesetz FMVSS § 571.116 vorgeschriebenen Güteklassen DOT 3/DOT 4 entsprechen und von heller bis bernsteingelber Farbe sein. Inzwischen haben sich die europäischen Hersteller diesen Forderungen angepaßt.

Eigenschaften	Forderung nach FMVSS 116 DOT 3	DOT 4	SAE J 1703 e
Siedepunkt (Anlieferungszustand)	min. 205 °C	min. 230 °C	min. 190 °C
Naßsiedepunkt	min. 140 °C	min. 155 °C	—
Viskosität bei — 40 °C	max. 1500 mm²/s	max. 1800 mm²/s	max. 1800 mm²/s
Viskosität bei + 100 °C	min. 1,5 mm²/s	min. 1,5 mm²/s	min. 1,5 mm²/s

Vorgeschriebene Güteklassen

(Ate Werksbildmaterial, Ate Bremsenhandbuch, erschienen im Bartsch-Verlag, Alte Landstr. 8—10, 8012 Ottobrunn bei München)

Nur einwandfreie Bremsen verbürgen Betriebs- und Verkehrssicherheit.

Wartungsarbeiten an Flüssigkeitsbremsen

1. Wartung:

a) Dafür sorgen, daß der Ausgleichbehälter immer genügend Bremsflüssigkeit hat; Stand 20 mm unter dem Deckel.

b) Nur Original-Bremsflüssigkeit verwenden, da sie die Teile der Bremsanlage nicht angreift.

c) Vorsicht beim Einfüllen, da die Bremsflüssigkeit die Wagenlackierung angreift.

Prüfungen

2. Prüfen,

a) ob Bremsbacken gut anliegen und nicht abgenutzt sind;

b) ob schon Bremswirkung erfolgt, wenn der Bremsfußhebel etwa 30 mm heruntergetreten ist;

c) ob Leitungen gebrochen oder leck sind oder Luft enthalten;

d) ob 1 mm Spiel zwischen Kolben und Kolbenstange vorhanden ist, damit die Ausgleichbohrung offen bleibt.

Entlüftung

3. Entlüftung ist notwendig, wenn sich der Bremsfußhebel ohne Widerstand weit und federnd durchtreten läßt oder bei Arbeiten die Bremsleitung abgenommen wurde.

Entlüftung der Hauptzylinder

a) Entlüften des Hauptzylinders: Entlüfterschräubchen 1/2 Umdrehung lösen, Fußhebel langsam durchtreten. Tritt Luft aus, dann Entlüfterschräubchen schließen und Fußhebel langsam zurückgehen lassen. Vorgang wiederholen, bis reine Bremsflüssigkeit austritt.

Die Reihenfolge der Entlüftung bei Radzylindern

b) Entlüften der Radzylinder: Regel für die Reihenfolge der Entlüftung: Radzylinder, der am weitesten liegt, zuerst entlüften.

Der Entlüftungsvorgang

Gummikappe des Entlüftungsventils entfernen und Entlüftungsschlauch anschließen, nachdem man vorher den Steckschlüssel übergeschoben hat. Schlauch in ein Gefäß mit reiner Bremsflüssigkeit stecken. Schlauchende muß höher liegen als die Entlüftungsstelle! Entlüftungsschraube 1/2 Umdrehung lösen. Bremsfußhebel kräftig durchtreten und langsam zurückgehen lassen. Dadurch tritt Luft aus. Vorgang so oft wiederholen, bis keine Luftbläschen mehr aufsteigen. Dann Bremsfußhebel in seiner tiefsten Stellung halten, bis ein

Helfer die Entlüftungsschraube geschlossen hat. Schlauch und Steckschlüssel abziehen. – Den gleichen Vorgang bei allen Radzylindern vornehmen. Nach jedem Entlüftungsvorgang den Ausgleichbehälter nachfüllen.

Besondere Bremsentlüfter

Entlüftung kann auch mit Bremslüftern (Ate, Matra) vorgenommen werden. Siehe Betriebsanleitung!

Nachstellen der Bremsen

4. Nachstellen der Bremsen nach der Entlüftung. Jede Backe für sich einstellen, was durch Exzenterschrauben oder Einstellkappen erfolgt. Die mit Gewinde versehenen Einstellschrauben werden mittels Schraubenziehers so weit verdreht, bis die Bremsbacken gut zum Anliegen kommen; dann Kappe zurückdrehen, bis sich das Rad gerade wieder frei drehen läßt.

Sondergeräte bei hydraulischen Bremsgeräten

Bremskraftverstärker

1. Bremskraftverstärker

   Bremskraftverstärker sind ein Hilfsmittel, um mit weniger Kraftaufwand größere Bremskräfte frei werden zu lassen.

   Zum Erzeugen dieser Hilfskraft verwendet man sowohl Luftunterdruck als auch Luftüberdruck und neuerdings auch hydraulischen Überdruck.

Vakuum-Bremskraftverstärker

   a) Vakuum-Bremskraftverstärker

      Das Prinzip besteht darin, daß der Differenzdruck zwischen dem atmosphärischen Außenluftdruck und dem im Ansaugrohr des Motors herrschende Unterdruck auf den Arbeitskolben des Bremskraftverstärkers wirkt.

      Da bei Zweitakt-Ottomotoren und bei Dieselmotoren der notwendige Unterdruck von 0,7 . . . 0,8 bar nicht erreicht wird, benötigt man bei diesen Motoren zusätzlich eine Vakuumpumpe. In der Leitung zwischen Verstärker und Ansaugrohr ist ein Vakuumrückschlagventil eingebaut, das den Unterdruck im Verstärker speichern (und Unterdruckschwankungen ausgleichen) sowie den Eintritt von Treibstoffdämpfen verhindern soll.

Lösestellung

      In Lösestellung ist der Außenluftkanal geschlossen und der Vakuumkanal geöffnet. Auf beiden Seiten des Arbeitskolbens herrscht der gleiche Unterdruck. Die Druckfeder hält den Arbeitskolben in seiner rechten Ruhestellung.

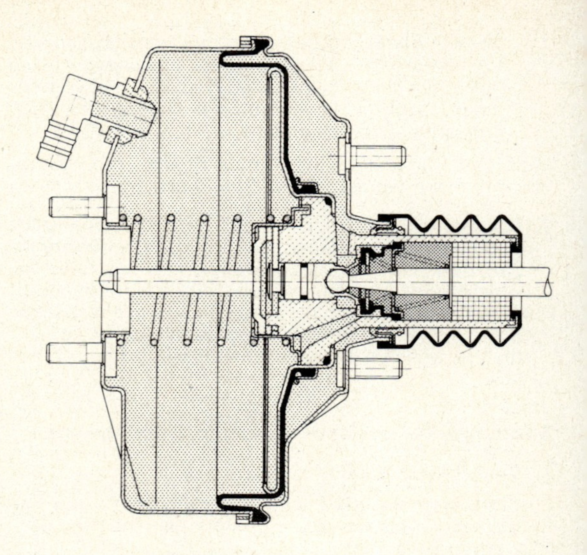

Lösestellung

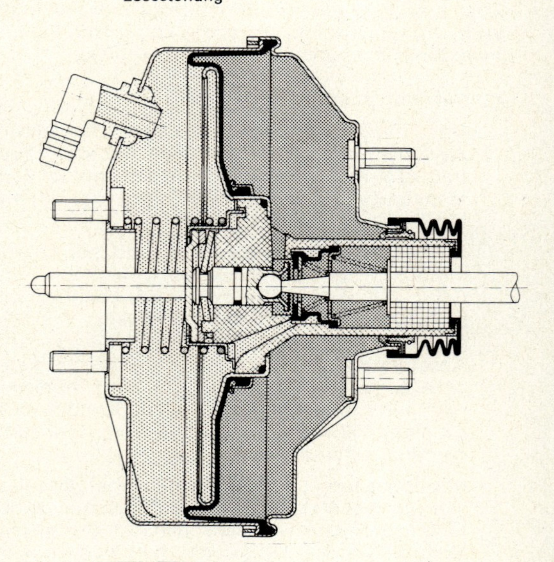

Vollbremsstellung

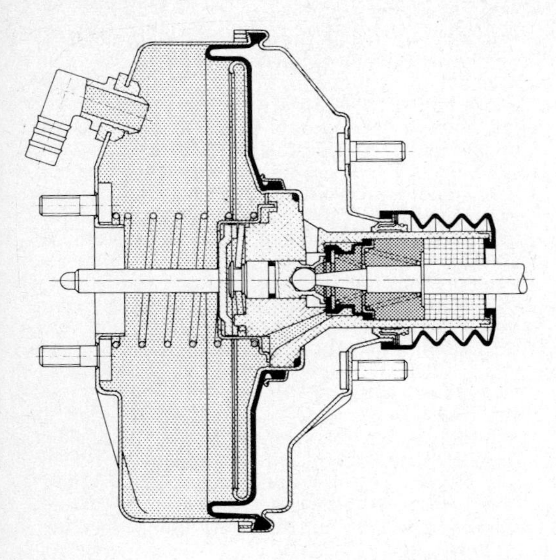

Teilbremsstellung

Vakuum-Bremskraftverstärker

(Ate Werksbildmaterial, Ate Bremsenhandbuch, erschienen im Bartsch-Verlag, Alte Landstr. 8—10, 8012 Ottobrunn bei München)

atmosphärischer Druck (Außenluft)

Unterdruck

geminderter Unterdruck

Teilbremsstellung

Bei Betätigung des Bremspedals wird zunächst der Vakuumkanal geschlossen und im weiteren Verlauf der Bewegung der Außenluftkanal geöffnet. Der Unterdruck hinter dem Arbeitskolben wird abgebaut, und zwar solange, bis die vom Hauptzylinder ausgeübte Reaktionskraft über die Reaktionssegmente den Steuerkolben nach rechts verschiebt, bis dieser sich auf das Plattenventil aufsetzt und die Außenluftzufuhr unterbindet. Jetzt ist eine Bereitschaftsstellung erreicht, bei der jede geringfügige Änderung des Pedaldruckes eine Vergrößerung oder Verkleinerung der Druckdifferenz auf beiden Seiten des Arbeitskolbens und damit Erhöhung oder Reduzierung der Abbremsung bewirkt.

Vollbremsstellung

In Vollbremsstellung ist der Vakuumkanal geschlossen und der Außenluftkanal ständig geöffnet. Damit herrscht auf beiden Seiten des Arbeitskolbens die größtmögliche Druckdifferenz und damit die größtmögliche Unterstützung. Eine weitere Erhöhung der Kraft auf die Hauptzylinderkolben ist nur durch Erhöhung der Fußkraft möglich.

Hydraulischer Bremskraftverstärker

b) Hydraulischer Bremskraftverstärker

Bei vielen modernen Fahrzeugmotoren wird der notwendige Unterdruck von 0,7 . . . 0,8 bar nicht mehr erreicht, so daß sich beim Bremsen in den Vakuum-Bremskraftverstärkern nicht mehr die volle Unterstützungskraft aufbauen kann; daher der Übergang zum hydraulischen Überdruck. Notwendig dazu sind eine Hydraulikpumpe und ein Speicher. Die hydraulische Bremskraftverstärkung nutzt dabei die Hydraulik-Pumpe für die Servo-Lenkung als Energieversorgung aus.

Der druckgesteuerte Stromregler zweigt aus dem Arbeitskreis der hydraulischen Lenkhilfe einen Förderstrom von ca. 0,7 l/min für die Bremskraftverstärkung ab. Dabei wird der Hydrospeicher auf 36 . . . 57 bar Überdruck aufgeladen. Dieser Druck dient als Unterstützungskraft auf den Hauptzylinder.

Fällt die Pumpe aus, reicht der Druck noch für mehrere Bremsungen aus (ca. 20 Vollbremsungen). Danach Betätigung der Bremse nur noch mit Fußkraft.

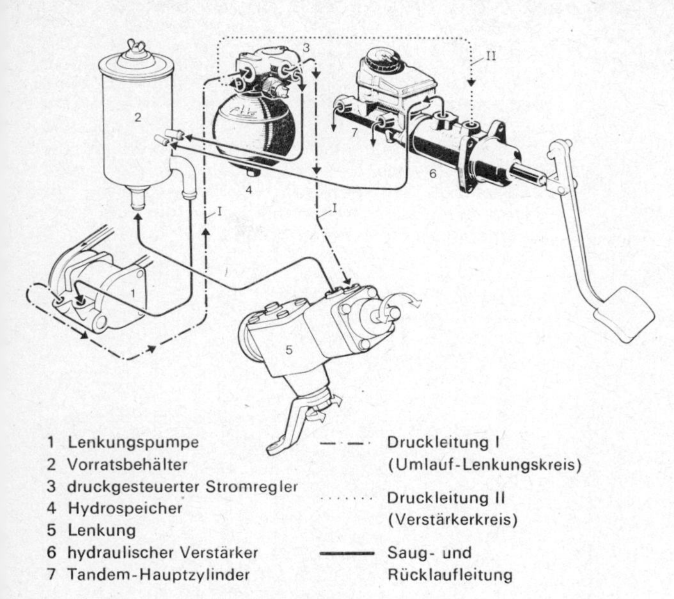

1 Lenkungspumpe
2 Vorratsbehälter
3 druckgesteuerter Stromregler
4 Hydrospeicher
5 Lenkung
6 hydraulischer Verstärker
7 Tandem-Hauptzylinder

—·— Druckleitung I (Umlauf-Lenkungskreis)
······ Druckleitung II (Verstärkerkreis)
——— Saug- und Rücklaufleitung

Hydraulischer Verstärkerkreis

(Ate Werksbildmaterial, Ate Bremsenhandbuch, erschienen im Bartsch-Verlag, Alte Landstr. 8—10, 8012 Ottobrunn bei München)

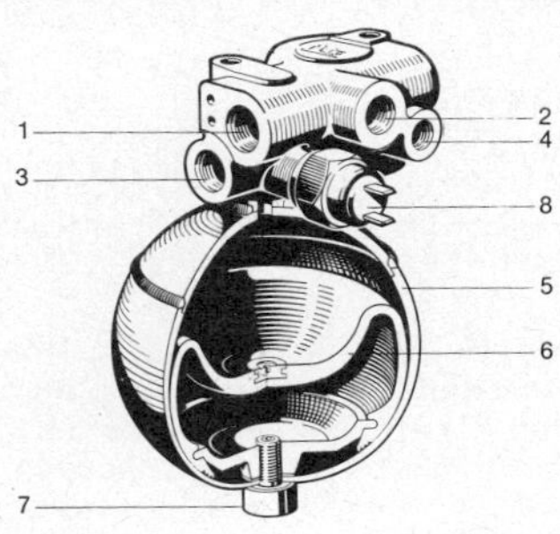

1 Pumpen-Anschluß
2 Lenkungs-Umlaufverstärker-Anschluß
3 Bremsverstärker-Anschluß
4 Vorratsbehälter-Anschluß
5 Speicher
6 Speicher-Membrane
7 Gas-Füllverschraubung
8 Warndruckschalter

Stromregler mit Speicher für die Bremsanlage

(Ate Werksbildmaterial, Ate Bremsenhandbuch, erschienen im Bartsch-Verlag, Alte Landstr. 8—10, 8012 Ottobrunn bei München)

Bremskraftverteiler

2. Bremskraftverteiler

Durch die dynamische Achslastverteilung beim Bremsvorgang wird bei gleicher Bremskraftverteilung auf die Vorder- und Hinterachse die entlastete Hinterachse überbremst. Da das Überbremsen die Fahrstabilität des Fahrzeugs beeinträchtigt, wird ein Bremskraftregelgerät dazwischengeschaltet, das einer idealen Bremskraftverteilung — dem Fahrzeugtyp entsprechend — näher kommt.

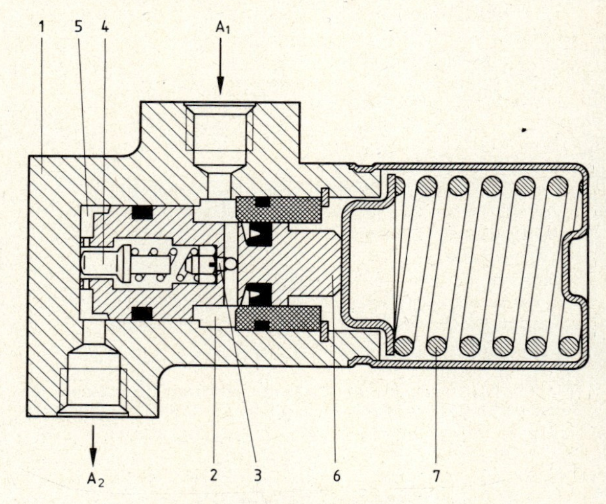

Bremskraftverteiler (BRM)

(Ate Werksbildmaterial, Ate Bremsenhandbuch, erschienen im Bartsch-Verlag, Alte Landstr. 8—10, 8012 Ottobrunn bei München)

Wirkungsweise

Der vom Hauptzylinder erzeugte Überdruck gelangt über Anschluß (A 1) in den Ringraum (2), durch die Bohrung (3) an Ventil (4) vorbei über den Raum (5) und Anschluß (A 2) zu der Ausgangsleitung. Kurz vor Erreichen des Umschaltdruckes verschiebt sich der Stufenkolben (6) gegen die vorgespannte Feder (7), bis das federbelastete Ventil (4) geschlossen ist und der Stufenkolben sich in labilem Gleichgewichtszustand befindet. Bei weiterem Druckanstieg in Raum (2) bewegt sich der Stufenkolben in rascher Folge vor und zurück, wobei das Ventil (4) sich öffnet und schließt und somit den Stufenkolben in labilem Gleichgewicht hält. Durch diesen Vorgang wird der hydraulische Überdruck in

Raum (5) bzw. in den Radzylindern der Hinterachse nach dem Umschaltdruck entsprechend dem Verhältnis Ringfläche zur Gesamtfläche des Stufenkolbens gemindert. Beim Abbau des vom Hauptzylinder erzeugten Überdruckes bewegt sich der Stufenkolben (6) nach rechts gegen die Feder (7), bis sich der Überdruck in Ringraum (2) und Raum (5) ausgeglichen hat. Dann öffnet Ventil (4) und der Stufenkolben bewegt sich in seine Ausgangslage zurück.

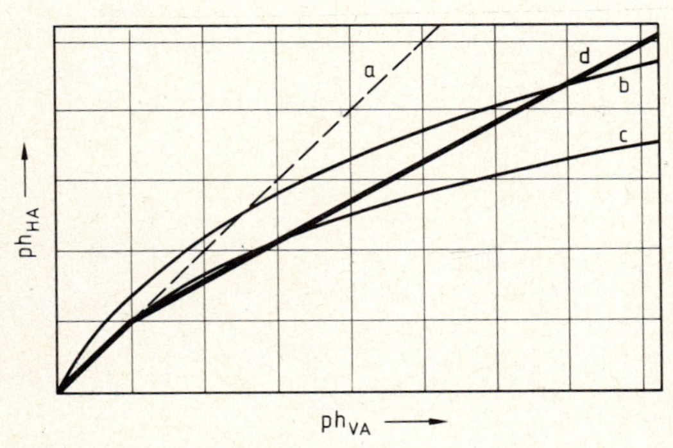

a = ungeminderter Überdruck
b = beladenes Fahrzeug } idealer Druckanstieg
c = leeres Fahrzeug
d = geminderter Überdruck

(Ate Werksbildmaterial, Ate Bremsenhandbuch, erschienen im Bartsch-Verlag, Alte Landstr. 8—10, 8012 Ottobrunn bei München)

In der Eingangs- und Ausgangsleitung herrscht bis zur Erreichung des konstruktiv festgelegten Umschaltdruckes gleicher Überdruck. Entsprechend der Flächendifferenz des Stufenkolbens wird bei Erhöhung des Eingangs-Überdruckes der Überdruck in der Ausgangsleitung gemindert.

Lastabhängiger Bremskraftverteiler mit Sperre

Der *lastabhängige Bremskraftverteiler mit Sperre* hat keinen durch Federspannung fest eingestellten Umschaltdruck. Dafür wirkt jede Veränderung der Achsbelastung über einen Hebel auf den Kolben des Verteilers und verändert dadurch jeweils den entsprechenden Umschaltdruck.

Um bei Ausfall des ungeminderten Bremskreises den vollen eingesteuerten Überdruck zur Verfügung zu haben, ist eine Sperrvorrichtung eingebaut, die in diesem Fall die Minderung aufhebt.

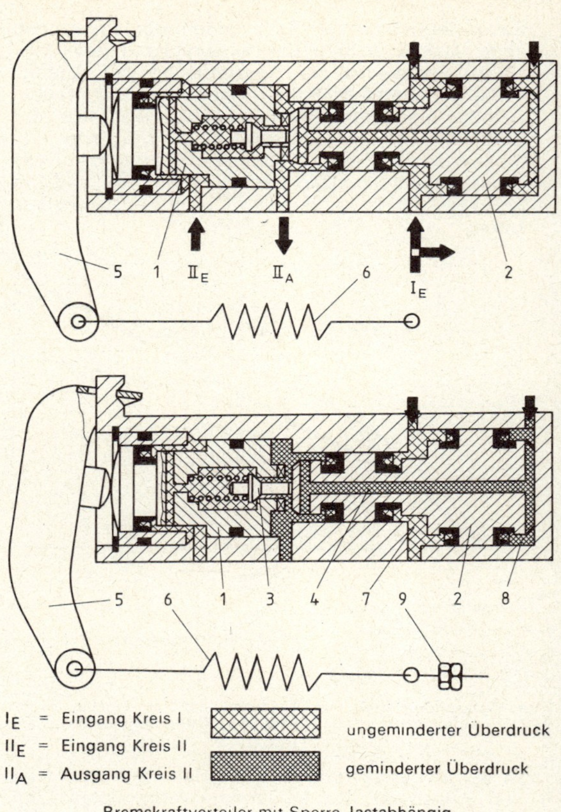

Bremskraftverteiler mit Sperre, lastabhängig

(Ate Werksbildmaterial, Ate Bremsenhandbuch, erschienen im Bartsch-Verlag, Alte Landstr. 8—10, 8012 Ottobrunn bei München)

Wirkungsweise

In Ruhestellung wird durch die Spannkraft der Zugfeder (6) der Kolben (1) über den Hebel (5) gegen den Kolben (2) gedrückt. Hierbei wird das Kegelventil geöffnet und ungeminderter Überdruck gelangt zur Hinterachse. Die Zugfeder (6) ist mit ihrem freien Ende über einen Hebel einstellbar, an der Hinterachse befestigt und erhält mit wachsendem Beladungszustand erhöhte Vorspannung.

Bei Druckerhöhung schiebt sich der Kolben (1) gegen den Hebel (5) bis zum Umschaltdruck. Die im Vorderachskreis (I) gleichzeitig erfolgende Druckerhöhung bewirkt, daß der Kolben (2) nach rechts gegen den Zylinderboden gedrückt bleibt. Je nach Beladungszustand und damit veränderter Spannkraft der Zugfeder (6) stellt sich der Umschaltdruck des Bremskraftverteilers ein, bis das Ventil geschlossen ist.

Bei Ausfall des Vorderachskreises wird der Raum (7) drucklos. Der im Hinterachskreis aufgebaute Überdruck wirkt durch den Kanal (4) im Raum (8) gegen den Kolben (2). Dieser wird nach links verschoben und hält das Kegelventil (3) ständig offen. Es kann keine Druckminderung erfolgen und die Hinterachsbremsen erhalten den vom Tandem-Hauptzylinder erzeugten Überdruck.

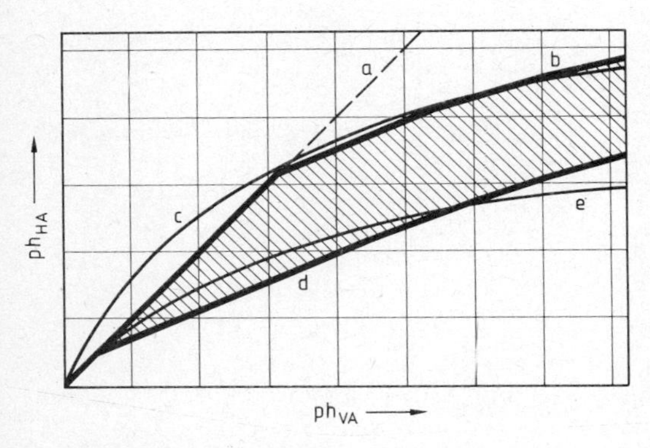

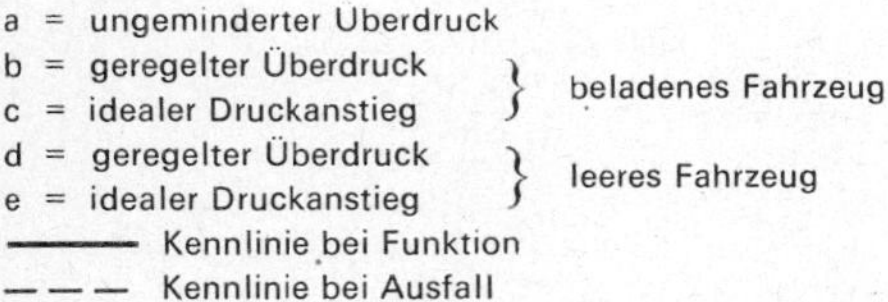

(Ate Werksbildmaterial, Ate Bremsenhandbuch, erschienen im Bartsch-Verlag, Alte Landstr. 8—10, 8012 Ottobrunn bei München)

4.9.4. Druckluftbremsen

Kfz mit Druckluftbremsen

Kraftfahrzeuge über 5 t können infolge der erforderlichen großen Fußdrucke nur schwer durch Gestänge- oder hydraulische Bremsen abgebremst werden. Man verwendet dafür Druckluft-Bremseinrichtungen, die die Fußkraft des Fahrers unterstützen.

Das Bild zeigt eine Grau-Bremsanlage mit Lastzug-Bremsventil bzw. Trittplatten-Bremsventil mit luftgesteuertem Anhänger-Bremsventil.

Zu jeder Druckluft-Bremsanlage gehört eine Druckluft-Beschaffungsanlage.

Teile einer Druckluft-Bremsanlage; Aufgabe

Der vom Motor angetriebene *Luftpresser* saugt durch ein vorgeschaltetes Filter (alle 5000 km in Benzin reinigen und vor Benutzung das Gewebe mit Öl benetzen)

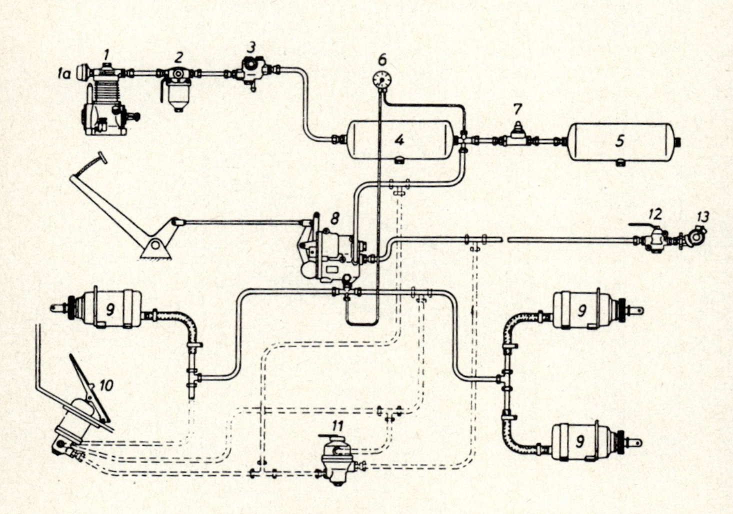

Grau-Druckluft-Bremsanlage

1 Luftpresser mit Luftfilter (1a)
2 Reifenfüllflasche
3 Druckregler
4 Vorluftbehälter
5 Hauptluftbehälter
6 Doppeldruckmesser
7 Überströmventil
8 Lastzug-Bremsventil
9 Bremszylinder
10 Trittplatten-Bremsventil
11 luftgesteuertes Anhänger-Bremsventil
12 Absperrhahn
13 Kupplung

Luft an. Angeschlossen ist eine *Reifenfüllflasche,* die das Füllen der Reifen und die Filterung der vom Luftpresser geförderten Luft von Ölresten und Ölkohleteilchen ermöglicht, und ein *Druckregler,* d. i. ein automatisch arbeitendes Umschaltventil, das dafür sorgt, daß der Überdruck im Vorratsluftbehälter 5,3 bar nicht übersteigt. (Ein zischendes Geräusch kündigt an, daß 5,3 bar Überdruck überschritten sind und Druckluft abbläst.) Die Druckluft füllt zunächst den *Vorluftbehälter,* dann den *Hauptluftbehälter* (Kondenswasser alle 1000 km ablassen, im Winter täglich). Ein *Doppeldruckmesser* am Armaturenbrett (der weiße Zeiger muß an dem Luftbehälter, der rote Zeiger an der Motorwagen-Bremsleitung angeschlossen sein) zeigt sowohl den Druck in den Vorratsbehältern wie in den Radbremszylindern an. Ein *Überströmventil* zwischen den beiden Luftbehältern bewirkt, daß der 2. Behälter erst gefüllt wird, wenn der 1. Behälter 4,25 bar konstanten Überdruck hat (damit dieser bei Fahrbeginn sofort bremsbereit ist).

Rohrleitungsfilter, in die Leitungen zwischen Luftkessel eingebaut (auch in Anhänger), verhindern einen Ausfall der Bremsventile durch Fremdkörper (Rost).

Das Lastzug-Bremsventil dient zur Steuerung der Druckluft im Motorwagen und Anhänger.

Aufgabe des Lastzugbremsventils

Vom Vorratsbehälter gelangt die Druckluft in das Lastzug-Bremsventil. Es ist ein Doppelventil und besteht aus dem unten liegenden Zugwagen-Bremsventil und dem oben liegenden Anhänger-Bremsventil. Bei Betätigung erfolgt eine Steuerung der Druckluft im Motorwagen durch Belüftung, im Anhänger durch Entlüftung der Steuerleitung, wodurch das Anhänger-Steuerventil umschaltet und den Anhänger-Bremszylindern aus einem besonderen Vorratskessel Druckluft zuführt.

Steuerung von Motorwagen bzw. Anhänger

Stellung der Ventile in Ruhestellung

1. Ruhestellung

   Zugwagen-Bremsventil: EV geschlossen, AV geöffnet. Druckstange und Kolben durch die Voreilfeder nach links gedrückt; Bremszylinder und Leitung entlüftet.

   Anhänger-Bremsventil: EV geöffnet, AV geschlossen. Druckluft gelangt über EV zum Anhänger und füllt über die Steuerleitung den Anhänger-Luftbehälter. Kein Bremsen.

in Bremsstellung

2. Bremsstellung

   Zugwagen-Bremsventil: EV geöffnet, AV geschlossen. Druckluft gelangt über EV in die Zugwagen-Bremszylinder, so daß Bremsung erfolgt.

   Anhänger-Bremsventil: EV voreilend geschlossen, AV geöffnet; Anhänger-Bremsleitung wird entlüftet, wodurch nach einem Druckabfall von 1,2 bar das Steuerventil umschaltet und die Bremsung im Anhänger einleitet.

in Lösestellung

3. Bremslösestellung

Wird der Bremshebel entlastet, so geht der Haupthebel in seine Ruhestellung zurück.

Zugwagen-Bremszylinder: EV geschlossen, AV geöffnet; die Bremszylinder des Zugwagens werden entlüftet.

Anhänger-Bremszylinder: EV geöffnet, AV geschlossen. Steuerleitung erhält Druckluft. Das Steuerventil im Anhänger schaltet um, und die Bremszylinder werden über das Steuerventil entlüftet.

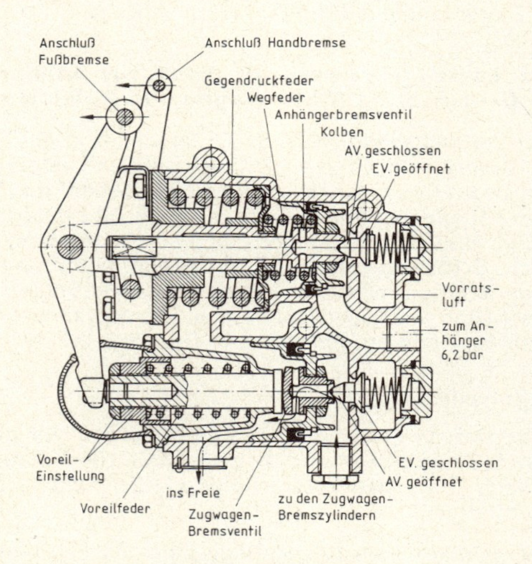

Lastzug-Bremsventil

Die heutigen Bremsventile

Das Lastzug-Bremsventil ist heute ersetzt durch das Trittplatten-Bremsventil und das luftgesteuerte Anhänger-Bremsventil.

Das Trittplatten-Bremsventil

Wirkungsweise des Trittplatten-Bremsventils (Bild S. 307).

in Ruhestellung

a) Ruhestellung. Einlaßsitz geschlossen, Auslaßsitz geöffnet. Druckluft gelangt nur bis zur Einlaßkammer.

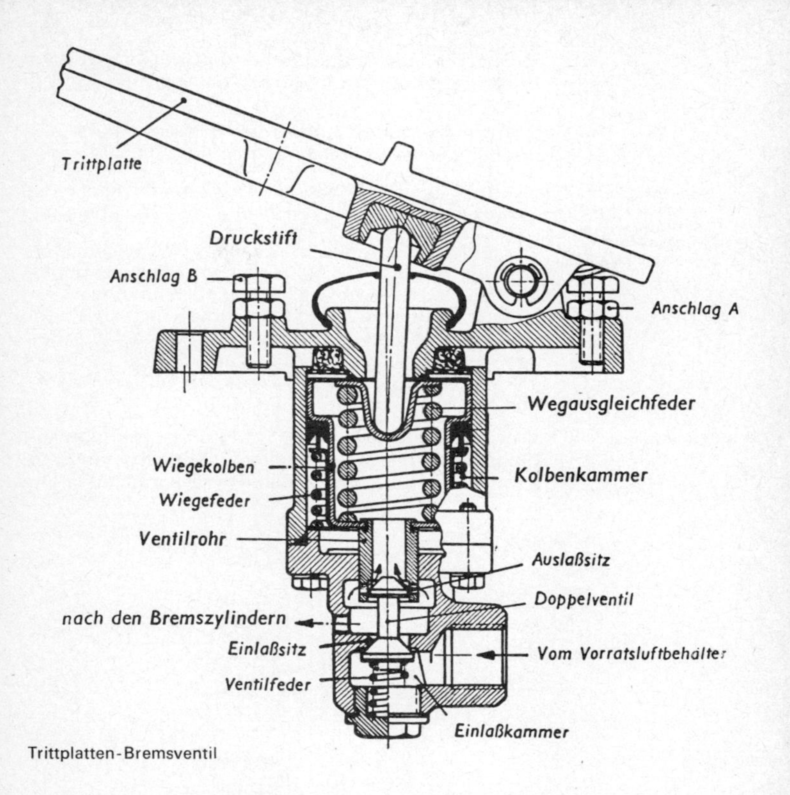

Trittplatten-Bremsventil

b) Bremsstellung. Bei Betätigung der Trittplatte wird durch den Druck eines Bolzens auf den Federteller der Wiegekolben nach unten bewegt. Der Einlaß wird geöffnet; Druckluft strömt vom Vorratsbehälter über den Einlaß nach den Bremszylindern. Diese strömt aber auch am oberen Ventilsitz vorbei in die Kolbenkammer und bewegt den Wiegekolben nach oben, bis das Doppelventil die Einlaßkammer verschließt, womit eine Bremsabschlußstellung erreicht ist. Beide Ventile sind geschlossen! Wird der Fußdruck erhöht, so wiederholt sich der Vorgang.

in Bremsstellung

c) Lösestellung. Wird die Trittplatte entlastet, so erhält die unter dem Kolben stehende Druckluft Übergewicht; der Wiegekolben geht in seine Ausgangsstellung zurück, der Auslaß am Doppelventil wird geöffnet, so daß der Bremsdruck fällt. Die von den

in Lösestellung

Bremszylindern zurückströmende Druckluft gelangt durch das Ventilrohr und den Kolben ins Freie.

Wirkungsweise des Anhänger-Bremsventils
(Anordnung siehe untenstehendes Bild).

Das luftgesteuerte Anhänger-Bremsventil in Fahrstellung

Das luftgesteuerte Anhänger-Bremsventil regelt die Druckluftverhältnisse in der Anhänger-Steuerleitung.

a) Fahrstellung. Im gelösten Zustand strömt Druckluft vom Luftbehälter des Motorwagens über den geöffneten Einlaß 3 des Doppelkegelventils zum Anschlußstutzen *A*, über den Anhänger-Kupplungskopf zum Anhänger-Steuerventil und füllt den Luftbehälter des Anhängers. Gleichzeitig gelangt Druckluft unter Fläche 7 und durch Kanal 2 auf den Differentialkolben, der auf Anschlag stehenbleibt.

in Bremsstellung

b) Bremsstellung. Es erfolgt Entlüftung der Steuerleitung zum Anhänger. – Wird der Fußhebel betätigt, so strömt Druckluft über Anschlußstutzen *Z* auf Fläche 4.

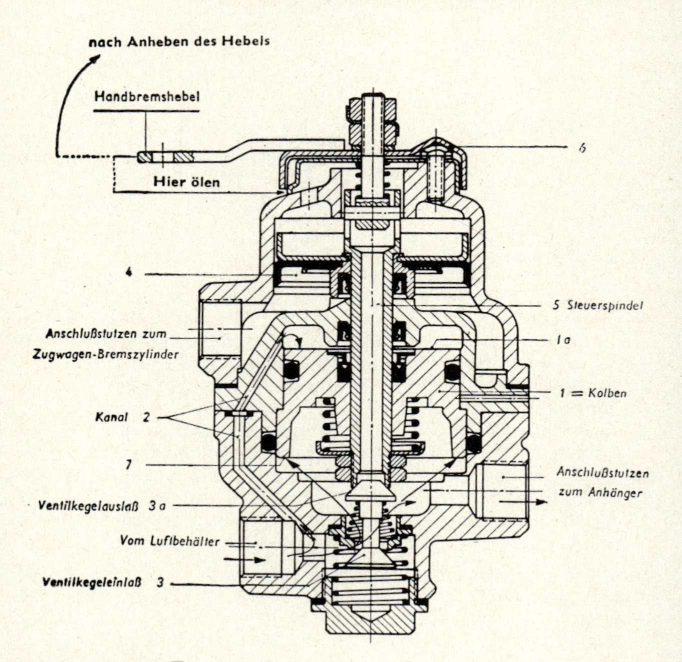

Luftgesteuertes Anhänger-Bremsventil

Die lose gelagerte Steuerspindel bewegt sich nach oben auf Anschlag. Ventilkegeleinlaß 3 wird dadurch geschlossen und Ventilkegelauslaß 3a geöffnet. Die auf Fläche 7 wirkende Druckluft fällt ab, bis die auf Kolbenfläche 1a wirkende Vorratsluft (über Kanal 2) Überkraft erhält und die Spindel samt Kolben 4 nach unten drückt, den Ventilkegelauslaß 3a schließt, so daß keine Steuerluft mehr abströmen kann.

c) Lösestellung. Steuerleitung wird belüftet. – Bei Entlastung des Bremsfußhebels wird die Druckluft im Raume 4 erniedrigt; oberer Kolben, Steuerspindel und Ventilkegel werden nach unten gestoßen, AV wird geschlossen, EV geöffnet, so daß Druckluft auf die untere Kolbenfläche strömen kann, bis eine Bremsabschlußstellung erreicht wird.

in Lösestellung

Durch das Auffüllen der Steuerleitung werden die Bremsen des Anhängers gelöst.

d) Bei Betätigung der Handbremse im Motorwagen wird über ein Gestänge, das mit dem Handbremshebel verbunden ist, der Handbremshebel des luftgesteuerten Anhänger-Bremsventils in Tätigkeit gesetzt. Hierbei werden Nocken 6 verschoben und die Spindel 5 von ihrem Sitz 3a abgehoben. Dadurch tritt eine regulierbare Entlüftung der Anhänger-Steuerleitung ein, und der Anhänger kann unabhängig von der Fußbetätigung gebremst werden.

Die Betätigung der Handbremse im Motorwagen

Das Anhänger-Steuerventil regelt die Zufuhr der Druckluft zum Vorratsbehälter und nach den Bremszylindern des Anhängers.

Anhänger-Steuerventil

a) Lösestellung. Vorratsluftbehälter wird gefüllt, die Anhänger-Bremsleitung ist entlüftet.

Wirkungsweise bei Lösestellung

Druckluft vom Zugwagen gelangt über Kammer 2 des Anhänger-Steuerventils in den Luftvorratskessel und füllt diesen. Der Steuerkolben 2 steht unten; Einlaß geschlossen, Auslaß geöffnet. In Kammer 3, die über dem Bremskraftregler mit den Bremszylindern verbunden ist, kann sich kein Druck bilden. Die Bremse ist gelöst.

b) Vollbremsung. Steuerleitung wird entlüftet, Bremsleitung und Bremszylinder erhalten Druckluft vom Vorratsbehälter.

bei Vollbremsung

Bei Betätigung des Bremsfußhebels entweicht der Druck aus Kupplungsschlauch und Kammer 1. Der in Kammer 2 vorhandene Druck des Vorratsbehälters drückt den Steuerkolben nach oben. Auslaß wird geschlossen, Einlaß geöffnet. Druckluft aus dem Vorratsbehälter gelangt in Kammer 3 und über den Kraftregler in die Bremszylinder. Die Bremsbacken werden angelegt. – Der gleiche Vorgang vollzieht sich, wenn der Anhänger abgekuppelt wird.

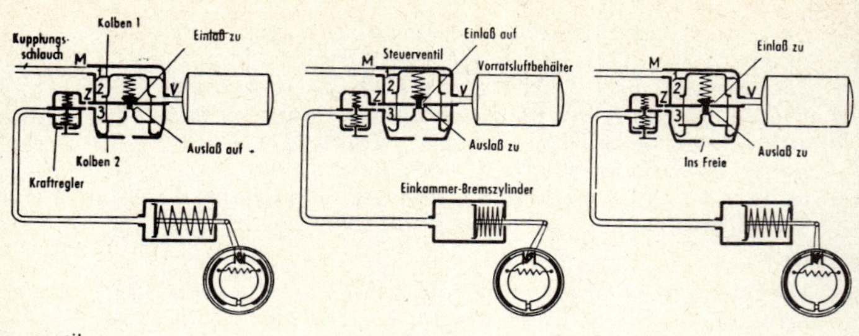

Steuerventil

a) Lösestellung b) Vollbremsung c) Teilbremsung

bei Teilbremsung

c) Teilbremsung erfolgt, wenn die Motorwagenbremse nur schwach betätigt wird. Nur ein Teil der Druckluft aus Kupplungsschlauch und Kammer 1 entweicht.

Kammer 2 hat vom Vorratsbehälter vollen Druck. Der Steuerkolben bewegt sich daher nach oben. Einlaß öffnet, Auslaß schließt. Die Luft des Vorratskessels strömt nach Kammer 3 und gelangt in die Bremszylinder. – Hat der Bremsdruck in Kammer 3 eine vom Druckabfall in Kammer 1 abhängige Bremsdruckhöhe erreicht, dann wirken die Kammern 1 und 3 gegen den Druck in Kammer 2, bis ein Ausgleich des Kolbensystems erreicht ist. Ein- und Auslaß sind geschlossen. Damit ist eine Bremsabschlußstellung erreicht.

bei Entlastung des Bremsfußhebels

d) Bei Entlasten des Bremsfußhebels steigt der Druck in Kammer 1. Der Steuerkolben wird ganz nach unten gedrückt. Der Auslaß öffnet sich, und der Bremsdruck entweicht.

Aufgabe des Bremskraftreglers

Der Bremskraftregler sorgt dafür, daß der Anhänger dem Ladegewicht entsprechend abgebremst wird.

Auswirkung der möglichen Stellungen

Ein Stutzen des Bremskraftreglers ist mit dem Steuerventil, der andere durch eine Leitung mit den Bremszylindern verbunden. Ein Handhebel ermöglicht die Einstellung der Bremskraft auf „beladen", „halbbeladen", „leer", „lösen".

bei Abstellen eines Anhängers · *bei Verschieben des Anhängers* · *bei Ruhestellung des Anhängers*

Wird ein Anhänger abgestellt, so entweicht beim Abkuppeln die Druckluft aus dem Kupplungsschlauch. Der Anhänger ist dann automatisch gebremst. – Soll der Anhänger verschoben werden, so ist der Handhebel auf „lösen" zu stellen. Die Druckluft kann dann aus den Bremszylindern am Kraftregler ins Freie abströmen; die Bremse löst sich. Wird der Handgriff dann auf „leer" gestellt, so legen sich die Bremsbacken automatisch wieder an. Das Bremsen und Lösen kann so oft geschehen, solange Druckluft im Vorratskessel vorhanden ist.

Die Voreilung bewirkt, daß der Anhänger nicht aufläuft.

Die Voreilung

Durch die Voreilung spricht die Anhängerbremse etwas eher an als die Zugwagenbremse. Dadurch bleibt der Wagen gestreckt.

Erreichen der Voreilung bei Lastzug-B.-V. bei luftgesteuerten Anhänger-B.-V.

Bei Lastzug-Bremsventilen wird die Voreilung erreicht durch Einstellung einer Voreilfeder. – Anders regelt das luftgesteuerte Anhänger-Bremsventil die Voreilung. Dieses Bremsventil ist so aufgebaut, daß der vom Fahrer eingeleitete und dem Bremsventil mitgeteilte Bremsdruck schon bei einem Druckanstieg von 0,5 bar im Motorwagen einen Druckabfall von 1,3 . . . 1,5 bar in der Steuerleitung zum Anhänger bewirkt. Bei dieser Druckerniedrigung in der Steuerleitung schaltet das Anhänger-Steuerventil um, und die im Vorratskessel des Anhängers gespeicherte Druckluft wird auf die Bremszylinder des Anhängers geführt, so daß der Anhänger voreilend gebremst wird.

Merke: Druckluftgebremste Fahrzeuge dürfen bei Gefällefahrten nur mit eingeschaltetem Gang befahren werden.

Zweileitungsbremsen gelten als narrensicher.

Einleitungsbremse

1. Die Einleitungsbremse (die nur in Deutschland vorkommt) hat nur *eine* Leitungsverbindung, die sogenannte Steuerleitung, zwischen Motorwagen und Anhänger. Über diese erfolgt einerseits in den Bremspausen das Füllen des Anhänger-Luftbehälters, andererseits bei Betätigung des Motorwagen-Bremsventils durch die Entlüftung der Steuerleitung das Ansprechen des Anhänger-Steuerventils und das Steuern der Bremsluft auf die Radbremszylinder.

Unterschiede Zweileitungsbremse Einleitungsbremse

2. Die Zweileitungsbremse (in USA, Frankreich, England, Italien üblich, heute auch in Deutschland eingeführt) hat *zwei* Anhänger-Schlauchverbindungen.

   a) *Die Vorratsleitung* (roter Kupplungskopf auf der rechten Fahrzeugseite) verbindet den Luftvorratskessel des Zugwagens mit dem Luftvorratskessel

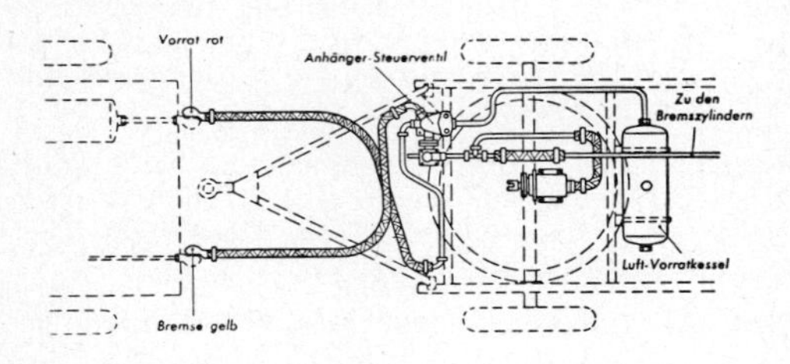

des Anhängers; sie steht während des Fahrbetriebes dauernd unter Druck.

b) *Die Bremsleitung* (gelber Kupplungskopf auf der linken Fahrzeugseite) hat einerseits Verbindung mit der Motorwagen-Bremszylinderleitung, andererseits mit dem Anhänger-Steuerventil. Sie ist während der Fahrt drucklos.

Beim Abreißen der Kupplung bremst der Anhänger automatisch.

Automatisches Abbremsen des Anhängers

Infolge der offenen Kupplungsköpfe beim Zweileitungssystem würde sich bei einem Abreißen der Kupplungsleitung der Luftbehälter im Motorwagen in kurzer Zeit entleeren. Um das zu verhüten, ist im Motorwagen als Sicherung der Vorratsleitung ein Drucksteuerventil und in der Bremsleitung ein Drucksicherungsrelais eingebaut. Bei Druckabfall schließt eine Membrane des Drucksteuerventils die Vorratsleitung nach dem roten Kupplungskopf. Das Drucksicherungsrelais sichert den Druck der Bremsleitung, falls sich ihr gelber Kupplungskopf gelöst hat und gebremst wird.

Richtlinien

Bis zum Jahre 1974 konnten Kraftfahrzeuge (Ausnahme Kraftomnibusse) mit einer Einkreis-Druckluftbremsanlage nach der StVZO ausgerüstet werden. Es war auch zulässig, die Verbindung zum Anhänger nach der Einleitungsbauart auszuführen.

Mit der Verabschiedung der Richtlinien 71/320 des Rates der EWG zur Angleichung der Rechtsvorschriften der Mitgliedstaaten über die Bremsanlagen bestimmter Klassen von Fahrzeugen und deren Anhänger wurden für die Bremsausrüstung der genannten Kraftfahrzeuge verschiedene Vorschriften erlassen, die mit der bisherigen StVZO nicht mehr übereinstimmen.

Die Fahrzeuge wurden eingeteilt in

Einteilung in Klassen

Klasse M: Zur Personenbeförderung bestimmte Kraftfahrzeuge mit mindestens 4 Rädern oder mit 3 Rädern und einem Gesamtgewicht von mehr als 1 Tonne.

Klasse N: Zur Güterbeförderung bestimmte Kraftfahrzeuge mit mindestens 4 Rädern oder mit 3 Rädern und einem Gesamtgewicht von mehr als 1 Tonne.

Klasse O: Anhänger einschließlich Sattelanhänger.

Bremsausrüstung

Kraftfahrzeuge müssen mindestens mit zwei voneinander unabhängigen Bremsanlagen ausgerüstet sein, die die Aufgaben der Betriebs-, der Hilfs- und der Feststellbremsanlage erfüllen.

Bremsausrüstung

Anhänger müssen mindestens eine Betriebs- und eine Feststellbremse besitzen, die gemeinsame Bauteile aufweisen können.

Anhänger

Kraftfahrzeuge der Klassen M und N müssen eine abstufbare Zweikreis-Betriebsbremsanlage haben. Bei Sattelkraftfahrzeugen darf die Zweikreisaufteilung auch so erfolgen, daß vom 1. Kreis die Sattelzugmaschine und vom 2. Kreis der Sattelanhänger versorgt wird.

Sattelkraftfahrzeuge

Bei den Zügen muß die Anhänger-Betriebsbremsanlage von beiden Kreisen des Lastkraftwagens abstufbar betätigt werden können. Die Druckluftverbindungen mit dem Anhänger müssen nach der Zweileitungsbauart ausgeführt sein.

Züge

Der Anhänger muß bei ungewollter Trennung vom Fahrzeug selbsttätig bremsen.

Beim Ausfall eines Teiles der verschiedenen Übertragungseinrichtungen der Betriebsbremsanlage muß mit den funktionsfähigen Teilen eine gewisse vorgeschriebene Wirkung erzielbar sein.

Bremsanlagen mit Energiespeicher müssen — falls eine Betriebsbremsung mit der für die Hilfsbremsanlage vorgeschriebenen Wirkung ohne Mitwirkung der Speicherenergie nicht möglich ist — mit einer Warneinrichtung versehen sein, die einen zusätzlichen Energieverlust anzeigt.

Forderungen an die Bremsanlage

Forderungen

Die Betriebsbremsanlage muß durch den Führer mit dem Fuß betätigt werden und auf alle Räder des Fahrzeugs wirken.

Falls die Betriebsbremsanlage versagt, muß die Hilfsbremsanlage durch den Führer mit dem Fuß oder von Hand abstufbar betätigt werden können. Die Feststellbremsanlage muß bei Kraftfahrzeugen durch den Führer von Hand (oder seltener mit dem Fuß), bei Anhängern von einer Person neben dem Fahrzeug betätigt werden können und mit rein mechanischen Mitteln wirken.

Betriebsdruck

Betriebsdruck

Die Wahl des Betriebsdruckes im Kraftfahrzeug und im Anhänger hat der Gesetzgeber dem Fahrzeughersteller freigestellt. Es muß jedoch in den Verbindungsleitungen zum Anhänger das in der RREG (Richtlinie des Rates der Europäischen Gemeinschaft) vorgeschriebene Druckniveau eingehalten werden. Danach gilt für die

Vorratsleitung 6,5. . .8 bar Überdruck,

Bremsleitung 6,0. . .7 bar Überdruck.

Zweikreis-Zweileitungs-Druckluftbremsanlage

Die Zweikreis-Zweileitungs-Druckluftbremsanlage ist nach EG-Richtlinien in Deutschland für Neufahrzeuge vorgeschrieben. Sie ist zweikreisig mit gestängeloser Handbremse ausgeführt und bietet ein Höchstmaß an Sicherheit. Zum Anhänger führen vom Motorwagen aus zwei Schlauchverbindungen, eine Vorratsleitung und eine Bremsleitung, die verschiedenfarbig gekennzeichnet sind, um Verwechslungen zu vermeiden. Die Vorratsleitung fördert dauernd Druckluft in den Anhängerbehälter, so daß auch bei mehreren aufeinanderfolgenden Bremsungen stets ausreichender Druckluftvorrat gewährleistet ist. (Abb. S. 316, 317).

Motorwagen

Lösestellung

1. Lösestellung. Die vom Luftkompressor geförderte Luft wird vom Druckregler automatisch im Bereich von 6,2. . .7,3 bar geregelt und gelangt über den Frostschützer zum Vierkreisschutzventil. Hier wird der Luftstrom in die beiden Betriebsbremskreise I und II sowie in den Kreis III (Anhänger) und IV (Nebenverbraucher) aufgeteilt. Das Vierkreisschutzventil arbeitet wie ein Überströmventil; bei den Betriebsbremskreisen mit begrenzter Rückströmung (Öffnungsdruck = gesicherter Druck von ca. 6 bar) und bei den Kreisen III und IV ohne Rückströmung. Über die Betriebsbremskreise I und II strömt die Luft in die beiden Luftbehälter (12) und (13) und weiter zum Betriebsbremsventil. Der Kreis III versorgt über die Vorratsleitung den Anhänger mit Vorratsluft, über den zweiten Anschluß des automatischen Kupplungskopfes das Anhänger-Steuerventil. Ferner das Handbremsventil, das Überlastschutzventil und den Federspeicherteil des Tristopzylinders. Der Kreis IV dient den Nebenverbrauchern wie hier den Ventilen für die Motorstaudruckbremse.

Bremsstellung, Betriebsbremsanlage

2. Bremsstellung (Betriebsbremsanlage). Wird die Trittplatte des Betriebsbremsventils (10) betätigt, so öffnen sich die Einlaßventile und die im Vorrat anstehende Luft strömt in den Membranzylinder (6) der Vorderachse sowie in den Membranteil des

Tristop-Zylinders (17) der Hinterachse. Außerdem wird der Steuerkolben des Anhänger-Steuerventils (16) mit Druck beaufschlagt. Bei Ausfall des Betriebsbremskreises I wird die Steuerung vom Betriebsbremskreis II übernommen. Nach der Bremsbetätigung erfolgt die Leitungsentlüftung über das Betriebsbremsventil (10).

3. Bremsstellung (Hilfs- und Feststellbremsanlage). Beim Betätigen des Handbremsventils (7) werden die Steuerleitungen zum Überlastschutzventil (15) und Anhänger-Steuerventil (16) entlüftet. Durch die Kraft der unter dem Steuerkolben des Überlastschutzventils (15) stehenden Vorratsluft öffnet sich das Auslaßventil. Der Federspeicherteil des Tristop-Zylinders (17) wird entlüftet und das Fahrzeug durch die Federkraft über die Radbremse gebremst.

Brems-stellung,

Hilfs- und Feststell-bremsanlage

Anhänger

1. Lösestellung. Die vom Kupplungskopf (18) kommende Vorratsluft gelangt über Rohrleitungsfilter (20) und Anhänger-Bremsventil (21) in den Luftbehälter (26) sowie zum Magnet-Relaisventil (25). Die Leitungen zu den Bremszylindern (23) und (27) sind entlüftet, die Radbremsen gelöst.

Lösestellung

2. Bremsstellung (Betriebsbremsanlage). Wird bei einer Bremsung des Motorwagens die Bremsleitung über den Kupplungskopf (19) belüftet, so öffnet das Anhänger-Bremsventil (21) den Einlaß, und die Luft beaufschlagt den Steuerkolben des Magnet-Relaisventils (25). Durch Öffnen des Einlaßventils strömt die Luft in die Membranzylinder (23) und (27), worauf der Anhänger über die Radbremsen abgebremst wird. Beim Abbau des Bremsdruckes wird über das Magnet-Relaisventil (25) entlüftet.

Brems-stellung,

Betriebs-bremsanlage

Mit dem handverstellbaren Bremskraftregler (22) läßt sich der Bremsdruck dem jeweiligen Belastungszustand des Anhängers anpassen, wodurch ein Unter- oder Übersteuern des Fahrzeuges vermieden wird.

Beim Abkuppeln des Vorratsschlauches (18) wird der Anhänger durch das Anhänger-Bremsventil (21) automatisch gebremst. Mit dem Löseventil können die Membranzylinder entlüftet und der Anhänger bewegt werden. Beim Wiederankuppeln springt das Löseventil automatisch in die Betriebsstellung zurück. Um ein Überbremsen der Vorderachse im Teilbremsbereich zu vermeiden, ist in die Zuleitung ein Regelventil (24) eingebaut, welches den Bremsdruck entsprechend dem eingestellten Regelverhältnis herabsetzt.

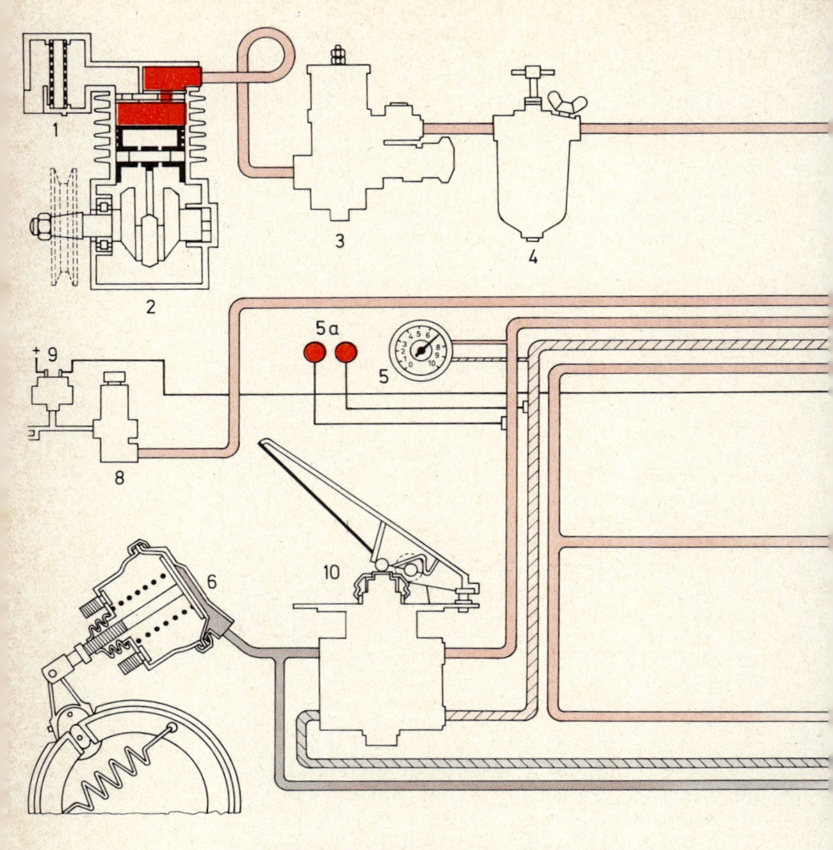

Zweikreis-Zweileitungs-Druckluftbremsanlage
im Motorwagen

1	Luftfilter	11	Vierkreis-Schutzventil
2	Luftkompressor	12, 13	Luftbehälter
3	Druckregler	14	Rückschlagventil
4	Frostschützer	15	Relaisventil (Überlastschutzventil)
5	Warndruckanzeige	16	Anhänger-Steuerventil
6	Membranzylinder	17	Tristop-Zylinder
7	Handbremsventil (Feststellbremsventil)	18, 19	Kupplungskopf
8, 9	Nebenverbraucher für Motorstaudruckbremse		
10	Betriebsbremsventil		

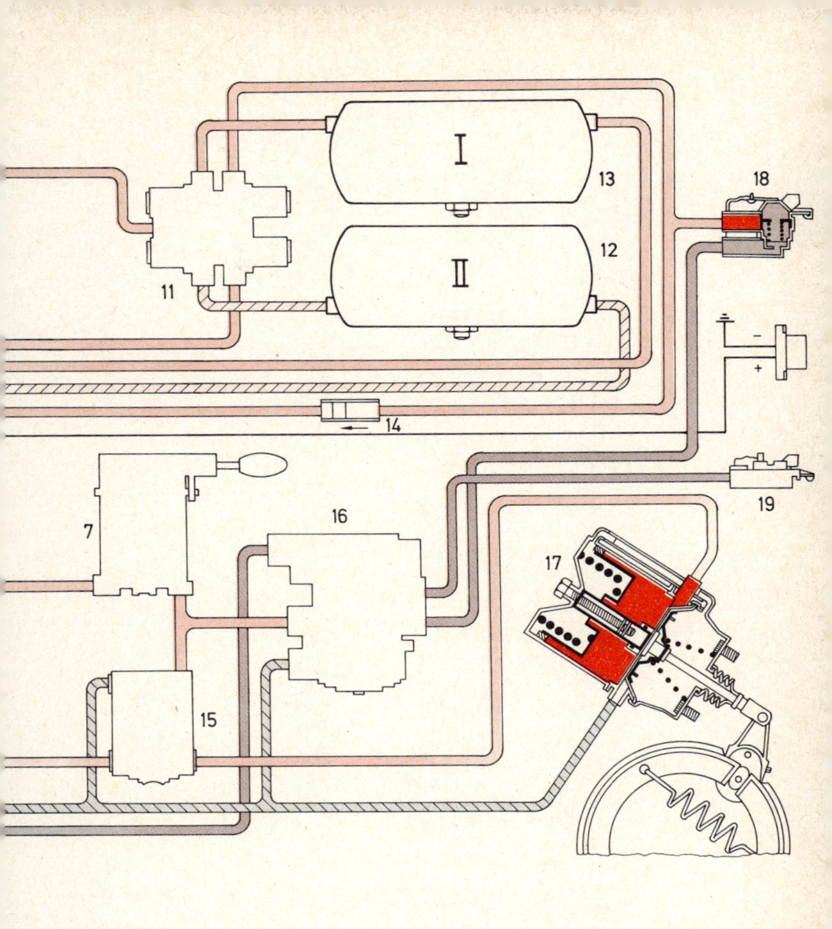
I
II
13
12
11
18
14
7
16
19
17
15

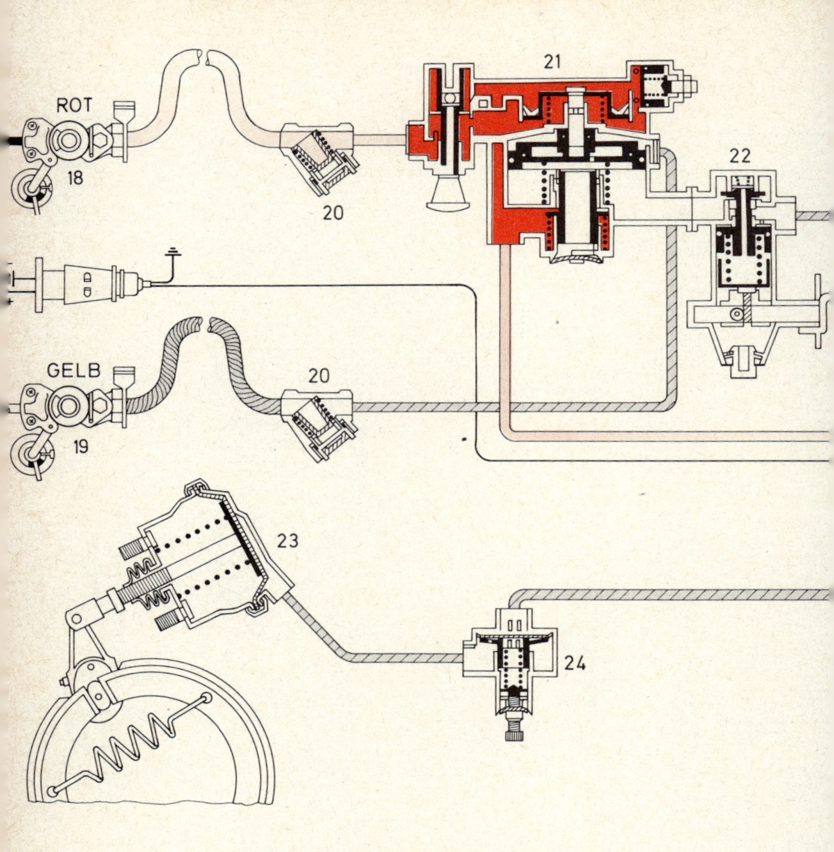

Zweikreis-Zweileitungs-Druckluftbremsanlage
im Anhänger

18 }
19 } Kupplungskopf
20 Rohrleitungsfilter
21 Anhänger-Bremsventil
22 Bremskraftregler
23 Membranzylinder
24 Regelventil
25 Magnet-Relaisventil
26 Luftbehälter
27 Membranzylinder

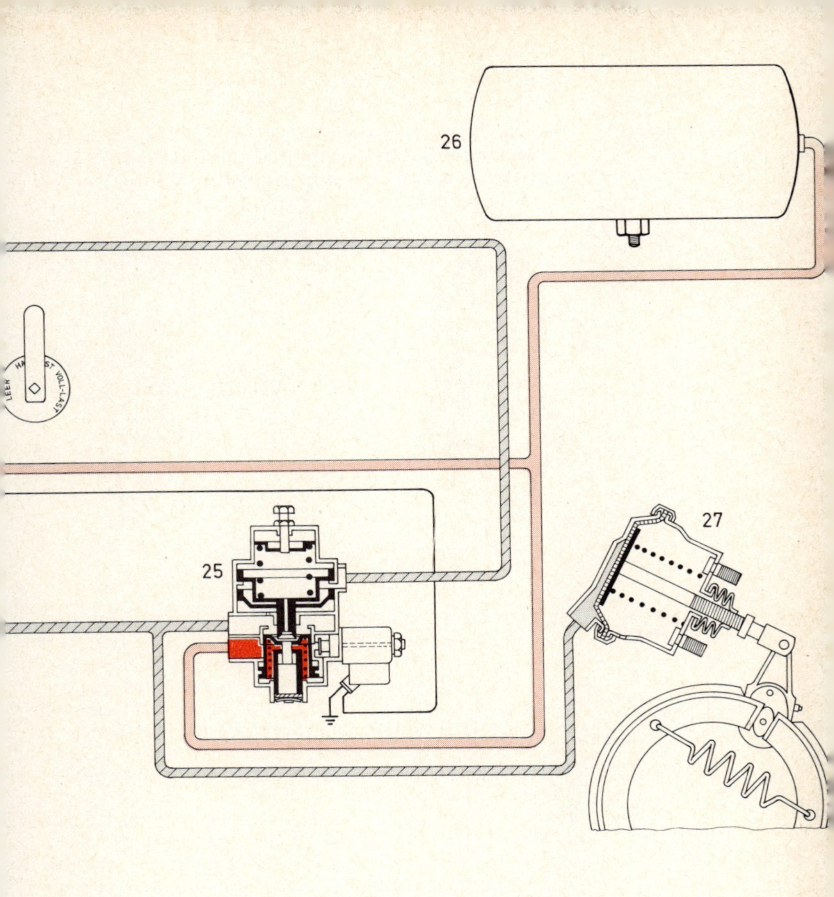
26
LEER
VOLL-LAST
27
25

Geräte zur Zweikreis-Zweileitungs-Druckluftbremsanlage

Druckregler

Die Aufgabe des Druckreglers ist es, den Betriebsdruck in Druckluftanlagen selbsttätig zu überwachen und die Rohrleitungen und Ventile vor dem Verschmutzen zu sichern.

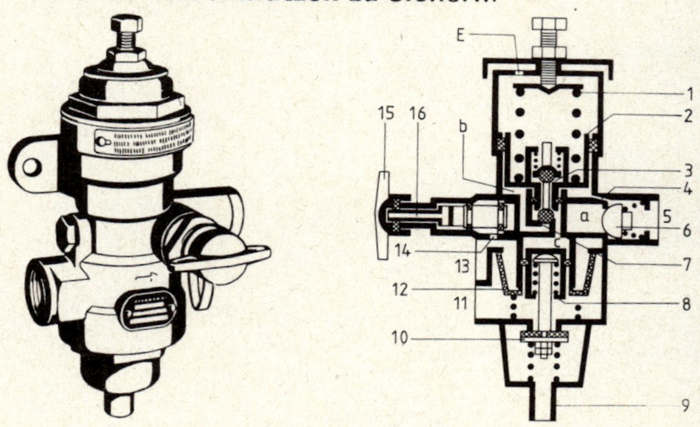

Druckregler mit Luftfilter und Reifenfüllanschluß

Wirkungsweise

Die vom Luftkompressor kommende Druckluft gelangt über Anschluß (11) durch das Filter (12) und den Zugang (14) in die Kammer a, stößt das Rückschlagventil (6) auf und strömt in die vom Anschluß (5) abgehende Leitung zu den Luftbehältern. Gleichzeitig baut sich über Verbindungsbohrung (4) der Druck in der Kammer b unter dem Kolben (2) auf, der beim Erreichen des Abschaltdruckes gegen die Druckfeder (1) nach oben bewegt wird.
Dabei schließt sich der Auslaß (3) und es öffnet sich der Einlaß (7), so daß die Druckluft auch in die Kammer c oberhalb des Kolbens (8) strömt. Es tritt eine Druckgleichheit auf beiden Seiten des Kolbens (8) ein, so daß dessen Haltekraft gegenüber dem Stößel des bereits unter Druckbelastung stehenden Leerlaufventils (10) wegfällt und sich das Ventil öffnet. Die vom Luftkompressor weiterhin geförderte Luft kann durch den Leerlaufstutzen (9) direkt ins Freie entweichen. Durch die gleichzeitige Druckentlastung der Unterseite des Kolbens (8) wird dieser von dem weiter auf seiner Oberseite lastenden Druck auf den Stößel des Leerlaufventils (10) gepreßt, das damit geöffnet bleibt.

Der Luftkompressor arbeitet so lange im Leerlauf, bis durch Luftverbrauch in der Anlage der Druck in Kammer b unter den Einschaltdruck des Druckreglers sinkt. Daraufhin wird der Kolben (2) von der Druckfeder (1) wieder hinabgedrückt. Der Einlaß (7) schließt sich und über den sich öffnenden Auslaß (3) sowie die Entlüftungsöffnung E erfolgt die Entlüftung der Kammer c. Infolge der damit verbundenen Entlastung des Kolbens (8) schließt sich das Leerlaufventil (1), worauf die Luftbehälter wieder bis zum Abschaltdruck aufgefüllt werden.

Das Ventil (16) des Reifenfüllanschlusses wird nach dem Abschrauben der Verschlußkappe (15) vom Reifenfüllschlauch aufgestoßen, und es wird eine Verbindung mit dem Anschluß (11) über Filter (12) hergestellt.

Zum Anschluß von Sondergeräten dient der Abgang (13).

Vierkreis-Schutzventile

Das Vierkreis-Schutzventil sichert den Druck für die intakten Bremskreise beim Ausfall eines oder mehrerer Kreise.

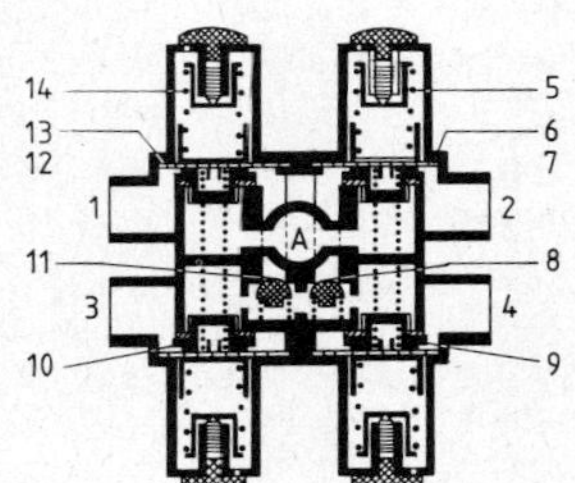

Vierkreis-Schutzventil

Wirkungsweise

Die vom Druckregler über Anschluß A in das Schutzventil gelangende Druckluft öffnet die Ventile (7) und (12) nach Erreichen des eingestellten Öffnungsdrucks (= gesicherter Druck), wobei die Membranen (6) und (13) gegen die Kraft der Druckfedern (5) und (14) angehoben werden. Danach strömt die Druckluft über Anschlüsse (1) und (2) in die Luftbehälter der Kreise I und II (vgl. S. 318, 319). Außerdem öffnet sie — nach Öffnung der Rückschlagventile (8) und (11) — die Ventile (9) und (10) und strömt über Anschlüsse (3) und (4) in die Kreise III und IV. Von den Kreisen III und IV werden die Hilfs- und Feststellbremsanlagen des Motorwagens, weitere Nebenverbraucher sowie der Anhänger mit Luft versorgt.

Fällt durch Undichtigkeit ein Betriebsbremskreis (z. B. Kreis I) aus, entweicht die vom Druckregler her nachgespeiste Druckluft zunächst in den undichten Kreis. Gleichzeitig fällt der Druck in dem intakten Betriebsbremskreis II auf den eingestellten Öffnungsdruck des defekten Kreises ab. Wird anschließend durch Luftentnahme der Druck in dem intakten Betriebsbremskreis vermindert, wird dieser wieder bis zu dem eingestellten Öffnungsdruck des defekten Kreises aufgefüllt. In den Kreisen III und IV bleibt der Druck dagegen durch die Rückschlagventile (8) und (11) vorerst in der ursprünglichen Höhe gesichert. Fällt infolge einer Luftentnahme der Druck in einem der Kreise III oder IV unter den eingestellten Öffnungsdruck des defekten Kreises, erfolgt eine Wiederauffüllung bis auf den Druck, der dem eingestellten Öffnungsdruck des defekten Kreises entspricht.

Die Drucksicherung der Kreise I, III und IV bei einem Ausfall von Kreis II geht auf gleiche Weise vor sich.

Bei einem Ausfall, z. B. des Kreises III, fällt der Druck in den Kreisen I, II und IV auf den eingestellten Öffnungsdruck des defekten Kreises ab und wird in dieser Höhe gesichert. Bei einer Luftentnahme aus den Kreisen I, II oder IV, die einen Druckabfall zur Folge hat, werden diese wieder bis zu dem eingestellten Öffnungsdruck des defekten Kreises aufgefüllt.

Die Drucksicherung der Kreise I, II und III bei einem Ausfall von Kreis IV geht auf gleiche Weise vor sich.

Die Rückschlagventile (8) und (11) sichern bei einem Ausfall des Kreises I bzw. II unterhalb des Öffnungsdrucks der Ventile (7) bzw. (12) den intakten gegen den defekten Kreis ab.

Motorwagen-Bremsventil

Das Motorwagen-Bremsventil für Zweikreis-Bremsanlagen dient der feinfühligen Be- und Entlüftung der Zweikreis-Motorwagen-Bremsanlage.

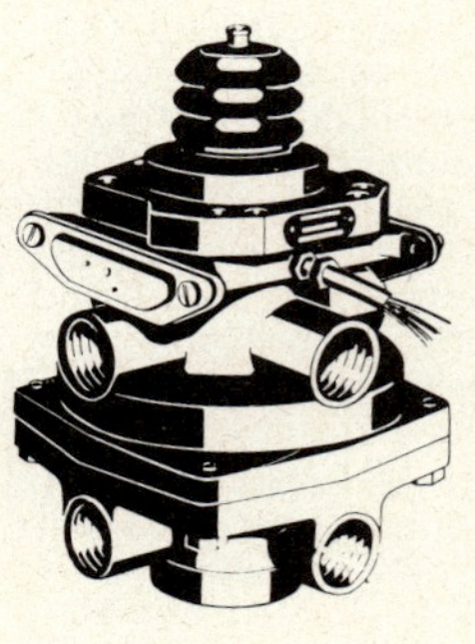

Motorwagen Bremsventil

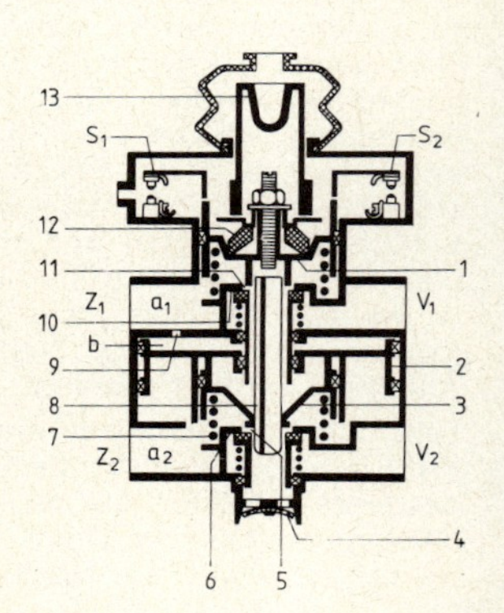

Wirkungsweise

Durch Betätigen eines im Druckstück (13) sitzenden Stößels bewegt sich Abstufungskolben (1) nach unten, verschließt Auslaß (11) und öffnet Einlaß (10). Dadurch werden die Bremszylinder des ersten Kreises sowie das die Anhängerbremsung steuernde Gerät vom Vorratsanschluß V_1 über Anschluß Z_1 je nach Stärke der Bremsbetätigung teilweise oder ganz belüftet.

Der Druck im Raum a_1 baut sich dabei einmal unter Abstufungskolben (1) auf und gleichzeitig über Bohrung (9) in Raum b auf dem Relaiskolben (2) des zweiten Kreises. Der Relaiskolben (2) bewegt sich gegen die Kraft der Feder (7) nach unten und nimmt dabei den Kolben (3) mit. Hierdurch wird jetzt auch Auslaß (5) geschlossen und Einlaß (6) geöffnet. Druckluft strömt von V_2 über Anschluß Z_2 in die Bremszylinder des zweiten Kreises, die entsprechend dem steuernden Druck in Kammer b belüftet werden.

Der Druck im Raum a_2 liegt infolge der Feder (7) immer geringfügig unter demjenigen in Raum a_1 und b.

Der sich im Raum a_1 aufbauende Druck wirkt auch auf die Unterseite des Abstufungskolbens (1), der dadurch gegen die Kraft der Gummifeder (12) nach oben bewegt wird, bis zu beiden Seiten des Kolbens (1) Kräfteausgleich entsteht. In dieser Lage sind Einlaß (10) und Auslaß (11) geschlossen (Abschlußstellung).

In entsprechender Weise bewegen sich unter Wirkung des ansteigenden Druckes in a_2, der zusammen mit Feder (7) von unten auf die Kolben (3) und (2) wirkt, diese Kolben nach oben, bis auch hier die Abschlußstellung erreicht ist, d. h. bis Einlaß (6) und Auslaß (5) geschlossen sind.

Bei einer Vollbremsbetätigung wird der Kolben (1) in seine untere Endlage gebracht, so daß Auslaß (11) dauernd geschlossen und Einlaß (10) dauernd geöffnet gehalten werden. Der volle Druck, der jetzt auch in Raum b herrscht, bringt auch den Relaiskolben (2) in seine untere Endlage, wodurch über Kolben (3) auch Einlaß (6) dauernd geöffnet und Auslaß (5) dauernd geschlossen gehalten werden. Auf diese Weise sind die Anschlüsse Z_1 und Z_2 voll belüftet.

Das Lösen der Bremsen, d. h. die Entlüftung der beiden Kreise, erfolgt in umgekehrter Reihenfolge und kann ebenfalls abstufbar vorgenommen werden. Beide Kreise werden über das Entlüftungsventil (4) entlüftet.

Bei Ausfall von Kreis II arbeitet Kreis I in der beschriebenen Weise weiter. Bei Ausfall des Kreises I fällt die

Ansteuerung des Relaiskolbens (2) fort; Kreis II wird mechanisch wie folgt in Funktion gesetzt:

Bei der Bremsbetätigung wird Kolben (1) herabgedrückt. Sobald er den Einsatz (8) berührt, der mit Kolben (3) fest verbunden ist, wird bei weiterem Abwärtshub auch Kolben (3) nach unten bewegt; Auslaß (5) schließt und Einlaß (6) öffnet. Kreis II ist also trotz Ausfalls von Kreis I voll wirksam, da jetzt Kolben (3) die Funktion eines Abstufungskolbens übernimmt.

Das Motorwagen-Bremsventil ist auch mit einer Zusatzeinrichtung erhältlich, mit der die Voreilung von Kreis I gegenüber Kreis II durch eine Druckrückhaltung von Kreis II in einem gewissen Bereich stufenlos verändert werden kann. Dabei wird mit Hilfe der drehbaren Kappe (6) die Vorspannung der Feder (5) verändert. Beim Hinabgleiten des Kolbens (3) berührt der mit ihm verbundene Einsatz (11) erst den federbelasteten Stößel (4), bevor er den Auslaß (8) schließt und den Einlaß (9) öffnet. Die eingestellte Federvorspannung bestimmt nun, bei welchem Druck in Kammer a_2 der Kolben (3) von Stößel (4) wieder nach oben bewegt und die Abschlußstellung erreicht wird.

Das Bremsventil ist so eingestellt, daß bei seiner Betätigung zuerst die beiden elektrischen Schalter S_1 und S_2 für die Motorstaudruckbremsanlage und das Bremslicht geschlossen werden, ehe die Belüftung der Bremszylinder beginnt.

Handbremsventil

Das Handbremsventil betätigt feinfühlig abstufbar die Hilfsbremse sowie die Feststellbremse in Verbindung mit Federspeicherzylindern.

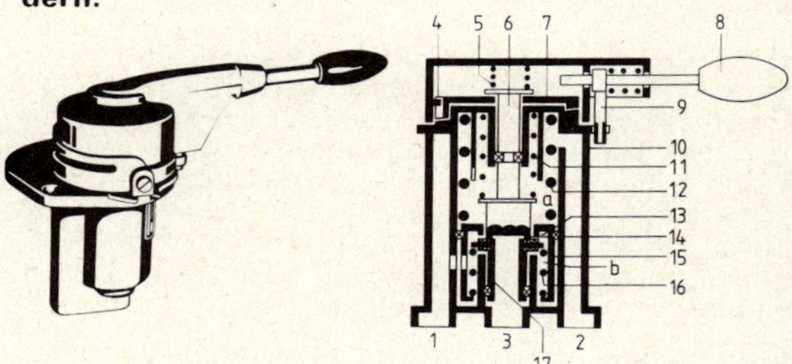

Handbremsventil

Wirkungsweise

Fahrstellung

1. Fahrstellung. In der Fahrstellung strömt die von den Vorratsbehältern kommende Luft über den Anschluß (1) und durch den geöffneten Einlaß (13) in

die Kammer a. Von dort gelangt sie über den Anschluß (2) in die Federspeicherkammern der Tristop-Zylinder. Das Anhänger-Bremsventil wird ebenfalls vom Anschluß (2) mit dem Druck der Federspeicherkammern beaufschlagt.

Hilfsbremse

2. Hilfsbremse. Beim Betätigen des Handhebels (8) wird das Druckstück (7) von dem Mitnehmer (4) in dieselbe Richtung bewegt, über die im Gehäuse (10) vorhandene schräge Lauffläche gedreht und mit Hilfe der eigenen schrägen Lauffläche angehoben. Das aufwärtsgleitende Druckstück (7) hebt die Stößelstange (6) gegen die Kraft der Druckfedern (11) und (5) so weit an, bis sich der Einlaß (13) schließt und der Auslaß (14) öffnet. Dabei wird der Abstufungskolben (15) von der Abstufungsfeder (12) in der unteren Stellung gehalten.

   Die Druckluft aus den Federspeicherkammern der Tristop-Zylinder am Anschluß (2) entweicht durch die Kammer a und den Anschluß (3) ins Freie, während in der Kammer b der volle Luftbehälterdruck erhalten bleibt. Infolge der nun vorhandenen Druckdifferenz zwischen den Kammern a und b baut sich unter dem Abstufungskolben (15) eine nach oben wirkende Kraft auf, die schließlich in der Lage ist, den Abstufungskolben (15) zusammen mit der Druckfeder (16) und dem Ventil (17) gegen die Kraft der Druckfeder (12) anzuheben. Die Stößelstange (6) ist in Abhängigkeit von der Drehbewegung des Handhebels (8) mehr oder weniger angehoben, wodurch die Aufwärtsbewegung des Abstufungskolbens (15) bis zum Schließen des Auslasses (14) unterschiedlich groß ist.

   Mit dem Schließen des Auslasses (14) wird in allen Teilbremsstellungen die Abschlußstellung erreicht, wobei in den Federspeicherkammern immer noch ein Restdruck vorhanden ist.

   Beim Weiterdrehen des Handhebels (8) bis zum Anschlag wird die Stößelstange (6) soweit angehoben, daß der aufwärtsgehende Abstufungskolben (15) den Auslaß (14) nicht mehr schließt, worauf die Druckluft aus den Federspeicherkammern der Tristop-Zylinder völlig entweicht.

   Im Hilfsbremsbereich, von der Fahrtstellung bis zum Anschlag, läuft der Handhebel (8) nach Loslassen automatisch in die Fahrtstellung zurück, in der die Federspeicherkammern der Tristop-Zylinder wieder voll belüftet werden.

Sämtliche Betätigungsstufen der Hilfsbremse werden auch auf die Anhänger-Bremsanlage übertragen. Die Übertragung erfolgt über ein nachgeschaltetes Anhänger-Bremsventil, das beim Handbremsventil vom Anschluß (2) aus gesteuert wird.

Feststellbremse

3. Feststellbremse. Zur Betätigung der Feststellbremse wird der in die Vollbremsstellung gedrehte Handhebel (8) herausgezogen, bis zum Anschlag weitergedreht und wieder losgelassen. Der Arretierstift (9) hält den Handhebel (8) in dieser Stellung fest. Die Federspeicherkammern der Tristop-Zylinder bleiben drucklos.

Relaisventil

Relaisventil

Das Relaisventil vermeidet eine Kräfteaddition in kombinierten Federspeicher-Membranzylindern (Tristop-Zylindern) bei gleichzeitiger Betätigung der Betriebs- und Federspeicherbremsanlage, durch Schutz der mechanischen Übertragungseinrichtung vor Überbeanspruchung. Außerdem schnelle Be- und Entlüftung der Federspeicherzylinder.

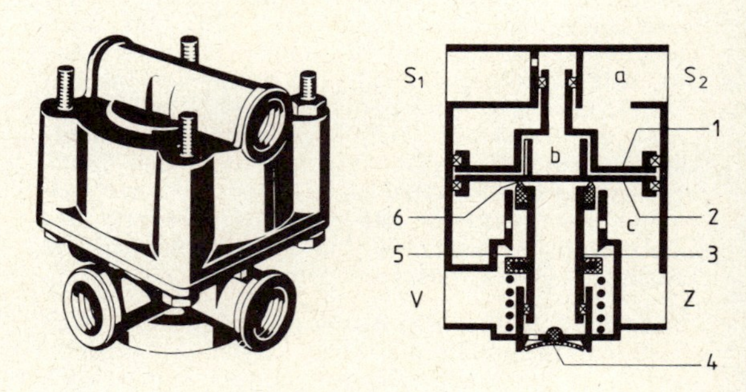

Relaisventil (Überlastschutzventil)

Wirkungsweise

Fahrstellung

1. Fahrstellung

In der Fahrstellung ist Raum a über Anschluß S_2 vom Handbremsventil aus ständig belüftet. Der dadurch druckbeaufschlagte Kolben (1) hält zusammen mit Kolben (2) den Auslaß (6) geschlossen und über den hinuntergedrückten Ventilkörper (3) den Einlaß (5) geöffnet. Anschluß Z erhält damit den vollen Vorratsbehälterdruck von Anschluß V. Die am Anschluß Z angeschlossenen Federspeicherzylinder sind belüftet, die Federspeicherbremsen gelöst.

2. Betätigung der Betriebsbremsanlage allein

Betriebsbremsanlage allein

Bei Betätigung des Motorwagen-Bremsventils strömt Druckluft über Anschluß S_1 in Raum b oberhalb des Kolbens (2). Infolge der wirksamen Gegenkräfte in den Räumen a und c bleibt der in den Raum b gelangte Druck ohne Einfluß auf die Funktion des Relaisventils. Der Federspeicherteil der Tristop-Zylinder bleibt weiterhin belüftet, also gelöst, während der direkt vom Motorwagen-Bremsventil belüftete Membranteil anspricht.

3. Betätigung der Federspeicherbremsanlage allein

Federspeicherbremsanlage allein

Die Betätigung des Handbremsventils bewirkt eine teilweise oder völlige Entlüftung von Raum a. Der jetzt mehr oder weniger entlastete Kolben (1) wird von Kolben (2), der vom Vorratsbehälterdruck im Raum c beaufschlagt ist, nach oben geschoben. Dadurch öffnet sich Auslaß (6), während durch den nachrückenden Ventilkörper (3) Einlaß (5) geschlossen wird. Es erfolgt eine der Handbremshebelstellung entsprechende Entlüftung der Federspeicherzylinder über Anschluß Z, Ventilkörper (3) und Entlüftungsventil (4), so daß die Radbremsen betätigt werden.

Bei einer Teilbremsung schließt sich nach dem Entlüftungsvorgang und dem dadurch eingetretenen Druckgleichgewicht in den Räumen a und c Auslaß (6). Das Relaisventil ist damit in der Abschlußstellung. Bei einer Vollbremsung bleibt dagegen Auslaß (6) geöffnet.

4. Gleichzeitige Betätigung der Betriebs- und der Federspeicherbremsanlage

Betriebs- und Federspeicherbremsanlage gleichzeitig

a) Betriebsbremsung bei entlüfteten, d. h. betätigten Federspeicherzylindern

   Die Federspeicher sind entlüftet. Wird nun zusätzlich die Betriebsbremse betätigt, strömt Druckluft über Anschluß S_1 in Raum b und beaufschlagt Kolben (2), der sich dadurch, daß Raum c drucklos ist, nach unten bewegt, Auslaß (6) schließt und über Ventilkörper (3) öffnet Einlaß (5). Druckluft strömt nun von V über Raum c nach Z in die Federspeicher. Die Federspeicherbremse wird dadurch gelöst, und zwar nur soweit, wie der Betriebsbremsdruck ansteigt. Eine Addition der beiden Bremskräfte erfolgt also nicht.

   Der sich im Raum c aufbauende Druck hebt Kolben (2) an, sobald der bei Z ausgesteuerte

Druck größer als der im Raum b herrschende Druck geworden ist. Einlaß (5) schließt, und das Relaisventil ist in Abschlußstellung.

b) Federspeicherbremsung bei betätigter Betriebsbremse

Die Betriebsbremse ist für eine Teilbremsung betätigt, Raum b ist also belüftet. Wird nun zusätzlich der Federspeicherteil entlüftet, d. h. Druck im Raum a gesenkt, schiebt der höhere Druck im Raum c beide Kolben (2) und (1) nach oben, so daß der nachfolgende Ventilkörper (3) Einlaß (5) schließt und Auslaß (6) öffnet. Je nach Höhe des Betriebsbremsdrucks entweicht Luft aus den Federspeichern am Anschluß Z über Entlüftungsventil (4), bis der Druck im Raum b wieder überwiegt und Kolben (2) Auslaß (6) schließt. Das Relaisventil ist damit in der Abschlußstellung.

Dadurch, daß selbst bei einer vollen Betätigung des Handbremsventils, die den Druck im Anschluß S_2 auf Null herabsetzt, der Druck im Raum c also nicht niedriger sein kann als im Raum b, wird erreicht, daß die Federspeicherbremse nur in dem Maße in Funktion gesetzt wird, wie es der jeweilige Betriebsbremsdruck zuläßt. Eine Addition der beiden Bremskräfte erfolgt also nicht.

Beim Lösen der Betriebsbremse (bei weiterhin betätigter Federspeicherbremse) wird der Druck im Raum b abgesenkt; der Druck im Raum c überwiegt und bewegt Kolben (1) nach oben. Auslaß (6) wird geöffnet und Anschluß Z über Ventilkörper (3) und Entlüftungsventil (4) entlüftet.

Anhänger-Steuerventil

Das Anhänger-Steuerventil steuert die Zweileitungs-Anhängerbremsanlage in Verbindung mit dem Zweikreis-Motorwagen-Bremsventil und dem Handbremsventil für Federspeicherzylinder.

Wirkungsweise

Raum c ist über Anschluß (1) vom Vorratsbehälter aus ständig belüftet. Raum d wird in der Fahrstellung über Anschluß (4) vom Handbremsventil aus mit dem Vorratsbehälterdruck beaufschlagt.

Membran (9) ist in ihrer unteren Endstellung. Die vom Anschluß (2) abgehende Anhänger-Bremsleitung ist über Auslaß (6) und Entlüftungsventil (10) entlüftet.

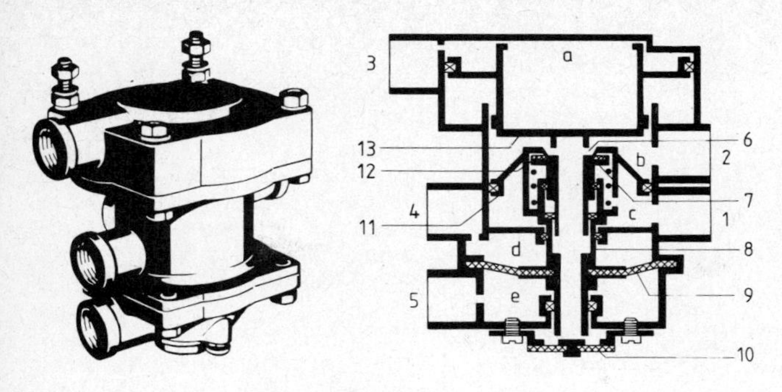

Anhänger-Steuerventil ohne Voreilung

Aussteuerung vom Zweikreis-Motorwagen-Bremsventil

1. Ansteuerung vom Zweikreis-Motorwagen-Bremsventil

Bei Betätigung des Motorwagen-Bremsventils strömt Druckluft vom Kreis I über Anschluß (3) in den Raum a oberhalb des Kolbens (13) und bewegt diesen abwärts. Durch das Aufsetzen von Kolben (13) auf Ventil (7) wird Auslaß (6) geschlossen und beim weiteren Hinabgehen Einlaß (12) geöffnet. Druckluft gelangt vom Anschluß (1) zum Anschluß (2) und belüftet die Anhänger-Bremsleitung entsprechend dem Motorwagenbremsdruck.

Sobald der sich im Raum b aufbauende Druck die notwendige Gegenkraft erzeugt hat, wird Kolben (13) gegen den Bremsdruck im Raum a angehoben. Bei einer Teilbremsung schließt das nachfolgende Ventil (7) den Einlaß (12). Das Anhänger-Steuerventil befindet sich in der Abschlußstellung. Bei einer Vollbremsung hält Kolben (13) dagegen Einlaß (12) geöffnet.

Gleichzeitig mit den Vorgängen im Kreis I erfolgt vom Motorwagen-Bremskreis II über Anschluß (5) eine Belüftung des Raumes e unterhalb der Membran (9). Da jedoch durch Belüften des Raumes b die von Kolben (11) in entgegengesetzter Richtung ausgeübten Kräfte überwiegen, verändert sich die Lage der Membran (9) nicht.

Sollte durch einen Defekt der Kreis I des Motorwagen-Bremsventils ausfallen und keine Belüftung des Anschlusses (3), sondern nur des Anschlusses (5) erfolgen, so wird Membran (9) mit Kolbenrohr (8), Ventil (7) und Kolben (11) vom Betriebsbremsdruck im Raum e nach oben bewegt. Der jetzt feststehende Kolben (13) schließt Auslaß (6) und öffnet Einlaß (12), so daß die der Motorwagenbremsung entsprechende Belüftung der Anhänger-Bremsleitung stattfindet.

Bei einer Teilbremsung führt Kolben (11) nach Aufbau des vorgesehenen Anhängerleitungsdrucks im Raum b eine Abwärtsbewegung aus, die das Schließen des Einlasses (12) bewirkt und damit die Abschlußstellung ergibt. Bei einer Vollbremsung bleibt dagegen Einlaß (12) geöffnet.

vom Handbremsventil

2. Ansteuerung vom Handbremsventil

Die abgestufte Entlüftung der Federspeicherzylinder über das Handbremsventil führt zu einer entsprechenden Entlüftung des Raumes d über Anschluß (4). Der nun überwiegende Vorratsdruck im Raum c bewegt Kolben (11) nach oben. Die Belüftung von Anschluß (2) läuft dann in gleicher Weise ab wie bei der Ansteuerung des Raumes e beim Ausfall von Kreis I.

Nach Wegfall des jeweiligen Steuerdrucks in den Anschlüssen (3) und (5) bzw. nach Wiederbelüftung des Anschlusses (4) öffnet sich stets Auslaß (6), so daß die Anhänger-Bremsleitung durch Kolbenrohr (8) und Entlüftungsventil (10) entlüftet wird.

Bremszylinder

Bremszylinder erzeugen die Bremskraft für die Radbremsen mit Hilfe von Druckluft.

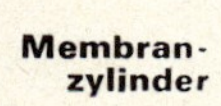

Membranzylinder

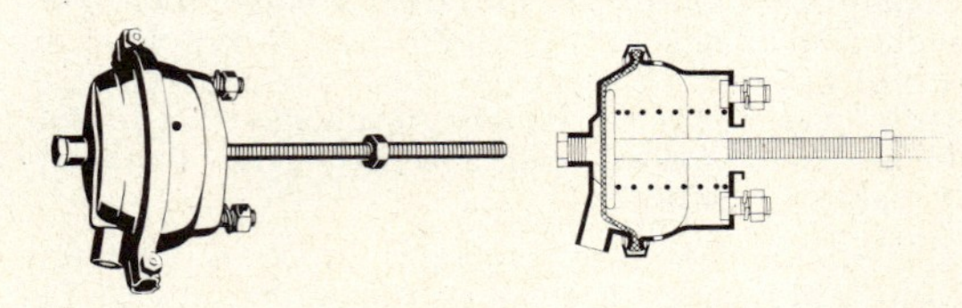

Membranzylinder

Vorspann-Kolbenzylinder

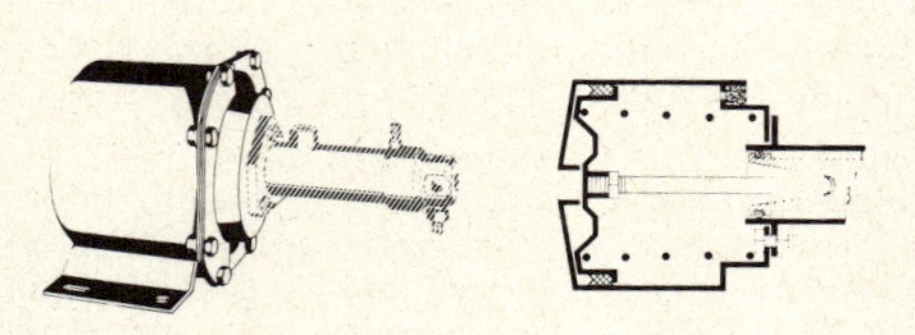

Vorspann-Kolbenzylinder

Wirkungsweise

Sobald Druckluft in den Bremszylinder gelangt, wirkt die entstehende Kolbenkraft über die Druckstange auf den Bremshebel bzw. den Hydraulik-Hauptzylinder. Bei Entlüftung drückt die mit Vorspannung eingebaute Feder den Kolben bzw. die Membran in die Ausgangsstellung zurück.

Tristop-Zylinder

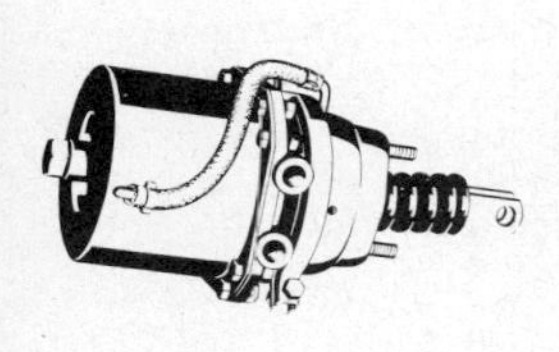

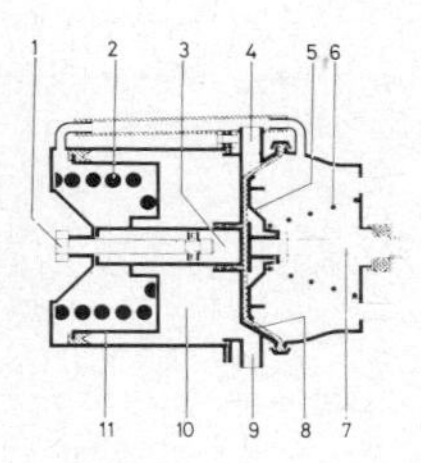

Tristop-Zylinder

Wirkungsweise

Der Tristop-Zylinder besteht aus dem Membranteil für die Betriebsbremsanlage und dem Federspeicherteil für die Hilfs- und die Feststellbremsanlage. Besondere Merkmale sind Überhub und mechanische Lösevorrichtung für den Federspeicherteil.

Lösestellung

Lösestellung. In Lösestellung ist Raum a über Anschluß 4 entlüftet, Raum b ist über Anschluß 9 belüftet.

Betriebsbremsanlage

Betriebsbremsanlage. Bei Betätigung der Betriebsbremsanlage tritt Druckluft über Anschluß (4) in Raum a, beaufschlagt die Membran (8) und drückt den Kolben (5) gegen die Feder (6) hinaus. Über die Kolbenstange (7) wirkt die auf die Membran (8) ausgeübte Kraft auf den Gestängesteller und damit auf die Radbremse. Bei Entlüftung des Raumes a drückt die Feder (6) über den Kolben (5) die Membran (8) wieder in die Ausgangsstellung zurück. Die Bremsen werden wieder gelöst.

Der Membranzylinderteil ist in seiner Funktion völlig unabhängig vom Federspeicherteil.

Federspeicherbremsanlage

Federspeicherbremsanlage. Bei einer Hilfsbremsbetätigung wird der unter Druck stehende Raum b über Anschluß (9) teilweise oder ganz entlüftet. Die durch den sinkenden Druck in Raum b nicht mehr gefesselte Federkraft wirkt über Kolben (11), Kolbenstange (3) und (7) sowie über den Gestängesteller auf die Radbremsen.

Die maximale Bremskraft des Federspeicherteils wird bei völliger Entlüftung des Raumes b erzielt. Da die Bremskraft in diesem Falle ausschließlich mechanisch durch Feder (2) aufgebracht wird, darf der Federspeicherteil außer für die Hilfsbremsanlage auch für die Feststellbremsanlage verwendet werden.

Zum Lösen der Bremse wird Raum b wieder belüftet.

Anhänger-Bremsventil

Das Anhänger-Bremsventil regelt die Anhänger-Druckluftbremsanlage.

Dieses Ventil ist universell für Anhänger mit Ein- oder Zweileitungs-Bremsanlagen bzw. kombinierter Ein- und Zweileitungs-Bremsanlagen verwendbar.

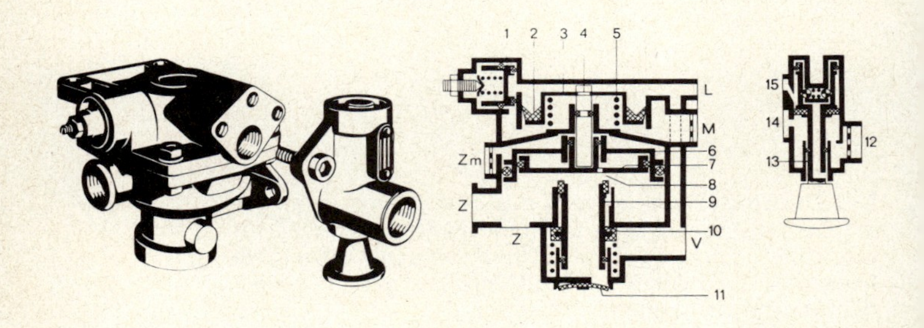

Anhänger-Bremsventil

Wirkungsweise

Anschluß für Einleitungs-Bremsanlage

1. Anhänger-Bremsventil

a) Betrieb hinter einem Motorwagen mit Anschluß für Einleitungs-Bremsanlage

Bei gelöster Bremse im Motorwagen gelangt der Vorratsbehälterdruck über den Kupplungsschlauch durch das Zweiwegeventil mit Druckminderung (entfällt, wenn der Anhänger mit einer reinen Einleitungsbremsanlage ausgestattet ist) zum Anschluß M des Anhänger-Bremsventils, vorbei am Nutring (2) zum Anschluß V und weiter zum Vorratsbehälter des Anhängers. Infolge der beim Bremsen eintretenden Drucksenkung in der Anhängersteuerleitung und damit im Anschluß M wird der Kolben (3) von dem auf seine Oberseite wirkenden Behälterdruck nach unten geschoben. Er drückt über den Bolzen (4) den Kolben (7) auf das Rohrventil (9), so daß sich der Auslaß (8) schließt und der Einlaß (10) öffnet. Druckluft aus dem Anhänger-Vorratsbehälter gelangt über den Anschluß Z zum Bremskraftregler und von dort zu den Bremszylindern. Nach Aufbau eines der Drucksenkung im Anschluß M entsprechenden Druckes unterhalb des Kolbens (7) hebt dieser sich an. Von dem nachfolgenden Rohrventil (9) wird der Einlaß (10) geschlossen. Eine Bremsabschlußstellung ist erreicht.

Wird die Anhängersteuerleitung wieder belüftet, schiebt der durch den Anschluß M einströmende Druck — unterstützt durch die Feder (5) — den Kolben (3) in seine obere Endstellung. Der Kolben (7) folgt unter dem Einfluß des auf seine Unterseite wirkenden Zylinderdruckes dem Bolzen (4) nach oben, der Auslaß (8) öffnet sich und die Druckluft aus den Bremszylindern kann durch das Rohrventil (9) und über das Entlüftungsventil (11) ins Freie gelangen.

b) Betrieb hinter einem Motorwagen mit Anschluß für Zweileitungs-Bremsanlage

für Zweileitungsbremsanlage

Der über den rot gekennzeichneten Kupplungskopf zum Anhänger strömende Vorratsbehälterdruck des Motorwagens gelangt über das Zweiwegeventil mit Druckminderung (entfällt, wenn der Anhänger mit einer reinen Zweileitungsbremsanlage ausgerüstet ist) zum Anschluß M des Anhänger-Bremsventils, vorbei am Nutring (2) zum Anschluß V und weiter zum Vorratsbehälter des Anhängers. Das Druckausgleichventil (1) öffnet sich, sobald im Anhänger-Vorratsbehälter ein Druck von ca. 6,0 bar erreicht ist. Es läßt bei einer Drucksenkung im Motorwagen einen Druckausgleich zwischen Motorwagen- und Anhänger-Luftbehälter bis herunter auf 5,2 . . . 5,4 bar zu. Wäre dieser Druckausgleich nicht möglich, so käme es zu einer ungewollten Abbremsung des Anhängers, da das Anhänger-Bremsventil auf eine solche Drucksenkung ähnlich reagieren würde wie auf den Bruch der Anhänger-Vorratsleitung bei einem Abreißen des Anhängers.

Beim Abbremsen des Motorwagens gelangt über den gelb gekennzeichneten Kupplungskopf Druckluft in den Anschluß Zm und damit auf die Oberseite des Kolbens (6). Dieser weicht nach unten aus, schließt über den mitgenommenen

Kolben (7) den Auslaß (8) und öffnet den Einlaß (10), so daß Druckluft aus dem Vorratsbehälter zu den Bremszylindern gelangen kann. Nach Aufbau eines dem Steuerdruck im Anschluß Zm entsprechenden Druckes unterhalb der Kolben (7) und (6) heben diese sich an. Von dem nachfolgenden Rohrventil (9) wird der Einlaß (10) geschlossen. Eine Bremsabschlußstellung ist erreicht. Wird der Anschluß Zm entlüftet, gehen die Kolben (7) und (6) in ihre obere Endstellung und öffnen den Auslaß (8). Durch das Rohrventil (9) und über das Entlüftungsventil (11) erfolgt die Entlüftung der Bremszylinder.

Wird durch Abreißen des Kupplungsschlauches die zum Anschluß M führende Leitung schlagartig entlüftet, so erfolgt eine automatische Bremsung des Anhängers.

2. Anhänger-Löseventil

Bei Verwendung des Anhänger-Bremsventils in Verbindung mit einer automatisch-lastabhängigen Bremskraftregelung bzw. einem mechanisch verstellbaren Bremskraftregler ohne Lösestellung ermöglicht das Anhänger-Löseventil das Bewegen des Anhängers im abgekuppelten Zustand. Dazu ist die Kolbenstange (13) bis zum Anschlag herauszuziehen. Der Durchgang von Anschluß (12) zum Anschluß (14) wird dadurch versperrt und eine Verbindung zwischen Anschluß (15) und Anschluß (14) hergestellt. Der am Anschluß (15) stehende Vorratsbehälterdruck des Anhängers strömt über Anschluß (14) in den Anschluß M des angeflanschten Anhänger-Bremsventils und bewirkt dessen Umsteuern in die Lösestellung, wodurch die Bremszylinder entlüftet werden.

Sollte beim Wiederankuppeln des Anhängers an den Motorwagen die Kolbenstange (13) vorher nicht von Hand in das Löseventil hineingeschoben worden sein, so drückt sie der vom Motorwagen über Anschluß (12) kommende Auffülldruck hinein. Danach befindet sich das Löseventil wieder in der Normalstellung, in der Anschluß (12) und Anschluß (14) miteinander verbunden sind.

Die Kolbenstange (13) ist mit einer durchgehenden Entlüftungsbohrung versehen, die im Ventilinnern den Aufbau eines Luftpolsters beim Hineinschieben bzw. die Entstehung eines Vakuums beim Herausziehen verhindert.

Das Magnet-Relais-Ventil schaltet die Dauerbremse (3. Bremse) im Anhänger ein und verkürzt die Ansprech- und Schwelldauer durch schnelle Be- und Entlüftung der Bremszylinder.

Magnet-Relais-Ventil

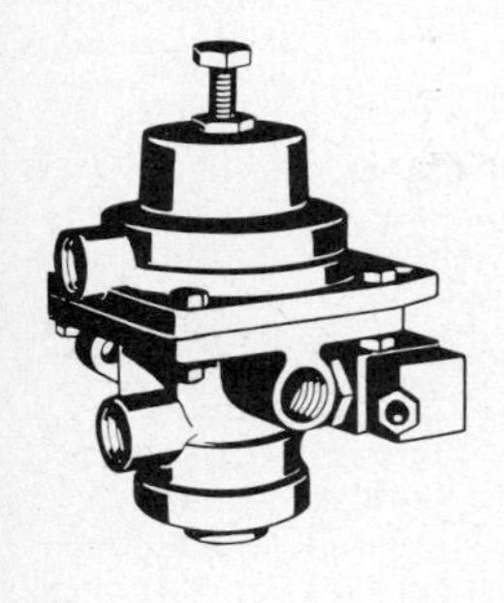

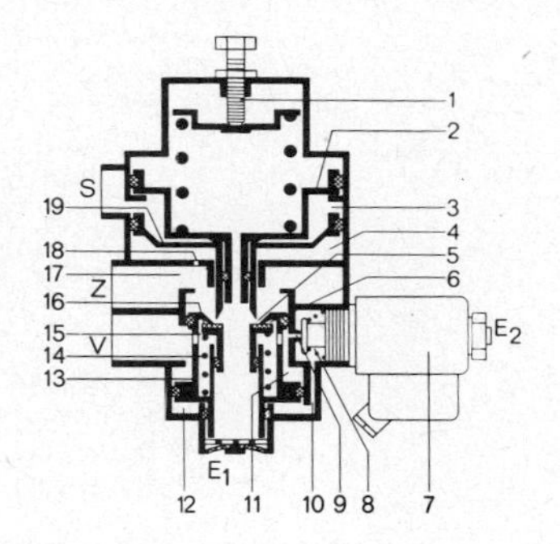

Magnet-Relais-Ventil

Wirkungsweise

Betriebsbremse

Über den Anschluß V steht Druckluft vom Vorratsbehälter in den Räumen (11) und (16) sowie vor den Einlaßventilen (6) und (9). Die Anschlüsse Z sind über den Raum (17) mit der Entlüftung E_1 verbunden.

1. Betriebsbremse

Sobald Druckluft vom Bremsventil oder Belüftungsventil durch die Steuerleitung in den Anschluß S und den Raum (3) oberhalb des Kolbens (19) strömt, wird dieser nach unten gedrückt und schließt dabei den Auslaß (5) und öffnet den Einlaß (6), so daß Druckluft aus dem Luftbehälter in die Anschlüsse Z und zu den Zylindern strömen kann. Gleichzeitig tritt der sich aufbauende Druck durch die Bohrung (18) in die Kammer (4) und hebt den Kolben (19) an. Sobald der ausgesteuerte Druck etwas größer als der eingesteuerte ist, schließt das Einlaßventil (6) und das Ventil ist in der Abschlußstellung.

Erfolgt eine teilweise Absenkung des Steuerleitungsdruckes, wird der Kolben (19) vom höheren Zylinderdruck soweit nach oben gedrückt — dabei ist der Auslaß (5) geöffnet — bis der überschüssige Zylinderdruck durch Entweichen über die Entlüftung E_1 abgebaut ist. Bei vollständiger Entlüftung der Steuerleitung werden die Zylinder in gleicher Weise vollständig entleert.

Dauerbremse

2. Dauerbremse

Bei Betätigung der Motorbremse wird der Stromkreis geschlossen, der Magnet (7) öffnet das Einlaßventil (9) und gibt die Verbindung vom Vorratsbehälter über Raum (8) und Bohrung (10) in Raum (12) frei. Der Ventilkolben (13) wird angehoben und über die Feder (14) wird das Rohrventil (15) mitgenommen, bis es auf dem Kolben (19) aufsetzt und das Auslaßventil (5) schließt. Der Kolben (19) stützt sich auf dem Kolben (2) ab, und somit wird das Einlaßventil (6) geöffnet. Druckluft strömt über den Anschluß Z in die Bremszylinder und über die Bohrung (18) auf die Ringfläche unterhalb des Kolbens (19).

Ist der an der Stellschraube (1) eingestellte Druck in den Bremszylindern und der Kammer (4) erreicht, wird der Kolben (19) und (2) soweit angehoben, bis das Einlaßventil (5) geschlossen wird.

Nach dem Ausschalten der Dauerbremse im Zugwagen wird durch eine auf den Magnetanker wirkende Feder die Entlüftung E_2 des Magneten (7) geöffnet, so daß die Kammer (8) und Kammer (12) über Bohrung (10) drucklos wird. Der auf die Ringfläche des Ventilkolbens (13) wirkende Vorratsbehälterdruck drückt den Kolben nach unten. Die Entlüftung der Bremszylinder erfolgt über Raum (17) und Entlüftung E_1.

Wird bei eingeschalteter 3. Bremse zusätzlich die Betriebsbremse eingeschaltet, so erfolgt keine Aufstockung, da eine Drucküberlagerung nicht möglich ist. Durch die Bohrung (18) entsteht immer ein Druckausgleich, der erst eine Druckerhöhung ermöglicht, wenn der am Anschluß S eingesteuerte Druck den Druck der 3. Bremse überschreitet.

Regelventil

Das Regelventil dient der Reduzierung der Bremskraft der zu regelnden Achse bei Teilbremsungen sowie schnellen Entlüftung der Bremszylinder.

Bei Anhängern, die in bergigem Gelände laufen und längere Gefällefahrten ausführen, zeigt sich immer eine stärkere Abnutzung der Vorderrad-Bremsbeläge, weil durch die Anordnung der größeren für Stoppbremsungen ausgelegten Vorderrad-Bremszylinder dann bei Teilbremsungen eine Überbremsung an der Vorderachse eintritt. Durch die Verwendung des Regelventils wird jedoch die Bremskraft für die Vorderachse bei Teilbremsungen soweit gemindert, daß beide Achsen gleichmäßig gebremst werden, ohne dadurch die Bremskräfte bei Vollbremsungen in irgendeiner Art zu beeinflussen.

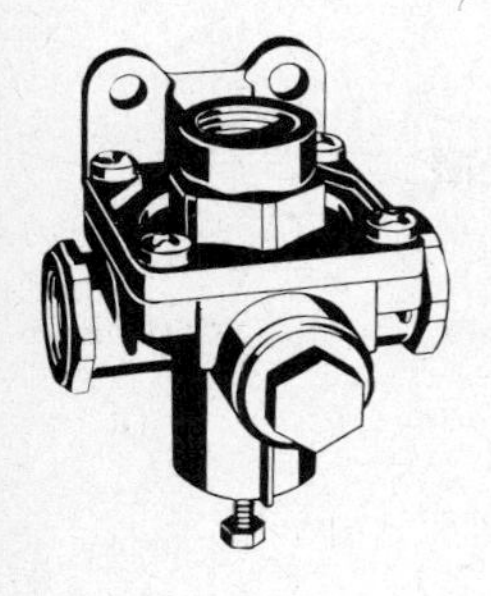

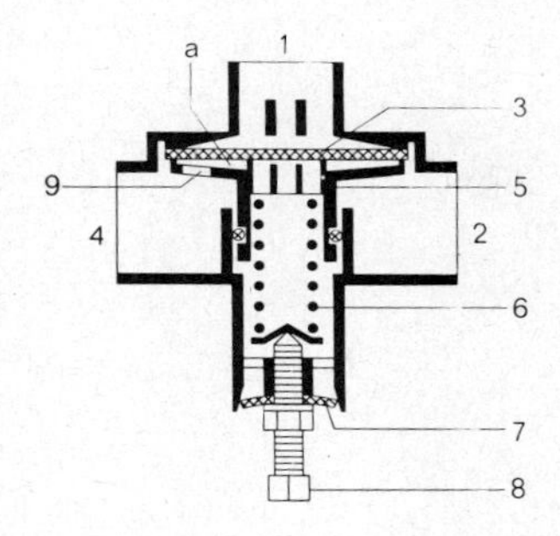

Regelventil

Wirkungsweise

Der Kolben (5) wird durch die vorgespannte Feder (6) in der im Prinzipbild gezeigten Abschlußstellung gehalten. Beim Bremsen gelangt Druckluft durch den Anschluß (1) auf die Membran (3). Die dadurch erzeugte Kraft wird auf den Kolben (5) übertragen. Beim Erreichen des mit der Stellschraube (8) eingestellten Öffnungsdruckes beginnt der Kolben (5) nach unten auszuweichen, so daß Druckluft über den Außenrand der Membran (3) in die Bremszylinderanschlüsse (2) strömen kann.

Im Verlaufe des weiteren Druckanstiegs wird die Gegenkraft der Feder (6) allmählich überwunden, bis die Druckluft schließlich ungemindert zu den Bremszylindern gelangt. Beim Nachlassen des Steuerdrucks erfolgt im gleichen Maße ein Druckabbau in den angeschlossenen Bremszylindern über Anschluß (1).

Die Feder (6) bringt dann bei weiter absinkendem Steuerdruck den Kolben (5) mit der Membran (3) in die Ausgangsstellung zurück. Durch den nun höheren Bremszylinderdruck, der über Bohrung (9) auch im Raum a steht, wird die Membran (3) angehoben und ermöglicht damit eine dem Steuerdruck entsprechende teilweise oder völlige Schnellentlüftung der Bremszylinder durch den hohlen Kolben (5) und über das Entlüftungsventil (7).

Der Öffnungsdruck des Anpassungsventils ist mit der Stellschraube (8) von 0,3 bis max. 1,1 bar einstellbar.

Schnell-Löseventil

Das Schnell-Löseventil dient der schnellen Entlüftung von längeren Steuer- oder Bremsleitungen und Zylindern.

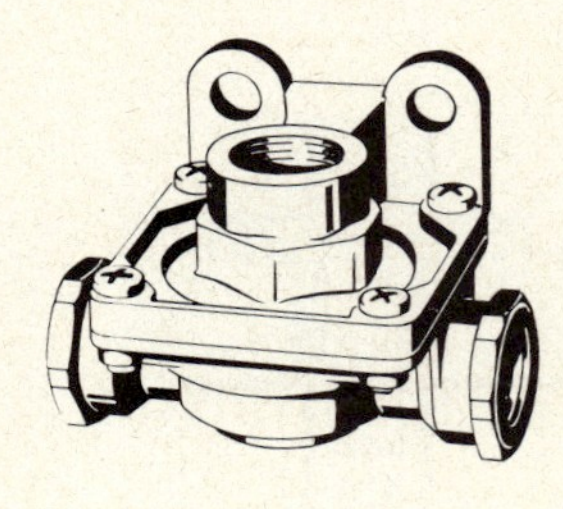

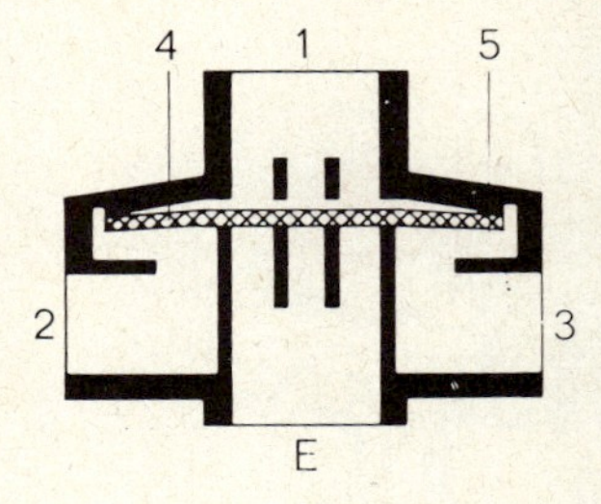

Schnell-Löseventil

Wirkungsweise

Im drucklosen Zustand liegt die Membran (4) leicht vorgespannt auf der Entlüftung und schließt mit dem Außenrand den Zugang von Anschluß (1) nach Kammer (5). Druckluft, die über den Anschluß (1) kommt, drückt den Außenrand zurück und gelangt in die Anschlüsse (2) und (3). Sinkt der Druck im Anschluß (1), so wird durch den höheren Druck in Kammer (5) die Membran (4) von der Entlüftung E abgehoben. Die angeschlossenen Leitungen werden dem Druck in der Steuerleitung entsprechend teilweise oder ganz entlüftet.

Druckluft-Bremsanlagen verlangen nur geringe Wartung.

Wartungsvorschriften bei Druckluftbremsanlagen

1. Schläuche und Anschlüsse mit Seifenwasser auf Dichtigkeit prüfen.
2. Die Ventilkegel des Druckreglers alle 2 . . . 3 Monate reinigen.
3. Von Zeit zu Zeit, besonders in der kalten Jahreszeit, das Niederschlagwasser aus den Luftbehältern entfernen. (Wegen des hohen Druckes Vorsicht beim Lösen der Schrauben.) Um im Winter Eisbildung zu verhüten, schüttet man etwa 10 cm^3 Glysantin in die Druckleitung; den Motor dann laufen lassen.
4. Spannung des Keilriemens am Luftkompressor prüfen.

Zur Beachtung beim Ab- und Ankuppeln

5. Kupplungskopf nach dem Abkuppeln nicht auf dem Boden schleifen lassen, sonst dringen Verunreinigungen in die Ventile.

6. Vor dem Abkuppeln Absperrhahn am Zugwagen schließen, damit die Kupplung nicht unter Druck steht. Nach dem Ankuppeln Absperrhahn öffnen, sonst erfolgt keine Bremsung.

4.9.5. Druckluft-Flüssigkeitsbremsen

Die Druckluft-Flüssigkeits-bremse

Die Druckluft-Flüssigkeitsbremse ist eine Vereinigung von Druckluft- und Flüssigkeitsanlage, in der die Druckluftanlage zur Betätigung der Flüssigkeitsbremse angewandt wird. 80% aller Lkw der Welt haben Kombinationsbremsen, meist in Fahrzeugen mit 2,5. . .4,5 t, bei denen Fußkraftunterstützungen (Servo-Geräte) zur Anwendung kommen.

Beim MAN-Lkw werden die Vorderräder hydraulisch, die Hinterräder durch Druckluft gebremst.

Das Bild zeigt die Zusammenhänge zwischen den einzelnen Teilen der Bremsanlage.

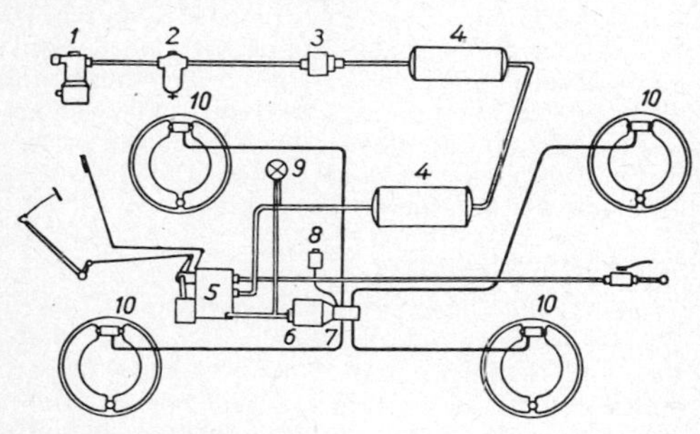

Druckluft-Flüssigkeitsbremse

Der Kraftverlauf beim Bremsen

1 = Luftkompressor
2 = Reifenfüllflasche
3 = Druckregler
4 = Luftvorratsbehälter
5 = Lastzug-Bremsventil
6 = Druckluft-Bremszylinder
7 = Flüssigkeitshauptzylinder
8 = Bremsflüssigkeitsbehälter
9 = Druckluftmesser
10 = Bremszylinder

4.9.6. Die „dritte" Bremse

Die „dritte" Bremse

Neuzugelassene Fahrzeuge über 9 t Gesamtgewicht und einer Geschwindigkeit von mehr als 20 km/h müssen seit dem 1. 1. 1958 mit einer 3. Bremse ausgerüstet sein. Ab 1. 7. 1960 gilt die Vorschrift für alle Fahrzeuge dieser Größenklasse.

Die mechanischen Verzögerungsbremsen (Trommel- oder Scheibenbremsen) sind nicht für Dauerbetrieb ausgelegt. Bei längerer ununterbrochener Bremsbetätigung kann es zu Überhitzungen kommen, die ein Absinken der Bremswirkung („Fading") verursachen.

Der Gesetzgeber schreibt deshalb für die oben genannten Nutzfahrzeuge eine von den Radbremsen unabhängige verschleißfreie Dauerbremse vor.

Es wird dabei gefordert, daß ein voll beladenes Fahrzeug eine Gefällestrecke von 7 % nur mit der Dauerbremse mit einer Beharrungsgeschwindigkeit von 30 km/h befahren kann.

Die 3. Bremse im Motorfahrzeug

In Motorfahrzeugen dient als 3. Bremse:

Motorbremse

a) Motorbremse

Eine Drossel im Auspuff oder eine Verstellung der Steuerzeiten führt zu einer Vergrößerung der negativen Arbeitsfläche im p-V-Diagramm des Motors im Schubbetrieb.

Hydrodynamischer Retarder

b) Hydrodynamischer Retarder

Die hydrodynamische Bremse (Retarder) hat die gleiche Wirkung wie die hydrodynamische (Flüssigkeits-)Kupplung. Beim Retarder steht das Turbinenrad fest, während das Pumpenrad meist von der Kardanwelle angetrieben wird. Die mechanische Energie des Pumpenrades wird in kinetische Energie der Flüssigkeit und diese im feststehenden Turbinenrad in Wärmeenergie umgewandelt. Deshalb ist eine Kühlung der Flüssigkeit notwendig.

Wirbelstrombremse

c) Wirbelstrombremse

Sie setzt sich aus einem feststehenden Teil, dem Stator, mit der Erregerwicklung und einem drehenden Teil, dem Rotor, der mit der durchgehenden Antriebswelle (meist Kardanwelle) verbunden ist, zusammen. Wird die Erregerwicklung mit Strom aus der Batterie oder der Lichtmaschine gespeist, so erzeugt sie ein magnetisches Feld, in dem die rotierende Bremsscheibe (Rotor) Wirbelströme induziert, die zu einem Bremsmoment führen. Die Größe des Bremsmoments ist von der Erregung (Stromstärke) der Statorspule und der Drehzahl der Bremsscheibe (Rotor) abhängig.

Die 3. Bremse im Anhänger

Bei Anhängern ist die Betätigungseinrichtung für die dritte Bremse im Anhänger untergebracht. Bei Grau-Bremsen z. B. wird die dritte Bremse durch elektrische Kontaktgebung vom Motorwagen aus betätigt. Die Übertragung zum Anhänger erfolgt durch ein 7poliges Kabel, bei dem eine freie Ader zu einem elektro-pneumatischen Belüftungsventil verlegt wird. Dieses beaufschlagt ein Druckminderventil, das den auf 1,1 bar geminderten Überdruck auf ein Zweiwegeventil abgibt, dessen Schieber die Gegenseite vom Anhänger schließt, wodurch Bremsluft in die Bremszylinder des Anhängers strömt.

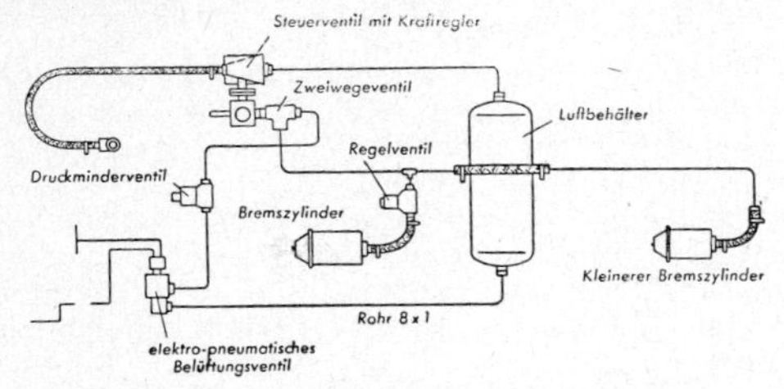

Die dritte Bremse in einer Grau-Bremsanlage

Druckbegrenzer

Beim Betrieb einer 3. Bremse müssen auf Vorder- und Hinterräder gleich große Bremskräfte wirken. Bei verschieden großen Bremszylindern werden deshalb Druckbegrenzer vorgesehen, und zwar wird der auf der Vorderachse sitzende, größere Bremszylinder damit ausgerüstet. Der Druckbegrenzer sorgt dafür, daß bei größeren Bremsdrücken, die außerhalb der Dauerbremsung liegen, beide Bremszylinder voll beaufschlagt werden und damit unterschiedliche Bremskräfte erreicht werden. Bei gleich großen Bremszylindern auf Vorder- und Hinterachse erhält die Hinterachse ein Druckminderventil, das von einer bestimmten Bremsdruckhöhe ab den Zustrom von Bremsluft abschließt.

Auflaufbremsen

a) Auflaufbremsen sind Hilfsbremsen für Anhänger, deren Bremskraft durch den Druck beim Auflaufen des Anhängers auf den Zugwagen ausgelöst wird. Sie setzen eine Zugwagenbremse voraus. Der Auflaufdruck wird durch ein Gestänge auf die Bremsen des Anhängers übertragen. Beim Bremsen des Zugwagens bewegt sich die Zuggabel des Anhängers auf den Zugwagen hin. Zwei ineinanderliegende, gefederte Druckrohre bleiben etwas zurück und über-

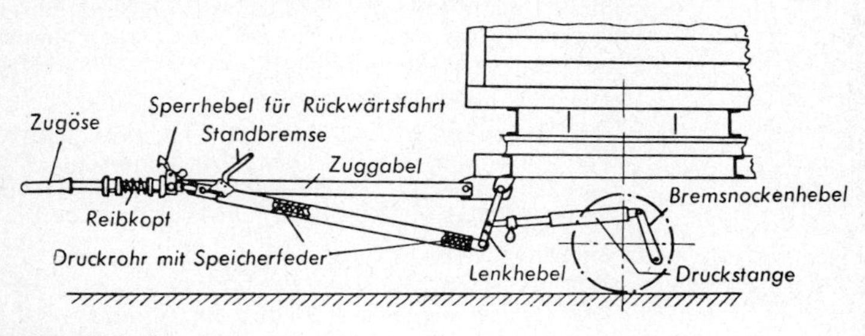

Stoppfix-Auflaufbremse

tragen ihren rückwärtigen Druck über Lenkhebel und Druckstange auf den Bremsnockenhebel, wodurch die Bremsbacken zum Anliegen kommen.

Fallbremsen

b) Fallbremsen müssen nach der StVZO in Tätigkeit treten, wenn die Deichsel eines gelösten Anhängers nach unten fällt. Beim Fallen der Zugstange wirkt eine Druckstange über den Lenkhebel und einen einstellbaren Druckhebel auf den Bremsnockenhebel, so daß sich die Bremsbacken anlegen. Die Zugstange muß im gebremsten Zustande 20 cm Abstand vom Boden haben, sonst erfolgt kein einwandfreies Bremsen.

Abstand der Zugstange vom Boden

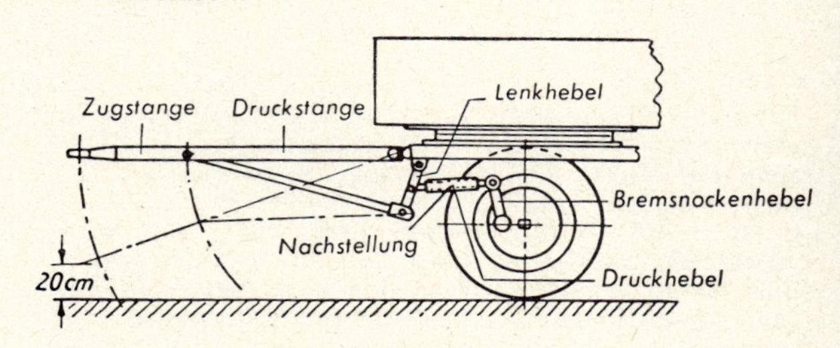

Fallbremse

StVZO § 29

4.9.7. Gesetzliche Vorschriften nach StVZO § 29

Am 31. 12. 1974 wurde im Verkehrsblatt Heft 24 (Amtsblatt des Bundesministers für Verkehr der Bundesrepublik Deutschland) die Neufassung der StVZO veröffentlicht, die am 1. 1. 1975 in Kraft trat.

Hier einige Auszüge aus der Bekanntmachung „Untersuchung der Fahrzeuge":

Die untersuchungspflichtigen Fahrzeuge und Anhänger müssen in bestimmten Zeitabständen auf Funktionssicherheit geprüft werden. Der Umfang der geforderten Prüfungen ist in den nachfolgenden Untersuchungsarten und den dazugehörenden Vorschriften festgelegt.

1. Haupt-Untersuchung (HU)

   Die Hauptuntersuchung soll die Verkehrssicherheit der Kraftfahrzeuge und Anhänger gewährleisten. Die Fahrzeuge müssen deshalb in den vom Gesetzgeber vorgeschriebenen Zeiträumen untersucht werden.

2. Zwischen-Untersuchung (ZU)

   Die Zwischenuntersuchung erfolgt bei den vom Gesetzgeber vorgeschriebenen Fahrzeugarten (siehe Tabelle S. 343 und 344). Bei erstmals zugelassenen

Fahrzeugen, die keinen Zwischen- oder Bremsensonderuntersuchungen unterliegen, kann durch Zwischenuntersuchungen die erste Hauptuntersuchung ersetzt werden. Die Untersuchungen erstrecken sich auf alle für die Verkehrssicherheit wichtigen Teile und Einrichtungen.

3. Bremsen-Sonder-Untersuchung (BSU)

   Bei bestimmten Fahrzeugen sind Bremsensonderuntersuchungen vorgeschrieben (siehe Tabelle unten), die folgende Punkte umfassen müssen:

   a) Sichtprüfung.
   b) Feststellung von Wirkung und Funktion der Bremsanlagen.
   c) Eine innere Untersuchung der Radbremsen nach den Anweisungen der Bremsen- oder Fahrzeughersteller.
   d) Nötigenfalls auch eine innere Untersuchung der einzelnen Bauteile der Bremsanlagen. Diese Untersuchung wird dann vorgenommen, wenn nicht eindeutig zu beurteilen ist, ob die Anlage den Vorschriften entspricht.
   e) Abschlußprüfung.

Zeitabstand der Untersuchungen

Art des Fahrzeugs	Art der Untersuchung HU Monate	ZU	BSU
1. Kraftrad	24	—	—
2. Personenkraftwagen			
allgemein	24	—	—
zur Personenbeförderung nach den Vorschriften des Personenbeförderungsgesetzes	12	—	—
3. Kraftomnibus	12	3	12
4. Lastkraftwagen			
mit einem zulässigen Gesamtgewicht von nicht mehr als 2,8 t	24	—	—
mit einem zulässigen Gesamtgewicht von mehr als 2,8 t, jedoch nicht mehr als 6 t	12	—	—
mit einem zulässigen Gesamtgewicht von mehr als 6 t, jedoch nicht mehr als 9 t	12	—	12
mit einem zulässigen Gesamtgewicht von mehr als 9 t	12	6	12

Art des Fahrzeugs	Art der Untersuchung HU	ZU	BSU
	Monate		
5. Zugmaschinen			
mit einer bauartbestimmten Höchstgeschwindigkeit von nicht mehr als 40 km/h	24	—	—
mit einer bauartbestimmten Höchstgeschwindigkeit von mehr als 40 km/h:			
bei einem zulässigen Gesamtgewicht von nicht mehr als 6 t	12	—	—
bei einem zulässigen Gesamtgewicht von mehr als 6 t	12	6	12
6. Selbstfahrende Arbeitsmaschinen			
mit einem zulässigen Gesamtgewicht von nicht mehr als 6 t	12	—	—
mit einem zulässigen Gesamtgewicht von mehr als 6 t	12	—	12
7. Anhänger			
einachsige Anhänger mit einem zulässigen Gesamtgewicht von nicht mehr als 2 t und Wohnanhänger	24	—	—
andere Anhänger:			
mit einem zulässigen Gesamtgewicht von nicht mehr als 6 t	12	—	—
mit einem zulässigen Gesamtgewicht von mehr als 6 t, jedoch nicht mehr als 9 t	12	—	12
mit einem zulässigen Gesamtgewicht von mehr als 9 t	12	6	12
8. Fahrzeuge, die nicht unter 1. bis 7. fallen	24	—	—
jedoch Krankenkraftwagen mit nicht mehr als 8 Fahrgastplätzen	12	—	—
mit mehr als 8 Fahrgastplätzen	12	3	12

Wenn untersuchungspflichtige Fahrzeuge der genannten Arten ohne Beistellung eines Fahrers gewerbsmäßig vermietet werden, ohne daß sie für den Mieter zugelassen sind, beträgt die Frist für die Anmeldung zur Hauptuntersuchung in allen Fällen 12 Monate. Außerdem sind regelmäßig im Abstand von 6 Monaten Zwischenuntersuchungen durchführen zu lassen. Davon bleibt jedoch der vorgeschriebene Zeitraum von 3 Monaten bei Kraftomnibussen unberührt.

4.10. Die Schmierung des Fahrgestells

Schmierung erhöht die Lebensdauer des Kfz.

Trockene Reibung verursacht Minderung der Gängigkeit, Quietschen, größeren Kraftbedarf, schnellen Verschleiß.

Schmierplan

Deshalb muß Schmierung erfolgen, und zwar regelmäßig in gewissen Zeitabständen nach einem Schmierplan der Herstellerfirma. Geschmiert werden alle federnden, gelenkigen und drehbaren Teile.

Ölschmierung

a) Ölschmierung erhalten: Lenkgetriebe, Federbolzen, Federgehänge, Radlager, Federn, Gelenke und Schiebemuffe der Gelenkwelle, Fußhebelwerk, Motor, Getriebe und Hinterachsgehäuse.

Fett-schmierung

b) Fett erhalten: Hinterachslager, Radkappe, Wälzböcke, ferner die Fettbüchsen für Wasserpumpe und Verteiler.

Keine Schmierung

c) Kein Fett erhalten: Bremsen und Stoßdämpfer.

Schmierungsarten

Man unterscheidet Einzelschmierung und Zentralschmierung.

Einzelschmierung

Einzelschmierung ist Hochdruckschmierung. Die einzelnen Stellen werden mittels Hand- oder Fußpressen oder durch Druckluft bei Drücken bis 300 bar geschmiert.

Die Schmierstellen sind mit Schmiernippeln (Kräder M 6, Wagen M 10) versehen, deren Druckschmierköpfe einen Kugelventilverschluß (Rückschlagventil) haben, so daß weder Staub noch Wasser eindringen kann. Bei Fettbuchsen wird das Schmiermittel durch Anziehen einer Kappe an die Schmierstelle gebracht.

Zentralschmierung

Bei der Zentralschmierung werden alle Schmierstellen durch einen einzigen Druck versorgt.

Die bekannte Eindruck-Zentralschmierung von Vogel besteht aus Ölbehälter, Zylinder mit Kolben und Stößel, Verteiler mit Rohrleitungen.

Wirkungsweise von Pumpen und Verteiler in Ruhestellung

Wirkungsweise

1. Pumpe und Verteiler in Ruhe

   Pumpe: Das Kugelventil zwischen Ölbehälter und Zylinder ist geöffnet. Der Zylinder wird dadurch mit Öl aufgefüllt. Das Öl kann jedoch nicht zum Verteiler abfließen, da der Stößel mittels Feder den Kolben so anzieht, daß die Stößeldichtscheibe die Ablaufbohrung verschließt.

Verteiler: Die Verteilerventile werden durch die Feder nach außen gedrückt und schließen den Auslaß der Ventilkammern. Die Luftkammern sind ölfrei.

in Tätigkeit

2. Pumpe und Verteiler in Tätigkeit

Pumpe: Der durch die Stößelbetätigung erzeugte Druck schließt das Kugelventil. Die Stößeldichtscheibe gibt den Zulauf zum Verteiler frei.

Verteiler: Das Öl wird durch den Kolben in den Verteiler gedrückt. Die Lippen des Verteilerventils werden durch den Öldruck zusammengedrückt und öffnen den Weg nach den Luftkammern. Die eingeschlossene Luft wird verdichtet.

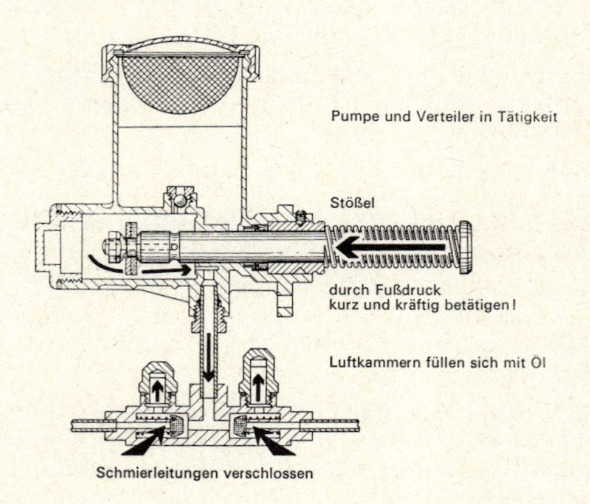

Pumpe in Ruhe und Verteiler in Tätigkeit

3. Pumpe in Ruhe, Verteiler in Tätigkeit

Pumpe: Hört der Pumpendruck auf, so wird das Auslaßventil geöffnet, der Zylinder kann wieder mit Öl aufgefüllt werden. Der Ölabfluß zum Verteiler ist geschlossen.

Verteiler: Die Hauptleitung ist drucklos; die Ventillippen gehen in ihre Ruhestellung zurück. Die verdichtete Luft in den Luftkammern überwindet die Federkraft, öffnet die Kammerauslässe und drückt das Öl langsam nach den Schmierstellen.

Von der Fußdruckpumpe zur automatischen Zentralschmierung

Die Betätigung der Fußpumpe

1. Die Zentralschmierung erfolgte früher alle 100 km durch Fußdruck.

2. Heute verwendet man für Lkw und Obusse die druckluftbetätigte Zentralschmierung, die vom Führerhaus durch einen Druckknopf betätigt wird. Zur Überwachung der Funktion der Anlage dient ein Druckschalter. Ist die Anlage in Ordnung, so leuchtet eine grüne Signallampe auf.

Die druckluftbetätigte Zentralschmierung

3. Die automatische Zentralschmierung bedarf keiner Bedienung durch Fuß oder Hand. Als Kommandostelle für die automatische Schmierung dient der Kilometerzähler, der alle 100 km einen Steuerstromkreis einschaltet, der auf ein Relais wirkt, das eine elektrische Zentralschmierpumpe in Betrieb setzt. Die Pumpe fördert Öl aus einem durchsichtigen Vorratsbehälter in die Verteileranlage, bis ein bestimmter Druck aufgebaut ist. Nach Erreichen des Druckes in der Verteilerleitung wird die Pumpe automatisch ausgeschaltet.

Die automatische Zentralschmierung

Was zu beachten ist.

1. Ölvorrat laufend prüfen und ergänzen.
2. Pumpe während der Fahrt und nur einmal betätigen und kurze Zeit unter Druck halten.
3. Nach dem Auffüllen die Pumpe mehrmals betätigen; Anlage entlüftet sich dabei selbst. Tritt keine Entlüftung ein, dann Ende der Hauptleitung entfernen und so lange pumpen, bis blasenfreies Öl austritt.
4. Beim Nachfüllen niemals das Sieb entfernen.
5. Markenöl verwenden; bei Temperaturen unter 5 °C Winteröl benutzen.
6. Leitungen sauberhalten.

Störungen rechtzeitig beheben.

Störungen

1. Wenn eine Schmierstelle kein Öl erhält, dann untersuchen, ob Verschmutzungen, beschädigte Leitungen oder undichte Rohrverschraubungen vorliegen; entsprechend instand setzen.
2. Wenn die gesamte Anlage kein Öl erhält, brennt bei Schmieranlagen mit Signallampe diese nicht.
   a) Ölstand prüfen; auffüllen (bei leerem Behälter brennt die rote Signallampe).
   b) Kraftseitig den Druck überprüfen, u. U. Rohrleitung für Rohranschluß an der Pumpe lösen und Ventil betätigen.
   c) Druckluftventil prüfen.
   d) Pumpe prüfen: Hauptanschluß an der Pumpe lösen und Ventil betätigen. Tritt kein Öl aus und ist das Vorgehen des Kolbens nicht wahrzunehmen, so muß die Pumpe ausgebaut werden.

5. Die elektrische Ausrüstung

5.1. Elektrischer Strom und Stromkreis

Im Kraftfahrzeug wird für die verschiedensten Zwecke elektrische Energie benötigt. Zur Bildung des Zündfunkens, zum Anlassen des Fahrzeugs, für die Leuchten, zur Betätigung der Blinkanlage, des Signalhorns und der Scheibenwischer und für manche andere Zwecke ist Elektrizität notwendig. Sie wird im Kraftfahrzeug selbst erzeugt.

Träger der elektrischen Energie sind die Elektronen.

Elektronen

Elektronen sind Teile des Atoms. Sie sind negativ geladen und umkreisen den positiven Kern auf bestimmten Bahnen (z. B. in einem Alu-Atom 13 Elektronen auf 3 Bahnen). Jedem positiven Kernteilchen entspricht ein negatives Elektron auf der Bahn. Demnach umkreisen nur so viel Elektronen den Atomkern, wie dieser positive Kernbausteine (Protonen) hat.

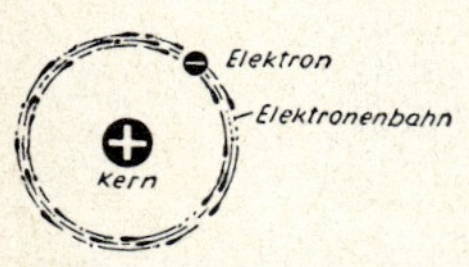

Wasserstoffatom-Schema

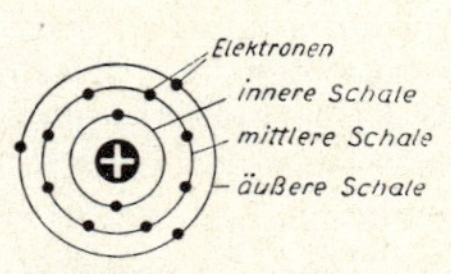

Aluminiumatom-Schema

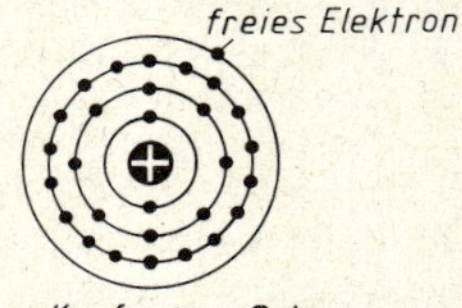

Kupferatom-Schema

Freie Elektronen

In Metallen sind Elektronen der äußeren Bahn nicht mehr fest an ihren Atomkern gebunden, sie können sich zwischen den Atomrümpfen frei bewegen, man nennt sie freie Elektronen.

Gleichgewicht und Störungen

Im allgemeinen verfügt ein Stoff über ebensoviele positive wie negative Ladungen. Man spricht dann von einem Ladungsgleichgewicht. Wird beispielsweise durch Reibung, Magnetismus, durch chemischen Einfluß im galvanischen Element ein Elektron aus seinem Atomverband herausgelöst oder zu einem Atom hinzugefügt, so wird das Gleichgewicht gestört. Bei Abspaltung eines (negativen) Elektrons ist der Atomrest positiv geladen (positives Ion), bei Aufnahme eines Elektron wird das Atom negativ geladen (negatives Ion).

Körper mit Elektronenmangel sind positiv, mit Elektronenüberschuß negativ geladen.

Das Fließen des elektrischen Stromes

Bei Störung des Gleichgewichtes haben die Elektronen das Bestreben, einen Ausgleich herzustellen, indem sie vom negativ geladenen Ende eines Körpers zum positiv geladenen abwandern. Die Bewegung von Elektronen nennen wir elektrischen Strom.

Elektrischer Strom kann nur in einem geschlossenen Stromkreis fließen.

Der geschlossene Stromkreis

Der elektrische Strom fließt von der Stromquelle (Generator oder Batterie) durch die elektrischen Leitungen zu den Verbrauchern (Leuchten, Blinker, Horn usw.) und zurück zur Stromquelle. Der Stromkreis kann durch einen Schalter ein- und ausgeschaltet werden.

Im Kraftfahrzeug wird meist das Einleitersystem angewandt.

Das Zweileitersystem im Kfz

Bei der Lichtleitung in unseren Wohnungen sind die Verbraucher mit 2 Leitern an die Stromquelle angeschlossen: Zuleitung von der Stromquelle zum Verbraucher, Rückleitung vom Verbraucher zur Stromquelle = Zweileitersystem. Es wird im Prinzip auch im Kraftfahrzeug angewandt. Strom fließt von der Lichtmaschine über die Verbraucher zur Lichtmaschine zurück. Allerdings führt von der Stromquelle nur ein Leiter zu den Verbrauchern; als Rückleitung wird dann die Masse des Fahrzeugs (alle Metallteile) benutzt. Man bezeichnet diese Anordnung als Einleitersystem.

Das Einleitersystem

Vorteile

Vorteile: Nur ein Leiter; zuverlässiger, da Kurzschluß und Brandgefahr geringer; übersichtlicher und einfacher in der Wartung.

Der Strom fließt vom Pluspol zum Minuspol.

Die Anschlußstellen an der Stromquelle

Die Anschlußstellen an der Stromquelle nennt man Pole. Der Pol, an dem Elektronenüberschuß herrscht, heißt negativer oder Minuspol (—), der Pol mit Elektronenmangel positiver oder Pluspol (+).

Der Stromfluß

Da die Elektronen aus dem Überschußraum in den Mangelraum wandern, fließt der elektrische Strom demnach vom Minuspol zum Pluspol. Bevor man Kenntnis vom Elektronenfluß hatte, wurde angenommen, daß der elektrische Strom vom Pluspol zum Minuspol fließe; dies ist die Bewegungsrichtung positiver Ladungsträger (z. B. in Elektrolyten).

Diese Bewegungsrichtung der Elektronen wird technische Stromrichtung genannt. Die technische Stromrichtung ist der Elektronenflußrichtung entgegengesetzt.

5.1.1. Grundbegriffe der Elektrotechnik

Spannung

Spannung

Besteht auf der einen Seite eines Leiters ein Elektronenüberschuß, auf der anderen Seite ein Elektronenmangel, so besteht zwischen Überschuß- und Mangelraum eine Spannung.

Die vielen (negativ geladenen) Elektronen, die sich gegenseitig abstoßen, wollen dann vom Überschußraum in den Mangelraum. Man kann die elektrische Spannung in etwa mit dem Druckunterschied vergleichen, der zwischen zwei Gefäßen verschiedenen Innendrucks herrscht.

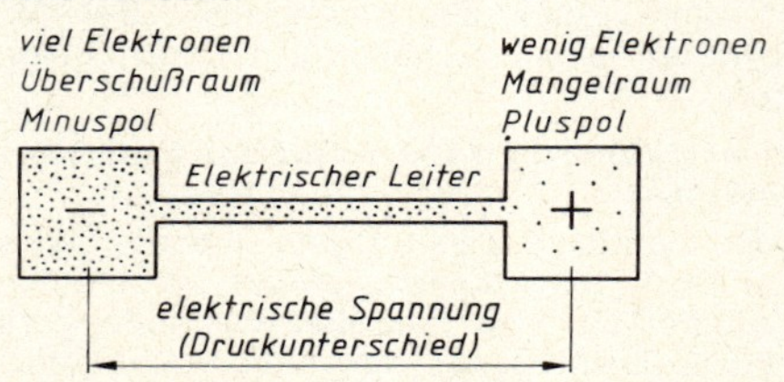

Eine elektrische Spannung muß vorhanden sein, wenn ein elektrischer Strom fließen soll.

Messen der Spannung

Die Größe der Spannung wird mit dem Voltmeter in Volt (V) (Volta, ein italienischer Physiker, 1745–1827) gemessen. Um die Spannung zu messen, muß man das Voltmeter parallel zur Spannungsquelle (zum Verbraucher) schalten.

Voltmeter

Stromstärke

Stromstärke

Stromstärke ist die Anzahl der Elektronen, die in 1 Sekunde durch den Querschnitt eines Leiters fließen. Je mehr Elektronen durch einen Leiterquerschnitt fließen, desto stärker ist der Strom.

Messung der Stromstärke

Die Stromstärke wird gemessen mit einem Amperemeter in Ampere (A). (Ampère, französischer Physiker, 1775–1836).

Amperemeter

Um die Stromstärke zu messen, schaltet man das Amperemeter in Reihe zum Verbraucher.

Widerstand

Widerstand

Das Innere des elektrischen Leiters wirkt wie ein Gitterwerk, das den Durchfluß der Elektronen hemmt. Diese Hemmung wird mit Widerstand bezeichnet und in Ohm (Ω) gemessen (Ohm, deutscher Physiker, 1787–1854).

Abhängigkeit des Widerstandes

Die Größe des Widerstandes ist abhängig

a) vom Leitungsmaterial: Kupfer hat z. B. einen geringeren spezifischen Widerstand als Aluminium oder Eisen,

b) von dem Leitungsquerschnitt: Je geringer der Querschnitt, desto mehr wird der Elektronenfluß gehemmt,

c) von der Länge des Leiters: Je länger der Leiter, desto größer der Widerstand.

Widerstand R

$$= \frac{\text{spezifischer Widerstand } \varrho \times \text{Leiterlänge } l}{\text{Leiterquerschnitt } A}$$

$$\boxed{R = \frac{\varrho \cdot l}{A}}$$

Ohm entdeckte 1826 die Zusammenhänge zwischen Stromstärke, Spannung und Widerstand.

Ohm und das Ohmsche Gesetz

Er fand:

Je höher die Spannung, desto größer die Stromstärke (bei konstantem Widerstand).

Ohmsches Gesetz:

$$\text{Stromstärke} = \frac{\text{Spannung}}{\text{Widerstand}} \quad \boxed{I = \frac{U}{R}}, \; R \text{ konstant}$$

Die elektrische Leistung ist abhängig von Spannung und Stromstärke.

Elektrische Leistung

Je größer Spannung und Stromstärke, desto größer die elektrische Leistung.

Elektrische Leistung =
Spannung × Stromstärke

$$\boxed{P = U \cdot I}$$

Die Einheit der elektrischen Leistung ist das Watt (W): 1 W = 1 V · 1 A, 1 kW = 1000 W.

Einheit der Leistung

Die elektrische Arbeit

Elektrische Arbeit

Elektrische Arbeit =
Elektrische Leistung × Zeit

$$\boxed{W = P \cdot t}$$

Wegen $P = U \cdot I$ kann man

auch schreiben:

$$\boxed{W = U \cdot I \cdot t}$$

Die elektrische Arbeit wird in Wattsekunden (Ws) bzw. in Kilowattstunden (kWh) gemessen: 1 kWh = $3{,}6 \cdot 10^6$ Ws.

Einheit der Arbeit

5.1.2. Wirkungen des elektrischen Stromes

Wärme-
wirkungen

Wärmewirkung

Ein stromdurchflossener Leiter erwärmt sich. Anwendung: Glühkerzen, Zigarrenanzünder, Heckscheibe, Wagenheizung.

Lichtwirkungen

Lichtwirkung

Ein dünner, stromdurchflossener Draht, z. B. aus Wolfram, gerät in Weißglut, so daß er Licht spendet. Anwendung: Lampen.

Chemische
Wirkungen

Chemische Wirkung

Der elektrische Strom bewirkt chemische Umwandlungen in der Batterie.

Magnetische
Wirkungen

Magnetische Wirkung

Um einen stromdurchflossenen Leiter bildet sich ein Magnetfeld aus.

Voraussetzung zur Erzeugung einer Spannung

5.1.3. Die Erzeugung des magnetischen Feldes

Spannung kann mit Hilfe eines Magnetfeldes erzeugt werden, wie es bei Permanent- oder Elektromagneten vorhanden ist.

Magnetisches Feld

Um einen Magneten bildet sich ein magnetisches Feld.

Feldlinien

Hält man einen Magneten unter einen mit Eisenfeilspänen bestreuten Pappkarton oder unter eine Glasplatte, so ordnen sich die Feilspäne zu regelmäßigen Linien, die magnetische Feldlinien heißen. Sie sind an den Polen am dichtesten, daher ist hier die Feldstärke am größten. Außerhalb des Magneten laufen die Kraftlinien vom Nordpol zum Südpol.

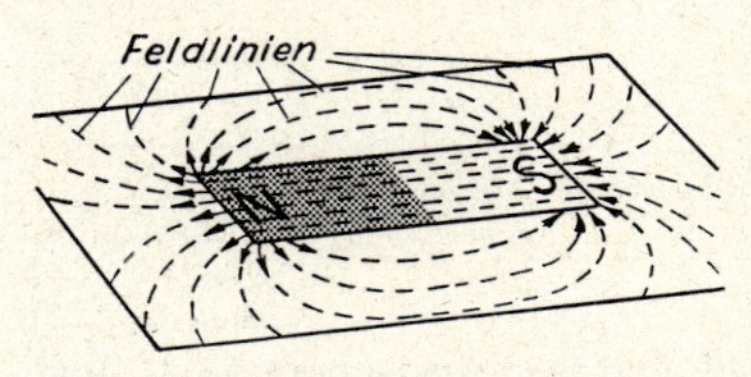

Späne dünn streuen und auf das Papier klopfen

Magnetisches Feld

Der Elektromagnet und das magnetische Feld

Auch um einen Elektromagneten entsteht ein magnetisches Feld.

Eine stromdurchflossene Spule wirkt wie ein Stabmagnet. Auch hier bildet sich ein magnetisches Kraftlinienfeld.

Die Verstärkung der magnetischen Kraft

Bringt man in das Innere einer stromdurchflossenen Spule einen Eisenkern (Elektromagnet), so wird die magnetische Kraft stärker, weil die Kraftlinien leichter durch den Kern als durch Luft fließen.

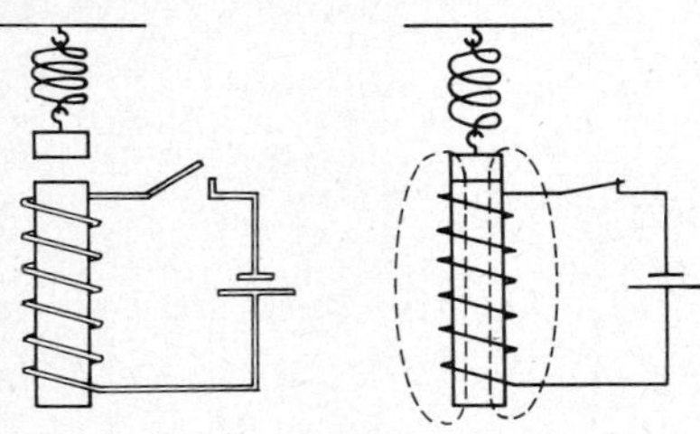

Wirkung des Elektromagneten

Abhängigkeit der Stärke des Magnetfeldes

Die Stärke des Magnetfeldes ist abhängig vom Eisenmaterial des Kerns, von der Stromstärke und von der Windungszahl der auf den Kern aufgebrachten Spule.

Richtungsbestimmung von Magnetfeldern

Zur Richtungsbestimmung von Magnetfeldern gilt die Rechtsschraubenregel: Wird eine Rechtsschraube so gedreht, daß sie sich in Stromrichtung fortbewegt, so ist die Richtung der magnetischen Feldlinien gleich der Drehrichtung der Schraube.

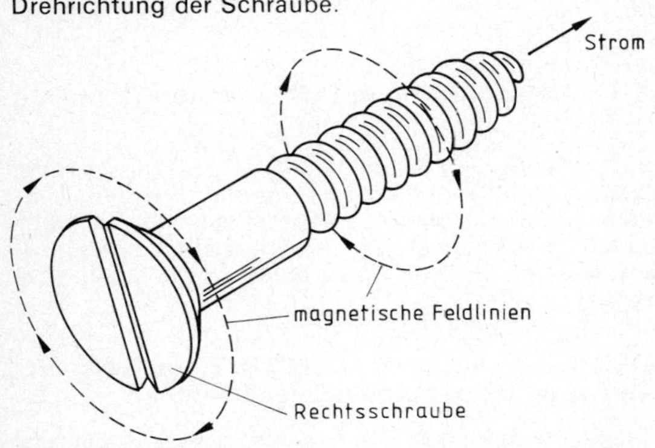

Die Änderung der Magnetfeldrichtung kann durch Änderung der Stromrichtung erreicht werden.

Zusammensetzung des Magnetfeldes einer Spule

Das Magnetfeld einer Spule setzt sich aus den magnetischen Feldern der einzelnen Windungen zusammen.

Strom- und Magnetfeldrichtung

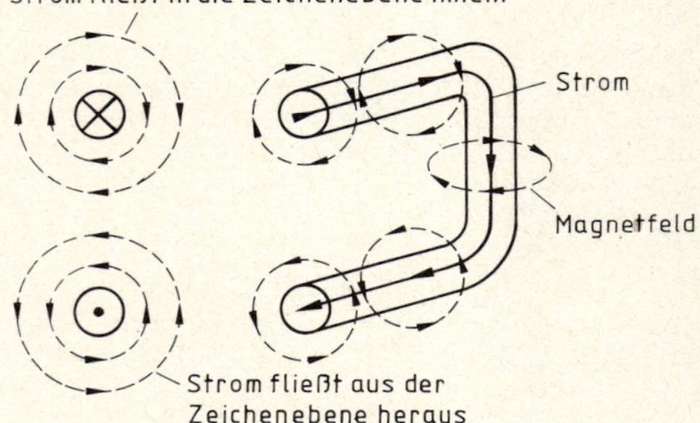

Stromdurchflossener Leiter mit Magnetfeld

Verlauf magnetischer Feldlinien

Magnetische Feldlinien sind in sich geschlossen. Sie treten am Nordpol des Magneten aus und am Südpol wieder ein.

Elektromagneten im Kraftfahrzeug

Der Elektromagnet findet Anwendung u. a. im Spannungsregler der Lichtmaschine, bei Relais, in den Feldern von Generatoren und Anlassern.

5.1.4. Die Erzeugung der elektrischen Spannung

Die Induktion

Durch elektrischen Strom kann – wie wir gesehen haben – ein Magnetfeld hervorgerufen werden. Umgekehrt kann auch durch ein Magnetfeld eine elektrische Spannung in einem Leiter erzeugt werden. Den Vorgang nennen wir Induktion (inducere = hineinführen, erregen).

Durch Bewegen eines Leiters in einem Magnetfeld entsteht eine Induktionsspannung.

Das Bewegen eines neutralen Leiters im magn. Feld

Wird ein gerader Leiter in einem Magnetfeld so bewegt, daß die magnetischen Feldlinien geschnitten werden, dann entsteht im Leiter eine Induktionsspannung.

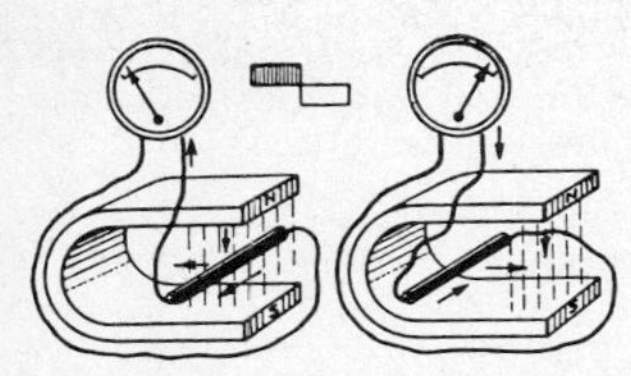

Der Wert der Induktionsspannung hängt ab von der Feldstärke, der Leitergeschwindigkeit und der Leiterlänge.

Wert der Induktionsspannung

Die Richtung des Induktionsstromes wird nach der „Rechte-Hand-Regel" bestimmt:

Richtungsbestimmung

Hält man die rechte Hand so in das Magnetfeld, daß die Kraftlinien in die offene Hand eintreten und der gespreizte Daumen die Bewegungsrichtung des Leiters angibt, so fließt der Strom in Richtung der Fingerspitzen.

Die „Rechte-Hand-Regel"

Bei entgegengesetzter Bewegung wird auch die Stromrichtung umgekehrt, desgleichen bei Änderung der Feldrichtung.

Umkehren der Stromrichtung

Auch durch Spulen kann eine Induktionsspannung erzeugt werden.

Eine Induktionsspannung entsteht auch

Die elektrische Spannung in einer Spule

1. durch Bewegen eines Magneten in einer Spule. Die Spulenwindungen schneiden dann die Feldlinien des Magneten,

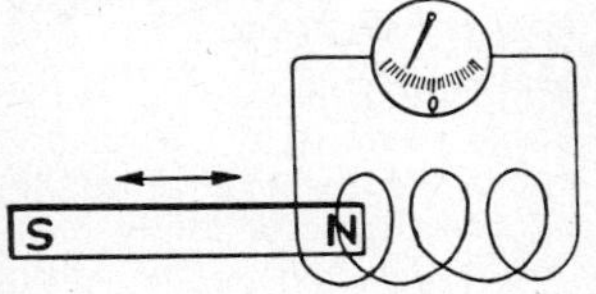

2. durch Ein- und Ausschalten eines elektrischen Stromes in der Primärspule zweier ineinandergesteckter Spulen. Beim Ein- und Ausschalten des Stromes in der Primärspule kommt es zu einer plötzlichen Magnetfeldänderung. Bedingt durch diese Magnetfeldänderung wird in der Sekundärspule eine Spannung induziert. Diese Induktionsspannung findet z. B. bei Zündspulen von Kraftfahrzeugen Anwendung.

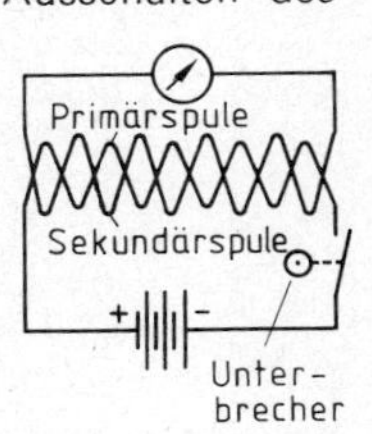

5.2. Stromerzeugende Maschinen

Die Spannungserzeugung durch Induktion kommt in Generatoren zur Anwendung.

Anwendung der Spannungserzeugung durch Induktion

Generator: Mechanische Energie (Bewegung eines Ankers in einem magnetischen Feld) wird in elektrische Energie umgewandelt.

Elektromotor: Zugeführte elektrische Energie wird in mechanische Energie (Drehen des Ankers) umgewandelt.

In Generatoren wird durch die Bewegung eines Ankers in einem magnetischen Feld mechanische in elektrische Energie umgewandelt.

Teile eines Generators

Ein Generator besteht aus:

1. Polgehäuse (Joch und Pole).
2. Anker (viele Drahtwindungen um einen Weicheisenkern aus dünnen Dynamoblechen).
3. Kommutator oder Kollektor (Stromwender). Sie nehmen die Enden der Spulenwindungen auf.
4. Kohlebürsten (die den Strom zur Weiterleitung in das Netz aufnehmen).

Das Magnetfeld wird in kleinen Maschinen (Fahrraddynamo) durch Dauermagnete, in größeren Maschinen (Lichtmaschinen) durch einen Elektromagneten erzeugt.

Durch mechanische Bewegung der Drahtschleifen des Ankers wird eine Spannung induziert, wenn die Spulenwindungen Feldlinien schneiden.

Wechselstrom und seine Entstehung

Wechselstrom entsteht durch „Wechseln" der Stromrichtung.

Wird eine Drahtschleife durch Drehen aus der neutralen Zone bewegt, so schneidet sie immer mehr Kraftlinien, wodurch eine Induktionsspannung erzeugt wird, die bei 90° ihren höchsten Wert erreicht. Bei Weiterdrehen werden immer weniger Feldlinien geschnitten, bis bei 180° für einen Augenblick keine Induktion entsteht. Danach steigt die Spannung bis zu einer Drehung von 270°, um bei 360° den Wert Null zu erreichen.

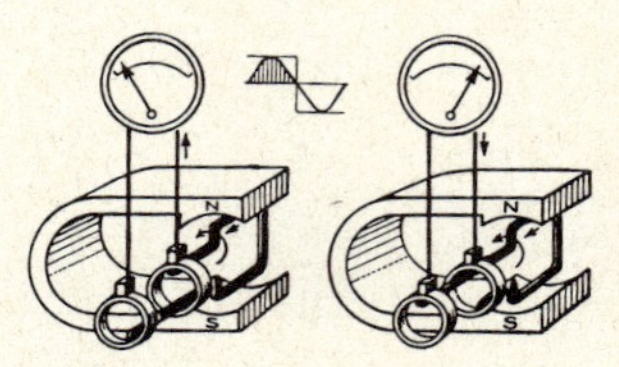

Nach der „Rechte-Hand-Regel" wechselt der Strom bei Durchlaufen der neutralen Zone seine Richtung, weshalb wir ihn Wechselstrom nennen.

Wechselstrom

Charakteristisches bei Wechselstrom-Generatoren

Bei einem Wechselstrom-Generator besteht die Ankerwicklung aus einem fortlaufenden Draht. Wechselstrom wird z. B. in Magnetzündern angewendet.

Der Gleichstrom und die Gleichrichtung

Bei Gleichstrom fließt der Strom immer in der gleichen Richtung.

Die Gleichrichtung erfolgt durch einen Stromwender (Kommutator). Bei einer Drahtschleife nimmt man statt zweier Schleifringe nur einen Schleifring, der aus zwei voneinander isolierten Hälften besteht. In jede Hälfte mündet ein Ende der Leiterschleife.

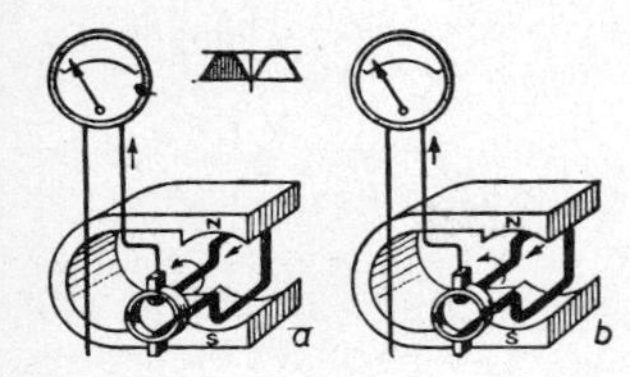

Gleichgerichteter Strom

Der Stromfluß in einer Schleife

Der Strom fließt in der oberen Schleife von hinten nach vorn in die obere Schleifringhälfte. Bei Drehung um 180° fließt der Strom in der zweiten Hälfte der Drahtschleife, die nun oben liegt, auch von hinten nach vorn, so daß in der oberen Bürste stets ein in gleicher Richtung fließender Strom abgenommen wird.

Charakteristik des Gleichstromgenerators

Das Wesentliche des Gleichstrom-Generators besteht darin, daß die Ankerwicklungen nicht aus einem fortlaufenden Draht, sondern aus einer Anzahl von Windungen besteht, von denen jede in ein Segment des Kollektors mündet.

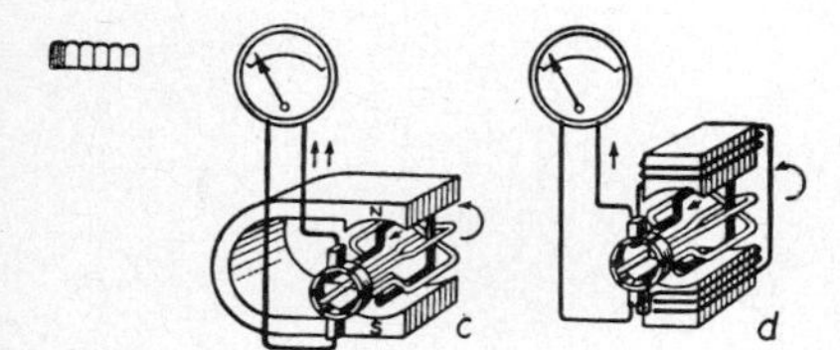

Gleichstrom

Gleichspannung

Eine annähernde Gleichspannung wird dadurch erreicht, daß eine große Anzahl von Leiterschleifen auf einen Anker gewickelt wird. Durch die Überschneidung der einzelnen Kennlinien entsteht eine Spannungskurve mit nur geringen Schwankungen.

Beim Anlaufen beeinflussen sich Feld- und Ankerwicklung.

Gegenseitiges Beeinflussen von Feld- und Ankerwicklung beim Anlaufen

Die Feldwicklung in einem Gleichstrom-Generator ist in mehreren Windungen um die Pole gelegt. Sie erhält ihren Strom vom Anker. Ist einmal ein elektrischer Strom durch die Feldwicklung geflossen, so bleibt der Kern immer magnetisch, wenn auch nur schwach (Remanenzmagnetismus). Wird ein Anker in einem solchen schwachen Magnetfeld gedreht, so entsteht in ihm schon beim Anlaufen eine geringe Spannung, deren Strom das magnetische Feld verstärkt, wodurch die Spannung weiter ansteigt. Feld- und Ankerwicklung beeinflussen sich also, und zwar so lange, bis die Feldmagnete gesättigt sind. (dynamo-elektrisches Prinzip, entdeckt von Werner v. Siemens 1816–1892).

Die Hauptstrommaschine

Der im Anker erzeugte Strom kann ganz oder nur zu einem Teil in die Feldwicklung geschickt werden.

Wird der gesamte im Anker erzeugte Strom in die Feldwicklung geschickt, ehe er in den äußeren Stromkreis gelangt, so haben wir eine Hauptstrommaschine (Reihenschlußmaschine); Anker, Feldwicklung und äußerer Stromkreis sind hintereinandergeschaltet.

Die Nebenschlußmaschine und ihre Verwendung

Schickt man nur einen Teil des im Anker erzeugten Stromes durch die Feldwicklung zur Erzeugung eines magnetischen Kraftfeldes, während der größere Teil des Stromes unmittelbar den Verbrauchern zugeführt wird, so sprechen wir von einer Nebenschlußmaschine. Bei dieser sind Feldwicklung und äußerer Stromkreis parallel geschaltet. Um ein ausreichendes Magnetfeld aufzubauen, muß die Feldwicklung eine große Anzahl von Windungen haben (Lichtmaschine).

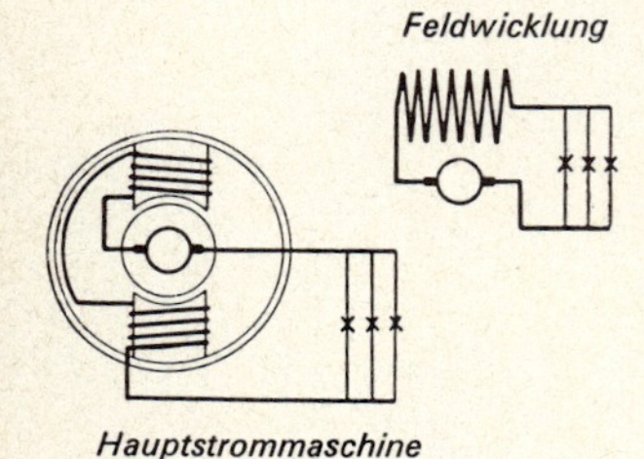

Hauptstrommaschine

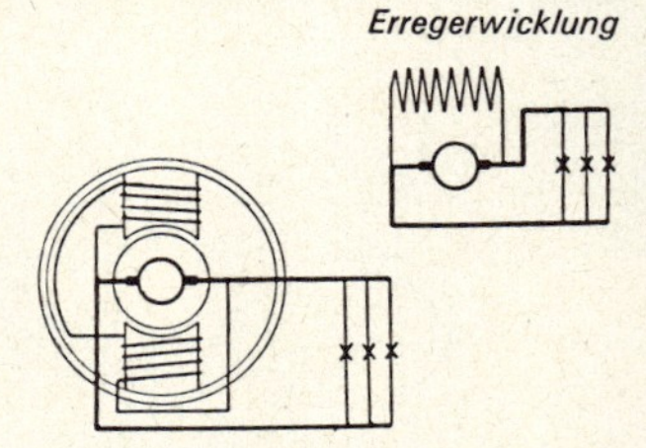

Nebenschlußmaschine

5.2.1. Der Gleichstromgenerator („Lichtmaschine")

Der Generator „erzeugt" die für das Kraftfahrzeug benötigte elektrische Energie.

Aufgabe der Lichtmaschine

Die Lichtmaschine versorgt die *Verbraucher* mit Strom und lädt die *Batterie* auf.

Größe der Nennleistung

Die Nennleistung der Lichtmaschine muß etwas größer sein als der Gesamtverbrauch der jeweils eingeschalteten Verbraucher, so daß mit dem Überschuß noch die Batterie geladen werden kann.

Übliche Nennleistungen

Übliche Nennleistungen von Lichtmaschinen: 60, 75, 100, 130, 160 Watt und mehr.

Die Betriebsspannung beträgt 6 Volt oder 12 Volt, in schweren Fahrzeugen auch 24 Volt.

Übliche Betriebsspannungen

Leistungsbedarf einiger Verbraucher

Der Leistungsbedarf einiger Verbraucher

Anlasser:		Zündspule	15 W
Pkw	800...3000 W	Frostschutzscheibe	40...60 W
Lkw	2200...12000 W	Blinker	18...21 W
Scheinwerfer	35 W	Horn	25...40 W
asymmetrische	45/40 W	Scheibenwischer	15 W
Breitstrahler	35 W	Ladekontrollampe	1,5 W
Nebellampe	35 W	Glühkerze für Diesel	60...70 W
Standlicht	5 W		
Stopplicht	15 W		

Die „Lichtmaschine" ist ein Gleichstrom-Nebenschluß-Generator mit Selbsterregung.

Die „Lichtmaschine"

Generator = Spannungserzeuger.

ein Generator

Nebenschlußmaschine: Erregerstrom wird dem Ankerstrom entnommen; Feldwicklung liegt parallel zur Ankerwicklung.

eine Nebenschlußmaschine

Selbsterregung: Generator sorgt selbst durch Schneiden der anfangs schwachen magnetischen Feldlinien für die Erregung des Feldes.

eine selbsterregende Maschine

Gleichstrom: Die induzierte Wechselspannung wird mit Hilfe des Kollektors gleichgerichtet und ist damit Ursache für das Fließen eines Gleichstromes.

eine Gleichstrommaschine

Der Spannungsregler sorgt für eine gleichmäßige Spannung.

Heute werden nur noch spannungsregelnde Lichtmaschinen gebaut. Sie haben einen Spannungsregler. In kleinen Lichtmaschinen ist der Regler eingebaut oder aufgesetzt, bei anderen in einem Reglerkasten „weggebaut" (heute meistens).

Heutige Bauart der Lichtmaschinen

Unterbringung des Reglers

Aufgabe der Spannungsregler

Aufgabe der Spannungsregler

1. Der Spannungsregler soll die *Spannung*, die von der Drehzahl der Lichtmaschine abhängig ist, in den erforderlichen Grenzen halten,
2. die Lichtmaschine vor *Überlastung* schützen.
3. Der Rückstromschalter des Reglers *verbindet* oder *trennt* die Lichtmaschine mit bzw. von der Batterie, wenn die Einschaltspannung über- bzw. unterschritten wird.

Generatoren bedürfen einer Regelung

Wie bereits beschrieben, ist die Höhe einer Induktionsspannung abhängig von:

1. der Feldliniendichte (≙ Stromstärke des Erregerstromes),
2. der wirksamen Leiterlänge (≙ Anzahl der Ankerwicklungen),
3. der Geschwindigkeit der Feldänderung (≙ Drehzahl des Ankers).

Von diesen 3 Größen liegt die Anzahl der Ankerwicklungen konstruktiv fest. Die Drehzahl des Generators, der über einen Keilriemen angetrieben wird, schwankt aber mit der sich ändernden Drehzahl des Verbrennungsmotors. Folglich würde auch die induzierte Spannung im gleichen Verhältnis schwanken, falls die Erregung konstant gehalten würde. Das Prinzip der Spannungsregelung beruht jetzt darauf, daß man einem Anstieg der Regulierspannung, die bereits bei Leerlaufdrehzahl des Motors erreicht ist, durch eine Schwächung des Erregerfeldes entgegenwirkt.

Prinzip der Spannungsregelung

Unterscheidung der Regler

Reglerschalter können nach der Anzahl der Regelelemente, Spannungsregler nach ihren Kennlinien unterschieden werden.

Unter einem Regelelement versteht man dabei einen Elektromagneten (= Eisenkern mit einer oder mehreren Spulen) mit den zugehörigen Kontakten.

Der Begriff Reglerschalter beinhaltet, daß für Gleichstrom-Generatoren außer einem Spannungsregler ein Rückstromschalter erforderlich ist.

Rückstromschalter

Der *Rückstromschalter* hat die Aufgaben,

1. die Batterie mit dem Generator zu verbinden, wenn die Einschaltspannung erreicht ist (≈ 2,2 V/Zelle),
2. Generator und Batterie zu trennen, wenn ein Rückstrom von der Batterie in die Lichtmaschine fließt.

Aufbau

Er besteht aus einem Eisenkern mit einer Spannungs- und einer Stromspule, die gleichsinnig gewickelt sind, und den zugehörigen Kontakten.

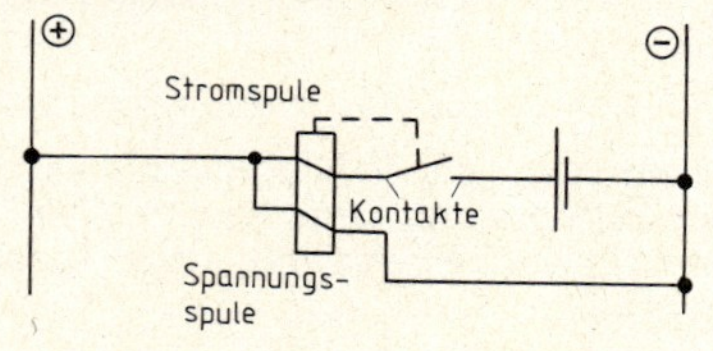

Solange die Einschaltspannung nicht erreicht ist, sind die Kontakte geöffnet, und damit ist die Verbindung Generator – Batterie unterbrochen. Bei Erreichen der Einschaltspannung überwindet die magnetische Kraft der allein vom Strom durchflossenen Spannungsspule die Federspannung. Generator und Batterie werden miteinander verbunden. Das Feld der jetzt ebenfalls durchflossenen Stromspule verhindert zusammen mit dem der Spannungsspule ein Flattern der Kontakte.

Funktion

Fällt die Spannung des Generators unter die Batteriespannung, so tritt ein Strom in entgegengesetzter Richtung, also ein Rückstrom, auf. Die Stromspule wird jetzt in entgegengesetzter Richtung vom Strom durchflossen; ihr Feld wirkt dem der Spannungsspule entgegen. Die Federkraft überwiegt und öffnet die Kontakte. Der Rückstrom, der zum Verbrennen der Maschine führen würde, wird sofort unterbrochen. Die kurzen Rückstromstöße erreichen Werte zwischen 3 und 12 A, je nach Größe des Generators.

Rückstrom

Spannungsregler

Ein *Einkontakt-Spannungsregler* mit starrer Kennlinie würde zu seinem Aufbau mit einer Spannungsspule und einem Widerstand auskommen. Er ist zwar in der Praxis nicht üblich, doch ist an ihm das Regelprinzip am einfachsten zu erklären.

Aufbau

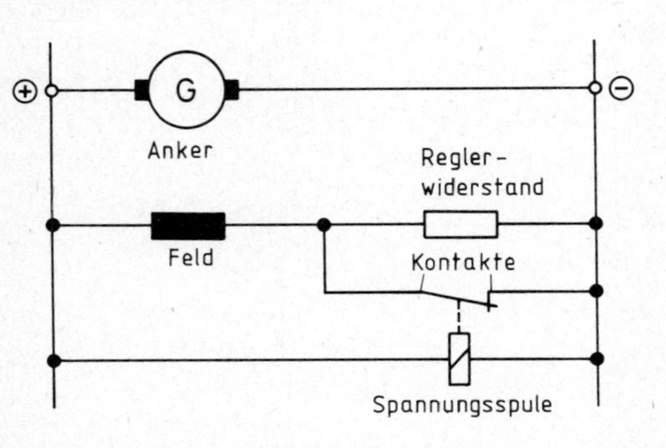

Funktion

In Unterlage des Reglers sind die Kontakte geschlossen; der Erregerstrom fließt also von + über das Feld und die Kontakte direkt an Masse; er ist entsprechend hoch; das Feld wird voll erregt. Steigt jetzt infolge höherer Drehzahl die Spannung etwas an, wird durch die magnetische Kraft der Spannungsspule der Kontakt geöffnet. Der Regler befindet sich nun in Oberlage, d. h., zum Feld ist ein Regelwiderstand in Reihe geschaltet, so daß die Erregerstromstärke abfällt und das Feld geschwächt wird. Die Spannung sinkt wieder, und das Spiel beginnt erneut. So pendelt die Spannung mit nur geringen Schwankungen um einen Wert, den man Regulierspannung nennt (2,3 . . . 2,4 V/Zelle).

Die Regelfrequenz (Häufigkeit des Regelvorgangs in einer Zeiteinheit) beträgt 50 . . . 200 1/s.

Neigregler Ein oben beschriebener Regler berücksichtigt nicht die Belastung des Generators; er würde unabhängig von der abgegebenen Stromstärke die Spannung auf gleicher Höhe halten, wodurch die Maschine überlastet würde. Um eine geneigte Kennlinie zu erhalten (= abfallende Regulierspannung bei zunehmender Belastung), muß die abgegebene Stromstärke zur Spannungsregelung herangezogen werden. Das geschieht, indem man eine zusätzliche Stromspule mit der Spannungsspule auf den gleichen Kern wickelt.

Knickregler Ein in der Konstruktion aufwendiger Regler ist der 3-Elemente-Knickregler, der im Prinzip zunächst ein starrer Regler ist. Erst im Augenblick der Überlastung tritt ein zusätzliches Regelelement – der Stromregler – in Tätigkeit, so daß die Spannung steil abfällt und sich der für die Kennlinie typische Knick ergibt, der dem Regler seinen Namen verdankt.

In zunehmendem Maße werden heute Regler mit elektronischen Bauelementen (z. B. Variodenregler oder Transistorregler) verwendet.

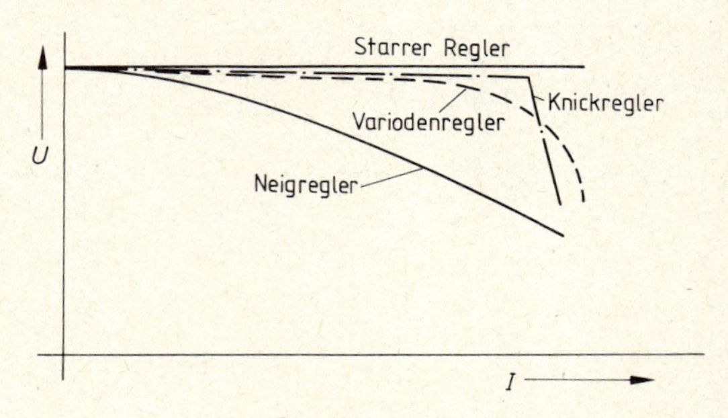

Regelkennlinien

5.2.2. Der Drehstromgenerator

Allgemeines Bei vielen Kraftfahrzeugen finden anstelle der Gleichstrommaschinen Drehstromgeneratoren Verwendung. Der erzeugte Drehstrom wird mit Hilfe von Gleichrichtern in Gleichstrom umgeformt. Die Gleichrichter ersetzen sozusagen den Kollektor der Gleichstrommaschine.

Drehstrom

Die Drehstromerzeugung erfolgt grundsätzlich so wie bei den großen Generatoren in Kraftwerken. Der ruhende Teil, *Ständer* genannt, hat drei Wicklungen. In jeder Wicklung wird Wechselstrom erzeugt. Durch entsprechende Anordnung der Wicklungen wird erreicht, daß diese Wechselströme zeitlich nacheinander auftreten. Je nach Schaltung der Wicklungen unterscheidet man zwischen Sternschaltung und Dreieckschaltung.

Der sich drehende Teil der Maschine, *Läufer* genannt, trägt die Magnetwicklung und wird über zwei Schleifringe mit Gleichstrom versorgt. Im Gegensatz zur Gleichstrommaschine wird beim Drehstromgenerator die erzeugte Energie vom ruhenden Teil abgenommen. Das ist ein Vorteil, besonders, wenn es sich um große Leistungen handelt.

Gleichrichter

Gleichrichter dienen der Umformung von Wechselstrom in Gleichstrom. Eine besondere Art stellen die Trockengleichrichter dar. Ihre Wirkungsweise beruht auf der physikalischen Eigenschaft bestimmter Stoffe, den Wechselstrom nur in einer Richtung durchzulassen. Bei höheren Temperaturen verlieren solche Stoffe allerdings diese Eigenschaft. Beim Selengleichrichter wird eine dünne Schicht dieses Metalls auf eine andere Metallplatte aufgetragen. Durch eine zusätzliche Sonderbehandlung bildet sich eine Sperrschicht zwischen dem Selen und der Trägerplatte.

Selengleichrichter

Würde man einfachen Wechselstrom gleichrichten, so wäre der Gleichstrom stark gewellt. Die Verwendung von Drehstrom verringert diese Welligkeit.

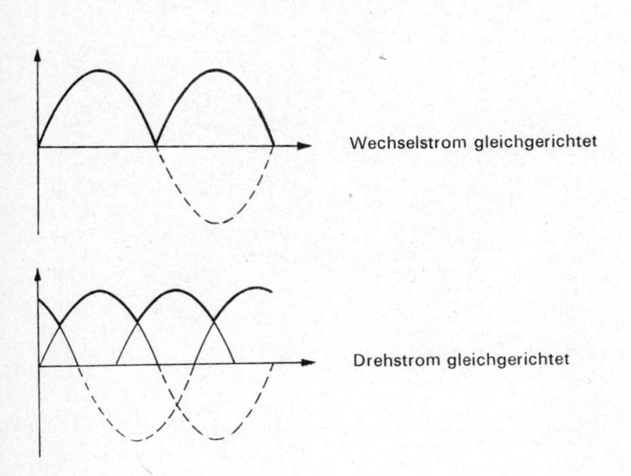

Bei der Gleichrichtung ist man bemüht, beide Halbwellen eines Wechselstromes für die Gleichstromseite zu nutzen. Dadurch erhöht sich die Zahl der erforderlichen Durchlaßstellen oder Gleichrichter. Die sogenannte Brückenschaltung für Drehstrom erfordert sechs Gleichrichter.

Klauenpolmaschine

Bei der Klauenpolmaschine befindet sich in der Mitte der Welle die Magnetspule mit zylindrischem Eisenkern. Der Magnetkern geht an beiden Enden in mehrere Magnetpole über, die so gegeneinander versetzt sind, daß sich am Umfang des Läufers Nord- und Südpol abwechseln. Man hat Maschinen bis zu sechs Polpaaren oder zwölf Polen.

Schaltung und Regelung

In der Schaltung sind zwei Gleichrichtergruppen dargestellt. Die Hauptgruppe in Brückenschaltung dient zum Laden der Batterie. Die Durchlaßrichtung ist jeweils durch ein Dreieck gekennzeichnet. Die sich abwechselnden Stromimpulse verlaufen also von der Wicklung über einen Gleichrichter zur Plusklemme der Batterie und von der Minusklemme der Batterie über Masse zurück über einen Gleichrichter zur Wicklung. Erst so ist der Stromkreis geschlossen.

500-W-Drehstrom-Lichtmaschine für Personenwagen in Klauenpol-Bauart mit eingebauten Silizium-Gleichrichtern. Gewicht 3,5 kg. Höchstdrehzahl 12000 1/min (Bosch)

Der zweite Gleichrichter versorgt die Erregerwicklung. Um die Spannung der Maschine konstant zu halten, ist in diesen Stromkreis der Regler eingeschaltet. Der Erregerstrom fließt von der Klemme D+/61 des Gleichrichters zum Regler, von diesem über die Klemme DF

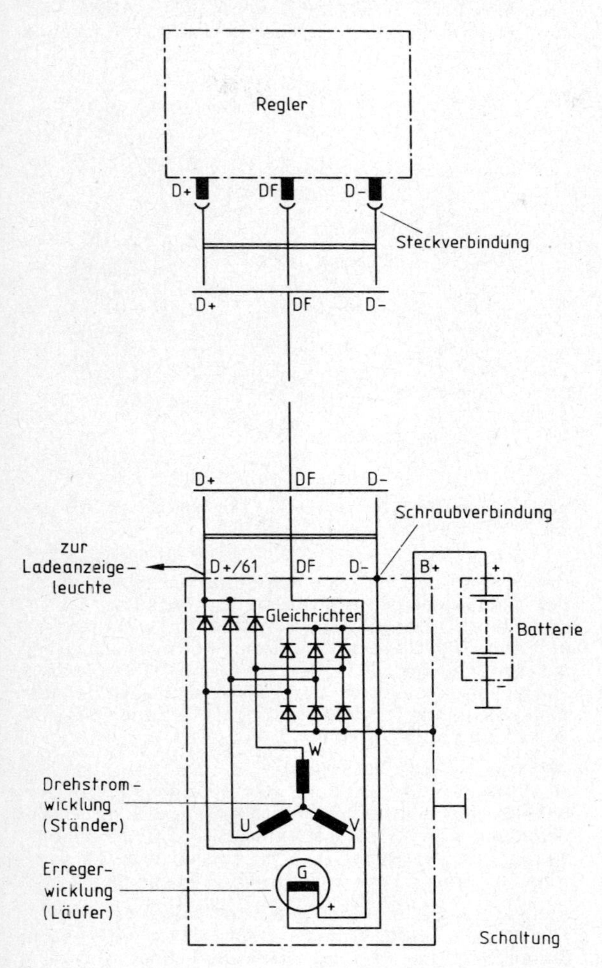

Schaltung der Klauenpolmaschine (Bosch-k_1)

zur Läuferwicklung (+) und von der Läuferwicklung (−) über die Klemme D− wieder zum Regler zurück. Diese Minusleitung liegt gleichzeitig an Masse. An den zweiten Gleichrichter können noch Ladeanzeigeleuchte und sonstige Steuergeräte angeschlossen werden. Eine besondere Steckvorrichtung am Regler verhindert fehlerhaftes Anschließen durch Vertauschen von Klemmen.

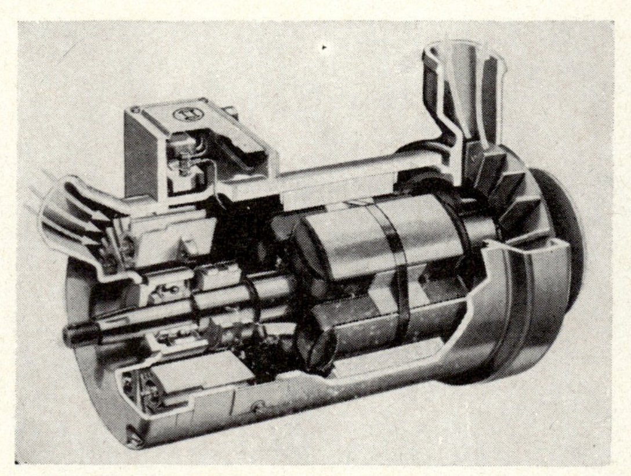

1,8-kW-Drehstrom-Lichtmaschine in Einzelpolbauart, Gewicht 26 kg, Höchstdrehzahl 5000 1/min (Bosch)

Einzelpolmaschine

Der Läufer der Einzelpolmaschine hat ausgeprägte Pole; jeder Pol hat eine besondere Wicklung. Nord- und Südpol wechseln ab. Hier sind es zwei Polpaare oder vier Pole. Die Wicklungen sind in Reihenschaltung mit den Schleifringen verbunden. Der Gleichrichter, ein Silizium-Gleichrichter, ist in der Maschine eingebaut. Man erkennt die für den Gleichrichter erforderliche zu- und abströmende Kühlluft.

Schaltung und Regelung

Die Hauptgleichrichtergruppe in Brückenschaltung dient wieder zum Aufladen der Batterie. Parallel zur Batterie sind über Sicherung (50 A) und Schalter die Verbraucher angeschlossen. Eine zweite Gleichrichtergruppe versorgt Regler, Ladeanzeigeleuchte und sonstige Steuergeräte mit Gleichstrom (Klemme 61).

Die Regelung erfolgt hier über einen Transistor-Regler. Transistoren werden heute sehr viel anstelle von Röhren zum Steuern und Regeln verwendet. Ihre Wirkungsweise beruht auf einem bestimmten physikalischen Verhalten sogenannter Halbleiter.

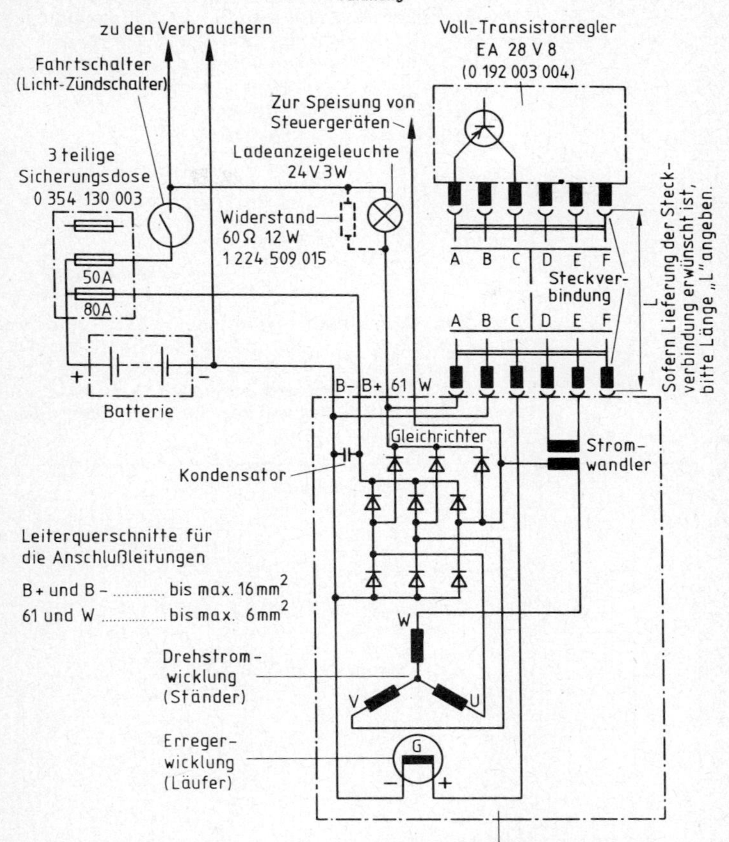

Schaltung der Einzelpolmaschine (Bosch T_2)

Über die Klemmen AB wird der Regler mit Gleichspannung versorgt. Die Regelung erfolgt über die Klemme C, die zur Erregerwicklung führt.

Stromwandler

In der Leitung zwischen der Ständerwicklung und dem Gleichrichter liegt ein Stromwandler. Stromwandler arbeiten nach einem Transformatorprinzip. Sie sollen Wechselströme für Meß- und Steuerzwecke auf einen niedrigeren Wert bringen. Die Sekundärseite des Wandlers ist über die Klemmen DE mit dem Regler verbunden. Der Sekundärstrom dient dort der Stromregelung. Bei Erreichen der höchstzulässigen Stromstärke fällt die Spannung steil ab (Knick-Kennlinie).

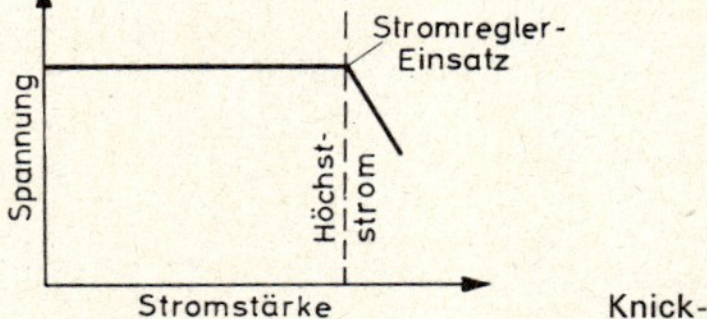

Knick-Kennlinie

Hinter dem Stromwandler ist noch eine Verbindung zur Klemme W abgezweigt. Von dort aus können wechselstromgespeiste Steuergeräte versorgt werden. Eine besondere Steckverbindung zwischen Maschine und Regler verhindert ein Vertauschen der vielen Anschlüsse.

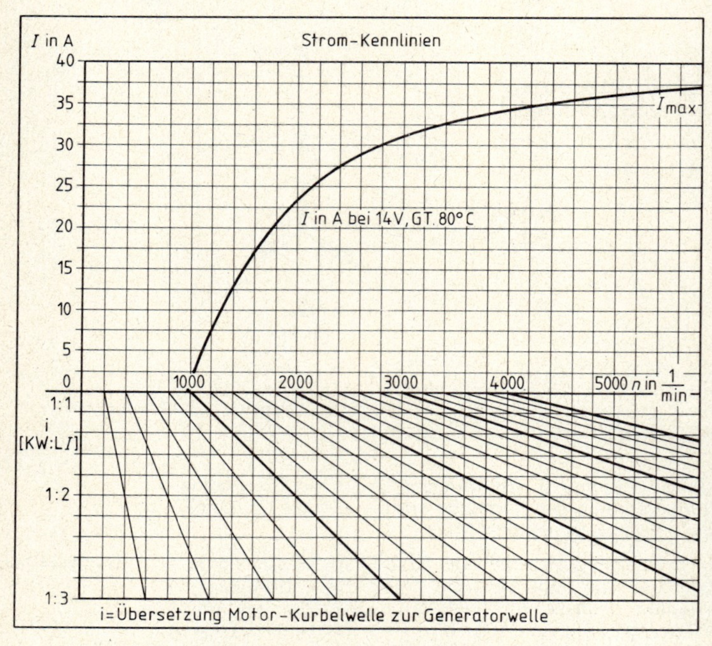

Strom-Kennlinien bei Klauenpolmaschinen (nach Bosch)

Kennlinien

Die Strom-Kennlinien zeigen die Stromstärke abhängig von der Drehzahl. Bei der Klauenpolmaschine steigt die Linie auf einen Maximalwert an und bleibt dann konstant. Eine Strombegrenzung ist nicht erforderlich. Bei der Einzelpolmaschine steigt die Stromstärke sehr steil an, wird dann aber durch den Stromregler begrenzt. Der Anstieg wird etwas durch die Temperatur beeinflußt.

Vorteile der Drehstromlichtmaschine

Bei der Drehstromlichtmaschine wird kein Rückstromschalter mehr benötigt, da die Dioden den Rückstrom sperren. Weitere Vorteile sind größere Betriebssicherheit, einfachere Wartung, größere Lebensdauer und im allgemeinen auch geringeres Gewicht als bei der Gleichstrommaschine. Innerhalb eines größeren Drehzahlbereiches ist die Leistungsabgabe und die Ausnutzung besser.

Verwendung

Drehstromlichtmaschinen finden heute in fast allen Kraftwagen Verwendung, und zwar die Klauenpolmaschine in Personenkraftwagen und die Einzelpolmaschine in Omnibussen und sonstigen Großfahrzeugen.

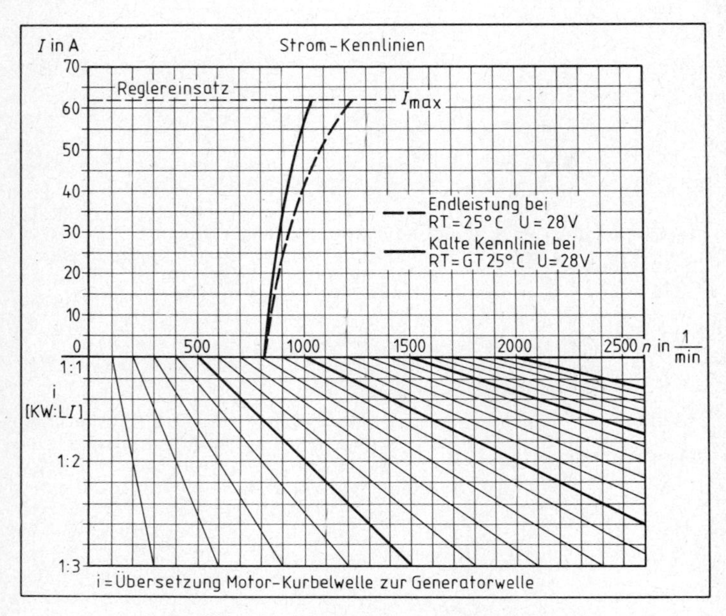

Strom-Kennlinien der Einzelpolmaschine (nach Bosch)

Achtung!

Drehstrom-Lichtmaschinen sind unabhängig von der Drehrichtung, falls ein neutrales Lüfterrad vorhanden ist. Klauenpolmaschinen wie auch Einzelpolmaschinen dürfen im Fahrbetrieb und auf dem Prüfstand nur mit angeschlossenem Regler und angeschlossener Batterie laufen, wenn Gleichrichter- und Reglerschäden vermieden werden sollen. Die Temperatur im Gehäuse darf 90 °C nicht überschreiten.

5.3. Stromverbrauchende Maschinen — Prinzip des Anlassers

Wirkung eines Magnetfeldes auf einer stromdurchflossenen Leiter

Ein Magnetfeld beeinflußt einen stromdurchflossenen Leiter.

Beobachtung: Auf einen stromdurchflossenen Leiter, der zwischen den Schenkeln eines Hufeisenmagnetes beweglich aufgehängt ist, wird eine Kraft ausgeübt.

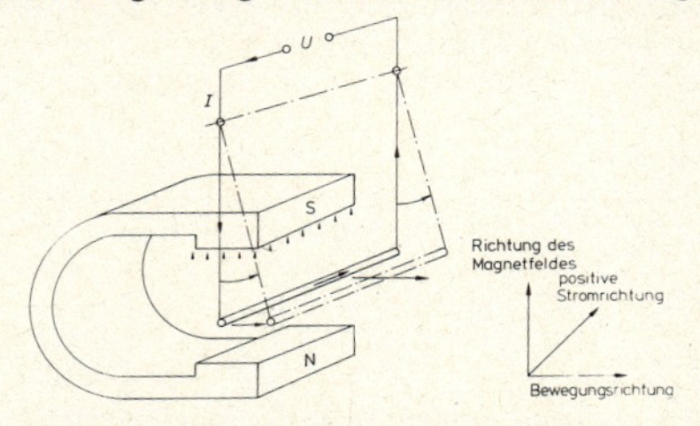

Der Leiter erfährt eine Kraft, die senkrecht zu den magnetischen Feldlinien und senkrecht zur Richtung des Stromes steht.

Bestimmung der Bewegungsrichtung des Leiters

Die „Linke-Hand-Regel"

Die Bewegungsrichtung hängt von der (positiven) Stromrichtung und der Richtung des Magnetfeldes ab und wird nach der „Linke-Hand-Regel" bestimmt: Hält man die linke Hand so, daß die magnetischen Kraftlinien in die Handfläche eintreten, und der elektrische Strom in Richtung der Fingerspitzen fließt, so gibt der ausgespreizte Daumen die Bewegungsrichtung des Leiters an.

Begründung der Bewegungsrichtung

Erklärung: Das magnetische Feld des stromdurchflossenen Leiters und das Magnetfeld überlagern sich. Auf der linken Seite des Leiters haben beide Felder dieselbe Richtung und verstärken sich, auf der rechten Seite sind sie entgegengesetzt gerichtet und schwächen sich (Abb. a). Die Feldlinien des ursprünglich homogenen Magnetfeldes werden in der Nähe des Leiters nach links gedrückt. Da sich die Feldlinien zu verkürzen und abzustoßen suchen, erfährt der Leiter eine Kraft in das geschwächte Feldgebiet (Abb. b).

(a) Beide Felder getrennt gezeichnet

(b) Beide Felder überlagert

Die Einwirkung eines Magnetfeldes auf einen stromdurchflossenen Leiter findet im Elektromotor praktische Anwendung.

Wirkung des Magnetfeldes auf die Stromschleife

Die vorher beschriebene Wirkung vollzieht sich auch in einer Stromschleife, die an einer Stromquelle angeschlossen ist. Durch die abstoßende Wirkung der beiden Magnetfelder kommt es zu einer Drehbewegung der Schleife.

Entstehung der Drehbewegung im Anker eines Elektromotors

Sind mehrere Schleifen in verschiedenen Lagen zwischen den Polen angebracht, denen der Strom über Bürste und Kollektor zugeführt wird, so haben wir einen Elektromotor. Bei diesem erfolgt durch das Abstoßen der Schleifen eine dauernde Drehbewegung.

5.3.1. Der Anlasser (Starter)

Im Anlasser wird elektrische Energie in mechanische Energie umgesetzt.

Zum Anlassen von Verbrennungsmotoren eignet sich am besten ein Reihenschlußmotor.

Aufbau des Anlassers

Der Aufbau ist ähnlich dem der Lichtmaschine. Die Wicklung besteht aus wenigen Windungen dicken Drahtes. Anker- und Feldwicklung sind hintereinandergeschaltet. Der Starter nimmt beim Anlassen im Anker eine hohe Stromstärke auf. Da der gesamte Strom auch durch das Magnetfeld fließt, wird dieses ebenfalls stark erregt. Daher haben Starter bei Beginn des Anlassens ein hohes Drehmoment und somit eine erwünschte, große Anzugskraft. Unbelastet darf er nur kurz eingeschaltet werden, da sonst unzulässig hohe Drehzahlen und Fliehkräfte entstehen, die die Wicklungen aus ihren Nuten reißen könnte. – Mit Hilfe des Kollektors fließt der Strom immer so durch die Wicklung, daß sich ein Drehmoment in gleicher Richtung ergibt.

Anlasser verbrauchen beim Anwerfen viel elektrische Energie. Sie sollen deshalb so kurz wie möglich betätigt werden. Bei mehrmaligem Einschalten soll man jeweils eine kleine Pause einlegen.

Es gibt verschiedene Arten von Anlassern.

Gebräuchliche Anlasser

Gebräuchlich sind Schubanker-, Schubtrieb- und Schubschraubtrieb-Anlasser.

Der Schubanker-Anlasser

Der Schubanker-Anlasser

Merkmale: Ein verschiebbarer Anker und ein in zwei Stufen arbeitender Magnetschalter.

Ruhestellung und Einspuren

Ruhezustand: Der Anker ist durch eine Rückzugfeder etwas aus dem Energiefeld herausgerückt. Das Ritzel steht mit der Schwungscheibe nicht in Eingriff.

Beim Einspuren wird der Anker auf das Schwungrad zu verschoben; daher Schubanker-Anlasser.

1. Schaltstufe

1. Schaltstufe. Bei Betätigung des Starterknopfes (oder -schlüssels) fließt Batteriestrom durch die Wicklung des Magnetschalters, so daß Magnetschalteranker und Kippbrücke angezogen werden.

Die Kippbrücke liegt zunächst nur mit einem Schenkel auf dem Kontakt, da die Sperrklinke das Anziehen des unteren Schenkels verhindert. Der Batteriestrom fließt nun durch Halte- und Hilfswicklung zur Masse. Die magnetische Kraft der Hilfswicklung ist so groß, daß der Anker in Drehung versetzt und in das Erregerfeld hineingezogen wird, so daß das Ritzel einspurt.

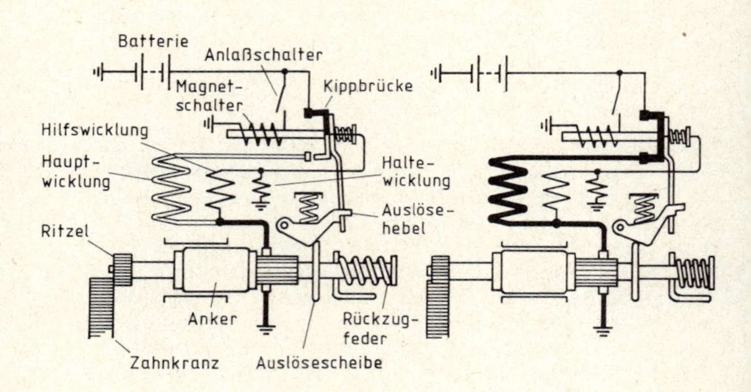

2. Schaltstufe

2. Schaltstufe. Beim Einspuren hebt die Auslösescheibe des Kollektors die Sperrklinke, so daß die Kippbrücke auch mit dem zweiten Schenkel Kontakt erhält. Dadurch wird die Hauptwicklung eingeschaltet. Der Anker entwickelt nun ein hohes Drehmoment und wirft den Motor an.

Ausspuren. Der anspringende Motor treibt das Ritzel schneller an als den Anlasser. Die Lamellenkupplung, die beim anlaufenden Motor durch ein Steilgewinde zusammengepreßt wurde, lockert sich, so daß keine gefährliche Beschleunigung des Anlasserankers entstehen kann. Die Rückholfeder zieht den Anker zurück, und das Ritzel spurt aus, wenn der Fahrer den Anlaßschalter losläßt. Anwendung in großen Otto- und Dieselmotoren.

Das Ausspuren

Verwendung

Der Schubtrieb-Anlasser ist für kleine Leistungen (0,2 . . . 0,8 kW) berechnet.

Der Schubtrieb-Anlasser

Merkmal: Das in Längsnuten der Ankerwelle verschiebbare Ritzel.

Das Einspuren. Bei Betätigung des Fußhebels wird durch den Einrückhebel die Führungshülse zum Schwungrad hin bewegt und das Ritzel zum Einspuren gebracht. Dadurch schließt sich der Anlaßschalter, so daß der Batteriestrom über die Kontakte des Anlaßschalters und die Erregerwicklung in den Anker fließt. Der Anker erhält sofort den vollen Strom, so daß er ruckartig anläuft und den Motor anwirft.

Das Einspuren

Das Ausspuren. Der angesprungene Motor läuft schneller als der Anlasser, so daß das Ritzel beschleunigt wird. Damit der Anlasser dadurch keinen Schaden leidet, ist vor dem Ritzel ein Rollenfreilauf eingebaut, der das Ritzel von der Ankerwelle loskuppelt. Wenn

Das Ausspuren

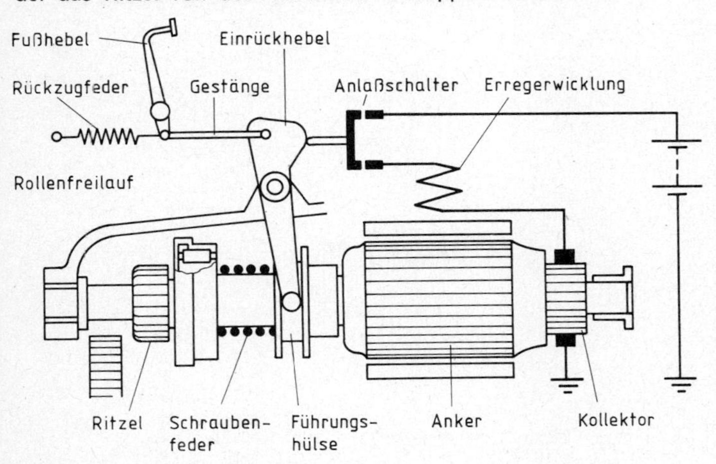

Schubtrieb-Anlasser (R. Bosch)

der Anlasser ausgeschaltet und der Einrückhebel freigegeben wird, geht das Ritzel in die Ruhestellung zurück.

Der Schubschraubtrieb-Anlasser

Der Schubschraubtrieb-Anlasser ist für Nennleistungen von 0,2 . . . 3 kW berechnet.

Merkmale:

Charakteristik

1. Magnetschalter in einem Gehäuse auf dem Ankerkörper.
2. Der über den Rollenfreilauf mit dem Ritzel gekuppelte Mitnehmer ist auf einem Steilgewinde verschiebbar, macht also eine Schub- und Schraubbewegung.

Das Einspuren

Bei Betätigung des Anlaßschalters erhalten Einzugs- und Haltewicklung des Magnetschalters Strom, so daß ihre gleichgerichteten Magnetfelder den Schaltanker anziehen. Der Einrückhebel verschiebt dabei den Führungsring und den Mitnehmer, so daß infolge des Steilgewindes das Ritzel schraubend einspurt. Die Schaltbrücke schließt die Kontakte, bevor der Einspurvorgang beendet ist; der Anker bekommt Hauptstrom und läuft relativ unbelastet an, bis das Ritzel den Anschlag erreicht und die kraftschlüssige Verbindung

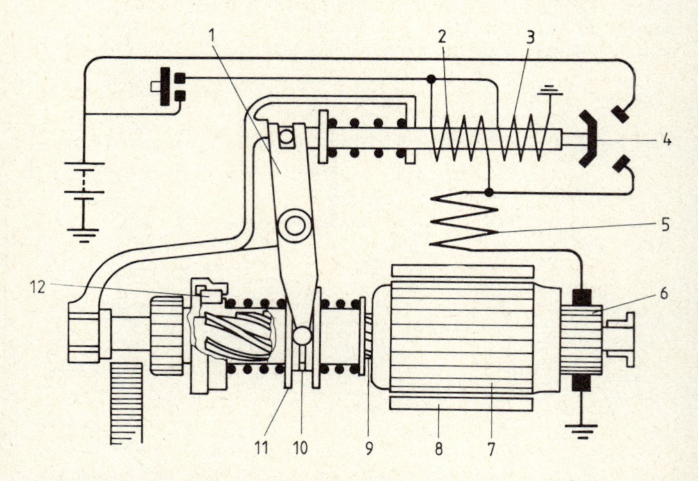

1 Einrückhebel 2 Einzugswicklung 3 Haltewicklung 4 Magnetschalter 5 Feldwicklung 6 Kollektor 7 Anker 8 Polschuh 9 Steilgewinde (Ankerwelle) 10 Anschlagring 11 Führungsring 12 Rollenfreilauf

hergestellt ist. Die Einzugswicklung wurde dabei kurzgeschlossen, während die Haltewicklung das Ritzel im Eingriff hält.

Das Ausspuren

Das Ausspuren. Läuft der Motor nach dem Anlassen schneller als das Ritzel, so bewegt sich dieses infolge des Freilaufes frei mit. Der Mitnehmer wird von der Schraubenfeder zurückgezogen. Das Ritzel bleibt zunächst noch im Eingriff. Erst wenn der Anlasser ausgeschaltet und dadurch der Einrückhebel freigegeben wird, gehen Mitnehmer und Ritzel unter dem Zug der Rückholfeder in die Ruhestellung zurück.

Die Wartung der Anlasser

Anlasser beanspruchen nur wenig Wartung.

1. Kohlebürsten von Zeit zu Zeit überprüfen.
   a) Sie müssen sich leicht in den Bürstenhaltern bewegen.
   b) Stark abgenutzte oder gebrochene Bürsten ersetzen.
2. Der Kollektor muß frei von Öl und Fett sein.
   a) Verschmutzte Kollektoren mit sauberem, benzingetränktem Tuch reinigen und danach gut trocknen.
   b) Riefige oder unrund gewordene Kollektoren nicht mit Feile oder Schmirgelpapier bearbeiten, sondern überdrehen.
3. Anschlußklemmen fest anziehen.
4. Schadhafte Leitungen ersetzen.

Prüfung des Anlassers im eingebauten Zustand

Prüfung bei Versagen eines Anlassers (im eingebauten Zustande).

Beleuchtung einschalten, Anlasserknopf betätigen.

Erlöschen die Lampen, dann ist ein Batteriekabel lose oder beschädigt. Werden die Lampen nur dunkler, so ist die Batterie zu schwach oder leer. Verändert sich das Licht nicht, so liegt ein Fehler im Anlaßschalter oder im Anlasser selbst vor.

5.3.2. Die Batterie

Aufgabe der Batterie

Die Batterie nimmt elektrische Energie auf, wandelt sie in chemische Energie um und gibt sie nach abermaliger Umwandlung wieder als elektrische Energie ab. Sie ist also ein Energiespeicher, der bei stillstehendem Motor die Verbraucher mit Strom versorgen, bei laufendem Motor einen Teil der vom Generator erzeugten Energie aufnehmen soll.

In Kraftfahrzeugen werden Bleibatterien (Säurebatterien) benutzt.

Aufbau der Batterie

Füllung der Platten

In einem Hartgummi- oder Kunststoffgefäß sind gitterförmige, durch Isolierplatten voneinander getrennte Bleiplatten von verdünnter Schwefelsäure (Elektrolyt) umgeben. Die positiven Platten mit Bleidioxid (PbO_2) haben dunkelbraune Farbe, die negativen Platten mit Bleischwamm (Pb) graue Farbe. Eine Polbrücke, die nach oben in einem Polkopf endet, verbindet die Platten gleicher Polarität. Die Platten stehen nicht auf dem Boden, sondern auf Stegen, damit durch die sich absetzende Füllmasse kein Kurzschluß entsteht. Jede Zelle ist von einem Deckel abgeschlossen und abgedichtet. Einfüllstopfen mit Verschlußstopfen dienen der Füllung und Entlüftung.

Schaltung der Zellen

Die Zellen sind hintereinander (in Reihe) geschaltet.

Die Hintereinanderschaltung

1. Hintereinander- oder Reihenschaltung: Pluspol der ersten Zelle ist mit Minuspol der zweiten Zelle, Pluspol der zweiten Zelle mit Minuspol der dritten Zelle verbunden usw. Minuspol der ersten Zelle und Pluspol der letzten (3., 6. oder 12.) Zelle sind Anschlußstellen nach den Verbrauchern. Die Spannungen der Einzelzellen addieren sich zur Gesamtspannung. Durch alle Zellen fließt der gleiche Strom.

Die Nebeneinander- oder Parallelschaltung

2. Nebeneinander- oder Parallelschaltung von Batterien. In Anlagen mit einer Bordspannung von 12 V, die einen 24-V-Starter besitzen, werden zwei 12-Volt-Batterien, die während des Normalbetriebs parallelgeschaltet sind, im Augenblick des Startens durch einen Batterieumschalter in Reihe geschaltet.

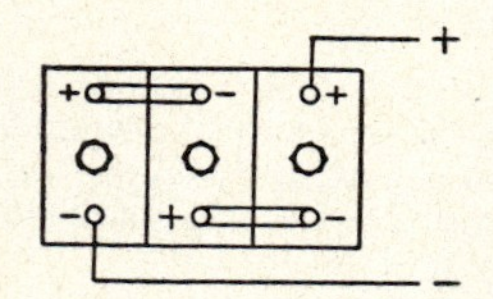

Die chemischen Vorgänge beim Entladen

Durch Einwirkung der Batterieflüssigkeit auf die Bleiplatten geht in der Batterie ein chemischer Prozeß vor sich.

Beim Entladen wird die chemische in elektrische Energie umgewandelt.

Der Stromfluß beim Entladen

Während der Entladung wird das Schwefelsäuremolekül H_2SO_4 in Wasserstoff-(H_2) und Säurerest-(SO_4)Ionen aufgespalten. Der Säurerest SO_4 verdrängt aus den positiven Platten den Sauerstoff (O_2) und geht ebenso mit dem Bleischwamm der negativen Platten eine Verbindung ein.

Das Verhalten der Schwefelsäure

Die Wasserstoffmoleküle (H_2HO_2) verbinden sich mit den Sauerstoffteilchen, die sich von der Plusplatte ablösen, zu Wasser (H_2O). Dadurch nimmt die Dichte der Säure ab. Sind die Platten mit Bleisulfat überzogen, so ist die Batterie entladen, und ihre Spannung sinkt unter die zulässige Mindestspannung (1,75 V/Zelle).

Der Einfluß auf die Plattenoberfläche

Chemischer Vorgang am Pluspol:

$PbO_2 + 2H + H_2SO_4 = PbSO_4 + 2H_2O$.

Chemischer Vorgang am Minuspol:

$Pb + SO_4 = PbSO_4$.

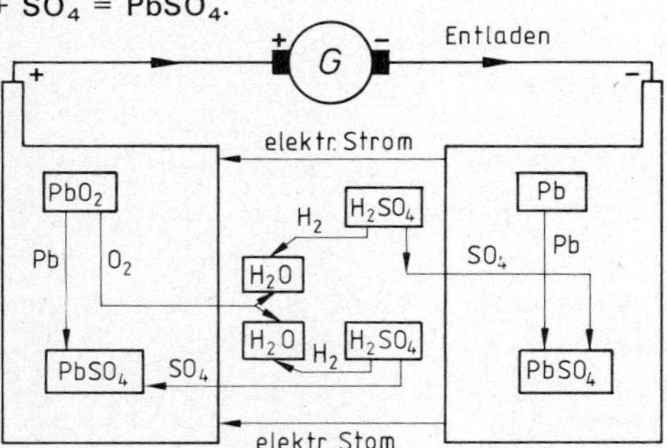

Chemische Vorgänge beim Entladen einer Batterie

Stromfluß und chemische Vorgänge beim Laden

Beim Laden wird elektrische in chemische Energie umgewandelt.

Der elektrische Strom fließt innerhalb der Batterieflüssigkeit vom Pluspol zum Minuspol.

Das Verhalten der Sauerstoff- und Wasserstoffmoleküle

Die Sauerstoffmoleküle O_2 setzen sich an die Plusplatte und bilden mit dem Bleisulfat Pb Bleidioxid PbO_2.

Die Wasserstoffmoleküle H_2 verbinden sich mit den Sulfatmolekülen SO_4, die sich von Plus- und Minusplatte ablösen, zu Schwefelsäure H_2SO_4. Die Schwefelsäure wird dadurch dichter.

Die Dichte der Schwefelsäure

Farbe der Plus- bzw. Minusplatte

Auf der Plusplatte bildet sich das braune Bleidioxid (PbO_2), auf der Minusplatte der graue Bleischwamm Pb.

Chemischer Vorgang am Pluspol:

$PbSO_4 + SO_4 + 2H_2O = PbO_2 + 2H_2SO_4$.

Chemischer Vorgang am Minuspol:

$PbSO_4 + H_2 = Pb + H_2SO_4$.

Gasen der Batterie

Kochen der Batterie

Gegen Ende des Ladens entweichen Wasserstoff und Sauerstoff des zersetzten Wassers; die Batterie gast. Wenn sich am Ende des Ladens kein Bleisulfat mehr auf den Platten befindet, zersetzt der elektrische Strom das Wasser; die Batterie kocht. **Vorsicht, Knallgas!**

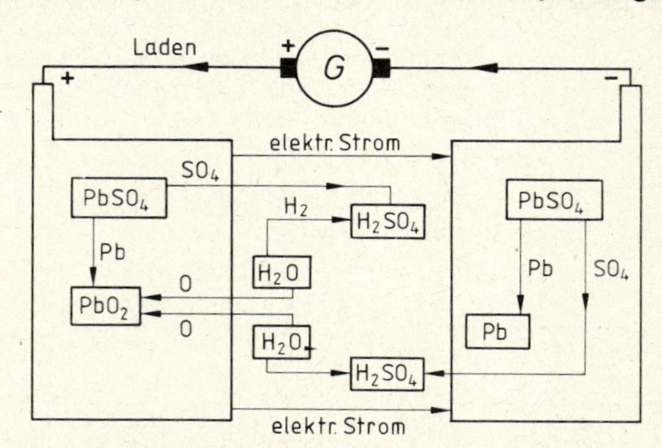

Chemische Vorgänge beim Laden einer Batterie

Feststellen der Säuredichte

Der Ladezustand einer Batterie muß geprüft werden.

1. Prüfung der Säuredichte mittels Dichtemesser oder Aräometer.

   Je dichter die Säure, desto geringer die Eintauchtiefe des Schwimmers. Säuredichte voll geladen 1,285 kg/dm³, entladen 1,120 kg/dm³.

2. Prüfung der Spannung mittels Voltmeter.

   Die Spannung geladener Batterien muß ≈ 2,2 V/Zelle betragen; sie darf nie unter 1,8 V gehen. Spannung nur bei eingeschalteten Verbrauchern messen. Im Sommer alle 2 Wochen, im Winter alle 4 Wochen prüfen. Bei verdunsteter Füllflüssigkeit einer entladenen Batterie ist nicht Schwefelsäure, sondern destilliertes Wasser nachzufüllen, da die Säure noch auf den Platten sitzt (Säurestand: 15...20 mm über den Platten).

Eine Batterie muß eine bestimmte Kapazität haben.

Kapazität einer Batterie

Kapazität = Speicherfähigkeit, d. i. die Strommenge, die eine Batterie abgeben kann. Sie wird in Amperestunden (Stromstärke × Entladezeit) gemessen. Eine

Batterie mit 75 Ah Kapazität kann 20 Stunden lang 3,75 A abgeben. Die Ladestromstärke soll $^1/_{10}$ der Kapazitätsangabe nicht überschreiten.

Abhängigkeit der Kapazität

Die Kapazität ist abhängig:

1. von der Größe der Platten,
2. vom Alter (Selbstentladung 0,8% der Kapazität je Tag),
3. von der Belastung,
4. von der Säuretemperatur (im Winter ist die Kapazität geringer als im Sommer; bei 0 °C etwa 80 % der Nennkapazität).

Die Lebensdauer einer Batterie hängt von der Wartung und Pflege ab.

Wartung und Pflege der Batterie

Batterie sauber und trocken halten. Oxidschicht an Polen mit einem in Soda getränkten Lappen reinigen; Polköpfe mit Vaseline einfetten. Luftlöcher in den Verschlußstopfen frei halten, damit die Gase beim Laden entweichen können. Offenes Licht dabei vermeiden; Explosionsgefahr! Kein Werkzeug auf die Batterie legen; Kurzschlußgefahr! Beim Anschließen erst Pluskabel anschließen; bei Arbeiten an der Batterie erst Minuskabel abklemmen. Säurestand und Säuredichte alle 2 bzw. 4 Wochen prüfen. Tiefentladung vermeiden; längerer Stillstand führt zur Sulfatierung.

5.3.3. Die elektrische Zündanlage

Arten der Zündanlagen

Der Ottomotor hat Fremdzündung. Im Kraftwagen haben wir Batteriezündung, in Krafträdern auch Magnetzündung.

Die Batteriezündung

Teile der Batteriezündanlage

Die Batteriezündanlage besteht aus Batterie, Zündspule, Zündverteiler und Zündkerzen. Sie wird wegen ihrer geringen Wartung und großen Betriebssicherheit in Kraftwagen und Krafträdern angewandt.

Vorteile:

a) Sie liefert schon bei niedrigen Drehzahlen einen kräftigen Zündfunken.
b) Bei der Batteriezündung wird die elektrische Energie einer Batterie entnommen; bei der Magnetzündung muß sie erst erzeugt werden.

Die Zündspule

Aufbau der Zündspule

Die Zündspule hat zwei Wicklungen. Sie besteht aus einem lamellierten Eisenkern mit einer *Primärwicklung* (wenige Windungen dicken Kupferdrahtes) und einer Sekundärwicklung (viele Windungen dünnen Kupferdrahtes). Die Primärwicklung liegt über der Sekundärwicklung, um die Wärme leichter abzuleiten. Die Innenlage der Sekundärwicklung erleichtert die Isolation gegenüber dem Gehäuse. Beide Wicklungen sind gut isoliert.

Die Lage der Primärwicklung zur Sekundärwicklung

Die Klemmen der Zündspule

Die Zündspule hat 3 Klemmen: Klemme 15 = Eintritt des Batteriestromes in die Primärwicklung, an die sich die Sekundärwicklung anschließt, deren Strom über Klemme 4 zum Verteiler führt. Klemme 1 = Austritt des Primärstromes, weiter zum Unterbrecher.

Die Zündspule ist ein Umspanner.

Die Zündspule

In der Zündspule findet die Transformierung (= Umwandlung) der 6- . . . 12-Volt-Spannung auf 10 000 . . . 20 000 Volt in der Sekundärwicklung statt.

Die Entstehung der Hochspannung in der Sekundärspule

Fließt der Batteriestrom durch die Primärwicklung, so wird über den Weicheisenkern der Spule ein kräftiges Magnetfeld aufgebaut, das beim Abheben der Unterbrecherkontakte zusammenfällt. Beim Zusammenbrechen des Feldes entsteht in der Sekundärwicklung eine Hochspannung, die an den Elektroden der Zündkerzen einen Überschlagfunken hervorruft.

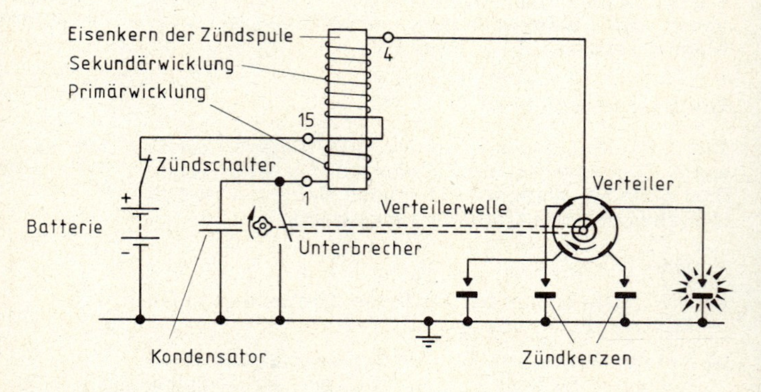

Batteriezündanlage für einen 4-Zylinder-Motor

Der Zündverteiler

Der Zündverteiler verteilt den Zündstrom auf die einzelnen Zylinder.

Aufgabe der Zündverteiler

Der Zündverteiler besteht aus Verteilerwelle, Unterbrecher, Verteilerläufer, Verteilerkappe (mit eingepreßten Segmenten und Zündkabelanschlüssen) und Zündversteller.

Teile

Die Verteilerwelle macht bei Viertaktmotoren nur halb so viel Umdrehungen wie die Kurbelwelle. (2 Kurbelumdrehungen = 1 Zündung.)

Zweck und Aufbau des Unterbrechers
Der Abstand der Kontakte

Der Unterbrecher soll den Stromkreis schließen und unterbrechen. Die Zahl der Unterbrechernocken richtet sich nach der Zylinderzahl. Abstand der Unterbrecher-Kontakte (Wolfram-Legierung) 0,4 mm. Der Nocken muß den Unterbrecherhebel im richtigen Augenblick vom Amboß abheben. Einstellung durch Verdrehen des Amboßwinkels. Messen mit Fühllehre nur bei neuen Kontakten möglich; sonst Einstellung mit Schließwinkelmesser.

Einstellung der Kontakte

Weiterleitung des hochgespannten Stromes nach den Zündkerzen

Der Verteilerläufer (Verteilerfinger) am Ende der rotierenden Verteilerwelle streicht mit seiner Verteilerelektrode, der die Hochspannung von mittlerem Stutzen durch eine Schleifkohle zugeführt wird, bei Drehung an den Segmenten der Verteilerkappe vorbei und leitet den Hochspannungsstrom nach den Zündkerzen. Bosch liefert entstörte Zündverteilerläufer, die statisch ausgewuchtet und mit einem wasserdicht und ozonfest eingebetteten Entstörwiderstand versehen sind.

Selbsttätige Zündverstellung

Arten der Zündversteller

Es gibt zwei Zündversteller: Fliehkraftversteller und Unterdruckversteller.

Fliehkraftversteller

1. Fliehkraftversteller. Er besteht aus zwei Fliehgewichten, deren Trägerplatte von der Verteilerwelle angetrieben wird. Je schneller sich die Verteilerwelle dreht, desto weiter werden die Fliehgewichte gegen den Druck einer genau abgestimmten Zugfeder nach außen gedrückt. Dadurch wird der Unterbrechernocken in Drehrichtung der Verteilerwelle verdreht, so daß er früher auf das Gleitstück aufläuft; es entsteht Frühzündung.

Unterdruckversteller

2. Unterdruckversteller. Zur Verstellung der Zündung benutzt man den Unterdruck, der im Saugstutzen des Vergasers bei etwas geöffneter Drosselklappe entsteht. Der Unterdruck wirkt auf eine in der Unterdruckdose befindliche, durch eine Feder vorge-

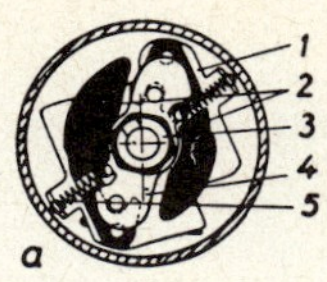

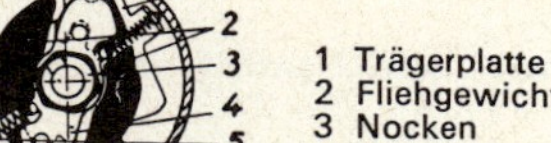

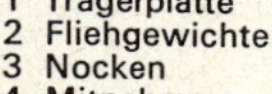

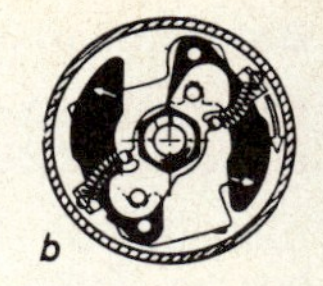

Spätzündung

Frühzündung

Fliehkraftversteller

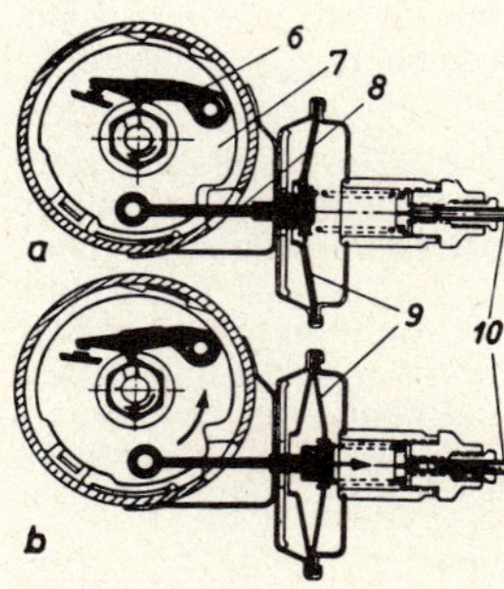

6 Unterbrecherhebel
7 drehbare Unterbrecherplatte
8 Zugstange
9 Membrane
10 Unterdruckmotor

Unterdruckversteller

spannte Membrane, deren Zugstange die Unterbrecherplatte gegen die Drehrichtung des Nockens verdreht und den Zündzeitpunkt auf „früh" verstellt.

Nur bei richtiger Einstellung der Zündung arbeitet der Motor einwandfrei.

Notwendigkeit der richtigen Einstellung

Der Zündfunke muß an den Kerzenelektroden so überspringen, d. h., das angesaugte Kraftstoff-Luft-Gemisch zur Verbrennung bringen, daß die in dem Gemisch vorhandene Energie bestens ausgenutzt wird.

Die Zeit, die der Verbrennung des Kraftstoff-Luft-Gemisches zur Verfügung steht, ist sehr kurz bemessen. Sie ist aber bei gleichen Voraussetzungen bei langsam- und schnellaufendem Motor gleich lang. Daraus ergibt sich, daß bei geringer Motordrehzahl die Zündung später erfolgen muß als bei hoher Drehzahl. Andernfalls würde die der Zündung folgende Drucksteigerung im Zylinder noch während des Verdichtungstaktes einsetzen und der Kolben zurückgedrückt werden. Leistungsverlust und Motorschäden wären die Folge. Umgekehrt muß bei hoher Drehzahl die Zündung vorverlegt werden.

Die äußerste Spätzündung liegt meist bei Null Grad, die Frühzündung bei 5 . . . 10 Grad vor OT.

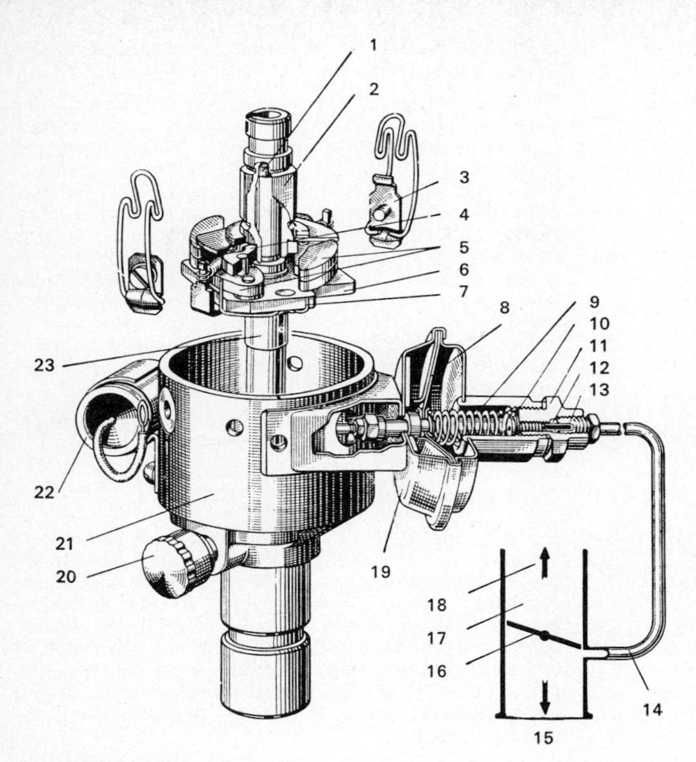

Unterdruckversteller

1 Schmierfilz für Nockenachse 2 Nocken 3 Haltfeder für Verteilerscheibe 4 Mitnehmer 5 Fliehgewichte 6 Trägerplatte d. Selbstverst. 7 Zusatzfeder 8 Membran 9 Druckfeder 10 Einstellbolzen 11 Anschlußteil 12 Dichtung 13 Gewindebuchse 14 Unterdruckleitung 15 zum Vergaser 16 Drosselklappe 17 Saugrohr 18 zum Motor 19 Unterdruckdose 20 Fettbüchse 21 Gehäuse 22 Kondensator 23 Antriebswelle

Der Einstellungsvorgang

Kolben des 1. Zylinders hinter dem Kühler auf Spätzündung stellen (meistens auf dem Schwungrad angegeben). Verteilerwelle so weit drehen, daß der Verteilerfinger auf das Segment für den Anschluß des 1. Zylinders zeigt. Dabei muß der Kolben des 1. Zylinders am Ende des Verdichtungsaktes auf OT stehen. Verteilerwelle langsam weiterdrehen, bis das Öffnen der Unterbrecherkontakte gerade beginnt. In dieser Stellung

Zündverteilerwelle und Antriebswelle kuppeln und Verschraubung anziehen.

Die Feineinstellung mit Prüflampe

Feineinstellung: Prüflampe zwischen Klemme 1 des Verteilers und Masse schalten. Zündung einschalten und Verteilergehäuse entgegen der Drehrichtung des Nockens so lange drehen, bis die Prüflampe (bei geöffneten Unterbrecherkontakten) aufleuchtet. Der Beginn des Aufleuchtens ist der Zündzeitpunkt. – Statt Prüflampe kann man die Feineinstellung auch mit einer

mit Lehre

0,03 mm dicken Lehre vornehmen. Lehre zwischen die Unterbrecherkontakte schieben und Verteilergehäuse vorsichtig so weit drehen, bis die Lehre herausgezogen werden kann. (Nicht Papierstreifen benutzen.) – Verteilerkappe aufsetzen und das zur Zündkerze des 1. Zylinders führende Kabel in den 1. Nocken der Verteilerkappe stecken.

Die weiteren Kabel entsprechend der Zündfolge und dem Drehsinn der Verteilerwelle anschließen.

Der Kondensator

Der Aufbau des Kondensators

Der Kondensator, ein kleines Blechgehäuse im oder am Verteiler, verhütet die Funkenbildung an den Unterbrecherkontakten. Innen liegen zwei lange und dünne (0,01 mm dicke) Aluminiumstreifen, zu einer Rolle aufgewickelt, durch dünne, in Paraffin gesättigte Papierlagen isoliert und gut abgedichtet in einem Alu-Gehäuse untergebracht, da ein Kondensator empfindlich gegen Feuchtigkeit, Druck und Stoß ist. Ein Belag ist mit einem Zuleitungsdraht verbunden, der andere mit der Gehäusemasse.

Der Kondensator ist parallel zu den Unterbrecherkontakten geschaltet. Dadurch, daß er den beim Unterbrechen des Primärstromes entstehenden Selbstinduktionsstrom aufnimmt, verhütet er die schädliche Funkenbildung an den Unterbrecherkontakten und sorgt für einen raschen Zusammenbruch des Magnetfeldes.

Das Entladen

Die Entladung eines geladenen Kondensators kann durch Verbinden der beiden Pole erfolgen und hat auf die Erzeugung des Zündfunkens keinen Einfluß.

Bei schadhaftem Kondensator entsteht kein Zündfunke.

Auswirkung eines schadhaften Kondensators

1. Ist ein Kondensator durchgeschlagen, dann ist der Primärstromkreis trotz geöffneter Unterbrecherkontakte über den Kondensator geschlossen. Der Strom fließt zur Masse ab, und es entsteht kein Zündfunke.

2. Hat sich ein Kondensatoranschluß gelöst, dann bilden sich an den Unterbrecherkontakten starke Funken, so daß die Kontakte verschmoren und kein kräftiger Zündfunke entsteht.

Folgen eines schlechten Kondensatoranschlusses

Die Zündkerze

Die Zündkerze soll an den Elektroden einen kräftigen Zündfunken überspringen lassen und das Kraftstoff-Luft-Gemisch trotz des hohen Druckes im Zylinder (bis 40 bar) entzünden. Dazu muß sie besonders eingerichtet sein. Sie besteht aus dem Kerzengehäuse mit der Masseelektrode, dem Isolierkörper aus Kerzenstein (Pyranit = 2 grüne Ringe) der Mittelelektrode und den Dichtringen.

Aufgabe der Zündkerze und ihre Teile

Der Wärmewert der Zündkerze kennzeichnet das Verhalten im Zylinder.

Der Wärmewert einer Zündkerze

Im Betrieb sind die Zündkerzen je nach Belastung verschieden hohen Temperaturen ausgesetzt, die abgeleitet werden müssen. Das erreicht die Herstellerfirma durch Art und Form des Kerzensteins und der Elektroden. Auf diese Weise erhält man Kerzen mit verschiedenen Wärmewerten (45, 95, 125, 145, 175, 225, 240, 260) Bosch. Bosch-Spezial-Zweitakt-Zündkerzen W 190 M 11 S für Mopeds, W 225 P 11 S und W 240 P 11 S für Roller und Motorräder (mit Einsatz zum Abhalten von Unreinigkeiten).

Wärmewerte

Bei neuesten Kerzenbezeichnungen tritt an Stelle des bisher üblichen Wärmewertes eine ein- oder zweistellige Kennziffer (z. B. 2, 5, 9 usw.).

Merke: Je niedriger die Wärmekennziffer, desto höher der (früher gebräuchliche) Wärmewert;

d. h.: eine 2 kennzeichnet eine kalte Kerze

eine 9 kennzeichnet eine heiße Kerze.

Je höher der Wärmewert, desto geringer die Wärmeaufnahme, desto größer die Neigung zur Verölung, aber um so geringer die Neigung zu Glühzündungen.

Folgen zu hoher oder zu niedriger Wärmewerte

Je niedriger der Wärmewert, desto empfindlicher ist die Kerze gegen Überhitzung, um so weniger neigt sie zur Verschmutzung und um so mehr aber zu Glühzündungen.

Wahl der Zündkerzen. Allgemein sind die von der Lieferfirma vorgeschriebenen Zündkerzen zu verwenden.

Zündkerze

bei Glühzündungen
bei Verschmutzung

Bei Glühzündungen wählt man eine Kerze mit dem nächsthöheren Wärmewert, bei Verschmutzung eine Kerze mit dem nächstniedrigeren Wärmewert.

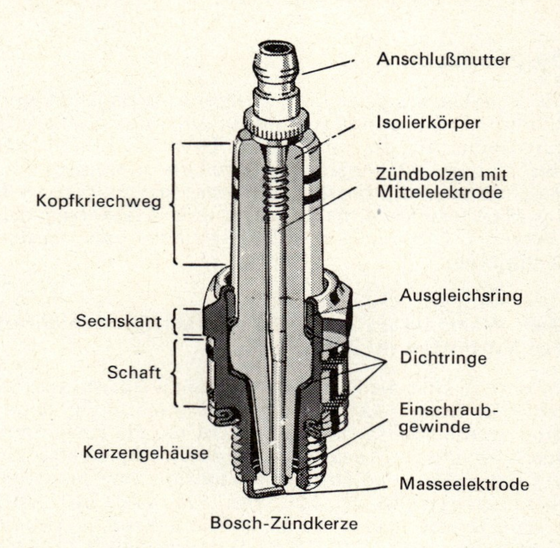

Bosch-Zündkerze

Zündfunkenbildung und Elektrodenabstand

Wichtig für die Bildung des Zündfunkens sind Elektrodenabstand und -form.

Elektrodenabstand bei Batteriezündung 0,7 . . . 0,8 mm, bei Magnetzündung 0,4 . . . 0,5 mm. Ist der Elektrodenabstand zu klein, dann ist der Zündfunke nicht heiß und groß genug. Folge: Fehlzündungen, schlechte Motorleistung. Verölen der Elektroden. Ist der Elektrodenabstand zu groß, dann springt der Zündfunke schlecht oder gar nicht über. Folge: Fehlzündungen, schlechte Leistung. Abstand mit Lehre prüfen und mittels Biegevorrichtung auf den richtigen Abstand bringen. – Funkenüberschlag und Abbrand bestimmen die Elektrodenform.

Elektrodenformen und ihre Wirkung

Stirnelektrode: widerstandsfähig, geringer Abbrand, hohe Lebensdauer.

Ringstirnelektrode: für Motorrad-Zweitakter, gute Wärmeableitung, lange Lebensdauer.

Seitenelektrode: guter Funkenüberschlag, für solche Motoren notwendig, um Laufruhe im Leerlauf und bei Teillast zu erreichen; im Abbrand etwas empfindlicher.

Ringseitenelektrode: für Motorräder, hohe Abbrandfestigkeit, hohe Wärme möglich, große Lebensdauer, guter Leerlauf.

Bei besonderen Betriebsverhältnissen werden *Mehrstoffelektroden* verwendet (Kupfer, Silber, Nickellegierung). Mittelelektroden aus Kupfer werden an der Spitze mit einem Nickelmantel umgeben; solche aus einer Nickellegierung erhalten eine Spitze aus Silber.

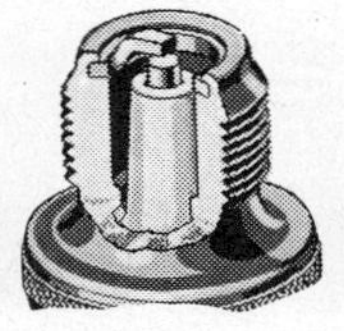

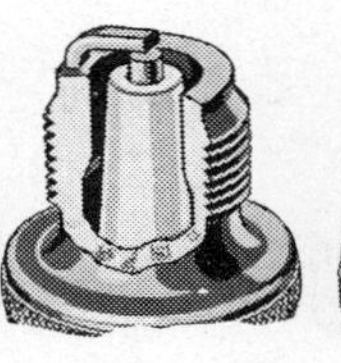

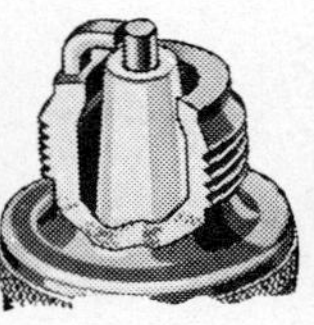

Ringseiten- Ringstirn- Stirn- Seiten-Elektrode

Solche Zündkerzen sind zwar teurer, aber widerstandsfähiger gegen thermische und chemische Einflüsse.

Zur Unterdrückung elektromagnetischer Wellen entwickelte Bosch für Zündkerzen *Entstörstecker;* heute mit verringertem Widerstand (1000 Ω, früher 10000 Ω), so daß der Zündfunken weniger geschwächt wird.

Das Kerzengesicht

Kerzengesicht = Aussehen des Isolators und der Elektroden einer frisch aus dem Motor geschraubten Kerze. Es sagt uns, ob der Motor einwandfrei arbeitet, der Vergaser richtig eingestellt, die Betriebstemperatur richtig ist usw.

Rückschlüsse

Rußig

Rußige Kerzen: Zu hoher Wärmewert, bleiben im Betriebe zu kalt.

Verölt

Verölte Kerzen: Zu hoher Wärmewert, Kraftstoff- und Ölteilchen setzen sich als dunkelfeuchter Belag an. Folge: Nebenschluß, Aussetzer.

Kalkig weiß

Kalkig weiße Kerzen mit metallischen Schmelzperlen: Zu niedriger Wärmewert, Kerzen werden zu heiß; Glühzündungen.

Das einwandfreie Kerzengesicht

Richtiges Kerzengesicht: Elektroden blank, Isolator braungrau, Gehäuse trocken; richtiger Wärmewert.

Zündanlage beim Zweifach-NSU/Wankel-Kreiskolbenmotor.

Es handelt sich um eine Spulenzündung mit Zweikreis-Zündverteiler. Der Primärstrom, von zwei Unterbrechern gesteuert, wird auf zwei Zündspulen geschaltet. Diese versorgen nach der Sekundärseite hin zwei Verteilerfinger, die zu einer Einheit zusammengefaßt, aber elektrisch getrennt sind.

Sie steuert die beiden Kerzen jeder Kammer an. Die Funken beider Kerzen sind dabei voneinander unabhängig.

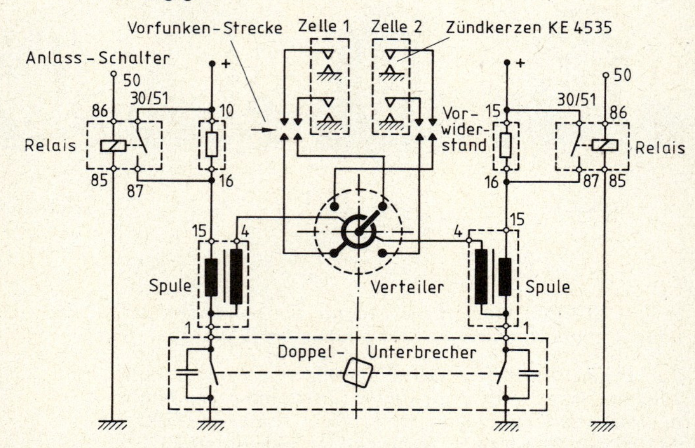

Schaltschema des Zündsystems des KKM 612 nach Bosch-Schaublatt A/EZU 03732

Die Magnetzündung

Vorteile der Magnetzündung

Der Magnetzünder erzeugt die zur Zündung notwendige Primärspannung selbst. Er ist also von einer Batterie oder einer Lichtmaschine unabhängig. Der Zündfunke ist bei hohen Drehzahlen kräftiger als bei der Batteriezündung.

Der einfache Magnetzünder

Bauarten bei einfachen Magnetzündern

Frühere Bauart: Anker läuft zwischen feststehenden Polen.

Heutige Bauart: Anker steht fest, der Magnet (aus Al-Ni) läuft um.

Vorteil: Fliehkräfte und Drehschwingungen werden ausgeschaltet.

Aufbau des Magnetzünders mit feststehendem Anker: Im Gehäuse befinden sich die eingegossenen Polschuhe, die den magnetischen Kraftfluß von umlaufenden Magneten (Läufern, im unteren Teil) zum feststehenden Zündanker (im oberen Teil des Gehäuses) leiten. Das eine Ende der Primärspule ist mit dem Ankerkern als Masse verbunden, das andere mit dem Unterbrecherhebel, der durch Schließen mit dem Amboßkontakt Verbindung mit Masse erhält und so den Primärstrom schließt. Die Sekundärwicklung ist auf der einen Seite mit der Primärwicklung verbunden, während das andere Ende zum Verteiler führt.

Magnetzünder mit feststehendem Anker

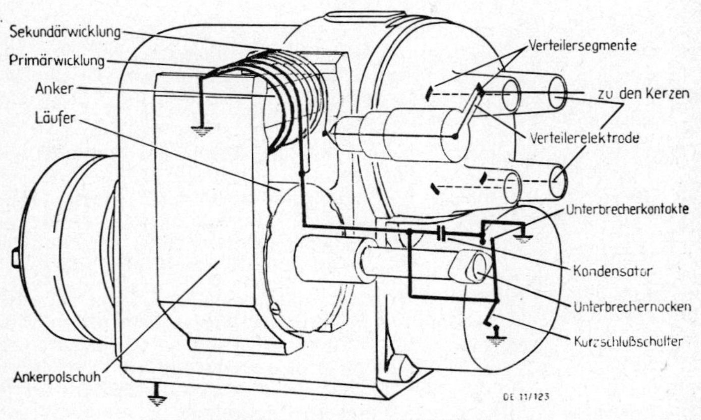

Schema des Magnetzünders JU 4 (Bosch)

Wirkungsweise. Der Magnetzünder ist seinem Wesen nach

Der Magnetzünder

1. ein Generator, weil er selbst Spannung erzeugt;
2. ein Umformer, weil er den niedriggespannten Primärstrom in einen hochgespannten Sekundärstrom umformt.

Dreht sich der Magnet im feststehenden Anker, so wird durch das Schneiden der Feldlinien in der Primärwicklung ein Wechselstrom erzeugt, der bei jeder halben Umdrehung wechselt. In dem Augenblick, in dem der Primärstrom seinen höchsten Wert erreicht (und die Kante des ablaufenden Polschuhes 2...3 mm vom Ankerpolschuh entfernt ist), werden die Unterbrecherkontakte geöffnet und der magnetische Fluß reißt ab (daher Abreißzündung).

Wirkungsweise

Das Feld im Ankersteg ändert seine Richtung, und in der Sekundärwicklung entsteht ein hochgespannter Strom.

Das Kurzschließen des Primärstromes

Kurzschließen des Primärstromes erfolgt bei Ausschalten der Zündung. Herausziehen des Zündschlüssels. Der Strom fließt dann über die Kurzschlußleitung, die durch einen federnden Kontakt im Innern des Deckels mit dem Primärstrom verbunden ist, zur Masse ab, wenn die Kontakte geöffnet sind. So kann kein Zündfunke entstehen.

Die Zündverstellung

Zündverstellung = Verdrehung der Nocken und dadurch der Kontakte zur Erreichung von Früh- und Spätzündung. Das geschieht

durch Fliehkraftversteller

1. durch einen Fliehkraftversteller, der – wie bei der Batteriezündung – durch Fliehgewichte den Anker gegenüber seiner Antriebswelle in Drehrichtung selbsttätig verstellt und wodurch die Abrißstellung verändert wird.

durch Antriebsversteller

2. durch einen Antriebsversteller (bei Magnetzündern für Mehrzylindermotoren). Große Fliehgewichte vorn auf der Läuferwelle verdrehen den Läufer gegenüber dem Antriebszapfen. Da die Nocken gegenüber dem Läufer nicht verstellt werden, bleibt die Zündspannung bei Früh- und Spätzündung fast gleich.

Zweck der Anlaßhilfe

Anlaßhilfe. Wenn bei kaltem Wetter der Anlasser auf keine genügend hohe Drehzahl kommt oder infolge Versagens der Batterie der Motor angeworfen werden muß, ist bei der niedrigen Drehzahl durch den Magnetzünder kein kräftiger Zündfunke zu erreichen. Als Anlaßhilfe verwendet man deshalb einen Kupplungsschnapper, der auf der Antriebsseite des Magnetzünders angebracht ist und den Läufer über eine Feder mit der treibenden Welle kuppelt. Bei Drehung der Mitnehmerscheibe wird die Feder immer stärker gespannt, bis sich der Magnetläufer löst und mit großer Geschwindigkeit durch das Magnetfeld bewegt, so daß ein starker Zündfunke entsteht.

Der Kupplungsschnapper

Der Schwung-Magnetzünder

Motoren mit Schwungmagnetzünder

In Einzelzylinder-Zweitakt-Ottomotoren bis 350 cm³ angewandt.

Aufbau: Der Schwung-Magnetzünder besteht aus

1. dem umlaufenden Magnetring, auf dem das Schwungrad befestigt, und
2. der feststehenden Ankerplatte mit Zündanker, Unterbrecher und Kondensator.

Aufbau des Schwungmagnetzünders und Wirkungsweise

Wirkungsweise. Bei Umlauf des zweipoligen Magnetringes entstehen im Zündanker ein Kraftflußanstieg, ein Flußwechsel und ein Flußabstieg. Der Flußwechsel wird zur Erzeugung des Zündfunkens ausgenutzt. Wenn der Unterbrecher schließt, beginnt in der Primärwicklung ein Wechselstrom zu fließen, der durch das Öffnen der Kontakte unterbrochen wird.

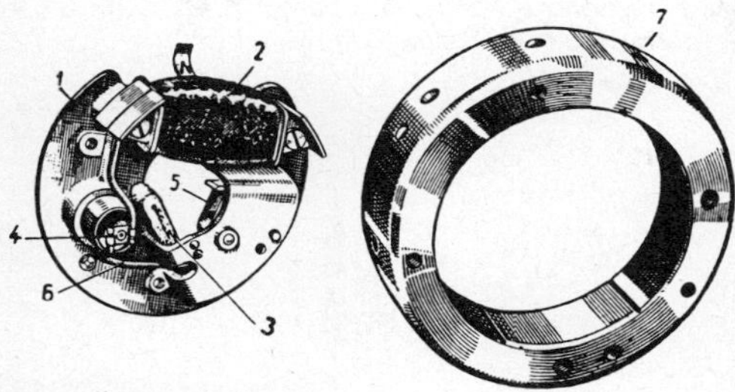

Schwung-Magnetzünder

1 Feststehende Ankerplatte 2 Zündanker mit Wicklung 3 Schmierdocht 4 Kondensator 5 Unterbrecher 6 Verbindungskabel zum Kondensator 7 Umlaufender Magnetring

Der Fluß im Zündanker ändert schlagartig seine Richtung. In der Sekundärwicklung entsteht eine hohe Spannung, die zum Funkenüberschlag an der Zündkerze führt.

Je Umdrehung wird ein Zündfunke erzeugt; deshalb muß der Magnetring bei Zweitakt-Einzylindermotoren mit der Kurbelwellendrehzahl umlaufen.

Grundsätzliches über Zündanlagen mit Halbleiterbauelementen

Aufgabe einer Zündanlage

Durch die Zündung soll das Kraftstoff-Luft-Gemisch im Verbrennungsraum des Motors zur Entflammung gebracht werden. Meist dient hierzu der Hochspannungsfunken an der Zündkerze. Der erforderliche Energiespeicher kann *induktiv* (bei der Spulenzündung) oder *kapazitiv* (bei der Kondensatorzündung) sein.

Halbleiter-Zündanlagen

Halbleiter-Bauelemente ermöglichen Zündanlagen mit großer Lebensdauer und geringer Wartung. Unterbrecherkontakte werden durch einen Schalttransistor ersetzt. Er erweist sich gegenüber der mechanischen Verschleißstelle als vorteilhaft. Kontaktlose Steuergeber wie magnetischer Geber, Feldscheibe, Lichtkontakt mit Photoelement oder Hall-Geber können das mechanische Unterbrechersystem ersetzen.

Vorteile Vorteile: geringe Wartung, günstiger Start auch bei Kälte, gleichmäßiger Motorlauf bei allen Drehzahlen.

Kondensator-Zündanlagen Bei der Kondensator-Zündanlage wird die Energie vor dem Zündzeitpunkt im elektrischen Feld eines Kondensators gespeichert. Es gibt *Niederspannungsanlagen* (NKZ) mit Zündspannungen zwischen 1 und 3 kV und *Hochspannungsanlagen* (HKZ) mit 10...30 kV (wie bei der Spulenzündung). Für Otto-Motoren sind letztere geeignet, während erstere vor allem für das Zünden von Strahltriebwerken in Frage kommen.

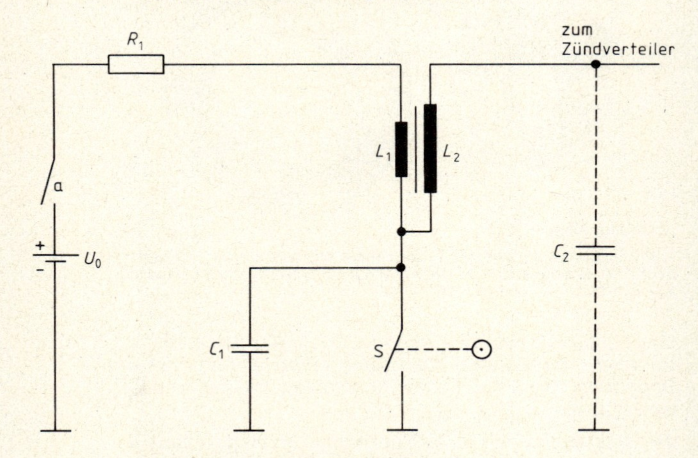

Prinzipschaltung einer Spulenzündung

U_0 Batteriespannung
L_1, L_2 Induktivität der Primär-, der Sekundärwicklung der Zündspule
R_1 Ohmscher Widerstand des Primärkreises
C_1 Kapazität des Primärkondensators
C_2 sekundäre Spulen- und Schaltkapazität
a Zündschalter
S Schalter (Unterbrecher)

Die im Kondensator gespeicherte elektrische Energie, die meist aus der Fahrzeugbatterie bezogen wird, kann im Gegensatz zur Spulenzündung ohne Umformung für den Zündvorgang verwendet werden. Die Zündimpulse der HKZ sind besonders steil, so daß auch bei verrußten Zündkerzen für die Funkenstrecke genügend Energie vorhanden ist. Als Entladeschalter dienen vor allem *Silizium-Stromrichter* (Thyristoren).

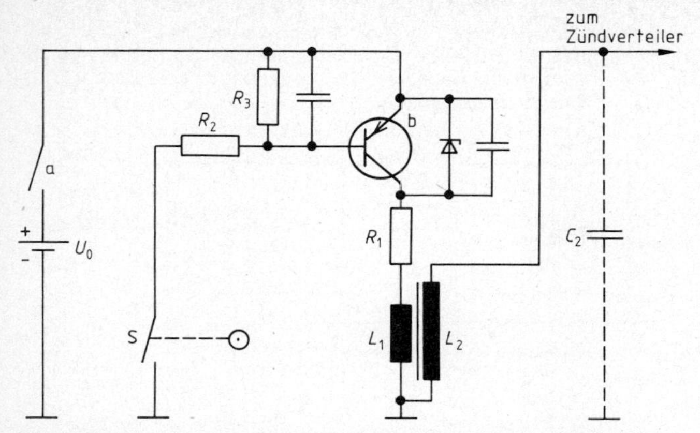

Prinzipschaltung einer kontaktgesteuerten transistorisierten Spulenzündung

a Zündschalter b Leistungstransistor S Unterbrecher

U_0 Batteriespannung
L_1, L_2 Induktivität der Primär-, der Sekundärwicklung der Zündspule
R_1 Primärwiderstand der Wicklung L_1
R_2, R_3 Widerstände an der Basis des Transistors
C_2 sekundäre Spulen- und Schaltkapazität

Aufbau und Funktion von elektronischen Zündanlagen

Transistorische Spulenzündung (TSZ)

Von hohem Einfluß auf die Leistungsfähigkeit einer Zündanlage sind die mechanischen und elektrischen Eigenschaften des Unterbrechers. Zuverlässigkeit und Lebensdauer sind von dem Drehzahlbereich, der zu schaltenden elektrischen Leistung und der Wartung abhängig.

Kontaktgesteuerte TSZ

Aus diesem Grunde wird gegenüber der SZ der Unterbrecher durch einen *Transistor* ersetzt. (S. vorsteh. Bild!) Er schaltet den Primärstrom der Zündspule unmittelbar. Der Unterbrecher selbst hat den Basisstrom des Transistors zu steuern. Der Transistor ist schüttelfest eingebaut und kann die relativ große Leistung des Primärkreises mit einer kleinen Leistung des Steuerkreises übernehmen. (S. Bild!)

Nun befindet sich im Primärstromkreis der Zündspule die *Emitter-Kollektorstrecke* des Leistungstransistors. Da über den Unterbrecher nur noch ein geringer Teil des bisherigen Spulenstromes fließt, ist das Maximum der an seinen Kontakten auftretenden Spannung gleich der Batteriespannung. Damit sind Rückzündungen ausgeschlossen.

Vorteile Vorteile: Der Funkenlöschkondensator fällt fort, keine Störungen durch Unterbrecherfeuer, geringer Kontaktverschleiß, unbegrenzte Lebensdauer und damit konstanter Zündfunke.

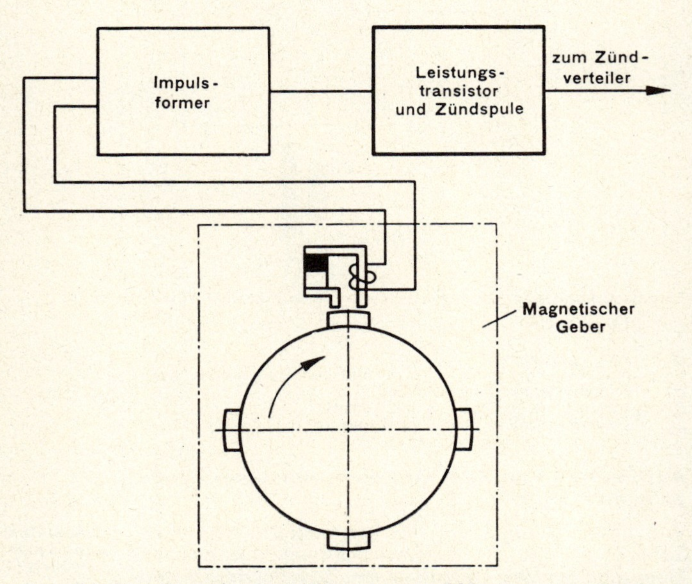

Prinzipschaltung einer kontaktlos gesteuerten TSZ mit magnetischem Geber

Verhalten der Leistungstransistoren Während die Kontakte der heute üblichen Unterbrecher mit etwa 5 A und 400 . . . 500 V belastet werden können, sind an ihrer Stelle Siliziumtransistoren noch zu teuer. So finden die *Germanium-Transistoren* Verwendung. Ihr Einbau setzt einige Änderungen in den elektrischen Daten der Zündanlage voraus, und zwar wegen der niedrigen Sperrspannung.

	Mechanischer Unterbrecher	Germanium-Transistor	Silizium-Transistor
Schaltspannung	500 V	80 . . . 120 V	max. 500 V
Strom	5 A	10 . . . (25) A	5 . . . 10 A
zulässige Kristall-Temperatur	—	max. 100 °C	125 . . . (200) °C

Da die Primärinduktivität L_1 kleiner wird, ist ein größerer Primärstrom erforderlich, damit wird die Leistungsaufnahme aus der Batterie entsprechend erhöht. Ferner wird die Zeitkonstante im Anstieg des Primärstromes kleiner. Folge davon ist, daß bei Steigen der Drehzahl Primärstrom und Sekundärspannung gegenüber ihren Werten bei niedrigen Drehzahlen weniger abfallen. Die größere Sperrspannung des Silizium-Transistors erlaubt es von vornherein, daß größere Spannungen und Ströme als beim mechanischen Unterbrecher zugelassen werden.

Gegenüber dem Ge-Transistor ist seine Stromverstärkung geringer, die Restspannung höher.

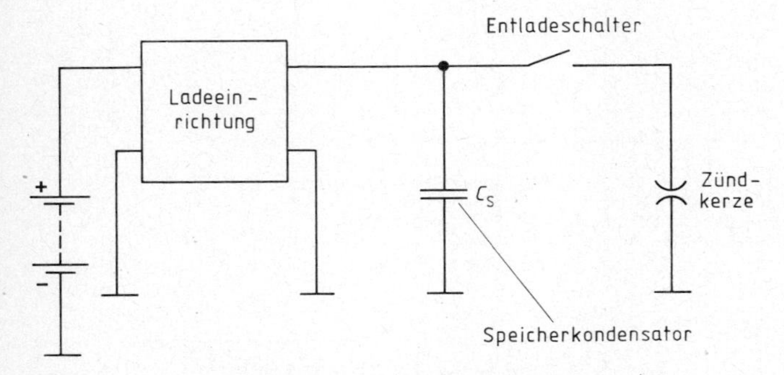

Schaltungsschema einer Kondensatorzündung

Kapazitive Speicher

Nach vorstehendem Schaltschema wird der Speicherkondensator C_S durch eine an die Batterie angeschlossene Ladeeinrichtung auf eine Spannung geladen, die mindestens gleich der Überschlagspannung an der Kerze ist. Beim Schließen des Schalters im Zündzeitpunkt entlädt sich der Kondensator über die Zündkerze. Es bildet sich ein Funken. Eine Hochspannungs-Kondensatorzündung nach vorstehender Schaltung ist wegen der Übertragung der Energie durch einen Schalter kaum durchführbar. Auch ist neben anderen Schwierigkeiten der Zündzeitpunkt kaum einzuhalten. Hier hilft ein Zündungstransformator, in dessen Primärkreis der Speicherkondensator verlegt wird (Bild).

Man erhält eine Kondensatorspannung von 200 . . . 1000 V und eine Zündspannung von 10 . . . 30 kV. Die Spitzenströme, die über den Schalter im Primärkreis fließen können, liegen bei rd. 100 A. Wie dabei die Spannung auf der Sekundärseite sehr schnell ansteigt, zeigt nachstehendes Bild.

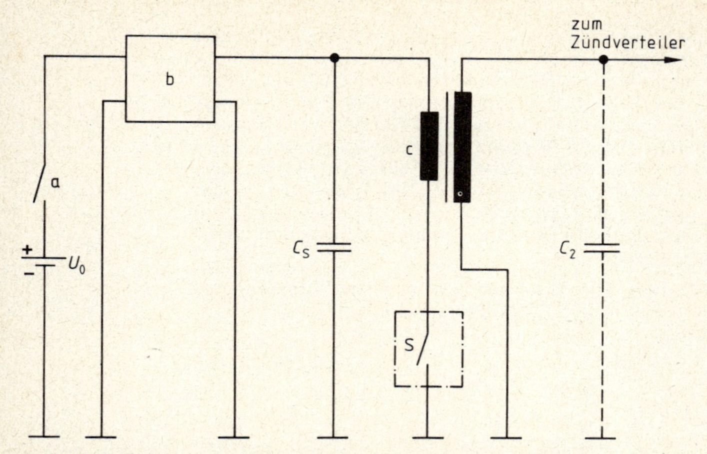

Grundsätzliche Schaltung einer Hochspannungs-Kondensatorzündung

a Zündschalter
b Ladeeinrichtung
c Zündtransformator
C_S Speicherkapazität
C_2 sekundäre Spulen- und Schaltkapazität
U_0 Batteriespannung
S Schalter

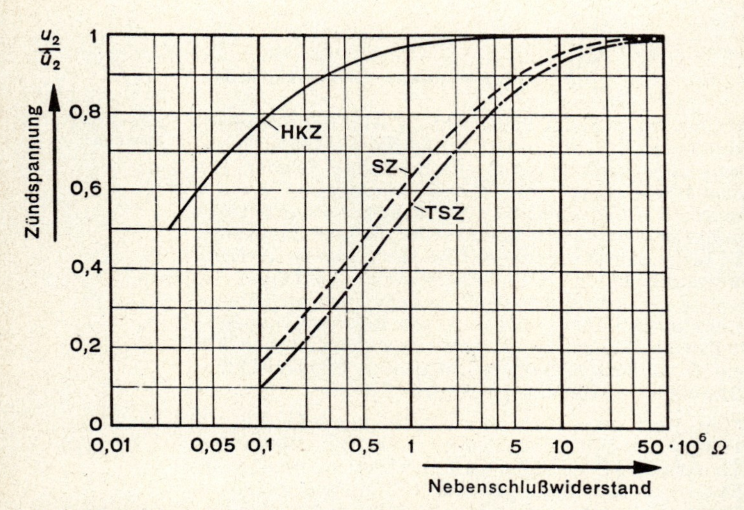

Zündspannung in Abhängigkeit vom Nebenschlußwiderstand bei den verschiedenen Zündsystemen

Vorteile: Geringe Nebenschlußempfindlichkeit, kürzerer Entladevorgang als bei Spulenzündungen. (Genügt der kurzzeitige Funke nicht zur Entzündung des Gemisches, wird der Elektrodenabstand an der Zündkerze vergrößert.) Da sich mechanische Schalter wegen der zu schaltenden hohen Ströme schnell abnutzen, steuert man meist kontaktlos durch elektronische Schalter in Form von Halbleiter-Stromtoren. Sie ermöglichen, daß kurzzeitig bis zu 100 A erreichende Ströme gut geschaltet werden. Der Verbreitung dieser Zündanlagen steht z. Z. noch der verhältnismäßig hohe Preis entgegen.

Vorteile

Die Vorglühanlage

Die Glühkerze soll keinen Zündfunken entwickeln, sondern die Verbrennungsluft im Dieselmotor erwärmen.

Zweck der Glühkerze

Die durch Verdichtung erwärmte Luft soll noch zusätzlich durch Glühkerzen erwärmt werden. Glühkerzen sind notwendig in Dieselmotoren, deren Verbrennungsräume eine große Oberfläche besitzen (Vorkammer-, Wirbelkammer- und Luftspeichermotoren). Die Glühkerze ragt in den Verbrennungsraum hinein, wird durch die Batterie auf 900 . . . 1000 °C erhitzt und nach dem Anlassen abgeschaltet, da sonst die Glühspirale durch die Verbrennungswärme bald durchbrennen würde. Die Glühkerze besteht aus Kerzengehäuse (1), Isolierschicht (2), Anschlußgehäuse (3), Haltbolzen (4), Glühdraht (5) und Anschlußmutter (6).

Dieselmotoren mit Glühkerzen

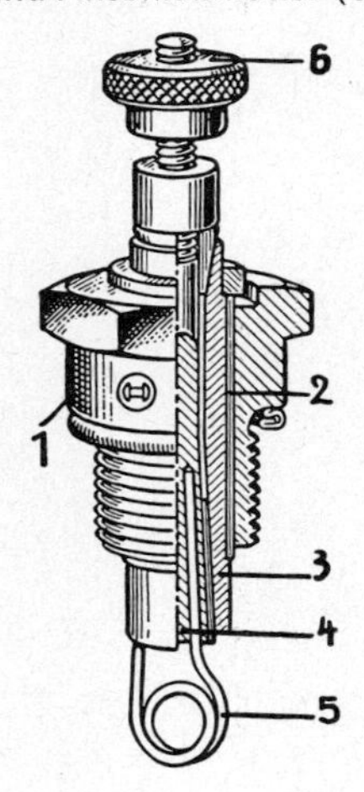

Glühkerze

Zweipolige Glühkerzen und die Schaltung

Im Dieselmotor werden ein- und zweipolige Glühkerzen (mit zwei isolierten Polen für die Stromführung) verwendet. – Glühkerzen können in 12-V-Anlagen in Reihe oder parallel geschaltet sein. Die Verbindung der Glühkerzen erfolgt durch Stromschienen.

Zur Vorglühanlage gehören verschiedene Zusatzgeräte.

Zusatzgeräte zur Vorglühanlage

Zusatzgeräte sind: Glühüberwacher, Vorglüh-Anlaß-Schalter und Vorwiderstand.

Der Glühüberwacher

Der Glühüberwacher am Schaltbrett ist in den Glühstromkreislauf eingeschaltet. Das Aufleuchten einer Drahtschleife im Schauzeichen gibt an, daß die Anlage in Ordnung ist und die Glühkerzen eingeschaltet sind.

Vorglüh-Anlaß-Schalter

Der Vorglüh-Anlaß-Schalter dient zum Einschalten der Glühanlage und zum Anlassen. Die Betätigung erfolgt in 2 Schaltstufen; 1. Stufe: Glühkerzen eingeschaltet, 2. Stufe: Anlasser eingeschaltet und Glühüberwacher kurzgeschlossen.

Der Vorwiderstand

Ein Vorwiderstand wird in den Stromkreis eingeschaltet, wenn der gesamte Spannungsabfall der hintereinandergeschalteten Glühkerzen einschließlich Glühüberwacher unter der Batteriespannung liegt.

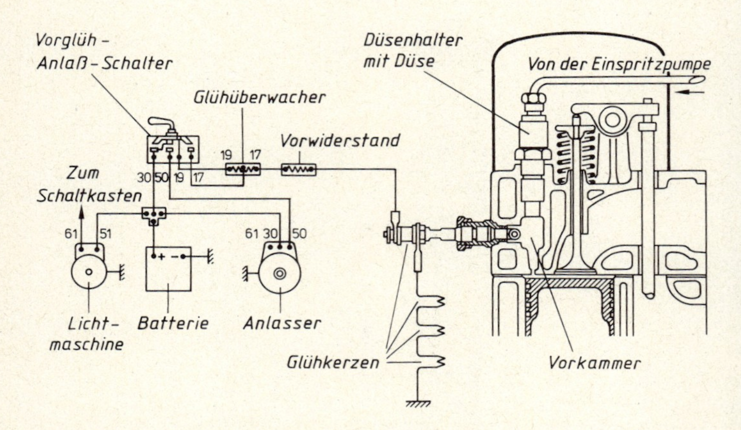

Schematische Darstellung einer Vorglühanlage mit zweistufiger Schaltung (Bosch)

Beispiel: Vierzylindermotor mit 12-V-Batterie

4 Glühkerzen je 1,7 V	= 6,8 V
1 Glühüberwacher	= 1,8 V
Gesamtspannungsabfall	= 8,6 V

Der Vorwiderstand muß 12 V — 8,6 V = 3,4 V aufnehmen.

5.3.4. Die Beleuchtung

Beleuchtung am Kfz

Zur Beleuchtung des Kraftfahrzeugs gehören Scheinwerfer, Zusatzleuchten und Lampen.

Aufgabe der Scheinwerfer

Scheinwerfer sollen die Fahrbahn und den Fahrbahnrand beleuchten, damit Fahrhindernisse rechtzeitig erkannt werden.

Teile

Sie bestehen aus:

a) Gehäuse mit Deckelring und Streuscheibe,

b) aluminiumbedampftem, auf Hochglanz poliertem Parabolspiegel und

c) Glühlampen.

Die meisten Scheinwerfer haben zwei Lampen: eine Hauptlampe (Bilux-Lampe) für Fern- und Abblendlicht und eine Hilfslampe als Standlicht.

Zusatzleuchten

Zusatzleuchten sind Nebelleuchten, die nur bei Nebel und Schneefall brennen dürfen. Begrenzungsleuchten müssen auch bei Fern- und Abblendlicht mitbrennen.

Sonstige Leuchten

Sonstige Leuchten sind: Schlußlicht, Bremslicht, meistens in Form von Brems-Nummer-Schlußlampen, Schaltbrett- und Deckenleuchten.

Anforderungen der StVZO an die Leuchten

Die StVZO stellt verschiedene Anforderungen an die Leuchten.

1. Die vorgeschriebene Beleuchtung muß vorschriftsmäßig angebracht, jederzeit betriebsfähig, nicht verdeckt und nicht verschmutzt sein.
2. Paarweise angebrachte Leuchten müssen gleichen Abstand von der Mittellinie der Fahrzeuge und gleiche Höhe haben und gleich stark brennen.

3. Scheinwerfer (35 bzw. 40/45 W) dürfen nur weißes oder schwach gelbes Licht haben. Fernlicht 100 m, Abblendlicht 25 m beleuchten.

4. Begrenzungsleuchten sind erforderlich, wenn die Scheinwerfer mehr als 40 cm von Wagenaußenkante entfernt ist.

5. Die untere Spiegelkante darf nicht höher als 1 m vom Boden liegen.

6. Ein oder zwei Nebelscheinwerfer (35 W) dürfen nur bei Nebel und Schneefall, am Tage in Verbindung mit Abblendlicht, bei Dunkelheit mit Abblend- und Begrenzungslicht brennen.

7. Ein Suchscheinwerfer (35 W) darf nur mit Schlußlicht leuchten.

8. Nicht mehr als zwei Schlußleuchten, rotes Licht, getrennt abzusichern.

9. Parkleuchten vorn weiß, hinten rot; nur in geschlossenen Ortschaften.

10. Bremsleuchten – eine oder zwei – rotes Licht bei Betätigung der Bremse.

11. Hintere Kennzeichen müssen auf 20 m und bei Dunkelheit lesbar sein.

12. Fahrtrichtungsanzeiger als Blinker paarweise (vorn weiß, hinten rot) oder an beiden Längsseiten (orangefarben).

Einstellen der Scheinwerfer mit Bosch-Einstellgerät

Scheinwerfer müssen richtig eingestellt sein.

1. Einstellen mit Bosch-Einstellgerät sehr einfach. Vorbedingung: ebener Platz, Einstellgerät nicht verkanten, Belastung berücksichtigen.

ohne Gerät

2. Einstellen ohne Gerät mit Hilfe eines Schirmes in 5 m Entfernung. Jeden Sitz mit 50 . . . 60 kg belasten, Lkw nicht belasten. In Höhe H und mit seitlichem Abstand der Scheinwerfer von B = 10 cm zwei Kreuze auf die Wand zeichnen. Bei Pkw-Fernlicht muß das Kreuz genau in der Mitte des Strahlenbündels liegen, bei Lkw 5 cm darunter. Bei Abblendlicht muß die Hell-Dunkel-Grenze mindestens 5 cm unter Höhe H liegen. Scheinwerfer sind durch Einstellschrauben verstellbar. Motorräder mit einem Mann belasten und nach denselben Angaben einstellen.

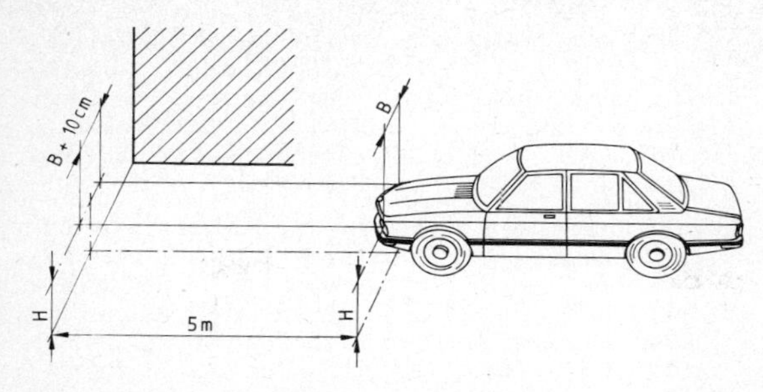

Bosch – Einstellen der Scheinwerfer auf Fernlicht

Abblendlicht

Abblendlicht

symmetrisch

1. Symmetrisches Abblendlicht. Durch Lichtschalter über Klemme 56b eingeschaltet, ergibt es eine waagerecht verlaufende Hell-Dunkel-Grenze, die um 1 % (≙ 10 cm auf 10 m) geneigt ist. Die Lichtverteilung auf der Fahrbahn ist symmetrisch.

asymmetrisch

2. Asymmetrisches Abblendlicht (Bosch). Es wird erreicht durch eine auf der linken Seite 15° abgeschrägte Abdeckplatte in der Glühlampe und durch eine besondere Ausbildung der Streuscheibe. Dadurch wird ein Teil des Lichtes auf die linke untere

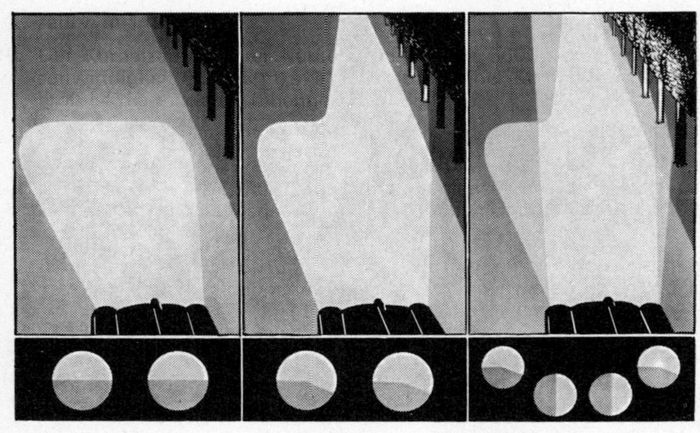

Symmetrisches Abblendlicht | Asymmetrisches Abblendlicht | Teilfernlicht zusätzlich zum Abblendlicht

Abblendlicht

Hälfte des Scheinwerferspiegels geworfen. Von dort wird es reflektiert, nach rechts angehoben und durch den Sektor der Streuscheibe auf die rechte Fahrbahnseite konzentriert. Vorteil: Die Lichtverhältnisse sind besser; infolge des seitlich geführten Lichtes sind Blenderscheinungen gemildert.

Das Teilfernlicht

3. Teilfernlicht wird zusätzlich zum Abblendlicht eingeschaltet. Es ergibt eine scharfe, um 1% nach rechts gerichtete, senkrecht verlaufende Hell-Dunkel-Grenze. Die rechte Fahrbahnseite wird dadurch auf geraden Strecken und in Linkskurven beleuchtet wie mit einem normalen Fernlicht, ohne daß der Gegenverkehr geblendet wird.

5.3.5. Die Blinkanlage (Fahrtrichtungsanzeiger)

Teile der Blinkanlage

Eine Blinkanlage besteht aus Blinkgeber, Blinkschalter, Blinkleuchten und Kontrollampe.

Der Blinkgeber

Der Blinkgeber ist ein selbsttätig arbeitender Unterbrecher.

Ein thermisch gesteuertes Schaltrelais bewirkt durch Erhitzen bzw. Erkalten eines Widerstandsdrahtes in einem beweglichen Schaltanker, also durch Unterbrechung des Stromes, das Blinken in einem bestimmten Rhythmus.

Der SWF-Blinkgeber BGC

Wirkungsweise des SWF-Blinkgebers BGC (Bild S. 403)

Bei diesem Blinkgeber leuchten die Blinklampen sofort nach dem Einschalten auf.

Arbeitsweise der BGC-Blinkgeber

Wenn durch Schalter S die Blinkanlage (rechts oder links) eingeschaltet wird, fließt der elektrische Strom von der Batterie über Klemme 15, Magnetkern, Schaltanker I, Kontakte C_1—C_2, Magnetspule, Schalter S nach den Blinkleuchten (und Masse). *Die Blinklampen leuchten auf.*

Gleichzeitig wird durch die Anzugskraft der Magnetspule der Schaltanker II angezogen; Kontakte C_3 und C_4 schließen sich, so daß der Strom durch den Vorwiderstand W und den Hitzdraht H an Masse fließen kann. Infolge des Stromdurchganges wird der isoliert aufgehängte und ausgespannte Hitzdraht länger. Unter Mitwirkung einer Feder lösen sich die Kontakte C_1 und C_2 des Schaltankers I. Der Stromweg nach den Blinklampen ist unterbrochen; *die Lampen erlöschen.*

Inzwischen haben sich die Kontakte C_1 und C_5 geschlossen, so daß der Strom direkt über die Kontrolllampe zur Masse fließt – oder von der Kontrollampe über Schalter *S* und Blinklampen an Masse (im Schaltplan gestrichelt). Beim Blinkgeber BGC leuchtet die Kontrollampe somit während der Dunkelpause der Blinkleuchten auf.

Das Aufleuchten der Kontrollampe nach dem Schaltplan und beim BGC-Blinkgeber

Die durch Lösen der Kontakte C_1 und C_2 stromlos gewordene Magnetspule läßt den Schaltanker *II* los; der Hitzdraht *H* wird ebenfalls stromlos, kühlt ab, verkürzt sich, die Kontakte C_1 und C_2 des Schaltankers kommen zusammen, und die Blinklampen leuchten wieder auf. Der Kontaktwechsel wiederholt sich so lange, wie Schalter *S* eingeschaltet ist.

Der Vorgang beim Wiederholen des Blinkspieles

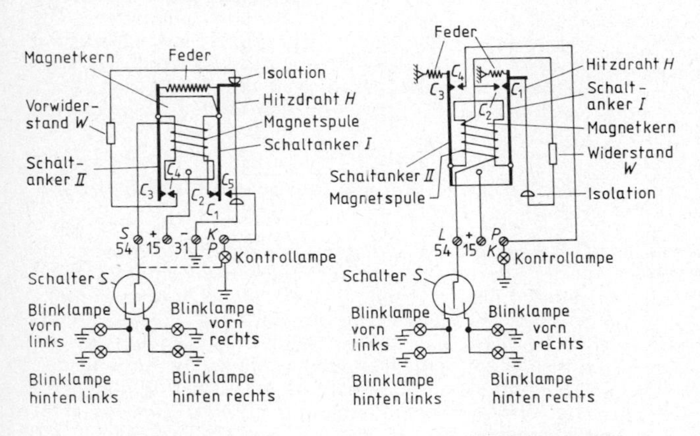

SWF-Blinkgeber BGC SWF-Blinkgeber BGD

Wirkungsweise des SWF-Blinkgebers BGD

Bei diesem Blinkgeber, dessen innerer Aufbau etwas anders ist, beginnen die Blinklampen 0,8 . . . 1 sec nach dem Einschalten zu leuchten.

Wird die Blinkanlage durch den Schalter *S* eingeschaltet, so fließt der Strom von Klemme 15 über Magnetkern, Schaltanker *I*, Hitzdraht *H*, Widerstand *W*, Magnetspule und Schalter *S* nach den Blinklampen. Der elektrische Strom ist aber in seiner Stärke nach Durchfließen des Hitzdrahtes und des Widerstandes so begrenzt, daß die Blinklampen noch nicht sofort aufleuchten, die Magnetspule aber bereits eine geringe Anziehungskraft auf die Schalteranker *I* und *II* ausübt.

Der Stromverlauf

Der Stromdurchfluß macht den Hitzdraht länger. Dadurch legt sich Kontakt C_1 unter Mitwirkung einer Feder an Kontakt C_2, und der volle Strom fließt nun über Magnetspule, Schalter und Blinklampen an Masse. Hitzdraht H und Widerstand W sind somit überbrückt. Die Blinklampen leuchten auf.

Das Aufleuchten der Blinklampen

Der nun durch die Magnetspule fließende Strom vergrößert deren Anzugskraft derart, daß der Schalteranker mit seinem Kontakt C_3 auf Kontakt C_4 gezogen wird und damit der Ruhestrom auf Schaltanker II über die Kontrollampe an Masse fließen kann. *Die Kontrollampe blinkt* also gleichzeitig mit den Blinklampen.

Die Kontrolllampe

Der überbrückte Hitzdraht kühlt nun ab, verkürzt sich, der Schaltanker I wird mit seinem Kontakt C_1 von C_2 abgehoben, und *die Blinklampen erlöschen*. Die Magnetspule läßt den Schaltanker wieder fallen, und die Kontrollampe erlischt ebenfalls. Hitzdraht H wird wieder vom Strom durchflossen, längt sich, schließt die Kontakte C_1—C_2 usw., und das Blinkspiel wiederholt sich.

Das Erlöschen der Blinklampen und der Kontrollampe

Die StVZO verlangt eine Funktionskontrolle der Blinkleuchten.

Blinker nach der StVZO

Das magnetische Feld, das durch den Blinklampenstrom in der Kupferwicklung entsteht, wird meist gleichzeitig mittels eines zweiten, unabhängigen kleinen Schaltankers zur Überwachung des Blinkens, wie sie von der StVZO gefordert wird, benutzt. Störungen in der Blinkanlage werden entweder dadurch angezeigt, daß die Kontrolleuchte erlischt (Ausfall des Blinkgebers) oder aber mit erhöhter Frequenz blinkt (Ausfall *einer* Blinkleuchte).

5.3.6. Das Signalhorn (Aufschlaghorn)

Teile des Signalhornes

Aufbau: Gehäuse mit und ohne Deckel, Membrane mit Schwingungsteller, Elektromagnet mit Anker, Unterbrecher, Kondensator.

Wirkungsweise

Wirkungsweise: Wird der Druckknopf bzw. der Kontaktring am Lenkrad niedergedrückt, so fließt der Strom durch Magnetwicklung, wodurch der Anker angezogen wird. Das verursacht ein Öffnen der Unterbrecherkontakte. Der Strom wird unterbrochen, das Magnetfeld bricht zusammen, was ein Loslassen des Ankers zur Folge hat. Die Kontakte schließen sich wieder; der Anker wird erneut angezogen, und der Vorgang wiederholt sich im gleichen Rhythmus (System: Wagnerscher Hammer).

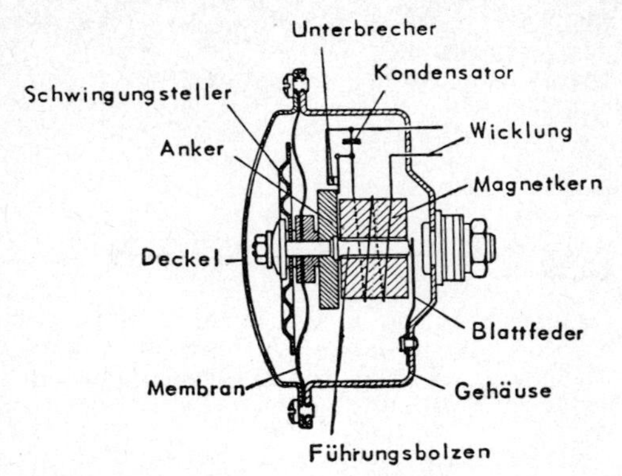

Bosch – Schematische Darstellung eines Signalhorns

Die Entstehung des Tones

Mit dem Anker ist eine Membrane fest verbunden. Sie gerät durch die Bewegung des Ankers in Schwingungen und bringt einen der Schwingungszahl entsprechenden Ton hervor. Durch die Membranschwingungen gerät auch der Schwingungsteller in Schwingungen. Durch den Grundton der Membrane und den Oberton des Schwingungstellers entsteht ein Ton von besonderer Klangfarbe, der sich von den Verkehrsgeräuschen unterscheidet.

Zweck des eingebauten Unterbrechers

Parallel zum Unterbrecher ist der Kondensator geschaltet. Er dient dazu, die Funkenbildung an den Kontakten bei der Unterbrechung zu unterbinden.

Starkton- und Mehrklanghörner

Das Starktonhorn

werden bei der Absicht, ein anderes Fahrzeug zu überholen, angewandt. Starktonhörner sind im Aufbau einem normalen Signalhorn ähnlich, haben nur infolge der größeren Membrane einen lauteren Ton.

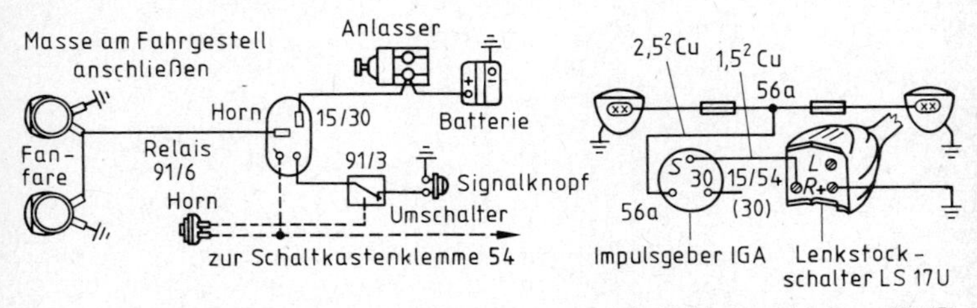

Schaltbild einer Fanfare (Hella)

Schaltbild einer Lichthupe (SWF)

Mehrklanghörner und die Anwendungsvorschriften

Mehrklanghörner (Fanfaren) geben mehrere aufeinander abgestimmte, laute Töne. Sie dürfen nicht in geschlossenen Ortschaften angewandt werden, wenn ihre Lautstärke 7 m von der Schallquelle mehr als 104 Phon beträgt. Bei Stadtfahrten daher das normale Signalhorn, draußen bei Bedarf durch Umschalten die Fanfaren, die durch ein Relais gesteuert werden, anwenden.

Die Lichthupe

Lichthupen

ist ein optischer Signalgeber. Über ein Relais wird das Fernlicht in kurzen Abständen ein- und ausgeschaltet, was im Rückspiegel des zu überholenden Fahrzeugs wiedergegeben wird. Die Einschaltung erfolgt durch einen Lenkstockschalter, der so lange in Arbeitsstellung verbleibt, bis er durch Hand in Ruhestellung gebracht wird. – Auf ausreichenden Querschnitt der elektrischen Leitungen ist zu achten.

5.3.7. Der Scheibenwischer

Der Scheibenwischer wird durch einen Elektromotor angetrieben, dessen Feld entweder durch einen Permanentmagneten oder eine im Nebenschluß liegende Wicklung gebildet wird.

Über ein Wendegetriebe betätigt er den Wischerarm mit dem Wischerblatt.

Aufbau und Wirkungsweise des Scheibenwischers

Aufbau: 1. Getriebegehäuse mit Lagerplatte und Getriebe, 2. Anker mit Polschuhen und Erregerwicklung, 3. Getriebe, 4. Wischerachse, 5. Lagerplatte, 6. Wischhebel.

Wirkungsweise: Der Wischermotor, der von der elektrischen Anlage des Kraftfahrzeuges gespeist wird, setzt den Anker und die Achse in Drehung. Über das Getriebe wird eine Zahnstange in Bewegung gesetzt, die bei ihrem Hin- und Hergehen ein Ritzel und damit die Wischerachse und den Wischerhebel in pendelnde Bewegung setzt. Über ein Gestänge kann auch ein zweiter Wischer angetrieben werden.

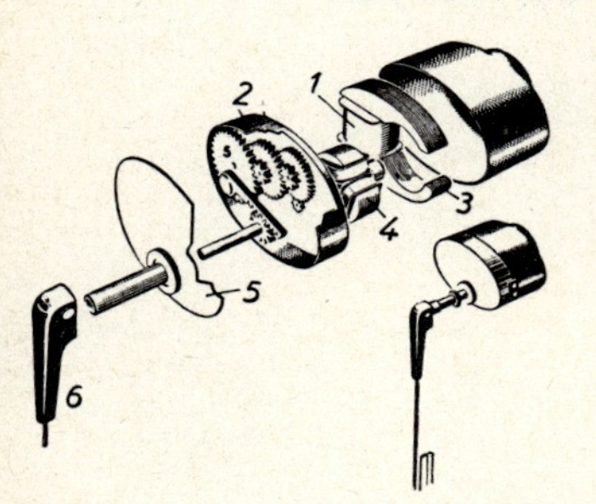

1 Feld 2 Getriebe 3 Polschuhe 4 Anker
5 Getriebedeckel 6 Wischhebel

Um die Wischergeschwindigkeit der Fahrgeschwindigkeit, Regenmenge usw. anzupassen, ist heute die Drehzahl der Wischermotoren stufenlos regelbar.

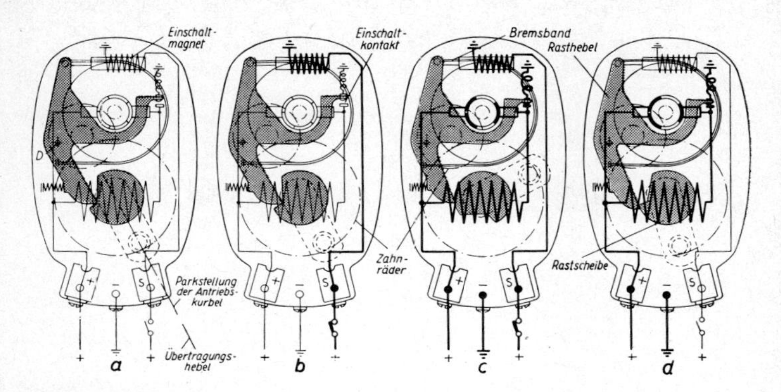

SWF-Scheibenwischer

SWF hat einen Wischermotor mit automatisch-elektrischer Parkstellung entwickelt, dessen Aufbau und Wirkungsweise aus dem Bild hervorgeht.

a Handschalter: geöffnet. Kein Stromfluß. Ruhestrom auf Feld- und Ankerwicklung. Bremsband liegt an. Rastscheibe und Rasthebel in Parkstellung.

b Handschalter: geschlossen. Einschaltstrom fließt über Einschaltmagnetspule an Masse. Einschaltmagnet zieht an.

c Einschaltmagnet hat angezogen. Schließt den Einschaltkontakt, damit liegt + über Anker und Feld an Masse. Hauptstrom fließt. Bremsband vom Anker abgehoben. (Rasthebelnase von Rastscheibe abgehoben). Motor läuft.

d Handschalter: geöffnet. Einschaltmagnet stromlos. Rasthebel stützt sich noch auf Rastscheibe, Hauptstrom fließt noch, Motor läuft weiter, bis Rasthebelnase in Rastscheiben-Ausschnitt eintritt. Rasthebel öffnet den Einschaltkontakt, damit Anker und Feld stromlos. Bandbremse legt sich an. Motor geht in Parkstellung.

5.3.8. Der Scheibenwascher

Verschmutzen der Windschutzscheiben

Verschmutzungen der Windschutzscheiben verschlechtern die Sicht des Fahrers und sind die Ursachen von Gefahren. Deshalb müssen verschmutzte Windschutzscheiben gesäubert werden, was durch Scheibenspüler geschehen kann.

Scheibenwascher, ehemals verlacht, heute weit verbreitet. 1951 lieferte SWF die ersten Scheibenwascher, andere Firmen folgten bald.

Aufbau und Wirkungsweise

Der Aufbau ist einfach: Behälter, Pumpe, Düse, Schlauch. Der Wasserbehälter hat eine biegsame Wandung (Plastik), auf die ein Druck durch Hand oder Fuß ausgeübt wird. Die Wirkungsweise ist aus dem nachfolgenden Bild zu verstehen.

Statt der Hand- und Fußpumpen werden heute elektrische Pumpen verwendet.

Die Düsen müssen so eingebaut sein, daß der Wasserstrahl im obersten Drittel des Wischfeldes auftrifft.

Heute Wisch-Waschanlagen

Die Wisch-Waschanlage Das Wischen und Waschen ist heute vereinigt. Es können sowohl die Scheibenwischer *allein* als auch Scheibenwischer und Waschanlage *gleichzeitig* eingeschaltet werden.

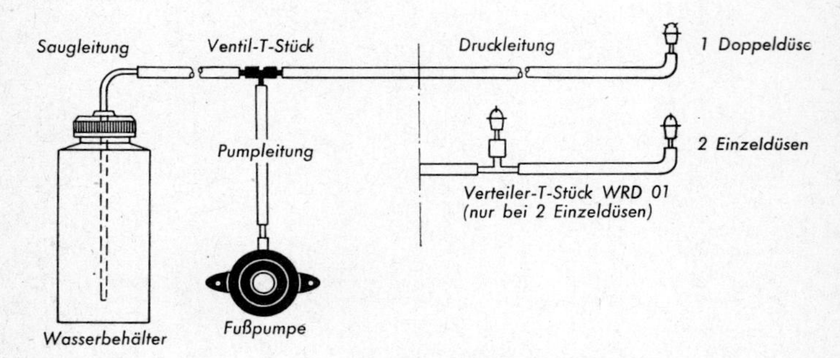

Scheibenwascher

Als Spülflüssigkeit nur schmutz- und kalkfreies Wasser

Spülflüssigkeit Kalkhaltiges Wasser enthärten, dann löst sich auch fettiger Schmutz (Insekten). Frostschutz wird durch Beimischen von 10...20% Brennspiritus erreicht. Zusatz von SWF-Klarol erhöht die schmutz- und fettlösende Wirkung, verhütet das Einfrieren des Wassers und die Eisbildung auf der Windschutzscheibe.

5.4. Der Schaltplan

Aufgabe des Schaltplanes Ein Schaltplan vermittelt die Übersicht über die elektrische Gesamtanlage. Aus dem Schaltplan sind zu ersehen: 1. die elektrischen Geräte, 2. der Stromverlauf von der Stromquelle über den Schalter nach den Verbrauchern, 3. die Nummern der Klemmen, 4. die Farben der verschiedenen Leitungen.

Nummern der Klemmen Die Nummern der Klemmen erleichtern die Installation an Hand eines Schaltplanes.

Farbkennzeichnung der Leitungen Die Farbkennzeichnung der Leitungen nach Norm erleichtert das Verlegen und das Aufsuchen von Störungen.

Der Zündschalter

Bedeutung des Zündschalters Durch Einstecken des Zündschlüssels werden bestimmte Verbraucher betriebsbereit. Ebenso wird durch

Herausziehen des Schlüssels ein Teil der bei parkenden Fahrzeugen nicht benötigten Verbraucher abgeschaltet.

Klemme 15 = Zündspule, Öldruckanzeigeleuchte, Kraftstoffanzeiger, Scheibenwischer und -spüler, Bremsschlußleuchten über den Bremslichtschalter, Blinkleuchten über den Blinkgeber, dazu die Blinker-Anzeigeleuchte, Rückfahrtscheinwerfer, ferner je nach Fabrikat auch Hornrelais und Autoradio.

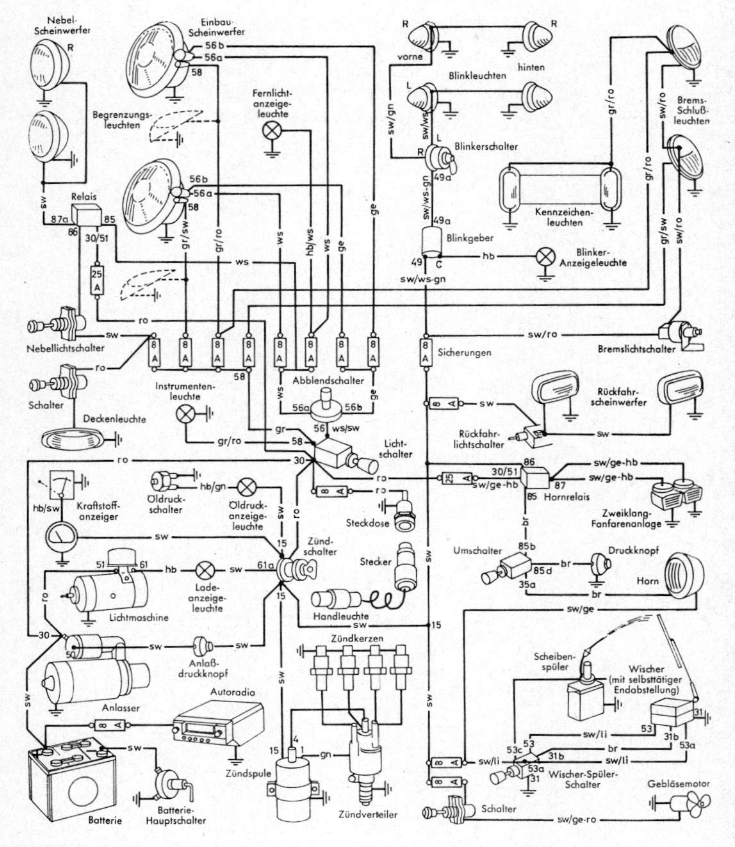

Schaltplan

Weitere wichtige Klemmenbezeichnungen:

30	Batterie (+),
31	Masse,
49 49 a	Blinkanlage,
50	Magnetschalter, Anlasser,
54	Bremslicht,
56	Lichtschalter,
56 a	Fernlicht,
56 b	Fahrlicht,
58	Begrenzungsleuchten, Schlußleuchten,
61	Ladeanzeigeleuchte.

6. Fachrechnen

Verwendete Formelzeichen

(Nach DIN 1304)

Länge	l	Arbeit	W
Radius	r	Leistung	P
Durchmesser	d	Geschwindigkeit	v
Höhe	h	Beschleunigung	a
Fläche	A	Wirkungsgrad	η
Rauminhalt	V	Zug- und Druckspannung	σ
Zeit	t	Scherspannung	τ
Dichte	ϱ	Elektrische Spannung	U
Gewichtskraft, Gewicht	G	Stromstärke	I
Masse	m	Elektrischer Widerstand	R
Wichte	γ	Spezifischer elektrischer Widerstand	ϱ
Kraft	F	Elektrische Kapazität	C
Druck (DIN 1314)	p		
Moment	M		

6.1. Einheiten

Längenmaße: 1 m = 10 dm, 1 dm = 10 cm, 1 cm = 10 mm. Umrechnungsfaktor 10. Komma 1 Stelle nach rechts bzw. links.

Zoll: 1" = 25,4 mm.

Flächenmaße: 1 m^2 = 100 dm^2, 1 dm^2 = 100 cm^2, 1 cm^2 = 100 mm^2. Umrechnungsfaktor 100. Komma 2 Stellen nach rechts bzw. links.

Körpermaße: 1 m^3 = 1000 dm^3, 1 dm^3 = 1000 cm^3, 1 cm^3 = 1000 mm^3. Umrechnungsfaktor 1000. Komma 3 Stellen nach rechts bzw. links.

Hohlmaße: 1 hl = 100 l, 1 l = 1 dm^3.

Masse *m* 1 kg = 1000 g (Gramm)

1 g = 1000 mg (Milligramm)

1000 kg = 1 t (Tonne)

Kraft F

Nach dem Newtonschen Gesetz

Kraft = Masse · Beschleunigung

$F = m \cdot a$

ergibt sich als Grundeinheit für die Kraft:

$1 \text{ kg} \cdot 1 \text{ m/s}^2 = 1 \text{ kg m/s}^2$.

Diese Einheit wird mit dem Namen Newton bezeichnet.

Merke: $1 \text{ kgm/s}^2 = 1 \text{ N}$

Abgeleitete Einheit: 10 N = 1 daN (Dekanewton).

Gewichtskraft, Gewicht G

Als Beschleunigung wird hier die Erdbeschleunigung g eingesetzt:

$G = m \cdot g$; $g = 9{,}81 \text{ m/s}^2$.

Eine Masse von 1 kg besitzt also an der Erdoberfläche (45. Breitengrad; Meeresniveau) ein Gewicht von

$G = 1 \text{ kg} \cdot 9{,}81 \text{ m/s}^2 = 9{,}81 \text{ N}$.

Diese 9,81 N wurden bisher als 1 kp bezeichnet. Nimmt man einen Fehler von ungefähr 2 % in Kauf, so kann gesetzt werden:

$9{,}81 \text{ N} \approx 10 \text{ N} = 1 \text{ daN} \approx 1 \text{ kp}$,

so daß sich bei Aufgabenstellungen mit allen Maßeinheiten die ermittelten Größen für die Kraft bzw. das Gewicht lediglich um eine Kommastelle unterscheiden, wenn sie in N ausgedrückt werden.

Arbeit W

Arbeit = Kraft · Weg

$W = F \cdot s$.

Die Einheit für die Arbeit ist also das Newtonmeter (Nm). Gleichwertig sind die beiden anderen Einheiten Wattsekunde und Joule:

1 Nm = 1 Ws = 1 J.

Abgeleitete Einheiten:

10 Nm = 1 daNm ($\approx$ 1 kpm)

3600 Ws = 1 Wh (Wattstunde)

1000 Wh = 3 600 000 Ws = 1 kWh (Kilowattstunde)

1000 J = 1 kJ (Kilojoule)

Leistung P

Leistung = Arbeit durch Zeiteinheit

$P = W/t$

Die Grundeinheit für die Leistung ist das Watt (1 W = 1 Nm/s = 1 Ws/s).

Abgeleitete Einheiten:

1000 W = 1 Kilowatt = 1 kW

1/1000 W = 1 Milliwatt = 1 mW

1000 kW = 1 000 000 W = 1 Megawatt = 1 MW

(Umrechnung bisher gebräuchlicher Einheiten:

1 PS = 736 W = 0,736 kW

1 kW = 1,36 PS)

Druck p

Druck = Kraft durch Flächeneinheit

$p = F/A$

Die Grundeinheit für den Druck ist das Pascal (1 Pascal = 1 Pa = 1 N/m²).

Abgeleitete Einheiten:

$$100\,000 \text{ Pa} = \frac{10 \text{ N}}{\text{cm}^2} = \frac{1 \text{ da N}}{\text{cm}^2} = 1 \text{ bar} \left(\approx \frac{1 \text{ kp}}{\text{cm}^2}\right)$$

1 bar = 1000 mbar (Millibar)

Wärmemenge Q

Wärmemenge = Masse · spez. Wärme · Temperaturdifferenz

$$Q = m \cdot c \cdot \Delta\delta$$

$$\text{kg} \cdot \frac{\text{J}}{\text{kg} \cdot \text{K}} \cdot \text{K} = \text{J}$$

Die Einheit für die Wärmemenge ist also das Joule (J); bekanntlich ist 1 J = 1 Ws = 1 Nm.

Abgeleitete Einheit: 1000 J = 1 kJ (Kilojoule)

Elektrische Maßeinheiten:

Spannung *U:* Volt (V); abgeleitete Einheit: mV; kV.

Stromstärke *I:* Ampere (A); abgeleitete Einheit: mA.

Widerstand *R:* Ohm (Ω oder V/A); abgeleitete Einheit: mΩ; kΩ; MΩ.

Aufgaben zu 6.1.

Gerade Längen und Längeneinteilung

1. Von einem 6 m langen Stahlstab werden abgeschnitten: a) 2,4 m, 35 cm, 16,6 dm und 182 mm; b) 0,36 m, 9,5 cm, 625 mm und 2,8 dm. Wieviel bleibt übrig?

2. Eine 4,42 (5,94) m lange Leiter, deren Sprossen 25 cm von den Leiterenden entfernt sind, hat einen Sprossenabstand von 28 (32) cm. Wieviel Sprossen hat sie?

3. Ein Betriebsgrundstück von 22,5 (26) m Länge und 12 (14) m Breite soll 3mal mit Draht umgeben werden. Wieviel m Draht sind notwendig?

4. Ein quadratisches Grundstück ist 12 m × 12 m (15 m × 15 m) groß. Berechne den Umfang, wenn die Kanten allseitig um 2 m verlängert werden!

5. Ermittle die Länge eines Flachstahls, dessen 8 (12) Nietlöcher einen Abstand von 40 (38) mm haben; erstes und letztes Loch je 25 mm vom Ende entfernt!

6. Ein Kraftwagen hat eine Wagenlänge von 6050 mm. Abstand von Stoßstange bis Mitte Vorderrad 1050 mm, von Mitte Hinterrad bis Wagenende 1400 mm. Berechne den Radabstand!

7. Ein Lkw $1^3/_4$ t: Breite des Vorderwagens 1855 mm, Abstand von außen bis Radmitte 215 mm. Spurweite der Vorderräder (von Radmitte bis Radmitte)?

Gebogene Längen, Berechnung der gestreckten Längen.

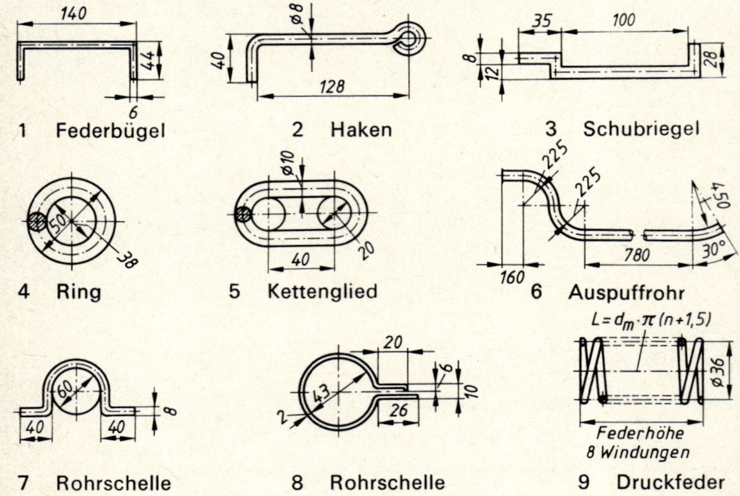

1 Federbügel 2 Haken 3 Schubriegel

4 Ring 5 Kettenglied 6 Auspuffrohr

7 Rohrschelle 8 Rohrschelle 9 Druckfeder

8. Schnellaster mit Zwillingsrädern: Reifenbreite 280 mm; Spurmaß der Außenräder von Mitte bis Mitte 2020 mm, der Innenräder 1360 mm. Der Pritschenaufbau steht an jeder Seite 100 mm über der Radaußenkante. Berechne a) den Abstand zwischen den Innenrädern, b) den Abstand zwischen den Zwillingsrädern, c) die Breite des Pritschenaufbaues!

9. Die Räder eines Kraftfahrzeuges machen auf einer Strecke von 6,44 km 3500 Umdrehungen. Wie groß ist der Durchmesser der Räder?

10. Eine Lage der Seiltrommel hat 60 Windungen.

a) Wieviel m Seil rollen bei einer Lage ab?

b) Wie lang ist die Seilrolle, wenn die Seilstärke 16 mm beträgt?

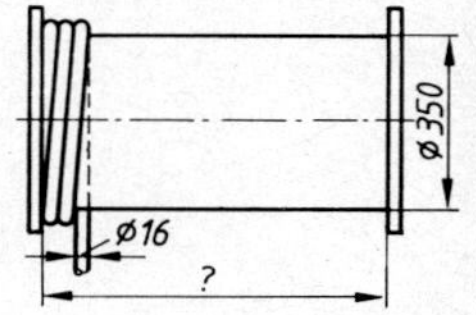

6.2. Berechnung der Flächen

Quadrat

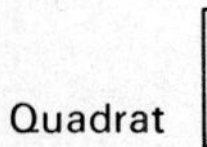

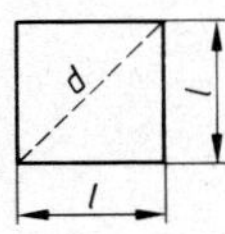

$d = 1{,}414 \cdot l;\ l = 0{,}707 \cdot d$

$$A = l \cdot l = l^2$$

Parallelogramm

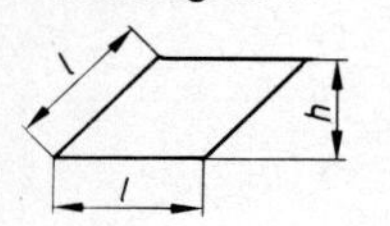

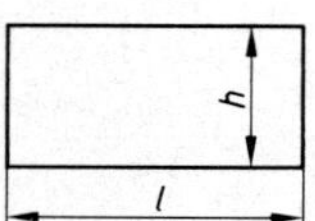

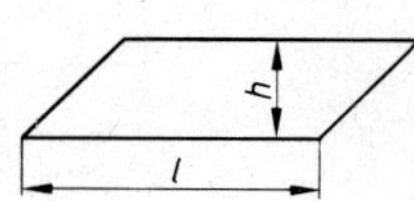

$$A = l \cdot h$$

Dreieck

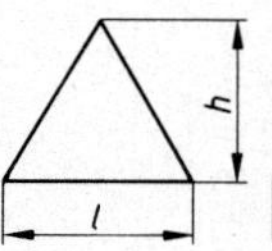

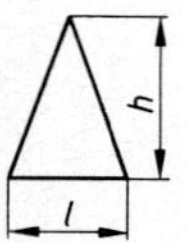

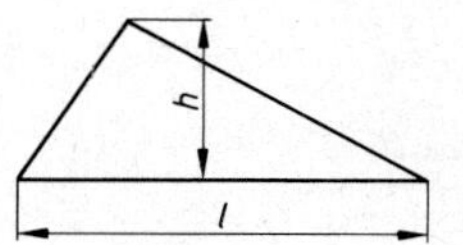

$$A = \frac{l \cdot h}{2}$$

Trapez

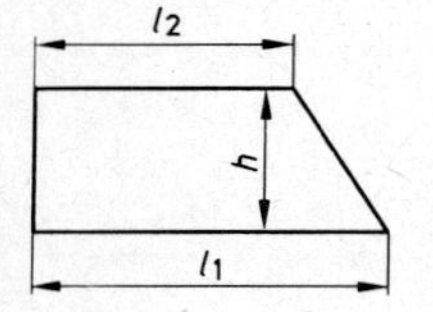

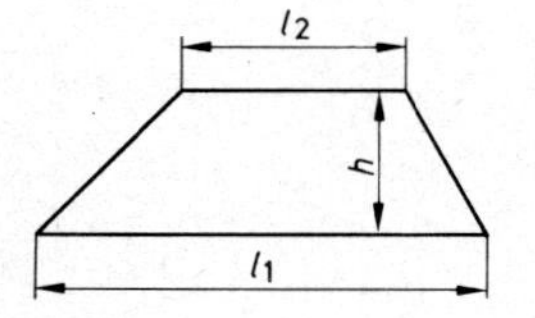

$$A = \frac{l_1 + l_2}{2} \cdot h$$

Sechseck

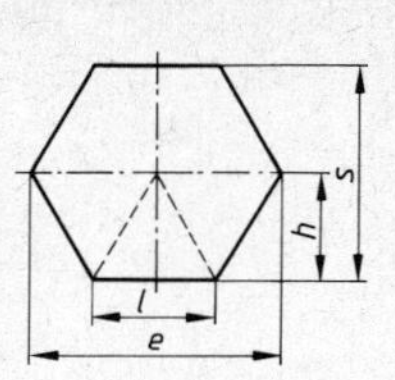

e = Eckenweite

s = Schlüsselweite

$e = 2\,l = 1{,}155\,s$

$s = 2\,h = 0{,}866\,e$

$$A = 0{,}866 \cdot s^2$$

Vieleck

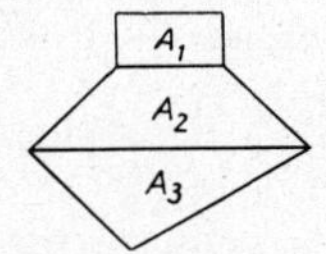

$$A = A_1 + A_2 + A_3$$

Kreis

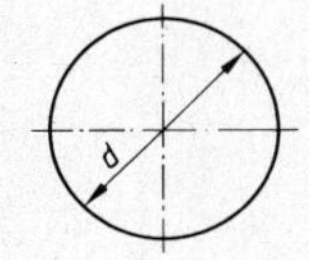

$U = d \cdot \pi$

$$A = d^2 \frac{\pi}{4} = d^2 \cdot 0{,}785$$

Kreisring

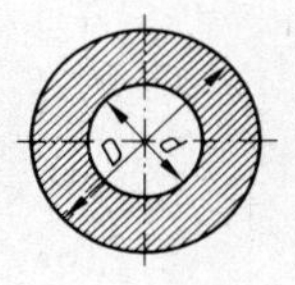

$A = D^2 \,\frac{\pi}{4} - d^2 \,\frac{\pi}{4}$

$$A = (D^2 - d^2)\,\frac{\pi}{4} = (D^2 - d^2) \cdot 0{,}785$$

Kreis-
ausschnitt

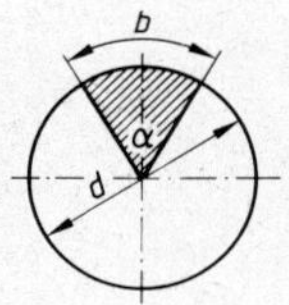

$b = \dfrac{d \cdot \pi \cdot \alpha}{360°}$

$$A = \frac{d^2 \cdot 0{,}785 \cdot \alpha}{360°}$$

Kreis-
abschnitt

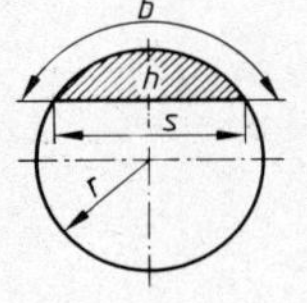

$A \approx \dfrac{2}{3}\, s \cdot h$

$$A = \frac{b \cdot r}{2} - \frac{s \cdot (r - h)}{2}$$

Ellipse

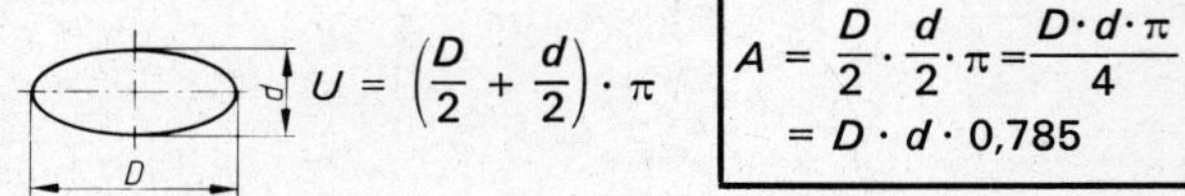

$U = \left(\dfrac{D}{2} + \dfrac{d}{2}\right) \cdot \pi$

$$A = \frac{D}{2} \cdot \frac{d}{2} \cdot \pi = \frac{D \cdot d \cdot \pi}{4} = D \cdot d \cdot 0{,}785$$

Aufgaben zu 6.2.

1. Ein Lkw von 1,80 (1,90) m Breite wird mit 90 (60) Kästen, die eine quadratische Grundfläche von 30 cm × 30 cm (38 cm × 38 cm) haben, beladen. Wie lang muß der Lkw mindestens sein?

2. Ein Lkw hat bei einer Länge von 3,8 (2,9) m eine Ladefläche von 6,84 m² (5,075 m²). Die 4 Seitenflächen haben einen Flächeninhalt von 4,48 m² (4,65 m²). Berechne a) die Breite des Wagenaufbaues (1,8 m; 1,75 m), b) die Höhe der Seitenwände!

3. Berechne die Seitenfläche des Hauses in m²!

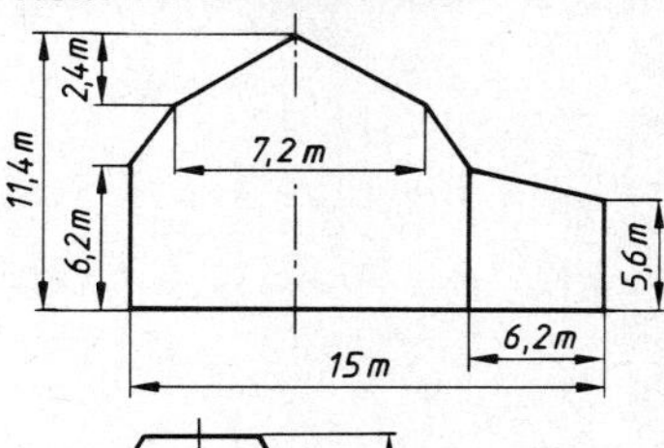

4. Berechne die Fläche des gelochten Sechskants in cm²!

5. Berechne

a) die rechteckige Platte,

b) die Formfläche,

c) den Blechabfall in %!

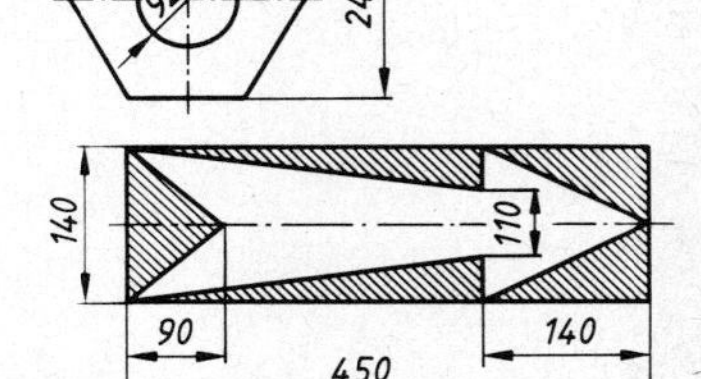

6. An einem Rundstahl soll ein quadratischer Zapfen von 50 (60) mm Kantenlänge gefeilt werden. Welchen ⌀ muß der Rundstahl mindestens haben?

7. Aus einem Rundstahl von 80 (60) mm ⌀ sollen größtmögliche quadratische Platten angefertigt werden. Wie groß werden die Kantenlängen der Platten?

8. Eine Schraubenmutter hat eine Schlüsselweite von 27 mm (19 mm). Wie lang ist eine Kante des Sechskants?

9. Berechne die Schüsselweite einer Schraubenmutter von 19,6 (37) mm Eckenweite!

10. Ermittle a) die Kolbenbodenfläche, b) die Mantelfläche eines Kolbens von 80 (72) mm ⌀ und 108 (96) mm Höhe!

11. Der Belag einer Kupplungsscheibe hat einen Außen-⌀ von 230 (190) mm und einen Innen-⌀ von 130 (100) mm. Wie groß ist die Reibfläche einer Seite?

12. Der Belag einer Backenbremse ist 50 (60) mm breit und auf einer Bremstrommel von 384 (396) mm ⌀ unter einem Bogenwinkel von 120° (100°) angebracht. Berechne a) die Länge des einzelnen Bremsbelages, b) die Reibfläche für 8 Backen!

13. Berechne den Außendurchmesser eines Rohres, dessen Innen-ϕ 500 (400) mm und dessen Wandstärke $^1/_{27}$ ($^1/_{18}$) des Außen-ϕ beträgt!

14. Der mittlere Durchmesser eines Rohres ist $8^1/_3\%$ ≙ 25 mm ($6^2/_3\%$ ≙ 24 mm) kleiner als der äußere ϕ. Ermittle a) die Wandstärke, b) den Außen-ϕ, c) den Innen-ϕ!

6.3. Berechnung der Körper

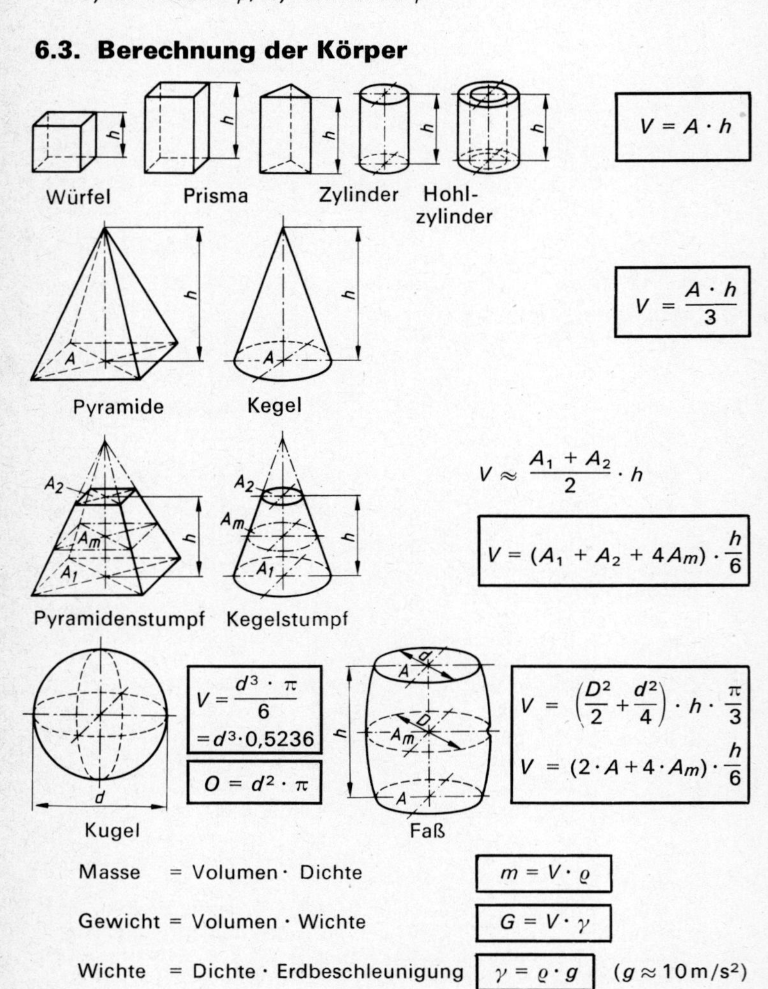

Masse = Volumen · Dichte $m = V \cdot \varrho$

Gewicht = Volumen · Wichte $G = V \cdot \gamma$

Wichte = Dichte · Erdbeschleunigung $\gamma = \varrho \cdot g$ ($g \approx 10\,m/s^2$)

Aufgaben zu 6.3.

1. Der Laderaum eines Lkw ist 4,5 m lang, 2,2 m breit und 0,5 m hoch, der eines anderen Lkw 5500 mm × 2280 mm × 600 mm. a) Wieviel m³ faßt jede Ladefläche? b) Welches Gewicht hätte eine Ladung Sand (ϱ = 1,6 g/cm³), wenn der Laderaum zu $^3/_5$ gefüllt wäre?

2. Wie schwer ist a) eine Tafel Eisenblech 2000 mm × 1200 mm × 2 mm? b) ein Blechstreifen 400 mm × 240 mm × 2 mm (ϱ = 7,8 g/cm³)?

3. Wie schwer sind 6 Stahlbolzen? Bolzen-ϕ 18 mm (20 mm), Kopf-ϕ 28 mm (30 mm), Bolzenlänge 90 mm (48 mm), Kopfhöhe 15 mm (18 mm); ϱ = 7,8 g/cm³.

4. Ein Kolbenbolzen hat eine Länge von 80 (72) mm, einen äußeren ϕ von 22 (18) mm und einen inneren ϕ von 12 (12) mm. Berechne das Gewicht bei ϱ = 9,2 g/cm³!

5. Der Mantel eines 48 cm hohen zylindrischen Gefäßes beträgt 5425,92 cm². Wie groß ist a) der Umfang der Bodenfläche, b) der Innen-ϕ, c) der Gefäßinhalt in l?

6. Ein Benzinfaß hat einen Durchmesser von 610 mm und eine Höhe von 860 mm. Gesucht: a) Rauminhalt in l, b) Gewicht des Inhaltes in N (ϱ = 0,74 g/cm³).

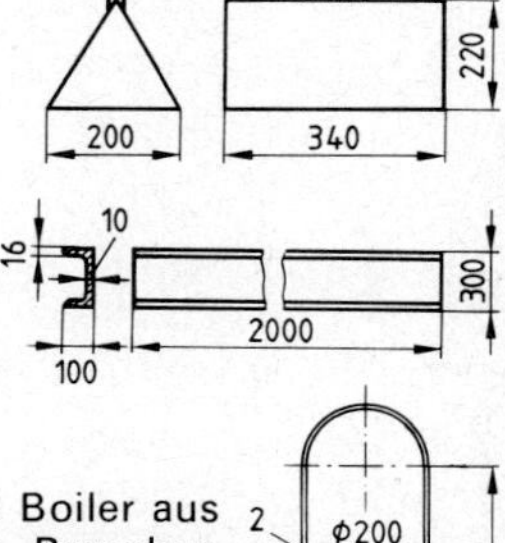

7. a) Wieviel l Öl enthält der Kanister, wenn er bis zur halben Höhe gefüllt ist?

b) Wieviel wiegt das Öl (ϱ = 0,89 g/cm³)?

8. U-Stahl. Berechne

a) den Querschnitt in cm², b) das Volumen in dm³, c) das Gewicht in N (ϱ = 7,85 g/cm³)!

9. Nach nebenstehender Zeichnung wird ein Boiler aus Kupferblech von 2 mm Dicke hergestellt. Berechne

2
ϕ200
320

a) den Blechbedarf in dm²,

b) das Gewicht (ϱ = 8,8 g/cm³),

c) den Rauminhalt in dm³!

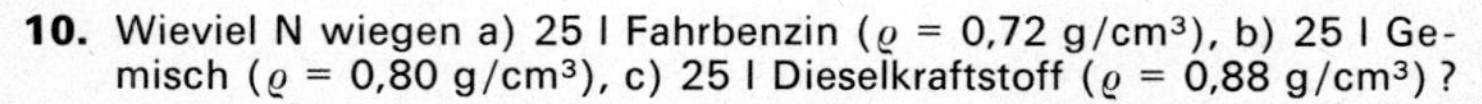

10. Wieviel N wiegen a) 25 l Fahrbenzin (ϱ = 0,72 g/cm³), b) 25 l Gemisch (ϱ = 0,80 g/cm³), c) 25 l Dieselkraftstoff (ϱ = 0,88 g/cm³)?

11. Ein zylindrischer Dieselkraftstoffbehälter wiegt mit Inhalt 960 (1280) N (ϱ = 0,88 g/cm³), der Behälter allein 212 (224) N. Wieviel l sind in dem Behälter?

12. Der Durchmesser eines Litermaßes beträgt nach Vorschrift 86 mm. Welche Höhe hat es?

13. Ein Eimer in Form eines abgestumpften Kegels mit D = 28 cm und d = 20 cm faßt rund 12,5 l. Berechne die Höhe!

14. Berechne die Länge a) eines Stabstahls 60 mm × 12 mm, der 252,72 N wiegt, b) eines Winkelstahls 60 mm × 60 mm × 10 mm mit einem Gewicht von 471,90 N (ϱ = 7,85 g/cm³)!

15. Berechne das Gewicht der Lagerschalen einer fünffach gelagerten Kurbelwelle! Werkstoff: Bronze; ϱ = 8,0 g/cm³.

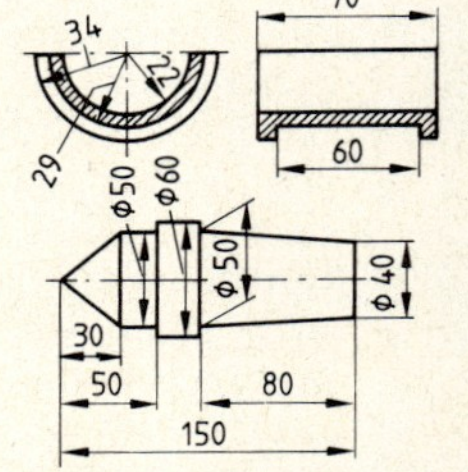

16. Berechne das Gewicht der Körnerspitze (ϱ = 7,8 g/cm³)!

17. Welches Gewicht haben 20 Schraubenmuttern: Schlüsselweite 22 mm, Eckenmaß 25,4 mm, Höhe 11 mm, Gewindedurchmesser 12,7 mm (ϱ = 7,85 g/cm³)?

6.4. Die Errechnung der Quadratwurzeln

Eine Quadratwurzel ziehen heißt, aus der Fläche eines Quadrates die Länge einer Seite zu ermitteln.

Quadratzahl von 6: $6 \cdot 6 = 36$	Quadratwurzel aus 36: $\sqrt{36} = 6$
von 8: $8 \cdot 8 = 64$	aus 64: $\sqrt{64} = 8$
von 4: $4 \cdot 4 = 16$	aus 16: $\sqrt{16} = 4$

Das große Quadrat besteht aus 2 Quadraten ($20^2 = a^2$ und $5^2 = b^2$) und 2 Rechtecken [$2 \times (20 \times 5) = 2ab$]. Daraus ergibt sich die Formel für das Quadratwurzelziehen

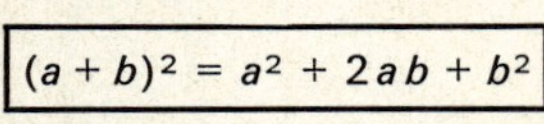

$$(a+b)^2 = a^2 + 2ab + b^2$$

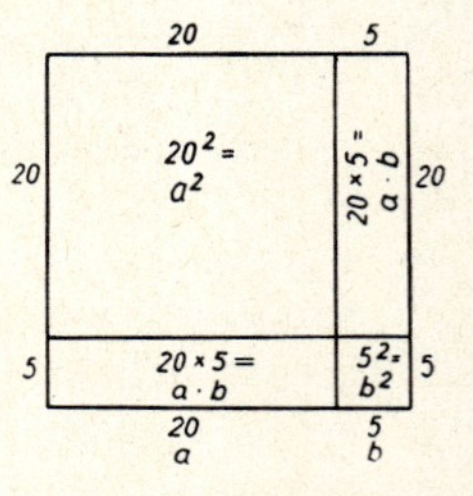

Die Quadratwurzel (Länge einer Quadratseite) ist $20 + 5 = a + b$.

Quadratzahl 625; Quadratwurzel 25.

Verfahren: Streiche von rechts nach links 2 Stellen ab und ermittle die Quadratzahlen nach obiger Formel.

$\sqrt{6'25} = 25$ (ab)

$a^2 = 4$

22 : 4

$2ab = 20$

25

$b^2 = 25$

$\sqrt{27\;35\;29} = 523$

$5 \cdot 5 = 25$

23'5 : 10_2

$2 \cdot 102 = 204$

312'9 : 104_3

$3 \cdot 1043 = 3129$

Aufgaben zu 6.4.

Ziehe die Quadratwurzeln aus

1. 6724
2. 2116
3. 8836
4. 246016
5. 409600
6. 446224
7. 664225
8. 5
9. 0,50
10. 0,05
11. 0,25
12. 2,5

6.5. Der Lehrsatz des Pythagoras

a und b = Katheten,
c = Hypotenuse (immer die längste Seite im rechtwinkligen Dreieck; sie liegt dem rechten Winkel gegenüber).

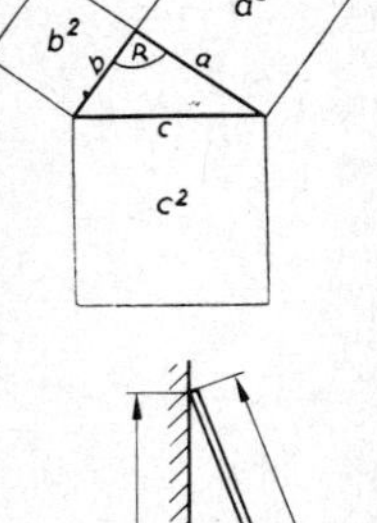

Lehrsatz: In einem rechtwinkligen Dreieck ist die Fläche des Quadrates über der Hypotenuse gleich der Summe der Quadratflächen über den beiden Katheten.

$$c^2 = a^2 + b^2$$

Folglich $b^2 = c^2 - a^2$; $a^2 = c^2 - b^2$

Beispiel: Eine 12 m lange Leiter wird 4,5 m entfernt vom Haus aufgestellt. Wie hoch reicht die Leiter?

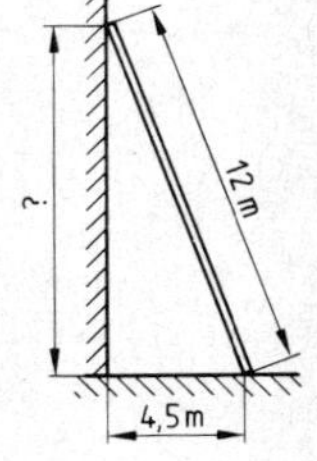

Lösung: $c^2 = a^2 + b^2$

$b^2 = c^2 - a^2$

$b^2 = (12\text{ m})^2 - (4{,}5\text{ m})^2 = 144\text{ m}^2 - 20{,}25\text{ m}^2 = 123{,}75\text{ m}^2$

$b = \sqrt{123{,}75\text{ m}^2} = \underline{\underline{11{,}12\text{ m}}}$

Aufgaben zu 6.5.

1. Aus einer runden Platte von 100 mm ⌀ soll der größtmögliche Vierkant hergestellt werden. Wie lang wird eine Vierkantseite?
2. Ein Flansch hat auf einem Lochkreis von 150 mm vier gleichmäßig verteilte Löcher. Wie groß ist der gerade Abstand von Loch zu Loch?
3. Die Dachbinder eines Hauses haben die Form eines gleichschenkligen Dreiecks, dessen Grundlinie 12 m und dessen Höhe 2,8 m beträgt. Wie lang sind die Sparren?
4. Ein Rauchabzug in Form eines abgestumpften Kegels hat einen großen Durchmesser von 2,4 m, einen kleinen Durchmesser von 0,8 m und eine Höhe von 1,4 m. Wie groß ist die Seitenhöhe?
5. Ein rechteckiges Gestell von 2,10 m Höhe und 1,50 m Breite erhält zur Versteifung 2 diagonale Verstrebungen, die oben und unten je 10 cm von den Enden der senkrechten Streben entfernt sind. Welche Längen müssen die Verstrebungen haben?

6. Die Luftlinie Duisburg—Dortmund beträgt 56,25 km, Duisburg—Bonn im rechten Winkel dazu 78,75 km. Berechne die Entfernung Bonn—Dortmund!

6.6. Kraft und Druck

Nach 6.1 ist der Druck definiert als die Kraft, die auf eine Flächeneinheit wirkt.

Der normale Luftdruck liegt bei 1013 mb (760 mm Hg); er kann je nach Wetterlage erheblich von diesem Mittelwert abweichen. Deshalb rechnet man in der Technik mit dem runden Wert von 1000 mbar = 1 bar = 1 daN/cm². Als Überdruck bezeichnet man den Druck über 1 bar; als Unterdruck den Druck unterhalb 1 bar, gerechnet von 1 bar in Richtung der Nullinie.

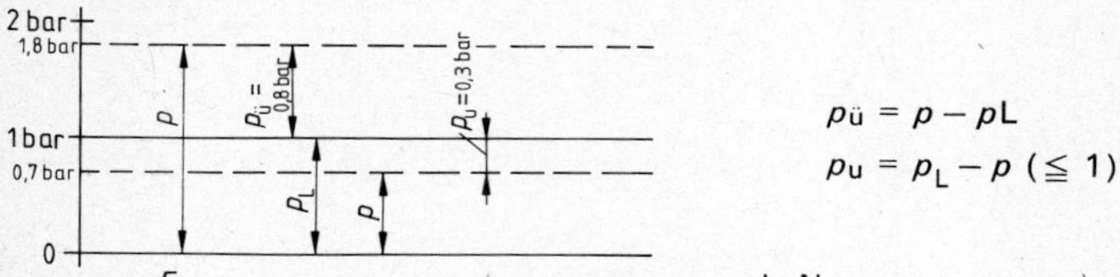

$p_ü = p - p_L$

$p_u = p_L - p \ (\leqq 1)$

Aus $p = \dfrac{F}{A}$ folgt: $F = p \cdot A \left(1 \text{ bar} \cdot \text{cm}^2 = 1 \dfrac{\text{da N}}{\text{cm}^2} \cdot \text{cm}^2 = 1 \text{ da N}\right)$.

Merke: Setzt man bei der Berechnung einer Kraft mit Hilfe von Druck und Fläche den Druck in bar und die Fläche in cm² ein, so erhält man im Ergebnis die Einheit da N (Dekanewton); um die Grundeinheit N zu erhalten, ist mit dem Faktor 10 zu multiplizieren.

Beispiel: Auf den Kolben eines Motors von d = 80 mm wirkt ein mittlerer Druck von p_u = 6,5 bar. Berechne die Kolbenkraft in N!

$F = A \cdot p$ = 8 cm · 8 cm · 0,785 · 6,5 bar = 326,56 dN = 3265,6 N

Aufgaben zu 6.6.

1. Wie groß ist die Kolbenkraft, wenn d = 74 (82) mm und $p_ü$ = 5,6 bar ist?

2. Berechne den Druck in bar, wenn
   a) F = 1837 N und d = 60 mm,
   b) F = 2726,5 N und d = 72 mm ist!

3. Gegeben: a) F = 3215,36 N b) 2666,519 N
   p = 6,4 bar 6,2 bar
   Gesucht: Kolbendurchmesser d

4. Ein Vierzylinder-Diesel-Pkw hat eine Zylinderbohrung von 75 mm und macht 3200 1/min. a) Wie groß ist die Kolbenkraft in N, wenn der Zünddruck $p_ü$ = 60 bar beträgt? b) Wie oft wird die Kurbelwelle in 1 h auf Druck beansprucht?

5. Auf einen Kolben wirkt eine Kraft von 17580 (17660) N bei einem Überdruck von 35 (40) bar. Wie groß ist der Zylinderdurchmesser?

Druck in Gasflaschen

Gasinhalt = Rauminhalt × $\frac{\text{Flaschendruck}}{\text{Normaldruck}}$

$$V = V_F \cdot \frac{p_F}{1\ \text{bar}}$$

Flaschendruck der Sauerstoffflaschen 150 bar, der Karbidgasflaschen 15 bar. 1 kg Karbid ergibt 275 l Azetylen.

6. Das Manometer einer Sauerstoffflasche von 40 (60) l Rauminhalt zeigt 80 bar an. Wie groß ist die Gasmenge in l?

7. Am Manometer einer 60-l-Sauerstoffflasche wurde vor Benutzung 142 bar, nach Benutzung 114 (92) bar abgelesen. Wieviel Liter wurden verbraucht?

8. Berechne nach Aufgabe 7 den Azetylenverbrauch für eine Schweißarbeit, wenn sich der Sauerstoffverbrauch zum Azetylenverbrauch wie 10 : 8 verhält!

9. Für eine Schweißarbeit wurden 880 (1210) l Azetylen entnommen. Wieviel kg Karbid sind dazu nötig?

10. Aus einer 40-l-Flasche wurden 460 (720) l Sauerstoff verbraucht. Das Manometer zeigte nach Beendigung der Arbeit 90 bar an. Wieviel zu Anfang?

11. Für das Schweißen eines 2 mm-Stahlblechs wurden 72 min benötigt. Nach Tabelle gebraucht man je m 40 l Sauerstoff und 40 l Azetylen, für das Schweißen je m 15 min. a) Wieviel m Naht wurden geschweißt? b) Wieviel Azetylen und Sauerstoff wurden verbraucht?

Hydraulischer Druck

Kolbenkraft = Kolbenfläche × Flüssigkeitsdruck

$$F = A \cdot p$$

Flüssigkeitsdruck = Kolbenkraft : Kolbenfläche

$$p = \frac{F}{A}$$

Beispiel: Auf den Kolben des Hauptzylinders einer Flüssigkeitsbremse mit einem Durchmesser von 28,5 mm wirkt eine Fußkraft von 800 N.

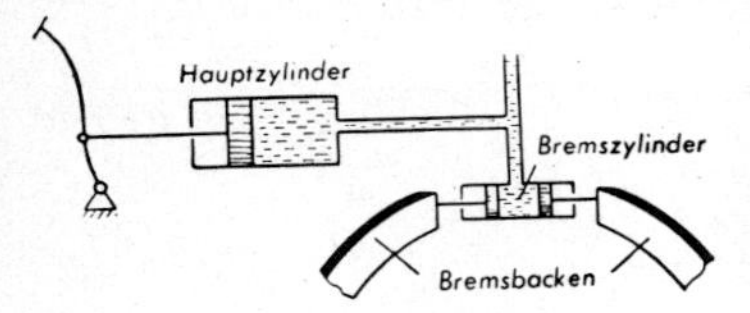

Der Kolben des Radbremszylinders hat einen Durchmesser von 25,4 mm. Wie groß ist a) der Druck im Hauptzylinder, b) die Kolbenkraft im Radbremszylinder?

a) $p = \frac{F}{A} = \frac{800\ \text{N}}{(2{,}85\ \text{cm})^2 \cdot 0{,}785} = 125\ \text{N/cm}^2 = 12{,}5\ \frac{\text{da N}}{\text{cm}^2} = 12{,}5\ \text{bar}$

b) Kolbenkraft = Bremskolbenfläche × Flüssigkeitsdruck

$= (2{,}54\ \text{cm})^2 \cdot 0{,}785 \cdot 12{,}5\ \text{bar} = 63{,}3\ \text{da N} = 633\ \text{N}$

12. Kolben des Hauptzylinders 34,9 mm ϕ, Kolben des Radbremszylinders 30,2 mm ϕ, Kolbenkraft 720 N. Berechne die Kraft auf den Bremskolben!

13. Der Durchmesser des Hauptzylinders einer Flüssigkeitsbremse sei 35 mm, die Kolbenkraft 840 N. Die Kraft auf den Kolben des Radbremszylinders soll 235 N betragen. Wie groß muß der Durchmesser des Radbremszylinders sein?

14. Auf den Kolben des Radbremszylinders mit einem ϕ von 26,9 (30) mm wirkt eine Kraft von 710 (904) N. Welche Kraft muß im Hauptzylinder, der einen ϕ von 31,8 (35) mm hat, erzeugt werden?

15. Die Kraft im Radbremszylinder einer Flüssigkeitsbremse von 28,5 (27) mm ϕ beträgt 676 (772) N. Der Kolben im Hauptzylinder mit 38 (32) mm ϕ wird durch eine Hebelübersetzung von 6 : 1 bewegt. Durch welche Fußkraft wird der Druck im Radbremszylinder erzielt?

16. Der Hubkolben einer hydraulischen Hebebühne hat 340 (280) mm ϕ, der Pumpenkolben 28 (24) mm ϕ. Mit welcher Kraft arbeitet der Pumpenkolben, um einen Wagen von 24 000 (18 500) N zu heben?

17. a) Kann ein Lkw von 8 t Masse von einer hydraulischen Hebebühne gehoben werden, wenn der Hubkolben 420 mm ϕ hat und auf den Pumpenkolben von 40 mm ϕ eine Kraft von 628 N wirkt?

b) Welche Kraft auf den Pumpenkolben wäre erforderlich?

6.7. Verdichtung

Hubraum = Kolbenfläche × Hub

$$\boxed{V_h = A \cdot s} \qquad A = d^2 \frac{\pi}{4}; \; d = \sqrt{\frac{A}{0{,}785}}$$

Aufgaben zu 6.7.

1. Berechne den Hubraum: a) Zylinder-ϕ 75 mm, Hub 64 mm, b) Zylinder-ϕ 75, Hub 75 mm, c) Zylinder-ϕ bei a) und b) wird durch Ausschleifen 0,5 mm größer.

2. Berechne den Kolbenhub: a) d = 80 mm, Hubraum = 372 cm³, b) d = 82 mm, Hubraum = 350 cm³!

3. Wie groß ist die Zylinderbohrung? a) Hub = 92 mm, Hubraum 440 cm³?, b) Hub = 68 mm, Hubraum = 197 cm³?

4. Der Zylinder eines Motors hat einen ϕ von 80 (72) mm. Der Verschleiß betrage 0,004 mm je 1000 km. a) Wieviel km hat das Fahrzeug zurückgelegt, wenn der Verschleiß 0,24 mm beträgt? b) Um wieviel hat sich der Hubraum (bei einem Hub von 84 (75) mm) durch Verschleiß vergrößert?

Zylinderraum = Hubraum + Verdichtungsraum

$$V_g = V_h + V_c$$

Verdichtungsverhältnis = $\dfrac{\text{Hubraum + Verdichtungsraum}}{\text{Verdichtungsraum}}$

$$\varepsilon = \frac{V_h + V_c}{V_c}$$

$\varepsilon = \dfrac{V_h + V_c}{V_c}$ mit V_c erweitert: $\varepsilon \cdot V_c = \dfrac{(V_h + V_c) \cdot V_c}{V_c}$;

gekürzt: $\varepsilon \cdot V_c = V_h + V_c$; $\varepsilon \cdot V_c - V_c = V_h$; ausgeklammert: $V_c\ (\varepsilon - 1) = V_h$;

also $\boxed{V_c = \dfrac{V_h}{\varepsilon - 1}}$ und $\boxed{V_h = V_c\ (\varepsilon - 1)}$

5. Berechne das Verdichtungsverhältnis bei folgenden Motoren!

a) $V_h = 298\ cm^3$, $V_c = 53{,}2\ cm^3$, b) $V_h = 412\ cm^3$, $V_c = 68{,}5\ cm^3$,
c) $V_h = 376{,}5\ cm^3$, $V_c = 71\ cm^3$.

6. Berechne den Verdichtungsraum!

a) $V_h = 420\ cm^3$, $\varepsilon = 6{,}6 : 1$, b) $V_h = 97\ cm^3$, $\varepsilon = 6 : 1$,
c) $V_h = 424{,}5\ cm^3$, $\varepsilon = 7{,}1 : 1$.

7. Berechne den Hubraum!

a) $V_c = 68{,}5\ cm^3$, $\varepsilon = 6{,}5 : 1$, b) $V_c = 59{,}8\ cm^3$, $\varepsilon = 5{,}8 : 1$,
c) $V_c = 21{,}6\ cm^3$, $\varepsilon = 6{,}55 : 1$.

Verdichtungsänderung

Beispiel: Der Zylinder eines Motors hat eine Bohrung von $d = 80$ mm, einen Hub von $s = 82$ mm und einen Verdichtungsraum von $82{,}4\ cm^3$. Die Dichtung von 2 mm wird ersetzt durch eine solche von 0,5 mm.

a) Wie groß ist das ursprüngliche Verdichtungsverhältnis?

b) Um wieviel cm^3 wird der Verdichtungsraum kleiner?

c) Wie ändert sich das Verdichtungsverhältnis?

d) Um wieviel muß der Zylinderkopf abgeschliffen werden, wenn das Verdichtungsverhältnis auf 7 : 1 erhöht werden soll?

Lösung: Hubraum = $d^2 \dfrac{\pi}{4} \cdot s = 8\ cm \cdot 8\ cm \cdot 0{,}785 \cdot 8{,}2\ cm = 412\ cm^3$.

a) Ursprüngliches Verdichtungsverhältnis

$$\varepsilon = \frac{V_h + V_c}{V_c} = \frac{412\ cm^3 + 82{,}4\ cm^3}{82{,}4\ cm^3} = \underline{\underline{6 : 1}}$$

b) Verringerung des Verdichtungsraumes:

$$d^2 \frac{\pi}{4} \cdot h = 8 \text{ cm} \cdot 8 \text{ cm} \cdot 0{,}785 \cdot 0{,}15 \text{ cm} = \underline{\underline{7{,}54 \text{ cm}^3}}$$

Neuer Verdichtungsraum: 82,4 cm^3 – 7,54 cm^3 = 74,86 cm^3.

c) Neues Verdichtungsverhältnis:

$$\varepsilon = \frac{V_h + V_c}{V_c} = \frac{412 \text{ cm}^3 + 74{,}86 \text{ cm}^3}{74{,}86 \text{ cm}^3} = \underline{\underline{6{,}5 : 1}}$$

d) alt: $V_c = 82{,}4 \text{ cm}^3$; neu: $V_c = \frac{412 \text{ cm}^3}{7-1} = 68{,}7 \text{ cm}^3$;

Unterschied: $V_u = 13{,}7 \text{ cm}^3$

$$\text{Abschliff } s = \frac{V_u}{d^2 \frac{\pi}{4}} = \frac{13{,}7 \text{ cm}^3}{8 \text{ cm} \cdot 8 \text{ cm} \cdot 0{,}785} = \underline{\underline{2{,}7 \text{ mm}}}$$

8. Der Durchmesser eines Zylinders beträgt 80 mm, der Hub 74 mm, $V_c = 71{,}5 \text{ cm}^3$.

a) Berechne das Verdichtungsverhältnis!

b) Um wieviel wird der Verdichtungsraum kleiner, wenn statt der ursprünglichen 2 mm dicken Dichtung eine solche von 1 mm verwendet wird?

c) Wie groß wird das neue Verdichtungsverhältnis?

d) Wie groß muß der Abschliff bei einem Verdichtungsverhältnis von 7 : 1 werden?

9. Durchmesser 72 mm, Hub 70 mm, $V_c = 43{,}5 \text{ cm}^3$. Beantworte die gleichen Fragen wie in Aufgabe 8. (Durch Abschliff soll $\varepsilon_{neu} = 7{,}8:1$ werden.)

10. Motorrad, Einzylinder: Bohrung/Hub = 68/68; $V_c = 43 \text{ cm}^3$. Berechne a) ε, b) die Verringerung des Verdichtungsraumes bei 1 mm Abschliff des Zylinderdeckels, c) ε_{neu}, d) den notwendigen Abschliff bei $\varepsilon = 7 : 1$!

11. Sechszylinder: Bohrung 80 mm, Hubraum gesamt 2472 cm^3, $\varepsilon = 7:1$. Berechne a) den Hubraum je Zylinder, b) den Hub, c) den Verdichtungsraum, d) ε bei Abschliff des Zylinderkopfes um 0,5 mm, e) die Vergrößerung von V_c durch eine 1 mm dickere Dichtung, f) ε_{neu}!

12. An einem Vierzylindermotor soll das Verdichtungsverhältnis geändert werden. Der Motor hat einen Verdichtungsraum von 51 cm^3, ein Verdichtungsverhältnis von 7 : 1 und einen Hub von 75 mm. Berechne a) den Hubraum, b) den Durchmesser des Zylinders, c) den Abschliff des Zylinderkopfes, wenn das Verdichtungsverhältnis auf 7,5 : 1 erhöht werden soll, d) die Verstärkung des Dichtungsringes bei $\varepsilon = 6{,}5 : 1$!

6.8. Einfache Maschinen

Drehmoment

Ein Hebelarm, an dessen Ende eine Kraft wirkt, wird gedreht.

Die Drehwirkung hängt ab von der Größe der Kraft und von der Länge des Hebelarmes; sie wird Drehmoment genannt.

Drehmoment = Kraft × Hebelarm

$$M = F \times r$$

Einheit: Nm

Aufgaben zu 6.8.

1. An einer Riemenscheibe von 320 mm ⌀ wirkt ein Riemenzug von 200 N. Wie groß ist das Drehmoment?
2. Eine Schraubenmutter wird mittels eines Schraubenschlüssels von 30 cm und mit einer Kraft von 180 N angezogen. Bestimme das Drehmoment!
3. Bestimme die Kraft F, die auf das Pedal eines Fahrrades ausgeübt wird, wenn die Kurbel 240 (250) mm lang ist und das Drehmoment 12 (14) Nm beträgt!
4. Durch eine Kraft von 180 (150) N, die an einem Schraubenschlüssel wirkt, entsteht ein Drehmoment von 45 (42) Nm. Wie lang ist der Hebelarm?

Hebel

Am Hebel treten zwei Drehmomente auf, ein Kraftmoment und ein Lastmoment. Beide wirken in entgegengesetzter Richtung. Jeder Hebel hat also zwei Hebelarme. Es gibt einseitige Hebel (a), zweiseitige Hebel (b) und Winkelhebel (c).

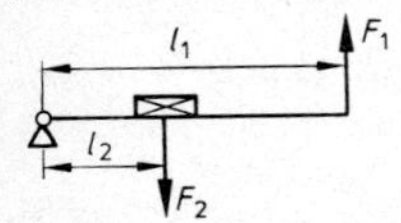

(a) einseitiger Hebel

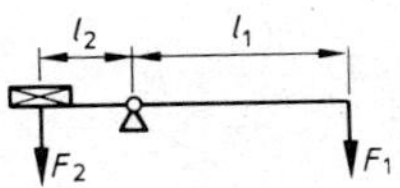

(b) zweiseitiger Hebel

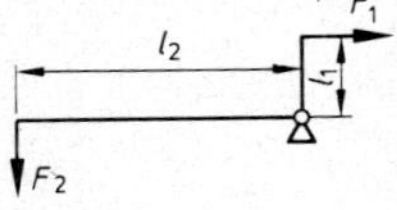

(c) Winkelhebel

F_1 = Kraft; F_2 = Last; l_1 = Kraftarm; l_2 = Lastarm

Hebelgesetz: Kraft × Kraftarm = Last × Lastarm $\quad F_1 \cdot l_1 = F_2 \cdot l_2$

Beispiel:

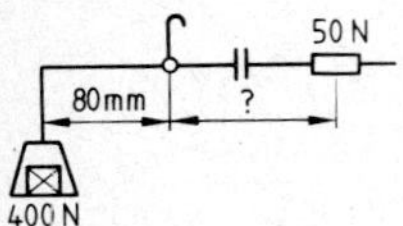

Wie weit muß das Läufergewicht vom Drehpunkt entfernt sein?

$$F_1 \cdot l_1 = F_2 \cdot l_2$$

$$l_1 = \frac{F_2 \cdot l_2}{F_1} = \frac{400\ \text{N} \cdot 80\ \text{mm}}{50\ \text{N}} = \underline{\underline{640\ \text{mm}}}$$

5. Das Messer einer Schere greift 80 mm vom Drehpunkt an und hat bei Aufwendung einer Kraft von 400 N einen Scherwiderstand von 8200 N zu überwinden. Wie lang ist der Hebelarm?

6. Wie wirkt sich beim Bohren an einer Bohrmaschine eine Kraft von 80 N auf den Bohrer aus, wenn der Kraftarm 480 mm und der Lastarm 80 mm lang ist?

7. Eine beladene Schiebkarre, deren 500 (650) N schwere Last 540 (560) mm vom Drehpunkt entfernt ist, wird durch eine Kraft von 225 (280) N bewegt. Berechne die Länge des Lastarmes!

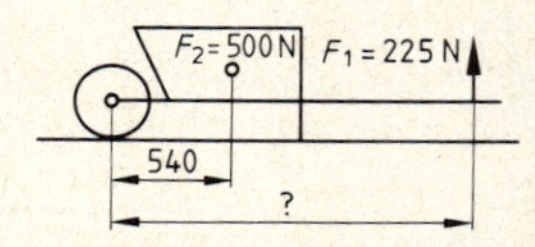

8. Auf die 210 (176) mm langen Hebelarme einer Blechschere wirkt eine Kraft von 120 (150) N. Berechne die Schneidkraft, wenn die Schneiden 24 (20) mm vom Drehpunkt angreifen!

9. Zum Anheben eines Motorblocks wird eine Brechstange von 1,60 (1,80) m Länge benutzt. Die Stange wird 9 (12) cm unter den Motor geschoben und mit einer Kraft von 360 (320) N betätigt. Wie groß ist die Kraftwirkung des Motors auf die Brechstange?

10. Auf den Bremsfußhebel wirkt eine Fußkraft von F_1 = 320 N. Welche Zugkraft F_2 wirkt auf den Bremsnockenhebel?

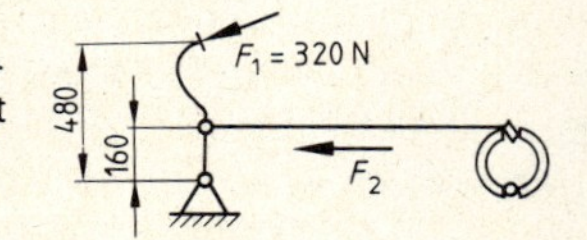

11. Auf den 225 (160) mm langen Hebelarm eines Kickstarters wirkt eine Fußkraft von 180 (200) N. Es entsteht dabei ein Zahndruck von 900 (800) N. In welcher Entfernung vom Drehpunkt greift die Last an?

12. Ein Gewindebohrer M 16 (M 12) wird mit einem einseitigen Windeisen gedreht. Von Mitte Gewinde bis zum Angriffspunkt der Kraft F = 120 (96) N werden 24 (18) cm gemessen. Wie groß ist der Schneidwiderstand?

Auflagerdruck

Bei Belastungen entstehen an den Auflagestellen Kräfte, die nach dem Hebelgesetz zu berechnen sind.

Beispiel: Bei einer Belastung des Balkens von 4800 N sind die Stützkräfte bei A und B zu berechnen, wobei für die Errechnung von F_1 bei A Auflager B der Drehpunkt ist und für F_1 bei B der Drehpunkt in A liegt.

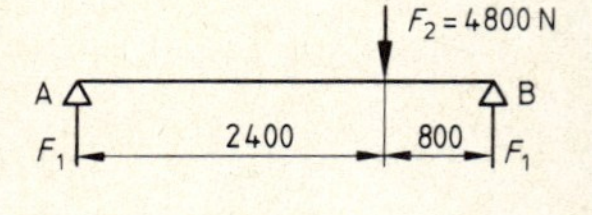

Lösung: Stützkraft bei A

$$F_1 \cdot l_1 = F_2 \cdot l_2$$

$$F_1 = \frac{F_2 \cdot l_2}{l_1}$$

$$F_1 = \frac{4800\,\text{N} \cdot 800\,\text{mm}}{3200\,\text{mm}} = \underline{\underline{1200\,\text{N}}}$$

Stützkraft bei B

$$F_1 \cdot l_1 = F_2 \cdot l_2$$

$$F_1 = \frac{F_2 \cdot l_2}{l_1}$$

$$F_1 = \frac{4800\,\text{N} \cdot 2400\,\text{mm}}{3200\,\text{mm}} = \underline{\underline{3600\,\text{N}}}$$

13. Berechne die Stützkräfte, ohne Berücksichtigung des Eigengewichtes!

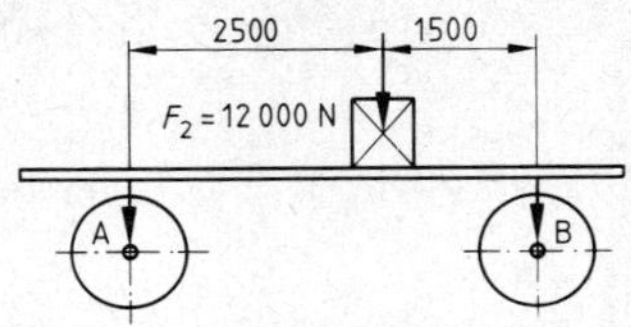

14. Eine Welle von 4,2 (4,50) m ist in den Lagern A und B unterstützt. 1,2 (1,80) m von A ist eine Seilscheibe von 700 (420) N angebracht. Berechne die Stützkräfte!

15. Berechne die Stützkräfte bei A und B (ohne Berücksichtigung des Eigengewichtes)!

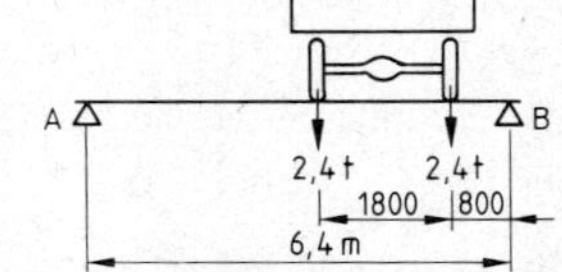

16. Der Anhänger eines Lkw hat einen Radstand von 3600 mm. 1,8 m von der Hinterachse entfernt liegen 5760 N, 1,2 m von der Vorderachse entfernt 7200 N. Zu berechnen sind die zusätzlichen Stützkräfte.

Rollen und Flaschenzüge

Feste Rolle | Lose Rolle

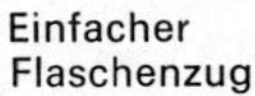

Einfacher Flaschenzug | Differential-Flaschenzug

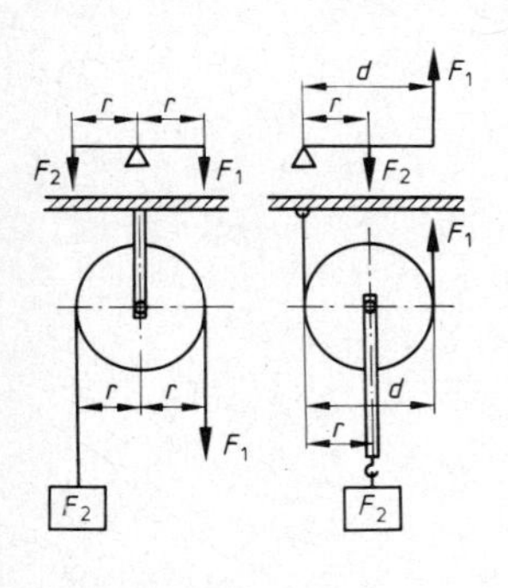

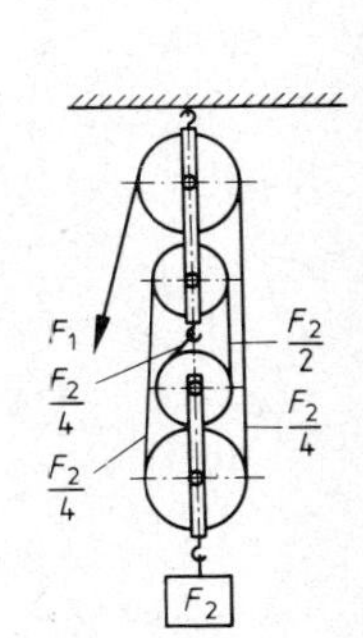

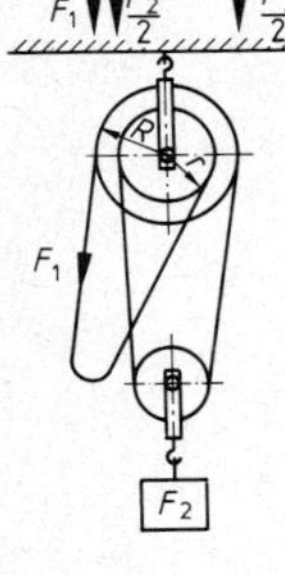

Feste Rolle:

$$F_1 \cdot r = F_2 \cdot r$$

$$\boxed{F_1 = F_2}$$

Lose Rolle:

$$F_1 \cdot d = F_2 \cdot r$$

$$d = 2r$$

$$\boxed{F_1 = \frac{F_2}{2}}$$

Einfacher Flaschenzug:

$$F_1 = \frac{F_2}{4}$$

$$\boxed{F_1 = \frac{F_2}{n}}$$

n = Anzahl der Rollen

Differential-Flaschenzug:

$$F_1 \cdot R + \frac{F_2}{2} \cdot r = \frac{F_2}{2} \cdot R$$

$$F_1 \cdot R = \frac{F_2}{2} \cdot R - \frac{F_2}{2} \cdot r$$

$$F_1 \cdot R = \frac{F_2}{2} \cdot (R - r)$$

$$\boxed{F_1 = \frac{F_2 \cdot (R - r)}{R}}$$

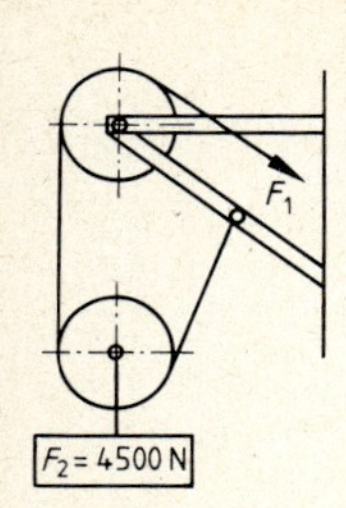

17. Berechne

a) den Kraftweg s, wenn die Last 4 m gehoben werden soll,

b) die Kraft F_1!

18. Welche Kraft ist an einem Differential-Flaschenzug aufzuwenden, wenn eine Last von 4800 N gehoben werden soll und R = 18 cm, r = 15 cm und der Wirkungsgrad $\eta = 0{,}8$ ist?

19. Mittels eines einfachen Flaschenzuges soll durch eine Kraft von 420 (460) N eine Last von 3360 (5520) N gehoben werden. Wieviel Rollen sind erforderlich?

20. Ein Lkw soll einen abgesunkenen, 5,4 t schweren Wagen mittels eines Flaschenzuges von 6 Rollen, der an einem Baum befestigt ist, aus der Vertiefung ziehen. Welche Zugkraft ist bei einem Reibungsverlust von 25% erforderlich?

21. Ein Differentialflaschenzug hebt
a) eine Last von 7200 N bei R = 18 cm, r = 16 cm, $\eta = 0{,}8$;
b) 10 800 N bei R = 20 cm, r = 16 cm, $\eta = 0{,}72$.
Wie groß muß die Kraft sein?

22. Welche Last kann mit einem Differentialflaschenzug gehoben werden bei F_1 = 900 (750) N, R = 120 (100) mm, r = 100 (80) mm, η = 0,75 (0,8)?

Schiefe Ebene

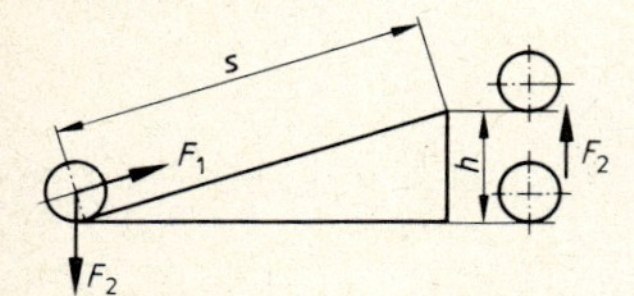

Kraft × Weg beim senkrechten Hub = Kraft × Weg beim schrägen Hub.

$$F_1 \cdot s = F_2 \cdot h$$

23. Ein Faß von 1200 N Gewicht wird über eine schiefe Ebene von 2,4 m auf einen Wagen gerollt; Höhe 1,2 m. Berechne F_1!

24. Durch einen Keil von 120 mm Länge und 20 mm Höhe soll eine Last von 4800 N angehoben werden. Welche Kraft ist erforderlich?

25. Auf einem Schrägaufzug von 14,4 (15,8) m Länge wird durch eine Kraft von 2800 (1300) N eine Last auf eine Höhe von 8,4 (5,2) m gebracht. Wie groß ist die Last?

26. Eine Last von 3200 (4250) N wird mittels einer Kraft von 280 (250) N auf einem ansteigenden Weg von 480 (595) m Länge gezogen. Berechne h!

27. Ein 4,5 (7,2) t schwerer Lkw bewegt sich auf einer 600 (540) m langen Landstraße, die eine Steigung von 8 ($8^1/_3$) % hat. Wie groß muß die Motorkraft sein?

Wellrad

28. Wie groß muß die Kraft sein, um die Last zu heben?

$F_1 \cdot R = F_2 \cdot r$

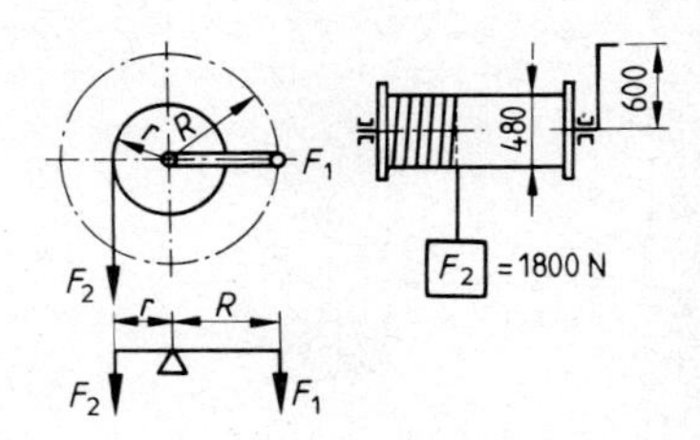

29. Berechne die fehlenden Werte!

F_1 in N	R in mm	F_2 in N	r in mm
a) 600	?	1500	120
b) 525	360	?	90
c) 400	320	1600	?

Schraube

Die Schraube ist eine schiefe Ebene, um einen Zylinder gewickelt. Kraft × Weg beim schrägen Hub = Kraft × Weg beim senkrechten Hub.

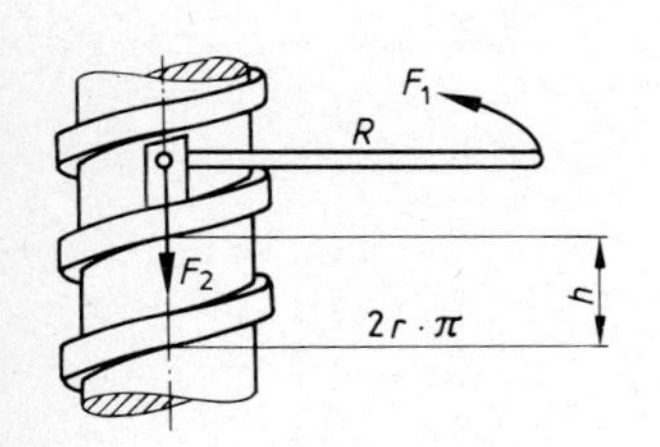

Lastweg an der Schraube $2 \cdot r \cdot \pi$ = Ganghöhe h.

Kraftweg am Hebel der Schraube $2 \cdot R \cdot \pi$.

$F_1 \cdot 2 \cdot R \cdot \pi = F_2 \cdot h$

$$F_1 = \frac{F_2 \cdot h}{2 \cdot R \cdot \pi}$$

30. Mittels einer Erdwinde soll eine Last von 60 000 N angehoben werden. R = 640 mm, Steigung h = 8 mm. Berechne die aufzuwendende Kraft!

31. Das Lenkrad einer Schneckenlenkung, das einen Durchmesser von 420 (400) mm hat, wird mit einer Kraft von 32 (24) N bewegt. Wie hoch ist die Steigung der Lenkschnecke, wenn zwischen Lenksegment und Schnecke ein Widerstand von 3520 (2870) N zu überwinden ist?

32. Berechne an einem Schmiedeschraubstock die Anpreßkraft, wenn die Spindel eine Ganghöhe von 8 (9) mm hat und die 200 (180) mm lange Kurbel mit einer Kraft von 60 (70) N gedreht wird!

33. Eine Spindel einer Presse hat 12 (10) mm Steigung. Bei einer Kurbelkraft von 42 (40) N ergibt sich eine Anpreßkraft von 4400 (4800) N. Wie lang ist die Kurbel?

6.9. Bewegungslehre

Die gleichförmige Bewegung

Die geradlinige Bewegung

$$\text{Geschwindigkeit} = \frac{\text{Weg}}{\text{Zeit}} \qquad \boxed{v = \frac{s}{t}}$$

v = velocitas = Geschwindigkeit
s = spatium = Weg
t = tempus = Zeit

Beispiel: Ein Kraftfahrzeug legte eine 297 km lange Strecke in $5^1/_2$ Stunden zurück. Wie groß war die Geschwindigkeit in km/h und m/s (1 m/s = 3,6 km/h; 1 km/h = 1/3,6 m/s)?

54 $v = \frac{s}{t} = \frac{297\ \text{km}}{5{,}5\ \text{h}} = \underline{\underline{54\frac{\text{km}}{\text{h}}}} = \frac{54}{3{,}6}\frac{\text{m}}{\text{s}} = \underline{\underline{15\frac{\text{m}}{\text{s}}}}$

Aufgaben zu 6.9.

1. Berechne den zurückgelegten Weg eines Fahrzeugs, das bei einer Geschwindigkeit von 12 m/s $1^1/_2$ Stunden fährt!

2. Ein Kraftfahrzeug fährt mit einer Geschwindigkeit von 90 km/h. In welcher Zeit wurde eine Strecke von 288 km zurückgelegt?

3. Mit welcher Geschwindigkeit fährt ein Kraftfahrzeug, das in $1^3/_4$ $(2^1/_2)$ Stunden 126 (194,4) km zurücklegt?

Die hin- und hergehende Bewegung – Kolbengeschwindigkeit

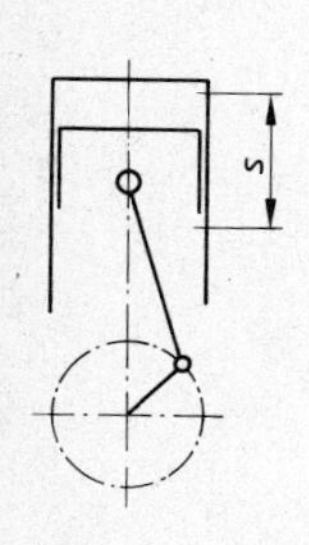

$$v = \frac{\text{Weg}}{\text{Zeit}} = \frac{\text{Doppelhub}}{\text{Umlaufdauer}}$$

$$= \text{Doppelhub} \times \text{Drehzahl} \qquad \boxed{v = 2\,s \cdot u}$$

Beispiel: Ein Kfz-Motor hat einen Hub von 74 mm.

Wie groß ist seine Geschwindigkeit bei 3600 1/min?

$$v = 2\,s \cdot n = 2 \cdot 0{,}074\ \text{m} \cdot 3600\ \frac{1}{\text{min}}$$

$$= \frac{2 \cdot 0{,}074\ \text{m} \cdot 3600}{60\ \text{s}}$$

$$= \underline{\underline{8{,}88\ \text{m/s}}} = \underline{\underline{31{,}968\ \text{km/h}}}$$

4. Ein Kolben hat einen Hub von 80 mm. Wieviel Umdrehungen pro Minute macht der Motor bei einer Geschwindigkeit von 12 m/s (1/min = 1/60 s)?

5. Wie groß ist der Kolbenhub, wenn der Motor 3300 1/min macht und das Fahrzeug eine Geschwindigkeit von $v = 7{,}92$ m/s hat?

6. Die mittlere Kolbengeschwindigkeit eines Dieselmotors beträgt 7,2 (9,8) m/s, der Hub 120 (140) mm. Berechne die Anzahl der Umdrehungen je Minute!

7. Der Kolben eines Motors hat bei einer Kurbelwellendrehzahl von 3000 (3600) 1/min eine mittlere Geschwindigkeit von 8 (8,4) m/s. Wie groß ist der Kolbenhub?

8. Welchen Weg legen die Kolben nach Aufgabe 7. in 1 h zurück?

Die kreisförmige Bewegung

Umfangsgeschwindigkeit = Weg, den ein Punkt *P* am Umfang eines sich drehenden Körpers in einer bestimmten Zeit zurücklegt.

P

$$v = \frac{\text{Weg}}{\text{Zeit}} = \frac{\text{Umfang}}{\text{Umlaufdauer}}$$

$$= \text{Umfang} \times \text{Drehzahl}$$

$$\boxed{v = d \cdot \pi \cdot n}$$

Beispiel: Die Hinterräder eines Kraftfahrzeugs haben ϕ 0,686 m. Die Hinterachse macht 160 1/min. Gesucht: Umfangsgeschwindigkeit.

$$v = d \cdot \pi \cdot n = 0{,}686\ \text{m} \cdot 3{,}14 \cdot 160\ \frac{1}{\text{min}} = \frac{0{,}686\ \text{m} \cdot 3{,}14 \cdot 160}{60\ \text{s}} = \underline{\underline{5{,}75\ \frac{\text{m}}{\text{s}}}}$$

9. Eine Schmirgelscheibe hat eine Umfangsgeschwindigkeit von $v = 3{,}6$ m/s und einen Durchmesser von 270 mm. Gesucht: Drehzahl n in 1/min.

10. Der Kurbelzapfen einer Kurbelwelle hat bei 3600 1/min eine Geschwindigkeit von 15 m/s. a) Wie groß ist der Kolbenhub? b) Wie groß ist die mittlere Kolbengeschwindigkeit?

11. Berechne die Umfangsgeschwindigkeit eines Schwungrades, das 380 (360) mm ϕ hat und 2800 (3000) 1/min macht!

12. Wie groß ist der Durchmesser einer Schleifscheibe, die höchstens 20 (22) m/s Umfangsgeschwindigkeit haben darf und 1800 (1400) 1/min macht?

13. Eine Welle von 60 (80) mm ϕ soll mit einer Schnittgeschwindigkeit von 20 (15) m/min abgedreht werden. Berechne die Drehzahl!

Die ungleichförmige Bewegung

Beschleunigung = gleichmäßige Zunahme der Geschwindigkeit pro Zeitabschnitt, Verzögerung = gleichmäßige Abnahme der Geschwindigkeit pro Zeitabschnitt.

Kommt ein Kraftfahrzeug in 1 Sekunde z. B. von 4 auf 6 m/s Geschwindigkeit, in der nächsten Sekunde von 6 auf 8 m/s usw., dann hat es in jeder Sekunde 2 m/s an Geschwindigkeit zugenommen.

2 m/s Geschwindigkeitszunahme in jeder Sekunde = Beschleunigung

m/s	×	1/s	=	m/s²

Hat ein Kraftfahrzeug eine Geschwindigkeit von 12 m/s und eine Verzögerung von 3 m/s², so kommt es nach 4 Sekunden zum Stehen.

Anm.: Zeichen nach DIN: Zeit t; Drehzahl n; Geschwindigkeit v; Beschleunigung a.

Die gleichmäßig abnehmende oder zunehmende Geschwindigkeit ergibt eine

Dreiecksfläche $$s = \frac{v \cdot t}{2}$$

Endgeschwindigkeit 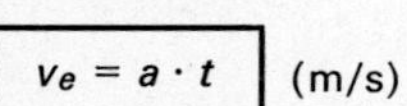 $v_e = a \cdot t$ (m/s)

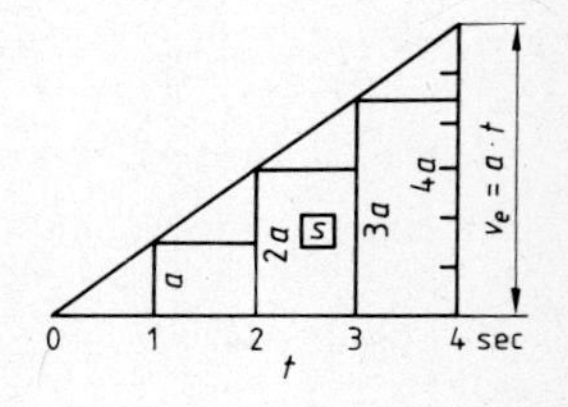

Weg	Zeit	Beschleunigung
$s = \frac{v \cdot t}{2}$ →	$t = \frac{2s}{v}$	→ $a = \frac{v}{t}$
für $t = \frac{v}{a}$ eingesetzt ←	$t = \frac{v}{a}$	
$s = \frac{v \cdot v}{2a} = \frac{v^2}{2a}$ →		→ $a = \frac{v^2}{2s}$
für $v = a \cdot t$ eingesetzt ←		
$s = \frac{a \cdot t \cdot t}{2} = \frac{a \cdot t^2}{2}$ →		→ $a = \frac{2s}{t^2}$

1. Beispiel: Ein Kraftfahrzeug hat eine Geschwindigkeit von 72 km/h und eine mittlere Bremsverzögerung von a = 5 m/s². Berechne a) die Geschwindigkeit in m/s, b) die Bremszeit, c) den Bremsweg!

a) $v = \frac{s}{t} = \frac{72\,000 \text{ m}}{3600 \text{ s}} = \underline{\underline{20 \text{ m/s}}}$

b) $t = \frac{v}{a} = \frac{20 \text{ m/s}}{5 \text{ m/s}^2} = \underline{\underline{4 \text{ s}}}$

c) $s = \frac{v \cdot t}{2} = \frac{20 \text{ m/s} \cdot 4 \text{ s}}{2} = \underline{\underline{40 \text{ m}}}$

2. Beispiel: Welche Verzögerung hat ein Motorrad, das eine Geschwindigkeit von 64 km/h hat und nach 25 s zum Stillstand kommt?

$v = \frac{64\,000 \text{ m}}{3600 \text{ s}} = 17{,}7 \text{ m/s}$; $a = \frac{v}{t} = \frac{17{,}7 \text{ m/s}}{25 \text{ s}} = \underline{\underline{0{,}7 \text{ m/s}^2}}$

14. In 30 (40) s soll ein Kfz auf 52 (80) km/h Geschwindigkeit gebracht werden. Wie groß muß die Beschleunigung sein?

15. Ein Kfz hat eine Geschwindigkeit von 65 (54) km/h und eine Bremsverzögerung von 4 (2,5) m/s^2. Berechne die Bremszeit!

16. Berechne den zurückgelegten Weg, wenn ein Kfz bei einer Beschleunigung von 4,5 (5) m/s^2 eine Geschwindigkeit von 54 (72) km/h hat!

17. Ein Kraftfahrzeug hat eine Beschleunigung von 0,4 m/s^2 (0,3 m/s^2; 0,5 m/s^2). Berechne

a) die Zeit, in der der Wagen eine Geschwindigkeit von 12 m/s hat;

b) den zum Anfahren benötigten Weg!

18. Ein Kraftfahrzeug legt vom Halteplatz aus in 1 Minute 420 m zurück. Wie groß ist a) die Beschleunigung, b) die Geschwindigkeit?

19. Berechne a) den Bremsweg, b) die Bremszeit bei einem Kraftfahrzeug, das bei einer Geschwindigkeit von 72 km/h eine Verzögerung von 8 m/s^2 hat!

20. In 2 Minuten erreicht ein Kraftfahrzeug eine Geschwindigkeit von 90 km/h. Gesucht werden a) Beschleunigung und b) Anfahrweg.

Beispiel: Ein Kraftfahrzeug, das eine Geschwindigkeit von 54 km/h hatte, hielt bei einem Unfall nach 35 m. Dem Fahrer soll eine Schrecksekunde zugebilligt werden. Berechne a) den in der Schrecksekunde zurückgelegten Weg, b) den eigentlichen Bremsweg, c) die Bremsverzögerung, d) die Gesamtbremszeit!

Bei Unfällen wird dem Fahrer eine *Schrecksekunde* zugebilligt, das ist die Zeit zwischen dem Erkennen der Gefahr und dem Augenblick der Bremsfußhebelbetätigung. Die *Reaktionszeit* beträgt bei aufmerksamen Fahrern 0,7...0,9 s, bei unaufmerksamen 1,4...1,8 s. Dazu kommt noch eine *Ansprechzeit*, das ist die Zeit zwischen Bremshebelbetätigung und Ansprechen (Wirken) der Bremsen. Der Weg in der Schrecksekunde und Bremsweg muß den Vorschriften über die Bremsverzögerung entsprechen.

Lösung:

a) $s_1 = v \cdot t = 54 \text{ km/h} \cdot 1 \text{ s} = 15 \text{ m/s} \cdot 1 \text{ s} = \underline{\underline{15 \text{ m}}}$

b) $s_2 = s_g - s_1 = 35 \text{ m} - 15 \text{ m} = \underline{\underline{20 \text{ m}}}$

c) $a = \frac{v^2}{2s} = \frac{(15 \text{ m/s})^2}{2 \cdot 20 \text{ m}} = \underline{\underline{5{,}6 \text{ m/s}^2}}$

d) $t = \frac{v}{a} = \frac{15 \text{ m/s}}{5{,}6 \text{ m/s}^2} = 2{,}7 \text{ s}$; dazu 1 Schrecksekunde = $\underline{\underline{3{,}7 \text{ s}}}$

21. Ein Kraftfahrzeug hat eine Geschwindigkeit von 90 (54) km/h und hält infolge der Bremsung nach 80 (50) m. Gesucht: a) Weg in der Schrecksekunde, b) Bremsweg, c) Bremsverzögerung.

22. Ein Kraftfahrzeug fährt mit 50 (40) km/h Geschwindigkeit und kommt nach 35 (28) m zum Stillstand. Entsprechen die Bremsen den gesetzlichen Anforderungen, wenn eine Reaktions- und Ansprechzeit von 1,2 s zugebilligt wurden?

23. Bei einem Unfall wurde festgestellt, daß ein Kraftfahrzeug bei $v = 72$ (63) km/h einen Bremsweg von 60 (85) m hatte. 1 Schrecksekunde wird berücksichtigt. a) Entspricht die Bremsverzögerung den Vorschriften? b) Wie groß ist die gesamte Bremszeit?

6.10. Arbeit und Leistung

Arbeit. Wird durch eine Kraft z. B. die Bewegung eines Fahrzeuges hervorgerufen, so wird eine Arbeit verrichtet.

Die Größe der Arbeit ist abhängig von der Größe der Kraft und von dem zurückgelegten Weg.

Arbeit = Kraft (N) × Weg (m) $\boxed{W = F \cdot s}$ Einheit: Nm
1 Nm = 1 Ws = 1 J

Aufgaben zu 6.10.

1. Ein Auszubildender mit einem Eigengewicht von 620 N trägt ein Moped von 280 N zwanzig 18 cm hohe Stufen hinauf. Wie groß ist die verrichtete Arbeit?

2. Um einen Zylinderblock von 1120 N mit einer einfachen Seilrolle zu heben, ist eine Arbeit von 1568 Nm erforderlich. Wie hoch wurde der Zylinderblock gehoben?

3. Ein Kran verrichtet beim Hochziehen einer Last auf eine Höhe von 8,2 (12,5) m eine Arbeit von 42 640 (56 250) Nm. Wie schwer ist die Last?

4. Zum Fortbewegen eines Wagens auf einer Strecke von 3,6 (3,8) km ist eine Arbeit von 6 480 000 (9 500 000) Nm erforderlich. Welcher Widerstand ist zu überwinden?

Leistung: Um die Leistung zweier Maschinen zu beurteilen, ist die Zeit zu berücksichtigen:

$$\text{Leistung} = \frac{\text{Arbeit}}{\text{Zeit}} = \frac{\text{Kraft} \times \text{Weg}}{\text{Zeit}} \qquad \boxed{P = \frac{F \cdot s}{t}}$$

Einheit: W; kW (= 1000 W)
1 Nm/s = 1 Ws/s = 1 W

$$\frac{s}{t} = v, \text{ folglich } \boxed{P = F \cdot v}$$

5. Wieviel leistet ein Pferd, das eine Zuglast von 180 N in 8 Minuten 1,6 km weit bewegt?

6. Ein Kraftfahrzeug, dessen Motor 36 (42) kW leistet, fährt mit einer Geschwindigkeit von 54 km/h. Welche Kraft muß dabei aufgebracht werden?

7. Eine Last von 5000 (9000) N wird durch einen 2- (2,4)-kW-Motor 1,2 (4,5) m gehoben. In welcher Zeit?

8. Ein Förderkorb von 4,4 t bewegt sich mit 12 m/s Geschwindigkeit in einem 780 m tiefen Schacht. a) Nach welcher Zeit kommt die Last unten an? b) Wieviel kW muß die Fördermaschine leisten?

9. Ein Motorrad entwickelt mit 25 kW eine Zugkraft von 600 N. Mit welcher Geschwindigkeit fährt das Motorrad?

Wirkungsgrad. Durch Reibung u. a. geht ein Teil der Leistung verloren. Die Nutzleistung P_e (= effektive Leistung, die an Rädern, Schwungscheiben usw. abgenommen wird) ist immer kleiner als die errechnete = indizierte Leistung P_i (indicere = angeben). Das Verhältnis von Nutzleistung P_e zur indizierten Leistung P_i heißt mechanischer Wirkungsgrad = η

$$\boxed{\eta = \frac{P_e}{P_i}}$$

Beispiel: Aufgewandte Leistung 30 kW; erzielte Leistung 24 kW. η = ?

$$\eta = \frac{P_e}{P_i} = \frac{24\,\text{kW}}{30\,\text{kW}} = \underline{\underline{0{,}8}}$$

10. Bei einem Wirkungsgrad von 0,68 (0,72) hatte ein Motor eine effektive Leistung von 34 (32,4) kW. Wie groß ist die indizierte Leistung?

11. Wie stark muß der Antriebsmotor einer Werkzeugmaschine sein, die bei einem Wirkungsgrad von 0,8 (0,75) eine Leistung von 1,6 (1,8) kW benötigt?

12. Eine Drehbank erfordert zum Gewindeschneiden 1,2 kW. Wie groß muß der Antriebsmotor gewählt werden, wenn die Maschine einen Wirkungsgrad von 0,8 hat?

13. Eine Stoßbank hat eine Schnittkraft von 4500 N und eine Schnittgeschwindigkeit von 40 m/min. Wie hoch ist die Antriebsleistung bei einem mechanischen Wirkungsgrad von 0,75?

Leistung von Verbrennungsmotoren

Die Leistung eines Verbrennungsmotors ist abhängig von:

1. dem Gesamthubraum V_H,
2. dem mittleren (indizierten) Druck p_m,
3. der Drehzahl n,
4. dem Arbeitsverfahren (2- oder 4-Takter).

Herleitung der Formel:

Leistung = Kraft × Geschwindigkeit
(1 Zylinder): $P = F \cdot v$

Kolbenkraft $F = A \cdot p_m$ eingesetzt: $P = A \cdot p_m \cdot v$

Geschwindigkeit $v = 2\,s \cdot n$ (n = Drehzahl) eingesetzt: $P = A \cdot p_m \cdot 2\,s \cdot n$

Kolbenfläche $A = d^2 \frac{\pi}{4}$ eingesetzt: $P = \frac{d^2 \cdot \pi \cdot p_m \cdot 2\,s \cdot n}{4}$

Leistung für mehrere Zylinder:
(i = Zylinderzahl) $P = \frac{d^2 \cdot \pi \cdot p_m \cdot s \cdot n \cdot i}{2}$

Arbeit wird beim Viertakter nur bei jedem 4. Takt verrichtet; beim Zweitakter ist jeder 2. Takt Arbeitshub.

Viertakter	$P_{(4)} = \frac{P}{4} = \frac{d^2 \cdot \pi \cdot p_m \cdot s \cdot n \cdot i}{8}$
Zweitakter	$P_{(2)} = \frac{P}{2} = \frac{d^2 \cdot \pi \cdot p_m \cdot s \cdot n \cdot i}{4}$

Beispiel: Wie groß ist die Leistung P eines Lieferwagens (Viertakter)?

Zylinderbohrung d = 80 mm, mittlerer Arbeitsdruck p_m = 6,4 bar, Kolbenhub s = 74 mm, Motordrehzahl n = 3700 1/min, Zylinderzahl i = 4.

$$P_{(4)} = \frac{64\ \text{cm}^2 \cdot 3{,}14 \cdot 6{,}4\ \text{bar} \cdot 7{,}4\ \text{cm} \cdot 3700 \cdot 4}{8\ \text{min}}$$

$$= \frac{64\ \text{cm}^2 \cdot 3{,}14 \cdot 6{,}4 \cdot 10\ \text{N} \cdot 7{,}4\ \text{cm} \cdot 3700 \cdot 4}{8\ \text{min cm}^2}$$

$$= \frac{64 \cdot 3{,}14 \cdot 6{,}4 \cdot 10 \cdot 7{,}4 \cdot 3700 \cdot 4}{8 \cdot 60 \cdot 100} \frac{\text{Nm}}{\text{s}} = 29{,}3\ \text{kW}$$

14. Berechne die indizierte Leistung folgender Motore!

	a Viertakter	b Viertakter	c Viertakter	d Zweitakter
Zylinderbohrung in mm	77,5	75	78	62
Kolbendruck in bar	7,8	8,2	8,4	3,8
Kolbenhub in mm	95	64	81,5	64
Motordrehzahl in 1/min	4500	5000	4800	6000
Zylinderzahl	8	4	6	3

15. Berechne die effektive Leistung bei η = 0,75!

	a Viertakter	b Viertakter	c Zweitakter	d Viertakter
Zylinderbohrung in mm	84	77	76	80
Kolbendruck in bar	8,1	7,8	4,5	9,2
Kolbenhub in mm	76,6	64	76	82
Drehzahl in 1/min	4250	5400	5500	6200
Zylinderzahl	4	4	2	6

Leistung und Drehmoment

Das Drehmoment M beim Motor entsteht dadurch, daß die Kolbenkraft F auf den Zapfen der Kurbelwelle wirkt; also $M = F \cdot r$.

Leistung = Kraft × Geschwindigkeit $P = F \cdot v$

$v = d \cdot \pi \cdot n$	eingesetzt: $P = F \cdot d \cdot \pi \cdot n$
$d = 2\,r$	eingesetzt: $P = F \cdot 2\,r \cdot \pi \cdot n$
$F \cdot r = M$	eingesetzt: $P = 2\,\pi \cdot M \cdot n$

$\boxed{P = 2\,\pi \cdot M \cdot n}$, nach M umgeformt: $\boxed{M = \frac{P}{2\,\pi \cdot n}}$

Beispiel: Ein Kfz-Motor leistet bei 4000 1/min 82 kW; gesucht M.

$$M = \frac{P}{2\,\pi \cdot n} = \frac{82\text{ kW}}{2\,\pi \cdot 4000\text{ 1/min}} = \frac{82 \cdot 10^3\text{ Nm/s} \cdot 60}{2\,\pi \cdot 4 \cdot 10^3\text{ 1/s}} = 195{,}8\text{ Nm}$$

16. Ein Kraftfahrzeugmotor hat bei 2800 (2200) 1/min ein Drehmoment von 100 (175) Nm. Berechne die Leistung!

17. Ein Kraftfahrzeugmotor macht 4250 (2000) 1/min; Drehmoment = 80 (120) Nm. Berechne die Leistung!

18. Ein Motor hat bei M = 80 (150) Nm eine Leistung von 40 (65) kW. Berechne die Drehzahlen!

Die Hubraumleistung gibt an, wieviel kW auf 1 l Hubraum entfallen.

$$\boxed{\text{Hubraumleistung} = \frac{\text{Leistung}}{\text{Hubraum}} \quad P_{\text{H}} = \frac{P_e}{V_h}} \quad (\text{kW/l})$$

Beispiel: Bei einem Hubraum von 1,19 l beträgt die Leistung eines Motors 25 kW. Gesucht wird die Hubraumleistung.

$$\text{Hubraumleistung } P_{\text{H}} = \frac{P_e}{V_h} = \frac{25\text{ kW}}{1{,}19\text{ l}} = 21\text{ kW}$$

19. Dauerleistung eines Motors 60 (55) kW, Hubraum 1698 (1498) cm³. Berechne die Hubraumleistung!

20. Dauerleistung eines Motors 30 (145) kW; Hubraumleistung 25,2 (17,5) kW/l. Gesucht ist der Hubraum.

21. Hubraum 2473 (1093) cm³, Hubraumleistung 25,1 kW/l (36,6 kW/l); Dauerleistung?

Leistungsgewicht. Es gibt an, wieviel N Gesamtgewicht auf 1 kW Dauerleistung entfallen. Gesamtgewicht = Eigengewicht des Motors bzw. des fahrfertigen Fahrzeuggewichtes einschließlich Besatzung (1 Person (750 N) bei Krädern, 2 Personen bei Pkw).

$$\boxed{\text{Leistungsgewicht} = \frac{\text{Gesamtgewicht } (G)}{\text{wirkliche Leistung } (P_e)}}$$

Beispiel: Gewicht eines fahrfertigen Wagens 17 500 N; Dauerleistung 62 kW.

$$\text{Leistungsgewicht} = \frac{G}{P_e} = \frac{17\,500\ \text{N}}{62\ \text{kW}} = 282\ \text{N/kW}$$

22. Berechne die fehlenden Werte!

Motor	Leistung	Leistungsgewicht	Wagengewicht
MB. 5,5 t	110 kW	?	54 200 N
FK	?	683 N/kW	82 000 N
OBl., $1^3/_4$ t	62 kW	613 N/kW	?
F 600	19 kW	308 N/kW	?

Leistung und spez. Kraftstoffverbrauch (gemessen in g/kWh).

$$\text{Spezifischer Kraftstoffverbrauch} = \frac{\text{Kraftstoffverbrauch}}{\text{Motorleistung} \cdot \text{Zeit}}$$

Beispiel: Leistung eines Motors = 36 kW, Kraftstoffverbrauch 9,6 l je Stunde, $\varrho = 0{,}75\ \text{g/cm}^3$.

$$\text{Spez. Kraftstoffverbrauch} = \frac{9600\ \text{cm}^3 \cdot 0{,}75\ \text{g/cm}^3}{36\ \text{kW} \cdot 1\ \text{h}} = 200\ \text{g/kWh}$$

23. P = 45 kW; Kraftstoffverbrauch 10,5 l/h;
$\varrho = 0{,}72\ \text{g/cm}^3$; spez. Verbrauch?

24. P = 60 kW; Kraftstoffverbrauch 12 l/h;
$\varrho = 0{,}68\ \text{g/cm}^3$; spez. Verbrauch?

25. P = 25 kW; Kraftstoffverbrauch 6,5 l/h;
$\varrho = 0{,}75\ \text{g/cm}^3$; spez. Verbrauch?

6.11. Festigkeit

Festigkeit

Werkstoffe müssen den Beanspruchungen durch Zug, Druck, Abscheren, Biegen, Verdrehen usw. gewachsen sein, d. h. sie müssen eine gewisse Festigkeit (Zugfestigkeit σ_z, Druckfestigkeit σ_d, Scherfestigkeit τ usw.) haben.

Die Belastung, bezogen auf den Querschnitt, wird Spannung (σ) genannt.

$$\text{Spannung} = \frac{\text{Belastung in N}}{\text{Fläche in mm}^2} \qquad \sigma = \frac{F}{A}$$

Zulässige Belastung (Belastung im elastischen Bereich)

= Fläche × zulässige Spannung $F = A \cdot \sigma_{zul}$

Höchste Belastung (bis zum Zerreißen)

= Fläche × Bruchspannung $F = A \cdot \sigma_B$

$$\text{Sicherheitsgrad} = \frac{\text{Bruchfestigkeit}}{\text{zulässige Belastung}} \qquad \nu = \frac{\sigma_B}{\sigma_{zul}}$$

Zulässige Spannungen für den Maschinenbau in N/mm²

Werkstoff	Zug $\sigma_{z\,zul}$			Druck $\sigma_{d\,zul}$		Scher $\tau_{s\,zul}$		
	I	II	III	I	II	I	II	III
St 37	110,0	85,0	60,0	110,0	85,0	90,0	70,0	48,0
St 42	125,0	100,0	70,0	125,0	100,0	100,0	80,0	56,0
C 35	180,0	135,0	90,0	180,0	135,0	145,0	105,0	70,0
34 Cr Mo 4	225,0	170,0	110,0	225,0	170,0	180,0	135,0	90,0
GS-38	115,0	85,0	60,0	110,0	85,0	90,0	70,0	50,0
GG-26	70,0	55,0	40,0	100,0	75,0	70,0	55,0	40,0

Zugfestigkeit

Zulässige Belastung (N) = Fläche (mm²) × zulässige Spannung (N/mm²): $F = A \cdot \sigma_{zul}$

Beispiel: Wie hoch darf ein 35-mm-Quadratstahl aus St 37 bei einer zulässigen Beanspruchung von 60 N/mm² belastet werden? Wie hoch ist der Sicherheitsgrad?

Lösung:

$$F = A \cdot \sigma$$

$$F = 35\text{ mm} \cdot 35\text{ mm} \cdot 60\text{ N/mm}^2 = \underline{\underline{73\,500\text{ N}}}$$

$$\nu = \frac{\sigma_{z\,B}}{\sigma_{z\,\text{zul}}} = \frac{370\text{ N/mm}^2}{60\text{ N/mm}^2} = \underline{\underline{6\tfrac{1}{6}\text{fache Sicherheit}}}$$

Aufgaben zu 6.11.

1. Wie schwer darf die Last an einem Rundstahl von d = 20 mm (40 mm) sein, wenn die zulässige Zugspannung 90 N/mm² beträgt?
2. Wie hoch kann eine Schraube M 12 (M 16) aus St 42 auf Zug bei 6facher Sicherheit belastet werden?
3. Welchen Kernquerschnitt muß eine metrische Schraube haben, die bei einer zulässigen Zugfestigkeit von 125 N/mm² eine Last von 27 500 (9300) N tragen soll?

4. Eine runde Zugstange aus Baustahl hat eine Belastung von 170 000 N zu übertragen. Wie groß ist der Stangenquerschnitt bei einer zulässigen Zugbeanspruchung von 8500 N/cm² ?

5. Ein Drahtseil hat 8 Litzen mit je 10 Drähten von je 2 mm ϕ und wird mit 18 000 N belastet. Zulässige Beanspruchung 80 N/mm². Welche Zugbeanspruchung tritt auf? Ist die Belastung möglich?

6. Eine Gliederkette mit einer zulässigen Zugspannung von 60 N/mm² soll eine Last von 42 000 (27 000) N tragen. Welchen Durchmesser muß der Rundstahl haben?

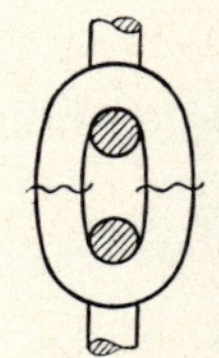

Beispiel:

Der Zylinderkopf eines Einzylindermotors, der eine Bohrung von 48 mm hat, ist mit 4 Schrauben befestigt. Der Zünddruck beträgt 30 bar. Welche Schraubenstärke muß gewählt werden, wenn σ_{zul} 50 N/mm beträgt?

Lösung:

$F = A \cdot p = d^2 \frac{\pi}{4} \cdot R$

$= (4{,}8\ \text{cm})^2 \cdot 0{,}785 \cdot 30\ \text{dN/cm}^2$

$= 5400\ \text{N}$

4 Schrauben: 5400 N

1 Schraube: 1350 N

Zulässige Belastung 50 N/mm²

$A = \frac{F}{\sigma_{zul}} = \frac{1350\ \text{N}}{50\ \text{N/mm}^2} = 27\ \text{mm}^2$

nächst höherer geometrischer Querschnitt:

$A = 31{,}9\ \text{mm}^2 \triangleq \underline{\underline{\text{M } 8}}$

7. Einzylindermotor. Bohrung 64 (72) mm. Der Zylinderkopf ist mit 6 (4) Schrauben befestigt. Zünddruck 35 (36) bar. Für den Werkstoff sind 48 (60) N/mm² zulässig. Berechne die Schraubenstärke!

Druckfestigkeit

Berechnung wie Zugfestigkeit: $F = A \cdot \sigma$.

8. Berechne die Druckspannung, wenn ein Pfosten von 20 cm × 20 cm (30 cm × 30 cm) Querschnitt mit 120 000 (135 000) N belastet wird!

9. Welche Belastung kann ein runder Holzpfeiler von 24 (25) cm ϕ aufnehmen, wenn die zulässige Druckspannung 300 (360) N beträgt?

10. Ein Pleuel überträgt eine Kraft von 15 600 (23 800) N. Die zulässige Druckspannung betrage 65 (85) N/mm². Gesucht: Querschnitt des Pleuels.

11. Hydraulische Hebebühne. Eigengewicht der Trägerkonstruktion 22 000 N. Belastung 12 000 N. Innerer Kolbendurchmesser 440 mm, äußerer Durchmesser 470 mm. Wie groß ist die Druckspannung je cm²?

Schubfestigkeit

Schubfestigkeit = Fläche × Schubspannung; $F = A \cdot \tau$

Beispiel:

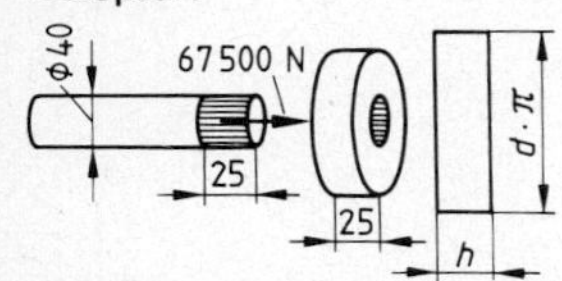

Wenn der Kopf des Rundstahls durch Schub abgestreift wird, so entsteht die Bruchfläche $d \cdot \pi \cdot h$.

$$A = 40 \text{ mm} \cdot 3{,}14 \cdot 25 \text{ mm} = 3140 \text{ mm}^2$$

$$\tau = \frac{F}{A} = \frac{67\,500 \text{ N}}{3140 \text{ mm}^2} = 21{,}5 \text{ N/mm}^2$$

12. Ein Bolzen hat 30 (24) mm ϕ und einen 22 (18) mm hohen Kopf. Zulässige Schubspannung τ = 60 N/mm². Wie hoch ist die Schubfestigkeit?

13. Auf einen Bolzenkopf wirkt eine Schubkraft von 47 100 (71 600) N. Der Bolzendurchmesser beträgt 20 (24) mm, die Schubspannung 50 N/mm². Berechne die Höhe des Bolzenkopfes!

14. Ein Blech von 6 mm Dicke und τ_B = 400 N/mm² soll mit einem Lochstempel von d = 24 mm gelocht werden. Wie groß muß die Kraft sein?

15. Eine Lochstange, die eine Kraft von 240 000 (300 000) N ausübt, soll in ein 5 (8) mm starkes Blech Löcher stanzen. τ_B = 480 N/mm². Wie groß ist der Lochdurchmesser?

16. In ein 6 mm starkes Blech sollen Löcher von 16 mm ϕ gestanzt werden. Schubfestigkeit 360 N/mm². a) Mit welcher Kraft muß gestanzt werden? b) Welche Druckspannung entsteht dabei?

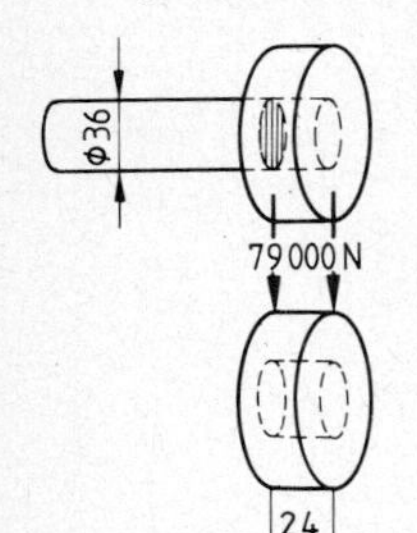

Scherfestigkeit

Scherfestigkeit = Fläche × Scherspannung

$F = A \cdot \tau$.

Wird der Kopf eines Rundstahls abgeschert, so entsteht die Scherfläche

$$A = d^2 \frac{\pi}{4} = (36 \text{ mm})^2 \cdot 0{,}785 = 1097 \text{ mm}^2.$$

$$\text{Scherspannung } \tau = \frac{F}{A} = \frac{79\,000 \text{ N}}{1097 \text{ mm}^2} = 72 \text{ N/mm}^2.$$

17. Zwei Flachstähle sind durch einen Niet zusammengehalten. Welchen Durchmesser muß der Niet haben, wenn die Scherkraft 22 850 (28 250) N und die Scherspannung 90 N/mm² beträgt?

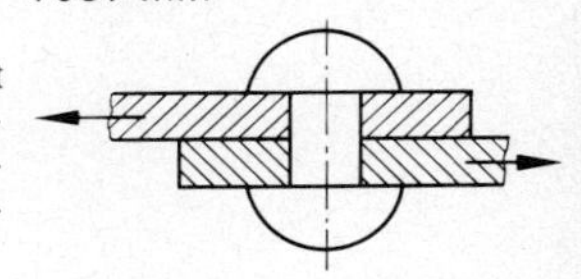

18. Wie groß müßte der Nietdurchmesser werden, wenn sich bei einer Scherspannung von 90 N/mm² die Scherkraft von 36 000 (40 500) N auf 2 Niete verteilen würde?

19. Zwei Bleche sind durch 3 Niete verbunden. Es wird eine Zugkraft von (48 000) 72 000 N übertragen. Wie groß müssen die Nietdurchmesser sein, wenn die Abscherspannung 80 N/mm² beträgt?

20. Zwischen 2]-förmigen Trägern ist mit 3 (4) Nieten von 18 (20) mm ϕ eine Lasche befestigt, an der eine Last von 96 000 (120 000) N hängt. Wie groß ist die Scherspannung? (Beachte, daß 6 bzw. 8 Schnitte entstehen!)

6.12. Kraftübertragung

Riementrieb

Antriebsgleichung: Durchmesser × Drehzahl des treibenden Rades = Durchmesser × Drehzahl des getriebenen Rades

$$\boxed{d_1 \cdot n_1 = d_2 \cdot n_2}$$

Übersetzungsverhältnis $= \dfrac{\text{Drehzahl der treibenden Scheibe}}{\text{Drehzahl der getriebenen Scheibe}}$ $\quad \boxed{i = \dfrac{n_1}{n_2}}$

oder $\dfrac{\text{Durchmesser der getriebenen Scheibe}}{\text{Durchmesser der treibenden Scheibe}}$ $\quad \boxed{i = \dfrac{d_2}{d_1}}$

Mehrfache Übersetzung $i_g = \dfrac{n_1 \cdot n_3 \cdot n_5}{n_2 \cdot n_4 \cdot n_6} \qquad i_g = \dfrac{d_2 \cdot d_4 \cdot d_6}{d_1 \cdot d_3 \cdot d_5}$

$$\boxed{i_g = i_1 \cdot i_2 \cdot i_3} \qquad \boxed{i_g = \frac{n_a}{n_e}}$$ (a = Anfang, e = Ende)

Beispiele: 1.

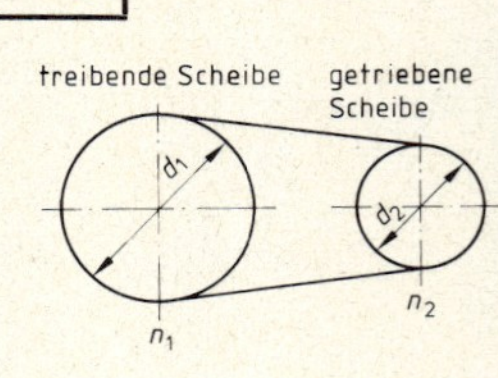

Gegeben: $d_1 = 360$ mm, $d_2 = 120$ mm, $n_1 = 210$ 1/min.

Gesucht: n_2, i und v in m/s.

$$d_1 \cdot n_1 = d_2 \cdot n_2$$

$$n_2 = \frac{d_1 \cdot n_1}{d_2} = \frac{360 \cdot 210}{120} = \underline{\underline{630\ 1/\text{min}}}$$

$$i = \frac{d_2}{d_1} = \frac{120}{360} = 0{,}333\ (:1) = \underline{\underline{1:3}}$$

$$v = d \cdot \pi \cdot n = 0{,}36\ \text{m} \cdot 3{,}14 \cdot \frac{210}{60} \cdot \frac{1}{\text{s}} \approx \underline{\underline{4\ \text{m/s}}}$$

Antrieb einer Werkzeugmaschine 2.

Berechne

a) die Einzelübersetzungen,

b) die Gesamtübersetzung,

c) die Drehzahl n_4.

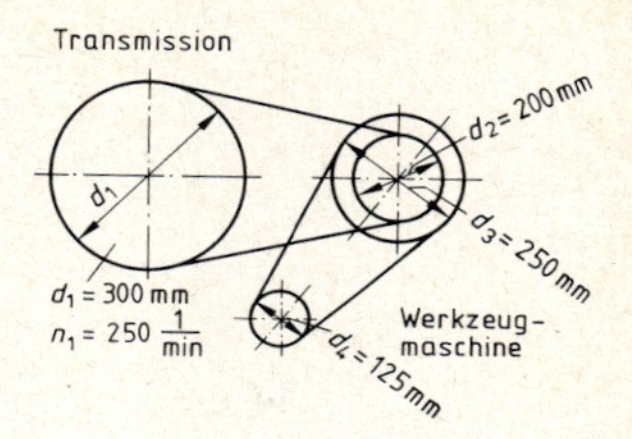

$$i_1 = \frac{d_2}{d_1} = \frac{200\text{ mm}}{300\text{ mm}} = \underline{\underline{\frac{2}{3}}}; \quad i_2 = \frac{d_4}{d_3} = \frac{125\text{ mm}}{250\text{ mm}} = \underline{\underline{\frac{1}{2}}}; \quad i_g = i_1 \cdot i_2 = \frac{2}{3} \cdot \frac{1}{2} = \frac{1}{3}$$

$$i_g = \frac{n_a}{n_e}; \quad n_e = \frac{n_a}{i_g} = \frac{250\ 1/\text{min}}{1/3} = \frac{250 \cdot 3}{\text{min}} = \underline{\underline{750\ 1/\text{min}}}$$

Aufgaben zu 6.12.

1. Die treibende Scheibe eines Riementriebes hat 540 (480) mm ϕ und macht 600 (540) 1/min, die getriebene Scheibe hat d = 360 (270) mm ϕ. Gesucht: a) n_2, b) i.

2. Die Übersetzung zweier Scheiben beträgt 1,33 (1,5), die Drehzahl der Antriebsscheibe 1080 1/min. Wieviel Umdrehungen macht die getriebene Scheibe?

3. Der Antriebsmotor eines Schleifsteines macht 2100 (1800) 1/min und hat eine Antriebsscheibe von 130 (120) mm ϕ. a) Wie groß ist d_2, wenn der Schleifstein 1500 (1440) 1/min macht? b) Wie groß ist die Übersetzung?

4. Der Antriebsmotor einer Transmission hat einen Scheibendurchmesser von 80 mm und macht 2100 1/min. Die Transmission macht 350 1/min. a) Welchen Durchmesser hat die Transmissionsscheibe? b) Berechne v in m/s!

5. Wieviel Umdrehungen pro Minute macht der Ventilator eines Kraftfahrzeugmotors? Durchmesser der Nockenwellen-Antriebsscheibe 120 mm, n = 2400, Durchmesser der Ventilatorscheibe 80 mm.

6. Berechne

a) die möglichen Drehzahlen an der Drehbank (ohne Vorgelege),

b) die Gesamtübersetzung bei jeder der drei Riemenlagen!

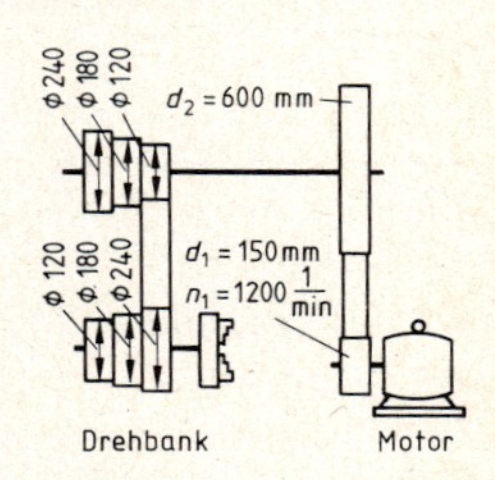

7. Der Antriebsmotor einer Shapingmaschine macht 1500 1/min. Die 3fachen Übersetzungen betragen 2 : 1; 3 : 2; 4 : 3. Wie groß ist die Enddrehzahl an der Maschine?

8. Doppelübersetzung!

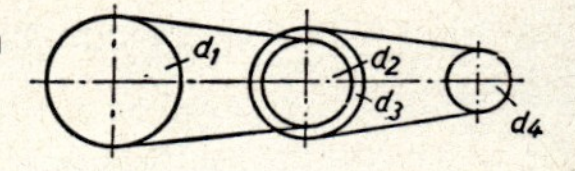

Geg.: $d_1 = 400$ mm; $n_1 = 240$ 1/min
$i_1 = 1 : 2$; $d_3 = 250$ mm;
$d_4 = 150$ mm.

Ges.: n_2, d_2, n_4 und i_2.

9. Der Scheibendurchmesser eines Antriebsmotors beträgt 150 mm, die Drehzahl 1200 1/min. Über eine Transmission mit den Übersetzungen 1,66; und 1,2 (d_3 = 200 mm) wird eine Werkzeugmaschine angetrieben. Berechne n_2, d_2, n_2 und d_2!

10. Antrieb einer Schleifscheibe.

Gesucht: a) n_2

b) n_5

c) d_4

d) Umfangsgeschwindigkeit der Schleifscheibe.

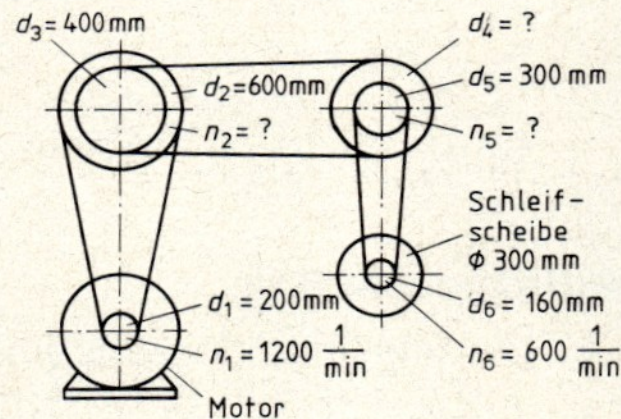

11. Ein Antriebsmotor, der einen Scheibendurchmesser von 100 mm hat und 1200 1/min macht, soll über eine Transmission eine Schleifscheibe, die eine Riemenscheibe von 180 mm ϕ hat, drehen. Die Übersetzungen (s. Bild Aufgabe 10.): $i_1 = 3 : 1$; $i_2 = 2{,}5 : 1$; $i_3 = 1 : 1{,}33$; $d_3 = 150$ mm; $d_5 = 210$ mm. Berechne: a) n_2, b) d_2, c) n_4, d) d_4, e) n_6, f) d_6.

Räder-Schneckenantrieb

Antriebsgleichung für Rädertrieb

Zähnezahl × Drehzahl des treibenden Rades =
Zähnezahl × Drehzahl des getriebenen Rades.

$$z_1 \cdot n_1 = z_2 \cdot n_2$$

$$i = \frac{n_1}{n_2} \text{ oder } \frac{z_2}{z_1}$$

$$i_g = \frac{n_1 \cdot n_3 \cdot n_5}{n_2 \cdot n_4 \cdot n_6} = \frac{z_2 \cdot z_4 \cdot z_6}{z_1 \cdot z_3 \cdot z_5}$$

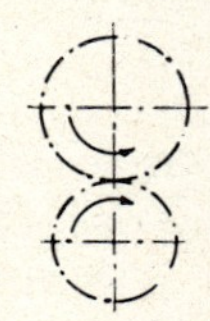

$$i_g = i_1 \cdot i_2 \cdot i_3 \text{ usw.}$$

$$i_g = \frac{n_a}{n_e}$$

Antriebsgleichung für Schneckentrieb

Gangzahl × Drehzahl der Schnecke =
Zähnezahl × Drehzahl des Schneckenrades

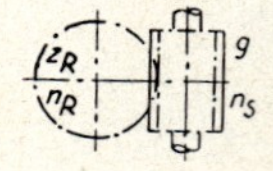

$$g \times n_s = z_R \times n_R$$

$$i = \frac{n_s}{n_R} \text{ oder } \frac{z_R}{g}$$

Ein Zwischenrad ändert nicht das Übersetzungsverhältnis, sondern nur die Drehrichtung.

Beispiel:

Eine zweigängige Schnecke macht 960 1/min, das Schneckenrad 32 1/min. a) Wieviel Zähne hat das Schneckenrad? b) Wie groß ist das Übersetzungsverhältnis?

$$g \cdot n_s = z_R \cdot n_R; \quad z_R = \frac{g \cdot n_s}{n_R} = \frac{2 \cdot 960}{32} = \underline{\underline{60 \text{ Zähne}}}$$

$$i = \frac{n_s}{n_R} = \frac{960}{32} = \underline{\underline{30 : 1}}$$

12. Ein Kraftfahrzeugmotor macht 2400 1/min, die Gelenkwelle a) 600 1/min, b) 960 1/min, c) 1600 1/min. Übersetzungsverhältnis?

13. Übersetzungen im Wechselgetriebe: I 3,2 : 1; II 2,4 : 1; III 1,6 : 1; Rg. 3,8 : 1; Motor 2800 1/min. Drehzahl der Gelenkwelle?

14. Das Ritzel eines Anlassers hat 12 (16) Zähne und macht 800 (720) 1/min. Starterkranz 150 (144) Zähne. a) Wieviel Umdrehungen pro Minute macht das Schwungrad? b) Übersetzung?

15. Ein Schraubenrad mit 66 (45) Zähnen wird von einer dreigängigen (zweigängigen) Schnecke (Drehzahl 198 (180) 1/min) angetrieben. Gesucht: a) Übersetzung; b) Drehzahl des Schraubenrades.

16. Die Drehzahl der Bohrspindel (nebenst. Bild) ist bei den verschiedenen Riemenlagen zu berechnen.

17. Der Hinterachsantrieb eines Personenkraftwagens hat ein Ritzel mit 9 Zähnen und ein Tellerrad mit 45 Zähnen. Das Ritzel macht 1650 1/min. a) Wieviel Umdrehungen pro Minute machen die Hinterräder? b) Berechne das Übersetzungsverhältnis!

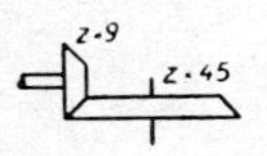

18. Kegelrad-Stirnradantrieb.
z_1 = 12 Zähne; z_2 = 48 Zähne;
z_3 = 18 Zähne; z_4 = 108 Zähne.
Berechne: a) i_1, i_2, i_g;
b) die Drehzahl von z_1 bei z_4 = 72 1/min!

19. Ein Nockenwellenrad mit 60 Zähnen treibt eine Lichtmaschine an, deren eingreifendes Zahnrad 24 Zähne hat. Das Kurbelwellenrad macht 2400 1/min. Berechne a) die Drehzahl der Lichtmaschine; b) das Übersetzungsverhältnis!

20. Schneckenantrieb einer Ölpumpe. Das Schneckenrad auf der Ölpumpenwelle hat 30 Zähne und wird von einer eingängigen Schnecke mit 2400 1/min angetrieben. a) Wieviel Umdrehungen pro Minute macht die Ölpumpenwelle? b) Wie groß ist der Ölumlauf je Stunde, wenn je Umdrehung 0,12 cm^3 Öl gefördert werden?

21. Die Übersetzung des Wechselgetriebes eines Kraftrades beträgt 1,5 : 1, die des Ausgleichsgetriebes 5 : 1. Berechne a) die Gesamtübersetzung, b) die Drehzahl des Hinterrades bei 2250 1/min der Kurbelwelle, c) die Fahrgeschwindigkeit bei Reifen von 5,50—15!

22. a) Berechne die Gesamtübersetzung in den einzelnen Gängen!

b) Bestimme die Drehzahlen der Hinterachse!

c) Wie groß ist die Fahrgeschwindigkeit in den einzelnen Gängen?

$z_1 = 18$ $z_3 = 20$ $z_5 = 25$ $z_7 = 35$ $z_9 = 9$
$z_2 = 45$ $z_4 = 40$ $z_6 = 36$ $z_8 = 28$ $z_{10} = 45$.

23. Vierganggetriebe: $z_1 = 22$; $z_2 = 44$; $z_3 = 25$; $z_4 = 40$; $z_5 = 30$; $z_6 = 36$; $z_7 = 36$; $z_8 = 27$; $z_9 = 10$; $z_{10} = 50$.

Motordrehzahl 3600 1/min. Gesucht: a) Drehzahlen der Hinterachse in den 4 Gängen; b) Fahrgeschwindigkeit bei Reifen von 6,40—13.

6.13. Zahnradberechnungen

d_t = Teilkreisdurchmesser
d_k = Kopfkreisdurchmesser
d_f = Fußkreisdurchmesser
t = Teilung, m = Modul,
h = Zahnhöhe
h_k = Kopfhöhe
h_f = Fußhöhe
z = Zähnezahl

Teilung = Modul × π

$$t = m \cdot \pi$$

Teilkreisdurchmesser
= Modul × Zähnezahl

$$d_t = m \cdot z$$

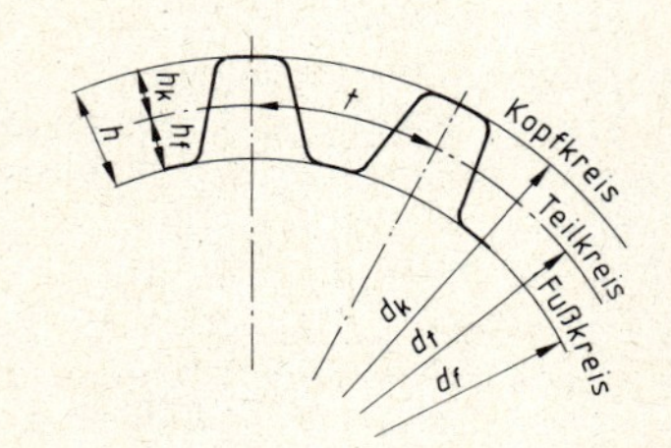

Zahnkopf = 1 × Modul
$h_k = m$

Zahnfuß = 1,16 × Modul
$h_f = 1{,}16 \cdot m$ ($1^1/_6$)

Zahnhöhe = 2,16 × Modul
$h = 2{,}16 \cdot m$ ($2^1/_6$)

Achsabstand $a = m \cdot \frac{z_1 + z_2}{2}$

Berechnung des Moduls aus dem Kopfkreis

$d_k = d_t + 2\,m$
$d_k = m \cdot z + 2\,m$
$d_k = m\,(z + 2)$

$$\boxed{m = \frac{d_k}{z + 2}}$$

Beispiele:

1. Ein Zahnrad mit 36 Zähnen hat einen Modul von 8 mm.

   Berechne t, d_t, h_k, h_f, h, d_k, d_f

   Lösung: $t = m \cdot \pi = 8\text{ mm} \cdot 3{,}14 = \underline{\underline{25{,}12\text{ mm}}}$

   $d_t = m \cdot z = 8\text{ mm} \cdot 36 = \underline{\underline{288\text{ mm}}}$

   $h_k = m = \underline{\underline{8\text{ mm}}}$

   $h_f = 1{,}16 \cdot m = 1{,}16 \cdot 8\text{ mm} = \underline{\underline{9{,}28\text{ mm}}}$

   $h = 2{,}16 \cdot m = 2{,}16 \cdot 8\text{ mm} = \underline{\underline{17{,}28\text{ mm}}}$

   $d_k = d_t + 2\,m = 288\text{ mm} + 16\text{ mm} = \underline{\underline{304\text{ mm}}}$

   $d_f = d_t - (2 \cdot 1{,}16\,m) = 288\text{ mm} - 18{,}56\text{ mm} = \underline{\underline{269{,}44\text{ mm}}}$

2. In einem Betrieb mußte für ein beschädigtes Zahnrad mit 50 Zähnen, von dem der Modul unbekannt war, ein Ersatzrad beschafft werden. Der Kopfkreisdurchmesser betrug 338 mm. Welcher Modul mußte für das Zahnrad bestellt werden?

   Lösung: $m = \frac{d_k}{z + 2} = \frac{338\text{ mm}}{50 + 2} = \underline{\underline{6{,}5\text{ mm}}}$

3. Ein Zahnradtrieb hat ein großes Zahnrad von 45 Zähnen und ein kleines von 25 Zähnen. Die Teilung beträgt 18,84 mm.

   Berechne m, d_t, und a!

   Lösung: $t = m \cdot \pi \qquad m = \frac{t}{\pi} = \frac{18{,}84\text{ mm}}{3{,}14} = \underline{\underline{6\text{ mm}}}$

   $d_t = m \cdot z = 6\text{ mm} \cdot 45 = \underline{\underline{270\text{ mm}}}$ bzw. $6\text{ mm} \cdot 25 = \underline{\underline{150\text{ mm}}}$

   $a = m \cdot \frac{z_1 + z_2}{2} = 6\text{ mm} \cdot \frac{45 + 25}{2} = \underline{\underline{210\text{ mm}}}$

Aufgaben zu 6.13.

1. Bestimme:

a) die Teilung! Modul = 4; 6; 7; 3,5; 7,5 mm.

b) den Modul! t = 9,42; 20,41; 21,98; 37,68; 26,69 mm.

c) Zahnkopf, Zahnfuß, Zahnhöhe bei Modul 3; 5; 8; 10; 12 mm.

d) den Teilkreis-⌀! Modul 4; 6; 8; 4,5; 7,5 mm.
Zähnezahl 32; 42; 72; 60; 84.

e) die Zähnezahl! Modul 3; 5; 8; 6,5; 5,5 mm
Teilkreis-⌀ 126; 240; 496; 357,5; 440 mm.

f) den Achsabstand!

z_1	= 20	18	24	63	45	Zähne
z_2	= 50	72	96	378	180	Zähne
t	= 12,56	18,84	14,13	28,26	20,41	mm.

2. Der Modul eines Zahnrades war nicht bekannt. Errechne ihn, wenn das Rad 18; 14; 24; 30 Zähne hatte und der Außendurchmesser 60; 64; 182; 208 mm betrug.

3. Ein Zahnrad hat 60 Zähne und eine Teilung von 14,13 mm. Bestimme m, d_t, d_k, d_f!

4. Das treibende Rad eines Zahnradtriebes hat 75 Zähne und macht 120 1/min, das getriebene Rad hat 45 Zähne. Die Teilung beträgt 39,25 mm. Berechne m, i, a und n_2!

5. Ein Zahnradtrieb hat ein treibendes Rad, das 480 1/min macht, und ein getriebenes Rad mit 120 Zähnen. Die Drehzahlen verhalten sich wie 8 : 3. Modul 5 mm. Berechne d_{t2}, n_2, z_1, t und a!

6. Das Antriebsrad eines Rädertriebes, das einen Kopfkreisdurchmesser von 336 mm und 40 Zähne hat, macht 300 1/min. Infolge einer Beschädigung muß es gegen ein neues ersetzt werden. Das Übersetzungsverhältnis beträgt i = 1,5 : 1. Berechne n_2, z_2, m, d_t!

6.14. Arbeitszeitberechnung

Arbeitszeit = Rüstzeit + Maschinenzeit + Nebenzeit

Arbeitszeit	= Dauer der gesamten Arbeit
Rüstzeit	= Vorbereitung des Arbeitsplatzes, der Maschinen, der Werkzeuge usw.
Maschinenzeit	= Arbeitszeit der Maschine.
Nebenzeit	= Auf- und Abspannen, Messen usw.

Gang einer Arbeitszeitberechnung für Drehen und Bohren

1. Festlegung der Schnittgeschwindigkeit v nach Tabelle.
2. Festlegung des Vorschubs s nach Tabelle.
3. Ermittlung der Drehzahl n; berechnen und wählen nach Tabelle.
4. Ermittlung des Vorschubs s' je Minute ($s' = s \cdot n$); berechnen und wählen.
5. Ermittlung der Hauptzeit $t_h = \frac{\text{Drehlänge}}{\text{Vorschub}} = \frac{L}{s \cdot n} = \frac{L}{s'}$

bei i Gängen:

$$t_h = \frac{L \cdot i}{s \cdot n} = \frac{L \cdot i}{s'}$$

Beispiel für Drehen:

Eine Stahlwelle, 80 mm ϕ, 1200 mm lang, soll in einem Schnitt mit einem Schnellschnittstahl abgedreht werden.

1. Schnittgeschwindigkeit v: Zulässig für SS-Stahl 15...25 m/min, gewählt 20 m/min.
2. Vorschub s: Zulässig 0,5...5 mm, gewählt 2 mm pro Umdrehung.
3. Drehzahl $n = \frac{v}{d \cdot \pi} = \frac{20 \text{ m/min}}{80 \text{ mm} \cdot 3{,}14} = \frac{20\,000 \text{ mm/min}}{80 \text{ mm} \cdot 3{,}14} \approx 80 \text{ 1/min}$

   gewählt unter den Drehzahlen der Drehbank 60 1/min.
4. Vorschub je Minute: $= s' = s \cdot n = 2 \text{ mm} \cdot 60 \text{ 1/min} = \underline{\underline{120 \text{ mm/min}}}$.
5. Hauptzeit $t_h = \frac{L \cdot i}{s \cdot n} = \frac{1200 \text{ mm} \cdot 1}{2 \text{ mm} \cdot 60 \text{ 1/min}} = \underline{\underline{10 \text{ min}}}$.

Beispiel für Bohren:

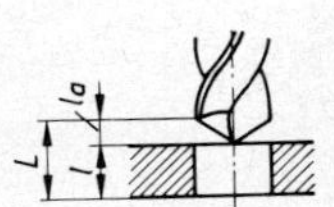

In einen Flansch sind mit einem SS-Bohrer 6 Löcher, 30 mm ϕ, 50 mm tief zu bohren.

1. Schnittgeschwindigkeit v für Gußeisen 16...24 m/min, gewählt 20 m/min.
2. Vorschub s: Zulässig 0,2...2 mm, gewählt 0,4 mm pro Umdrehung.
3. Drehzahl $n = \frac{v}{d \cdot \pi} = \frac{20 \text{ m/min}}{30 \text{ mm} \cdot 3{,}14} = \frac{20\,000 \text{ mm/min}}{30 \text{ mm} \cdot 3{,}14}$

   $= 213 \text{ 1/min}$, gewählt 210 1/min.
4. Vorschub je Minute: $s' = s \cdot n = 0{,}4 \text{ mm} \cdot 210 \text{ 1/min} = 84 \text{ mm/min}$.
5. Hauptzeit $t_h = \frac{L}{s'} = \frac{l + l_a}{s'} = \frac{50 \text{ mm} + 0{,}3 \cdot 30 \text{ mm}}{84 \text{ mm/min}} = 0{,}7 \text{ min} = 42 \text{ s}$.

   (l_a = Anschnittlänge $= 0{,}3 \cdot d$) für 6 Löcher = $\underline{\underline{4 \text{ min } 12 \text{ s}}}$.

Gang einer Arbeitszeitberechnung für Hobeln und Stoßen

1. Hobeln

Zeichenerklärung:

Gesamtlänge L = Werkstücklänge (+ Anlauf l_a + Überlauf $l_ü$)

v_a = Schnittgeschwindigkeit des Arbeitshubes;

v_r = Schnittgeschwindigkeit des Rücklaufes;

t_a = Zeit für einen Arbeitshub;

t_r = Zeit für den Rücklauf.

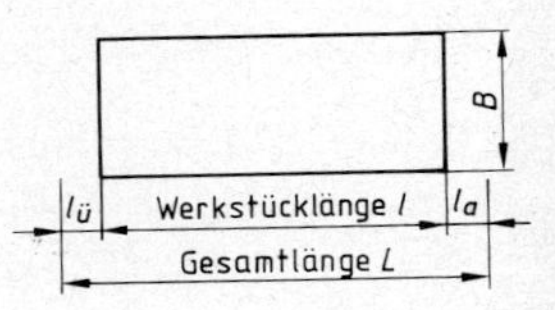

Maschinen-Hauptzeit
= Zeit für Arbeitshub + Zeit für Rücklauf
× Zahl der Doppelhübe

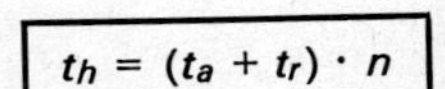

$$t_h = (t_a + t_r) \cdot n$$

Berechnungsgang:

1. Zeit für 1 Arbeitshub = $\frac{\text{Hublänge}}{\text{Schnittgeschwindigkeit}}$; $t_a = \frac{L}{v_a}$

2. Zeit für 1 Rücklauf = $\frac{\text{Hublänge}}{\text{Rücklaufgeschw.}}$; $t_r = \frac{L}{v_r}$

3. Zeit für 1 Doppelhub $t = t_a + t_ü$; $t = \frac{L}{v_a} + \frac{L}{v_r}$

4. Anzahl der Doppelhübe $n = \frac{\text{Werkstückbreite}}{\text{Vorschub}} = \frac{B}{s}$

5. Maschinen-Hauptzeit $t_h = \left(\frac{L}{v_a} + \frac{L}{v_r}\right) \cdot \frac{B}{s}$

Beispiel für Hobeln:

Eine gußeiserne Platte 1200 mm × 500 mm ist auf einer Tischhobelmaschine zu hobeln. Hobel = W-Stahl. Rücklauf 1,8fach beschleunigt. An- und Überlauf je 40 mm.

Lösung: $t_h = \left(\frac{L}{v_a} + \frac{L}{v_r}\right) \cdot \frac{B}{s}$

$L = l + l_a + l_ü$

$= 1200\ \text{mm} + 40\ \text{mm} + 40\ \text{mm} = 1280\ \text{mm}$;

v_a = laut Tabelle 8...10 m/min, gewählt 10 m/min;

$v_r = 1{,}8 \times v_a = 1{,}8 \times 10\ \text{m/min} = 18\ \text{m/min}$;

s = laut Tabelle 0,2...5 mm je Hub, gewählt 2 mm je Doppelhub;

$$t_h = \left(\frac{1280\ \text{mm}}{10\ \text{m/min}} + \frac{1280\ \text{mm}}{18\ \text{m/min}}\right) \cdot \frac{500\ \text{mm}}{2\ \text{mm}}$$

$$= \left(\frac{1280\ \text{mm}}{10\,000\ \text{mm/min}} + \frac{1280\ \text{mm}}{18\,000\ \text{mm/min}}\right) \cdot 250$$

$$= (0{,}128\ \text{min} + 0{,}071\ \text{min}) \cdot 250$$

$$= 49{,}75\ \text{min} \approx \underline{\underline{50\ \text{min}}}$$

2. Stoßen ist zu berechnen wie Hobeln.

Gang:
1. Zahl der Doppelhübe je Minute,
2. Zeit t für 1 Doppelhub,
3. Zeit t_a für 1 Arbeitshub,
4. Zeit t_r für 1 Leerhub,
5. Schnittgeschwindigkeit v_a für den Arbeitshub,
6. Schnittgeschwindigkeit v_r für den Leerhub.

Beispiel:

Eine Stahlplatte von 400 mm × 200 mm ist in einem Schnitt zu hobeln. Vorschub s = 0,3 mm. An- und Überlauf je 40 mm. Hub der Hobelmaschine = 600 mm. Leerhub = 1,5 × Arbeitshub. Drehzahlen des Antriebsrades 12; 10; 8 1/min.

Lösung:

1. Doppelhubzahl: 12 je Minute,

2. Zeit für 1 Doppelhub $t = \frac{60\ \text{s}}{12} = \underline{\underline{5\ \text{s}}}$

3. Zeit für 1 Arbeitshub $t_a = \frac{t \cdot 1{,}5}{2{,}5} = \frac{5\ \text{s} \cdot 1{,}5}{2{,}5} = \underline{\underline{3\ \text{s}}}$

4. Zeit für 1 Leerhub $t_r = \frac{5\ \text{s} \cdot 1}{2{,}5} = \underline{\underline{2\ \text{s}}}$

5. Schnittgeschwindigkeit v_a für Arbeitshub

   in 3 s: 600 mm Hub
   in 1 s: 200 mm Hub
   in 1 min: 12 000 mm Hub; d. h. $v_a = \underline{\underline{12\ \text{m/min.}}}$

6. Schnittgeschwindigkeit v_r für Leerhub

$$v_r = \frac{600\ \text{mm}}{2\ \text{s}} = \frac{600\ \text{m} \cdot 60}{1000 \cdot 2\ \text{min}} = 18\ \text{m/min}$$

$$t_h = \left(\frac{L}{v_a} + \frac{L}{v_r}\right) \cdot \frac{B}{s}$$

$$t_h = \left(\frac{480\ \text{mm}}{12\ \text{m/min}} + \frac{480\ \text{mm}}{18\ \text{m/min}}\right) \cdot \frac{200\ \text{mm}}{0{,}3\ \text{mm}}$$

$$= \left(\frac{480\ \text{mm}}{12\,000\ \text{mm/min}} + \frac{480\ \text{mm}}{18\,000\ \text{mm/min}}\right) \cdot \frac{200}{0{,}3}$$

$$= (0{,}040\ \text{min} + 0{,}027\ \text{min}) \cdot 667 = \underline{\underline{44\ \text{min}\ 40\ \text{s}}}$$

Aufgaben zu 6.14.

1. Eine Welle, 60 mm ϕ, 900 mm lang, soll mit einem Schnitt überdreht werden. Schnittgeschwindigkeit 15 m/min, Vorschub 0,5 mm je Umdrehung. Gesucht: Maschinenzeit.

2. Eine 1000 mm lange Welle von 80 mm ϕ soll in 2 Schnitten bearbeitet werden. Beim ersten Schnitt v = 10 m/min, beim zweiten Schnitt 15 m/min; beim ersten Schnitt s = 1,2 mm je Umdrehung, beim zweiten Schnitt 0,4 mm. Rüstzeit 12 min, Nebenzeit 18 min. Berechne die Fertigungszeit!

3. In einen Flachstahl, 20 mm dick, sollen 6 Löcher von 12 mm ϕ gebohrt werden. v = 9 m/min, s = 0,2 mm je Umdrehung, Nebenzeit je Loch 1 min. Gesucht: Bohrzeit.

4. Eine Bronzebuchse, 40 mm Innendurchmesser, 80 mm lang, soll in 2 Schnitten ausgedreht werden. v = 20 m/min, beim ersten Schnitt s = 0,4 mm je Umdrehung, beim 2. Schnitt 0,1 mm. Berechne die Bohrzeit!

5. Eine gußeiserne Platte von 1200 mm Länge und 600 mm Breite soll mit einem Span überhobelt werden. v_a = 10 m/min, v_r = 20 m/min. An- und Überlauf je 30 mm, Vorschub s = 2 mm. Berechne die Maschinenzeit!

6. Berechne nach dem Beispiel für das Stoßen die Maschinenzeit, wenn a) n = 10 1/min, b) n = 8 1/min beträgt.

7. Eine Welle aus St 50, 50 mm ⌀, 1200 mm lang, soll in 2 Schnitten abgedreht werden. 1. Schnitt: Vorschub 0,6 mm, Schnittgeschwindigkeit 16 m/min (gewählt: n = 100 1/min); 2. Schnitt: Vorschub 0,2 mm, v = 20 m/min (gewählt: n = 120 1/min). Rüstzeit 18 min, Nebenzeit 12 min. Gesucht: Fertigungszeit.

8. Berechne die Fertigungszeit für das Bohren von 8 Löchern! Vorschub des Bohrers 0,2 mm, Drehzahl gewählt 250 1/min, Rüst- und Nebenzeit 12 (25,6) min.

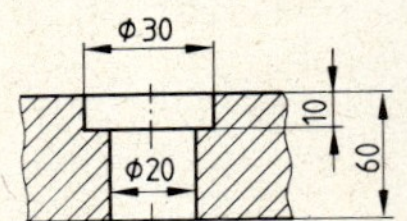

Plandrehen

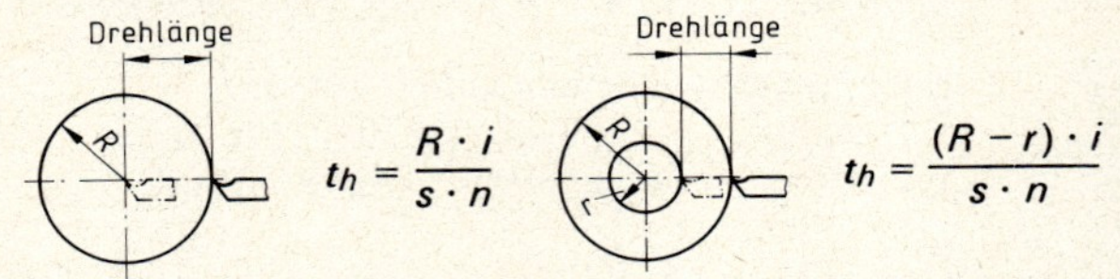

$$t_h = \frac{R \cdot i}{s \cdot n} \qquad t_h = \frac{(R - r) \cdot i}{s \cdot n}$$

9. Die Endfläche einer Welle von 96 (120) mm ⌀ soll in 2 Schnitten überdreht werden. v = 30 (28) m/min, s = 0,5 (0,4) mm. Gesucht: die Hauptzeit.

10. Die Endfläche eines Ringkörpers, R = 70 (90) mm, r = 35 (40) mm, soll in einem Schnitt plangedreht werden. v = 25 (20) m/min, s = 0,5 (0,4) mm. Berechne die Hauptzeit!

11. Ein Flansch, D = 180 (220) mm, d = 60 (70) mm, soll auf einer Seite mit 2 Schnitten plangedreht werden. s = 0,5 (0,4) mm, v = 25 (22) m/min. Ermittle die Hauptzeit!

6.15. Kraftfahrzeugelektrik

Die 3 Grundgrößen: Spannung U, gemessen in Volt (V)
Stromstärke I, gemessen in Ampere (A)
Widerstand R, gemessen in Ohm (Ω).

Das Ohmsche Gesetz: $\text{Stromstärke} = \frac{\text{Spannung}}{\text{Widerstand}}$

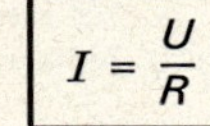

$$I = \frac{U}{R} \qquad U = I \cdot R \qquad R = \frac{U}{I}$$

Aufgaben zu 6.15.

1. An welcher Spannung liegt eine Scheinwerferlampe, die bei einem Widerstand von 0,8 Ω eine Stromstärke von 7,5 A aufnimmt?
2. Berechne die Stromstärke, die ein Anlasser bei einer Klemmenspannung von 6 V aufnimmt, wenn der Gesamtwiderstand 0,06 Ω beträgt?
3. Ein elektrischer Zigarrenanzünder hat bei 1,5 Ω Widerstand eine Stromstärke von 8 A. Wie groß ist die Spannung?
4. Ein Bosch-Horn ist an einer 12-V-Batterie angeschlossen. Bei Betätigung fließt ein Strom von 2,4 A. Wie groß ist der Widerstand?

Der elektrische Widerstand

Der elektrische Widerstand ist abhängig von Werkstoff, Querschnitt und Länge. Messungen haben ergeben, daß 58 m Kupferdraht von 1 mm² Querschnitt dem Strom einen Widerstand von 1 Ohm entgegensetzen. Dann hat 1 m Kupferdraht von 1 mm² Querschnitt einen Widerstand von 1/58 Ω. Man sagt: Kupfer hat einen spezifischen Widerstand von 1/58 Ω mm²/m = 0,0173 Ω mm²/m.

Spezifische Widerstände (1 mm² Querschnitt und 1 m Länge):

	Ω mm²/m			Ω mm²/m	
Silber	1/62	0,016	Zinn	1/8	0,125
Kupfer	1/58	0,0173	Eisen	1/8	0,125
Aluminium ..	1/34	0,029	Nickelin ...	4/10	0,4
Wolfram	1/18	0,055	Konstantan .	1/2	0,5
Nickel	1/10	0,1	Chromnickel	9/10	0,9

Beispiel:

Berechne den elektrischen Widerstand in einer aus Kupferdraht bestehenden Leitung von 1,5 mm² Querschnitt, deren Hin- und Rückleitung je 174 m lang ist.

$$\text{Elektrischer Widerstand } R = \frac{\text{spezifischer Widerstand} \times \text{Länge}}{\text{Querschnitt}}$$

$$\boxed{R = \frac{\varrho \cdot l}{A}} \qquad R = \frac{0{,}0173\ \Omega\ \text{mm}^2/\text{m} \cdot 2 \cdot 174\ \text{m}}{1{,}5\ \text{mm}^2} \approx 4\ \Omega$$

5. Berechne den elektrischen Widerstand einer Leitung a) aus Kupferdraht, b) Aluminiumdraht, c) Eisendraht; bei 2,5 mm² Querschnitt und 1,8 m Länge!
6. Wie lang ist der Draht eines Heizwiderstandes von 0,12 mm² Querschnitt und einem Widerstand von 60 Ω, wenn dieser a) aus Nickelin, b) aus Chromnickel besteht?

7. Aus welchem Werkstoff besteht ein 2,5 m langer Leitungsdraht von 0,25 mm² Querschnitt und einem Widerstand von 5 Ohm?

8. Wie groß ist der Widerstand eines 120 m langen Leitungsdrahtes von 2,5 mm² Querschnitt, der a) aus Kupfer, b) Aluminium besteht?

9. Wie lang ist ein Kupferdraht (Silberdraht) von 2,5 mm² Querschnitt, der einen Widerstand von 0,8 Ω hat?

10. Eine Spule aus Kupferdraht von 1800 m Länge hat einen Widerstand von 60 Ω. Berechne den Drahtquerschnitt!

Spannungsverlust

Beim Fließen des elektrischen Stromes durch einen Leiter tritt ein Spannungsverlust ein, der vom spezifischen Widerstand ϱ (= Widerstand, den ein Leiter von 1 mm² Querschnitt und 1 m Länge dem elektrischen Strom entgegensetzt) abhängig ist. Soll einem Verbraucher die erforderliche Spannung zugeführt werden, so muß der Spannungsverlust bei der Berechnung des Leitungsquerschnittes berücksichtigt werden. Der Spannungsverlust wird nach dem Ohmschen Gesetz berechnet.

$$U_V = I \cdot R; \quad R = \frac{\varrho \cdot l}{A}; \quad \text{folglich } U_V = \frac{I \cdot \varrho \cdot l}{A}$$

U_V ist immer ein prozentualer Teil (p) der Netzspannung U_N

$$U_V = U_N \cdot p/100$$

$$\text{Querschnitt der Leitung } A = \frac{I \cdot \varrho \cdot l}{U_V} = \frac{I \cdot \varrho \cdot l}{\frac{U_N \cdot p}{100}} = \frac{I \cdot \varrho \cdot l \cdot 100}{U_N \cdot p}$$

Leitungsquerschnitte:	1, 1,5, 2,5 4, 6, 10, 16, 25, 35 mm² usw.
Belastbarkeit:	12, 16, 21, 27, 35, 48, 65, 88, 110 A.

1. Beispiel:

Berechne den Spannungsverlust in einer 9 m langen Kupferleitung bei einem Querschnitt von 1,5 mm² und einer Stromstärke von 3 A!

$$U_V = \frac{I \cdot \varrho \cdot l}{A} = \frac{3\,\text{A} \cdot 0{,}0173\ \Omega\,\text{mm}^2/\text{m} \cdot 9\,\text{m}}{1{,}5\,\text{mm}^2} = 0{,}3\,\text{V}$$

2. Beispiel:

Welchen Querschnitt muß eine 8 m lange Kupferleitung bei einer Stromstärke von 18 A, einer Spannung von 6 V und einem zulässigen Spannungsverlust von 3% haben?

$$A = \frac{I \cdot \varrho \cdot l \cdot 100}{U_N \cdot p} = \frac{18\,\text{A} \cdot 0{,}0173\ \Omega\,\text{mm}^2/\text{m} \cdot 8\,\text{m} \cdot 100}{6\,\text{V} \cdot 3} = 13{,}8\,\text{mm}^2;$$

gewählt 16 mm².

11. Wie groß ist der Spannungsverlust a) einer 6 m langen Kupferleitung bei 2,5 mm^2 Querschnitt, b) einer 10 m langen Aluminiumleitung bei 4 mm^2 Querschnitt, wenn die Stromstärke 3 A beträgt?

12. Welche Länge hat eine Kupferleitung, die eine Stromstärke von 20 (12) A aufnimmt, einen Querschnitt von 2,5 (4) mm^2 und einen Spannungsverlust von 1,384 (0,415) V hat?

13. Berechne die Stromstärke einer 5 m langen Kupferleitung (8 m langen Nickelinleitung), wenn diese einen Querschnitt von 4 (10) mm^2 hat und ein Spannungsverlust von 0,4 (2,4) V auftritt.

14. Eine 8 m lange Kupferleitung (Alu-Leitung) ist an eine 12-V-Batterie angeschlossen und wird von 4,2 (6) A durchflossen. Der Spannungsverlust soll nicht mehr als 2% betragen. Welcher Leitungsquerschnitt ist erforderlich?

15. Berechne den Querschnitt einer Kupferleitung, die 4,8 (6,2) m lang ist, von 3 A durchflossen wird, an einer Stromquelle von 12 (6) V angeschlossen ist und 1,5% Spannungsverlust hat!

16. Eine Kupferleitung hat einen Querschnitt von 2,5 (1,5) mm^2 und ist mit 5 (3) A belastet. Die Spannung beträgt 12 (6) V, der Spannungsverlust 2 (3) %. Wie lang ist die Leitung?

Die elektrische Leistung

Elektrische Leistung = Spannung × Stromstärke

$\boxed{P = U \cdot I}$ (Watt, 1 W = 1 V · 1 A); $U = I \cdot R$, folglich $\boxed{P = I^2 \cdot R}$

1000 W = 1 kW.

Beispiel:

Berechne die Leistung eines Anlassers, der beim Einschalten einer 12-Volt-Batterie 80 A entnimmt!

$$P = U \cdot I = 12\ \text{V} \cdot 80\ \text{A} = \underline{\underline{960\ \text{W}}}$$

17. Berechne die fehlenden Werte!

P	U	I	R	P	U	I	R
?	6 V	20 A	—	54 W	?	4,5 A	—
900 W	12 V	?	—	?	6 V	2,5 A	—
?	—	25 A	0,4 Ω	64 W	—	?	1,5 Ω

18. Wie groß ist die Leistung einer 6-V-Lichtmaschine, die einen Strom von 20 A abgibt?

19. Die Leistung einer Zündspule beträgt 27 W bei einer Spannung von 6 V. Wieviel Strom nimmt sie auf?

20. Berechne die Spannung in der Spirale eines Zigarrenanzünders, der bei 90 Watt einen Strom von 15 A aufnimmt!

Die elektrische Arbeit

Elektrische Arbeit = Leistung × Zeit

$\boxed{W = U \cdot I \cdot t}$ oder $\boxed{W = I^2 \cdot R \cdot t}$ (Ws)

3600 Ws = 1 Wh, 3 600 000 Ws = 1 kWh

Beispiel:

Eine Batterie wird von einem 220-V-Netz mit 6 A fünf Stunden aufgeladen. Wie groß ist die elektrische Arbeit in kWh?

$$W = U \cdot I \cdot t = 220\ \text{V} \cdot 6\ \text{A} \cdot 5\ \text{h} = 6600\ \text{Wh} = \underline{\underline{6{,}6\ \text{kWh}}}$$

21. In einem Wohnraum brennen 5 Glühlampen zu je 40 Watt 6 Stunden. Eine kWh kostet 0,10 DM. a) In welcher Zeit wird eine Kilowattstunde verbraucht? b) Wieviel kostet die Stromabgabe?

22. Eine Kochplatte, die an 220 V angeschlossen ist, verbraucht in 2 Stunden 1,32 kWh. a) Welchen Strom nimmt die Platte auf? b) Wie hoch ist die Leistung der Platte?

23. In einem Kraftfahrzeugbetrieb brennen täglich 4 Lampen zu je 100 W und 8 Lampen zu je 60 W. An einem Tage werden 3,08 kWh verbraucht. a) Wieviel Stunden brennen die Lampen an einem Tage? b) Wie teuer ist der Stromverbrauch in einer Woche, wenn 1 kWh 0,08 DM kostet?

24. Ein Motor mit einer Leistung von 1,84 kW hatte einen Verbrauch von 7,36 (6,44) kWh. Wieviel Stunden lief er?

Der Wirkungsgrad bei elektrischen Maschinen

$$\text{Wirkungsgrad } \eta = \frac{\text{abgegebene Leistung}}{\text{zugeführte Leistung}} \qquad \boxed{\eta = \frac{P_{ab}}{P_{zu}}}$$

Beispiel:

Ein Anlasser nimmt bei einer Spannung von 12 V einen Strom 180 A auf und gibt eine Leistung von 736 W ab. Wie groß ist der Wirkungsgrad?

$$P = U \cdot I = 12\ \text{V} \cdot 180\ \text{A} = 2160\ \text{W};\ \eta = \frac{P_{\text{ab}}}{P_{\text{zu}}} = \frac{736\ \text{W}}{2160\ \text{W}} = 0{,}34$$

25. Ein Anlasser gibt bei einem Wirkungsgrad von $\eta = 0{,}45$ eine Leistung von 1 kW ab. Wie groß ist die aufgenommene Leistung?

26. Ein Elektromotor von 3 (2) kW hat einen Wirkungsgrad von 88%. Wieviel kWh verbraucht er in 3 (5) Stunden?

27. Eine Lichtmaschine leistet 300 (360) W und hat einen Wirkungsgrad von 0,75 (0,8). Wieviel Watt muß sie für diese Leistung aufnehmen?

Batterien

Kapazität = Ladungsmenge, die eine Batterie abgeben kann (Fassungsvermögen).

Kapazität = Stromstärke × Entladezeit

$$\boxed{C = I \cdot t}$$ angegeben in Amperestunden (Ah).

Das Laden einer Batterie soll nur mit einer Stromstärke von $^1/_{10}$ der Kapazitätsangabe in Ah erfolgen. Ladestromstärke bei einer Batterie mit einer Kapazität von 75 Ah also 7,5 A.

28. Einer Batterie von 54 Ah wird ein Strom von 2,7 A entnommen. Wie lange ist das möglich?

29. Wie lange muß eine Batterie von 60 Ah bei einer Ladestromstärke von 2,5 A aufgeladen werden?

Beispiel:

Ein Kfz hat eine 6-V-Batterie mit einer Kapazität von 30 Ah. Wie lange können 2 Standlichter und 2 Schlußlichter von je 5 W brennen, wenn 80 % der Nennkapazität ausgenutzt werden können.

Lösung:

$$\text{Dauerstromstärke } I = \frac{20\ \text{W}}{6\ \text{V}} = \underline{\underline{3^1/_3\ \text{A}}}$$

$$\text{Entladezeit} = \frac{30\ \text{Ah} \cdot 0{,}8}{3^1/_3} = 7{,}2\ \text{h} = \underline{\underline{7\ \text{h}\ 12\ \text{min}}}$$

30. Eine Batterie von 60 Ah soll mit einem Gleichrichter geladen werden, dessen Wirkungsgrad 60% beträgt. Das Aufladen erfolgt mit einer Stromstärke von 2,5 A. Wie lange dauert das Laden?

31. Der Anlasser entnimmt einer Batterie von 60 Ah einen Strom von 300 A. In welcher Zeit ist die Batterie bei einem Wirkungsgrad von 20% erschöpft?

Zündspulen

Unter dem Übersetzungsverhältnis einer Zündspule versteht man das Verhältnis der Windungszahlen.

$$ü = \frac{\text{Windungszahl der Primärspule}}{\text{Windungszahl der Sekundärspule}} \qquad \boxed{ü = \frac{N_1}{N_2}}$$

Beispiel:

Das Übersetzungsverhältnis einer Zündspule beträgt 1 : 90. Wieviel Primärwindungen sind bei 18 000 Sekundärwindungen vorhanden?

$$ü = \frac{N_1}{N_2}, \quad N_1 = ü \cdot N_2 = \frac{1}{90} \cdot 18\,000 = \underline{\underline{200\ \text{Windungen}}}$$

32. Eine Hochleistungszündspule hat 160 Primär- und 24 000 Sekundärwindungen. Berechne ihr Übersetzungsverhältnis!

33. Das Übersetzungsverhältnis einer Transistorzündspule beträgt 1 : 320. Berechne die Anzahl der Sekundärwindungen bei 80 Primärwindungen!

7. Prüfungen

7.1. Prüfungsaufgaben für eine Kraftfahrzeugmechaniker-Gesellenprüfung

Die Durchführung einer fachtheoretischen Gesellenprüfung

Fachberichte (Beispiele)

Wie baue ich neue Kolben ein?

Wie bearbeite ich Ventile und Ventilsitze, um sie gasdicht zu machen?

Wie entlüfte ich eine Bremsanlage?

Der Stromkreislauf einer Batteriezündung (Anschlüsse).

Fachfragen (nach den „Fachlichen Vorschriften")

Naturlehre und Stoffkunde.

1. Was versteht man unter Wichte? Welche Wichte haben Benzin, Benzol?
2. Welche Kraft hält die Moleküle zusammen?
3. Warum haftet Farbe an Holz und Stahl?
4. Wieviel Grundstoffe gibt es? Nenne metallische und nichtmetallische Grundstoffe!

Werkstoffe und Hilfsstoffe.

1. Welche Stahlsorten werden im Kraftfahrzeug verwendet? (Wo? C-Gehalt?)
2. Welchen Einfluß hat Kohlenstoff auf Eisen und Stahl?
3. Was ist legierter Stahl?
4. Welche Stoffe greifen Gummi an?
5. Welche Lagermetalle kommen im Kfz vor?

Werkzeug-, Maschinen- und Arbeitskunde.

1. Worauf ist beim Anschleifen eines Spiralbohrers zu achten?
2. Wie wird ein Meißel gehärtet?
3. Wie wird eine Feile gereinigt?
4. Welche Fehler können beim Bohren vorkommen?

5. Was ist M 12, M 16 × 1,5, W 100 × $^1/_2$", R 1$^1/_2$"?
6. Aus welchen Teilen besteht eine Drehbank?

Kraftfahrzeugkunde.

1. Wie unterscheiden sich Otto- und Dieselmotoren?
2. Warum bestehen Kolben aus Leichtmetall?
3. Was versteht man unter trockenen und nassen Laufbuchsen?
4. Wie entsteht Ölkohle? Folgen des Ansetzens von Ölkohle?
5. Warum schließt das EV nach UT?
6. Beschreibe den Kraftstoffweg beim Dieselmotor!
7. Warum haben die Ventile Spiel?
8. Was versteht man unter Sturz (Spreizung), Spur, Nachlauf?
9. Welche Bedeutung hat die Ausgleichbohrung im Hauptzylinder einer Flüssigkeitsbremse?
10. Auf einer Düse steht die Zahl 90. Was heißt das?
11. Was versteht man unter Verdichtungsverhältnis?
12. Warum braucht ein Kfz

    a) ein Wechsel-, b) ein Ausgleichgetriebe?

Kraftfahrzeugelektrik.

1. Wie ist eine Zündspule aufgebaut?
2. Wie entsteht bei der Batteriezündung ein hochgespannter Strom?
3. Nenne im Kraftfahrzeug einen Spannungserzeuger und einen Spannungsverbraucher!
4. Was heißt auf der Zündkerze W145T1?
5. Welche elektrische Ausrüstung hat ein Schaltbrett?
6. Wie kann der Ladezustand einer Batterie gemessen werden?

Gesetzliche Vorschriften.

1. Welche Einrichtungen muß ein Kraftfahrzeug nach dem Gesetz haben?
2. Welche Vorschriften bestehen für Prüfungs-, Probe- und Überführungsfahrten?
3. Was ist über den Verkehr mit brennbaren Flüssigkeiten in der Werkstatt zu sagen?

4. Wie schützt man sich vor Unfällen beim Bohren?

5. Was verlangt die StVZO über die Bremsverzögerung?

Fachzeichnen (3 Aufgaben zur Wahl)

1. 2.

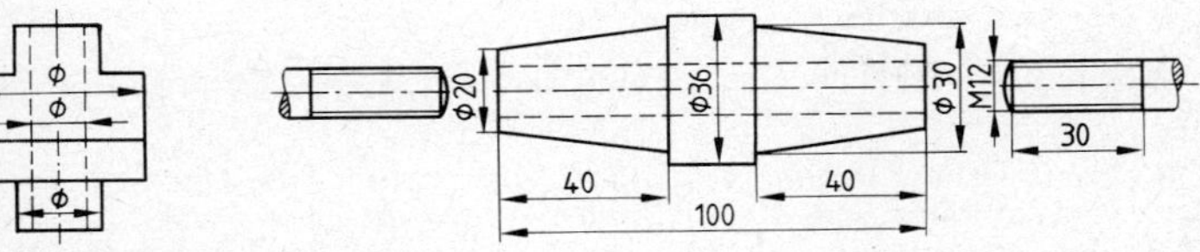

1. Ergänze D und S.

2. Spannschloß: In der Mitte der Bohrung soll eine Aussparung 18 ϕ, 16 mm lang ausgebohrt werden. Die stehengebliebenen Teile des Loches erhalten auf der einen Seite Rechtsgewinde, auf der anderen Seite Linksgewinde M 12. Der mittlere Bund von 36 ϕ ist zu einem Sechskant umzuarbeiten. Zeichne das Spannschloß in 3 Ansichten mit allen Maßen; V. im Schnitt. Die Bolzen sind 15 mm tief in die Bohrung einzuschrauben.

3. Zeichne einen Abzieher mit Querträger, Druckspindel und zwei Haltearmen in V und D mit Maßen nach Erfahrung.

Fachrechnen

1. Ein Kraftfahrzeug fährt eine Strecke von 126 km in 1 h 15 min. Wie groß ist seine Geschwindigkeit?

2. Das Wechselgetriebe eines Kraftfahrzeugs hat im 1. Gang ein Übersetzungsverhältnis von $i = 2{,}8 : 1$. Das Ausgleichsgetriebe hat ein Kegelrad von 11 Zähnen und ein Tellerrad von 55 Zähnen. Berechne die Drehzahl der Hinterachse bei einer Motordrehzahl von 3500 1/min.

3. Der Zahnkranz einer Schwungscheibe hat 180 Zähne, das Anlasserritzel 8 Zähne und macht 3420 1/min. a) Berechne das Übersetzungsverhältnis. b) In welcher Zeit macht die Kurbelwelle eine Umdrehung?

4. Wie schwer ist ein Kolbenbolzen, der 80 mm lang ist, einen Innendurchmesser von 12 mm und einen Außendurchmesser von 18 mm hat ($\varrho = 7{,}7$ g/cm^3)?

5. Ein Vierzylinder-Viertaktmotor macht 3000 1/min.

a) Wieviel Umdrehungen macht die Nockenwelle?

b) Innerhalb welcher Zeit erfolgt eine Zündung?

6. Ein Kraftstoffbehälter ist mit Kraftstoff gefüllt. Der Behälter hat trapezförmigen Querschnitt, die beiden Parallelen sind 500 mm und

400 mm lang, sie haben einen senkrechten Abstand von 450 mm. Der Behälter hat eine Länge von 1000 mm (ϱ = 0,740 kg/dm³).

a) Wieviel Liter Kraftstoff kann dieser Behälter fassen?

b) Wieviel Newton wiegt der Inhalt des Behälters?

c) Welche Strecke kann ein Fahrzeug mit dem Inhalt des Behälters zurücklegen, wenn für 100 Kilometer Fahrstrecke 9 Liter Kraftstoff verbraucht werden?

7. Ein Pkw hat eine Geschwindigkeit von 80 km/Stunde. Berechne Bremszeit und Bremsweg bei einer Verzögerung von 5 m/s^2!

8. Wann ist ein Autofahrer am Ziel, wenn er um 7.30 Uhr von seinem Haus abfährt und die 212,5 km lange Autobahnstrecke mit einer durchschnittlichen Geschwindigkeit von 85 km/Stunde befährt? Für die Anfahrt zur Autobahn benötigt er 15 Minuten, für die Abfahrt bis zur Erreichung seines Zieles weitere 12 Minuten.

9. Das Einlaßventil öffnet 5° vor OT und schließt 45° nach UT. Berechne die für den Ansaugtakt zur Verfügung stehende Zeit, wenn die Kurbelwelle in einer Minute 3680 Umdrehungen macht!

10. Ein 6-Zylinder-Motor hat 90 mm Bohrungsdurchmesser und 95 mm Hub. Der Verdichtungsraum hat einen Inhalt von 120 cm^3. Wie groß ist das Verdichtungsverhältnis und das gesamte Hubvolumen des Motors?

(Weitere Aufgaben siehe Facharbeiterprüfung!)

7.2. Prüfungsaufgaben für eine Kraftfahrzeugschlosser-Facharbeiterprüfung

Aus der Fachkunde

1. Wie wirken sich Gas- oder Sauerstoffüberschuß auf das Aussehen des Flammenkegels und die Güte der Schweißnaht aus?

2. Welche Vorteile ergaben sich, als man die früher üblichen Kolben aus Grauguß durch solche aus Leichtmetallegierungen ersetzen konnte?

3. Was ist eine Paßschraube?

4. Was ist eine Zweikreis-Flüssigkeitsbremse, und welche Vorteile hat sie?

5. Durch welche konstruktiven Maßnahmen verhindert man das Drehen der Grund- und Pleuellagerschalen?

6. Welche Vorteile hinsichtlich der Motorleistung und des Kraftstoffverbrauchs bringt die Benzineinspritzung bei Otto-Motoren gegenüber Vergasermotoren?

7. Warum benötigt man an der Zündkerze eine Hochspannung; in welchem Teil der Zündanlage wird sie erzeugt?

8. Was ist Verbundglas; wie verhält es sich bei Steinschlag?

9. Wodurch wird die Wärmeausdehnung bei Kolben gehemmt?

10. Eine Zündkerze ist stark verrußt (stumpfschwarzer Belag). Welche Fehlerursachen können vorliegen?

11. Was ist Einsatzstahl hinsichtlich seiner Zusammensetzung und seiner Verwendung?

12. Was bedeuten folgende Zeichen in einer technischen Zeichnung?

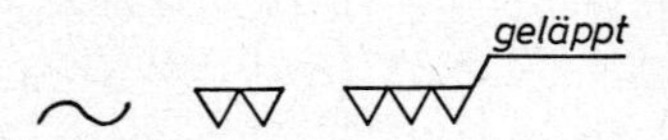

13. Was bedeuten folgende Bezeichnungen?

M 18 × 1,5 links
Tr 48 × 16 (2gäng.)

14. Was versteht man unter Viskosität und Flammpunkt bei technischen Ölen?

15. Erkläre die Unterschiede zwischen Normalkraftstoff und Superkraftstoff hinsichtlich ihrer Eigenschaften und ihrer Verwendung!

16. Welche Pflegemaßnahmen sind notwendig, um die Leistungsfähigkeit einer Autobatterie zu gewährleisten?

17. Erkläre Aufbau und Zweck einer Zündspule!

18. Wie erfolgt die Zündzeitpunktverstellung bei einem Ottomotor und welchem Zweck dient sie?

19. Beschreibe wie eine Nockenwelle zur Kurbelwelle eingestellt werden muß, wenn keine Markierungen vorhanden sind, und gib an, wie groß das Übersetzungsverhältnis zwischen Kurbelwelle und Nockenwelle sein muß!

20. Warum ist es verboten, Verbrennungsmotore in geschlossenen Räumen laufen zu lassen?

21. Wie löst man eine festgeriebene Reibahle?

22. Wann schabt ein spanabhebendes Werkzeug und wann schneidet es?

23. Was bedeutet der Ausdruck „Momentenschlüssel", und welche Vorteile haben diese Werkzeuge?

24. Was ist der Unterschied zwischen einem Synchron- und einem Sperrsynchrongetriebe?

25. Was versteht man bei Kolben unter dem Begriff „Übergröße"?

Aus dem Fachrechnen

1. Ein Moped kostet 985,— DM. Bei Barzahlung erhält der Käufer einen Nachlaß von 3%.

Der Interessent hat am 1. Januar bei seiner Sparkasse ein Guthaben von 780,— DM. Am 1. April des gleichen Jahres zahlt er zu seinem Guthaben noch 160,— DM bei der Sparkasse ein.

Stelle fest, ob das am Ende des gleichen Jahres vorhandene Sparguthaben einschließlich der Zinsen für den Barkauf des Mopeds ausreicht. Die Sparkasse verzinst die Sparguthaben am Ende des Jahres mit $3^1/_2$%.

2. Zur Verstärkung eines Kipprahmens werden 8 Knotenbleche nach Skizze benötigt. Wie schwer sind die Bleche, wenn die Dichte des verwendeten Werkstoffes 7,8 kg/dm³ beträgt?

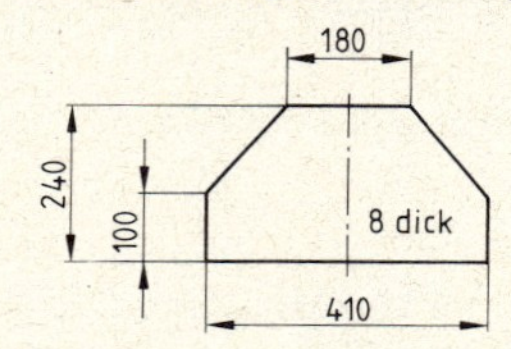

3. Die Kurbelwelle eines Motors macht in einer Minute 4000 Umdrehungen. Das Übersetzungsverhältnis im 2. Gang ist 1,68 : 1, die Übersetzung im Ausgleichgetriebe 3,9 : 1. Wie oft dreht sich die Hinterachswelle in einer Minute?

4. Der Achsabstand zweier Zahnräder beträgt 283,5 mm. Die Zähnezahl des treibenden Rades ist 36, der Modul 4,5 mm.

a) Wieviel Zähne hat das getriebene Rad, und

b) wie groß ist das Übersetzungsverhältnis?

5. Ein Vierzylinder-Diesel-Motor hat eine Zylinderbohrung von 75 mm, die Kurbelwelle dreht sich in einer Minute 3200mal. Berechne

a) die Kolbenkraft für den höchsten Verbrennungsdruck von 60 bar,

b) wie oft ein Pleuel des Motors in einer Stunde auf Knickung durch den Arbeitshub beansprucht wird!

6. Das maximale Drehmoment eines Motors wird auf dem Prüfstand mit 85 Nm bei 2150 Umdrehungen der Kurbelwelle in der Minute ermittelt. Berechne

a) wie groß die Leistung des Motors ist bei den auf dem Prüfstand ermittelten Werten,

b) um wieviel Prozent diese Leistung kleiner ist, als die für den Motor angegebene Höchstleistung von 35 kW!

7. Für die Fertigstellung einer Reparatur wird eine Vorgabezeit von $3^1/_2$ Stunden bewilligt. Es werden jedoch 5 Stunden benötigt. Um wieviel Prozent wurde die Vorgabezeit überschritten?

8. Drei Jungmeister zahlen als Einlage für einen Hausbau folgende Anteile: A = $^3/_7$, B = $^2/_5$ und C die restlichen 2400,— DM. Wieviel DM betragen die Anteile von A und von B?

9. Wie groß ist die Kolbenkraft im Augenblick des höchsten Verbrennungsdruckes von 30 bar bei 60 mm Kolbendurchmesser?

10. Welche Drehzahl in der Minute machen die Antriebsräder eines Pkw in direktem Gang bei einer Geschwindigkeit des Fahrzeuges von 90 km/h? (Rollradius der Reifen 315 mm). Welche Drehzahl macht die Kurbelwelle des Motors? (Hinterachs-Übersetzung 5,7 : 1)

11. Bei einem Lkw soll der Kastenaufbau zum Schutz vor scharfkantigen Schüttgütern mit 2 mm dickem Stahlblech ausgekleidet werden. Der Aufbau hat folgende Innenmaße: 3615 mm × 2120 mm × 435 mm. Wieviel m² Blech sind erforderlich unter Berücksichtigung von 15 % Verschnitt?

12. Eine Flüssigkeitsbremse hat in den 4 Radzylindern 8 Kolben von je 25,5 mm Durchmesser. Der Kolben im Hauptzylinder hat 38,1 mm Durchmesser und wird mit 420 N belastet. Wie groß ist die gesamte Bremskraft an den Bremsbacken?

13. Berechne die Rundenzeiten für den Nürburgring, der 22,81 Kilometer Länge hat, für eine Durchschnittsgeschwindigkeit von 120 Kilometer in einer Stunde!

14. Von zwei Zahnrädern hat das treibende Rad 32 Zähne und eine Drehzahl von 440 in der Minute. Wie groß ist die Drehzahl des getriebenen Rades und das Übersetzungsverhältnis, wenn das getriebene Rad 80 Zähne hat?

15. Bei welcher Drehzahl gibt ein Motor eine Leistung von 60 kW ab, wenn sein Drehmoment 150 Nm beträgt?

16. Berechne das Verdichtungsverhältnis für folgenden Motor:

Zylinderdurchmesser 74 mm; Hub 80 mm; Verdichtungsraum 58,5 cm³.

17. Der Stundenlohn eines Facharbeiters ist um 15% höher als der seines Mitarbeiters, der als angelernter Arbeiter einen Stundenlohn von 7,50 DM erhält. Errechne die Bruttoverdienste bei einer wöchentlichen Arbeitszeit von 40 Stunden, wenn beide im Leistungslohn arbeiten und sich einen zusätzlichen Verdienst von durchschnittlich 23,5% erarbeiten.

18. Aus einer Blechtafel 1 m × 1,5 m sollen 35 Scheiben von 200 mm ⌀ ausgeschnitten werden.

a) Wieviel Prozent bleiben von der Blechtafel übrig?

b) Was wiegen die 35 Blechscheiben, wenn das Blech 2 mm dick ist? (Dichte ϱ = 7,85 kg/dm³).

19. Ein zu erneuerndes Stirnrad hat den Außendurchmesser von 145 mm und 56 Zähne. Wie groß ist der Modul?

20. Ein Motor zündet 3° vor OT. Wieviel mm sind das auf der Schwungscheibe gemessen, wenn die Scheibe einen Durchmesser von 320 mm hat?

Aus dem Fachzeichnen

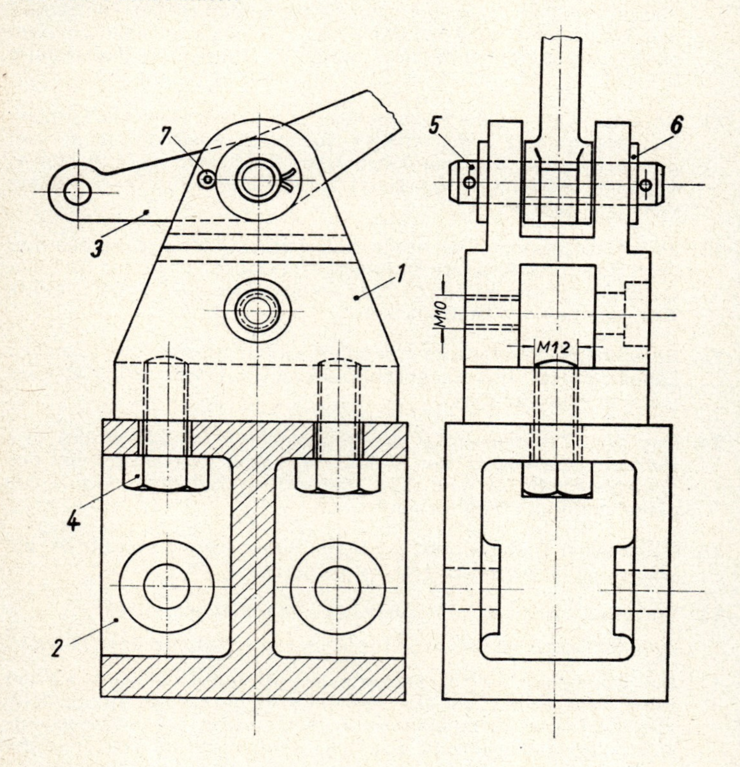

Aufgabe

Aus dieser Zusammenstellungszeichnung soll Teil 1 in drei Ansichten gezeichnet werden (Vorder- und Seitenansicht im Schnitt). Die für die Fertigung erforderlichen Maße sind einzutragen (Nur Maßlinien, keine Maßzahlen).

Arbeitszeit: 90 Min.

7.3. Die Meisterprüfung (Handwerk)

Zulassung erfolgt in der Regel nach 5 Jahren praktischer Tätigkeit als Geselle oder Facharbeiter. Dem Gesuch um Zulassung, das bei der zuständigen Handwerkskammer einzureichen ist, müssen beigefügt werden:

1. der eigenhändig geschriebene Lebenslauf,
2. die Geburtsurkunde,
3. das polizeiliche Führungszeugnis,
4. das Zeugnis über eine bestandene Gesellenprüfung,
5. der Nachweis der bisherigen Tätigkeit,
6. die Zeugnisse besuchter Unterrichtsanstalten, Kurse usw.,
7. die eidesstattliche Erklärung, zum wievielten Male sich der Prüfling einer Meisterprüfung unterzogen hat,
8. die Quittung über die eingezahlte Prüfungsgebühr,
9. der Vorschlag des Prüflings für das Meisterstück unter Einreichung der Zeichnung und der Vorkalkulation.

7.3.1. Die Prüfungsanforderungen

Die Prüfungsanforderungen sind enthalten in der Schrift „Fachliche Vorschriften für die Meisterprüfung im Kraftfahrzeughandwerk".

Die Meisterprüfung

1. *Die praktische Prüfung*

   a) *Meisterstück:* Abziehvorrichtung für Zahnräder, Lager, Naben, Scheiben usw.; Bohrvorrichtung, Achssturzprüfer, Spurmaß, Meßwerkzeug, Vorrichtung zum Auswinkeln von Kolben und Pleuelstangen; Vorrichtung zum Ausgießen von Lagern; Vorrichtung zum Ausheben von Motoren; Ventilheber, Ölpumpe, Ersatzteile, Werkzeuge u. a.

   Der Prüfling hat die eidesstattliche Versicherung abzugeben, daß er das Meisterstück selbständig und ohne fremde Hilfe angefertigt hat.

   b) *Arbeitsprobe:* Feilen nach gegebener Form, Feilen einer Lehre mit Gegenlehre, eines Drei-, Vier-, Sechskants, Einpassen eines Keiles in eine Wellennute, Feilen von Gehrungen an Profilstäben und Rohren, Biegen und Richten von Blechen und Formstücken, Schmieden von Werkzeug und Konstruktionsteilen; Nieten von Blechen; Härten von Werkzeugen und Konstruktionsteilen; elektrisches Schweißen, autogenes Schweißen und Schneiden.

   Schweißen von Eisenblechen, Stangen, Rohren auf Stoß und Gehrung, Schaben und Ausreiben eines Weißmetallagers, Tuschieren einer Fläche, Bohren, Gewindeschneiden von Hand, Drehen und

Gewindeschneiden auf der Drehbank (Einstell- und Reparaturarbeiten am Fahrzeug usw.).

Meisterstück und Arbeitsproben sollen die fachliche Gewandtheit des Prüflings beweisen.

2. *Die theoretische Prüfung* erstreckt sich in der Regel auf Fachkunde, Fachrechnen, Fachzeichnen, Buchführung, Selbstkostenberechnung, Zahlungsverkehr, Schriftverkehr, Werbung, Organisation des Handwerks, Ausbildungswesen, Handwerksrecht, bürgerliches Recht, Handelsrecht, Arbeitsrecht, Versicherungen, Steuern und als Sondergebiet: Berufspädagogik.

Die Prüfung ist schriftlich und mündlich abzulegen.

Meisterbrief

Wer die praktische und theoretische Prüfung bestanden hat, erhält – sofern er 24 Jahre alt ist – den Meisterbrief als Prüfungszeugnis ausgehändigt, darf den Meistertitel führen, einen Betrieb eröffnen und Auszubildende anleiten.

Bei Nichtbestehen kann die Prüfung wiederholt werden.

7.3.2. Die Prüfungsaufgaben

Prüfungsaufgaben für die fachtheoretische schriftliche und mündliche Meisterprüfung

1. *Naturlehre*

Was sind Moleküle und Atome?

Welcher chemische Vorgang vollzieht sich beim Laden bzw. Entladen einer Batterie?

Inwiefern wird im Verbrennungsmotor Energie umgewandelt?

Äußern Sie sich über Aussehen und Wirkungsweise einer richtig bzw. nicht richtig eingestellten Schweißflamme.

2. *Werk- und Hilfsstoffe*

Was ist naturharter und Schnellschnittstahl?

Was heißt Ms60, M40, Tr30, C 15, 50CrMo4, GS-38?

Was versteht man unter Bondern? Gebonderte Teile im Kraftfahrzeug?

Gegen welche Lagermetalle wird Lg Sn 80 (WM 80) ausgetauscht?

Welche einfachen Werkstoffprüfungen können Sie in der Werkstatt vornehmen?

3. *Werkzeug- und Maschinenkunde*

Nennen Sie genormte Gewindearten und ihre Verwendung!

Wie wird Federstahl gebohrt?

Was ist beim richtigen Bohren zu beachten?

Nennen Sie die Gütegrade der ISA-Passung.

4. *Motorenkunde*

Welche Bauformen unterscheiden wir bei Zweitaktern nach dem Spülverfahren?

Nennen Sie Bauarten von Dieselmotoren!

Zeichnen und erklären Sie das Druckdiagramm eines Viertaktmotors.

Welcher chemische Prozeß spielt sich bei der Verbrennung ab?

Was ist eine selbsttragende Karosserie?

5. *Kraftfahrzeugkunde*

Nennen Sie Daten aus der Geschichte des Kraftfahrzeuges?

Nennen Sie Pioniere des Kraftfahrzeugs und deren Bedeutung.

Wie stellen Sie Ritzel und Tellerrad auf das richtige Tragbild ein?

Wie entfernen Sie Kesselstein aus dem Kühler?

Ein Vergaserkraftstoff hat die Oktanzahl 92. Was heißt das?

Eine Membranpumpe fördert nicht. Ursachen und Fehlerbeseitigung.

Ein wassergekühlter Otto-Viertaktmotor wird zu heiß. Ursachen?

Ein Motor verbraucht übermäßig viel Kraftstoff. Ursachen?

An einem Kraftfahrzeug blockiert vorn rechts die Bremse, obwohl die anderen Räder frei laufen und Bremszylinder und Bremsbacken einwandfrei sind. Was liegt vor?

Ein Motor „zieht“ im 1. und 2. Gang gut, im 3. Gang nicht. Ursachen?

Eine Gelenkwelle heult. Ursachen und Fehlerbeseitigung.

Wie müssen Schlitzmantelkolben eingebaut werden?

Wann arbeitet ein Ausgleichgetriebe auch bei Geradeausfahrt?

Vergleichen Sie die Wirkungsweise der Ein- und Zweileitungs-Druckluftbremsen!

Wie wird die Einspritzpumpe richtig eingestellt?

Welche Folgen hat ein leergefahrener Tank im Dieselmotor?

Was verlangt die StVZO über den Zustand eines Kfz?

Kraftfahrzeug-Elektrik

Warum darf ein Anlasser nicht bei laufendem Motor betätigt werden?

Wie kann eine Zündspule a) im eingebauten Zustande, b) im ausgebauten Zustande geprüft werden?

Bei eingestecktem Zündschlüssel und Stillstand des Motors brennt die Kontrollampe nicht. Ursache und Fehlerbeseitigung.

Bei ausgeschalteter Zündung brennt die Kontrollampe. Ursachen?

Wie werden Widerstand und Stromstärke, wenn die Spule verschmort ist?

Was liegt vor, wenn eine Batterie von der Lichtmaschine nicht geladen wird?

Wie wird ein neuer Blinkgeber eingebaut und angeschlossen?

Gesetzliche Vorschriften

Was ist Verzögerung? Wie groß muß sie sein?

Was sagt die StVZO über die Kraftfahrzeugbeleuchtung?

Was sagt der Paragraph 29 der StVZO?

Welche Unfall-, Bau- und feuerpolizeilichen Vorschriften bei Aufstellung von Maschinen und Geräten sind zu beachten?

Welche Maßnahmen treffen Sie bei Eintritt eines Unfalles in der Werkstatt?

Fachzeichnen

(4 Aufgaben zur Wahl)

1. Querschnitt der Wasserpumpe

A Öler
B Fettbuchse
C Packungs-Zwischenstück
D Wasserpumpen-packung
E Wasserpumpen-Packungsmutter
F Ölfilz
G Wasserpumpen-Lagerbuchse, vorn
H Riemenscheibe
J Wasserpumpen-Lagerbuchse, hinten
K Wasserleitblech
L Dichtung
M Rotor mit Welle

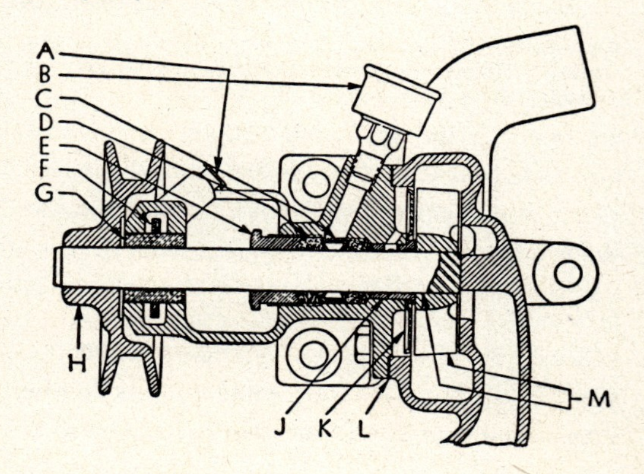

Zu zeichnen sind Einzelteile nach Angabe und mit allen Maßen zu versehen.

2. Abziehglocke
Ergänze D und S.

3. Zeichne einen Spurstangenkopf in einer Ansicht im Schnitt und setze Maße aus der Praxis ein!

4. Zeichne das untere Ende einer Loch- und Zapfendüse!

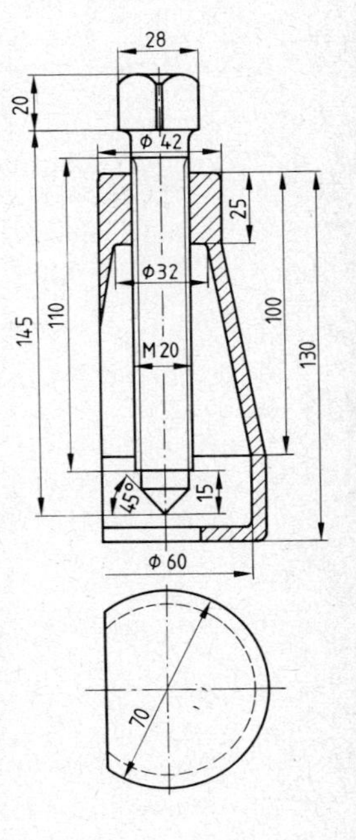

Fachrechnen

1. Ein Faß Öl wiegt 2180 N, das Faß allein 380 N. Der Inhalt hat eine Dichte von 0,9 g/cm³.

a) Wieviel l befinden sich in dem Faß?

b) Wie teuer muß 1 l verkauft werden, wenn bei 223,20 DM Einkaufspreis $33^1/_3$% gewonnen werden sollen?

2. Ein Zweizylinder-Zweitaktmotor hat eine Bohrung von 75 mm, einen Hub von 75 mm, einen mittleren Arbeitsdruck von 4,7 bar, ein Verdichtungsverhältnis von 8 : 1 und macht 3500 1/min. Wie groß ist a) der Verdichtungsraum, b) der Gesamthubraum, c) die mittlere Kolbengeschwindigkeit, d) die Motorleistung in kW, e) die Literleistung in kW/l?

3. Bei einem Unfall stellte die Polizei fest: Die Geschwindigkeit des Wagens betrug 90 km/h, der gesamte Bremsweg 81 m. Berechne a) den Weg in der Schrecksekunde, b) den eigentlichen Bremsweg, c) die Verzögerung. (Entspricht die Verzögerung den polizeilichen Vorschriften?)

4. Ein Kraftfahrzeugmotor macht 3600 1/min. Das Wechselgetriebe hat direkten Gang, das Hinterachsgetriebe ist 4,5 : 1 übersetzt. Größe der Reifen 5,50–16. Welchen Weg legt das Fahrzeug in einer Stunde zurück?

5. Das getriebene Rad eines Zahnradtriebes muß infolge ausgebrochener Zähne erneuert werden. Das Treibrad hat 30 Zähne und macht 1600 1/min, das getriebene Rad hat 80 Zähne und einen Außendurchmesser von 410 mm. Berechne a) den Modul für die Bestellung eines neuen Zahnrades, b) den Teilkreisdurchmesser, c) die Höhe der Zähne, d) den Achsabstand, e) die Drehzahl des getriebenen Rades.

6. Ein Anlasser nimmt bei einem Wirkungsgrad von $\eta = 0{,}45$ einen Strom von 280 A auf. Die Batteriespannung sinkt auf 10,8 V ab. Wie groß ist die Nennleistung des Anlassers?

7. Um wieviel cm^3 und Prozent ändern sich der Verdichtungsraum eines Motors mit Bohrung/Hub 89 mm/80 mm und einem Verdichtungsgrad $\varepsilon = 8{,}6$, wenn eine 3 mm dicke Zwischenlage eingebaut wird?

8. Errechne die Kolbengeschwindigkeit bei einem Kolbenhub von 80 mm und einer Drehzahl von 1990 1/min!

9. Ein Otto-Viertaktmotor hat folgende Daten: Bohrung/Hub 84 mm/60 mm, mittlerer Druck 9,52 bar, 6 Zylinder. Das Wagenleergewicht beträgt 14 800 N.

   Berechne:

   a) die indizierte Leistung;

   b) die effektive Leistung bei einem Wirkungsgrad $\eta = 0{,}81$;

   c) die Literleistung;

   d) das Leistungsgewicht, wenn zum Fahrzeuggewicht 4 Personen (je 750 N) hinzugerechnet werden!

10. Eine Spule aus Kupferdraht ($\varrho = 0{,}0178$ g/cm³) ist 2000 m lang und hat einen Widerstand von 70 Ω. Wie groß ist der Drahtquerschnitt?

11. In einem Betrieb brannten täglich 8 Lampen zu je 150 W und 10 Lampen zu je 60 W. An einem Tag wurden 4,5 kWh verbraucht.

    a) Wieviel Stunden brannten die Lampen?

    b) Berechne die Kosten für den Stromverbrauch in 1 Woche (6 Tage), wenn 1 kWh 0,09 DM kostet.

12. Eine 600 mm lange Welle wird 120 mm vom Ende von 48 mm auf 40 mm Durchmesser kegelig gedreht. Um wieviel muß der Reitstock verstellt werden?

7.3.3. Kostenberechnung und Index

Die Kosten für eine Reparaturarbeit setzen sich zusammen aus den Fertigungslöhnen, den Gemeinkosten und dem Gewinn. Hinzu kommen die Kosten für Ersatzteile, deren Preis lt. Liste der Kraftfahrzeug-Vertragsfirmen festliegt. Fremdarbeiten und Sonderleistungen, die berechnet werden können, sollen bei der Betrachtung unberücksichtigt bleiben.

Der Index

Um den Rechnungspreis, bezogen auf die Fertigungslöhne, schnell und sicher berechnen zu können, bedient sich die Reparaturfirma eines Faktors, des Index. Der Index, eine Zahl, ist bezogen auf den Fertigungslohn von *DM eins* und schließt die Gemeinkosten und den Gewinn ein.

$$\text{Index} = \frac{\text{Fertigungslöhne} + \text{Gemeinkosten} + \text{Gewinn}}{\text{Fertigungslöhne}}$$

1. *Beispiel:* Ein Kfz-Reparaturbetrieb zahlt im Laufe eines Geschäftsjahres insgesamt DM 35000,— Löhne, von denen DM 5000,— indirekt produktiv sind, d. h. dieser Betrag wurde als Lohn für Arbeiten im eigenen Betrieb, Feiertage, Urlaub usw. gezahlt. Die Buchführung weist an Gemeinkosten einen Betrag von DM 40000,— aus. Der Gewinn wurde mit 20% angesetzt.

Zu berechnen ist der Index.

Lösung:		
	Gezahlte Löhne	DM 35000,—
	davon indirekt produktiv	DM 5000,—
	Fertigungslöhne	DM 30000,—
	Gemeinkosten lt. Buchführung	DM 40000,—
	dazu indirekt produktive Löhne	DM 5000,—
	Gesamtgemeinkosten	DM 45000,—
	Fertigungslöhne	DM 30000,—
	Gemeinkosten	DM 45000,—
	Selbstkosten	DM 75000,—
	Gewinn 20%	DM 15000,—

$$\text{Index} = \frac{30000 + 45000 + 15000}{30000} = 3$$

2. *Beispiel:* Eine Reparaturarbeit erfordert an Kosten für Ersatzteile lt. Listenpreis DM 185,—, an Fertigungslöhnen 8 Arbeitsstunden je DM 9,20 und 5 Arbeitsstunden je DM 6,80. Der Index ist 3.

Rechnungspreis

1. Ersatzteile DM 185,—
2. Lohnkosten

DM 9,20 · 8 = DM 73,60
DM 6,80 · 5 = DM 34,00
Fertigungslohn DM 107,60

Fertigungslohn × Index
DM 107,60 · 3 = DM 322,80

Rechnungspreis = DM 507,80
+ 13 % Mehrwertst. = DM 66,01
Endpreis = DM 573,81

Der Fertigungslohn kann zwecks Ermittlung der Kosten eingesetzt werden als Einzelstundenlohn (S. 2. Beispiel!),

als Akkordlohn oder
als Werkstattdurchschnittslohn.

Bei letzterem hält man zweckmäßig Gesellen, Helfer und Auszubildende auseinander. Zu Auszubildenden ist zu bemerken, daß sie keinen Lohn sondern eine Erziehungsbeihilfe erhalten. Auch der Auszubildende kann produktive Arbeitsstunden aufweisen, die als Grundlage der Kalkulation dienen.

Hier legt man den Anfangsgesellenlohn zugrunde und staffelt

1. Ausbildungsjahr: 30 v. H. des Anfangsgesellenlohnes
2. Ausbildungsjahr: 50 v. H. des Anfangsgesellenlohnes
3. Ausbildungsjahr: 75 v. H. des Anfangsgesellenlohnes
4. Ausbildungsjahr: 90 v. H. des Anfangsgesellenlohnes

Ferner ist zu beachten, daß Fertigungslöhne für Überstunden bei weiterer Verrechnung mit dem Index nicht multipliziert werden.

Aufgaben

1. Wie groß ist der Durchschnittslohn für Gesellenarbeitsstunden, wenn 4 (6) Gesellen DM 9,00, 5 (3) Gesellen DM 8,20 und 2 (3) Gesellen DM 6,40 je Stunde erhalten?

2. Errechne den Durchschnittslohn der Auszubildenden eines Betriebes, wenn 3 Auszubildende im 1. Ausbildungsjahr, 2 Auszubildende im 2. Ausbildungsjahr und 4 Auszubildende im 3. Ausbildungsjahr tätig sind. Der Anfangsgesellenlohn sei DM 6,00!

3. Für die Durchführung einer Reparaturarbeit werden benötigt 34 Arbeitsstunden je DM 9,50; 6 davon sind Überstunden mit 25 v. H. Zuschlag. Der Index sei 3,5. Die Aufwendung für Ersatzteile beträgt DM 360,–. Errechne den Fertigungspreis!

Ergebnisse

6.1. (Seiten 414 und 415)

1. a) 1,408 m
b) 4,64 m

2. 14 Sprossen; 17 Sprossen

3. 207 m; 240 m

4. 64 m; 76 m

5. 330 mm; 468 mm

6. 3600 mm

7. 1425 mm

8. a) 1080 mm
b) 50 mm
c) 2500 mm

9. 586 mm

10. a) 68,95 m
b) 96 cm

6.2. (Seiten 417 und 418)

1. 4,5 m; 4,56 m

2. a) 1,8 m; 1,75 m
b) 0,4 m; 0,5 m

3. 122,18 m^2

4. 432,5 cm^2

5. a) 630 cm^2
b) 422,5 cm^2
c) 32,9%

6. 70,7 m; 84,8 mm

7. 56,6 mm; 42,4 mm

8. 15,6 mm; 11 mm

9. 17 mm; 32 mm

10. a) 50,24 cm^2; 40,7 cm^2
b) 271,3 cm^2; 217 cm^2

11. 283 cm^2; 205 cm^2

12. a) 402 mm; 345 mm
b) 1608 cm^2; 1656 cm^2

13. 540 mm; 450 m

14. a) 25 mm; 24 mm
b) 300 mm ϕ; 360 mm ϕ
c) 250 mm ϕ; 312 mm ϕ

6.3. (Seiten 419 und 420)

1. a) 4,95 m^3; 7,524 m^3
b) 47 520 N; 72 230 N

2. a) 374,4 N
b) 14,98 N

3. 15 N; 13 N

4. 1,96 N; 0,93 N

5. a) 113,04 cm
b) 36 cm
c) 38,58 l

6. a) 251,2 l
b) 1859 N

7. a) 5,61 l
b) 49,9 N

8. a) 58,8 cm^2
b) 11,76 dm^3
c) 923 N

9. a) 33,21 dm^2
b) 58,45 N
c) 14,235 dm^3

10. a) 180 N
b) 200 N
c) 220 N

11. 85 l; 120 l

12. $\approx$ 17 cm

13. $\approx$ 27 cm

14. a) 4,5 m
b) 5,5 m

15. 35,34 N

16. 19,04 N

17. 5,02 N

6.4. (Seite 421)

1. 82

2. 46

3. 94

4. 496

5. 640

6. 668

7. 815

8. ≈ 2,236

9. ≈ 0,707

10. ≈ 0,224

11. 0,5

12. ≈ 1,581

6.5. (Seiten 421 und 422)

1. 70,7 mm

2. 106 mm

3. 6,62 m

4. 1,6 m

5. je 2,42 m

6. 96,775 km

6.6. (Seiten 422 bis 424)

1. 2407 N; 2956 N

2. a) 6,5 bar
b) 6,7 bar

3. a) 80 mm
b) 74 mm

4. a) ≈ 26 500 N
b) 384 000mal

5. 80 mm; 75 mm

6. 3200 l; 4800 l

7. 1680 l; 3000 l

8. 1344 l; 2400 l

9. 3,2 kg; 4,4 kg

10. 101,5 bar; 108 bar

11. a) 4,8 m
b) je 192 l Azetylen und Sauerstoff

12. 537 N

13. 27 mm

14. 992 N; 1230 N

15. 200 N; 180 N

16. 162,5 N; 137 N

17. a) Nein, 6,9 t
b) 726 N

6.7. (Seiten 424 bis 426)

1. a) 282,7 cm^3
b) 331,3 cm^3
c) 286,4 cm^3; 335,6 cm^3

2. a) 74 mm
b) 66,3 mm

3. a) 78 mm
b) 60,8 mm

4. a) 60 000 km
b) 2,52 cm^3; 2,037 cm^3

5. a) 6,6 : 1
b) 7 : 1
c) 6,3 : 1

6. a) 75 cm^3
b) 19,4 cm^3
c) 69,6 cm^3

7. a) 376,75 cm^3
b) 287 cm^3
c) 119,9 cm^3

8. a) 6,2 : 1
b) 5,024 cm^3
c) 6,6 : 1
d) 1,9 mm

9. a) 7,55 : 1
b) 4,07 cm^3
c) 8,2 : 1
d) 0,39 mm

10. a) 6,74 : 1
b) 3,63 cm^3
c) 7,27 : 1
d) 0,5 mm

11. a) 412 cm^3
b) 82 mm
c) 68,7 cm^3
d) 7,2 : 1
e) 5,024 cm^3
f) 6,6 : 1

12. a) 306 cm^3
b) 72 mm ϕ
c) 0,98 mm
d) 1,13 mm

6.8. (Seiten 427 bis 432)

1. 32 Nm

2. 54 Nm

3. 50 N; 56 N

4. 0,25 m; 0,28 m

5. 1,64 m

6. 480 N

7. 1,20 m; 1,30 m

8. 1050 N; 1320 N

9. 6400 N; 4800 N

10. F_2 = 960 N

11. 45 mm; 40 mm

12. 3600 N; 2880 N

13. F_1 bei A: 4500 N
F_1 bei B: 7500 N

14. F_1 bei A: 500 N; 252 N
F_1 bei B: 200 N; 168 N

15. F_1 bei A: 12 750 N
F_1 bei B: 35 250 N

16. F_1 bei A: 7680 N
F_1 bei B: 5280 N

17. a) 8 m
b) 2250 N

18. 500 N

19. 8 Rollen; 12 Rollen

20. 12000 N

21. a) 500 N
b) 1500 N

22. 8100 N; 600 N

23. 600 N

24. 800 N

25. 4800 N; 3950 N

26. 42 m; 35 m

27. 3600 N; 6000 N

28. 720 N

29. a) 300 mm
b) 2100 N
c) 80 mm

30. $\approx$ 120 N

31. 12 mm; 10,5 mm

32. 9420 N; 8790 N

33. 200 mm; 191 mm

6.9. (Seiten 432 bis 436)

1. 64,8 km

2. 3 h 12 min

3. 20 m/s; 24 m/s

4. 4500 1/min

5. 72 mm

6. 1800 1/min; 2100 1/min

7. 80 mm; 70 mm

8. 28,8 km/h; 30,24 km/h

9. 255 1/min

10. a) 79,6 mm
b) 9,55 m/s

11. 55,7 m/s; 56,5 m/s

12. 212 mm; 300 mm

13. 106 1/min; 60 1/min

14. 0,48 m/s^2; 0,555 m/s^2

15. 4,5 s; 6 s

16. 25 m; 40 m

17. a) 30 s; 40 s; 24 s
b) 180 m; 240 m; 144 m

18. a) 0,233 m/s^2
b) 50,4 km/h

19. a) 25 m
b) 2,5 s

20. a) 0,208 m/s^2
b) 1500 m

21. a) 25 m; 15 m
b) 55 m; 35 m
c) 5,7 m/s^2; 3,2 m/s^2

22. 5,3 m/s^2; 4,2 m/s^2; ja!

23. a) 5 m/s^2, ja;
2,27 m/s^2, nein
b) 5 s; 8,7 s

6.10. (Seiten 436 bis 440)

1. 3240 J

2. 1,4 m

3. 5200 N; 4500 N

4. 1800 N; 2500 N

5. 0,6 kW

6. 2400 N; 2800 N

7. 3 s; 16,875 s

8. a) 65 s
b) 528 kW

9. 41,66 m/s

10. 50 kW; 45 kW

11. 2 kW; 2,4 kW

12. 1,5 kW

13. 4 kW

14. a) 104,8 kW
b) 38,6 kW
c) 78,47 kW
d) 22 kW

15. a) 36,5 kW
b) 31,36 kW
c) 21,3 kW
d) 86,4 kW

16. 29,3 kW; 40,3 kW

17. 35,6 kW; 25,2 kW

18. 4775 1/min; 4138 1/min

19. 35,4 kW/l; 36,7 kW

20. 1190 cm^3; 8286 cm^3

21. 63 kW; 40 kW

22. 493 N/kW
120 kW
38 000 N
5850 N

23. 168 g/kWh

24. 136 g/kWh

25. 195 g/kWh

6.11. (Seiten 441 bis 444)

1. 28 260 (113 040) N

2. 5200 N; 9870 N

3. 220 mm² ≙ M 20;
74,4 mm² ≙ M 12

4. 20 cm²

5. 72 N/mm²; ja

6. 21 mm; 17 mm

7. M 10; M 12

8. 3 N/mm²; 1,5 N/mm²

9. 135 650 N; 176 600 N

10. 240 mm²; 280 mm²

11. 663,5 N/cm²

12. 124 340 N; 81 390 N

13. 15 mm; 19 mm

14. 180 860 N

15. 32 mm ⌀; 25 mm ⌀

16. a) 108 520 N
b) 540 N/mm²

17. 18 mm ⌀; 20 mm ⌀

18. 16 mm ⌀; 17 mm ⌀

19. 16 mm ⌀; 19,5 mm,
also 20 mm ⌀

20. 63 N/mm²; 47,8 N/mm²

6.12. (Seiten 445 bis 448)

1. a) 900 1/min; 960 1/min
b) 0,66 : 1; 0,56 : 1

2. 810 1/min; 720 1/min

3. a) 182 mm ⌀; 150 mm ⌀
b) 1,4 : 1; 1,25 : 1

4. a) 480 mm
b) ≈ 8,8 m/s

5. 3600 1/min

6. a) 150, 300, 600 1/min
b) 8 : 1; 4 : 1; 2 : 1

7. 375 1/min

8. n_2 = 480 1/min
d_2 = 200 mm
n_4 = 800 1/min
i_2 = 0,6 : 1

9. n_2 = 720 1/min
d_2 = 250 mm
n_4 = 600 1/min
d_4 = 240 mm

10. a) 400 1/min
b) 320 1/min
c) 500 mm
d) 9,42 m/s

11. a) 400 1/min
b) 300 mm
c) 160 1/min
d) 375 mm
e) 120 1/min
f) 280 mm

12. a) 4 : 1
b) 2,5 : 1
c) 1,5 : 1

13. 875 1/min; 1167 1/min
1750 1/min; 737 1/min

14. a) 64 1/min; 80 1/min
b) 12,5 : 1; 9 : 1

15. a) 22 : 1; 22,5 : 1
b) 9 1/min; 8 1/min

16. 243 1/min; 405 1/min
675 1/min

17. a) 330 1/min
b) 5 : 1

18. a) 4 : 1; 6 : 1; 24 : 1
b) 1728 1/min

19. a) 6000 1/min
b) 0,4 : 1

20. a) 80 1/min
b) 576 cm^3

21. a) 7,5 : 1
b) 300 1/min
c) 37,3 km/h

22. a) 25 : 1; 18 : 1; 10 : 1; 5 : 1
b) 144 1/min; 200 1/min; 360 1/min; 720 1/min
c) 17,88 km/h; 24,84 km/h; 44,712 km/h; 89,424 km/h

23. a) 225 1/min; 300 1/min; 480 1/min; 720 1/min
b) 7,7 m/s; 10,25 m/s; 16,4 m/s; 24,6 m/s

6.13. (Seiten 449 und 450)

1. a) t = 12,56; 18,84; 21,98; 10,99; 23,55 mm
b) m = 3; 6,5; 7; 12; 8,5 mm
c) Zahnkopf: 3; 5; 8; 10; 12 mm
Zahnfuß: 3,48; 5,80; 9,28; 11,6; 13,92 mm
Zahnhöhe: 6,48; 10,80; 17,28; 21,6; 25,92 mm
d) d_t = 128; 252; 576; 270; 630 mm
e) Zähnezahl: 42; 48; 62; 55; 80
f) a = 140; 270; 270; 1984,5; 731,25 mm

2. 3; 4; 7; 6,5 mm

3. 4,5 mm; 270 mm; 279 mm; 259,56 mm

4. 12,5 mm; 1 : 1,66; 750 mm; 200 1/min

5. 600 mm: 180 1/min; 45 Zähne; 15,70 mm; 412,5 mm

6. 200 1/min; 60 Zähne; 8 mm; 320 mm

6.14. (Seiten 453 und 454)

1. ≈ 22,5 min

2. 92,5 min

3. 8,51 min

4. 6,28 min

5. 56,7 min

6. a) 53 min 17 s
b) 66 min 36 s

7. 100 min

8. 24 min; 37,6 min

9. 2 min; 4 min

10. 1,2 min; 3,5 min

11. 5,5 min; 11,8 min

6.15. (Seiten 455 bis 460)

1. 6 V

2. 100 A

3. 12 V

4. 5 Ω

5. a) 0,0124 Ω
b) 0,0212 Ω
c) 0,09 Ω

6. a) 18 m
b) 8 m

7. 0,5 Ω mm^2/m (Konstantan)

8. a) 0,83 Ω
b) 1,4 Ω

9. 115,6 m; 125 m

10. 0,5 mm^2

11. a) 0,125 V
b) 0,218 V

12. 10 m; 8 m

13. 18,5 A; 7,5 A

14. 2,4 mm², gewählt 2,5 mm²;
5,8 mm², gewählt 6 mm²

15. 1,4 mm², gewählt 1,5 mm²;
3,57 mm², gewählt 4 mm²

16. 7 m; 5,2 m

17. 120 W; 12 V;
75 A; 15 W;
250 W; 6,5 A

18. 120 W

19. 4,5 A

20. 6 V

21. a) 5 h
b) 0,12 DM

22. a) 3 A
b) 0,66 kWh

23. a) $3^1/_2$ h
b) 1,48 DM

24. 4 h; 3,5 h

25. 2,2 kW

26. 10,2 kWh; 11,4 kWh

27. 400 W; 450 W

28. 20 h

29. 24 h

30. 40 h

31. 2,4 min

32. 1 : 150

33. 25 600

7.1. (Seiten 463 und 464)

1. 100,8 km/h

2. 250 1/min

3. a) 22,5 : 1
b) ≈ 2,3 s

4. 8,7 N

5. a) 1500 1/min
b) 0,04 s

6. a) 202,5 l
b) 1498,5 N
c) 2250 km

7. 4,4 s; 96,8 m

8. 10.27 Uhr

9. 0,0104 s

10. ≈ 5 : 1; 3536 cm³

7.2. (Seiten 466 bis 468)

1. Ersparnisse 972,10 DM;
Kosten 955,45 DM;
Geld reicht aus

2. 410,8 N

3. 610 1/min

4. a) 90 Zähne
b) 2,5 : 1

5. a) 26 506 N
b) 9600mal

6. a) 19,136 kW
b) 45,33 %

7. 42,86 %

8. 6000 DM und 5600 DM

9. 8482 N

10. 758 1/min; 4320,6 1/min

11. 14,55 m²

12. 1504 N

13. 11,405 min

14. 176 1/min; 1,5 : 1

15. 3820 1/min

16. 6,88 : 1

17. 370,50 DM und 426,08 DM

18. a) 6,66 %
b) 173,4 N

19. 2,5 mm

20. 8,38 mm

7.3.2. (Seiten 473 und 474)

1. a) 200 l
b) 1,65 DM

2. a) 47,33 cm³
b) 662,7 cm³
c) 8,75 m/s
d) 17,83 kW
e) 26,94 kW/l

3. a) 25 m
b) 56 m
c) 3,86 m/s² (nein)

4. 103,44 km

5. a) 5 mm
b) 400 mm
c) 11 mm
d) 275 mm
e) 600 1/min

6. 1360,8 Watt

7. 18,7 cm³; 28,4 %

8. 5,31 m/s

9. a) 77,28 kW
b) 62,56 kW
c) 31,28 kW/l
d) 284,5 N/kW

10. 0,5 mm²

11. a) 2,5 h
b) 2,43 DM

12. $\tan \alpha = 0{,}033$; $\alpha = 18°$

7.3.3. (Seite 476)

1. 8,16 DM; 8,15 DM

2. 3,27 DM

3. 1540,38 DM

Sachwortverzeichnis

E

F

G

H

I

K

L

M

N

O

P

Q

R

S

T

U

V

W

Z